罗志立教授(2016 年)

1950 年重庆大学地质系参加重庆市庆祝“五一”大游行（罗志立，4 排右 3）

1949 年，重大地质学会欢迎黄汲清、李承三教授暨迎新大会合影（罗志立，5 排左 5；黄汲清，1 排左 3；李承三，1 排左 4）

1952 年，北京颐和园西北石油管理局地质地球物理学习班成员合影（罗志立，2 排左 3）

1957 年，北京召开中国地质学会第二届全国会员代表大会代表合影（罗志立，3 排左 1 ）

1984 年，西安北方板块构造与成矿规律研究第二次学术交流会代表合影（罗志立，1 排右 4）

1984年，西安北方板块学术讨会合影（罗志立，左1；郭令智院士，左2；叶自臻教授，左3）

1985年，成都地质学院向英籍女作家韩素英介绍四川盆地油气资源（罗志立，左1；韩素英，右1）

1985年，四川省遂宁中石油川中气矿学术报告会（罗志立，报告者）

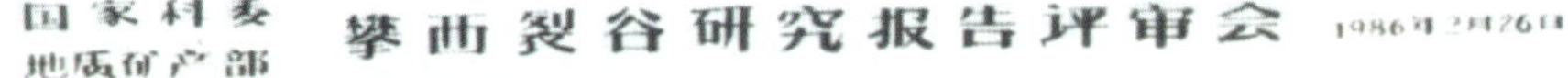

1986年，北京地质矿产部、国家科委攀西裂谷研究报告评审会期间合影（罗志立，2排左7）

SYMPOSIUM WELCOME — The Atlantic Geoscience Society hosted a reception Tuesday evening for delegates attending the Basins Of Eastern Canada And Worldwide Analogues symposium. Guests include Dr. Lou Zhi Li Luo, China; Minister of Mines and Energy Joel Matheson, Mike Etheridge, Australia, and Aubrey Fricker, society president. WW/Callis

1986 年，加拿大 Halifax Nova Scoyia 加拿大东部盆地科学讨论会期间与加拿大矿产能源部长、澳大利亚 Mike Etheridge 协会主席交谈（原载于加拿大 *The mail-star*）

Basins of Eastern Canada and
wordwide analogues symposium
Carboniferous—Jurassic sidimentation and
Minas, Cumberland and Moncton Basins, Nova

1986 年，加拿大 Halifax Nova Scoyia 加拿大东部盆地科学讨论会期间野外考查合影（罗志立，2 排左 2）

1986 年，加拿大 Morcta 城与苏格兰地质学家 Jobso 夫妇合影（罗志立，右 1）

1987 年，哈尔滨市太阳岛留影

1989 年，武汉大陆构造及成矿作用学术讨论会期间合影（罗志立，1 排左 11）

1992 年，澳大利亚阿德莱德省弗林德斯大学与该校教授学术交流合影（罗志立，右 1）

1992 年，澳大利亚维多利亚省东海岸地质考察

1993 年，成都四川石油地震勘探四十周年学术研讨会合影（罗志立，2 排左 6）

1993 年，四川省松潘雪山梁子（4100 米）国际地质考察合影（罗志立，右 2；澳大利亚墨尔本大学威尔逊教授，右 4；刘树根，右 5）

1993 年，四川省龙门山推覆体国际地质考察合影（罗志立，左 1；澳大利亚墨尔本大学威尔逊教授，左 2）

1994年，四川省宝兴饶碛国际地质考察合影（罗志立，左1；澳大利亚墨尔本大学威尔逊教授，左2）

1994年，重庆大学65周年校庆合影（罗志立，2排左2）

1995年，时任泰国印中地质国际会议执行主席给大会发言者颁发“银锤奖”（罗志立，左1）

1996年，北京三十届国际地质大会期间与巴西地质学家合影（罗志立，右1）

1995 年，泰国孔敬印中地质国际会议上留影

1996 年，北京第三十届国际地质大会合影（罗志立，右 1；徐克勤院士，右 2；郭令智院士，右 3）

1996 年，北京第三十届国际地质大会合影（罗志立，左 1；杨遵仪院士，右 1）

1996 年 8 月在北京苏明迪家与同班同学留影（罗志立，左 3）

1998 年 11 月在成都庆祝罗蛰潭老师 80 岁生日（罗志立，左 3）

1997 年，陕西乾陵无字碑前留影

1998 年，成都李承三教授诞辰 100 周年学术讨论会合影（罗志立，2 排左 9）

1998 年，成都理工学院作学术报告（罗志立，报告者）

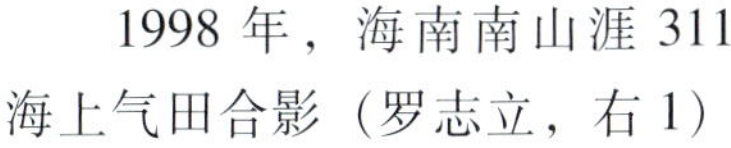

1998 年，海南南山涯 311 海上气田合影（罗志立，右 1）

1998 年，成都李承三教授诞辰 100 周年学术讨论会合影（罗志立，1 排右 4）

1998 年，南海西部石油公司中国油气勘探历程与实例分析编委工作会议合影（罗志立，2 排左 7）

1999 年，哈尔滨经济全球化与 21 世纪发展战略学术研讨会合影（罗志立，1 排右 4）

1999年9月9日与翟光明院士、李进斗总工在九寨沟留影（罗志立，右1；翟光明，右2；李进斗，右3）

2000年，河北怀柔嘉峪田长城留影

2001年，山东蓬莱阁留影

2000 年，江苏无锡朱夏油气勘探地质理论应用学术研讨会合影（罗志立，4 排右 3）

2001 年，青岛参加压扭性盆地勘探理论及方法研讨会合影（罗志立，1 排左 4）

2003 年，成都地幔柱与资源效益学术研讨会合影（罗志立，1 排右 5）

2012 年，四川省宣汉普光大气田考察合影（罗志立，左 2；李德生院士，左 3）

2006 年，成都理工大学建校五十周年，地裂运动和 C 型俯冲暨罗志立教授从事石油工作 58 年学术讨论会合影（罗志立，2 排左 2；刘树根教授，报告者）

2006 年，成都理工大学建校五十周年，地裂运动和 C 型俯冲暨罗志立教授从事石油工作 58 年学术讨论会合影（罗志立，1 排右 5）

2008 年在北京学术报告会期间中石化牟书令副总裁送罗志立 80 岁生日礼物（罗志立，左 1；牟书令，右 1）

2009 年，四川省苍溪县元坝气田地质考查合影（罗志立，右 3）

2011 年，海南省三亚国际机场与夫人侯文芳留影

2011 年，海南省三亚清平乐社区与夫人侯文芳留影

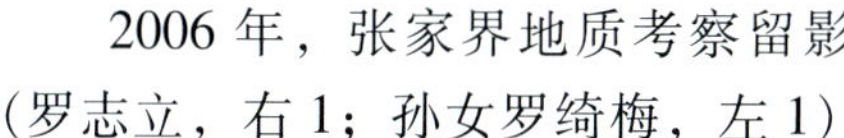

2006 年，张家界地质考察留影（罗志立，右 1；孙女罗绮梅，左 1）

探寻油气田六十春秋感怀

重大母校育志坚　奉献终生探油田
踏遍山河留足迹　先征西北后四川
戴月荒漠不计苦　狂风野岭何为难
更有雄心报国志　奈何杂岁二十年
改革开放鱼得水　中外书卷苦钻研
基井得出新成果　促就威远大气田
数学科研双丰收　学术论点两优先
首提俯冲新论点　独创地裂运动观
无烃气田惊油界　磨溪龙女翻两番
辛劳“绝实”堪自慰　先辈指引过重关
论文百篇留后世　得益团队共暖寒
六十年里石油梦　琳琳硕果献祖先
展望祖国前景好　继往开来创新天

罗志立谨上

2013年11月12日于三亚

北京　杨华书

“探寻油气田六十春秋感怀”

罗志立选集

罗志立 等 著

科学出版社
北 京

内 容 简 介

本书是罗志立一生重要文献中选出32篇文章，编成罗志立选集出版。选文注重当时立论较早并有创建性的、在指引油气勘探实践上得到验证的、在学术领域具有前瞻性的、在中国油气勘探史上有参考价值的内容，以中国板块构造和含油气盆地；中国地裂运动和勘探实践；中国型（C-型）俯冲和前陆盆地；其他文选等四部分编辑成书。

本书可供石油地质、储层地质、油气成藏动力学、构造地质等研究方面的技术人员，以及大专院校师生和勘探决策者参考。

图书在版编目(CIP)数据

罗志立选集 / 罗志立等著. —北京：科学出版社，2016.9
ISBN 978-7-03-049736-9

Ⅰ.①罗… Ⅱ.①罗… Ⅲ.①地质学-文集 Ⅳ. ①P5-53

中国版本图书馆 CIP 数据核字（2016）第 206726 号

责任编辑：杨 岭 黄 桥 / 责任校对：韩雨舟
责任印制：余少力 / 封面设计：墨创文化

科学出版社 出版
北京东黄城根北街16号
邮政编码：100717
http://www.sciencep.com

成都锦瑞印刷有限责任公司印刷
科学出版社发行 各地新华书店经销

*

2016年9月第 一 版 开本：787×1092 1/16
2016年9月第一次印刷 印张：22.5
字数：730 千字

定价：299.00 元

（如有印装质量问题，我社负责调换）

《罗志立选集》编选工作组成员

罗志立　刘树根　宋子堂　雍自权　孙　玮

自　　序

在2015年教师节时，学生来访称："明年是成都理工大学成立六十年，又将是老师年近九十高寿"，建议我出一本文选集，以示祝贺与纪念并激励后人。在他们热情的鼓励和支持下，我查阅了1953～2014年撰写的文献，包括地质调查报告、科研成果、翻译文献、科研专著、参编教材和发表文章，共计一百六十多份，从中选出了32篇已发表的文章(包括学生近期3篇佳作)，编成罗志立选集出版。选文内容注重当时立论较早并有创建的，在指引油气勘探实践上得到验证的，在学术领域具有前瞻性的，在中国油气勘探史上还有参考价值的。本文选集共分为四部分：①中国板块构造和含油气盆地；②中国地裂运动和勘探实践；③中国型(C-型)俯冲和前陆盆地；④其他文选。

《休闲读品·天下》杂志2014年曾刊登对我的访谈。该文对我的评述，用了"从善如流，上善若水"一语，虽为过誉，但这却是我一生追求和践行的为人品格与学风，籍以自勉。该文不仅介绍了我跌宕起伏的人生经历，也如实地展现了我在石油构造专业上做出的一点贡献，给中国油气勘探史留下的点滴印迹，有助于年轻学者思考和借鉴。在回应提问中，我也借机表达了对成都地质学院的知遇之恩和涌泉相报之情。正是这恩情促使我奋发努力，做出贡献。在照片集萃中，留下了我在生活与学术活动过程中的一点影迹，聊以自赏!

回眸我多年的石油地质生涯，能坚持不懈敬业于石油地质专业，取得点滴成就，思恩索源，首先要感谢家父从小的严教和中学时代中共地下党员李蕴璞等老师的教诲，"要做一个有益于社会的人，不能与草木同腐"。在读重庆大学和地质专业期间，要感谢黄汲清、李承三、罗蛰潭等老师严格的教诲和指导。在科研过程和教学中，要感谢尹赞勋、李春昱、郭令智、王鸿祯、朱夏、陈贲、李德生等前辈的指引和鼓励。在学术的交往中得益于任纪舜、牟书令、徐旺、李思田、童崇光、夏明生、袁杰铭等同行的帮助和支持。我在1994年退休后仍能从事科研活动且延续至今，要感谢成都理工大学晚辈同仁刘树根、雍自权、孙玮等博士的大力协助和支持。也要感谢我的夫人侯文芳同志，在艰苦岁月中，相濡以沫劫波共渡。正如她在四川日报工作期间的老领导著名书法家李半黎称赞我们的那样："共同承担起对国家和家庭的重任"，书赠对联"风雨同舟、患难与共"!

对数十年来关注我科研工作的读者和好友，也一并致以衷心的谢意，谨以此书向成都理工大学建校六十周年庆典献礼，并草诗一首以寄厚望于来者：

泱泱大中华，地质多复杂；吾辈虽穷究，已成震旦后。
更佳之求索，寄语中新代；奋发又图强，祖国更兴旺!

罗志立

2015年11月12日于成都

前　　言

罗志立教授一生参与了新中国石油地质勘探事业的发展，毕生致力于中国油气勘探事业。1948年求学于重庆大学地质学系，1953年调至四川石油局工作，1980年再至成都理工大学石油地质系任教，几经风雨，不改初衷。其学术思想主要为中国板块构造和含油气盆地研究，并围绕四川盆地找油找气为基础以至全国远景开拓。以小见大，知微见著，从小小的一块玄武岩研究开始，最终形成其地裂运动理论。罗老师一方面非常重视基础地质的研究，一方面也注意与石油勘探的实际相结合，让理论指导实际勘探寻找有利领域和区带，在四川盆地见到实效。同时又把实际的勘探成果补充进理论中，进一步推动理论的发展，因此使得其学术研究既有前瞻性也有实际应用于石油勘探的可操作性。

罗志立教授一生著作颇丰，从如此之多的论著中选出本选集文章是一件颇费心思之事，最终选入本书的文章主要体现了罗老师及其学生在四个方面的主要研究成果：①中国板块构造和含油气盆地；②中国地裂运动及其勘探实践；③中国型(C-型俯冲)和前陆盆地；④其他具开创性的研究成果。选文中数篇都是研究体系的开篇之作，对于学习和研究其学术思想的形成和发展有重要的意义。部分选文选择了他的学生的相关研究，表明其研究的延续性。论著中提出的“中国地裂运动”论点，不仅得到了黄汲清、郭令智院士和许多专家的肯定和支持，并用以指导四川盆地油气勘探实际，在发现普光、元坝、磨溪−高石梯等大气田方面起到了重要的指引作用。另外提出的“C-型俯冲(中国型俯冲)”论点，也得到了王鸿祯、李德生、任纪舜等院士的赞赏，为中国中西部陆相盆地动力学研究方面提供新知，并对20世纪90年代实施的“稳定东部、发展西部”国家战略决策有重要作用。当我们打开这本选集，用心去阅读里面的文章，会为罗老师超前的思想所触动，会为一代石油地质人认真的工作态度所震动，更为其“不唯上、不唯洋、只唯实”严谨的科学精神所感动!

罗老师一生笔耕不辍，直至86岁高龄仍发表有《四川盆地工业性油气层的发现、成藏特征及远景》(2013年，天然气工业)一文，是对四川盆地找油找气的综述和展望。此后虽然不亲身写作，但仍然关心学术的进展并为后辈研究出谋划策，这种奋斗终身的精神确实值得我们学习。罗老师更为重要的是诲人不倦，极喜提携后生，不仅对自己的学生毫无保留的传授知识，对于向其请教的其他学子们也是不吝指教，尽其所能，展显大师风范。对他的学风和成就，可用1994年他主编的《龙门山造山带的崛起和四川盆地的形成与演化》专著中，二位老院士题词来概括。如黄汲清院士题词“勇于探索、努力创新，贡献可贵、有益同仁”；翁文波院士题词“为地质事业添砖加瓦，为石油勘探鞠躬尽瘁”。

书短言长，以诗一首赞恩师及报三春之晖：

罗老风雨九十载，石油战线六八秋；名启中国板块论，身应地裂运动殊。
陆内俯冲显观点，扬子塔里木相连；老骥伏枥壮心在，桃李不言育后人!

刘树根　宋子堂　雍自权　孙　玮

2016年7月

目　　录

第Ⅰ部分　中国板块构造和含油气盆地

第Ⅱ部分　中国地裂运动和勘探实践

第Ⅲ部分　中国型(C-型)俯冲和前陆盆地

第Ⅳ部分 其他文选

第Ⅰ部分

中国板块构造和含油气盆地

[本文原载于《地质科学》，1979，(2)：127－138]

Ⅰ-1　扬子古板块的形成及其对中国南方地壳发展的影响

罗志立
（四川石油管理局石油地质勘探开发研究院）

20世纪60年代以来，人们积累了大量关于海洋和大陆边缘的地质、地球物理和地球化学资料，应运而生的“板块学说”，把人们的视野扩展到占地球表面70%的广阔海域，使人们看到了有关洋壳演变为陆壳的许多独特的地质现象，使原来主要在大陆上获得认识的一些地质现象有了新的解释。本文将在前人地质资料的基础上，利用板块学说探讨扬子古板块的形成和对中国南方地壳发展的影响。

一、扬子古板块的诞生

前人所称的“扬子准地台”，是指北起“秦岭地槽系”，东南达“江南地轴”东南缘，西以“松潘－甘孜地槽系”为界的陆块。在长期地史发展中，处于周边活动、本身稳定的状态，它很像经过漫长地史活动后，遗留下来的一个板块，即本文所称的扬子古板块。研究它的形成，将是一个有趣的问题。

距今8.3亿～10亿年时，昆阳群、会理群、下板溪群、双轿山群等地槽型沉积逐渐生成，说明当时扬子古板块还处于洋壳阶段，后经过晋宁运动和澂江运动，以弧沟系的运动形式由洋壳逐步转为陆壳(见图1)。

(一)推断康滇－川中－鄂西安山岛弧的存在

据四川盆地航空磁测结果，盆地基底由四个磁性岩块组成：①弧形弯曲的峨眉－简阳－大足岩块，②北东向的南充－平昌岩块，③北西向的开县－三峡岩块，④东西向的石硅岩块。前三个岩块紧密相连向西北突出成弧形。据岩石物性解释，多为中性岩体组成，被许多基性岩体侵入；威远构造基底为酸性岩体已被深探井证实，岩性与峨眉山花岗岩体相似，属下震旦纪侵入①，使峨眉－简阳－大足岩块成弧形。在峨眉－简阳－大足岩块西南，地面出露许多侵入体，有三期岩浆活动，最早的为前震旦纪会理群侵入岩体，以基性和超基性岩为主(10亿～12.5亿年)，如盐边冷水碛角闪石化辉长岩；其次为昆阳群末(或会理群末)的晋宁期侵入岩体，以闪长岩类为主，并有部分花岗岩侵入(8.0亿～9.5亿年)，如泸定斜长花岗岩，以及米易、会理、西昌等地的花岗岩与闪长岩体；最晚的为下震旦纪的澂江期侵入岩体，以花岗岩为主(8.5亿～7.5亿年)，如石棉、冕宁、西昌、宝兴等地花岗岩体。据化学分析结果，西昌地区岩体属环太平洋岛弧的钙碱质岩石[5]。在云南华坪、永仁一带下昆阳群中，见有火山岛弧型含红柱石－矽线石低压高温变质带。在开县－三峡岩块之东的黄陵背斜，出露前震旦纪崆岭群的结晶片岩及混合岩，被北西向的基性、超基性岩体侵入；中部及南部被黄陵花岗岩侵入，同位素年龄为7.0亿～9.15亿年。川西北在航磁上显示变化平缓的负异常，有巴中、阆中负异常、邛崃双流负异常，其性质应与大巴山弱磁性的火地垭群相似。侵入于火地垭群的岩浆有两期，属晋宁期的有庙垭石英闪长岩(9.56亿年)、坪河伟晶岩(8.0亿年)，属激江期有中坝红色花岗岩(6.73亿年)。并有超基性岩体30余个作北东向或东西向展布，属晋宁早期的产物。德阳磁力正异常应与龙门山－九顶山中酸性岩体相似，彭灌杂岩体同位素年龄为7.4亿～7.9亿年。在龙门山中南段见有镁质超基性岩体30余个，有的

① 南方震旦纪的划分，目前意见分歧，本文将从板块运动及形成的建造划分。

变为蛇纹岩，形成石棉矿，属晋宁期产物。

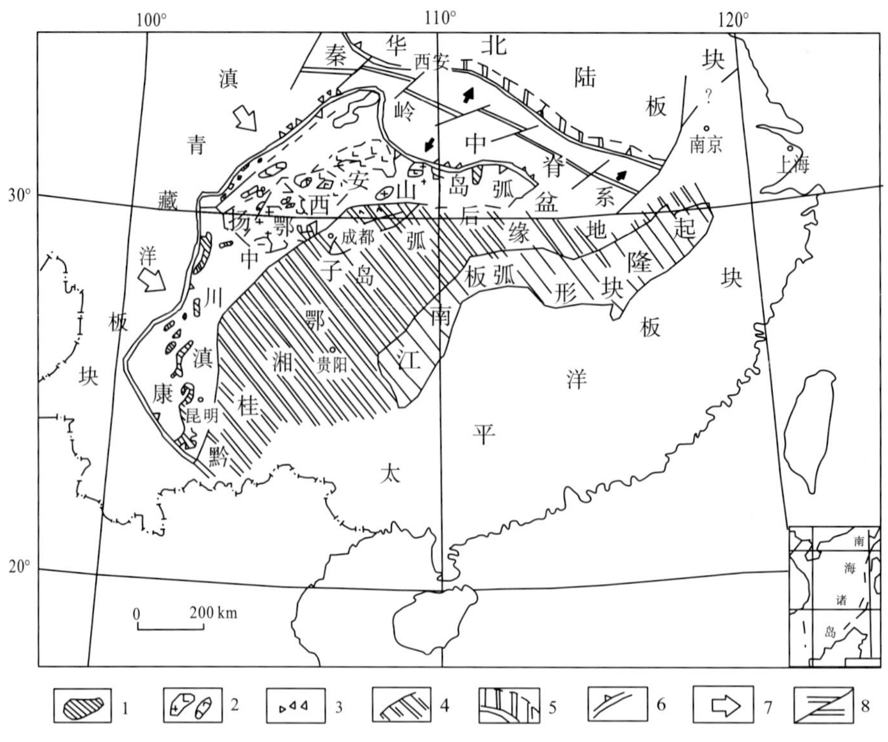

图 1　中国南方澂江期板块构造图

1. 地面出露的火山岩体；2. 航磁解释的中酸性和基性岩体；3. 岛弧前缘陆侧堆积；
4. 岛弧后缘沉积区；5. 澂江期形成的山系；6. 板块俯冲消减带；7. 板块俯冲消减带方向；
8. 推测的海洋中脊及转换断层

以上资料表明，在前震旦纪的扬子古板块上，有康滇－川中－鄂西安山岛弧存在。这个弧可能萌芽于下昆阳群，当时洋壳由西北向东南俯冲，大量基性岩喷发和在盐边形成蛇绿岩套，构成岛链的雏形，后经晋宁运动，滇青藏洋板块进一步向东南消减，有大量中、酸性岩类喷发和侵入，使岛链连接成岛弧。下震旦纪的澂江期，沿玉溪、昆明、德昌、越西、汉源、峨边的南北条带上，有大量的中基性(苏雄组)和酸性(开剑桥组)岩类喷发，并伴有澂江组红色磨拉石堆积。这时的岩浆作用和伴生的堆积作用以及剥蚀搬运作用，同时进行，可能向北延至弧形的川西和川中地区。最近川中的超深井，揭示灯影组直接与澂江期相当的苏雄组火山喷发岩(霏细斑岩)接触，进一步验证了上述论断。

(二)晋宁至澂江期存在滇西－甘孜－秦岭海沟

若康滇－川中－鄂西安山岛弧存在，其西北前缘势必有板块俯冲消减的海沟。根据滇中、盐源、平武和秦岭地区前震旦纪的岩石序列，推断这个海沟是存在的。如滇中的哀牢山群、苍山群，楚雄、新平的苴林群，具有早期洋壳的性质。会理、易门一带的昆阳群为厚达一万多米的优地槽沉积，下部大红山组有厚达 4000m 的火山岩，多属洋壳喷发的细碧角斑岩。四川的会理群下部河口组为厚 4000 多米的细碧角斑岩。延边群中的荒田组有蛇绿岩套存在。平武地区的通木梁群亦有海底喷发的细碧角斑岩。青川的碧口群是厚达 3700m 的海底喷发火山岩系，下部夹细碧角斑岩。其他如米仓山地区的火地垭群铁船山组、东秦岭郧西群和两郧群均属地槽相沉积。据以上事实可认为晋宁期前，康滇－川中－鄂西安山岛弧的西和北缘为深海沟围绕。在这个海沟的弧侧边缘，堆积了大量的凝灰质角砾石与从岛弧上搬运来的砾石组成的砾岩，如平武一带的碓窝梁组砾岩、青川岩沟里组砾岩、东秦岭耀岭河组砾岩、大洪山的花山群。以上岩石序列又进一步证明岛弧西北缘有板块俯冲消减带存在，可与今日南美智利海沟相比拟。它的位置约在今日的丽江－木里－康定－大巴山以西及以北地区。

（三）黔、桂、湘、鄂岛弧后缘盆地形成

航磁资料在川东南大面积无磁性岩石平静背景上，显示一北东向的石硅磁力异常，计算引起磁性的岩体应在地表下 17km 左右。若减去古生代和中生代沉积盖层的厚度，它也在盖层基底面之下 8km。这套东西是什么？可从邻区的梵净山和江南弧形隆起出露的上板溪群找到答案。那里的上板溪群一般厚 6000～14000m，为一套砂页岩、火山碎屑岩夹碳酸盐岩类的复理石沉积，轻微变质，未见火成岩侵入体。下板溪群是轻变质的海相砂泥岩和以基性为主的变质火山岩混合堆积。中部的回香坪组、桑木沟组含很厚的基性变质岩类，厚 8000～12000m。上、下板溪群间存在不整合，贵州称梵净山运动。不整合面下的构造线方向，以北东向的断裂和褶皱为主。江南弧形隆起南端的从江县，见基性和超基性岩体侵入于下板溪群尧等组中。据此对比石硅磁力异常的埋藏深度与岩体走向，应是侵入下板溪群中基性岩体的反映。盖层基底面以下 8km 的地层，应属上板溪群无磁性的浅变质岩系。

从上板溪群的岩相和厚度反映为盆地相沉积，因其居于岛弧的后缘，故认为是当时的川东南。湘鄂西及江南弧形隆起所在广大范围，为岛弧后缘盆地。上板溪群的时代应属下震旦纪，与苏雄组、开建桥组、澂江组为同时异相的产物。这一认识与贵州 108 地质队从化石、同位素年龄、接触关系得出“上板溪群属震旦纪早期”的结论一致①。

（四）澂江运动形成江南弧形隆起

过去所称的“江南地轴”，属扬子古板块的次级单元，我们称为“江南弧形隆起”。在弧形隆起的前震旦纪显示洋壳建造，如桂北的四堡群下部夹细碧角斑岩与细碧岩，黔东湘西的下板溪群下部夹变质的安山岩与火山碎屑岩(同位素年龄大于 6.87 亿年)，赣西北的双轿山下亚群夹变质安山岩与流纹岩(8.37 亿年)，浙西神功群下部也夹细碧角斑岩建造。说明梵净山的下板溪群、鄂西的崆岭群、滇东的昆阳群等沉积环境相似，同位素年龄均在 8 亿～9 亿年，当时中国南方均处于洋壳阶段。当晋宁运动由于洋壳俯冲形成康滇－川中－鄂西安山岛链时，后缘的“江南地轴”也受波及，发生梵净运动(或东安运动)，可能具有弧形岛链的雏形。但当徵江期康滇－川中－鄂西安山弧成为陆上喷发，本区与川东南－湘鄂西，同处于岛弧后缘盆地，接受下震旦纪上板溪群巨厚的复理石沉积。最后的澂江运动(相当这里的雪峰运动)才使“江南地轴”大部露出水面，形成弧形隆起。由于它与岛弧在同一构造应力场形成，不仅在形态和走向上极为相似，形成时间彼此相同，连物质成分也息息相关，好像晋宁－澂江期的一对孪生子。

以上四点可看出晋宁－澂江期后，中国南方在浩瀚的大洋上诞生了一小块陆壳，它以康滇－川中－鄂西安山岛弧为中心，前缘有海沟围绕，后缘有浅海盆地和江南弧形隆起，它们在构造成因上属于同一机制，在岩石建造上彼此相关，在以后地史发展上同处于相对稳定状态。这就是所称的扬子古板块，对以后中国南方地壳的发展起陆核作用。

二、中国南方陆壳的增长

澂江运动后，扬子古板块相对稳定，上震旦纪南沱冰碛组沉积时，气候寒冷，古板块西北缘的岛弧隆起很高，遭受剥蚀，而黔中、黔东南及江南弧形隆起广大地区，地势低洼，接受大陆冰川堆积，大致在录丰－东川－昭通－宜宾－华蓥山－三峡一线以南，才有南沱冰碛层，以北可能没有沉积。经过长期的夷平补齐作用，迎来了上震旦纪灯影组海浸，有壳类软舌螺出现，地壳发展进入一个新的时期。下古生代以后，中国南方以扬子古板块为陆核，华南以岛弧运动形式，向古板块东南缘增生，西南的滇青藏主要以安第斯型大陆边缘，向古板块西南缘镶合，经过最后的喜山运动，形成今日中国南方陆壳的面貌。

① 贵州 108 地质队，1975。

(一)加里东期中国南方地壳的变动

1. 华夏–武夷–云开岛弧系的形成

关于这个问题，郭令智已有详细论述。华夏地区，在浙江壶镇–丽水–永和–景宁至福建莆城松政间，建阳建瓯间，邵武南坪间有一条超壳深大断裂带，并见小型超基性岩体，可能为当时海沟俯冲消减带。闽北属震旦寒武纪的建瓯群和与之平行分布的浙南陈蔡群，北东–南西延伸，发生混合岩化，有代表中压型的蓝晶石片岩及低压的矽线石黑云母斜长片麻岩等岩类，还有与后期酸性火成岩有关的斑岩钼矿，这些说明古岛弧存在。武夷山地区，从江西福建交界的武夷山到赣东广昌广大地区，以及江西慈竹等地，震旦寒武系的变质岩系中，具中压变质作用的蓝晶石和接近低压变质作用的矽线石、堇青石等特征矿物，也反映了岛弧系的存在。云开大山区，西北侧有博白–玉林–容县深大断裂带，东南侧可能有德庆–信宜–高州深大断裂带。其间的震旦、寒武、奥陶纪强烈混合岩化，成北东–南西分布，也有堇青石、矽线石等低压变质特征矿物，说明古岛弧存在。东南侧有加里东期的基性岩带和下古生代复理石建造，反映古海沟的特征。

江西上方和弋阳等岩体同位素年龄为4.8亿～4.22亿年。说明这个岛弧形成于加里东早期。由赣南和大瑶山志留纪与中泥盆纪间的区域不整合，并有上犹、诸广山、彭公庙等花岗体侵入(3.85亿年左右)，进一步说明加里东晚期太平洋板块对岛弧系还有影响(见图2)。

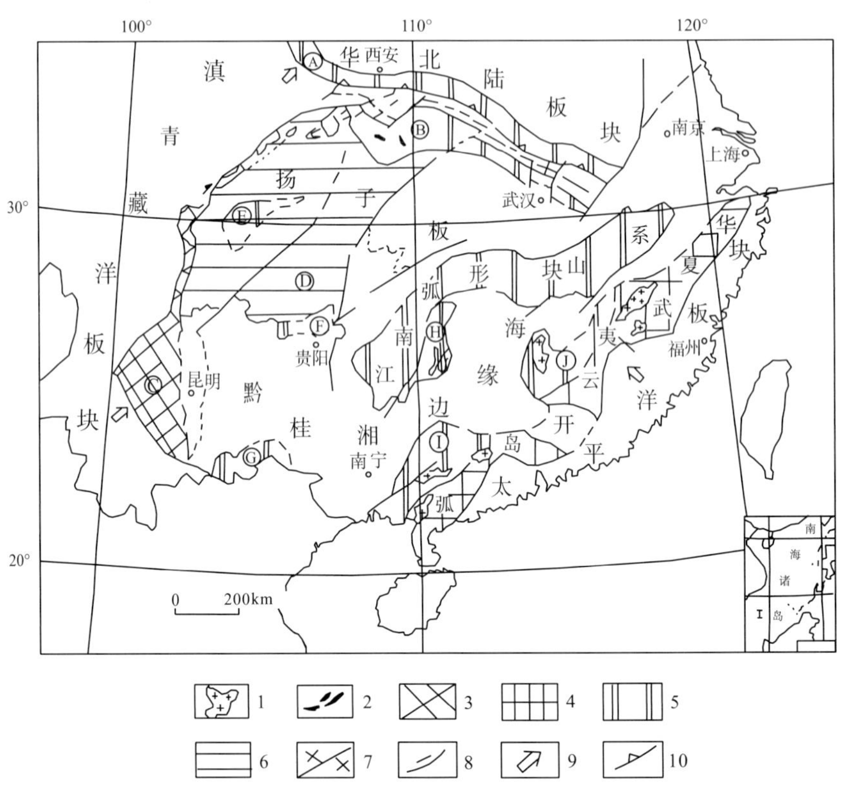

图2　中国南方加里东期板块构造图

1. 花岗岩体；2. 基性岩体；3. 板内古岛链；4. 岛链；5. 晚期隆起或山系；6. 板内隆起；7. 推测的海洋中脊及扩张方向；8. 推测的转换断层或扭动断层；9. 板块俯冲及消减的方向；10. 板块俯冲消减带；
(A) 祁连–南秦岭山系；(B) 大巴山–应山山系；(C) 康滇–龙门山岛链；(D) 川东南断阶；(E) 乐山–龙女寺隆起；(F) 黔中隆起；(G) 滇东南隆起；(H) 湘西隆起；(I) 大瑶山隆起；(J) 赣南隆起

2. 滇青藏洋板块的北推

下古生代时，康滇–川中–鄂西安山岛弧的西北侧，在滇、青、藏一带为海洋所据，这里称滇青藏洋板块。它在龙门山区沉积了厚达万余米类复理石沉积，在盐源地区也沉积了巨厚的下古生界，表明滇青藏洋板块东缘处于浅海陆棚区。但在祁连－秦岭海槽区，南缘大断裂带见有超基性岩分布，如在长达600～700km的北祁连山，早古生代的蛇绿岩套厚15000～20000m，蓝闪石片岩带厚达数百米并可延伸百余公里，还有许多混杂堆积①。在青海拉脊山区，有4.43亿年的超基性岩体，侵入于寒武奥陶纪地层中②。秦岭东段陕西、河南境内的"地轴"上，有3.7亿～4.5亿年的花岗岩侵入体，并发生区域变质[4]。这些资料说明滇青藏洋板块，在下古生代早期向北俯冲，形成北祁连山系，镶合在华北古板块上。

3. 对扬子古板块的影响

在扬子古板块东南缘，有浙江杭州－江山－铅山、永平及湘桂间深断裂带，并有超基性－基性岩带和变质－沉积－火山岩建造(可能有细碧角斑岩)，其层位属寒武纪神功群。还有加里东期的火成岩侵入体，在湘西构成加里东后隆起。这些表明东南缘可能存在一条加里东早期的俯冲消减亚带。

扬子古板块东北缘的长江中下游，当时为陆缘海，沉积了厚达万余米的奥陶志留纪复理石沉积。板块内部的川东，由于华蓥山、七耀山扭动断裂活动，形成川东南断阶及湘鄂西拗陷。后者沉积厚达5000m的下古生代浅海沉积。前者处于斜坡区，厚度减薄至2000m，到了川中更小，只有677m。志留纪末的加里东运动，扬子古板块不仅遭受滇青藏洋板块和秦岭洋壳扩张的推挤，还受太平洋板块的东南向侧压，使板块内部沿着七耀山、华蓥山扭动断层陷落，川中隆起较高，剥蚀厉害，在超深井下见二叠系与仅厚39m的奥陶系底部接触。

板块西及西北缘，出现一系列下古生代的岛链，由西南向东北有康滇古岛、茂汶古岛、天井山古岛、汉南水下古隆起，成雁行状向西南斜列，在岛链上常见4.38亿～3.80亿年的基性或伟晶岩脉，推断从玉龙山－贡嘎山－康定－汶川－北川－阳平关－汉中等地，有一条长达1200余公里的北东向大断裂，它是在下震旦纪海沟基础上发展起来的。加里东运动，由于滇青藏洋板块的北推，沿此大断裂发生右旋形成的岛链。

板块内部出现的近东西向的乐山－龙女寺古隆起和黔中隆起，显然为滇青藏洋板块由西南向东北推挤，太平洋板块由东南向西北推挤。二者的南北向合力，一方面迫使扬子古板块向北漂移，秦岭海槽收缩，另一方面使板内发生变形，构成上述东西向的两个古隆起。

(二)华力西－印支期中国南方陆壳的扩大

1. 松潘－甘孜边缘海的形成与关闭

华力西—印支早期，滇青藏洋板块最早沿西秦岭南缘消减带和东昆仑－略阳消减带相继俯冲，李春昱等已有论述。华力西晚期，滇青藏洋板块再次沿怒江消减带活动，在其仰侧形成石炭二叠纪的"昌都山系"和"保山山系"，并伴有花岗岩的侵入体。如滇西临沧－猛海大花岗岩体(2.44亿年)，其上无中下三叠纪沉积，在其西北缘形成一个三角形的松潘－甘孜边缘海和滇西边缘海(见图3)。

松潘－甘孜边缘海是在印支早期基础上发展起来的。在金沙江一带上古生界和三叠系发育完整，具地槽沉积性质。印支早期，滇青藏洋板块沿金沙江深断裂向北东俯冲消减，构成边缘海的西南缘。如在断裂上的乡城－得荣地区，西盘中三叠系不仅有海底喷发的细碧岩，而且有与蛇绿岩套有关的蛇绿混杂岩。东盘上三叠系，有基性火山喷发岩，并在复理石地层中含大量志留－三叠纪的外来岩体，构成泥砾混杂岩③。再向东形成许多断块盆地，火山活动减弱，复理石层增厚。昆仑－略阳大断裂上的花石峡、玛沁等地有石炭—三叠纪的混杂堆积与超基性岩体④。这可能就是边缘海北缘扩张边界。边缘海中部有北西向的甘孜－康定大断裂、其中的鲜水河段、上二叠纪有玄武岩喷发。三叠纪的砂板岩和断裂破碎带中，有闪长纷岩、安山岩、玄武岩的侵入。1725年以来，共发生5级以上地震33次，鞭近左旋扭

① 肖序常，1974。
② 西北地质科技情报，1974。
③ 四川地质局区测队，1976，未刊稿。
④ 李春昱，1973。

动断距 20 余公里[①]，推测为边缘海的活动中心。三叠纪晚期金沙江一带的巴塘群和藏东、青南的结扎群与其上地层成不整合，表明印支晚期边缘海随昌都—怒江俯冲消减带，向北俯冲而关闭。

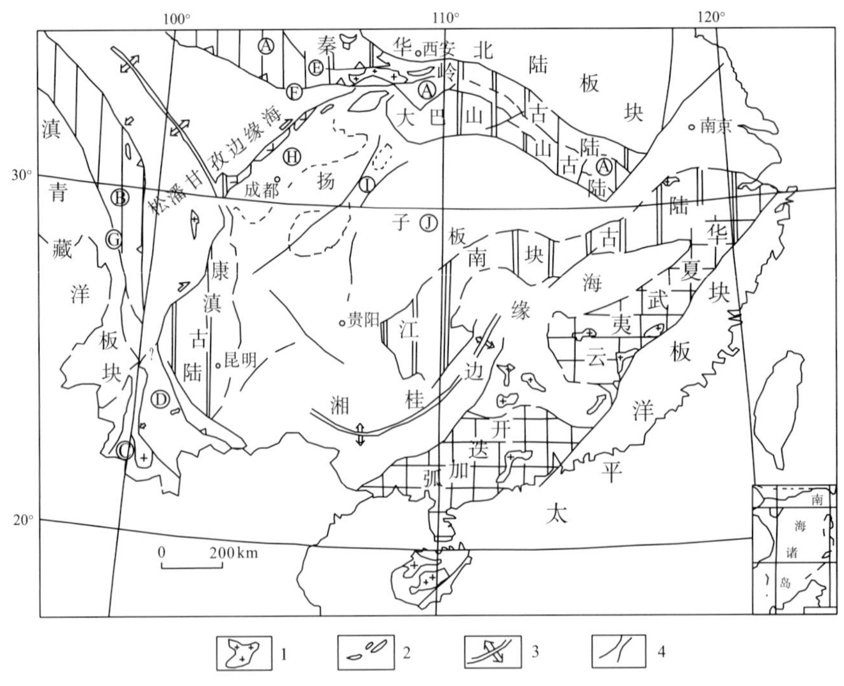

图 3 中国南方华力西—印支期板块构造图

1. 花岗岩；2. 基性岩体；3. 推测边缘海的扩张方向；4. 大断裂；

（A）中秦岭山系；（B）昌都山系；（C）保山山系；（D）滇西边缘海；（E）秦岭南缘消减带；

（F）昆仑山—略阳消减带；（G）昌都怒江消减带；（H）川西—巴中坳陷；（I）泸州—开江隆起；（J）湘鄂西坳陷

滇西边缘海也是在华力期基础上发展起来的。东北侧哀牢山大断裂带上有成对变质岩带，并在金平见石炭二叠纪与红层的混杂堆积；西南侧澜沧江深断裂带上，变质岩中有低压高温的矽线石、蓝晶石等特征矿物。这两带可能就是边缘海的微型扩张边界。边缘海内沉积了厚达万余米的中生界红层，为海陆交互相含盐地层。印支晚期由于滇青藏洋板块，在向北推挤的过程中，沿康滇—龙门山深断裂右旋扭动，把两个边缘海错开。滇西边缘海仍保持到燕山期才完全关闭。

2. 湘桂边缘海的微型扩张与关闭

赣西、赣中和赣东北地区，是在加里东褶皱基底上发展起来的陆壳。沉积有泥盆—中三叠统的碎屑、碳酸盐、煤系及类复理石地层，厚 5000～8000m，郭令智认为，在华力西、印支拗陷之下，可能存在一条隐伏的深断裂，是洋壳生长地方，作为泥盆—中三叠纪七次喷发活动岩浆上涌的通道，为晚古代和三叠纪海底微型扩张中心。

3. 扬子古板块的海退及分离

1)滇青藏洋板块和太平洋板块的推挤，使扬子古板块发生海退

岛弧西南端的康滇古岛区，在华力西期受到滇青藏洋板块的推挤，产生近南北向或北东向的张性断裂，作为大量玄武岩喷发的中心。在滇藏边境的德钦、维西一带，有蛇绿岩套和细碧角斑岩。向东至康滇古岛区喷发大量玄武岩。喷发层位由滇西到川西南由老变新。岩类由洋壳的蛇绿岩套到岛弧的拉班玄武岩。说明滇青藏洋板块在哀牢山以西的俯冲消减，对康滇古岛改造剧烈。中三叠世后，康滇古岛的东北龙门山边缘上，也受推挤的影响，形成岛链，把四川盆地与松潘—甘孜边缘海分隔，成为半封闭海盆。盆地内沉积了大量的蒸发岩类。

① 成都地质学院炉霍地震地质考查队，1974。

太平洋板块向西北推挤，结束了长江中、下游的海浸。在长江中上游的四川盆地，形成泸州–开江古隆起，迫使盆地内海水最后向西南退却。中下三叠世末，四川东部在太平洋板块向西北推挤下，形成北东东向的泸州–开江古隆起，把盆地分为东西两部。东部湘鄂西一带沉积了巴东组后，即结束海浸。西部成盐盆地进一步缩小，到了上三叠世的卡尼期和诺尼克期，海水只龟缩川西一隅，沉积了海相垮洪洞组与半咸化的小塘子组，通过龙门山岛链与松潘–甘孜边缘海局部相通。

2)扬子古板块分离，四川盆地轮廓基本形成

印支早期后，扬子古板块开始分离，形成许多断陷盆地。当时四川盆地由于彭灌大断裂派生的上升运动，变为内陆湖泊，形成很厚的须家河组沉积。而西北缘的松潘–甘孜边缘海已转为山系，并与龙门山岛链并结成为山地，为盆地物源供给区。

印支晚期(下侏罗纪白田坝组沉积前)川西广元至雅安形成许多古隆起，白田坝组不整合在须家河组上，向盆地内渐变为假整合。彭灌大断裂的断距近万米。川西须家河组厚逾4000m，在大断裂附近等厚线突变，又未发现边缘相沉积。还出现了奇异的“飞来峰”。这些地质现象过去不易得到合理的解释。依据板块构造观点，认为印支晚期太平洋板块向东亚大陆俯冲时，产生的侧压力迫使扬子古板块沿彭灌大断裂带，向着松潘–甘孜山系腹地俯冲。在俯冲带下，必然消减了须家河组前缘的厚度和边缘相地层。由于是陆壳碰撞似的俯冲，使下潜板块前缘发生强烈变形，以后与白田坝组成为角度不整合。当时俯冲剧烈地方应在彭灌一带，除形成巨大断距外，在下盘刮下来许多泥盆纪至中下三叠纪地层，构成过去所称的“飞来峰”。显然，这些所谓的“飞来峰”，应是下潜板块前缘被挤成反转向斜，后经侵蚀而保留下来的“混杂堆集”。这从“飞来峰”的岩石序列、产状及具盆地相等特征，可以得到确认。

(三)燕山期浙、闽、粤火山岛弧系和怒江俯冲消减带的形成

到了侏罗白垩纪，整个华南陆壳已经定型，但东南沿海地壳运动转趋激烈，大量断陷盆地形成和火山岩喷发。中部的黔、湘、桂山系和江南弧形隆起，处于稳定微弱隆起状态。西部的四川盆地独具特色，形成大面积的红色河湖相沉积，很少有火成岩活动。这时太平洋板块和滇青藏洋板块仍继续向亚洲大陆推挤，形成浙、闽、粤火山岛弧与怒江俯冲消减带，使中国南方陆壳又进一步增大(见图4)。

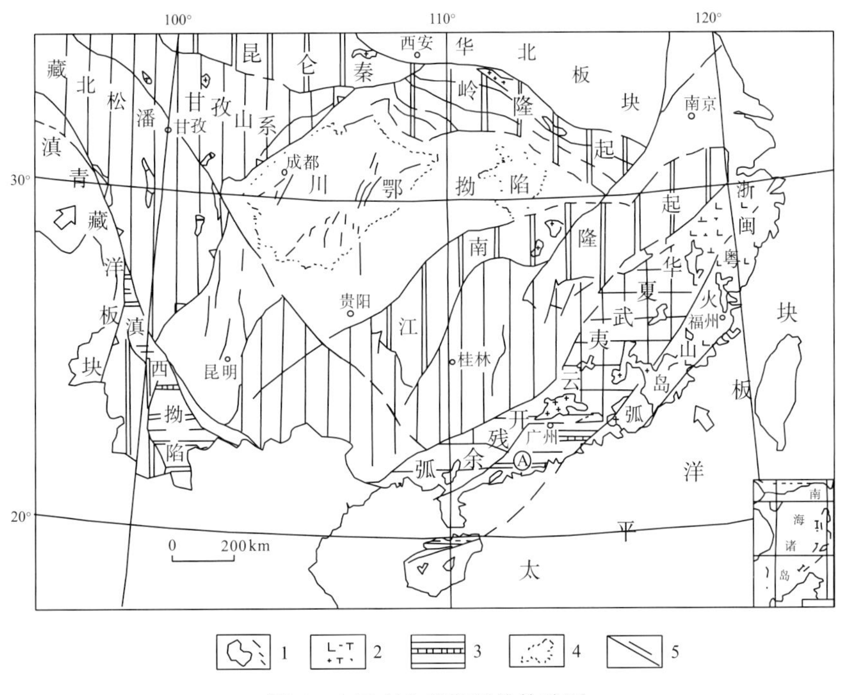

图4　中国南方燕期板块构造图

1. 酸性或基性侵入岩体；2. 中酸性喷发岩及碎屑岩；3. 海陆交互相沉积；4. 侏罗白垩纪坳陷；5. 扭动断层。(A) 东江边缘海

1. 浙、闽、粤火山岛弧系

在这个岛弧上，以酸性火山岩为主，间有中性火山岩，喷发趋势从沿海向内陆减弱。福建莆田－汕头－晋宁有中新生代超基性岩和基性岩分布，郭令智认为这里是一条中生代低压型的古岛弧。这个岛弧西南端可能与海南岛相连，并与北部湾的南部隆起连接；东北端与朝鲜半岛上的火山岩系相接。在岛弧西北侧的华夏－武夷－云开古岛弧上，有大量酸性侵入岩体，其间夹持东江边缘海。这条古岛弧的形成，基本奠定了我国华南海岸线的概貌。

2. 怒江俯冲消减带

西北起于西藏安多附近，经丁青沿怒江河谷南下，进入缅甸，全长1500余公里，沿这条俯冲消减带有一条深大断裂，断裂带附近的安多、丁青及潞西等地有大量的超基性岩体，云南境内有三期燕山期花岗岩侵入(0.81亿～0.86亿年，1.18亿年、1.67亿～1.69亿年)。俯冲消减带北侧多为陆相或海陆交替相沉积，伴有大量燕山期酸性岩侵入。南侧的冈底斯山以北，有很厚的海相三叠－侏罗系砂页岩夹中性火山岩。白垩系的复理石地层夹中基性火山岩，代表中生代的海沟沉积[14]。燕山末期由于印度板块向亚洲大陆进一步逼近，原属古地中海的滇青藏洋板块逐步缩小，滇西境内可能发生碰撞较早，由于早已存在的刚性扬子古板块的反阻，因而使三江地区的缝合线密集成束，为以后形成壮丽的横断山脉提供了条件。

(四)喜山期大陆碰撞和岛弧系

到了喜山期，占据西藏境内古地中海东延的滇青藏洋板块，由于印度板块的碰撞形成喜马拉雅山而封闭①[12][14]。华南地壳发展进入新阶段，海水几乎全部退出中国南方陆地，太平洋板块相对欧亚板块俯冲消减地域，向东南迁至我国台湾东部②[12]，并在中国东南海域形成许多边缘海。这时华南板块最后完成并与华北板块相接，构成中国东部大陆(见图5)。

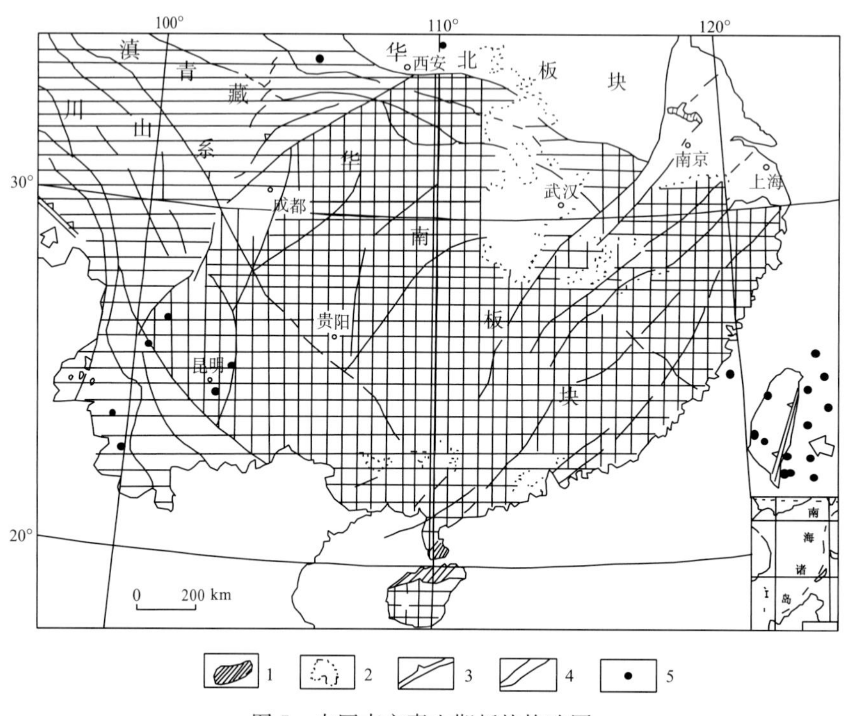

图5 中国南方喜山期板块构造图

1. 第三纪玄武岩；2. 第三纪沉积盆地；3. 俯冲消减带；4. 深大断裂；5. 七级以上地震震中

① 李春昱，1973。
② 郭令智，1975。

三、对中国南方陆壳发展的认识

（一）中国南方地壳的定向发展

中国南方陆壳的演化，在时间上，以扬子古板块为陆核向两侧由老变新；在空间上，向两侧定向迁移，逐步增长扩大。这就是中国南方地壳类型发育的特点。从地壳演变的特征及后期的稳定性看，扬子古板块及华南陆壳，可称为“华南小板块”。扬子古板块以西广大陆壳，是从滇青藏洋板块演化来的，可称“滇青藏小板块”。从地壳演变地史中互相密切的总体关系看，本文论述的祁连－秦岭以南地区，可统称为“中国南方板块”，其规模可与“华北板块”相比拟。

前述扬子古板块的诞生，可解释“扬子准地台”是在洋壳的基础上，以岛弧的形式发生转化的。并可划分出三个结构性质不同的单元。其中有些认识由于资料不足，尚属推断，但比过去对扬子准地台的认识，总是详细些了。

（二）中国南方陆壳形成的应力场及其演化

从前述各构造运动期形成岛弧系分布方向与之伴生的俯冲消减带方向，结合中、新生代以来邻区板块运动的方向，可大致推断中国南方各构造运动时期陆壳形成时接受作用力的方向。加里东期形成的华夏－武夷－云开岛弧系成北东向，北祁连－秦岭俯冲消减带成北西西向，说明中国南方当时接受从太平洋板块向北西推挤的作用力，和滇青藏洋板块向北东推挤的作用力。华力西－印支早期中国南方的应力场仍继承这个格局发展。印支晚期—喜山期，华南的浙闽粤岛弧系，台湾的东部俯冲消减带，川东的构造线，以及龙门山东缘的俯冲消减带，均成北东东向，说明当时的主导作用力，仍来自东南。不过，作用力方向略向北西西偏转而已。这时我国西南的三江俯冲消减带和雅鲁藏布江俯冲消减带仍向东北呈一弧形，这与印度板块从南方逐渐逼近，最后发生碰撞有关。因此，中国南方陆壳古生代以后，东南接受太平洋板块的推挤力，西南先接受滇青藏洋板块，后是印度接受板块推挤力所形成的。

基于上述认识，中国南方地壳又处于欧亚板块东濒西太平洋这个特定环境下，其主导作用力，不一定是南北方向的挤压，也不一定是欧亚大陆向南和太平洋向北的扭动，而可能是东南－西北和西南－东北两对挤压力所形成的。东北向和西北向的构造线形成有先有后，有的互相切割就形成X型断裂系统。如印支期的康滇－龙门山扭动断层在榨水附近与加里东期的祁连－秦岭俯冲消减带相切，就可形成一对大的X型断裂系统，北西向的印支－燕山期(可能延到喜山期)红水河－罗甸－威宁－康定－甘孜大断裂，向西北延伸逐次切割加里东期的江南弧形隆起南缘大断裂和华蓥山扭动大断裂，以及晋宁—澂江期的康滇－龙门山俯冲消减带，又形成一大套X型断裂系统。这样互相交错切割，就构成中国南方明显的X型断裂系统。

本文是在前人成果基础上，从几个地壳运动期的构造形变，探讨中国南方板块受力的方向，企图从地壳运动的时空统一论，说明中国南方陆壳的形成和演变，勾画出今天南方板块形成的粗略概貌。但还存在许多问题，如还无古地磁和详细的变质岩带资料来阐明板块运动的确切方向，那么对扬子古板块东北角的区划、东南沿海早古生代地壳的性质、江南弧形隆起的时代问题，以及引起中国南方板块地壳深部运动的机制等，均待深入研究。

本文在编写过程中，得到很多同志的指导和帮助，又蒙尹赞勋、黄汲清、张文佑、李继亮等同志在百忙中审稿，提出许多宝贵意见，在此一并致谢！

参考文献

[1]中国地质科学院．中华人民共和国地质图[M]．北京：地图出版社，1976.

[2]中国科学院地质研究所构造地质研究室. 华北华南中生代新生代地质构造发展特征[M]. 北京：科学出版社，1966.
[3]四川省地质局106地质队四分队. 康滇地轴中段前震旦纪地质特征及其与板块构造的关系[J]. 地质科学，1975，(2)：107-113.
[4]成都地质学院第九教研室. 东秦岭东段花岗伟晶岩区的同位素地质年龄[J]. 地球化学，1973，(3)：165-172.
[5]从柏林，赵大升，张雯华，等. 西昌地区岩浆活动特征及其与构造地质的关系[J]. 地质科学，1973，3：000.
[6]尹赞勋. 板块构造述评[J]. 地质科学，1973，(1)：56-88.
[7]刘鸿允，沙庆安. 长江峡东区震旦系新见[J]. 地质科学，1963，(4)：177-187.
[8]沙庆安，刘鸿允，张树森，等. 长江峡东区的南沱组冰碛岩[J]. 地质科学，1963，3：002.
[9]李玶，汪良谋. 云南川西地区地震地质基本特征的探讨[J]. 地质科学，1975，4：308-326.
[10]张文佑. 中国主要断裂构造系统的应力分析[J]. 科学通报，1960，5(19).
[11]南京大学地质系. 中国东部不同时代花岗岩类及其与某些金属矿床成矿关系[J]. 中国科学，1971，(1).
[12]黄汲清，任纪舜，姜春发，等. 对中国大地构造若干特点的新认识[J]. 地质学报，1974，1(9)：7.
[13]常承发. 青藏高原大地构造发展轮廓[M]. 北京：科学出版社，1955.
[14]常承法，郑锡澜. 中国西藏南部珠穆朗玛峰地区地质构造特征以及青藏高原东西向诸山系形成的探讨[J]. 中国科学，1973，(2)：190-201.
[15]J. F. 威尔逊等. 大陆漂流[M]. 北京：科学出版社，1975.
[16]Kahle C F. Plate tectonics：assessments and reassessments[M]. American Association of Petroleum Geologis，1974.
[17]Karig D E. Origin and development of marginal basins in the western Pacific[J]. Journal of Geophysical Research，1971，76(11)：2542-2561.

［本文原载于《中新生代含油气盆地形成和演化》，朱夏主编，1983，北京：科学出版社］

Ⅰ-2　试论中国油气盆地的形成和分类

罗志立
（成都地质学院）

摘要：以盆地为对象，对盆地的形成、演变、分类等问题进行研究，是对油气分布规律的认识和远景评价必不可少的工作，也是今后我国迅速增加油气后备资源的迫切任务。

对含油气盆地类型的研究，国内外不同学派的许多学者[1-3]，从不同的观点出发，研究含油气盆地，均取得一定的成果，为我们的研究提供了可贵的经验。本文将从中国的实际地质情况出发，概述我国大陆的板块构造运动，论证其对我国陆相盆地的形成和演化的影响，从而对我国含油气盆地进行分类和远景估计，供评价我国含油气盆地资源、类比勘探程度较低地区含油气远景的参考。

一、中国板块构造概论

1. 中国大陆的板块构造运动

二叠纪前有无板块构造运动，是板块学说应用于大陆上带有争论性的问题。Dewey、Bird 和 Dewey 研究了欧洲的加里东造山带和北美的阿巴拉契亚构造带，Hamilton 研究了亚洲与欧洲之间的乌拉尔山脉，均认为这些褶皱山脉在古生代为大洋所在位置，经过加里东和海西运动才将两侧大陆汇聚在一起形成劳亚大陆。李春昱[4]等研究了塔里木到中朝地块之南的秦祁昆地槽，认为其在古生代至中生代为一广阔的海域。郭令智等[5]研究了华南大地构造格架，认为华南地壳的演化是从西北的元古代江南古岛弧褶皱系，向东南发展到台湾喜马拉雅期岛弧褶皱系的。上述研究说明，板块构造理论不仅可适用于两亿年以前的地质历史，而且对占地球历史 5% 的最近两亿年及其以前的活动状态和整个历史有个连续性的理解，至少显生宙以来板块构造运动格局应该是一脉相承的。近几年来，在我国内蒙温都尔庙附近发现的早古生代蛇绿岩套和高压低温的蓝闪石片岩带[6]，祁连-秦岭地槽下古生界发现分布很广的蛇绿岩带、蓝闪石片岩带[7]，西准噶尔奥陶、志留系中发现有放射虫硅质岩、细碧岩和超基性岩构成的蛇绿岩套[1]，以及在武夷、云开加里东期岛弧褶皱系东南的福建建瓯群中有细碧角斑岩建造和沿政和-大埔深大断裂带有加里东期蛇绿岩套的侵位等，均说明这些地区存在古洋壳。海西期岩浆带沿天山、昆仑山、阴山、大兴安岭等地分布，以及其他一些安山质火山岩和混杂岩的发现，又进一步说明我国古生代板块构造运动不仅存在而且活动强烈。确信随着人们对传统地质观念束缚的解放和古地磁工作的大量开展，研究者将会发现更多有利于古板块构造研究的依据。

对我国古板块构造的研究，本文遵循全球板块构造在地史演变中的程式和特点：①在古生代各大陆块体由分到合，中、新生代是合而复分的发展总趋势。在由分到合的过程中，洋壳消减、大陆增生；在合而复分的过程中大陆张裂、洋壳形成。②大陆漂移过程中，一般有一个前寒武纪的陆核(大体相当于俗称的克拉通，本文称它为古板块)，古生代以后地壳发展是围绕这个陆核演化的，如古生代以后的北美大陆和中生代以后的联合古陆周围，都有不同时期的造山带展布。③大陆板块边缘运动的三种形式——离散、汇聚、转换，是划分板块的依据。作为古板块遗迹，目前在大陆上尚保留的蛇绿岩套、混杂堆积、双变质岩带、岩浆弧及深大断裂等，则是板块汇聚运动留在造山带中的记录。

2. 古生代以来中国板块构造运动的格局

根据上述原则结合我国地质实际，利用岩石建造、同位素年龄、构造变形等资料，编制了中国加里东期、海西期、印支期、燕山期、喜山期五张板块构造图[8]。最后，从我国某些地壳在地史发展中的构造运动形式、海陆变迁以及在总趋势演变中所处的特定位置，把中国大陆划分成五大板块(见图1)。由于缺乏古地磁资料，未能论证板块的离合，但已可初步看出我国板块运动的格局。

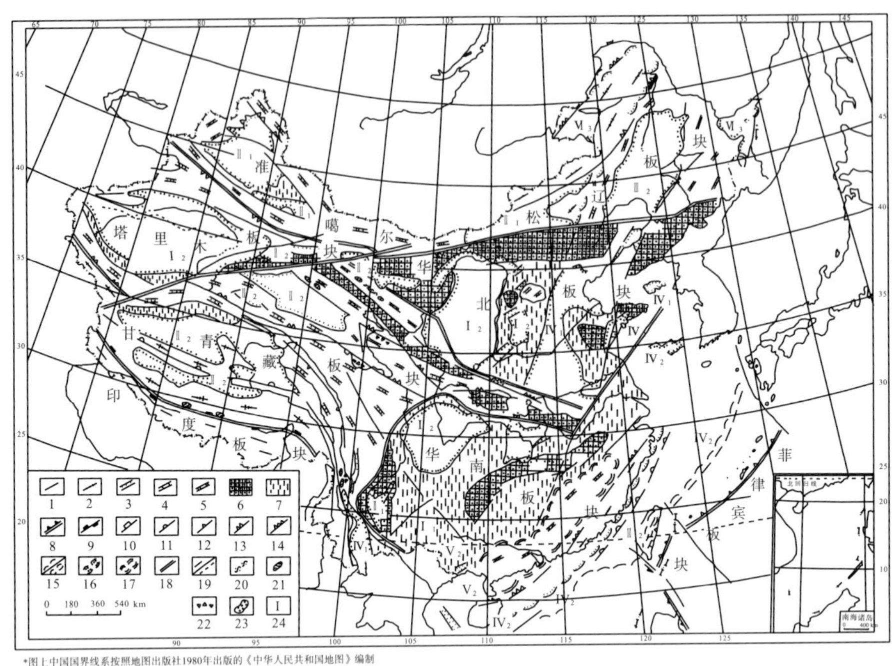

*图上中国国界线系按照地图出版社1980年出版的《中华人民共和国地图》编制

图1　中国板块构造及含油气盆地分类图

1. 喜山期造山带；2. 燕山期造山带；3. 印支期造山带；4. 海西期造山带；5. 加里东期造山带；6. 前震旦纪基底；7. 未变质的古生界；8. 现代海沟；9. 板块碰撞带；10. 喜山期板块俯冲带；11. 燕山期板块俯冲带；12. 海西—印支期板块俯冲带；13. 海西期板块俯冲带；14. 加里东期板块俯冲带；15. 喜山期火山岛弧和残余弧；16. 燕山期火山弧；17. 加里东期火山弧；18. 板块分区界线；19. 深断裂和基底断裂；20. 蓝闪石片岩；21. 蛇绿岩套；22. 混杂堆积；23. 现存盆地分布范围；24. 盆地分类代号；

盆地分类及代号：Ⅰ$_1$. 克拉通单旋回盆地；Ⅰ$_2$. 克拉通多旋回盆地；Ⅱ$_1$. 收缩海槽盆地；Ⅱ$_2$. 缝合带内山间盆地或缝合带后山前盆地；Ⅲ$_1$. 弧前盆地；Ⅲ$_2$. 弧后盆地；Ⅳ$_1$. 弧后陆内裂谷盆地；Ⅳ$_2$. 弧后陆缘拉开盆地；Ⅳ$_3$. 弧内盆地；Ⅳ$_4$. 陆内断裂复活盆地

(1)华北板块。这大体相当于黄汲清的“中朝准地台”。其核心部分为华北古板块，形成于早元古代的中条运动(1700Ma前)。古生代以后南北两侧为汇聚型板块边缘，向祁连—岭古海和准噶尔—松辽海槽增生，晚古生代转为陆相盆地。

(2)塔里木板块，大体相当于黄汲清的“塔里木地台”。核心部分为元古代末固结的古板块。古生代以后南北两侧也为汇聚型的板块边缘，向昆仑—祁连古海和准噶尔—松辽海槽增生，晚古生代转为陆相盆地。新生代由于印度板块碰撞的影响，边缘拗陷剧烈沉降。

(3)准噶尔—松辽板块，在塔里木—华北板块之北和西伯利亚板块之南，包括蒙古人民共和国及我国的北疆、内蒙、松辽等广大地区。它是晚元古代形成的东通古太平洋、西接古中亚的东西向海板块。古生代以后，经过多次俯冲和后期碰撞，逐步收缩。海西期关闭时，是以圆弧与切线相接触的方式碰撞，形成宽缓的准噶尔陆相盆地、原始的松辽盆地和紧闭的二连盆地。

(4)甘青藏板块，在塔里木—华北板块之南，扬子古板块之西的甘青藏地区。在古生代以前为大洋占据，其间可能分布有柴达木、藏北和若尔盖等微型陆块。加里东期到喜山期发生过多阶段性的向北东俯冲消减，由北向南依次形成祁连、昆仑、巴颜喀拉、唐古拉和冈底斯等褶皱山系。喜山期由于南来的印度板块与欧亚大陆碰撞而结束了洋板块的历史。它实质上是塔里木—华北板块与印度板块之间的宽缝合带。其间形成许多中、新生代的陆成盆地。

(5)华南板块，指华北板块以南，龙门山—横断山以东12个省和我国部分海域地区。其西北为“扬子古板块”。“扬子古板块”的范围大体相当于黄汲清的“扬子准地台”，是晚元古代晋宁至澄江期，以洋壳深破裂、相对俯冲，先形成古岛弧再发育成的古板块[9]。加里东运动以来，在扬子古板块的东南，西太平洋型的边缘海、火山岛弧和海沟的板块构造运动形式，向太平洋板块增生，逐渐形成华南板块。据郭令智等[5]研究，从西北向东南依次有江南雪峰期古岛弧褶皱系、武夷－云开加里东古岛弧褶皱系、东南沿海－台湾海西至印支期古岛弧褶皱系、浙闽粤沿海燕山期火山岛弧系、台湾喜马拉雅期岛弧褶皱系。直到今天，中国南方大陆向东南增生的趋势尚未结束。海西至印支期和燕山期的岛弧褶皱系，不仅在我国东南沿海发育，而且向东北延伸经朝鲜南部直达日本的双变质岩带。喜山期继承这个格局继续发展。

综上所述，可见中国大陆长期处于西伯利亚、印度和太平洋三个板块包围之中。它们在不同时期以不同的构造运动形式向中国大陆俯冲挤压。中国大陆本身，自晚元古代以来，因有塔里木、华北、扬子三个稳定古板块(陆核)的存在，不仅抗住了周围三个大地构造单元的推挤，而且接纳了由于推挤产生的地壳物质，并在这些古板块的北、东、西南三个方向逐步加积扩大，直到喜山期才最后形成今日的中国大陆。这种推挤和加积、再推挤、再加积的过程，构成了中国大陆发展的历史。它深刻地影响着中国大地构造发展的进程，也深刻地影响着我国中新生代陆相盆地的形成和油气资源的分布。

二、中国陆相盆地的形成和演化

我国大陆上有两百多个陆相盆地，沿海有十多个大、中型盆地。这些盆地范围大小不同，排列方位各异，成盆时间先后不一，但它们绝大多数属板块内部盆地。它们是何时形成和如何演化成当今状况的？这是石油勘探工作者十分重视的问题。首先，从前述中国板块构造概述中可以看出，这些陆相盆地的形成和演化，既决定于华北、塔里木、扬子三个古板块自古生代以来在沉积和构造上的稳定性，也决定于晚古生代以来周围的西伯利亚、印度和太平洋三个板块对它们的推挤、碰撞，以及导致地幔物质上涌对地壳产生的拉张改造作用。可以说，我国陆相盆地的形成和演化，是古生代以来板块运动的必然产物。其次，晚古生代以来发生的三次大的板块构造运动事件，对我国大型陆相盆地的形成和后期的改造也起了重要作用。

1. 海西期塔里木－华北板块与西伯利亚板块的碰撞事件

这一事件对我国昆仑－秦岭以北大型陆相盆地的形成和改造起了重要的作用。海西中晚期，我国的塔里木－华北板块可能向北漂移与西伯利亚板块碰撞，并使准噶尔－松辽海板块最后完全收缩，形成东西向排列的准噶尔、二连、松辽等缝合带间的陆相盆地；同时天山和阴山山系构成塔里木和华北板块的北缘。华北板块这时也发生沉降，并有祁连－秦岭的加里东期和海西期俯冲带作为南缘，东有胶辽古陆的遮挡，形成半封闭的海陆交替相至陆相的古华北盆地。在海西中期，由于甘青藏板块在昆仑山区发生俯冲，形成了塔里木盆地和柴达木盆地。近年来的航空物探资料进一步查明，塔里木盆地的基底构造格架为北东和北西两组扭动断层互相切割的菱形断块，在北纬40°附近从喀什到阿拉干有一条东西向长达千余公里、宽40～60km的磁力高带，沿菱形断裂成追踪张性断裂展布；在这条异常带西端的巴楚隆起上，见有闪长岩及含钒铁磁铁矿辉石岩侵入于下古生界穹窿中，东端的罗布泊有海西期的辉长岩及闪长岩，它代表海西期地幔上拱形成的巨型岩浆岩带。在塔里木中部与之相对应的为地幔相对上隆的构造单元。在巴楚和塔东有两个幔隆，地壳厚度只有40～42km，比北缘天山(54km)和南缘昆仑山(60km)减薄了许多。若联系海西期我国板块构造运动的多格局，塔里木板块当时处于南北洋壳相对俯冲受挤压的特定条件下，它可能主要代表天山岩浆弧后板内发生的纵张，导致地幔上涌形成的古裂谷带。塔里木板块经过海西运动后，破坏了古生代稳定完整的构造形态，改变成中生代以菱形断块不均匀活动的格局。因此，海西期发生的碰撞事件，不仅完成了华北和塔里木两大板块与欧亚大陆的连接作用，而且改变了我国地貌和海陆由北向南分布的格局；更重要的是在我国昆仑－秦岭以北初步形成了许多大型陆相盆地，海西晚期并对塔里木盆地进行了改造。这些都对我国东北、华北和西北许多含油气盆地的进一步形成和改造起了重要作用。

2. 中生代以来太平洋板块向亚洲大陆前进式的俯冲事件

这一事件对我国中部和东部盆地的形成和改造起了重要作用。中生代开始，我国板块运动格局发生了很大变化，古生代南北向汇聚的形式，被近东西向汇聚为主的构造运动形式所替代，这在亚洲东部边缘特别明显。太平洋板块在海西–印支期向亚洲大陆俯冲的历史证据越来越多，如近几年在浙江象山、福建福鼎、海南岛等地发现泥盆纪与石炭纪的冒地槽沉积[10]，在福鼎又见变质的中石炭统被上三叠统乌灶群不整合覆盖，在海南岛见早三叠世的磨拉石礼文群不整合在古生代陀烈群之上[11]。台湾大南澳群为巨厚的绿片岩系，其中玉里组含蓝闪石片岩，代表晚古生代至中生代优地槽附近发生的俯冲带。这一海西–印支旋回褶皱带，可向北延伸到琉球群岛，说明我国东部大陆边缘在这时已具雏形。印支期太平洋板块向西俯冲，在其弧后的松辽–华北地区，可能由于挤压作用引起深部地幔物质上涌，造成这两个地区为北北东向的隆起带，因而无三叠纪的沉积；同时把古华北盆地分割成东部的华北隆起和西部的陕甘宁坳陷，后者沉积了巨厚的延长统，介于其间的为山西沁水盆地。华南上扬子陆表海的东部也受此隆起的影响，迫使海水向西退却，到印支晚期形成须家河期的大型四川陆相盆地。

到了燕山运动(J_1-K_1)，我国东部仍继承地壳上隆的构造格局发展，并转趋剧烈。沿大兴安岭、燕山和东南沿海有大量的中酸性岩浆喷发，形成宏伟的火山弧，其俯冲带可能在台湾(或台湾海峡)到琉球群岛和日本西南一带。在火山弧之后，华南许多地方受到挤压变形、区域变质和花岗岩的侵入；华北及东北地区印支期形成的隆起，这时转为拉张断陷，形成松辽和华北盆地的雏形。

到了喜山期(K_2-E)，沿着华北弧后隆起带，拉张断裂运动发展到了极盛期，并南延穿过秦岭，进入湖北多形成我国东部的裂谷系盆地。断块的不均匀沉降所形成的丰富湖相有机质和所具有的高热流值，就为我国东部油田的形成提供了条件。在我国东部海域，喜山运动沿东海褶皱弧(相当现在中部隆起位置)经台湾到广东大陆架外缘构造脊形成一条褶皱弧，并使大陆架内许多地方的下第三系变质。由于这个弧的存在就为长江和珠江三角洲的形成提供了门槛，沉积了很厚的有利于油气形成的上第三系。晚新生代的板块运动，台湾岛弧体变动不大，而东部褶皱弧则沿弧内盆地拉开，形成弧间盆地(冲绳海槽)，南海拉开的范围更大形成边缘海。东海西部盆地和珠江口盆地，不仅在残余弧的后缘形成沉积很厚的晚第三纪盆地，而且有拉张的构造作用。因此，我们称为弧后陆缘拉开盆地。

基于我国东部中生代以来的板块俯冲带均集中在东南沿海至台湾和东海中央隆起带较窄的范围内，各时期又无明显的蛇绿岩带；在日本海沟，钻探证实中、上新世深海沉积之下为陆壳物质的堆积物。因此，本文引用了许靖华的“前进式俯冲带”这个名词[12]来说明我国东部中、新生代大陆边缘活动的特征。

3. 喜山期印度板块对欧亚板块的碰撞事件

这一事件对我国西部盆地的沉降产生了很大的影响。柴达木盆地和塔里木盆地南缘在晚新生代(N-Q)经历的地史时间只占中、新生代的20%，而沉积的厚度大于三叠系到下第三系(T-E)的总和；准噶尔盆地和酒泉盆地晚新生代(N-Q)沉积的厚度虽略小于三叠系到下第三系(T-E)的厚度(见表1)，但其沉积速率也是可观的。因此，印度板块的碰撞改变了上述克拉通盆地边缘的性质，形成缝合带内的山间盆地或缝合带后山前盆地。

表1　中国西部盆地中、新生界沉积厚度对比表

盆地 / 厚度/m / 地层（经历年数）	柴达木盆地西南部	塔里木盆地西南部	准噶尔盆地南部	酒泉盆地
N-Q(28Ma)	6000	6000～7000	4000～5000	2500～3000
T-E(195Ma)	3900～5100	4800	7200～9600	4300

三、中国含油气盆地分类及远景估计

根据前述我国板块构造运动的特点，从地球动力学的观点出发，作者初步把我国含油气盆地划分为以下四类十种盆地。又按盆地定型时期的应力状态，把它们归属于挤压与拉张两种地壳动力区。

(一)地壳挤压区

1. 克拉通类

(1)克拉通单旋回盆地。其位于克拉通内部，以古生代海相碳酸盐岩沉积为主，无晚古生代过渡相或中生代陆相地层上叠。如鄂西、桂中等地。

(2)克拉通多旋回盆地。其位于克拉通内部，以古生代或早古生代海相地台型沉积为第一旋回，晚古生代过渡相或中生代沉积为第二旋回，中生代以后转为陆相盆地。如四川、陕甘宁、塔里木等盆地。

2. 缝合带类

(1)收缩海槽盆地。两大陆相漂移靠拢，使海槽最后收缩形成晚古生代的陆相盆地。如准噶尔盆地、二连盆地。

(2)缝合带内山间盆地。甘青藏板块内山系间的中、新生代盆地。如柴达木、可可西里等盆地。

(3)缝合带后山前盆地—克拉通盆地边缘，由于邻区晚期的板块俯冲或碰撞的影响，发生边缘坳陷形成的中、新生代盆地。如酒泉盆地、塔里木西南缘拗陷等。

3. 弧沟系类

(1)弧前盆地。在岩浆弧前的弧、沟间隙之间形成的盆地。如燕山期东海盆地。

(2)弧后盆地。在岩浆弧之后形成的挤压盆地。如燕山晚期松辽盆地、台湾盆地。

(二)地壳拉张区

4. 裂谷类

(1)弧后陆内裂谷盆地。在克拉通多旋回盆地上，由于中、新生代太平洋板块俯冲引起弧后地幔上涌导致地壳拉张而形成的裂谷盆地。如我国东部的华北等盆地。

(2)弧后陆缘拉开盆地。位于大陆边缘，由于弧后扩张而形成的中、新生代盆地。如东海盆地、珠江口盆地。

(3)弧内盆地。岩浆岛弧上的断陷，由于拉张而形成的中、新生代盆地。如东海盆地、珠江口盆地。

(4)陆内断裂复活盆地。大陆上的古断裂受到后期板块运动的影响，再次发生块断活动形成的中、新生代小型盆地。如华南板块上的湖南醴陵—攸县盆地及广西百色盆地等。

根据上述分类原则，将我国大陆及其附近海域三十多个重要盆地进行分类(见图 1)；并对勘探程度较低的各类盆地的远景分别进行评价。

对于上述各类盆地，在我国大陆上的油气勘探工作中，应首先选择四川、陕甘宁、塔里木三个克拉通多旋回盆地作为深入勘探的重点。这三个盆地的总面积约占我国大陆沉积岩总面积的 40%，而且属于 Klemme 划分的Ⅱ型陆内复合盆地。在世界大油气田中，这类盆地占有重要的位置。

其次，对我国海域的珠江口和东海弧后陆缘拉开盆地应积极开展工作。那里不仅盆地面积大、新生界很厚，处于我国长江和珠江水系的前缘，还因地处弧后拉开部位而有较高的热流值，更重要的是块断运动不如渤海油区强烈。东海盆地在中新世末由于冲绳海槽的扩张，迫使中部隆起向西部盆地推挤，在西部拗陷东侧形成有利的褶皱，在南海北部许多断块的边棱上发育有生物礁。这些条件就使本区可能具有丰富的油气资源。

苏北一南黄海弧后盆地，古生代保持有碳酸盐岩断褶的基底，燕山期处于类似松辽火山弧后盆地的位置，喜山期具有华北克拉通裂谷盆地的特征。沉积厚度大、热流值高、生油条件好，也是寻找油气田的有利地区。

缝合带内的准噶尔、柴达木盆地，从陆相二叠系到第四系均有生油层系。由于中生代以后受甘青藏板块多次俯冲和印度板块碰撞的影响，沉降很深，中、新生代沉积的总厚度在万米左右，但这两个盆地的地温梯度低，估计深部的含油层尚未完全达到过成熟阶段。故在老油田下向深部勘探，预期还会有重大发现。

我国南方尚未变质的86万平方公里的碳酸盐岩分布区，古生代地层发育完整，油气显示普遍，背斜圈闭甚多，还有礁相石灰岩，具备与四川盆地古生代类似的良好成油条件。但由于属克拉通单旋回盆地，无良好的晚古生代特别是无中生代沉积旋回上叠，缺乏区域性的盖层，加之晚古生代以来处于海西期—燕山期东南沿海至台湾火山弧和金沙江哀牢山岛弧之后，有强烈的上升和地裂运动，不论其块断性质或水文封闭条件如何，均不利于油气保存。但在有中、下三叠系砂、页岩分布的南盘江地区，和黔南、桂中有上古生界砂、页岩局部分布的宽向斜，以及有志留纪页岩分布的湘鄂西地区，还有可能找到一定产能的油气资源。

参考文献

[1]朱夏. 关于我国陆相中新生界含油气盆地若干基本地质问题的初步设想[J]. 石油地质实验(专辑)，1978.
[2]叶连俊，孙枢. 沉积盆地的分类[J]. 石油学报，1980，1(3)：1-6.
[3]张文佑. 断块构造与中国的油气藏[J]. 1980.
[4]李春昱. 对亚洲地质构造发展的新认识[J]. 1978.
[5]郭令智，施央申，马瑞士. 华南大地构造格架和地壳演化[J]∥国际交流地质学术论文集[M]. 北京：地质出版社，1980.
[6]刘长安，单际彩. 试谈蒙古——鄂霍茨古海带古板块构造的基本特征[J]. 长春地质学院学报，1979，2：000.
[7]肖序常等. 关于祁连山古板块构造的几点认识[J]. 1974.
[8]张恺，罗志立，张清，等. 中国含油气盆地的划分和远景[J]. 石油学报，1980，(4)：1-18.
[9]罗志立. 试从扬子准地台的演化论地槽如何向地台转化的问题[J]. 地质论评，1980，(6)：505-509.
[10]陈炳蔚，艾长兴. 华南大地构造几个问题[J]. 1978.
[11]夏邦栋. 海南岛海西地槽的基本特征[J]. 南京大学学报，1979，979：57-73.
[12]许靖华. 板块构造与沉积作用[J]. 1979.

[本文原载于《新疆石油地质》，1997，18(1)：1－6]

Ⅰ-3　中国大陆纬向石油富集带地质特征

罗志立
（教授 石油地质 成都理工学院 成都 610059）

摘要：从中国板块构造、盆地成因、产层主要时代等因素分析，中国大陆含油盆地可分为经向的伊兰－伊通－渤海湾－江汉等盆地带和纬向的准噶尔－二连－松辽等盆地带，两带共拥有中国石油产量和储量的绝对优势，因而分别被称为经向和纬向石油富集“黄金带”。在分析了渤海湾盆地与松辽盆地分属于经向和纬向石油富集带后，着重讨论了纬向石油富集带的特征，并与国内两类三种含油气构造单元对比，认为西北地区处于中国大陆今后石油发展战略的重要位置，并有可能在准噶尔盆地腹地找到特大型油气田。

关键词：中国；大陆；含油气盆地纬度；分带性；准噶尔盆地；含油远景；特大油气田

笔者认为中国大陆存在经向和纬向两个石油富集带：一个是以渤海湾盆地第三系产层为主体的经向石油富集带；另一个是以松辽盆地－准噶尔盆地侏罗系、白垩系产层为主体的纬向石油富集带。它们分别被称为中国大陆经向和纬向石油富集“黄金带”。这两个石油富集带的划分和提出，不仅可阐明中国大陆石油富集带与中国大陆构造单元之间的密切关系，而且在成盆特征及成藏条件方面也可获得新的认识，这对指导我国油气勘探具有重要意义。

一、中国大陆纬向石油富集“黄金带”的特征

纬向石油富集带的主体部分指中天山北缘断裂和雅布拉北－赤峰断裂以北到国界线的广大地区。从西向东包括准噶尔盆地、吐哈盆地、银根盆地群、二连盆地、海拉尔盆地和松辽盆地等大、中型盆地以及许多小型盆地。在中、西段还涉及天山和祁连山北缘一些侏罗系盆地(见图1)。这一带拥有丰富的石油资源，总储量占全国的49％，年产量占44％。

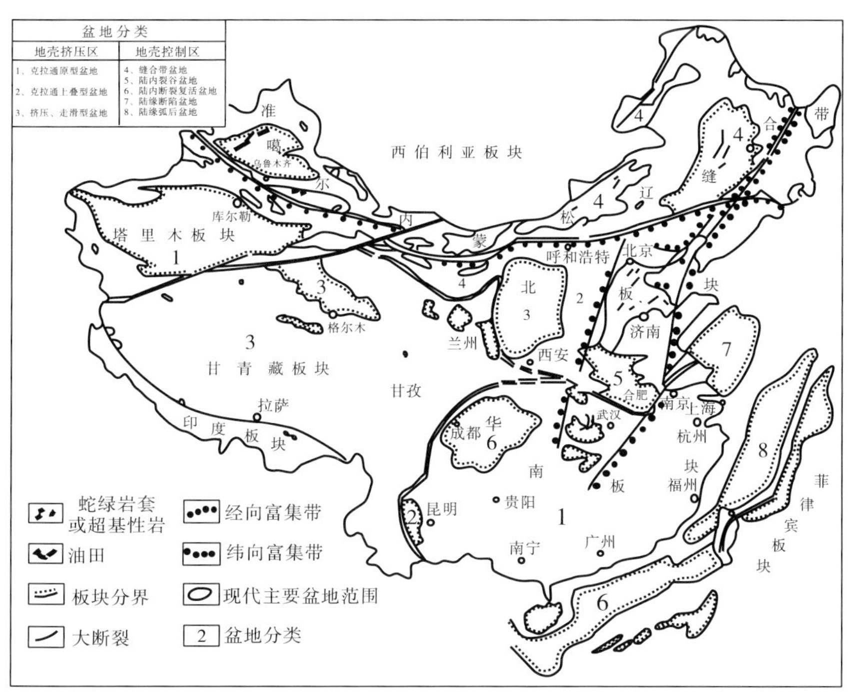

图1　中国板块构造及经、纬向石油富集带

（一）纬向石油富集带形成的区域构造背景

在塔里木－华北板块之北和西伯利亚板块之南，包括蒙古国及我国的准噶尔、内蒙和松辽等广大地区，在古生代可能存在东通古斯太平洋、西接古中亚东西向的洋板块，经过加里东期和华力西期多次的俯冲，导致洋板块逐渐消亡，最后形成收缩海槽盆地[1]；到华力西晚期（可能在 P_1后），西伯利亚板块以弧形边缘与塔里木－华北板块北缘成切线相接触的方式，在西拉木伦河构造带发生碰撞，在东、西两段保留原始的松辽盆地和准噶尔盆地，在中段形成缝合带密集的二连盆地。这种碰撞格局形成的盆地基底，可能在东西两段褶皱带保留微型陆块和残余洋壳，前者如松辽盆地基底中出现的富饶前震旦纪微型陆块[2]，后者如准噶尔盆地晚古生代存在的残余洋壳。本带是在古生代洋板块多次俯冲形成多条缝合线间保留有残余洋壳基础上形成的盆地带。晚古生代后本带进入大陆构造发展阶段，火山岩发育，一般出现先断后拗的裂谷式成盆环境，盆地中充填的侏罗系为残煤沼泽相沉积与白垩系共同组成中国北方的主要油气层。

（二）纬向石油富集带的盆地特征

本带横跨中国大陆北部，绵延 3300 km；中生代后受邻区板块活动的影响，构造发展不平衡，在东西方向形成不同特征的盆地。

1．东段盆地以火山岩塌陷为主体特征

东起黑龙江和乌苏里江，西到呼和浩特附近，南到赤峰断裂，北到北部国界的广大地区，其间分布有松辽、二连、海拉尔等三个大中型盆地和二十多个小型盆地，它们一般为下断上拗的裂谷盆地结构，其中的松辽、二连、开鲁和海拉尔为含油气盆地。除松辽盆地在拗陷期的下白垩统产油外（见图 2），其他盆地的巴彦花群和扎赉诺尔群（与松辽盆地的上侏罗统营城组和沙河子相当）为产油层。这些盆地一般缺失三叠系，中、下侏罗统分布局限，上侏罗统下部在松辽、海拉尔和二连盆地均发育巨厚的兴安岭群火山岩系，根据地质和地球物理资料分析，笔者认为它们属火山岩穹窿塌陷盆地（Collaps basin）成因机制[3]。

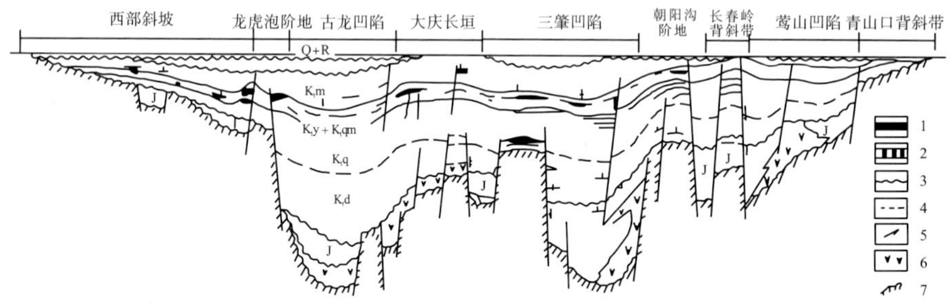

图 2　松辽盆地北部断坳叠置结构油气藏剖面

1．油藏；2．气藏；3．不整合；4．假整合；5．油气运移方向；6．火山岩、火山碎屑岩；7．基底

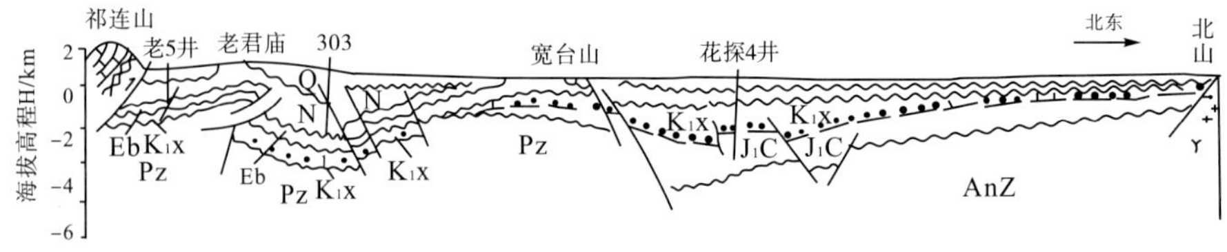

图 3　甘肃西部酒西盆地—花海盆地构造横剖面图

2．中段盆地以下断上拗，后期受压扭性改造为特征

东起呼和浩特，西至阿尔金山断裂，南到雅布拉北断裂，北至国界线地区。包括银根盆地及巴丹吉林沙漠区内的公婆泉等八个小型盆地，它们均位于准噶尔－松辽缝合带上。若以侏罗、白垩系为目的

层和同具下断上拗的成盆模式考虑，本区之南的阿拉善地块上的银根等盆地、河西走廊过渡带上的酒泉等盆地和祁连褶皱带之南的柴达木盆地、北缘的侏罗纪盆地，也应包括在本段之内。盆地基底因地而异，但在中生代均显示下断上拗的裂谷盆地结构，如在断陷期的银根盆地，中、下侏罗统见有火山角砾岩沉积、白垩纪的苏红图组还有大陆裂谷环境的碱性玄武岩[4]。在侏罗纪气候转为温暖潮湿，裂谷盆地充填很厚的河湖沼泽相沉积，暗色泥岩和含煤地层发育。白垩纪沉积中心向台缘的前陆盆地迁移，形成很厚的可生油的白垩纪地层(如酒泉盆地)。到了第三纪和第四纪裂谷盆地转为拗陷期，并受特提斯洋闭合由南向北挤压力的影响，导致本区许多裂谷盆地边界正断层反转成逆断层，有的甚至形成推覆构造(如老君庙油田)。早期的张性盆地后期改造成压性盆地，并导致油气的再分配，是中段与东段显著不同的构造特征。

3. 西段盆地格局仍以下断上拗为主，但拗陷期特别发育

南起中天山北缘俯冲带，北到国界线广大地区，其间分布有准噶尔和吐哈两个含油气盆地。若以侏罗系为目的层，还应包括天山南侧的伊宁、库车、焉耆、敦煌等盆地和东部的三塘湖盆地等。与中、东段盆地相比，虽同属缝合带间的盆地，但在结构上有其特殊性：

(1)准噶尔盆地基底属残余洋壳性质。对盆地基底性质有两种不同的看法：一种是“准噶尔盆地基底为前寒武纪地块”。另一种是洋壳基底的观点。而对洋壳基底又有三种不同的认识：①“缝合带间的收缩海槽盆地”[1]；②“基底为典型的洋壳”[5]；③“残余弧后盆地保留的洋壳”[6]。从目前获得的地质和地球物理资料分析，持盆地基底为洋壳的观点依据较多。从盆边出露地层看，未发现前寒武纪地层；对西准噶尔晚石炭世花岗岩进行普通铅同位素分析，也未获得深部埋藏有前寒武纪大陆岩块的信息[5]。对准噶尔东缘和南缘晚古生代砂岩源区的研究，未发现有稳定大陆块的碎屑成分[7]；盆地内陆相沉积的上二叠统至第三系厚度巨大，从盆地中部的8000m到盆地南缘的16000m，这种快速沉降和沉积负荷表现出盆地基底的不稳定性，也显示出其为活动性基底而不是稳定性的克拉通基底。在航磁物探资料上，准噶尔盆地基底成三角形的高磁正异常，其数值高达1.39265A/m异常值，表明基底可能由铁镁质超基性洋壳成分组成。再据西准噶尔出现的唐勒蛇绿岩套(Є-O)和达尔布特蛇绿岩套(D_2)，东准噶尔北塔山蛇绿岩套(O_2)和克拉美丽蛇绿岩套(D-C_1)，以及北天山巴音沟蛇绿岩套(D3-C_1或更早)等资料，肖序常等认为准噶尔盆地从早古生代到晚古生代泥盆世处于洋盆发展阶段，从晚泥盆世到中石炭世为残留洋盆阶段[7]。Carroll等进一步认为“准噶尔残留洋盆是西伯利亚大陆与哈萨克斯坦大陆最后一次拼合(newly amalgamated)在构造或地理上保留的“港湾(embayment)”[7]。

(2)准噶尔盆地晚古生代晚期断陷发育阶段。从晚石炭世到早二叠世准噶尔盆地处在南北方向的挤压作用下，盆地内部处于外压内张的环境，形成一系列的箕状拗陷(或断陷)，由北而南有乌伦古坳陷、玛湖-漠区坳陷和南缘坳陷(见图4)。南缘的博格达当时也是一个裂谷[8]。在这些断陷早期伴有火山岩喷发及火山岩碎屑沉积。断陷之间也分布着许多基底隆起，如三个泉隆起、莫索湾隆起等，后者缺失下二叠统。这种隆拗相间的格局，反映准噶尔盆地断陷期发育，也为形成特大油气田提供有利条件。

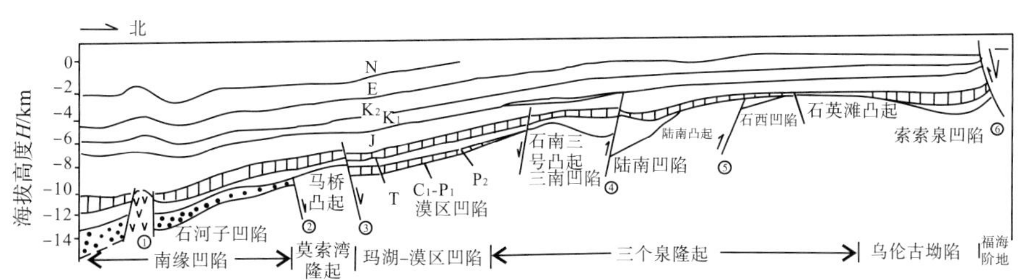

图4　准噶尔盆地南北向QA地震地质解释横剖面(据新疆石油局修改，1990)

断裂：①呼图壁尖刺构造；②莫索湾南断裂；③莫索湾北断裂；④陆南2号西侧断裂；⑤陆南断裂；⑥吐丝托依拉断裂

(3)准噶尔盆地剧烈拗陷发育阶段。早二叠世末地壳运动强烈，新疆全区海水全部退出，准噶尔盆地的残留海盆也因之关闭，各大陆拼接成一体，新疆进入陆内造山和成盆拗陷阶段。晚二叠世陆相地层，覆盖全区，起了填平补齐的作用，并淹没了吐哈盆地，在昌吉－乌鲁木齐一带厚达2000～4500m，成为良好的生油层。三叠纪沉积范围进一步扩大，中、下三叠统为洪积及河流相沉积，上三叠统转为湖相，成为盆地内第二个良好的生油层。

早、中侏罗世气候湿热，广泛发育河湖－沼泽含煤相，其沉积范围比三叠系更大，当时淹没了准噶尔、柴窝堡和吐哈等盆地，构成统一的大湖盆，沉积最大厚度2000～2400m。估计当时湖盆水体可能与中天山的伊宁盆地和南天山的焉耆盆地和库车等盆地相通，不仅成为中国西北地区的大湖盆群，也成为区域性的良好生油层。中侏罗世和晚侏罗世末的燕山运动，在西准噶尔的克拉玛依和东准噶尔的三台地区形成推覆构造，南缘的博格达山开始隆升，分割了准噶尔、柴窝保和吐哈盆地[8]，到了晚侏罗世气候转为干旱，湖盆缩小，以河流相红色碎屑岩到湖相杂色泥岩为主。

早白垩世气候仍较干旱，盆地多为河流浅湖环境，在南缘拗陷的玛纳斯－呼图壁以北，仍有1100km^{2}可生油的深湖相，沉积厚度可达2200m。晚白垩世，湖盆开始收缩，水体不断南移，以洪积－河流相为主。早第三纪初气候进一步干热，湖盆向南收缩成许多小湖盆，仅局部地区可以生油。晚第三纪湖盆发育在乌苏－独山子一带的前陆盆地中，沉积厚度2300m，第三纪末的喜马拉雅运动使北天山的前陆盆地发生冲断，并形成三排背斜，独山子油田即发育在第三排褶皱带上。

二、纬向石油富集“黄金带”对开发西北地区的重要性

西北地区巨大的油气资源不仅是发展西北地区的物质基础，而且是中国未来石油工业发展的战略基地。

(一)纬向裂谷盆地带在中国大陆含油气大地构造中的地位

中国大陆主要含油气大地构造单元，从宏观上可划分为两类三种。两类就是克拉通盆地类和裂谷盆地类。前者如塔里木、鄂尔多斯和四川含油气盆地，后者如渤海湾含油气盆地。三种是指除克拉通盆地外，裂谷盆地还可分为经向裂谷盆地带和纬向裂谷盆地带，克拉通盆地类中塔里木盆地勘探程度低，鄂尔多斯和四川盆地以产气为主，找油的条件远逊于纬向裂谷盆地带。经向的伊兰－伊通－渤海湾－江汉裂谷盆地带，为断陷期成油，盆地分割剧烈，缺少形成特大型油气田的条件，近三十年来的盆地勘探结果证实，其含油气前景不如纬向裂谷盆地带。

(二)在纬向石油富集带西段的准噶尔盆地，可望找到特大型的油气田

据前述，准噶尔盆地和松辽盆地同为缝合带间“港湾”式盆地，同具裂谷盆地结构和拗陷期特别发育的特征，松辽盆地已找到特大油田，准噶尔盆地的地质和成藏条件与其有相似之处。尽管准噶尔盆地有些条件不如松辽盆地，但有些条件却优于松辽盆地(见表1)。

表1　准噶尔盆地与松辽盆地地质与成藏条件对比

特征	准噶尔盆地	松辽盆地
大地构造位置	缝合带间“港湾”式盆地	缝合带间“港湾”式盆地
盆地结构	裂谷盆地，在拗陷期产油	裂谷盆地，在拗陷期产油
	断陷期 C_3-P_1；拗陷期 C_3-P_1	断陷期 J_3；拗陷期 K_1-E
盆地中央构造样式	大型基地降起，如中央隆起带	大型基地降起，如中央断隆

续表

特征	准噶尔盆地	松辽盆地
大型圈闭及形成时间	位于隆起带上的莫索湾背斜（>700km²），燕山期形成	位于基底隆起上的大庆长垣（约 2600km²），燕山期形成
盆地面积/km²	130000	260000
陆相沉积岩厚度/m	8000～16000	>6000
生油层位及厚度/m	P_2，T_3，J_{1+2}，E_3，N_1>3000	K_1　500

（三）西北地区可望在中小型侏罗纪盆地中找到一些小而肥的油气田

在纬向石油富集带的中、西段，包括陕、甘、宁、新、青等省，发育着 46 个中、小型侏罗纪盆地，侏罗系分布面积共计 57×10^4 km²，中、下侏罗统为煤系地层，厚 1000～2000m，富含暗色泥岩和煤层，具良好的生储油条件；上侏罗统为红色泥岩和碎屑岩，厚 100～1000m，可作盖层。钻探了 16 个含煤盆地，有 9 个已发现油田，如在吐哈、库车、焉耆、潮水、民和等盆地中发现油田十余个。因交通不便，勘探程度低，许多盆地还有较大的勘探前景，随着勘探力度的加强和技术水平的提高，还会有更大的发现。因此，西北地区的中、小盆地的侏罗系，大有勘探回旋的余地，甚至可发现更多的小而肥的油气田。

参考文献

[1]罗志立. 试论中国含油气盆地形成和分类[J]//朱夏. 中国中新生代盆地构造和演化[M]. 北京：科学出版社，1983.

[2]翟光明. 中国石油地质志(卷二)——大庆油田[M]. 北京：石油工业出版社，1987.

[3]罗志立，姚军辉. 试论松辽盆地新的成因模式及其地质构造和油气勘探意义[J]. 天然气地球科学，1992，3(1)：1-10.

[4]翟光明. 中国石油地质志(卷十二)——大庆油田[M]. 北京：石油工业出版社，1987.

[5]肖序常，汤耀庆. 古中亚复合巨型缝合带南缘构造演化[M]. 北京：中国科学技术出版社，1991.

[6]许靖华. 准噶尔盆地周围的混杂岩——残余弧后盆地造山变形作用的实例[J]. Proceedings of the First International Conferennc on Asian me geology，1990：1-300.

[7]Carroll A R 等. 晚古生代准噶尔盆地沉积作用与基底特征[J]. 肖序常，汤耀庆. 古中亚复合巨型缝合带南缘构造演化[M]. 北京：北京科学技术出版社，1991.

[8]林晋炎. 博格达裂谷的沉积层序兼论新疆北部统一陆内盆地的形成与演化[D]. 西安：西北大学，1994.

[本文原载于《成都理工学院学报》，1998，25(2)：191—200]

Ⅰ-4 四川盆地基底结构的新认识

罗志立

（成都理工学院“油气藏地质及开发工程”国家重点实验室）

摘要：四川盆地基底已研究多年，取得一定的共识；但有些基础地质问题，尚值得探讨。如四川盆地西缘的基底是否属于大扬子地台的一部分？盆地基底从老至新由不同时代前震旦系三层结构组成，对后期古隆起形成有什么影响？其板块构造演化模式是什么？盆地基底断裂对后期构造变形有什么影响？四川盆地深部岩石圈结构特征，对中新生代构造变形及地温场有何影响等等，将是人们勘探油气所关心的基础地质问题。该文在近几年来积累的大量地质和地球物理资料基础上，结合过去研究的成果，提出一些新认识，与读者探讨。

关键词：基底；大扬子地台；岩石圈；古隆起；地温场

四川盆地基底特征已研究多年，取得许多共识，为研究四川盆地演化提供了重要的资料。但在横向上盆地基底与周边岩块之间有何关系、盆地深部构造对盆地后期演化的影响、盆地基底岩石性质对古隆起的作用、基底断裂对后期区域构造变形的影响等方面，有深入研讨的必要。阐明上述问题，将为四川盆地形成和演化提供基础资料，为探寻大、中型气田提供背景材料。本文所称的盆地基底，是从石油地质学角度，以具含油性沉积岩底部为基底的观点，即指四川盆地晚元古界上震旦统底部以前的地层为基底，它们包括太古界—下元古界的康定群和崆岭群、中元古界褶皱变质的会理群、黄水河群、火地垭群、梵净山群，及上元古界下震旦统的开江桥组—苏雄组、澄江组及板溪群等。

一、四川盆地基岩与盆地边缘出露基岩的关系

四川盆地属上扬子地台的一部分，在灯影组沉积前，西起扬子地台西缘，东至雪峰地块的东缘已构成一个完整的基底，沉积了第一套沉积盖层——上元古界的灯影组，显示了稳定的地台型特征。但在盆地西缘的龙门山及松潘－甘孜地区，出现了轿子顶、茂汶、宝兴等杂岩体，被古生界地层包围，其间被茂汶－汶川和映秀－北川等深断裂分割。据近几年来的研究，这些多为无根的外来岩体，至少是从西北缘约40～50km处，推覆到现在位置的；但在这些岩体的上覆地层均可见到与盆地内相同岩性的灯影组，说明这些基底岩块灯影组沉积时与盆地基底是相连的。在四川盆地西北缘的文县－青川地区，出现了大面积的中元古界深变质碧口群组成的基岩块体，其南翼可见沉积巨厚的志留系茂县群和青川大断裂与盆地北缘隔开；但从两翼有灯影组覆盖地层推测，它在灯影组沉积时，应与四川盆地基底是相连的。在松潘地区的若尔盖草原，许多国内研究者均认为存在一个隐伏的前震旦系基岩块，其上被晚三叠世早期的西康群所掩盖。据地壳测深资料，若尔盖地块内的阿坝地区莫霍面(埋深57～58km)，比其外围的黑水地区(埋深59～61km)浅，也证实了若尔盖地块的存在。

据上述资料，许多研究者提出大扬子地台的观点，认为松潘－甘孜褶皱带区的基底原与四川盆地基底相连，成为一个跨越龙门山断裂带的大扬子地台(有的甚至认为包括柴达木和塔里木盆地范围)。作者有不同的认识，认为龙门山断裂带以西不存在一个完整的前震旦纪基底，而是兴凯地裂期古中国地台解体时分裂出去的微陆块，印支期再挤压、汇聚直至当前的状况，依据有：

(1)深部各种地球物理资料，均反映龙门山断裂带内不连续的物理界面，深断裂可延伸到基底面(见图1)。

(2)块体之间有巨厚的复理石沉积，如川西北的志留系茂县群、唐王寨泥盆系等，显示基底块体之间活动性很大，不具地台特征。

(3)松潘－甘孜地区。晚三叠世西康群复理石沉积厚达5000～6000m，后期褶皱强烈并有大量火山岩体侵入，均显示活动强烈，不具地台稳定性特征。

(4)中国大陆晋宁运动后形成一个完整的中国地台，黄汲清和任纪舜称为古中国地台，经历了震旦纪至早寒武世后，古中国地台解体，形成祁连、秦岭等洋[1]。作者称这时的拉张运动为“兴凯地裂期”[2]。恰在此时，扬子地台西缘的碧口、茂汶、宝兴等基岩块体随着秦岭洋打开而分裂出去，古生代各有沉浮，控制了四川盆地下古生界海相地层由西向东的变化。松潘－甘孜地区在中生代早期转为边缘海，沉降剧烈，晚三叠世后再挤压收缩隆起，在川西形成前陆盆地，并成为四川盆地内重要物源区。因而研究盆地基底与龙门山断裂带以西的基岩块体之间的关系非常重要，它不仅涉及扬子地台西缘边界的问题，而且控制了四川盆地古生界的沉积和演化特征。

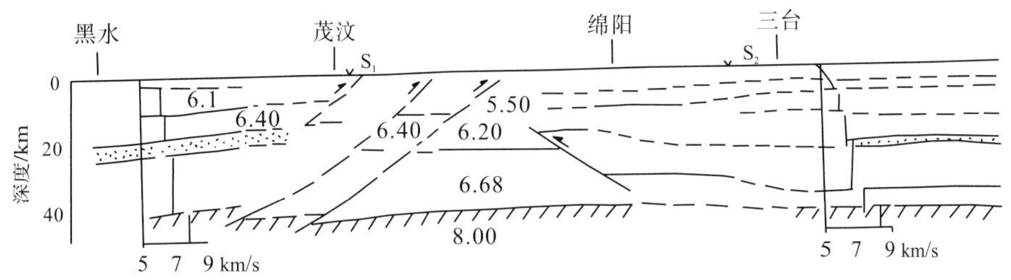

图1　黑水－三台地壳地震测深断面图

二、四川盆地基底岩层分布特征及其构造演化模式

在四川盆地中钻到基底的深井只有两处：一为威远构造上的威28井，于井深3630m处进入灯影组前的花岗岩，用Rb-Sr法测得同位素年龄为740.99Ma，属早震旦世澄江期的产物；一为龙女寺构造上的女基井，于井深5934m处进入灯影组前的火山岩，经鉴定为流纹英安岩，测得Rb-Sr年龄值为701.54Ma，可与川西苏雄组对比。据岩石化学指标分析，属作者提出的康滇－川中－鄂西岛弧上火山喷发岩和侵入岩的地质构造背景产物[3]。除此而外，四川盆地基底岩性特征，多根据四川盆地航磁和重力地球物理和地壳断面等资料，结合盆地边缘出露的基岩性质，作出地质综合解释，逐步取得许多新认识。

(一)四川盆地基岩从老至新由三层结构组成

1. 太古界至下元古界的结晶基底层

出露在盆地西南缘的“康滇地轴”上，代表地层为康定群，为一套中、基性火山岩组成的深变质岩和具有强磁性的基性－超基性岩侵入体，因而在航磁异常上反映出强磁场和在重力异常上反映重力高，在川中物理场反应特别明显，如南充－南部磁力高，在剩余重力异常图上也反映重力高。但这些由结晶基底组成的磁性异常体，据周熙襄等用磁多面体法计算的埋深，在盆地内各不相同(见表1)，但多反映川中为深埋的硬性基岩特征。

表1　四川盆地磁性体埋深

地区	川西	川中		川东	
磁性体埋深/km	德阳	南充	大足	石柱	巫溪
	17	8	9	13	14

2. 中元古界褶皱基底层

它们是分布在“康滇地轴”上的昆阳群、会理群，龙门山褶断带上的黄水河群和汉南地块上的火地垭群等，由陆源碎屑岩、碳酸盐岩及火山喷发岩组成了岛弧前缘冒地槽沉积，时限为1000～1700Ma；晋宁运动后受挤压形成褶皱带，上叠在康滇—川中—鄂西岛弧的前缘。从川西航磁反映出大面积弱磁性异常资料推断，四川盆地西部地腹可能以此褶皱带为基底层。

3. 上元古界下震旦统过渡基底层

这套地层岩类复杂，有代表岛弧张裂构造背景下火山岩喷发的开建桥组和苏雄组，有代表岛弧边缘砂砾岩磨拉石沉积的马槽园组，有代表弧后盆地复理石沉积的板溪群(见表2)。尽管它们岩类复杂、横向变化大，但为同期异相的产物，反映晋宁运动后康滇—川中—鄂西岛弧各单元的活动状况。据郭正吾的研究，代表火山岩喷发的苏雄组，可能存在四川盆地的川西地区和华蓥山西侧[4]。

在其后的澄江运动，扬子古板块的基底形成，四川盆地基底也趋于稳定，其上虽有南沱组、观音崖组(陡山沱组)等沉积，有填平补齐作用，但已无火山岩沉积，基底夷平，迎来震旦纪灯影期的海侵，成为四川盆地第一沉积盖层。

(二)四川盆地基岩层分区特征及对后期古隆起形成的影响

从航磁和地震资料结合区域地质，四川盆地基岩层在平面上可分为三大区，它们反映出盆地基底岩层分布的不均匀性(见图2)。

1. 川西区

位于龙门山断裂带F1以东，龙泉山—三台—巴中断裂带F2以西，在航磁异常图上，除德阳磁力高外，其余均显示负磁异常。结合邻区盆缘出现地层，推测为中元古界的褶皱基底层，在晚元古代早震旦世可能因裂隙作用喷发的苏雄组覆盖在它上面。基底面埋深7～11km，最深处在德阳附近。

表2　四川盆地及周边地区震旦系对比表

地层	宁南巧家	峨边天全	平武	阳平关宁强旺苍	紫阳镇安	神农架	宜昌	慈利吉首	酉阳松桃
上覆地层	$Є_1$	$Є_1$	$Є_1$	$Є_1$	$Є_1$	$Є_1$	$Є_1$	$Є_1$	$Є_1$
震旦系上统	灯影组	灯影组	灯影组	灯影组	灯影组	灯影组	灯影组	灯影组	留茶坡组
震旦系上统	观音崖组	观音崖组	蜈蚣口组	陡山沱组	陡山沱组	陡山沱组	陡山沱组	陡山沱组	陡山沱组
震旦系上统	南沱组(紫色页岩段、冰碛岩段)	列古六组	木座组(俄石坎组、月亮湾组、道角湾组)	南沱组—莲沱组	耀岭河组	南沱组、大塘坡组、古城组	南沱组	南沱组、湘锰组、东山峰组	南沱组、大塘坡组
震旦系下统	澄江组	开建桥组—苏雄组	阴平组		陨西组	莲沱组、马槽园组	莲沱组	五强溪组、马底驿组	板溪群
下伏地层	会理群	峨边群	碧口群	西乡群	?	神农架群	三斗坪群	冷家溪群	梵净山群

2. 川中区

位于龙泉山—三台—巴中断裂带F2以东和华蓥山断裂带F4以西地区。航磁上显示强磁性宽缓正异常，从乐山经南充直达通江，反映基性和超基性岩体的物性特征，因而认为深埋的基底岩层为太古界—下元古界的结晶基底。从威28井和女基井资料以及华蓥山–遂宁的地层剖面，在上震旦统底可见下震旦统向东倾的斜层反射，推测结晶基底之上还盖有下震旦统的过渡层(见图3)。本区基底埋深较浅，为4～11km，从威远构造上的4km向北东方向逐步降到通江的11km。

3. 川东区

位于华蓥山断裂带以东，七曜山–方斗山断裂带以西地区。在航磁异常图上，除石柱正异常体外，其余地区总的显示为平静的负磁场背景，一直延伸到贵州及湘西地区；结合梵净山和“雪峰地块”上出露厚约5000～8000m板溪群考虑，它为弱磁性或非磁性的复理石弱变质的板岩，因而认为本区基底岩石为板溪群；石柱磁力高，可能为伏于板溪群之下的梵净山群中具强磁性超基性岩侵入体的反应。从本区沉积盖层和板溪群累积厚度有11～14km，可与表1中计算的石柱磁性岩体埋深13km对应。本区基底面埋深8～11km，最深的地方在石柱。

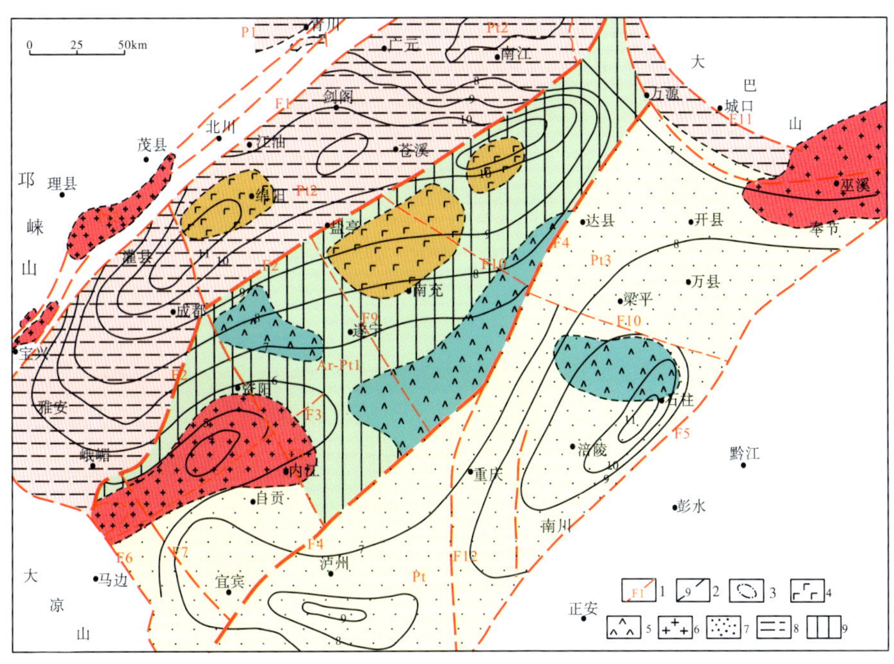

图2　四川盆地前震旦系基底构造图

1. 推测大断裂；2. 基岩埋深等高线/m；3. 岩体边界线；4. 基性杂岩；5. 中基性火山岩；6. 花岗岩；7. 上元古界板溪群；8. 中元古界黄水河群；9. 太古界—下元古界康定群

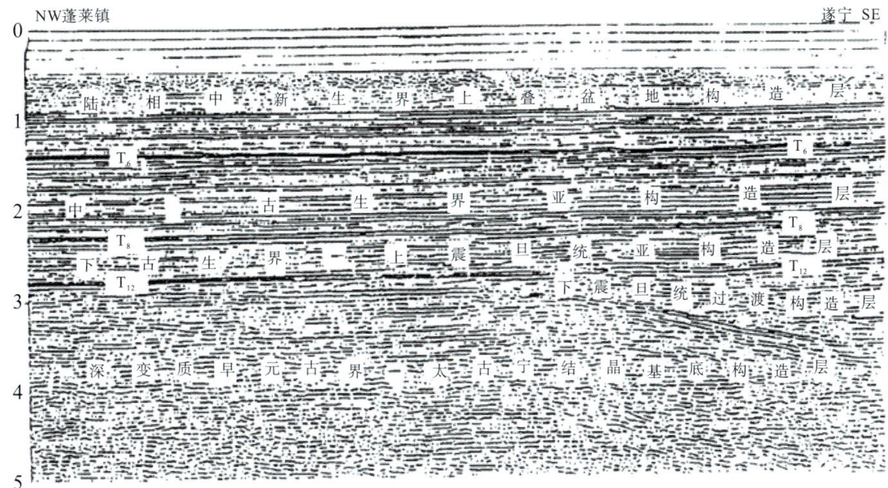

图3　川中地区遂宁–蓬莱镇石油地震时间剖面图

从上述太古代到早元古代的基底岩层，主要分布在川西和川中地区，而早古生代的乐山—龙女寺古隆起又主要分布在两区的南部，西南端紧靠康滇古陆，向北东延伸不过华蓥山断裂带，看来它们之间有一定成因关系。古老的川西褶皱基底和川中的结晶基底，因具刚性，故在加里东期形成宽缓的乐山—龙女寺古隆起。印支期的泸州—开江古隆起分布在川东南的板溪群基底上，是否与基底为塑性岩层有关也值得进一步探讨。

（三）四川盆地基底演化的构造模式

四川盆地基岩层有由西向东变化的规律性，过去很少从构造模式进行讨论。经过作者多年来对扬子古板块的研究，认为扬子古板块的基底由两弧夹一盆的模式形成(见图 4)。四川盆地处于上扬子古板块范围内，康滇—川中—鄂西岛弧是太古代—早元古代形成的弧核，晋宁运动使其西缘沉积的中元古代的昆阳群和会理群等发生褶皱，构成目前川西的基底；在其东缘的华蓥山带发生过裂陷，造成有前述的苏雄组火山岩喷发，成为川东同时异相板溪群中火山凝灰岩物质的来源地。因川东处于澄江期拉张形成的弧间盆地东侧，故为板溪群基底分布的地区。本模式的建立，不仅解释了四川盆地基底不同岩类在时间演化上的关系，也解释了火山岩喷发和沉积物质在空间上的联系，是目前解释四川盆地基岩层特征较为合理的构造模式方案。更有意义的是处于东弧间盆地的微变质的巨厚的板溪群，还具有一定的生油条件，可作为川中基底面成藏远景的依据。

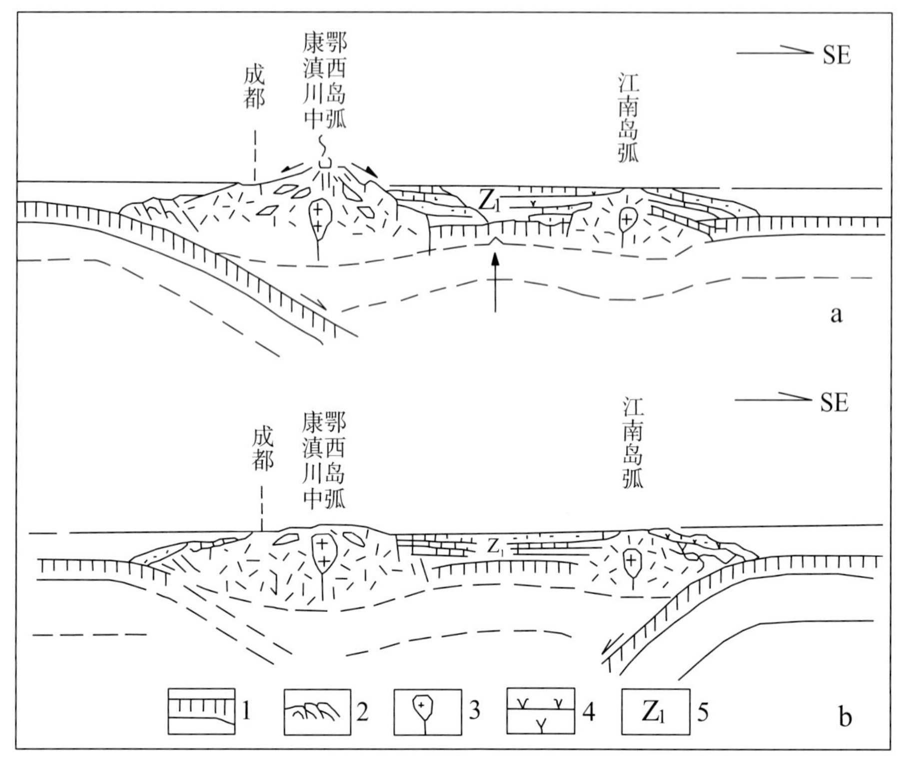

图 4　晋宁—澄江运动扬子古板块发展示意图

a. 晋宁运动使岛弧破裂成两个岛弧和弧间盆地；b. 澄江运动形成扬子古板块基底；

1. 洋壳；2. 俯冲杂岩体；3. 火山岩基；4. 类复理石沉积；5. 板溪群

三、四川盆地基底断裂对后期构造变形的影响

前人据四川盆地重、磁物探资料，联系区域地质划出数十条基底断裂，这些断裂除控制盆地边缘的龙门山、荥经—沐川、七曜山和城口等断裂，因后期错动有大的断距外，在盆地内部一般均未见到基

底落差大的可信断裂，而多表现在地球物理场异常上；在走向上它们可划分为北东向、北西向和南北向三组(见图 2)，分述如下。

(一)北东向基底断裂

龙门山断裂带(F1)：为盆地西缘边界断裂，在各种地球物理场上均有明显的异常。后期变形显著，形成国内有名的推覆和滑覆构造带，控制后期盆地内沉积盖层由西向东的相变。

龙泉山－三台－巴中－镇巴断裂带(F2)：这条断裂主要是根据川中正磁异常与川西负磁异常特征划分出来的，但前人认为其南端以北东向经过蒲江；作者根据龙泉山有密集的磁力线和剩余重力异常资料，认为其东移至龙泉山断裂带。这条断裂带没有明显的基底错断，但它是控制中生代川西前陆盆地发育的一条重要边界。

犍为－安岳断裂(F3)：位于川中地区的南端，在航磁上作为划分大足和乐至两个磁力高的界线，位于威远构造的南翼，对乐山－龙女寺古隆起的形成和威远构造后期的变形有控制作用。

华蓥山断裂带(F4)：航磁上处于川中南充正高异常向川东负异常的剧变带上，重力场上处于北东向大足重力高向川东重力低过渡带上，在石油地震剖面上因地表影响常为反射空白区；但从川中和川东震旦系对比，未见有明显的落差。这条断裂在后期地史上较活动，澄江期有火山岩喷发，晚二叠世有玄武岩喷溢，中生代成为川东断褶带和川中平缓构造区的分界线。断裂带的南端可能存在南北向分支断裂。

七曜山断裂带(F5)：一般作为划分四川盆地的东界，地球物理场上两侧有明显的差异，地学断面上可见岩石圈被断裂错开，但基底断裂并无明显落差现象。

(二)北西向基底断裂

荥经－沐川断裂带(F6)：为盆地西南缘的边界断裂，可能作为早古生代分割康滇南北向古隆起和北东向乐山－龙女寺古隆起的分隔断裂。

乐山－宜宾断裂(F7)：平行于荥经－沐川断裂带，对后期天宫堂等北西向构造变形有控制作用。

什邡－简阳－隆昌断裂(F8)：作为后期分隔自流井拗陷和川中隆起的边界。

绵阳－三台－潼南断裂(F9)：在其西北端作为划分川西拗陷和川北拗陷的边界。

南部－大竹－忠县断裂(F10)：在川中控制川中隆起和川北拗陷的分界，在川东可能为后期雷音铺和梁平等构造上玄武岩喷发的通道。

城口断裂带(F11)：是东秦岭地槽褶皱带与扬子古板块的分界断裂，也是大巴山褶皱带向盆地内活动的冲断带。

(三)南北向基底断裂

綦江断裂带(F12)：为划分川东与川南的分界断裂。它与东邻的南川断裂构成川黔断裂带，与大凉山地区南北向川滇断裂带对应。

四、四川盆地深部岩石圈结构对中生代构造变形及地温场的影响

近十年来，人们对含油气盆地的研究逐渐从地表或浅层构造变形，转向深部地壳甚至岩石圈结构的研究，从而研究深层构造对浅层构造的控制作用。在“八五”期间，黑水－邵阳地壳地震测深断面和阿坝－邵阳大地电磁测深剖面均通过四川盆地，因而有可能对四川盆地岩石圈结构作出综合解释，加深四川盆地成盆条件和中生代后构造变形及地温场区域分布的认识(见图 5)。

(一)岩石圈从上至下可分为三层结构

1. 上地壳

上地壳由沉积盖层到中元古代的褶皱变质岩和早元古到太古代的角闪岩组成的结晶岩构成，处于甘孜—阿坝地区的底界埋深约38km。在25km深处中元古界的变质岩底部，出现厚约6km的低速度、低电阻的塑性层，向东上倾方向可与茂汶—汶川韧性剪切断裂带相连。近期所见地震源多在此塑性层上，它不仅是本区印支—燕山期岩浆体的来源地，也是龙门山推覆构造的滑脱层。

在川南和川中地区，上地壳厚约25～30km，在川中底部出现厚约6km的低速层，可能由花岗质的糜棱岩层组成具塑性的滑脱层。

在川东上地壳厚约30km，岩石圈断裂较为发育，特别是华蓥山地区出现东倾断裂。错开岩石圈，可能成为上二叠统玄武岩的来源通道。

2. 下地壳

此构造层以川中壳内低速层为顶、莫霍面作底，厚约23km；在甘孜—阿坝地区埋深38～67km，厚约29km，从波速推测为高温高压下的麻粒岩组成。在其底部近莫霍面处出现厚约5km的壳幔混合层，可能由麻粒岩与橄榄岩互层组成的滑脱层。

在川西和川中地区，埋深约30～45km，厚18～23km，显然比龙门山断裂带以西的甘孜—阿坝地区地壳减薄5～8km。造成如此差异，可能因下地壳为塑性流变层，川西物质沿莫霍面底部滑脱层，向甘孜—阿坝地区流动加厚所致。

川东下地壳埋深26～42km，厚约16km，其岩石成分仍为麻粒岩相。在重庆附近下壳层出现壳—幔混合层，这在大地电磁测深剖面上也可见到26Ω·m的低阻层的反映。由于它的存在，导致本区上地壳加厚、下地壳减薄，并出现方向相反而有抬升趋势的逆断层(见图5)。

3. 上地幔

上地幔顶以莫霍面为界，底以大地电磁测深的高导层顶为界，暂定为软流圈的顶部。其埋深在川中为85km，向川西降为103km，经过龙门山断裂带后再降到145km，从川中向川东顶部降为135km，形成川西—川中为幔隆区，甘孜—阿坝地区和川东为幔坳区。上地幔岩石一般由尖晶石二辉橄榄岩和石榴石二辉橄榄岩组成，简称地幔岩。

从上述岩石圈结构特征和图5所示，可看出软流圈在横向上隆起幅度的高低控制地壳活动性，如川中为幔隆区，地壳表现较稳定，川西次之；而甘孜—阿坝地区和川东地区为幔坳区，则地壳活动性强。在纵向上岩石圈存在多个塑性滑脱层，从上至下有全盆地内盖层与基底之间的塑性层，川东发生的盖层滑脱褶皱，即与此塑性层有关；在甘孜—阿坝地区上地壳内存在花岗质塑性层，与龙门山冲断层形成有关；在川中上地壳底部存在古老的糜棱岩层；在甘孜—阿坝地区和川东地区，下地壳底部存在壳幔过渡塑性层；在全盆地软流圈顶部普遍存在塑性层。它们的存在，不仅为大陆地壳水平运动提供条件，也为岩石圈加厚和地壳变形起着重要作用，如龙门山地区冲断带特别发育和地壳加厚，即与此作用有关。

(二)四川盆地岩石圈结构控制区域地温场的变化

根据郭正吾等用100余口井的钻井温度资料编制的四川盆地地温等值线图(见图6)可知，从乐山—内江—南充的川中地区，现地温梯度由25～30℃/km，向川西和川东方向降低到20℃/km。这种地温场区域的变化，与川中为幔隆和川西为幔坡、川东为幔拗的岩石圈结构形态相对应(见图5)。也与因幔隆产生的传导热流值高和川中基底因有花岗岩侵入体中放射性元素蜕变产生的热流也高有很大的关系。这种地壳热流结构，对有机质区域性转化可能产生不同的影响，应引起重视。

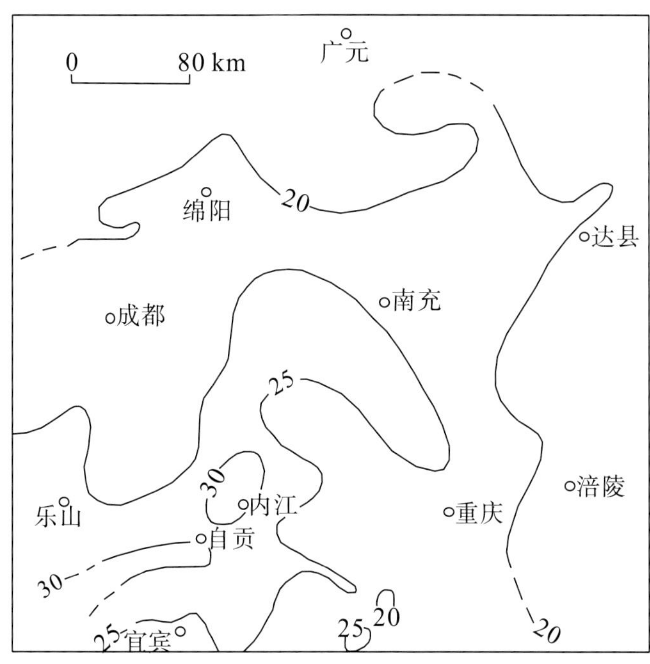

图 6　四川盆地地温梯度等值线(单位℃/km)

谨以此文纪念敬爱的老师李承三教授诞辰 100 周年。

参考文献

[1]黄汲清，任纪舜. 中国大地构造及其演化[M]. 北京：科学出版社，1980.

[2]罗志立. 地裂运动与中国油气分布[M]. 北京：石油工业出版社，1989.

[3]罗志立. 川中是一个古陆核吗[J]. 成都地质学院学报，1986，13(3)：65-73.

[4]郭正吾. 四川盆地形成与演化[M]. 北京：地质出版社，1995.

[本文原载于《新疆石油地质》，2001，22(5)：365－371]

Ⅰ-5　塔里木盆地古生界油气勘探新思路

罗志立[1]　罗　平[2]　刘树根[1]　赵锡奎[1]　李国蓉[1]

(1. 成都理工大学 油气藏地质及开发工程重点实验室，四川 成都 610059；

2. 中国石油 石油勘探开发科学研究院 实验中心，北京 10083)

摘要：对塔里木盆地古生界海相碳酸盐岩的油气勘探，若能拓宽或转换构造研究思路，可能还会有重大发现。从塔里木盆地古生代构造演化中存在“兴凯地裂运动”和“峨眉地裂运动”的实际出发，分析两期地裂运动对盆地古生界油气藏形成的影响，阐明勘探中存在的关键问题，进而建议在研究思路上要有创新，勘探部署和工作方法上要适应拉张构造背景特征。指出塔里木盆地是中国三个克拉通盆地古生界最有含油气远景的盆地，相信能取得良好的勘探效果和新的重大发现。

关键词：塔里木盆地；古生代；海相；碳酸盐岩相；勘探

截至1999年，塔里木盆地已探明17个大中型油气田，发现33个工业性含气构造，累计探明和控制油气地质储量超过10×10^8t。纵观20多年来对塔里木盆地的油气科学研究、勘探部署和指导思想，多是依不整合和构造圈闭内成藏模式指导工作，这使盆地边缘中、新生代前陆盆地中的油气勘探获得了很大的效益和进展；但对塔里木盆地内部古生界海相地层油气田勘探，效果欠佳，在油气田规律研究上，仍处于艰苦探索阶段，对其远景的认识也处于焦灼和徘徊状态。因此，有必要在含油气构造研究方向上拓宽或转换思路，以便更好地研究古生界油气田的分布规律和成藏模式。

塔里木盆地古生代曾发生过两次地壳拉张运动，即作者等提出的“兴凯地裂运动”(Xingkai taphrogenesis)和“峨眉地裂运动”(Emei taphrogenesis)[1,6]。阐明“地裂运动”对塔里木盆地古生界成藏条件的影响，分析古生界油气勘探中存在的关键问题，加强对塔里木盆地下古生界油气田非背斜成藏模式的研究，并提出在塔里木盆地研究地裂运动的思路和方法是本文的目的。

一、塔里木盆地古生代沉积－构造演化特征

许多学者认为塔里木盆地从上震旦统至二叠系存在6～8个区域构造不整合面[3,4]，代表多次地壳挤压运动。但笔者从塔里木盆地古生代火山喷发岩的时代和特征、断裂活动的时代以及塔里木板块与周围洋盆演化的关系，认为塔里木盆地古生代区域构造演化，经历了拉张－挤压－拉张－挤压四个阶段。

(一)晚震旦世至奥陶纪“兴凯地裂运动”期的拉张阶段

晚元古代形成的“古中国地台”，这时开始裂解和离散，天山、北山、祁连－秦岭、昆仑、阿尔金等洋盆开始发育，笔者曾借用黄汲清“兴凯旋回”一词，演绎成“兴凯地裂运动”[1]，代表当时地壳的拉张运动。这时的塔里木板块处于南天山洋、阿尔金山洋和西昆仑山洋的区域拉张背景中，其表现在如下几个方面。

1. 震旦－奥陶系有火山岩分布

震旦－寒武系的火山岩在柯坪、库鲁克塔格区出露，盆地内在塔北隆起上的东河22井和巴楚凸起的方1井也钻遇这套火山岩，经化学成分和微量地球化学元素以及同位素地球化学元素等分析，判断火山岩性质属拉斑玄武岩系列和碱性玄武岩系列，代表板内张性裂陷构造形成的岩浆产物。奥陶系的

火山岩主要分布在塔北隆起中西部及塔中地区，东河24井、东河12井、英买3井、塔中33井、塔中9井和塔中3井均钻遇这套火山岩(见图1)。

2. 震旦—奥陶系存在加里东运动期的张性断裂

塔里木盆地主要断裂近80条，在盆地内有近东西向的区域大断裂7条(图1)。自北向南有二八台断裂(46)、兴地断裂(3)、塔中北—满加尔南断裂(36)、塔中北缘断裂(37)、唐古孜巴斯北缘断裂(38)、牙通古斯断裂(41)、民丰北断裂等(39)。这些断裂常延长数百千米，多为高角度的基底断裂，形成于加里东运动期，多为正断层[5]。前述的震旦—奥陶系火山岩体的分布，即与这些张性正断裂有关(见图1)。

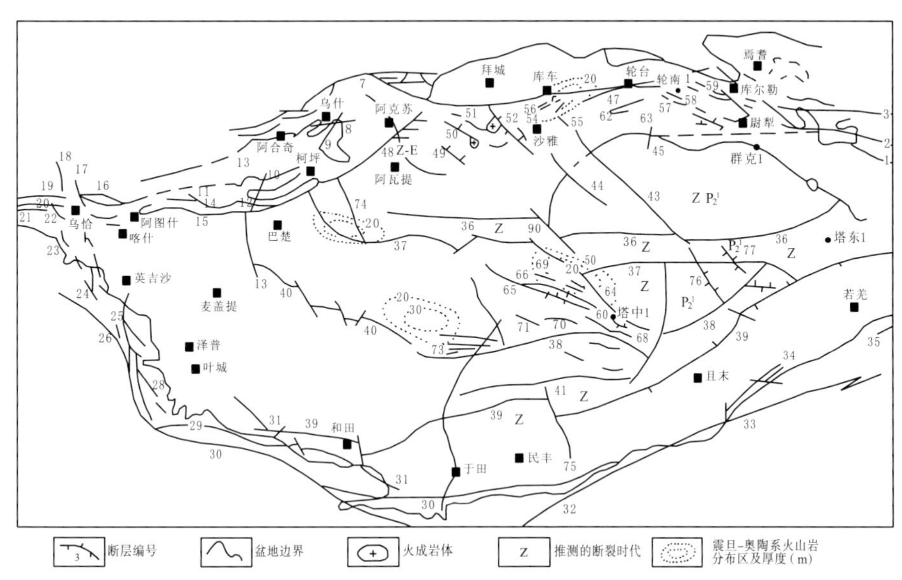

图1　塔里木盆地区域断裂和震旦—奥陶系火山岩分布

3. 库鲁克塔格—满加尔裂陷槽

从震旦纪至奥陶纪塔里木盆地的沉积相有显著的差异，中西部阿瓦提为台地相区，东部的库鲁克塔格满加尔地区为槽盆相区。后者夹持于塔北隆起南缘大型正断裂和塔中隆起北缘大型正断裂之间，在其东北端向南天山洋开口，成为南天山洋伸向塔里木板块内的“夭折臂”，称为库满裂陷槽[3]。它的发育有4个阶段：①早震旦世发育1170m厚的中酸性火山岩、晚震旦—早寒武世发育有200m厚的玄武岩，代表库满裂陷槽早期张裂阶段；②寒武纪至早奥陶世为欠补偿的深海盆地相沉积，代表裂陷槽中期充分发展阶段；③中晚奥陶世充填3185m厚的深海浊积岩，为晚期充填和超补偿阶段；④晚奥陶世末发生的加里东运动，导致上奥陶统与其上地层区域不整合，代表裂陷槽消亡阶段。

阿瓦提凹陷，过去许多研究工作者均把它作为盆地的次级构造单元，对它的特殊构造风格未引起充分重视，作者从地球物理场、沉积厚度和构造格局展布等特征综合分析，认为它可能是早古生代在塔里木板块北部，与库满裂陷槽对应的小型裂陷槽，其依据为：①在布格重力异常图上显示重力低为−220～−240mgl在航磁ΔT等值线上也显示负异常，为−100～−200r异常值；二者的地球物理场相似。②从上震旦统至中、上奥陶统，阿瓦提凹陷沉积岩厚5.1～5.3km，库满裂陷槽厚5.8～9.4km，二者均是当时盆地内沉积最厚而又不相连的坳陷。③阿瓦提裂陷槽在东西方向上夹持于塔北隆起和巴楚凸起之间，并以北西向的阿吐尔基底断裂(48)和阿恰基底断裂(74)为界。在重、磁异常上均有反映。据此可认为阿瓦提为下古生界小型裂陷槽，从北西方向与南天山洋相连，中、新生代后被北东向沙井子逆断层掩覆，可能掩盖了裂陷槽的根部特征。

(二)志留纪—泥盆纪塔里木盆地挠曲、拗陷收缩阶段

早志留世塔里木板块北缘的南天山残留洋壳向南进一步俯冲，形成库尔塔格前缘隆起；南缘的西

古中昆仑岛弧与塔里木板块碰撞，发育有西南前缘隆起；东南缘的祁漫塔格岛弧与塔里木板块碰撞，形成阿尔金陆缘隆起。三个方向隆起，迫使水体向满加尔凹陷收缩，水体变浅，为一套滨岸相－滨外陆棚相的砂泥岩夹灰岩条带沉积。这时塔里木克拉通盆地成为挠曲坳陷盆地。

中、晚志留世—泥盆纪，塔里木板块周边洋盆收缩进一步加剧。北缘南天山洋盆于志留纪末闭合。西南缘的前缘隆起沉没，形成统一的塔西南－唐古孜巴斯前缘坳陷；东南缘阿尔金陆源隆起进一步扩大。塔里木克拉通盆地仍为挠曲坳陷盆地，以潮间带相的紫红色砂岩、沥青砂岩、粉砂岩夹薄层泥页岩沉积为主，相带呈东西向展布，砂岩成熟度较高。

(三)石炭纪至早二叠世“峨眉地裂运动”盆地再次拉张阶段

笔者曾认为“塔里木盆地北部，在晚古生代也曾发生过峨眉地裂运动”[6,7]。据近十多年来塔里木盆地的油气勘探资料，二叠系中普遍有玄武岩分布，估计面积超过 $10\times10^4\,km^2$，厚达 490m(沙参 1 井)，进一步证实了“峨眉地裂运动”在塔里木盆地的存在。其特征如下：

1. 火山岩分布范围广和大陆裂谷性质明显

从盆地内钻井揭露的火山岩，可划分为北西西和北东东向 7 条火山活动带：①塔里木盆地北东边缘中酸性火山岩及侵入岩带；②塔北隆起西段火山活动带；③北部坳陷中部火山活动带；④中央隆起中部火山活动带；⑤中央隆起西段线型火山喷溢带；⑥中央隆起西段火山喷溢活动带；⑦塔东南边缘火山岩浆活动带。二叠系玄武岩年龄值 241～278Ma(K-Ar 法)，经常量、微量、稀土等地球化学元素分析属亚碱性系列，地化特征高钛、相对富集轻稀土，具大陆裂谷玄武岩性质。

2. 盆地沉积特征

石炭系除塔山隆起等地局部缺失外，分布极为广泛，海侵范围较中、晚志留世—泥盆纪有所扩大，一般厚度为 800～2000m，塔西南坳陷厚度最大，以一套海陆交互相的碳酸盐岩和碎屑岩沉积为主，砂岩成熟度较高，早二叠世沉积范围较石炭系缩小，主要为一套陆相沉积，厚 200～800m；仅塔西南部分有海相沉积厚达 1.0km，并有海绵礁、藻礁及海滩生屑灰岩－鲕状灰岩。早二叠世中晚期，海水自东向西退出，火山喷溢活动广泛。

3. 石炭纪至早二叠世，塔里木板块及其邻区处于拉张构造背景中

当时北天山洋盆张开(以蛇绿岩为代表)，在其南发育的中天山火山弧，伊犁块体陷落成盆地。南天山洋收缩成窄大洋－裂陷盆地，石炭纪—早二叠世发育成半深海盆地相黑色泥岩和硅质岩；塔里木盆地北缘成为塔北前陆隆起。东南的阿尔金陆缘隆起形成，但在阿尔金断裂东南的东昆仑北部地区，石炭纪—早二叠世发生裂陷，发育硅屑浊积岩，火山碎屑浊积岩，伴火山活动，厚 7.6～10.0km，在西昆仑南带至东昆仑地区，特提斯洋打开同时发育有康西瓦－东昆仑的蛇绿岩；在西昆仑北带可见特提斯洋与塔里木克拉通的过渡沉积。

4. 晚二叠世后陆盆发展阶段

早二叠世末期，南天山洋最后封闭，特提斯洋西段趋于闭合，塔里木克拉通盆地内部转入挤压构造环境。晚二叠世—三叠纪分别在南天山前和西昆仑山前形成了前陆盆地和克拉通内挠曲盆地。从此塔里木盆地进入板内陆盆发展阶段。

二、“兴凯”和“峨眉”地裂运动对塔里木盆地古生界成藏条件的影响

(一)“兴凯地裂期”板内扩张作用，形成塔里木盆地下古生界库－满裂陷槽和阿瓦提裂陷槽两个生油中心

从南天山洋深入塔里木板块的库－满巨型裂陷槽和阿瓦提小型裂陷槽，面积约 $16\times10^4\,km^2$，约接近四川盆地。寒武－奥陶系厚度 4.0～9.5km，发育可生油的暗色碳酸盐岩，厚达 1.0km，可生油的暗

色泥质岩类被 5 口井钻揭，中、下寒武统有效烃源岩（泥质碳酸盐岩）厚 200～415m，有机碳含量 0.5%～5.52%，最高达 14%，镜质体反射率为 1.65%～2.55%，是一套高至过成熟烃源岩；中、上奥陶统有效烃源岩为台缘相泥灰岩，分布在库满裂陷槽的斜坡上，厚 80～300m，有机碳含量 0.5%～5.54%，最高达 12.5%，镜质体反射率为 0.8%～1.3%，是一套正处在生油高峰期的烃源岩。在库满裂陷槽北、西、南三面，因“兴凯地裂期”拉张而分别存在塔北、巴楚和塔中三个隆起，成为油气运移的指向区。裂陷槽生油中心与周围隆起有利地区的匹配，为塔里木盆地下古生界油气成藏奠定了基础。

（二）“兴凯”和“峨眉”地裂期形成的张性断裂，是油气纵向运移和再分配的通道

塔里木盆地内部（除去前陆盆地）的断裂，主要由加里东期和华力西期两个期次形成[3,5]。加里东运动期形成了东西向正断层，如前所述多形成于“兴凯地裂期”；华力西运动期多为北西向正断裂，如玛扎塔格断裂（40）、64 号等断裂（64－70），阿不干那断裂（43）、郡克断裂（61）等（见图 1）。这些断裂虽经印支运动期以后运动的改造，但发生在厚层块状的碳酸盐岩中，仍具开启性，成为油气运移的通道。

塔里木盆地迄今为止探明的油气藏，绝大多数为“次生”油气藏，而断裂不整合对次生油气藏形成起了重要作用。从纵向上看，在三大不整合面上、下均有次生油气藏形成，如在石炭系以下不整合面之下有轮南奥陶系潜山、塔中 1 号潜山、塔中 16 号潜山、玛扎塔格潜山等油气藏，以及哈拉哈塘、塔中北坡志留系古油藏。值得注意的是，在不整合面之上，有东河塘、吉拉克、塔中 4 等石炭系东河砂岩油气藏，显然与两期古断裂活动有关。从横向上看，油气藏多沿大断裂分布，如塔中隆起上的奥陶系、石炭系油气藏和含油气的构造，多沿华力西运动期形成的 64 号断裂带分布；塔北隆起上石炭系东河塘 1 号油田等的分布与轮台断裂活动有关。巴楚凸起上乌山 1 号、和田河等奥陶系气藏，沿华力西运动期形成的玛扎塔格大断裂分布。两期地裂运动形成的张性断裂不仅对塔里木盆地局部圈闭形成起了重要作用，而且是油气纵向运移不可少的条件。毫不夸张地说，没有两期地裂运动形成的断裂，塔里木盆地古生界油气藏的形成将十分困难。

塔里木盆地古生界油气藏的另一特点为多期成烃、多期成藏、多次运移再分配，形成多个含油气系统。除与多期不整合构造有关外，更重要的是与“兴凯”和“峨眉”两期运动形成的断裂有关。如塔北隆起上的桑塔木和轮南油气田，既有原油又有天然气。研究认为该区原油主要来自中、上奥陶统的油源岩，原油沿奥陶系顶面向北运移聚集而成，成藏期是中新世；天然气则来自下伏寒武系烃源岩，通过桑塔木和轮南断垒两组背冲式大逆断层向上运移形成，气藏的成藏期为上新世[8]。这充分说明了轮南地区奥陶系具多期成烃和成藏的复杂性，以及“兴凯地裂期”所形成的断裂在成藏中起着重要作用（见图 2）。

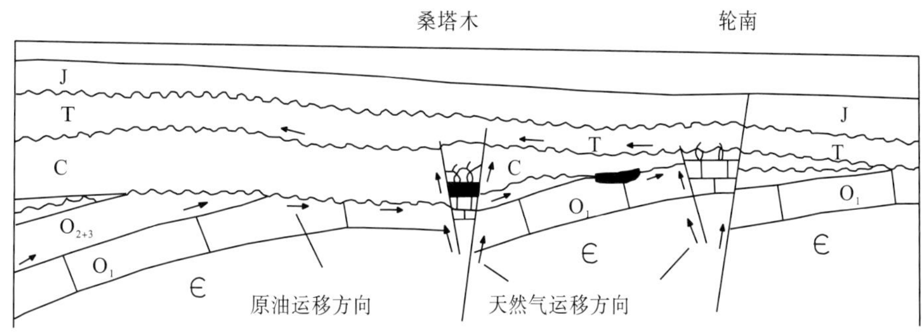

图 2　塔北隆起轮南地区油气运移和聚集模式示意

（三）“兴凯”和“峨眉”地裂期，为塔里木盆地古地温场二次增温提供热源背景

塔里木盆地现今地温梯度为 1.8～2.0℃/hm，大地热流值为 40～50mW/mz，具低地温梯度和低大

地热流值，故有“冷盆”之称。但若用磷灰石裂变径迹退火带等方法，对地温梯度进行计算[3]，其结果为：寒武纪—奥陶纪为 3.5℃/hm，志留纪—泥盆纪为 3℃/hm，石炭纪—二叠纪为 3.1～3.2℃/hm，三叠纪—早第三纪为 3～2.5℃/hm，晚第三纪为 2.2～1.7℃/hm。由此可见塔里木盆地从寒武纪—晚第三纪古地温总的趋势是经历过降温过程，但在寒武纪—奥陶纪和石炭纪—二叠纪地温梯度相对较高，显然与“兴凯地裂期”和“峨眉地裂期”的火山活动所产生的热源背景增温有关；到了晚第三纪快速降温，可能与塔里木盆地巨厚的上第三系快速沉降有关。两次地裂期对盆地的增温效应，对有机质和油气演化有重要影响，特别是在塔北、塔中，柯坪三个隆起上的志留系沥青砂岩中含有 917.8×10^8t 的原始沥青储量，到了新生代可再次演化排出 326.49×10^8t 当量的油气[10]，这与“峨眉地裂期”火成岩大量喷发所产生的热力作用有关，应引起我们的高度重视。

(四)地裂运动对改善碳酸盐岩储集层和形成特殊储集体有重要作用

据多年来笔者等在滇、黔、桂和四川盆地研究“峨眉地裂运动”与油气藏的关系中，总结出“峨眉地裂运动”在改善和形成碳酸盐岩储集层性能方面有以下 4 种作用，值得在勘探塔里木盆地下古生界油气藏时参考。

(1)火山岩体形成的“穿刺构造”，在上覆层顶部可改善碳酸盐岩储集层，形成气藏。四川盆地在川中和川南过渡带的大部地区，在下古生界发现华力西运动期火成岩侵入体形成的“穿刺构造”，获得高产气藏。在塔里木盆地的“峨眉地裂运动”形成的火成岩体属此类型。在塔北隆起上的英 1 井奥陶系钻获工业性油气流[3]，联系附近地球物理解释的火成岩侵入体分布关系，也可能与“穿刺构造”类型有关。

(2)“台块”和“台槽”拉张模式，是追踪生物礁块中生物滩储集体发育的重要线索。据笔者多年来对滇、黔、桂、川上古生界生物礁块发育与构造－岩相带的关系的研究[1,6]，发现碳酸盐台地在拉张构造背景中，常裂解成同沉积的浅水相“台块”和深水相的“台槽”相伴生的模式，在“台块”边缘往往发育生物点礁或塔礁。塔里木盆地中西部的寒武－奥陶系为台地陆棚相区，处在“兴凯地裂运动”背景条件下，在塔北和塔中及巴楚凸起区，有可能发育台块－台槽模式的礁块储集体；在盆地中西部台地相向库满裂陷槽的槽盆相的边缘斜坡相带，有可能找到边缘相大型生物礁块储集体，特别是中、上奥陶统沉积相具备了类似的条件。有人认为塔中 44 井油气藏即属礁块油气藏[10]。

(3)古断裂和岩浆活动对碳酸盐岩的成岩作用，有利于糖粒状粗晶白云岩储集层的形成。在川、滇、黔下二叠统碳酸盐岩中，常发育有似层状糖粒状粗晶白云岩，这类白云岩薄片测定白云石的晶间孔隙度为 1.5%～5%，煤油法孔隙度为 1.22%～3.22%，比同层灰岩储集层高出一个百分点，是区内较好的储集层，在川中女基井钻达此层获工业性气流。对这类白云岩取样作碳氧稳定同位素、有序度和包体温度分析，认为阳新灰岩的局部白云化，是深埋地下热卤水上涌交代的产物，与当时的古断裂活动和岩浆喷发综合作用有关。塔里木盆地中的寒武－奥陶系的石灰岩，历经“兴凯”和“峨眉”地裂运动两期火山岩喷发的影响，在塔中、塔北等地区沿古断裂带地下热卤水的交代作用部位，有可能找到粗晶、糖粒状白云岩储集层，如牙哈潜山寒武系砂糖状白云岩油藏。

(4)“地裂运动”为“古天坑”和“古地下河溶洞”(潜流岩溶带)巨型储集体的形成提供了构造条件。在中国南方碳酸盐岩分布地区，厚层块状近水平产状的下二叠统阳新灰岩中，常发育大型“天坑”和相连的“地下河溶洞”，形成独特的地貌景观。如此类型的“天坑”和“地下河溶洞”，最近在湖北、巫山县和广西乐业县被中外学者所考查，显示这种独特的地貌景观绝非个别现象。将今论古，据此类比，在塔里木盆地中西部的寒武－奥陶纪古隆起上，存在巨厚的碳酸盐岩，地层平缓，有“兴凯地裂期”的古断裂，可成为“溶蚀陷落坑”的通道；局部地区经过志留－泥盆纪长期剥蚀，有的甚至还叠加有三叠纪前的剥蚀，故具备了“古天坑”和“古地下河溶洞”形成的基本条件；盆地内有些钻井资料也证实了其存在的可能性。如塔北隆起的沙 14 井等，下奥陶统与下石炭统假整合接触，在距奥陶系侵蚀面 48m 处存在第 1 个“潜流岩溶带”，溶洞内充填物厚 11m(井深 5379～5390m)；在距侵蚀面 120m 处存在第 2 个“潜流岩溶带”，溶洞内充填物达 15.8m(井深 5413～5429.5m)，并有早石炭世杜内期孢粉化石，均显示暗河岩溶沉积[12]。有古地下河岩溶的发现，就有可能找到相联带的“古天坑”作为储集体，如塔河油田中塔 4 号油藏的沙 48 井，为塔里木盆地稳产高产的王牌井，其试采特征和经过压力恢复曲线模拟反演，恢复地下储集层边界，有如“相当大的不规则管洞体”，可能为“古地下河储集体”的响应。再如在塘古孜巴斯坳陷中的塘古 1 井钻进奥陶系石灰岩，共漏失钻井液2000m^3。这些事实提示我们在塔北、塔中和巴楚大面积的古隆起上，在遭受多期剥蚀又有古断裂活动地区的寒武—奥陶系有可能找到“古天坑”和“古地下河溶洞”特殊巨型储集体。若有幸找到，那就不仅是深部油气藏，而是一个“地下油气库”了。

三、塔里木盆地古生界油气勘探中的关键问题、建议及远景展望

(一)关键问题及建议

塔里木盆地经过 10 多年来的油气勘探，取得丰硕成果，但下古生界还存在三个主要问题，影响勘探效果。①如何在厚达 5000m 以上的寒武—奥陶系中识别有效烃源岩：经过近几年来的研究，在中、下寒武统和中、上奥陶统找到有效烃源岩，已基本取得共识[4]。②确定下古生界油气藏的保存和破坏程度：在塔北、塔中、柯坪三个隆起区的志留系沥青砂岩中保存有原始储量达 917.8×10^8t 的沥青，有人认为是下古界油藏破坏程度很大的产物；但也有人认为它可成为二次成烃的油气资源贡献者，可生成相当 326.49×10^8t 的油气，其规模也十分惊人；兼之在塔里木盆地有三套良好的区域盖层和大量古生界油气田的发现，因而，认为油气藏保存条件还是良好的。③在下古生界中寻找良好的储集层：寒武—奥陶系多为碳酸盐岩，基质物性甚差，奥陶系古风化壳形成的孔洞虽有一定的储集性能，但物性很不均匀，连通性差，大多数油井产量不稳，累集采油不到 1×10^4t 即停产，因而在碳酸盐岩中寻找良好的储集层是勘探工作的主要任务之一。

基于以上认识，应根据塔里木盆地古生代演化过程中存在的两次“地裂运动”的基本地质情况，以及它对成藏条件的影响，针对下古生界储集层物性差这一关键问题，采取相应的对策。建议在研究思路上，要从两期地壳拉张运动对油气生成、运移、聚集的影响出发，特别是在构造研究方面，要注重早期拉张及后期多次改造的复杂成藏模式对油气形成的影响。钻探部署不仅要以选择背斜构造圈闭为目标，还应适当选择因拉张运动形成的非背斜圈闭。地震勘探工作要提高精度和解释工作，寻找深部的古断裂、生物礁块、“古天坑”和“古地下河溶洞”等特殊储集体。在区域认识上，应从岩相古地理学、地震地层学、火山岩岩石学和区域应力场等多学科综合研究，追踪古断裂对油气的控制，争取发现成带的非背斜油气藏。这方面的研究工作，笔者等已在西南研究“峨眉地裂运动”中积累了一定的经验，可资借鉴。

(二)远景展望

当前人们把塔里木盆地勘探重点放在中、新生界浅层天然气资源中，这是应该的，但还应该注意到深层寒武—奥陶系也具备形成大油气田的潜力。

1. 塔里木盆地古生界含油潜力巨大

中国古生界成藏条件较好，颇具含油气远景的是塔里木、鄂尔多斯和四川三个克拉通盆地，而塔里木盆地面积比后两个的盆地总和还大，古生界发育齐全，也是三个盆地中最厚的，且勘探程度低，因而塔里木盆地的古生界具备了形成大油气田的充分地质条件，比其他两个克拉通盆地条件优越。

2. 塔里木盆地古生界生油条件良好

寒武—奥陶系在库满裂陷槽和阿瓦提裂陷槽广泛发育，厚度为 3.0～7.0km；有两套烃源层，厚 280～550m；石炭系和二叠系烃源层在盆地西部发育，厚 170～540m；裂陷槽生油中心与周围古隆起紧密相连，形成明显的含油气系统。这些良好的成藏条件，鄂尔多斯和四川盆地是无法比拟的。

3. 塔里木盆地古生界发育三套区域盖层

第一套为中、上寒武统膏盐层，厚 400～1400m，分布面积 $27\times10^4km^2$；第二套中、上奥陶统泥质岩层，厚 200～600m，分布面积 $27\times10^4km^2$；第三套石炭系泥岩和膏盐层，厚 100～450m，分布面积 $14\times10^4km^2$。此外，还有中、新生界的三叠—侏罗系泥岩层和第三系膏盐层两套区域性盖层。五套区域性盖层发育，对古生界油气保存有良好的作用。

4. 古生界和中生界的原生和次生油气藏正在逐步被发现

油气源和储集层均是寒武—奥陶系的称原生油气藏，如塔河大油田和和田河气田，而油气源来自寒武—奥陶系，运移至石炭系、三叠系并形成产层，称“次生”油气藏，它们在盆地占多数，有轮南油田和塔中 4 油气田 10 余个，规模较小，油田地质储量多小于 5000×10^4t，天然气地质储量小于 $150\times10^8m^3$。必须指出，中国三个大型克拉通盆地中，只有在塔里木盆地下古生界地层中，才有可能发现原生大油田。

参考文献

[1]罗志立. 中国西南地区晚古生代以来地裂运动对石油等矿产形成的影响[J]. 四川地质学报，1981，2(1)：1-17.

[2]刘池洋，杨道庆，袁朋昌，等. 成熟盆地构造及结构再研究方法[J]. 新疆石油地质，2001，22(1)：9-12.

[3]贾承造. 塔里木盆地构造演化与区域构造地质[M]. 北京：石油工业出版社，1995.

[4]梁狄刚. 塔里木盆地油气勘探若干地质问题[J]. 新疆石油地质，1999，20(3)：184-188.

[5]杨克明. 中国新疆塔里木板内变形与油气聚集[M]. 北京：中国地质大学出版社，1996.

[6]罗志立. 略论地裂运动与中国油气分布[J]. 中国地质科学院院报，1984，10：93-101.

[7]罗志立. 地裂运动与中国油气分布[M]. 北京：石油工业出版社，1991.

[8]顾乔元，雷文庆，曹淑玲，等. 轮南地区奥场系油气合成藏特征[J]. 新疆石油地质，1999，20(3)：210-212.

[9]王一刚，文立初，张帆，等. 川东地区上二叠统长兴组生物礁分布规律[J]. 天然气工业，1998，18(6)：10-15.

[10]黄传波. 塔里木盆地寒武-奥陶系碳酸盐油气藏形成条件[J]. 新疆石油地质，2000，21(3)：188-192.

[11]杨世燚. 石海洞乡-四川省兴文县的溶洞石林[M]. 重庆：重庆出版社，1989.

[12]陈洪德. 新疆塔里木盆地北部古岩溶储集体特征及控油作用[M]. 成都：成都科技大学出版社，1994.

[本文属“中国西部前陆盆地演化与油气勘探”专题研究报告的第一部分，2003]

Ⅰ-6 中国大陆构造形成和演化特征

罗志立 李景明 刘树根 李小军 孙 玮

一、前言

大地构造学是研究地球岩石圈的结构、运动和发展规律的学科。它的主要目的在于探索和解释地壳各种构造现象和本质，建立地球岩石圈构造的基本理论。它经历了一个逐步深化、完善的漫长过程。

中国大地构造学的发展，虽可追溯到新中国成立前少数地质学家的开创和奠基，如翁文灏的《中国东部的地壳运动》、李四光的《中国地质学》和黄汲清的《中国主要地质构造单位》。但大发展和百家争鸣的时期，还是在新中国成立后到20世纪60年代。这一时期，不但李四光的“地质力学”和黄汲清的“槽台学说”得到进一步发展，而且出现了其他大地构造学派，如张文佑用地质历史和地质力学相结合编制的《中国大地构造纲要图》，以后发展成“断块学说”；陈国达的“地洼学说”；张伯声的《镶嵌地壳学说》等等。这些学说的出现，反映了中国大地构造现象的复杂性，不同于欧洲和北美风行的槽、台学说，而是从不同的视角和理论来描述和概括中国大地构造的规律，对当时国内地学者活跃思维和认识客观世界有很大的启迪作用。

文化大革命时期，在特殊历史条件下，地质力学被大力发展和推广，出版的《地质力学概论》和《中华人民共和国构造体系图 1∶400 万》，成为万马齐喑，一枝独秀的不正常学术局面。

1972年尹赞勋等把板块构造学说引入中国后，在国内引起强烈的响应。在石油地质学界，罗志立最早论证了板块构造与油藏的关系[1]，1983年罗志立用板块构造理论探讨了中国含油气盆地的形成和分类[2]；李德生等、朱夏等对中国含油气盆地的分类和演化进行了研究；郭令智、刘鸿允、罗志立、乔秀夫等分别对中国前寒武纪古板块的格局进行了研究[26]。还有许多地质学家从不同的角度对中国的特殊地域进行了研究[3]，如常承发等、肖序常等、刘增乾等对青藏高原和三江带的研究，郭令智等对华南板块构造沟、弧、盆演化的研究，高明修、路凤香等对中国东部环太平洋带的研究，徐嘉炜等对郯庐断裂的研究，王曰伦、马杏垣等对中国前寒武纪构造变质岩的研究，许志琴等、张国伟等对秦岭－祁连－昆仑构造带的研究，邓启东等、马宗晋等对中国地震地质活动构造的研究，袁学诚等、朱介寿等对中国深部构造的研究，李春昱等、王鸿祯、张文佑等、刘光鼎、许靖华等、任纪舜等出版了亚洲、中国大地构造和岩相古地理有关图件，全部或部分引用了板块构造学术观点，改造和发展了传统大地构造学理论，加深了对中国大地构造的研究和认识。

上述研究的内涵和成果，突出反映了一个共同的特点，就是中、新生代后中国大陆拼结过程中和拼结完成以后，地壳变动和岩石圈演化异常活跃，产生一些独特的地质现象。这种现象在全球其他大陆或板块中是少有的，初步概括有以下十个方面：

(1)新生代后期中国西部青藏高原隆升，成为世界屋脊。

(2)中国东部华北地区形成的新生代裂谷，充填厚度可达 1×10^4m。

(3)中国东南沿海地区，从东北－华北－华南有大面积的燕山期火山岩活动，从晚侏罗世到早白垩世异常强烈。

(4)中国在古生代形成的三个大型板块并不稳定，到了中、新生代构造受到不同程度的改造。最大的中朝古板块，被肢解成阿拉善块体、陕甘宁盆地、山西高原、华北裂谷盆地，仅有陕甘宁盆地还保持克拉通稳定的特征；扬子古板块大部分地区褶皱变形，现仅有川中地块还保持稳定特性；塔里木古板块的周边及塔中隆起，也受到中生代隆升沉降和喜马拉雅期断裂的影响。

(5)中国造山带发育，在北部有天山-内蒙-大兴安岭造山带，中部有秦、祁、昆造山带，西南地区有青藏-滇西造山带。它们多围绕准噶尔、松辽、塔里木、鄂尔多斯、华北、羌塘、四川和江汉盆地分布，显现出盆山耦合关系。它们大多数在古生代就是造山带，但真正成为雄伟的山脉还是在中、新生代，除显示多旋回造山带外，更多地表现为陆内造山作用。

(6)据深部地球物理和岩石学资料，在中国造山带与盆地之间，多存在陆内俯冲带，它不同于Bally的A-俯冲，是在中国大陆拼结后发生的岩石圈俯冲，颇具中国地质特色。

(7)中国型前陆盆地，重要的有15个，13个分布在中国西部，形成于中、新生代，其沉积岩厚度有的超过1×10^4 m，是中国油气勘探的主要领域。

(8)中国有大型深大断裂带100余条，是张文佑等研究断块构造的主要研究对象，少数由古生代缝合带组成，而绝大多数为中、新生代形成的断裂体系。

(9)中国以大兴安岭-太行山-武陵山的重力梯度带，划分出中国深部结构的差异(指莫氏面起伏、岩石圈的厚度、软流圈的变化)，显示中国中生代以来深部结构变化对东西部构造产生的影响。

(10)中国是一个地震灾害多发的国家，也是一个多金属矿产分布的国家，它们的发生和赋存，多与中、新生代以来的地壳运动有密切关系。

上述10个独特的地质构造景观，均发生在中国中、新生代的大陆拼结过程中和拼结后形成的。它比美国地球物理研究委员会等编集的《大陆构造》(*Continental Tectonics*)一书中[4]，论述的大地构造不仅复杂且丰富多彩，不能用传统的槽台等学说来解释，也难能用板块构造学说来说明，因板块构造学说登陆后没有现存的答案，许多地质学说要我们去创新和发现。本文将从板块构造理论联系中国的实际地质情况，着重从中国大陆构造的形成和演化，探讨中国大陆构造特征，为研究中国陆内俯冲和前陆盆地形成提供地质构造背景。

二、中国大陆形成和演化的区域地质构造背景

大陆壳有其生长、发展、汇聚的过程，也有离散、漂移再汇聚的过程，板块构造的俯冲、碰撞、造山等构造作用，使分散的陆块汇聚成一个较大的和完整的大陆块体。大陆块体形成后，地球动力学仍继续进行，其构造活动方式不同于板块构造格局，大陆地壳，有拉张裂陷成为陆盆，有陆内造山导致地壳叠置，有克拉通沉降接受陆源沉积，成为叠合盆地，有陆内俯冲形成的前陆盆地，有陆壳拉张和层圈塑性剪切作用形成的火山岩等等，中国大陆构造颇具上述特色，值得我们去研究和探索。

1. 中国大陆以3个古板块为核心加上许多微陆块组成地壳的稳定部分

中国大陆是960×10^4 km^{2}的大陆，现在看来是一个完整的大陆，但从地史发展看，它是以塔里木、中朝和扬子3个板块为核心，和38个微陆块拼合形成的。

据任纪舜等编著的《中国及邻区大地构造图》[5]，在东亚主要构造单位图上，北有西伯利亚板块，西南有印度板块，东有太平洋板块，其间分布有塔里木、中朝、扬子3个板块和53个微陆块(微板块)，它们均具有前寒武纪的基底。据岩石组合研究从西伯利亚板块分离的微陆块有5个，从冈瓦纳大陆分离的微陆块有6个，其余42个微板块属古中华陆块群，其中38个在中国大陆境内，占东亚微板块群的70%(见图1)。

由此可见中国大陆是由塔里木、中朝和扬子3个板块和一群微陆块组成，构成了中国大陆构造最基本的地质特点，与全球其他大陆构造有显著差异，扮演了显生宙以来地史演化的重要角色。

中国大陆古板块规模不大，远小于古生代产油最多的北美板块和欧洲板块(见表1)。如最大的中朝板块，其面积也只有北美板块的6%、欧洲板块的14%；中国三个大型古板块面积总和也不过北美板块

的 13%。由此可见，中国古板块规模小，无法与世界其他大型板块比拟，因而国内外许多大地构造学者，称他们为地块或地体。甚至过去的槽台大地构造学者，也注意到它们的特殊性，其规模无法与北美台地和俄罗斯台地相比，因而成为“中朝准台地”和“扬子准台地”[6]。由于中国古板块规模小，稳定性差，其盆地发育的规模和油气富集的丰度，自然无法与北美板块和欧洲板块比拟。

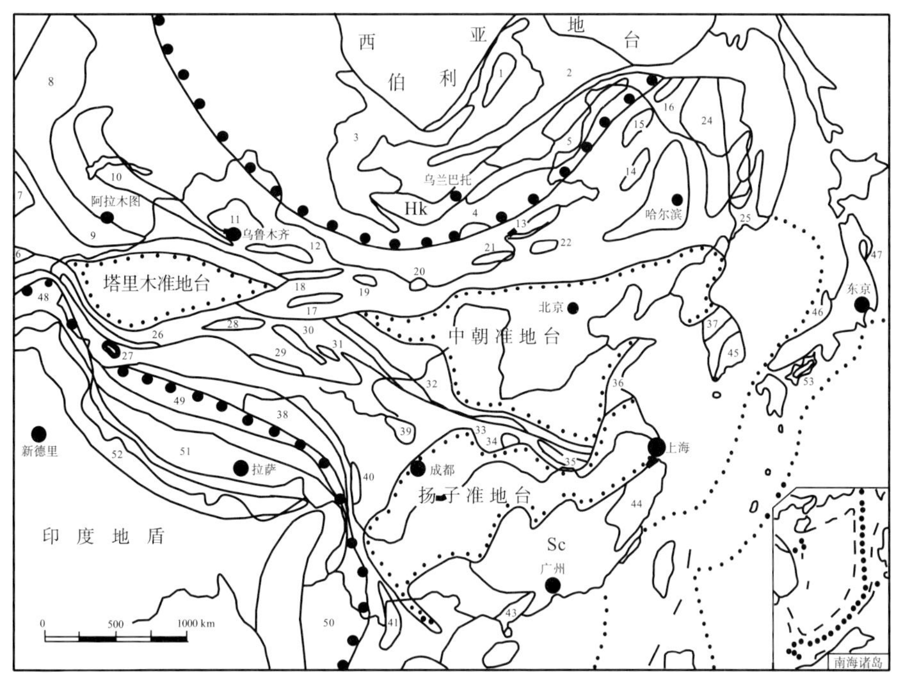

图 1　东亚主要构造图(据文献[5]修改)

亲西伯利亚陆块群：1. 巴尔古津；2. 雅布洛诺夫；3. 图瓦一蒙古；4. 艾瓦拉；5. 中蒙古一额尔古纳；

古中华陆块群：6. 卡拉库；7. 克孜库勒姆；8. 科克切塔夫；9. 伊赛克；10. 巴尔喀什一伊犁；11. 准噶尔；12. 吐鲁番；13. 达里甘噶；14. 扎兰屯；15. 鄂伦春；16. 结雅；17. 敦煌；18. 星星峡；19. 旱山；20. 雅干；21. 托托尚；22. 锡林浩特；23. 松花江；24. 布列亚一佳木斯；25. 兴凯；29. 西昆仑中央；27. 甜水河；28. 阿尔金；29. 金水口；30. 冷湖；31. 欧龙布鲁克；32. 中祁连；33. 东秦岭中央；34. 武当；35. 大别；36. 苏胶；37. 京畿；38. 昌都；39. 若尔盖；40. 中咱；41. 印支；42. 南海；43. 云开；44. 浙闽；45. 岭南；46. 飞弹；47. 北上山；

亲冈瓦纳陆块群：48. 巴达赫尚；49. 羌塘；50. 中缅马苏；51. 拉萨；52. 喜马拉雅；53. 黑濑川

表 1　中国板块与欧、美板块面积对比表

板块名称	北美	欧洲	中朝	扬子	塔里木
面积($\times10^4km^2$)	2130	约 830	120	108	56

2. 晚元古至早古生代“兴凯地裂运动”（Pt_1-$Є_1$）为中国微陆块分离和小洋盆发育提供地质基础

1)“古中国地台”形成前的中国大地构造背景

中国大陆的拼合与分离，主要发生在塔里木、中朝和扬子三个古板块间，它们的岩石记录在中朝和塔里木板块可追溯到古太古代(>3200Ma)，直到古元古代三个始板块(包括柴达木微板块)都发育有相应的岩石地层(见表 2)，作为以后古板块发育的结晶基底。

黄汲清等认为前寒武纪，中国存在一个统一的“古中国地台”，晚前寒武纪到早寒武世这个地台解体，昆仑、秦岭、北山、天山等地槽逐步形成；同时在我国东北(兴凯湖)、滇西等地发生褶皱运动，因而命名为“兴凯旋回”[6]。“兴凯旋回”应包括褶皱运动和拉张运动并存的事实，我们强调强烈的拉张运动的一面，并尊重前人的发现和命名，因而 1981 年创建“兴凯地裂运动”这一名词[7,8]。

表 2 中朝、柴达木、塔里木、扬子始板块前寒武纪岩石地层对比表

陆块名 时代	华北	柴达木	塔南—阿尔金	扬子
震旦纪 850～600Ma	(盖 层) (罗圈组)—(全吉群)—汉格尔乔克组—灯影组 特瑞爱青组—南沱组 贝义西组—莲沱组			
中新元古代 1850～850Ma	(盖 层) 青白口系 小庙群—冰沟群 蓟县系 湟中群—花石山群 长城系 党河群—托米南山群		肖尔库里群—塔什达板群—巴什库尔干群、苏库罗克群、阿拉马斯群、甜水群	板西群、郯西群、下江群、昆阳群、笠相营群、神农架群、应山群
古元古代 2500～1850Ma	掳沱群、青龙群、辽河群、粉子山群、红安群、五台群、中条群、甘淘河群、秦岭群、大别群	金水口群、达肯大班群、湟泉群、野马山群、隆化群	阿尔金群 艾连卡特群 喀拉喀什群	碧口群、通木梁群、武当群、三斗坪群、樊静山群、崆岭群、四堡群、大红山群、康定群
新太古代 2800～28500Ma	阜平群、泰山群、胶东群、鞍山群、东五分子群、下集宁群			
中太古代 3200～2800Ma	迁西群、龙岗群，沂水群等			
古太古代 >3200Ma	冀东黄北峪、鞍山花岗岩及表壳岩		米兰群	

任纪舜认为，“800～100Ma 的扬子旋回在中国新元古代构造演化中的作用十分重要，它使中朝、扬子、塔里木等地的大陆地壳相互联结，形成‘古中国地台’，其上覆盖了震旦纪—早寒武世的沉积盖层。古中国地台向西经卡拉库姆、巴尔哈什、科尔切塔夫等陆块与俄罗斯地台相通；向南经印支—南海地块与澳大利亚冈瓦纳相接”，“可能是罗丁尼亚(Rodinia)超级大陆的一部分”[3]。

2）“古中国地台”形成的依据

(1)古元古代扬子、塔南陆核和华北陆块拼结成超级大陆后又经过扭动改造[25]，从航磁异常样式的岩石—构造解释，发现扬子和塔南基底的航磁异常，均显示与华北基底相同的“X-型”构造样式，即北东成带、北西成串的特征，显示太古代中晚期分散的扬子、塔南和华北陆核在新太古代末期，经阜平运动形成了一个总体构造走向 NW-SE 或近 EW 向的统一超级大陆(见图 2)。古元古代，此超级大陆被一系列 NW 向左行韧性剪切带切割，如古郯庐和古阿尔金等剪切带，又使超级大陆发生大规模的左行拆离和改造。这时柴达木和阿拉善地块形成，扬子始板块和华夏块体位于塔南和柴达木地体之南，形成一个克拉通加活动带的超级大陆。

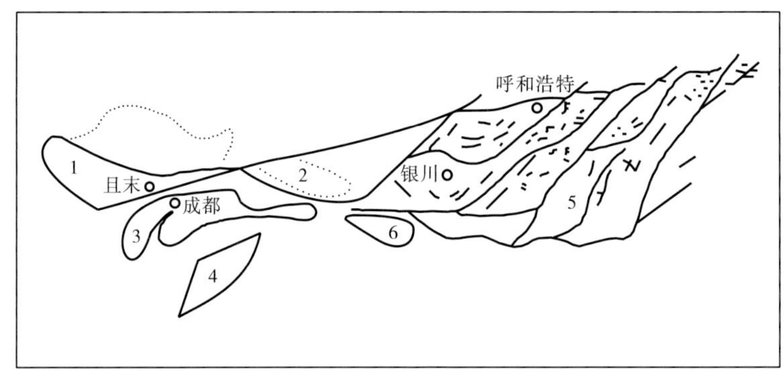

图 2 古元古代塔南—扬子地体和华夏陆块组成的超级大陆(据文献[25]补充)

1. 塔南地体；2. 柴达木地体；3. 扬子地体；4. 华夏地体；5. 华北地体；6. 大别地体

(2)扬子始板块为两弧夹一盆的构造格局。20 世纪 80 年代我们曾根据石油钻井(女基井和威 28 井)钻入四川盆地前震旦系基底岩石年龄(701.5Ma，740.9Ma，Ru-Sr 全岩)和岩性资料、航磁解释和扬子

地台区域资料，提出扬子始板块从太古代到晚元古代演化模式为两弧夹一盆[9]（见图 3）。推断扬子始板块西缘在太古代至中晚元古代，有洋壳沿龙门山地区由西向东俯冲，当时还未发现蛇绿岩套的依据。其后攀西裂谷队发现盐边群为一套轻变质的复理石夹枕状熔岩组合，属红海型初始洋阶段沉积，时限在 1700～850Ma[3]。20 世纪 90 年代林茂炳等依据龙门山区 1∶5 万区域地质填图的结果[10]，在褶皱基底变质岩系中常残存有中、晚元古代蛇绿岩残块，如盐边群中的深层堆晶岩和海相火山岩、石棉的构造橄榄岩、芦山黄水河群中的硅质岩、白水河地区黄河水群中的地幔辉橄岩、青川碧口群中的超基性岩、枕状玄武岩及海相火山岩等。说明中晚元古代在扬子始板块西缘存在一条长达七百五十多公里的规模宏大的蛇绿岩带，被以后的构造运动分割、支解了。

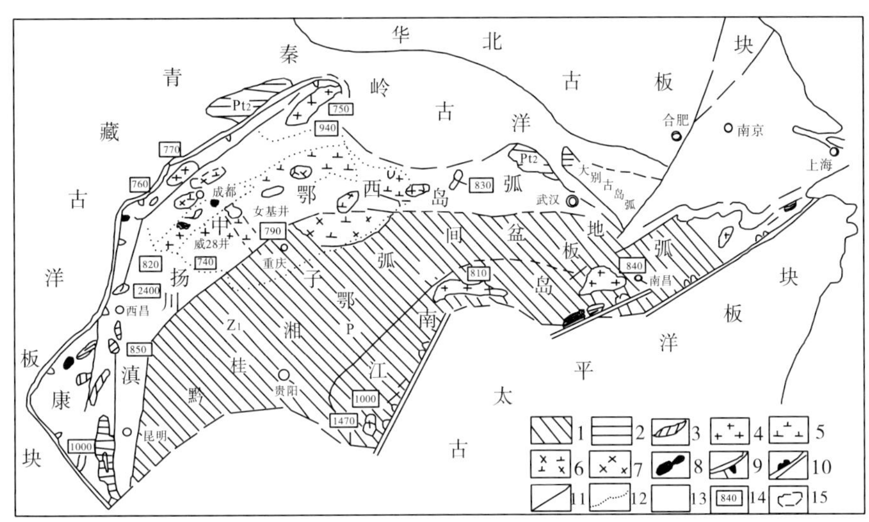

图 3　扬子板块中、新元古代板块构造演化示意图

1. 板溪群(Z_1)；2. 古元古界(Pt_2)；3. 代表康滇地轴的太古宇—下古元界；4. 酸性岩体；5. 中性岩体；6. 中酸性岩体；7. 中基性岩体；8. 蛇绿岩套；9. 晋宁期俯冲带；10. 澄江期俯冲带；11. 推测深断裂；12. 推测构造单元边界；13. 四川盆地内弱磁性区；14. 同位素年龄(Ma)；15. 四川盆地范围

(3)塔南地体之北发育塔北地体，后沿北纬 40°线俯冲拼结成塔里木始板块。在塔北的库鲁克塔格地区，发育中上元古界，为厚逾 5000m 的浅变质的浅海相碎屑岩夹碳酸盐岩，反映塔里木盆地北部负磁性基底特征，组成塔北地体。塔中 40°纬向强磁异常带，向东延伸，与阿尔金山东西向的红柳沟—拉配泉蛇绿岩带相接，测得年龄值为 829±60Ma（见图 4）。即是说，塔南地体与塔北地体在青白口纪(Pt_3)拼接成塔里木始板块，形成塔里木盆地南北不同的基底。

(4)中、晚元古代阿尔金洋盆的开启和关闭，导致“古中国地台”形成。在阿尔金山南缘存在阿帕—茫崖蛇绿岩杂岩带（见图 4），有 43 个超镁铁岩体断续分布于中、下元古界中，NE 向延伸 700 余公里，以盛产石棉著称[11]。这条蛇绿岩带不仅代表塔里木始板块与柴达木地体之间中晚元古代洋盆的开启与关闭；更重要的是它的产状、延续的长度和盛产石棉矿等特征，可与前述扬子始板块西缘被支解的蛇绿岩带特征对比。表明塔里木始板块与扬子始板块之间存在的阿尔金洋，在中、晚元古代多次开启，最终在晚元古代末（800Ma）的晋宁运动（扬子地区）和塔里木运动（塔里木区）完全关闭。这时塔里木始板块、扬子始板块、柴达木地体和华北陆块联结在一起，构成黄汲清先生所称的“古中国地台”[6]。

3）“兴凯地裂运动”使“古中国地台”解体，形成许多小洋盆和微陆块

晚元古代末形成的“古中国地台”，下震旦世多发育陆相和中酸性火山岩相地层，许多地方均见有冰水沉积，上震旦统多发育有含叠层石的白云岩和微古植物化石和含磷沉积（见图 5）。故从古气候和沉积特征判断，即表明“古中国台地”存在，同时又因“兴凯地裂运动”发生裂解，块体间相距不远，为有限分离，为南天山洋、祁连洋、秦岭洋和阿尔金海槽的发育提供了条件（见图 6）。与此同时，准噶尔、松花江、佳木斯和阿尔金、中祁连、大别、若尔盖、中咱等微陆块开始裂解（见图 1）。

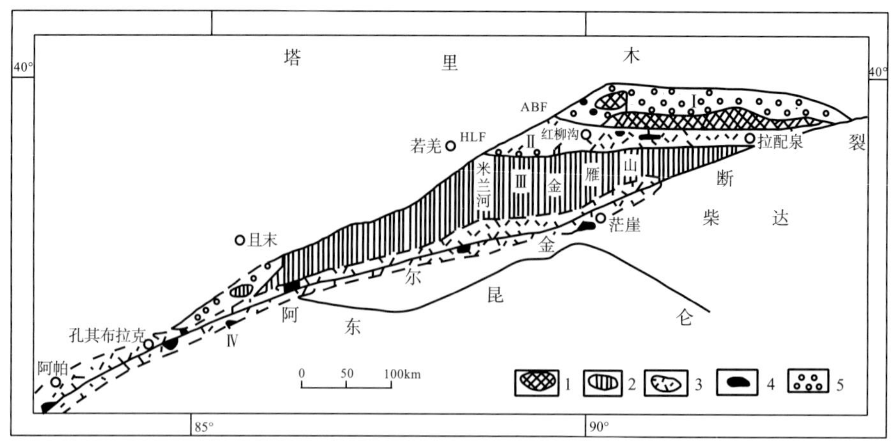

图 4　阿尔金地块结合带结构示意图

1. 新太古代隆起；2. 元古宙隆起；3. 混杂岩带；4. 超镁铁质岩；5. 第四系覆盖区；Ⅰ. 阿北变质地体；Ⅱ. 红柳沟—拉配泉混杂岩带；Ⅲ. 米兰河—金雁山岛弧地块；Ⅳ. 阿帕—茫崖混杂岩带；ABF. 阿北断裂；HLF. 红柳沟断裂

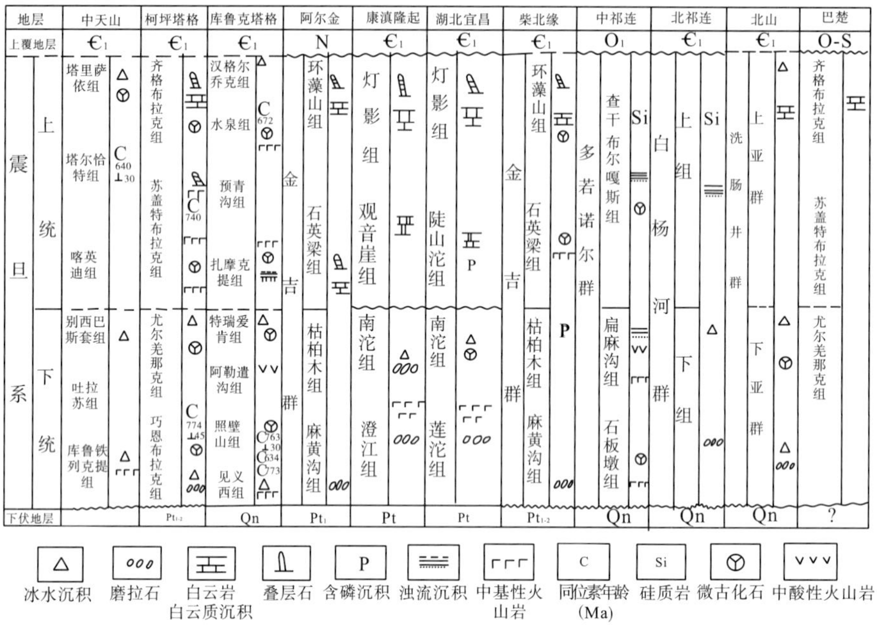

地层	中天山	柯坪塔格	库鲁克塔格	阿尔金	康滇隆起	湖北宜昌	柴北缘	中祁连	北祁连	北山	巴楚
上覆地层	€1	€1	€1	N	€1	€1	€1	O1	€1	€1	O-S
震旦系 上统	塔里萨依组 塔尔恰特组（C 640 ±30） 喀英迪组	齐格布拉克组 苏盖特布拉克组（C 740）	汉格尔乔克组 水泉组（C 672） 预青沟组 扎摩克提组	金吉群：环藻山组 石英梁组	灯影组 观音崖组	灯影组 陡山沱组（P）	金吉群：环藻山组 石英梁组	多若诺尔群：查干布尔嘎斯组（Si）	白杨河群：上组（Si）	洗肠井群：上亚群	齐格布拉克组 苏盖特布拉克组
震旦系 下统	别西巴斯套组 吐拉苏组 库鲁铁列克提组	尤尔羌那克组 巧恩布拉克组（C 774 ±45）	特瑞爱肯组 阿勒遭沟组 照壁山组（C 763 ±30，C 634，C 73） 见义西组	金吉群：枯柏木组 麻黄沟组	南沱组 澄江组	南沱组 莲沱组	金吉群：枯柏木组（P） 麻黄沟组	多若诺尔群：扁麻沟组 石板墩组	白杨河群：下组	洗肠井群：下亚群	尤尔羌那克组
下伏地层		Pt1-2	Qn	Pt1	Pt	Pt	Pt1-2	Qn	Qn	Qn	?

△ 冰水沉积；000 磨拉石；白云岩 白云质沉积；叠层石；P 含磷沉积；浊流沉积；中基性火山岩；C 同位素年龄(Ma)；Si 硅质岩；微古化石；vvv 中酸性火山岩

图 5　震旦纪“古中国地台”各块体沉积特征对比简表

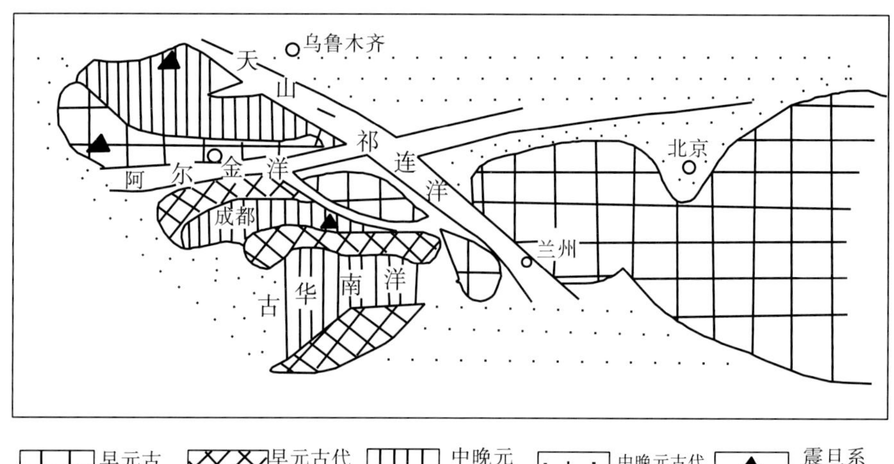

图 6　震旦系“古中国地台”裂解示意图（据文献[25]补充）

3. 古亚洲洋和秦、祁、昆等小洋盆关闭，为中国大陆基本形成奠定基础

1)古亚洲洋和天山洋盆

(1)古亚洲洋介于西伯利亚板块和卡拉库姆－塔里木－中朝古板块之间，后由古亚洲洋和准噶尔、锡林浩特、佳木斯等微陆块演化形成的造山带区。这个古生代大洋绵延数千公里，北界为额尔古斯－佐伦山－黑河缝合带(华力西期)，南界为北天山－内蒙古－延吉缝合带(华力西期)。Pt_{2-3}开始张裂、Є-O_2，洋盆发育，据西准噶尔唐巴勒蛇绿岩分布时限估算(Є$_3$-O_2)洋盆宽2400km。S开始沿南北大陆俯冲，如北侧在西伯利亚板块边缘出现的西准噶尔和蒙古中、北部出现的早古生代蛇绿岩套，南侧在塔里木古板块的中天山和中朝古板块北侧的温都尔庙出现的Z-O蛇绿岩套，代表加里东期分别向南北两侧大陆俯冲的产物。其后又沿二板块增生的边缘，发现晚古生代蛇绿岩套，最晚出现于北天山的巴音汉和内蒙古的佐伦山，可能代表西伯利亚板块与中朝板块最后碰撞的缝合带。因其洋盆逐步收缩到关闭，形成的大面积陆壳和盆地，罗志立曾命名为“准噶尔－松辽板块”；肖序常等称为“古中亚复合巨型缝合带”。古亚洲洋的关闭，导致塔里木和中朝古板块与西伯利亚板块拼接成为亚洲大陆的主体。

(2)天山洋盆区一般分为北、中、南三区(见图7)。①北天山洋介于中天山微陆块与准噶尔和吐哈地块之间，它实际是古亚洲洋的组成部分。Pt_2分裂成洋盆，O_2二块体碰撞关闭，C_{1+2}在西部巴音沟见蛇绿岩套，再次成为洋盆。P_1末洋盆关闭。②中天山微陆块从伊犁开始到星星峡以东，呈楔状块体，出露有Pt_{2-3}。深变质岩(600～1400Ma)。据伊宁县三区林场等地出现的薄层碳酸盐岩(Є$_{2+3}$-O_1)等岩石判断，中天山微陆块裂解于O_{2+3}与“兴凯地裂运动”吻合。其后沉积的细碧角斑岩建造，不整合于S砂板岩之下，车自成等称此为中天山运动。从C开始中天山轴部开始强烈火山岩活动，并见C不整合于

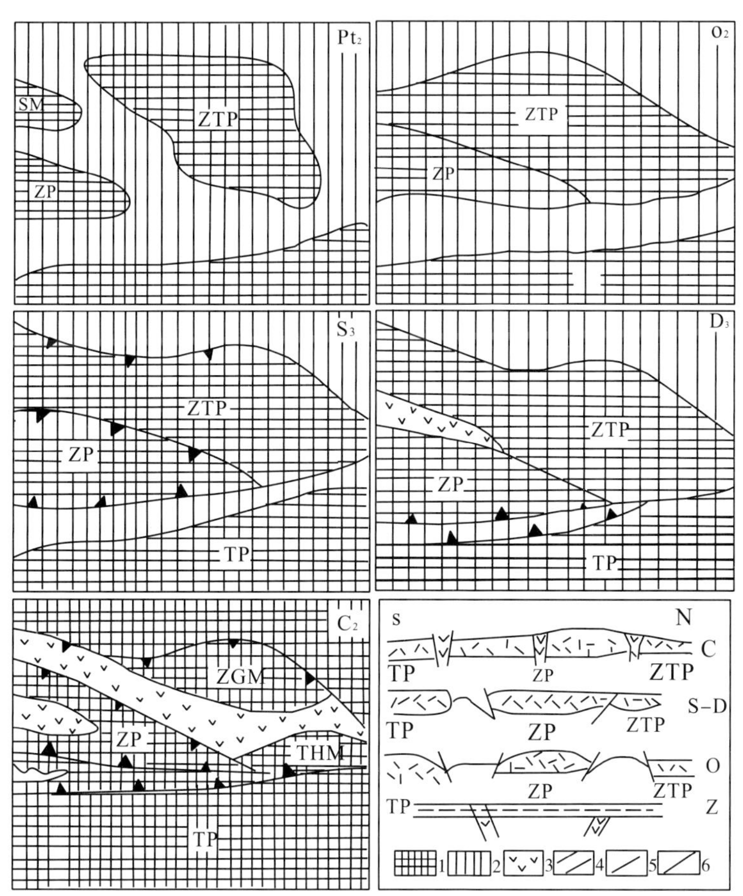

图7　天山构造演化示意图

1. 隆起；2. 洋盆；3. 裂谷火山岩；4. 裂谷边缘断裂；5. 板块俯冲带；6. 断裂；ZP. 中天山微板块；TP. 塔里木板块；ZGM. 准噶尔地块；THM. 吐哈地块；SM. 赛里木地块；ZTP. 准噶尔－吐哈微板块

下古生界或前寒武系之上，P_2有强烈的陆相酸－基性火山岩喷发。有的把中天山称为火山岛弧。③南天山洋盆介于中天山南缘缝合带与天山南缘断裂带之间。在中天山南缘缝合带的拉尔墩达板、古洛沟至库米什地块北缘，发现蛇绿岩、高压变质岩与韧性剪切带，初始变质年龄为 439Ma，肖序常等认为是S_3的俯冲、碰撞带，表明南天山洋出现于O_{2+3}之前，早古生代向北俯冲，形成南天山北坡增生楔。

晚古生代 D-C_1再次裂开成为洋盆，因库勒湖区蛇绿岩中的放射虫化石为D_1-C_1，和哈尔克山－霍拉山蛇绿岩的时代为D_2-C_1，库米什蛇绿岩为D_3，表明南天山洋盆于C_1闭合，C_{2+3}为残留陆表海。东段的铜花山地区，可见C_1不整合在蛇绿岩上，缺失C_{2+3}，而且还可见P_1火山岩不整合在C之上，早二叠世后南天山向塔里木板块俯冲变为造山带。

2)秦岭－祁连－昆仑洋盆[12]

(1)西昆仑洋盆。西昆仑造山褶皱带东西长近 1000km，南北宽(含西昆仑南坡)近 300km，可划分为北、中、南三个亚带(见图 8)。以康西瓦缝合断裂带为界，北部属北方型基底与塔里木板块基底一致，南部为槽型昆南基底。上古生界在康西瓦断裂以北的库地见$C_{1\text{-}2}$蛇绿混杂堆集，南部属稳定型沉积；二叠系冈瓦纳相冰海沉积建造(含砾板岩)只分布在空喀山口断裂以南地区，三叠系复理石浊流沉积建造分布在泉水沟断裂与康西瓦断裂之间。本造山褶皱带中的康西瓦断裂，显示晋宁、华力西－印支洋盆的多旋回的缝合带。空喀山口断裂为冈瓦纳大陆和劳亚大陆的碰撞带。

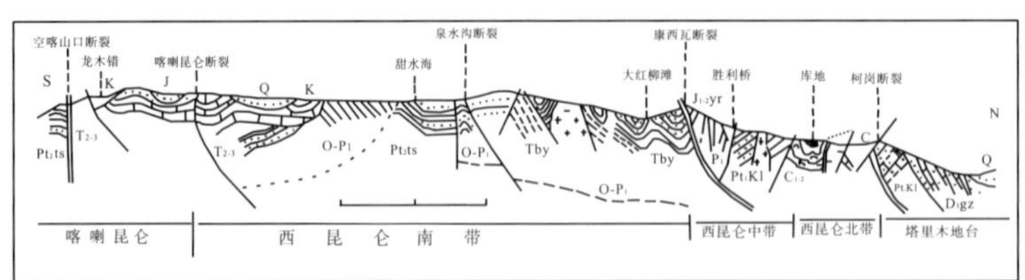

图 8　新藏公路西昆仑段路线地质构造剖面图

Q. 砂砾岩；K. 海相灰岩夹碎屑岩；J. 海相夹岩夹碎屑岩；J_{1-2}yr. 叶尔羌河群陆相含煤岩系；T_{2-3}. 海相碎屑岩、灰岩；Tby. 巴颜喀拉山群复理石；P_1. 紫红色砂砾岩；C. 稳定型碳酸盐岩；C_{1-2}. 蛇绿混杂堆积及含放射虫硅质岩；D_3gz. 奇自拉夫群紫红色砾岩、砂岩、灰岩；O-P_1. 奥陶系—下二叠统并层、碎屑岩及灰岩；Pt_2ts. 甜水海群(昆南型基底)；Pt_1kl. 喀拉喀什群(昆北型基底)；$\gamma_5{}^2$. 花岗岩

(2)东昆仑洋盆。西起阿尔金断裂带，东达柴达木盆地东端温泉附近为东昆仑洋区；加里东至印支期褶皱变形为东昆仑造山褶皱带。长约 1500km，宽 50～200km，可分为南北两个亚带，北部是隆起带或花岗岩亚带，昆中缝合断裂带是前震旦纪基底岩系的分界，属“华北型”基底(反映柴达木盆地基底)，以南属“扬子型”基底，也是上古生界北部台地型与南方地槽型沉积的分界。西大滩断裂是二叠－三叠纪阿尼玛卿“优地槽”与北部昆南“冒地槽”的分界。阿尼玛卿优地槽实际是三叠纪时期的俯冲蛇绿混杂岩带，成为分隔东昆仑－南秦岭的华力西－早印支褶皱带系与南部巴颜喀拉、松潘－甘孜晚印支褶皱带的分界线(见图 9)。

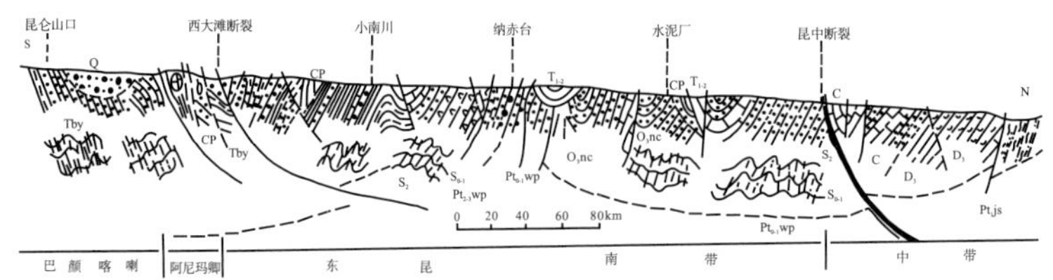

图 9　沿青藏公路通过昆仑山段路线地质剖面示意图

Q. 砂砾岩；Tby. 颜喀拉山群复理石；T_{1-2}. 过渡型海相碎屑岩夹灰岩、火山岩；CP. 石炭－二叠系并层，海相活动型－过渡型，碎屑岩、火山岩、灰岩；C. 地台型灰岩、碎屑岩；D_3. 海陆交互相碎屑岩夹灰岩；O_3nc. 纳赤台群碎屑岩夹火山岩、灰岩；Pt_{2-3}wp. 万宝沟群（昆南型基底）；Pt_1js. 金水口岩群（昆北型基底）；$S_{0\text{-}1}$. 层理及第一期片理；S_2. 第二期片理

(3)秦岭洋盆(见图 10)。通常以甘肃徽成盆地为东、西秦岭分界，以东的桐柏、大别、胶南－苏北等微陆块均包括在东秦岭范围内。东秦岭又可以以商丹－镇坪断裂至内乡－桐柏－商城断裂分为南、北秦岭。西秦岭指温泉至徽成盆地的武山－天水断裂以南地区。

①北秦岭洋。以商(南)丹(凤)缝合线代表早古生代洋盆，蛇绿岩为 447.8Ma。奥陶纪为秦岭洋扩展期，估算洋宽 2000～3000km，O_2-S_1秦岭洋沿商丹缝合带向北俯冲关闭，可见年龄为 400Ma 的碰撞花岗岩。

②南秦岭洋盆。从西向东以木孜塔格－金鱼断裂、伯雷克塔格－阿尼玛卿断裂、玛沁－略阳断裂、洋县－城口－房县断裂、嘉山－响水断裂为界，代表晚古生代南秦岭小洋盆。在南秦岭洋的西段阿尼玛卿洋盆段，可见 C_1-T_1 组成的构造混杂岩，其中 P_1 由碎屑岩、中基性岩及碳酸盐岩组成，厚逾 20000m，再东的玛沁－略阳段，由前寒武系岩块、下石炭统蛇绿岩层和陆缘碎屑岩组成的构造混杂岩带。根据硅质岩含 T_{1-2}放射虫，认为蛇绿岩带形成于晚二叠世，或延至中三叠世。

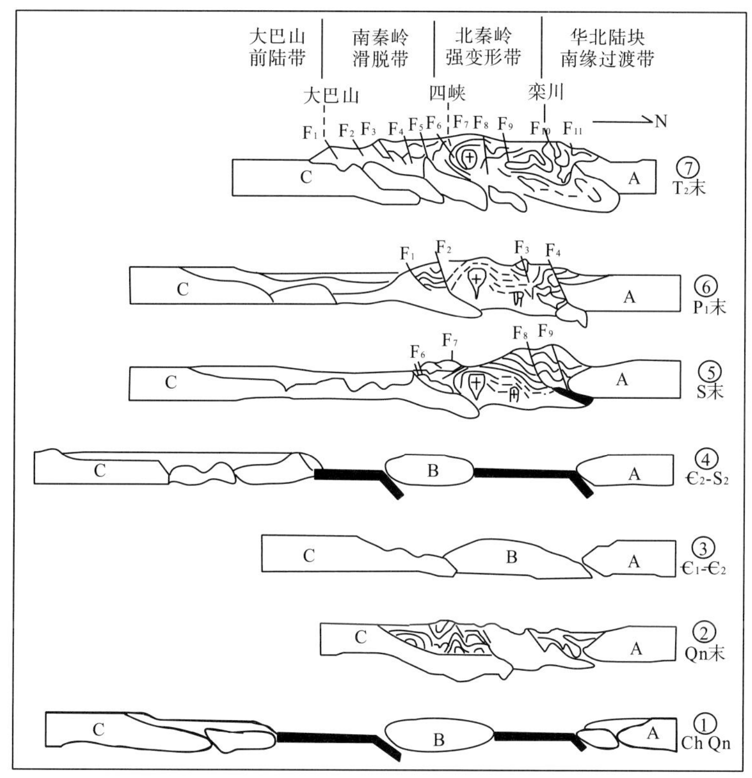

图 10　东秦岭构造发展示意图

F_1. 洋县－城口断裂；F_2. 红糖坝断裂；F_3. 公馆断裂；F_4. 板岩镇断裂；F_5. 山阳－凤镇和太平－镇安断裂；F_6. 丹凤群南边界断裂；F_7. 丹凤群北边界断裂；F_8. 二郎坪南边界断裂；F_9. 二郎坪北边界断裂；F_{10}. 铁炉子－黑沟断裂；F_{11}. 洛南－栾川断裂；A. 华北板块；B. 北秦岭南缘(秦岭群)地块；C. 扬子板块

在南秦岭洋东段的城口、广浠(下扬子)等地，可见二叠纪含放射虫硅质岩形成的深水裂陷槽。表明南秦岭洋盆发育程度为西强东弱，西部呈喇叭状，宽 500～1000km[14]。

南秦岭洋盆发育到中三叠世，因扬子板块向北俯冲关闭，形成中国中央秦岭造山系南缘勉略构造带，使中朝板块与华南板块联结成大陆。关闭过程中，石炭纪(315Ma)海沟出现过左旋走滑，T-J 中朝与华南板块开始碰撞，东段早，开始于 260Ma，西段开始于 254Ma。超高压变质岩体年龄为 230～202Ma，碰撞结束于 150Ma。

③西秦岭洋盆(约相当于南秦岭洋西段)。北界为青海湖断裂，向东过临夏南、武山县华灵山至天水，南界为阿尼玛卿－玛沁－略阳断裂，西界为鄂拉山断裂，东界大约在佛坪隆起[13]。基底在西汉水

上游，出露震旦系白依沟群，其中砾石年龄为1000～1400Ma，可能代表若尔盖微陆块的年龄。以岷县—礼县断裂和迭部断裂，将西秦岭分为北、中、南三带。

北带：早古生代隆起，晚古生代向南倾斜坡；

中带：D_3-T裂陷槽，大部被三叠系覆盖；

南带：下古生代深水—半深水槽地。

中三叠世是西秦岭最大海侵期，拉丁尼克期后，洋盆关闭，全面隆起。

④秦岭洋的宽度。一些学者从古地磁、古生物地理、古构造角度，认为华北与扬子间在古生代相隔甚远，至三叠纪才开始拼合[14]。据古地磁研究，(海西—印支期)华北与扬子的纬差比现在大50°～100°，即南秦岭洋可能有500～1000km的宽度。据秦岭造山褶皱带变形缩短量估算，燕山期北秦岭缩短量为180km，印支期秦岭地壳缩短量为400km，当时海槽宽度可能超过1000km。据此看出秦岭洋宽度演化逐步缩小，即北秦岭洋加里东期最宽有2000～3000km，南秦岭洋海西—中印支期宽500～1000km，燕山期宽580km。据周兆秀等测得扬子西缘美姑、米易、渡口一带各时代的古纬度变化，Pz^2：20.8°S；P_1：11°S；P_2：3°S；T：16°N；J：20°N；K：28.7°N，显示晚二叠世至晚三叠世为扬子板块快速北移时期，晚三叠世后移动减慢。这与扬子古板块与华北古板块发生碰撞，南秦岭洋开始关闭是对应的。

(4)祁连洋盆区(见图11)。

①北祁连洋盆。介于北祁连北缘断裂和北祁连南缘断裂之间，Z-$Є_2$见双峰式火山岩喷发，处于“兴凯地裂期”。O_1后洋盆扩大，在北带可见O_1的弧后蛇绿岩带，年龄值440～460Ma(Ar-Ar法)，S末洋盆关闭，据张维吉对陇东秦安至宝鸡变质火山岩研究(Pt_3-O_2)，早古生代岩石组合可与北秦岭加里东褶皱带对比，可能是走向差异的同一构造带。

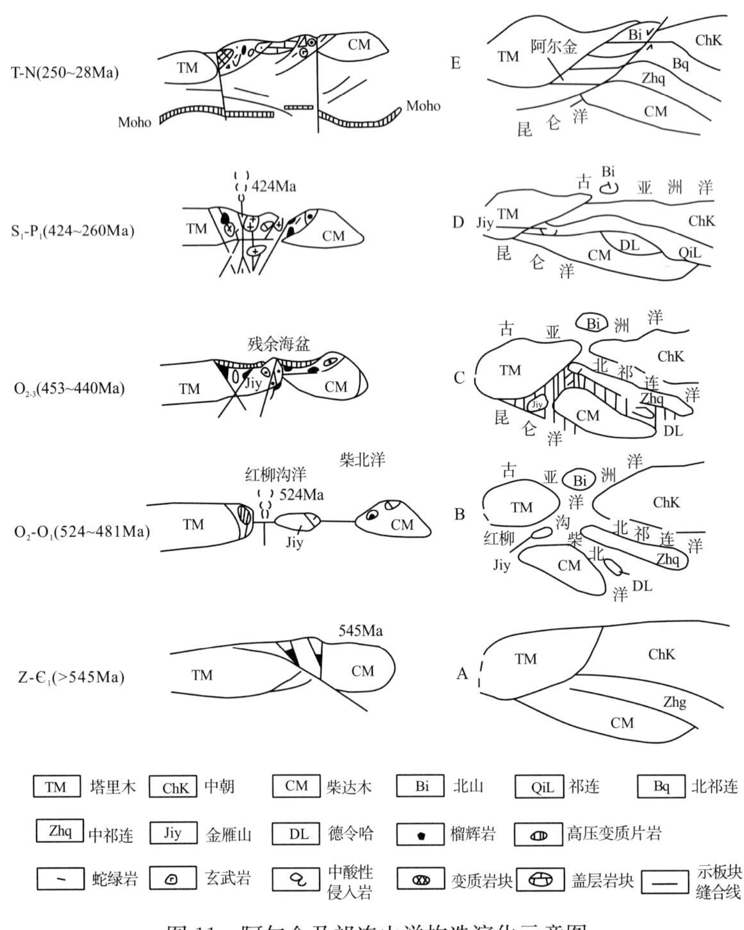

图11　阿尔金及祁连山洋构造演化示意图

②中祁连微陆块。介于北祁连南缘断裂和中祁连拉脊山断裂之间，基底为 Ar-Pt_1，属中晚元古代的湟源群和花石群(Z-$Є_1$)被毛家沟群($Є_2$)不整合覆盖，在中西段的 Z_1h 可见滨海和海洋冰川沉积，零星出露的$Є_2$和 O_1为地台相沉积，后期变质和变形较弱。这些显示中祁连微陆块是“兴凯地裂运动”从中朝板块分离的。

③南祁连洋盆。介于中祁连－拉脊山北缘断裂和宗务隆山－青海湖南山断裂之间。见到最老地层为 O，在 O_1下部为火山岩，上部为碎屑岩；O_2滨海相以陆源碎屑为主，O_3碎屑岩夹玄武岩，S 为复理石沉积，厚逾 10000m；到了东段的拉脊山，洋盆主要活动于$Є_2$-O_1有钙碱性火山岩，显示裂谷洋特点，S_1为水下磨拉石建造，代表洋盆关闭。

从南、北祁连山洋盆和中祁连微陆块活动的地史记录，表明它们可能是从中朝板块西段的阿拉善陆块，因“兴凯地裂运动”裂解而形成早古生代小洋盆和微陆块，西与柴达木微陆块同属北方大陆基底，在 S_1-P_1 再次焊接成大陆块体。

4. 阿尔金洋盆

早古生代“古中国地台”解体发育早古生代阿尔金小洋盆。前已言及中晚元古代形成的超级大陆，塔南、扬子、柴达木地体与华北陆块相连(见图 2)。“古中国地台”震旦纪裂解形成阿尔金洋盆(见图 5)，早古生代发育成洋盆夹在塔里木古板块与扬子古板块之间，过去无人论证过，本文从岩石学、地层学、同位素年代学以及古板块的演化，大胆的论证这一问题。

现在阿尔金地块南缘的阿帕－茫崖保留一条混杂岩带，原始状态难以恢复。在西段且末南的孔其布拉克一带，碎屑岩地层中发现大量的头足类等海相化石，时代属Є-D，证实海槽的存在。在茫崖发现有 459Ma(Rb-Sr)的蛇绿岩，表现 O_1洋盆扩张期，岩浆主要活动期为早古生代晚期(490～385Ma)，高峰期年龄为 442Ma 左右，表明 O_2 碰撞洋盆关闭，早古生代俯冲带向北倾[15]，S_1-C_3完全关闭成山。

在扬子古板块西缘的盐源－丽江地区，可见Є-O 大陆边缘海相碎屑岩沉积；在龙门山地区Є-O_{1+2}仍以海相陆缘碎屑岩和浅海相碳酸盐岩为主，S 发生裂陷作用，沉积厚度巨大的复理石(茂县群)。在整个板块西缘均未发现蛇绿岩套，表明为稳定大陆边缘特征。在扬子古板块内部，早古生代形成大隆起，如川中地区形成 NE 向乐山－龙女寺古隆起，黔北形成 E-W 向黔北古隆起以及江南古隆起，并在其间发育有川南、湘鄂西等下古生界坳陷。

阿尔金洋盆的开启和关闭，表明塔里木古板块和扬子古板块早古生代的分离和汇聚关系。阿尔金洋盆主要扩张期为 O_1，与塔里木板块上的满加尔坳拉槽Є-O_1为充分发展期相对应；阿尔金洋盆于 O_2关闭，又与扬子古板块康滇古隆起于 O_2后发生裂前隆起相对应。再从板块边缘性质看，阿尔金南缘有早古生代蛇绿岩，处于活动大陆边缘，盐源－丽江到龙门山区处于稳定大陆边缘，O_2末阿尔金洋盆俯冲带向北倾关闭。其俯冲碰撞方向可能为斜向对接，故至今仍在扬子古板块边缘保留有一些早古生代地层。

5. 南华小洋盆

在华南板块形成前，西有扬子古板块，东有华夏地块(由浙闽、云开微陆块组成)，其间存在下古生代南华小洋盆。据洪汉净用古地磁资料再造的 Z-O_3图，古华南洋比现在位置左旋 90°(见图 12)。扬子古板块向东，过江南隆起后进入南华小洋盆。Z_2-O_1的沉积由台地相转入斜坡相，生烃条件良好。S 末的加里东运动使小洋盆完全关闭，扬子古板块与华夏地块结合成为华南古板块。

6. 小结

(1)“古中国地台”的形成和演化，经历过焊接－分离－再焊接的过程。太古代中晚期由分散的陆核形成统一超陆块，后经古元古代韧性剪切带的扭动，形成分离的克拉通和活动带的格局，再经活动褶皱带的回返，中元古代后把塔南、扬子、华北主体焊接成一个稳定的“超级大陆”，成为“古中国地台”的基底(见图 2)。迎来的早期沉积盖层有许多相似的特征，如 Z_1出现的冰水沉积和双峰模式火山岩，Z_2出现的灯影组白云岩，含叠层石化石，$Є_1$ 出现的黑色含磷层等。

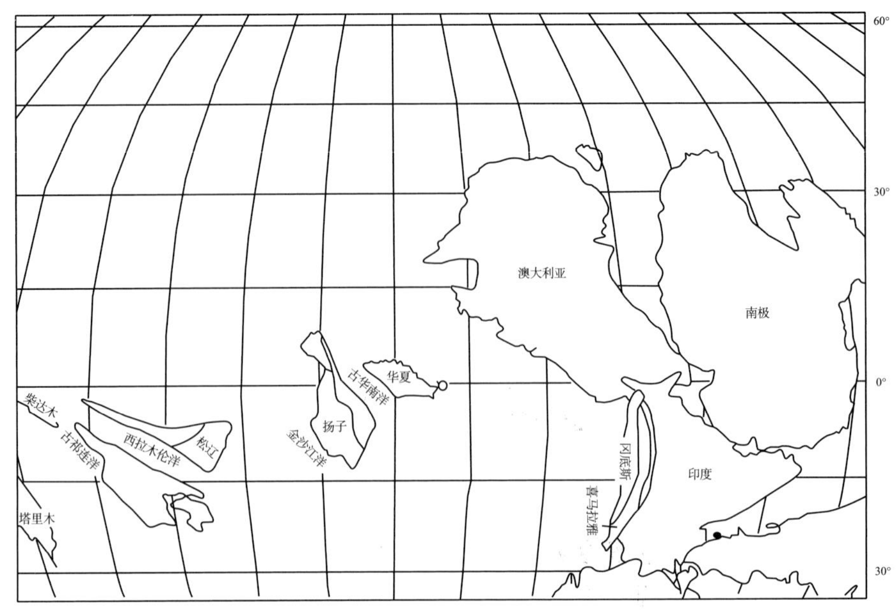

图 12　震旦纪时期(600Ma)古板块位置复原图

(2)震旦纪—早寒武世发生的“兴凯地裂运动”使“古中国地台”解体，形成许多小洋盆。围绕塔里木、柴达木、中朝和扬子古板块，发育古亚洲洋和 11 个小洋盆，经过裂解、扩张、收缩和关闭的过程，到了晚古生代，基本形成中国大陆。演化各阶段见表 3。

(3)古亚洲洋和 11 个小洋盆，经过 O-S 的俯冲收缩和 D-C 的碰撞关闭(有的到 T_2)，中国大陆基本形成。从西昆仑－东昆仑－南秦岭－大别山以北和华南板块连成一片，基本完成中国大陆轮廓，也成为全球 Pangea 大陆的组成部分。中国大陆发展进入中生代一个复杂多变的阶段。

(4)12 个洋盆与大陆板块边缘性质和洋盆关闭特点，对古生界成藏条件可产生不同的影响。按世界海相成油条件的规律，大陆架和大陆上斜坡一般为生烃良好地区。若为稳定大陆边缘，生烃和保藏条件均良好；若为活动大陆边缘，因洋壳俯冲收缩，对大陆边缘生烃条件有破坏作用。俯冲作用发生早，斜坡地区的油气还未完全转化即受破坏，俯冲作用发生得晚，有利于大陆边缘油气运聚。陆陆碰撞导致洋盆关闭，产生的大量花岗岩和变质岩带，破坏了古生界油气的赋存，这对评价前陆盆地形成后深部海相地层油气潜力有重要作用。据此观点，我们从理论上将西部古生代大陆边缘的成藏条件分为有利、较有利、较差三种类型，为以后评价前陆盆地深部油气远景提供依据。

表 3　中国古生代洋盆演化阶段对比表

洋盆名称	大陆裂解期	洋盆扩张期	俯冲收缩期	碰撞关闭期
古亚洲洋	Pt_{2-3}	$\in_3$-O_2	S	D_3-C_2
北天山洋	(1)期 Pt_2			O_2
		(2)期 C_{1-2}		P_1
南天山洋	(1)期 Z	O_3	S_3	
	(2)期 D-C_1	D-C_1	C_{2+3}	P_1
西昆仑洋	Pt_3(?)	Z-€	S_2	D_2
东昆仑洋	Pt	O_3		C_3-P_1
北秦岭洋		O_1	O_3-S_1	S_3

续表

洋盆名称	大陆裂解期	洋盆扩张期	俯冲收缩期	碰撞关闭期
南秦岭洋		西段，C_3-P_1 东段，P_2-T_1		T_2
西秦岭洋		D_3-T		$T_3^{(1+2)}$
北祁连洋	Z-$Є_2$	O_1	O_3-S	S_3
南祁连洋	Z	$Є_2$-O_2		S_1
阿尔金洋	Z	$Є_2$-O_1	O_2	S_1-C_3
南华小洋盆		Z-O_1		S

有利的大陆边缘：与南天山洋发育有关的塔里木板块北缘，与北天山洋发育有关的准噶尔地块南缘，与阿尔金洋发育有关的扬子古板块西缘(或称龙门山洋，参见以后论证)，与南秦岭洋发育有关的扬子古板块北缘，与古亚洲洋发育有关的准噶尔地块西北缘。

较有利的大陆边缘：与华南洋发育有关的扬子古板块东南缘，与南祁连洋发育有关的柴达木地块西北缘，与西昆仑洋发育有关的塔里木板块西南缘，与北秦岭洋发育有关的华北古板块西南缘及南缘。

较差的大陆边缘：与阿尔金洋发育有关的塔里木板块东南缘，与东昆仑洋发育有关的柴达木地块南缘，与古亚洲洋有关的华北古板块北缘。

三、“峨眉地裂运动”使扬子古板块与塔里木古板块沿阿尔金海槽离散和向东漂移

1. *“峨眉地幔柱”存在的初步认识*

20 世纪 80 年代，我们曾认为“峨眉地裂运动”是扬子古板块地史发育的一次大的地质构造事件，受地幔热隆作用，与古特提斯打开有关，并在扬子古板块西缘分布有康定、剑川等“三接点”[16]。20 世纪 90 年代，许多地球化学家认为峨眉山玄武岩喷发与地幔柱活动有关，如汪云亮等利用微量元素丰度，探索峨眉山玄武岩为幔源成因，类似于南大西洋拉开时形成的巴西陆缘玄武岩[17]，张成江等利用 Th、Ta、Hf 之间的比值判别岩浆源区大地构造环境方法，也认为峨眉山玄武岩系岩浆源属地幔热柱成因。近年来张昭崇等在云南丽江地区发现两处苦橄岩产地，发育的三层苦橄熔岩，呈夹层产于峨眉山玄武岩系近底部，经岩石化学分析为地幔柱成因[18]。宋谢炎等认为峨眉山地幔柱活动于早二叠世，是在盐源－丽江陆源海区，晚二叠世进入攀西裂谷及其以东的岩区[19]，这一认识与塔里木板块玄武岩喷发时间为早二叠世早期是对应的。徐义刚等据峨眉山玄武岩有高钛(TiO_2＞2.8%)和低钛(TiO_2＜2.8%)之分，认为低钛玄武岩熔融始于 140km，可一直延续到 60km(尖晶石稳定区)，代表峨眉山玄武岩主体，为地幔柱轴部熔融产物，发育在盐源－丽江地区；而高钛玄武岩母岩浆来自于 70km 深处(石榴子石稳定区)，代表热柱边部或消亡期地幔。上述认识基本肯定了峨眉地幔柱的存在，后文将从塔里木和扬子古板块离散中，进一步证实“峨眉地幔柱”所起的动力学作用。

2. *二叠纪塔里木古板块和扬子古板块沿阿尔金构造带拼结的依据*

从两个古板块喷发的时间、空间和玄武岩性质看，我们认为两个古板块在二叠纪前沿阿尔金构造拼结在一起的方案较为合理(见图 13)。

(1)在时间上，两个古板块内部，在二叠纪大陆内部均有大面积的溢流玄武岩喷发，塔里木喷发时则为早二叠世早期(栖霞组)，向东进入扬子古板块的盐源－丽江区的早二叠世晚期(茅口组)，更东过攀西裂谷区后，则为晚二叠世(乐平组)喷发。在两个板块上玄武岩由西向东喷发时间有规律性变化，可能显示古板块运动与地幔柱的密切关系。

(2)在空间上，峨眉山玄武岩喷发的地域和强度，以阿尔金构造带为中心，分别向古板块构造东西

两侧减弱。如扬子古板块西南端为峨眉山玄武岩喷发主体，并向东减弱，到了川东仅有受断层控制的个别喷发点；塔里木古板块玄武岩喷发主要分布在中央隆起以东地区，喷发的强度，从玄武岩的厚度判断，有由南(中央隆起)向北(塔北隆起)减弱的趋势。两个板块相接，展示峨眉山玄武岩喷发地域相连、喷发强度分别向东、西递减，表明玄武岩幔源岩浆成因，可能受同一“峨眉地幔柱”作用的控制。

(3)在物质成分上，塔里木古板块内部，由碱性玄武岩和亚碱性酸性岩浆组成的双峰模式火山岩系组成，代表板内裂谷喷发特征；扬子古板块西南地区，以喷发碱性和拉斑玄武岩为主，也代表板内裂谷喷发特征。但在两板块拼合的盐源—丽江地区，主要由橄榄玄武岩和辉斑玄武岩组成，具枕状构造，并发现苦橄岩，代表陆缘海溢流玄武岩喷发的环境。在塔里木古板块东南缘音干村也有橄榄玄武岩的报道(待核实)，另外在阿尔金断裂南延的喀帕和阿羌，也可见华力西中、晚期的辉长岩和辉绿岩侵入体。这些玄武岩物质说明，地幔柱主体，在盐源—丽江以西洋盆中，也许位于当时的甘孜—理塘洋脊扩张带，那里发育有 P_2-T_3^1 蛇绿岩带[20](见图 14)。

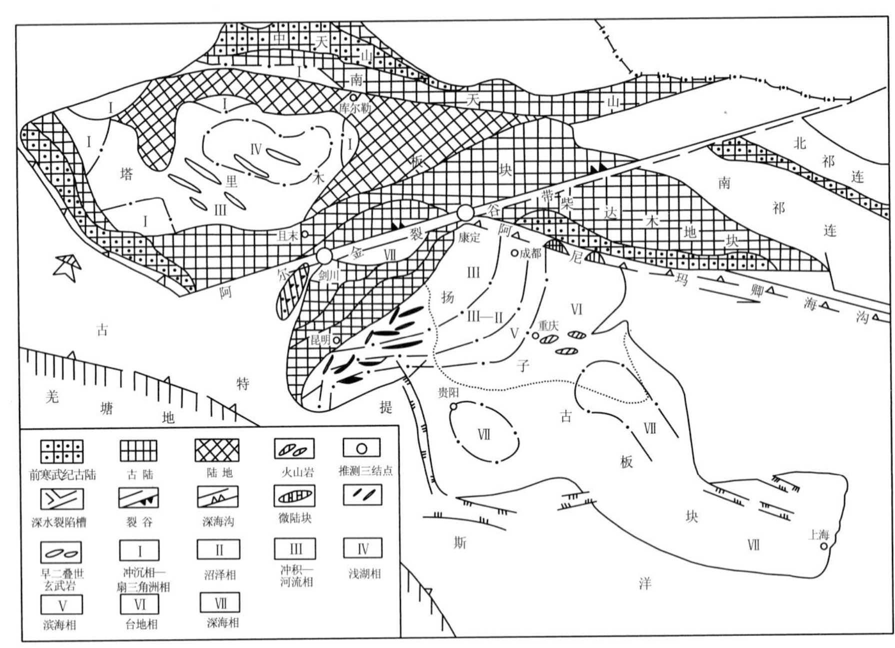

图 13　晚二叠世塔里木古板块与扬子古板块汇聚图

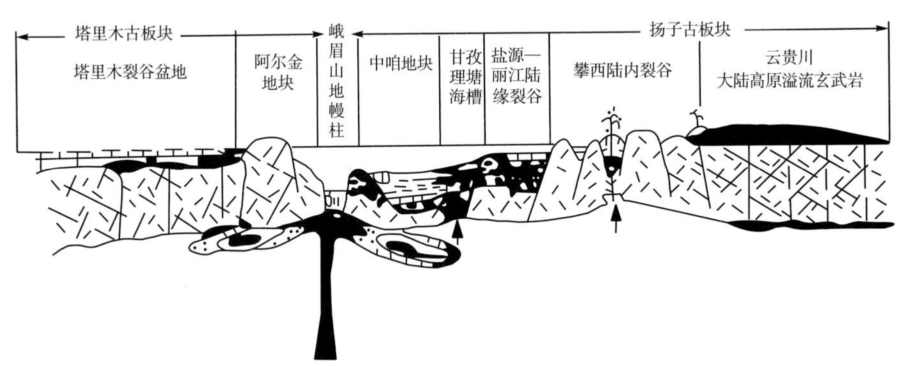

图 14　二叠纪峨眉地幔柱引起扬子古板块和塔里木古板块分离示意图

3. 扬子古板块二叠纪沿东昆仑南—阿尼玛卿—康、勉、略深海沟(相当南秦岭洋西段)向东漂移的运动学特征分析

在柴达木地块以南的东昆仑南区，C_1 为火山碎屑夹碳酸盐岩，厚度大于 3200m，P_1 为生物碎屑灰岩夹玄武岩，厚 8000～9600m。向东延伸到阿尼玛卿，由石炭系—下三叠统组成的构造成因混杂岩带，

其中 P_1 由碎屑岩、中基性岩和碳酸盐岩组成，厚逾 20000m。再向东延伸到康、勉、略地区，由前寒武系岩块、下石炭统蛇绿岩片和陆缘碎屑岩组成，共同组成构造混杂岩带。岩石特征显示，当时扬子古板块北缘，石炭纪至二叠纪从东昆仑南到康、勉、略存在一条深海沟，为扬子古板块向东滑移提供了条件，这与前述刘本培、全秋琦认为南秦岭洋关闭过程中，在石炭纪出现左旋运动方向一致。这条海沟经过其后的 P_2-T 俯冲、消减，形成一条板块结合的混杂岩带。

扬子古板块在“峨眉地幔柱”作用下向东漂移的运动学特征。首先可认为早二叠世栖霞期，它与塔里木古板块连在一起，有相同海相地层和古生物化石，茅口期因“峨眉地幔柱”活动，塔里木古板块接近海面，首先发生大面积玄武岩喷发，隆起成陆；扬子古板块沿阿尔金断裂沉降，继续茅口期的海相碳酸盐岩沉积。早二叠世末因羌塘－昌都板块沿康西瓦断裂俯冲产生的 SW-NE 东向的挤压力，不仅使南天山小洋盆完全关闭和形成晚二叠世的塔里木陆相盆地，而且产生配套的 NW-SE 向的拉张力，驱使扬子古板块向 SE 分离，并沿阿尔金小洋盆中的康定和剑川“三接点”连线裂开，在“峨眉地幔柱”加速作用下，北侧沿东昆仑南－阿尼玛卿－康、勉、略海沟向东迅速滑移。并在上二叠统喷发大量板内峨眉山玄武岩，唯在盐源－丽江的西岩区，还保留有代表洋盆的橄榄玄武岩，其运动格局如图 15 所示。扬子古板块向东漂移到现在位置，运移 1900km，还经过印支－燕山－喜马拉雅运动的改造，有旋转，有拉裂，中咱地块、若尔盖地块以及青川地块和茂汶杂岩体，在向东漂移过程中，从扬子古板块分离、滞后的大、小块体，在这些块体上仍保留有震旦系灯影组盖层或二叠纪喷发的玄武岩，可资证明。

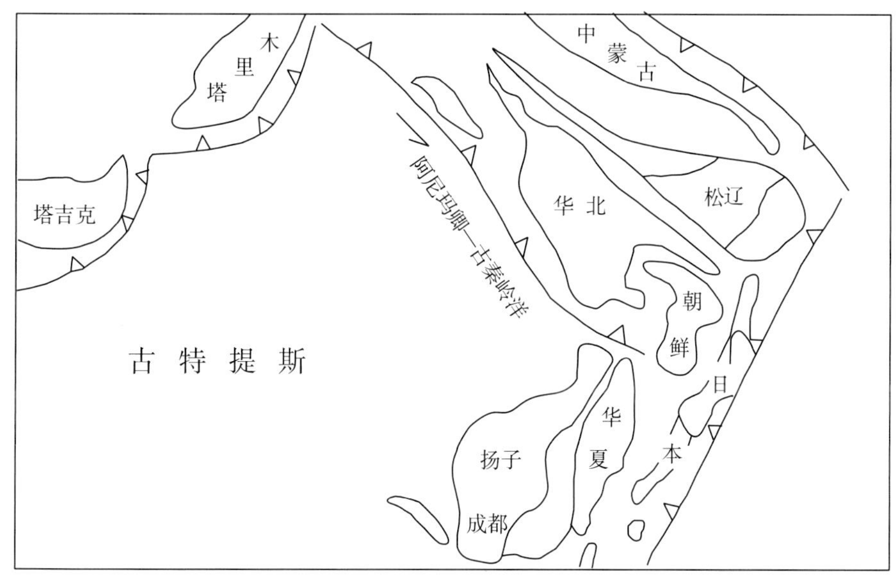

图 15　晚二叠世—早三叠世扬子古板块向东漂移古地磁复原图

四、中生代中国大型陆相盆地形成为前陆盆地发育奠定了基础

古亚洲洋和秦、祁、昆等小洋盆的关闭，志留纪在中国北方形成塔里木、华北古陆及准噶尔和松辽小陆块，华南古陆(包括扬子、滇黔桂和东南等陆块)大部分露出海面。这一格局持续到中石炭世方迎来晚石炭世海侵，塔里木和华北晚石炭世为滨浅海沉积，准噶尔至松辽陆块区海陆交互相沉积并伴有火山岩发育，到了晚二叠世，昆仑－秦岭以北地区海水几乎全部退出，形成山地与陆盆，除柴达木陆块外，塔里木、华北、准噶尔和松辽构成陆相坳陷盆地，前陆盆地特征不明显，南方的华南板块在二叠纪一直处于浅海沉积环境中，也未有前陆盆地形成。东昆仑－南秦岭洋盆关闭产生的中期印支运动，对中国北方陆盆的形成和前陆盆地发育起了转换作用。

1. 塔里木、准噶尔、柴达木、华北克拉通原型盆地及其前陆盆地形成

(1)塔里木克拉通盆地三叠系河湖相沉积主要分布在盆地东部，最厚达 1000m，下三叠统俄霍布拉克群发育厚 190～590m 的底砾岩，表示塔北的库车前陆盆地开始发育；侏罗系、白垩系陆相地层厚度较大，仍继承前陆盆地发展。

(2)准噶尔克拉通陆相盆地形成。西缘的克乌地区，T-J 厚度超过 3000m，底部有磨拉石堆集，J_2 后形成克乌冲断带。南缘山前的 T-J 厚达 5800m，有底砾岩，J_3 后燕山运动发生构造变形。显示西缘和南缘前陆盆地形成和发育。

(3)柴达木克拉通盆地，无三叠系沉积，早、中侏罗世为断陷盆地，西部冷湖区厚度最大，在 1500～2000m 以上，北缘前陆盆地发育，J_3 末的燕山运动形成冲断带。

(4)华北克拉通原型陆相盆地。西从阿拉善地块，东到郯庐断裂大范围内，从 P-T_2 为沼泽、河湖陆相沉积，T_2 末的印支运动，华北东部抬升，缺失 T_3，西部形成鄂尔多斯盆地。并在其边缘开始发育前陆盆地。J_{2+3} 末发生冲断变形。

2. 准噶尔至松辽在侏罗—白垩纪形成东西向裂谷盆地带

在古亚洲洋关闭和华力西褶皱带形成的背景条件下，其间包卷的准噶尔、吐哈、雅干、锡林浩特、松花江、佳木斯等微陆块，作为中小型盆地发育的硬性基底，到了中生代在深部火山岩作用下，J-K 可能先后发生过一次地壳拉张作用，形成许多断陷裂谷盆地，过去不为人们所注意，本文将作如下探讨。

1)东西向 J-K 裂谷盆地带空间展布特点

(1)一般认为准噶尔盆地中、新生代为坳陷盆地，但若从盆地东部腹部 NE 向剖面显示的断凸和断凹构造背景看，J 显示出对称型裂谷盆地特征，不过被后期燕山运动(K_1 末)改造，显得不清楚了(见图 16)，此外相邻的焉耆、吐哈和三塘湖盆地在 J_{1+2} 均具伸展断陷盆地性质[20]。

(2)向东至甘新蒙的柴达木盆地北缘至阿拉善地块区，分布的柴北缘、敦煌、雅布赖、巴音浩特、六盘山等十多个中、小型盆地，J_{1+2}-K 均为伸展断陷盆地。

(3)更向东至二连、海拉尔和松辽盆地，J-K 断陷盆地是公认的事实。

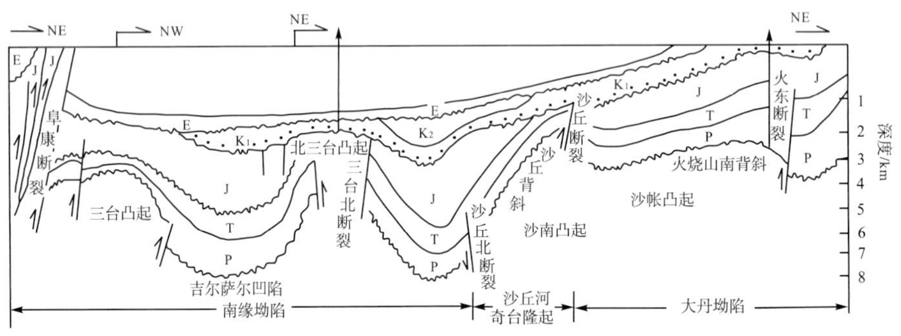

图 16　准噶尔盆地东部侏罗系、白垩系及第三系之间不整合接触关系图

2)中国西北地区 J_{1+2} 湖盆沉积和厚度发育特征

晚三叠世末，西北地区发生一次全区性的强烈运动，J_{1+2} 与 T_3 及其以下地层不整合接触，同时对西北地区地貌起到了填平补齐和夷平化作用。中高山地貌仅分布在南缘的古昆仑山，其北古阿尔泰山、古天山、祁连山及昆仑山的一部分，为低山丘陵分布区，作为准噶尔、塔里木盆地的物源区。从 J_1 沉积韵律明显，粗碎屑与细碎屑泥质含烃沉积交替出现，说明周围地势不高，构造活动微弱，属稳定型沉积盆地，当时盆地周围已准平原化，沦为低地。

在此地貌景观基础上，西北地区 J_{1+2} 发生地壳拉张运动，除准噶尔盆地向东的甘、青、蒙发育许多伸展断陷盆地外，在中天山和塔里木盆地西南喀什和东南且末也发育有伸展断陷盆地(见图 17)。盆地内地层发育特征：①多为河湖陆相沉积，发育两套良好的烃源层，大范围内可以对比；②J_2 西部盆地

大而均匀，东部盆地分布窄但厚度大，如潮水、雅布赖和银根盆地小，但沉积厚度可达3000～4000m，显示断陷盆地性质(见图18)；③凹陷沉积最厚处靠近主控断裂，如库车、喀什、柴达木盆地北缘等凹陷，而大型坳陷盆地范围大，沉积厚度较薄，如塔里木北部、准噶尔和鄂尔多斯盆地。

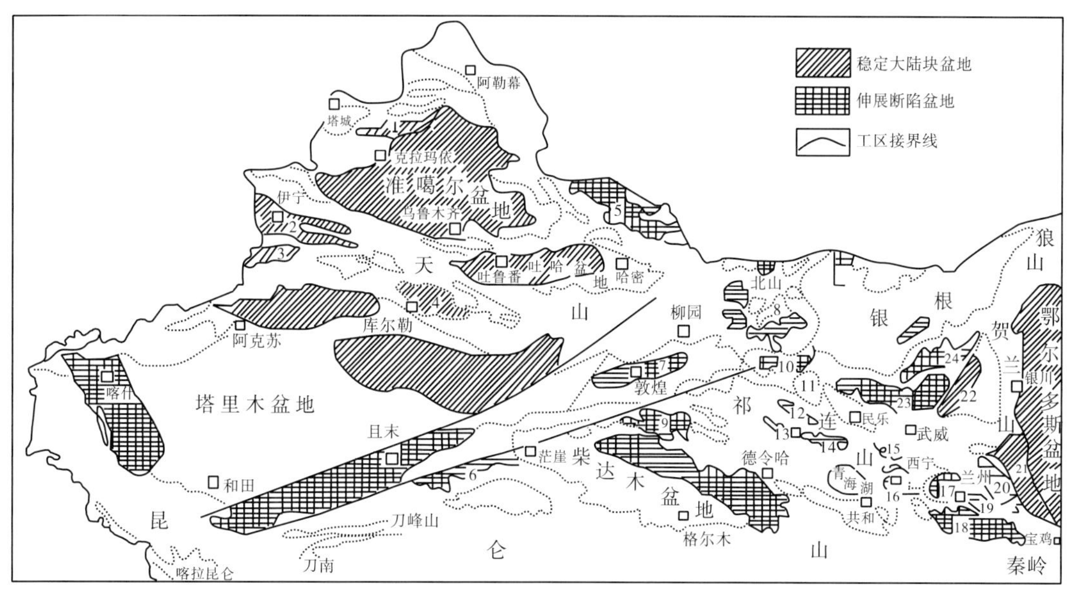

图17　西北地区早—中侏罗世盆地分别略图

1. 各什托洛盖盆地；2. 伊犁盆地；3. 昭苏盆地；4. 焉耆盆地；5. 三溏湖盆地；6. 吐拉盆地；7. 敦煌盆地；8. 北山盆地群；9. 苏干湖盆地；10. 花海盆地；11. 酒泉盆地；12. 大疙瘩盆地；13. 疏勒盆地；14. 木里盆地；15. 门源盆地；16. 西宁盆地；17. 民和盆地；18. 双临死盆地；19. 定西盆地；20. 西吉盆地；21. 六盘山盆地；22. 巴音浩特盆地；23. 潮水盆地；24. 雅布赖盆地

从上述湖盆分布、沉积特征和厚度可看出，西北地区在印支运动准平原化基础上发生过地壳拉张运动，J_{1+2}在昆仑山以北气候温暖、潮湿，发育断陷为主体的陆相湖盆群，古天山、古祁连山和古阿尔金山地貌不高，水体可自由交替，形成了成烃和生烃有利的湖沼相沉积。

3)准噶尔至松辽J-K裂谷盆地带发育燕山期火山岩

(1)在准噶尔盆地西缘，克拉玛依—白碱滩一带钻遇侏罗系火山岩(170.6Ma，K-Ar)。

图18　西北地区早—中侏罗世湖盆地层厚度分布

(2)在甘、青、蒙区断陷盆地中 J_{1-2} 火山岩发育，如若羌、敦煌、雅布赖、巴音浩特等盆地和柴达木盆地北缘。主要为基性—中性安山岩，属板内裂谷演化产物。

(3)往东进入二连盆地，发育 K_1 中、基性火山岩为主，伴随二连断陷盆地形成。

(4)在中国东北的大、小兴安岭，张广才岭和老爷岭，海拉尔盆地和松辽盆地等地，发育 J_1-K 大兴安岭火山岩，岩类一般从基性到酸性，从钙碱性系列向碱性系列转化，具双峰式特征，对松辽晚侏罗世塌陷裂谷盆地形成起着重要作用[21]。

准噶尔至松辽盆地 J-K 均有火山岩发育，显示裂谷盆地带形成固有特征。不过东部比西部火山岩活动强烈，这与邻区晚侏罗世鄂霍次克洋关闭和那丹哈达岭地体碰撞有关。

3. 印支期四川克拉通原型盆地的形成和改造

1)华南板块(包括扬子古板块)东移，羌塘地块北上，形成三叠纪巴颜喀拉边缘海

前述早二叠世末扬子古板块沿阿尼玛卿—康、勉、略深海沟向东漂移约 1900km 到现在位置。与此同时，羌塘地块北上，西端在塔里木古板块南缘的康西瓦缝合带相遇，如在康西瓦断裂以北 P_1，含标准暖水古生物(*Polydiexodina*)，属低纬度的欧亚大陆生物地理区，而在康西瓦断裂以南的空喀山上 P_1，下部含单通道鏇(*Monodoexodina*)，为冷暖水混生环境，属冈瓦纳大陆北缘边缘海沉积环境产物。羌塘地块东端可能与中咱地块相遇，其间形成一个大三角形的空间，成为三叠纪的松潘—甘孜边缘海。

边缘海盆涉及藏、青、甘、川 4 省，从沉积和构造演化特征可分为三区(见图 19)。

Ⅰ区：约在阿尼玛卿俯冲带之北，T_{1-2} 沉积在柴达木地块南缘和南祁连山区，为砂泥岩浊流沉积，伴有陆相火山岩，厚 6000～10000m，显示洋壳沿阿尼玛卿俯冲带活动后从被动陆缘向岛弧边缘发展。

Ⅱ区：巴颜喀拉中心区，T_1-T_2^1 沉积厚度薄，盆地处于饥饿状态，将转入饱和充填阶段。下巴颜喀拉群(T_1by)为长石石英砂岩夹外来的 C-P 灰岩岩块形成的滑覆体。中巴颜喀拉群(T_2by)为复理石沉积，厚度大于 3510m，滑塌坡向东南，显示大陆边缘—大洋岛弧构造环境。上巴颜喀拉群(T_3by)为板岩、黑色页岩，水体较深，沉积物向 S-SE 方向迁移。

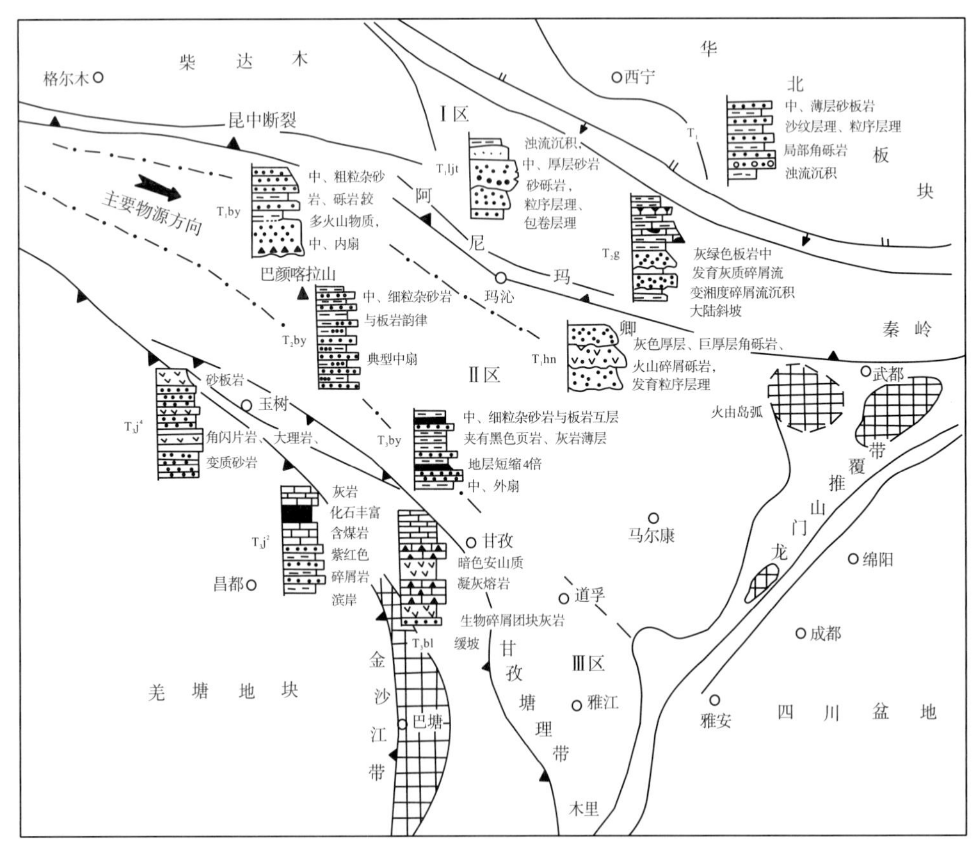

图 19　松潘—甘孜边缘海盆三叠系(T_1-$T_3^{1\text{-}2}$)沉积—构造特征(据文献[24]修改)

Ⅲ区：位于义敦岛弧及其以北的雅江地区，主要分布有 T_3^{1-2}，具有火山岛弧和陆块边缘沉积特征，如在雅江残留盆地，充填一万多米的半深海浊积岩和复理石沉积(西康群)，但这套地层西延至四川克拉通仅有数百米的海湾沉积(相当于卡尼克—诺利阶的马鞍塘组和小塘子组)。

松潘—甘孜边缘海沉积从晚古生代末—早中生代，在其西侧形成义敦火山弧带沉积物层，由北向南迁移，主要物源方向由西北向东南，当时的昆仑山区和柴达木隆起是主要物源供应区。晚三叠世早期(T_3^{1-2})随着可可西里—金沙江—哀牢山洋盆于早二叠世末向南西俯冲，于晚三叠世早期关闭，巴颜喀拉浊流盆地也最后关闭，形成 NW 向的造山带，成为四川克拉通原型盆地须家河组陆相沉积的供给区。

2)印支晚期(T_3末)至燕山期，华南板块向西俯冲，使龙门山造山带崛起和四川原型盆地改造

扬子板块构造，从中晚元古代形成前震旦系基底后(Pt_2-Pt_1)，经过早加里东期(Z_1-O)与华夏岛弧相连，中间发育华南小洋盆，后经晚加里东期的关闭(S)，形成华南板块。早—中三叠世有同二叠纪一样的广浅海沉积，覆盖了整个华南板块范围。T_2末的印支早幕，古太平洋板块可能沿长乐—南澳断裂带发生俯冲，导致华南褶皱带大部分抬升，形成内陆隆起和坳陷。海水向西撤向松潘—甘孜边缘海，仅在川西保留马鞍塘组和小塘子组(T_3^{1+2})海湾沉积。四川盆地须家河组(T_3^{3})沉积时东部继续抬升，须家河组充填的四川原型盆地，范围可达湖北西部、贵州北部和云南的楚雄盆地，比现在的四川盆地范围大。从沉积特征和厚度分析，川西前陆盆地和楚雄西部前陆盆地基本形成。

三叠纪末的印支晚幕，华南板块向西的甘孜—阿坝褶皱带发生陆内俯冲，形成 NE 向的龙门山造山带，同时使四川陆相原型盆地向西收缩。燕山运动在华南板块异常强烈。在东南沿海出现大量火山岩喷发和大量花岗岩侵入(岩体侵入高峰期为 145Ma，与 J_3 相当)；向西北方向，到了江南隆起和湘鄂西地区，褶皱运动减弱，尚可见上白垩统与其下地层不整合接触；再往西到四川盆地东部和川中东部则无白垩纪沉积，表明川东 NE 向主体褶皱带已经形成；更往西到川西前陆盆地，可见侏罗系与白垩系为假整合接触。四川原型盆地经过晚印支期和燕山期改造，已基本形成现今四川盆地的格局。

五、晚中、新生代中国大陆构造演化的动力学特征

1. 中国大陆盆地动力学中不同成因机制的认识

中国有 485 个大小不同的沉积盆地，进行过油气勘探的盆地有 107 个，发现有大—中型油气田的盆地 16 个，占勘探盆地数的 15%。对这些盆地分布规律和动力学成因机制有不同的认识，胡见义等从现有盆地反应最终格局出发，认为西部具挤压、东部为张性、中间为过渡性盆地的观点；也有的从地貌结合盆地动力学性质，以大兴安岭—太行山—雪峰山为界，把中国分为东西两部，以西为挤压型盆地，以东为拉张型盆地；这条 NNE 向的山脉分布带，恰好是中国东部重力梯度带。近年来朱介寿等[22]根据欧亚大陆及西太平洋地区 58 个数字地震台站约 12000 个长周期波形记录，挑出 4100 条面波大圆传播路径，采用面波频散及波形拟合反演方法，对东亚及西太平洋边缘海地区的地壳和上地幔进行了高分辨率三维 S 波速成像，结果发现以东经 110°为界，东西两部分岩石圈、软流圈的结构与深部动力过程有巨大差异。此界线与大兴安岭—太行山—雪峰山连线基本对映，界线以西主要是印度板块与欧亚板块碰撞引起岩石圈汇聚增厚区，界线以东主要是由于软流圈上涌引起岩石圈减薄区。

中国大陆晚中、新生代以来，东西构造差异和盆地的不同类型成因，我们将由表及里和由浅入深到岩石圈和软流圈内更深层次上考查西部陆内俯冲、陆内造山和前陆盆地形成等问题，考查东部裂谷盆地的形成和演化，这非常有利于今后的油气勘探工作。

2. 中国西部盆山耦合作用和地壳加厚与特提斯洋陆续关闭有关

1)晚中生代班公—怒江洋关闭，使中国西部盆—山耦合作用发育

金沙江洋关闭后，从冈瓦纳大陆分裂出来的拉萨地块继续北上，其间分布班公—怒江大洋(见图20)。从 T_3-K_1 的蛇绿岩带分布预测，该洋西起班公湖，向东经改则、东巧、丁青、嘉玉桥至八宿的上

林卡，经左贡扎玉与澜沧江带相通。班公－怒江－澜沧江洋作为东特提斯洋主体，至少始于早古生代，晚三叠世—早中侏罗世洋盆萎缩、消亡。闭合方式有自东向西迁移之势，如在丁青 J_3 不整合在蛇绿岩带之上，中、西段 K_1 不整合在蛇绿岩带之上。班公－怒江洋的关闭是冈瓦纳大陆块体与欧亚大陆对接、碰撞的结果，代表全球板块运动一次大的地质事件；对中国西北地区结束 J_{1+2} 众多断陷湖盆群也有影响，诱使准噶尔西缘的阿拉套山、天山、西昆仑和祁连山、秦岭、龙门山等山脉再次上升，在其前缘继续发育前陆盆地。

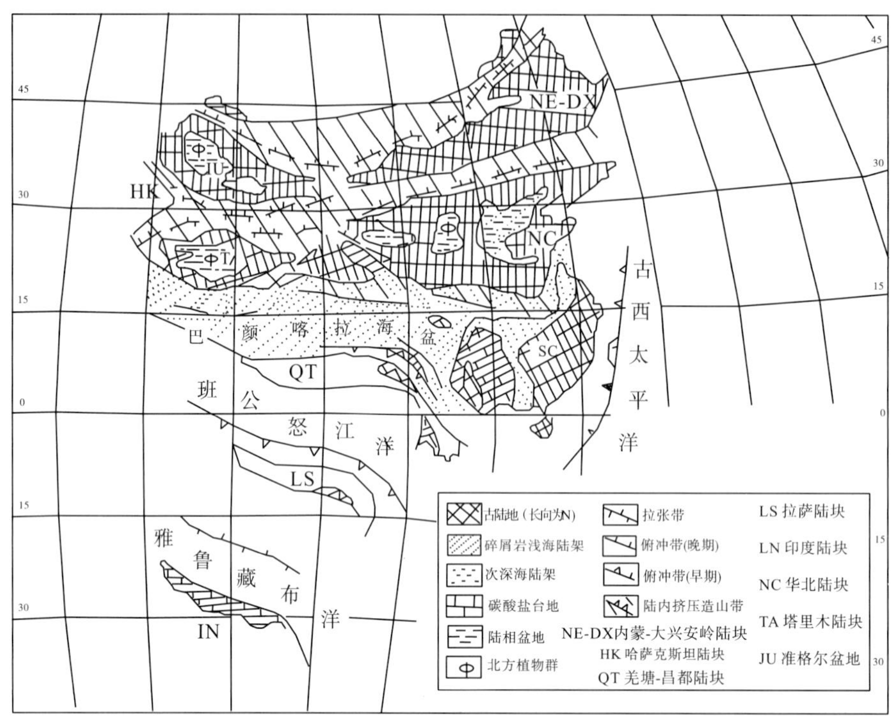

图 20　晚三叠世早期中国古大陆构建古地理重建图（据文献[24]）

2）新生代雅鲁藏布洋关闭，使中国西部盆山耦合作用加强和地壳增厚

（1）雅鲁藏布江蛇绿岩带西起阿里地区伊来斯山口与克什米尔的印度河蛇绿岩带相接，向东以门土、日喀则、伸巴（以西为西段）、仁布（伸巴－仁布为中段）、朗县等地，在米林墨脱呈向北突出的弧形急湾后，南下缅甸西部接若开山脉的那加丘陵蛇绿岩带，再向南延进入安达曼－尼科巴群岛。

蛇绿岩形成时代，一般认为是 J-K，因在中段上覆硅质岩中找到有 J_3-K_1 放射虫，也在北侧夹于枕状熔岩及其上覆冲堆组硅质岩中，找到 K_1-K_2 早期的赛诺曼期放射虫。雅鲁藏布江洋闭合于白垩纪末。

（2）印度板块与欧亚大陆汇聚过程。马宗晋等[25]据大洋磁力条带与区域地质描述了这一过程：

185Ma（J_1）——印度洋开始张裂；

100Ma（K_2 初）——印度板块脱离冈瓦纳加速北上；

75Ma（K_2）——印度板块漂到南纬 25°；75～45Ma（K_2-E）向北漂移速率为 15～20cm/a；

70～60Ma（K_2 末-E_1）——扩张速率为 20cm/a，在 65Ma 印度德干高原喷发多层暗色玄武岩，延伸可达 300km；

50Ma（E_2）——印度板块与欧亚板块在北纬 140°碰撞，碰撞后（50～30Ma）减速到 10cm/a；

52Ma（E_2）——印度大陆西端在拉达克与欧亚大陆首先碰撞，汇聚速度为 4.5cm/a，滑移矢量为 SW 向，52Ma 以来缩短距离为 500km；

42Ma（E_2）——印度板块逆时针旋转，东端与欧亚板块碰撞，滑移矢量为 SE 向，52Ma 以来缩短距离为 1000km；

36Ma(E_3)——两大陆汇聚速度为 5cm/a 左右。

(3)印度板块与欧亚板块碰撞，对中国西部产生的远程效应。52Ma(E_2)以来，印度板块与欧亚板块碰撞后，地壳缩短距离为 500~1000km。S-N 向挤压作用，除使青藏地块俯冲变形上隆，显示垂向平面应变隆起成为青藏高原，地壳加厚，其远程效应使高原周边断裂俯冲、走滑、抬升；同时触发陆内俯冲，中国西部前陆盆地新第三纪剧烈沉降，西昆仑、天山、阿尔金山、祁连山、龙门山不断上升，盆山耦合关系异常清楚和强烈。

3. 中国东部新生代华北大陆裂谷盆地和东亚边缘海形成与深部岩石圈和软流圈结构有关

1)新生代华北大陆裂谷盆地及边缘海成因新认识

国内外学者对此问题主要有两种不同的认识；一种是引用 Karig 的边缘海扩张模式，即“弧后扩张说”，认为新生代太平洋板块向东亚大陆俯冲，形成的沟、弧、盆体系，在弧后扩张形成边缘海盆和大陆裂谷。另一种是引用 Tapponnier 的观点来解释东亚大陆构造模式，即“碰撞-挤出-扩张说”，认为印度板块在始新世与欧亚板块在西部碰撞，引起东亚大陆各块体向东离散，形成大陆裂谷和边缘海；与此模式相似的还有朱夏的“蠕散说”，即印度板块与欧亚板块碰撞，引起青藏高原深部地幔向东流动，拖裂东亚大陆边缘向太平洋扩散，因而形成大陆裂谷和边缘海。这些认识有其合理性，但限于当时的资料条件，在时空上还不能圆满解释中国东部大陆裂谷和东亚边缘海成因机制。本文将从地震面波层析成像结果探讨这一问题。

2)以东经 110°为界，东亚及西太平洋东、西两侧岩石圈、软流圈结构和深部动力学过程有巨大差异(见图 21)

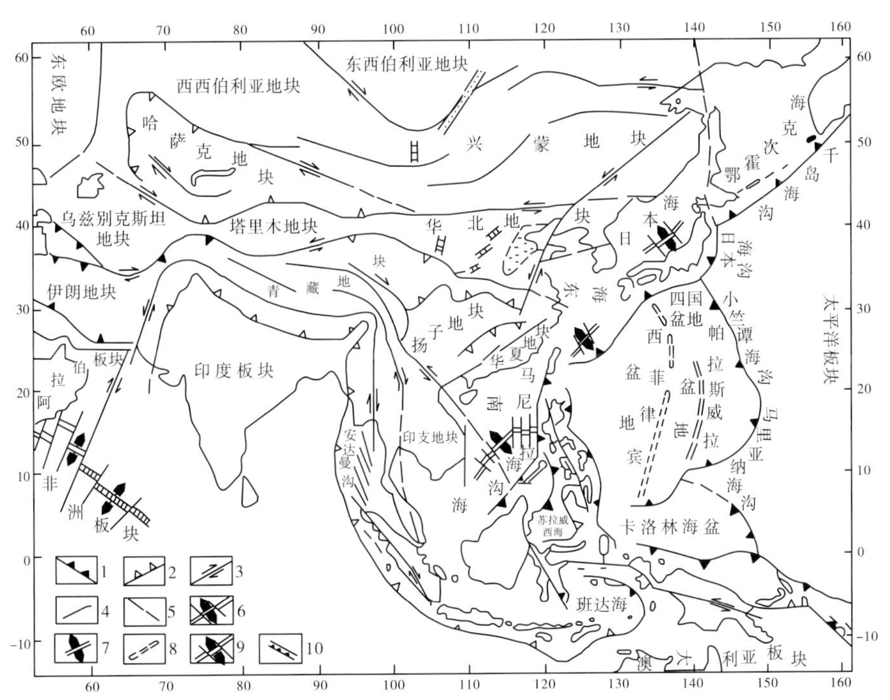

图 21　东亚西太平洋及临区构造分区图(据文献[23]修改)

本图根据天然地震面波层析成像结果，参阅前人资料编制。1. 现代海洋俯冲带；2. 大陆碰撞逆冲断裂带；3. 大型走滑断裂带；4. 深大断裂带；5. 推测及隐伏断裂带；6. 大洋中脊；7. 大洋伸展裂谷；8. 大洋海岭；9. 边缘海伸展盆地；10. 大陆裂谷

朱介寿、蔡学林等利用欧亚及西太平洋地区数字地震仪台网(CDSN、GSN 和 GEO-SCOPE)资料，进行地震面波层析成像反演[22,23]，发现平面上大体以 110°E 为界，纵向上以 70~85km 为界，西部与东部地区，岩石圈、软流圈的速度结构图像不同，地球动力学过程也有很大差异(见图 22~图 24)。东经 110°以西的西部，自新生代初印度与欧亚大陆碰撞以来(50Ma)形成青藏高原，印度次大陆岩石圈板片

以低角度俯冲到青藏高原之下，使岩石圈增厚 140～180km，岩石圈地幔具刚性克拉通性质(温度较低，变形较小)，面波层析圈上呈高速分布。相反其上的高原地壳呈低速分布，可能与其缩短变形及壳内温度升高引起物质部分熔融及流变等因素有关。在其北的塔里木地块、其南的印度板块和其东的扬子板块，均有类似的结构特征。

在东经 110° 以东的东部，东亚至西太平洋在深 70～250km，东西宽 2500～4000km，南北长 12000km 范围内，存在巨型秽。低速异常带，包括俄罗斯远东沿海、中国东北、华北、下扬子、华夏地区以及东南沿海大陆架、西太平洋边缘海(含千岛海盆、日本海、四国海盆、冲绳海槽、南海、西菲律宾海盆、帕拉斯威拉海盆、苏录海、苏拉威西海盆、班达海)、波罗洲及印支半岛等。在如此巨大范围内，与西部岩石圈和软流圈特征截然不同，详见表 4。

表 4　东亚西太平洋 110°E 的东西两部岩石圈结构特征对比表

特征	西部　　东经 110°	东部
岩石圈厚度/km	厚度最大，一般为 150，青藏高原存在大陆根，大于 180～220	厚度最小，多在 50～80，西太平洋较大，70～110
岩石圈在 130km V_s 速度值/km/s	速度值高，多在 4.40～4.70	速度值最低，多在 4.20～4.35
软流圈厚度/km	厚度小，一般 80～140	厚度最大，一般在 300，部分达 330～340
软流圈 V_s 速度值/km/s	速度值高，多在 4.20～4.35 以上	速度值最低，一般在 4.15～4.28。V_s 小于 4.3，称“软内极低速带”
软流圈内高速块体特征	高速块体较少	存在规模不等的“软内高速块体”，V_s 为 4.40～4.50km/s

上述东部 V_s 低速异常带的岩石圈和软流圈的三维 V_s 速度结构，不仅不同于西部青藏高原的 V_s 速度结构，也完全不同于东太平洋洋壳俯冲于美洲大陆的岩石圈与软流圈的速度结构，却与太平洋、印度洋、大西洋洋脊及邻区的岩石圈与软流圈秽速度结构特征类似。从其具有洋中脊扩张的物理特征，推断它可能是古东亚大陆中生代中晚期以来在深部发育的一条“巨型裂谷体系”，尚未达到洋中脊的成熟阶段。

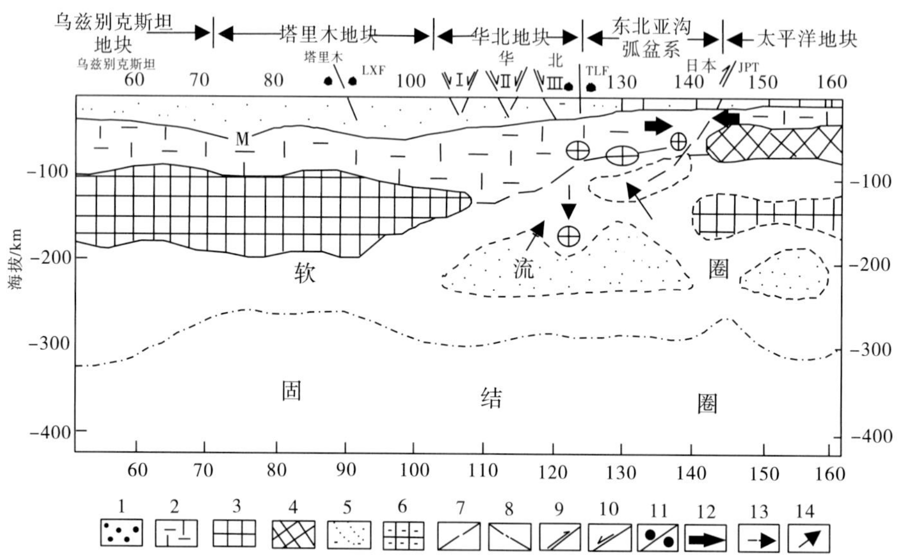

图 22　乌兹别克斯坦－塔里木－日本地区岩石圈与软流圈结构略图(据文献[23])

本图根据天然地震剖面波层析成像北纬 40°v_s 速度结构剖面图编制。1. 岩石圈地壳；2. 岩石圈上地幔；3. 欧亚板块乌兹别克斯坦板块、塔里木板块、华北板块、东北亚沟弧盆系岩石圈中下部高速块体或幔体构造；4. 太平洋板块岩石圈中西部高速块体或幔块构造；5. 软流圈内部极低速体；6. 软流圈内部高速块体；7. 岩石圈地界面；8. 软流圈底界面；9. 现代板块俯冲构造带；10. 陆内裂谷边界大型伸展正断裂带；11. 大型走滑断裂带；12. 板块及板块运移方向；13. 高速块体流变方向；14. 软流圈物质流变方向；Ⅰ. 银川裂谷；Ⅱ. 汾渭裂谷；Ⅲ. 华北裂谷；LXF. 罗布庄－星星峡走滑断裂带；TLF. 郯庐断裂带；JPT. 日本海沟；M. 莫霍面；示克拉通型大陆根或岩石圈根、香肠状岩石圈、太平洋状岩石圈和软流圈内部正梯形极低速体

3)以华北板块演化为例，追踪“东亚大陆巨型裂谷系”动力学演化特征

古生代末在中国大陆保留了三个大型的较稳定的板块，塔里木和扬子古板块虽在中、新生代有所变形，但深部岩石圈有高速块体存在，地壳仍较稳定；而华北板块是中国最古老的克拉通，中、新生代岩石圈开始减薄裂解，地表出现大陆裂谷系，深部岩石圈减薄成碎块，成为“东亚大陆巨型裂谷系”的组成部分。追踪它的发展轨迹不仅可揭示东亚大陆裂谷系动力学演化特征，而且还可揭示陆壳向洋壳演化的机理。根据地震面波层析成像研究结果，结合构造地质学、地幔岩石学、地球化学等资料，可将华北板块及其邻区岩石圈动力学演化划分为以下四个阶段。

(1)太古代至古生代岩石圈厚度变化不大阶段。据 Mengies 等、鄂莫岚等、徐夕生等根据中国东部岩石的电子探针和幔源岩石包裹体地质学、岩石学、地球化学的研究，中国东部 Ar-Pt 岩石圈厚度为 200～250km，从 Pt-Pz 末，岩石圈厚度为 160～220km，没有多大变化[23](见图 25)。

(2)中生代的 T_1-J_2(250～160Ma)间，印支运动使秦岭洋盆最终碰撞关闭，中国大陆处于汇聚阶段。

(3)中生代的 J_3-K_1(160～100Ma)间，中国南方发生的燕山运动和火山岩喷发，华北克拉通岩石圈发生大规模拆沉作用，岩石圈厚度减薄至 60～80km。这与面波层析成像获得的岩石圈厚度 70～115km 吻合。

(4)新生代华北岩石圈厚度略有增加，整个东亚西太平洋巨型裂谷系是最活跃的阶段，拉张时间变化有从中国大陆向西太平洋边缘海扩散的趋势。

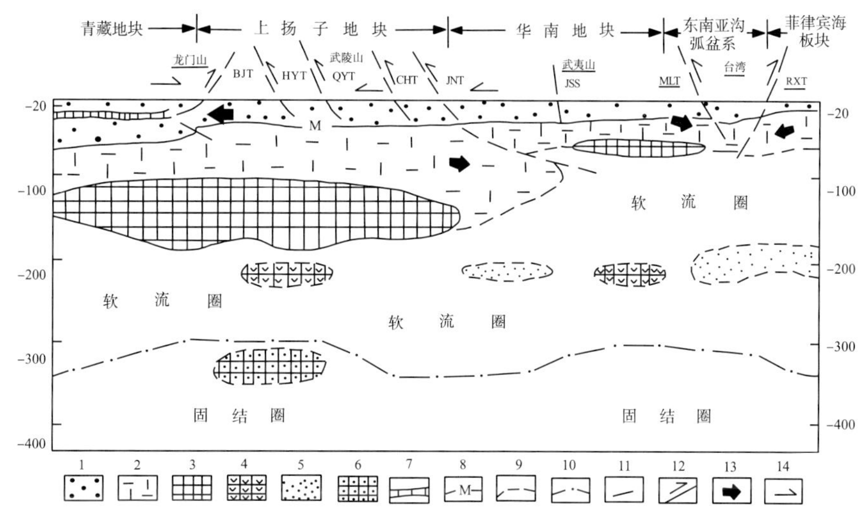

图 23 龙门山—武陵山—台湾地区岩石圈及软流圈结构略图(据文献[23])

上图系华南地区天然气地震面波层析成像（34°N，100°E—22.8°N，123.6°E）V_s 速度结构剖面的地质解析剖面。1. 岩石圈地壳；2. 岩石圈上地幔；3. 青藏地块、上扬子地块、华南地块、东南亚沟弧盆系岩石圈下部高速块体；4. 软流圈高速块体；5. 软流圈极低速带；6. 固体圈内高速块体；7. 壳内低速层或壳内软层；8. 莫霍面；9. 岩石圈底界面；10. 软流圈底界面；11. 古板块俯冲碰撞缝合带；12. 板块俯冲带及大型逆冲断裂带；13. 板块与地块相对运移方向；14. 地壳表层岩块相对运移方向；BJT. 北川—九顶山逆冲断裂带；HYT. 华蓥山逆冲断裂带；QYT. 七曜山逆冲断裂带；CHT. 慈利—华垣逆冲断裂带；JNT. 江南逆冲断裂带（或溆浦逆冲断裂带）；JSS. 江山—绍兴古板块缝合带；MLT. 马尼拉俯冲带；RXT. 琉球俯冲带

J_3(或 K_1)(160～100Ma)——松辽盆地裂谷系形成。

K_2-E(100～55Ma)——渤海湾裂谷盆地形成，华南沿老断裂复活，形成小型裂谷盆地，中国沿海大陆架的黄海、东海、南海形成产烃的陆相裂谷盆地。

E_1-E_2(45～39Ma)——西菲律宾海(45～38Ma)、帕拉斯威拉盆地(30～17Ma)、苏拉威海打开。

E_3-N_1(35～14Ma)——许多边缘海盆地打开有：

千岛海盆——扩张期，28～15Ma；

日本海——打开，27～15Ma；

四国盆地——形成于 25～17Ma；

南中国海——扩张期，32～17Ma；

苏录海——打开。

$N_1{}^2$-Q(15Ma 至今)——因菲律宾板块、太平洋板块向东亚大陆推挤，印度板块向西推挤，形成沟、弧、盆体系，在弧后拉张形成马里亚纳海槽、冲绳海槽和安达曼海。

4)发现“东亚西太平洋巨型裂谷系”的地质科学意义

(1)提供了陆壳向洋壳演化的范例。现代板块构造学中，洋壳向大陆俯冲、碰撞，使陆壳不断增生，洋壳物质向陆壳转化较易理解。但陆壳拉张演化成洋壳的事例较少，“东亚西太平洋巨型裂谷系”的发现，提供了这一范例。从图 22 至图 24 可看出地球层圈板块发生漂移作用，其中高温异常(大于 130°)形成的“软内极低速带”，因其物质轻，不断上升，可使岩石圈底蚀减薄而成巨型裂谷系，太古代形成的华北克拉通，岩石圈可减薄一半，进一步发展可成为大陆裂谷。在西太平洋南部的翁通爪哇(Ontong Java)海台，面积 1500000km^2，据 DSDP 钻探，海台厚 35～37km，基底为拉斑玄武岩，其上为 J_3-K，以泥质岩、燧石、白垩为主的生物碳酸盐岩沉积。N-Q 为硅藻、放射虫及大量火山的粉砂质黏土。研究认为西太平洋海台形成于 J，J_3-K_1 向 W 运移，K_2-E_3(100～42Ma)向 NNW 运移。中始新世—全新世太平洋板块转向 NWW 运移，其西的弧形海沟为俯冲消减带。这一认识是与太平洋中脊扩张，最老的侏罗系保留在西太平洋并向大陆边缘海沟俯冲消减模式一致。

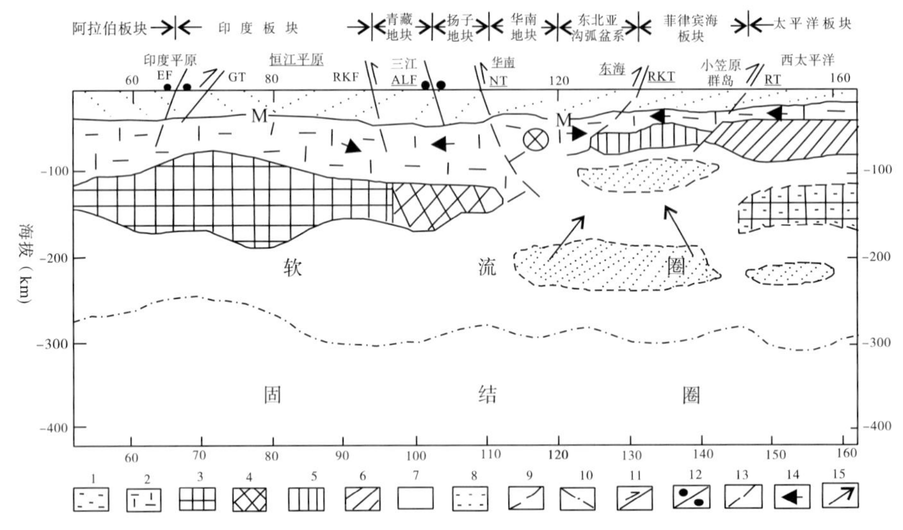

图 24　印度-华南-太平洋板块岩石圈与软流圈结构略图(据文献[23])

本图系根据天然地震面波层析成像北纬 26°V_s 速度结构剖面图编制。1. 岩石圈地壳；2. 岩石圈上地幔；3. 阿拉伯板块和印度板块岩石圈中下部高速块体或幔块构造；4. 欧亚板块青藏地块、扬子地块、华南地块、东北亚沟弧盆系岩石圈中下部高速块体或幔块构造；5. 菲律宾海板块岩石圈中下部高速块体或幔块构造；6. 太平洋板块岩石圈中下部高速块体或幔块构造；7. 软流圈内部极低速带；8. 软流圈内部高速块体；9. 岩石圈底界面；10. 软流圈底界面；11. 大型逆冲断裂带或板块俯冲碰撞带；12. 大型走滑断裂带；13. 古板块碰撞缝合带；14. 板块及块体运移方向；15. 软流圈物质流变方向；M. 莫霍面；EF. 欧文走滑断裂带；GT. 基尔塔尔逆冲断裂带；RKF. 若开山逆冲断裂带；ALF. 哀牢山走滑断裂带；JNT. 江南逆冲断裂带；RT. 小笠原海沟。示克拉通陆根状岩石圈、碎块状岩石圈、藕节状岩石圈和板块岩石圈以及软流圈内双层极低速带

和政军、任纪舜等、陈国达等认为西太平洋边缘带有陆壳性质的古陆，沉没于西太平洋下。果真若是，西太平洋海台是 K_2-E(100～55Ma)从东亚大陆分离出去的陆块，因软流圈内极低速带的上涌，形成巨型裂谷系，使古老大陆壳向洋壳演化。

(2)影响郯庐断裂和渤海裂谷盆地发育的主要因素是“东亚巨型裂谷系”。许多地学者认为郯庐断裂左旋是控制渤海湾盆地发育的主要因素；若放在东亚岩石圈构造背景上考虑，这个论点值得探讨。首先是郯庐断裂的性质，是一条中、新生代形成的大型左旋走滑断层？或是北、中、南段不同古断裂背景基础上，由南向北追踪发展起来的“似追踪继承性的区域断裂”就值得探讨[27]。其次，郯庐断裂中段(昌图-嘉山)在华北克拉通范围内，喜马拉雅期(K_2-E)强烈拉张与渤海湾盆地形成同时，表现为

不仅在渤中坳陷分枝断层条数增加，地壳下坳、新生代剧烈沉降，沉积厚度超过10000m，还有同期大范围的玄武岩喷发(从下辽河、大港、胜利、华北、江苏泌阳等油田均可钻遇早第三纪玄武岩)，地热流值增高，显示以渤中隆起为中心存在一个地幔柱的特征。这些特征均可与“东亚巨型裂谷系”演化最活跃阶段(K_2-E)对应。如此看来渤海湾裂谷盆地形成，是与东亚巨型裂谷系软流圈中超低速物质上涌，华北克拉通岩石圈底蚀破裂，在渤中隆起形成地幔柱有关，而与郯庐断裂走滑无直接的关系。

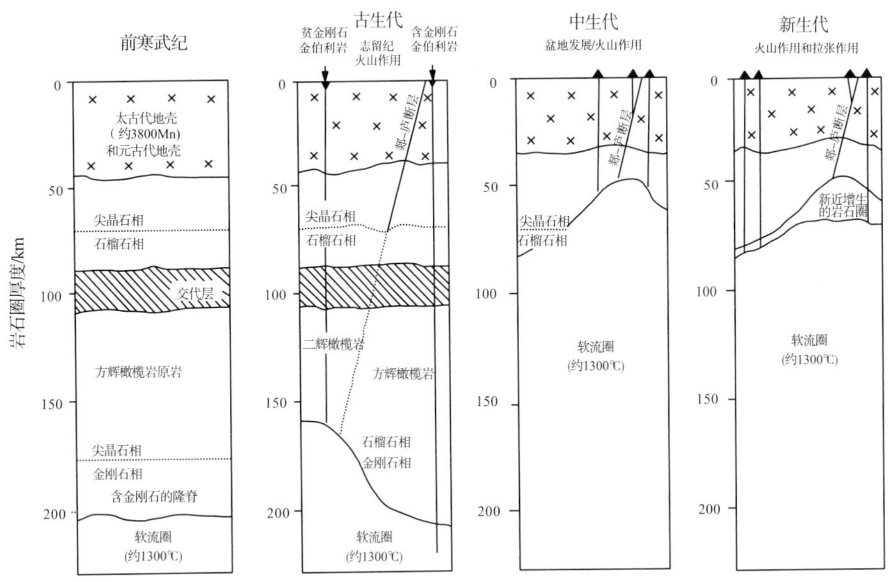

图25　华北克拉通不同时期岩石圈厚度及物质结构对比图)

六、中国大陆构造演化过程中特有的活动性及其影响

1. 主体处于多块体拼合、多洋盆分割状态

(1)中国大陆构造由塔里木、中朝、扬子三个大板块和38个微板块拼贴形成。三个大板块其面积远小于北美、欧洲等板块，因而在地史演化中稳定性很差，易受彼此的拼合和外围板块的影响，产生很强的活动性。

(2)世界上国土面积超过$800\times10^4 km^2$的俄罗斯、加拿大、中国、美国、巴西和澳大利亚，组成大陆构造的基底，除中国为不同地质时期多块体拼合外，其他5国多为完整的深变质岩基底，稳定性高，因而中国大陆在新生代构造变形中特别强烈。

(3)从目前国内发现的蛇绿岩带是代表洋盆打开和闭合的记录，中国晚元古至古生代有古亚洲大洋、北天山洋小洋盆、南天山小洋盆、西昆仑小洋盆、东昆仑小洋盆、北秦岭洋盆、西秦岭小洋盆、北祁连小洋盆、南祁连小洋盆、阿尔金小洋盆、南华小洋盆，共计11个洋盆。它们打开和闭合产生的岩浆活动、变质作用和地壳运动，都对塔里木、中朝和扬子三个板块和众多的微陆块产生影响。

中新生代在特提斯域，又有南秦岭洋、甘孜－理塘小洋盆、金沙江洋、怒江洋和雅鲁藏布江洋以及毗邻东北的蒙古－鄂霍茨克洋，共计6个小洋盆关闭，它们不仅彼此相互作用产生叠加影响，也多次影响古生代已形成的中国北方大陆。

2. 客体上在地史演化中处于两大地球动力系统复杂交汇区

(1)晚古生代至新生代，中国大陆块体群多位于古特提斯洋中，处于北方的劳亚古陆和南方的冈瓦纳古陆之间，称华夏古陆[24]。相邻两大陆板块的拼合与离散，均会影响其间中国大陆块体群的运动。

(2)晚中、新生代中国大陆拼贴后，又处于太平洋板块和印度洋板块相对推挤的地球动力学作用下，使大陆东部火山作用、裂谷作用异常强烈，西部的陆内俯冲和盆－山构造发育。

(3)晚中、新生代中国大陆深部软流圈异常活跃，使中国大陆岩石圈组成、结构分为东西两部，西部地壳缩短增厚，东部地壳拉张减薄。

3. 中国大陆构造的活动性及其影响

(1)从上述主、客观条件分析，不难看出，中国大陆板块活动和大陆构造与全球板块构造和大陆构造相比，以活动性很大为其特色，过去中国许多老地质学家，已注意到这一地质构造现象，有“准地台”和“准地槽”之说，也有“中国地台活化”的认识，马宗晋称为“中国板块群地史演变中的多动症”。它表现在地层记录和构造运动上是很多的，如：

尹赞勋从1927年翁文灏建立中国第一个南岭运动到1978年止，统计共建立地区性地壳运动156个。

任纪舜等总结出中国褶皱造山运动，从太古代至新生代有23个。

罗志立等提出中国地史上存在4次地壳拉张运动。即①兴凯地裂运动(Pt_3-O)，全国性发育；②峨眉地裂运动(D_2-T_1)，主要发育在中国西部；③北方地裂运动(暂名)(J-K)，主要分布在准噶尔—内蒙—松辽盆地带内；④华北地裂运动(K_2-E)，主要分布在华北及东南沿海。

高瑞琪、赵政璋等总结出中国西北地区中，新生代存在7次构造运动，即印支晚期(T_3末)、燕山中期(J_2末、J_3末)、燕山晚期(K_1末、K_2末)、喜马拉雅晚期(N_1末、N_2末)。

贾承造、梁狄刚等总结出中国塔里木盆地存在9个不整合面，其中6次为区域不整合面。罗志立还认为塔里木盆地存在兴凯和峨眉两次地裂运动。

从上述全国区域和局部建立的地壳运动，或西北地区以至塔里木盆地发现的地壳运动，都非常频繁和强烈，表明中国地史演化中地壳活动性很大，是全球其他大陆或板块构造无法比拟的。

(2)中国大陆构造在地史演化中异常活跃的基本特点，就一定会影响中国大陆地质作用、矿产赋存、环境灾变、油气富集等；就不难明白中国中、新生代火山岩发育、克拉通盆地不标准，前陆盆地命名争论甚大；金属矿产资源广而分散，世界上旱、洪、震、风等重大灾害为什么多集中在中国大陆；中国中、小型含油气盆地多，大型含油气盆地少，油气资源分布广而分散，中国为什么以陆相生油为主，而石油资源主要赋存在中、新生代陆相地层中等等。认识中国大陆构造演化中异常活跃的基本特点，是打开我们认识中国地质特色的钥匙，对地质构造理论上的创新、探寻新的矿产资源、预报和改善环境灾害地质、促进中国经济的可持续发展，均有极大的推动作用，望地质同行共勉之。

参考文献

[1]罗志立. 试从板块构造探讨四川盆地新的油气资源[J]. 石油勘探与开发，1975，2(6).

[2]罗志立. 试论中国含油气盆地形成和分类[J]//朱夏. 中国中新生代盆地构造和演化[M]. 北京：科学出版社，1983.

[3]任纪舜，郝杰，肖藜薇. 回顾与展望：中国大地构造学[J]. 地质论评，2002，48(2)：113-124.

[4]Geophysics Study Committee，et al. Continental Tectonics[M]. National Academy Sciences，1980，3-24.

[5]任纪舜，王作勋，陈炳蔚，等. 从全球看中国大地构造——中国及邻区大地构造图简要说明[M]. 北京：地质出版社，1999.

[6]黄汲清，任纪舜. 中国大地构造及其演化[M]. 北京：科学出版社，1980.

[7]罗志立. 中国西南地区晚古生代以来地裂运动对石油等矿产形成的影响[J]. 四川地质学报，1981，2(1)：1-17.

[8]罗志立. 略论地裂运动与中国油气分布[J]. 中国地质科学院院报，1984，10：93-101.

[9]罗志立. 川中是一个古陆核吗[J]. 成都地质学院学报，1986，13(3)：65-73.

[10]林茂炳，苟宗海，王国芝. 四川龙门山造山带造山模式研究[M]. 成都：成都科技大学出版社，1996.

[11]新疆地矿局. 新疆维吾尔自治区区域地质(专报)[M]. 北京：地质出版社，1982.

[12]程裕淇. 中国区域地质概论[M]，北京：地质出版社，1993.

[13]车自成，罗金海，刘良. 中国及其邻区区域大地构造学[M]. 北京：科学出版社，2011.

[14]殷鸿福. 秦岭及邻区三叠系[M]. 武汉：中国地质大学出版社，1992.

[15]陈宣华，尹安，高荐，等. 阿尔金山区域热演化历史的初步研究[J]. 地质论评，2002，(S1)：146-152.

[16]罗志立，金以钟，朱夔玉，等. 试论上扬子地台的峨眉地裂运动[J]. 地质论评，1988，34(1)：11-24.
[17]汪云亮，李巨初，韩文喜，等. 幔源岩浆岩源区成分判别原理及峨眉山玄武岩地幔源区性质[J]. 地质学报，1993，67(1)：52-62.
[18]张招崇，王福生. 峨眉山大火成岩省中发现二叠纪苦橄质熔岩[J]. 地质论评，2002，48(4)：448.
[19]宋谢炎，王玉兰，曹志敏. 峨眉山玄武岩、峨眉地裂运动与地幔柱[J]. 地质地球化学，1988，1：47-52.
[20]王昌桂，罗平，陈发景，等. 中国西北地区侏罗系油气分布[A]//高瑞祺，赵政璋. 中国油气新区勘探(第四卷)[C]. 北京：石油工业出版社，2001，250.
[21]罗志立，姚军辉. 试论松辽盆地新的成因模式及其地质构造和油气勘探意义[J]. 天然气地球科学，1992，3(1)：1-10.
[22]朱介寿，曹家敏，蔡学林，等. 东亚及西太平洋边缘海高分辨率面波层析成像[J]. 地球物理学报，2002，45(5)：646-664.
[23]蔡学林，朱介寿，曹家敏，等. 东亚西太平洋巨型裂谷体系岩石圈与软流圈结构及动力学[J]. 中国地质，2002，29(3)：234-245.
[24]潘桂棠. 东特提斯地质构造形成演化[M]. 北京：地质出版社，1997.
[25]马宗晋，张家声，等. 中国大陆板块格局、特征反其与含油气盆地的关系[R]. “九五”中国石油天然气集团公司科研成果报告，2000.
[26]黄汲清. 略论六十年代来中国地质科学的主要成就与今后努力的方向[R]. 中国地质学会成立六十周年报告，1982.
[27]罗志立，李景明，李小军，等. 试论郯城－庐江断裂带形成、演化及问题[J]. 吉林大学学报：地球科学版，2005，35(6)：699-706.

[本文原载于《新疆石油地质》，1998，19(6)：441－450]

Ⅰ-7　中国含油气盆地分布规律及油气勘探展望

罗志立

（教授 石油地质 成都理工学院 成都 610059）

摘要：在界定中国含油气盆地含义的基础上，从板块构造演化的背景、盆地形成的动力学特征、油气产层的时代等诸方面，阐明了中国含油气盆地的分布规律。将中国含油气盆地划分为以富集石油为主的裂谷盆地和以富集天然气为主的克拉通盆地两种类型，每种类型又各有三个油气富集的构造单元。它们占中国沉积盆地面积的90％以上，拥有全国油气资源量的60％～67％和储量的77％～96％。本文讨论了今后中国含油气盆地勘探中的有利地区和层位，并预测了可能发现的油气田规模。同时，还展望了中国南方海相碳酸盐岩区和青藏地区油气勘探的远景。

关键词：中国；含油气盆地；分布；分类；裂谷盆地；克拉通；资源量油气远景

中国大陆和沿海大陆架拥有沉积岩面积670×10^4 km^2，在485个大小不同的各类盆地中，进行过油气勘探的盆地有107个和古生界海相沉积地区12个，发现大、中型含油气盆地16个，占勘探盆地数的15％。对这些含油气盆地的认识，许多学者多从盆地地理位置和动力学性质上考虑，认为中国东部含油气盆地属拉张型盆地，中部含油气盆地属过渡型盆地，西部含油气盆地属挤压型盆地[1]；有的从全球构造演化对盆地的影响，用两种不同的构造体制、两种不同的运动方式，划分出中国存在两种不同时代的含油气盆地[2,3]；有的从中、新生代中国受邻区板块构造的动力作用，把中国含油气盆地分为东部裂陷盆地、西部挤压盆地和中部克拉通盆地[4]。上述许多学者的论断，对中国沉积盆地分类和中国含油气盆地的研究有积极作用。

但是，并非“有盆必有油”，中国400多个盆地也并非均为含油气盆地，因而，对含油气盆地进行界定，总结中国含油气盆地的分布规律，以指导今后的油气勘探，就成为首要的任务。

笔者界定的含油气盆地，是指在勘探中发现工业性油气田的盆地，它们共有的特征是：①有相似的板块构造成因背景；②有相同的盆地动力学特征；③具有相同的主要产油或产气时代；④多数含油气盆地成带分布。

一、中国板块构造和盆地分类

（一）中国板块构造划分

(1)准噶尔－内蒙－松辽缝合带。它北以加里东期的阿尔曼太俯冲带和德尔布干俯冲带为界，南以加里东期中天山北缘俯冲带和华力西赤峰－开源俯冲带为界(见图1)，其间为古亚洲洋所占位置，经过古生代多次洋壳俯冲消减形成多个俯冲带，到晚华力西期完全拼合为中国东西向的华力西褶皱带。1983年，笔者将该带称为准噶尔－松辽板块[5]，1991年，肖序常等称为“古中亚复合区型缝合带”[9]。在这个带内的盆地可能不存在完整的前寒武纪基底，或者仅保存有大陆碎块和残余洋壳，前者如佳木斯地块，后者如准噶尔盆地。晚华力西期至燕山早期，准噶尔及松辽地区，火山活动强烈，继后发生拉张(或塌陷)，形成许多侏罗纪断陷，再逐步演变成大型陆相含油气盆地。

(2)塔里木板块。塔里木板块在加里东期因南天山洋拉张而分离出中天山地块，与此同时南天山洋另一支可能从库鲁克塔格向西南伸裂，形成满加尔坳拉槽。塔里木板块具有前震旦纪基底，沉积了巨厚的下古生界碳酸盐岩地层，晚二叠世后才逐步演化成大型陆相盆地，是中国最大的上叠克拉通盆地。

(3)华北板块。具有最古老的前震旦纪基底，古生代为统一的海相—过渡相沉积盆地，南缘早古生代以北祁连洋分枝向北东延展成贺兰山裂陷槽。印支期开始受古太平洋板块的作用，华北古板块由西向东分解成阿拉善隆起、鄂尔多斯盆地、山西隆起和渤海湾盆地。

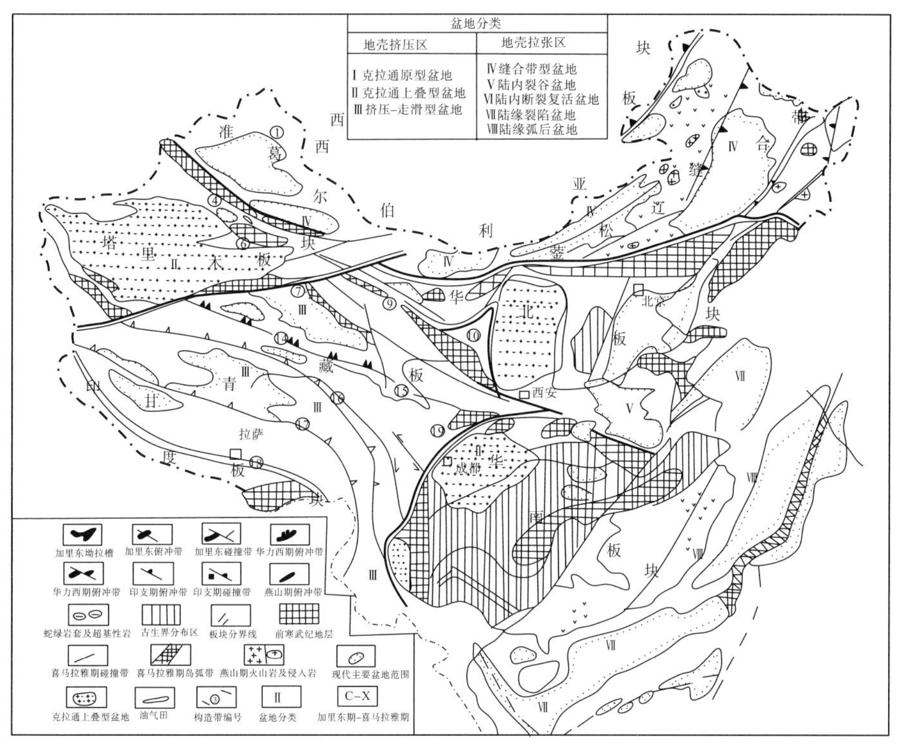

图1　中国板块构造及盆地分类

(4)甘青藏板块。本区属特提斯域，其间分布有柴达木地块、羌塘地块和冈底斯地块；从北至南有南祁连和东昆仑华力西期俯冲带、可可西里—金沙江—哀牢山印支期俯冲带、丁青—怒江燕山期俯冲带和雅鲁藏布江喜马拉雅期碰撞带。显示从冈瓦纳大陆上分裂出来不同时期的块体，逐次从南向北面的劳亚大陆拼结，形成地块与缝合带彼此相间的特提斯构造域。

(5)华南板块。它的西北以扬子古板块为基础，东南缘从早古生代起，逐步向古太平洋方向增生扩大，先后形成绍兴—宜春至茶陵—彬县和丽水—海丰加里东期俯冲带、长乐—南澳印支期俯冲带和台东喜马拉雅期碰撞带，陆缘增生以沟—弧—盆地体拼贴方式进行。

中国板块构造运动的特点是古生代以塔里木、华北、扬子三个古板块为标志，游离于原特提斯洋中[10]，为古生代板块活动阶段。进入晚古生代直到中、新生代，以上述三个古板块为核心，集合20多个微陆块，在周围西西伯利亚板块、古太平洋板块和印度板块的作用下，逐步汇聚成中国大陆，进入陆内构造发育阶段。它们深刻地影响着中国海相原型盆地的形成和后期陆相中、新生代盆地的诞生，以及各时期盆地成烃、成藏及改造的过程，为中国油气勘探增加了许多复杂的因素。

(二)中国沉积盆地类型划分

据中国板块的研究，可把中国沉积盆地分为8类(见图1)，从地球动力学观点，按中、新生代盆地定型时的主要应力状态，又可把它们归属为挤压和拉张两种地壳动力区，但有些盆地形成可能与走滑运动有关。

1. 地壳挤压区

(1)克拉通原型盆地。其位于克拉通内部，以古生代碳酸盐岩为主，无晚古生代过渡相或中、新生代盆地上叠，如滇、黔、鄂、湘、桂和下扬子部分地区。

(2)克拉通型上叠盆地。其位于克拉通内部，在古生代或早中生代为海相地台型盆地，上叠有晚古生代过渡相或中生代陆相盆地，如塔里木、鄂尔多斯和四川盆地。

(3)挤压－走滑型盆地。其主要分布在甘青藏板块，因西部边界受阿尔金山走滑断层和东部边界受可可西里－金沙江－哀牢山挤压走滑断层的控制，南缘因印度板块碰撞，形成走滑与拉分盆地，前者如柴达木盆地和羌塘盆地，后者如伦坡拉盆地和可可西里盆地。

2. 地壳拉张区

(1)缝合带型盆地。其主要分布在准噶尔－内蒙－松辽缝合带内，是在华力西褶皱基底上发育的侏罗纪断陷和白垩纪坳陷相叠合的盆地，如松辽、海拉尔、二连、银根、吐哈和准噶尔等盆地。

(2)陆内裂谷盆地。在中国大陆拼接之后，由于中、新生代太平洋板块向东俯冲的影响，陆内发生拉张形成许多第三纪裂谷盆地，如伊兰－伊通盆地、渤海湾盆地、南华北盆地、南阳盆地和江汉盆地等。

(3)陆内断裂复活盆地。其为在中国南方大陆上发育的古断裂，喜马拉雅期分别受太平洋板块和印度板块活动的影响，陆内地壳动力学背景发生调整和重新活动，形成一些小型晚白垩世—第三纪裂谷盆地，如华南板块上的湖南醴陵－攸县盆地、广西百色和云南景谷盆地等。

(4)陆缘裂陷盆地。其位于中国大陆边缘，晚白垩世到早第三纪发生的拉张裂陷盆地，如南黄海盆地、珠江口盆地、莺歌海－琼东南盆地、北部湾盆地以及太平－礼尔滩盆地、曾母暗沙－沙巴盆地等。

(5)陆缘弧后盆地。其位于中国东海大陆架及台湾海峡，处于钓鱼岛隆褶带和台湾岛弧的后缘，形成晚白垩世至早第三纪拉张盆地，如东海盆地和台湾西部盆地等。

从以上板块构造演化背景和地球动力学上划分沉积盆地，为研究中国含油气盆地分布规律，提供了可靠的石油地质学基础。

二、中国含油气盆地分布规律

在中国现已勘探过的盆地中，符合上述含油气盆地界定标准的不过二十多个。它们的地理分布有一定的规律性，如在区域上有相同或相似的板块构造演化背景，在油气田类型上有相同的构造样式，在含油气盆地地理分布上，常成群成带。它们在中国大陆及其大陆架上的分布，可归纳为裂谷盆地和克拉通盆地两种不同的类型，每种类型又各有三个油气富集的构造单元，成为中国显著的油气富集地带，拥有中国油气储量的77%～96 %和油气产量的95 %以上，值得重视。

(一)石油富集裂谷盆地带

(1)中国大陆纬向石油富集裂谷盆地带[11]。它西起新疆，经甘肃、宁夏、内蒙到黑龙江，绵延3300多公里，位于中天山北缘断裂和雅布拉山－赤峰断裂以北到国境线的广大地区。从西向东包括准噶尔盆地、吐哈盆地、银根盆地群、二连盆地、海拉尔盆地和松辽盆地等。在中、西段涉及天山和祁连山北缘一些侏罗系盆地。它们共处在准噶尔－内蒙－松辽缝合带板块背景中，沿古亚洲华力西褶皱带分布。从西向东有裂谷前期的石炭系至侏罗系的火山喷发。具有早期断陷晚期上叠坳陷裂谷盆地的构造类型，均以侏罗系—白垩系为主要产层，产油层位由西向东，从中、下侏罗统到上白垩统抬升，成为横贯中国东西向的纬向产油带。本带以产油为主，拥有石油资源量占全国的24%，石油储量占全国的73%，各含油气盆地特征见表1。

(2)中国大陆经向石油富集裂谷盆地带。本带夹持于太行山东断裂和郯城－庐江断裂之间以渤海湾盆地为主体的地区，北延到东北的依兰－依通盆地，南延包括南华北盆地、南襄和江汉盆地，构成一个北东向的经向裂谷盆地带。它从北向南横跨三个板块地域，新生代受太平洋板块俯冲的影响，是在区域性的张扭应力作用下形成的陆内裂谷盆地。早第三纪为断陷期，晚第三纪为拗陷期，第三系发育，最大厚度可达 9km。

表 1 中国大陆纬向石油富集地带含油气盆地特征

盆地	区域构造背景	盆地结构	烃源层	主要产油层	资源量		储量	
					油 10^8t	气 $10^{12}m^3$	油 10^8t	气 $10^{12}m^3$
准噶尔	缝合带港湾盆地式	坳陷期 P_2-Q 断陷期 C_3-P_1 后期受挤压	P_2, T_3, J_{1+2}E N	E，J，P-T （坳陷期产油）	69.4	1.23	13.19	0.14
吐哈	缝合带港湾盆地式	坳陷期 P_2-Q 断陷期 C_3-P_1 后期受挤压	C-P_1, P_{2-3}T, J-E	J（坳陷期产油）	15.8	0.37	1.76	0.06
酒泉	缝合带南侧	坳陷期 E，断陷期 K 后期受挤压	K	N（次生油藏）	2		1	
银根	缝合带及其南缘陆块	断陷期 J-K 后期受挤压						
二连	缝合带碰撞处	坳陷期 K-E 断陷期 T	J_3	J_3 （断陷期产油）	10		1.7	
海拉尔	缝合带北侧	坳陷期 K_2-Q 断陷期 J-K	J-K_1	K_1 （油气显示层位）				
松辽	缝合带港湾盆地式	坳陷期 J-E 断陷期 J_3	K，J	K_1 （凹陷期产油）	128.9	0.88	56.23	0.263

许多学者依据李四光新华夏系第二沉降带的概念，把本带从北端的松辽盆地，连同以南的渤海湾等盆地，统称为中国东部裂谷盆地[14]，虽从地貌、深部地球物理等宏观特征上有相似之处，但从裂谷盆地发育的时代，盆地形成的动力学背景、产油层位及其他地质、地物特征，又存在较大的差异性。因而，笔者依据渤海湾盆地与松辽盆地成盆机制和成盆时代、地球物理场上的细微差异、主要产油层的层位和成藏条件等特征，把松辽盆地划归纬向石油富集裂谷盆地带，把其东的依兰－依通第三纪裂谷盆地与渤海湾盆地相连，构成中国经向第三纪石油富集裂谷盆地带[11]。它拥有石油资源量占全国石油资源量的 20%，石油储量占全国石油储量的 36%，各含油气盆地特征见表 2。

表 2 中国大陆经向石油富集裂谷盆地带含油气盆地特征

盆地	区域构造背景	盆地结构	烃源层	主要产油层	资源量		储量	
					油 10^8t	气 $10^{12}m^3$	油 10^8t	气 $10^{12}m^3$
依兰－依通	缝合带	坳陷期 N，断陷期 E	E	E			0.11	
渤海湾	华北板块	坳陷期 N，断陷期 E	E	E	188.4	2.21	71.69	0.52
南华北	华北板块	坳陷期 N，断陷期 E	E，Mz	E（断陷期产油）			1	
南阳－泌阳	碰撞带	坳陷期 N，断陷期 E	E	E	3.4			
江汉	华南板块	坳陷期 N，断陷期 E	E	E	1.8		0.74	

(3)中国东南沿海大陆架“镶边”。石油富集裂谷盆地带由东海、台湾西部、珠江口、莺歌海－琼东南、北部湾诸陆架盆地组成，成串珠状分布在中国东海和南海大陆架上，成为中国大陆架“镶边”裂谷盆地油气富集带。它们是在弧后或被动大陆边缘，在地壳伸展背景上形成的裂谷盆地，以第三系产油气为主。估算天然气资源量占全国资源量的 21%，探明程度仅 3.2%，具有巨大的潜力。各含油气盆地特征见表 3。

表 3 中国东南沿海大陆架“镶边”油气富集裂谷盆地带含油气盆地特征

盆地	区域构造背景	盆地结构	烃源层	主要产油层	资源量	
					油 10^8t	气 $10^{12}m^3$
东海	陆源弧后裂谷	坳陷期 Q-N_3，断陷期 E_2-K_2	K_2，E，N	E，N	268	10.2
台湾西部	岛弧后裂谷	坳陷期 N-Q，断陷期 E	N	N		
珠江口	陆缘裂谷	坳陷期 N-Q，断陷期 K-E	E_2-E_3，N_1	E，N	≈100	
莺歌海-琼东南	陆缘裂谷	坳陷期 N-Q，断陷期 E	E	E	数十	
北部湾	陆缘裂谷	坳陷期 N-Q，断陷期 E	E	E	10～70	

(二)富集以天然气为主的克拉通盆地

在早古生代，中国就存在有前寒武系基底的塔里木、华北和扬子 3 个古板块，游弋于特提斯洋中，沉积了巨厚的海相碳酸盐岩，经过中、新生代大陆板块汇聚的变动，形成塔里木、鄂尔多斯和四川 3 个克拉通盆地，在其腹地保留有较完整的古生代地层，成为中国天然气富集为主的克拉通盆地(见表 4)。

表 4 中国三个含油气克拉通盆地特征

盆地	区域构造背景	盆地结构	烃源层	主要产油层	资源量		储量	
					油 10^8t	气 $10^{12}m^3$	油 10^8t	气 $10^{12}m^3$
塔里木	古生代以来为完整的板块，中生代后转为克拉通盆地	地壳运动多，垂向运动强烈，断裂发育	J-T，C-P，Є-O	K-E，T-J，C，Є-O	107.6	8.39	2.95	0.21
鄂尔多斯	印支运动从华北板块分离出来，燕山运动转为克拉通盆地	盆地主体稳定，多次抬升	J_1，T_3，P_1，C_3，Є-O	J_1，T_3，P_1，C_3，O_1	19.1	4.18	4.97	0.20
四川	印支运动后从扬子古板块变动中，形成克拉通盆地	中生代后，盆地受侧向强烈，形成众多的局部构造挤压	J_1，T_3，P，S，C	J_1，T_3，T_{1+2}，P，C，Z	11.4	7.36	0.25	0.48

1. 塔里木克拉通盆地

它是在前震旦系变质基底上形成的克拉通盆地，总面积 $56\times10^4km^2$，沙漠覆盖面积占 60%。发育有从古生代海相到中、新生代陆相地层，沉积岩厚度 6～16km，共有 9 个不整合面，其中喜马拉雅期(N/AnN)、印支期(J/AnJ)、华力西晚期(T-P_2/AnP_2)、华力西早期(C/AnC)、加里东晚期(S/AnS)、塔里木(Zn/AnZn)等 6 个区域性不整合面，成为后期油气运移的横向通道。盆地基底起伏较大，形成三隆四坳的构造格局。在坳陷中发育生油层，如满加尔坳陷和库车坳陷，并在山前形成中、新生代的前陆盆地，发育冲断构造；在古隆起上发育的断裂构造常形成油气田。主要烃源层为前陆盆地中的陆相的侏罗系—三叠系和台盆区的海相石炭系—下二叠统和寒武－奥陶系。油气主要储集于白垩－第三系、侏罗－三叠系、石炭系三套优质砂岩储集层，以及寒武－奥陶系碳酸盐岩储集层中。

塔里木盆地虽为中国最大的克拉通盆地，但在垂向活动上是最不稳定的克拉通盆地，表现在基底起伏大、构造运动多、盆地内部断裂发育，因而在盆地中具有多期生烃、多期成藏、多次运移再分配和形成多个油气系统的特征。这在中国克拉通盆地中是罕见的，因而也给勘探工作增加了复杂性。

塔里木盆地经过 9 年大规模的勘探，探明了 10 个中、小型油气田，发现了 34 个工业性的含油气构造。其探明石油地质储量约 2.95×10^8 t，天然气地质储量 2150×10^8 m^3(加上会战前的)。这与全盆地计算资源量石油为 107×10^8 t 和天然气 8.39×10^{12} m^3 相比，还有很大的勘探潜力。

2. 鄂尔多斯克拉通盆地

它是印支运动后从华北板块分解出来的沉积盆地，面积 25×10^4 km^2，沉积岩累积厚度 5～8km，从晚二叠世转为内陆湖盆沉积，由于盆地北部受伊克昭盟隆升和东部吕梁复背斜的抬褶，使盆地呈北浅南深、东浅西深的不对称格局。燕山运动中期盆地西缘发育冲断带，使其前陆盆地进一步发展。盆地在中、新生代构造变动中，西缘和南缘受邻区构造单元活动影响，显示压性盆地；整个地史发展中，盆地内部未遭受强烈的挤压构造变动，以频繁升降运动为主，如古生代的盆地中央隆起带，不仅使中奥陶统马家沟灰岩长期剥蚀，形成有利储集的靖边潜台，而且阻隔着中石炭世的东部华北海和西部祁连海的汇合。晚三叠世延长组沉积期盆地南部沉降发育了良好的生油坳陷。延长组沉积期末又复抬升，形成早侏罗世深切河谷的古河道砂岩，有利于油气的储集。这为盆地内部形成以古地貌－岩性圈闭为主体的油气藏创造了条件。若以中国三个大型克拉通盆地内部的稳定性作比较，它是其中最稳定的。

其主要烃源层有下古生界寒武－奥陶系的碳酸盐岩，上古生界上石炭统和下二叠统的煤层、暗色泥岩及薄层灰岩，中生界上三叠统和下侏罗统湖沼相泥质生油岩。可以作为油气有效储集层的有下侏罗统的古河道砂岩、上三叠统的三角洲砂岩和上石炭统、下二叠统的河流三角洲砂岩，以及下奥陶统风化溶蚀孔洞型碳酸盐岩。砂岩多为中低孔渗储集层，碳酸盐岩多为不均质的孔洞层，由于地层平缓、构造裂缝不发育，多为地层－岩性油气藏，尽管勘探面积广阔，但由于地质、地理条件十分复杂，给勘探工作带来了很大困难。盆地经过近半个多世纪的勘探，仅找到了一些小型油田。近年发现的靖边大气田，是中国第二天然气工业基地。

3. 四川克拉通盆地

它位于扬子古板块西北隅，是晚三叠世印支期后形成的内陆盆地，盆地沉积面积 18×10^4 km^2，沉积岩厚度 8～16km。在早古生代盆地动力学显示为大隆大坳的背景(如乐山－龙女寺古隆起和川南坳陷)；晚古生代大部分地区缺失志留系—石炭系，并在其西南和川东个别地区，有大量上二叠统的玄武岩喷发，显示地壳拉张背景；在中、新生代后，则发生挤压褶皱的动力学背景，除川中 4×10^4 km^2 仍保持稳定克拉通盆地性质外，川东南和川西广大地区多被褶皱变形，共形成地面局部背斜构造 241 个，地下潜伏高点约 160 个；在印支中期由于龙门山冲断作用，形成川西前陆盆地。近 50 年的勘探，共发现 89 个中、小型气田和 12 个小油田。

盆地内的主要烃源层有海相的下寒武统、志留系页岩和下二叠统碳酸盐岩及上二叠统的煤系地层，有陆相的上三叠统泥质岩和煤层及下侏罗统的泥质岩。储集油气的主要层位有震旦系、中石炭统、二叠系、中下三叠统等海相地层的碳酸盐岩和上三叠统、下侏罗统的陆相碎屑岩和介壳灰岩，各类储集层多为低孔渗油气田，圈闭类型多为受构造因素控制或岩性因素控制的裂缝性油气田，因裂缝分布的不均质性，勘探难度甚大。

四川盆地是中国三个克拉通盆地中横向受压变形最强烈的盆地。在中生代以后，位处特提斯和古太平洋两个板块活动相互夹持的地带，因而受侧向挤压，变形强烈，形成众多分散的中、小型裂缝性油气田，目前尚未找到按国际标准界定的大型气田，但它积小成大、积少成多，成为中国第一个天然气工业基地。

三、结语与展望

中国的含油气盆地在地理分布上常成群成带，可归纳为裂谷盆地和克拉通盆地两种类型，每种类型又各有三个油气富集的构造单元，具有很明显的规律性。

(一)中国石油资源主要富集在中、新生代三个裂谷盆地带中

它们拥有中国大陆石油总资源量的60%，探明储量的96%。它们同为中、新生代陆相裂谷盆地，并具早期断陷、晚期坳陷结构特征。中国共有陆相油田419个[17]，其中三个特大型油田(地质储量大于5×10^8t)，有两个在纬向石油富集裂谷盆地带的拗陷期形成，如克拉玛依和大庆油田，后者储量超过15×10^8t，为巨型油田。29个大型油田(地质储量$1\times10^8\sim5\times10^8$t)，除3个属克拉通盆地外，其余26个均在断陷期形成。这32个油田占全国油田总数的7.6%，拥有全国石油地质储量的67%。其余387个均为中、小型油田(地质储量小于1×10^8t)，多发育在裂谷盆地断陷期，占全国油田总数的92.4%，仅拥有中国石油地质储量的33%。这说明中国陆相中、小型油田个数多，拥有地质储量少，与中国特定的地质背景有关。

(二)中国天然气主要富集在古生代三个克拉通盆地的海相地层中

克拉通盆地虽油气并产，但以产气为主；三个裂谷盆地带也产大量天然气，但属油田伴生的溶解气。它们产气共有的石油地质特征是：产气层位多但以古生代海相地层为主，在盆地中央均有加里东期古隆起，成为天然气区域运聚的有利地区，如塔里木盆地的塔北、塔中古隆起、鄂尔多斯盆地的中央古隆起、四川盆地的乐山－龙女寺古隆起等；在盆地边缘常有中、新生代的前陆盆地，成为陆相地层油气富集的场所，有时发育次生油气田，如库车前陆盆地、塔西南前陆盆地、鄂尔多斯西缘前陆盆地和川西前陆盆地等。三个克拉通盆地拥有天然气总资源量$20\times10^{12}m^3$，约占全国大陆总资源量的67%，它们拥有探明天然气储量$1.08\times10^{12}m^3$，约占全国天然气总储量的77%(不包括中国东部盆地的溶解气)。由此看来，三个克拉通盆地中的海相地层仍是今后勘探天然气的主要对象。

(三)中国含油气盆地分布规律及油气资源分布特征，受控于中国板块构造演化的特殊性

中国三个裂谷盆地带是在中国大陆板块逐步拼结过程中先后形成的。中国纬向裂谷盆地带是在晚古生代塔里木板块与华北板块和西伯利亚板块拼接成陆壳的基础上，因地壳应力调整，发展起来的晚二叠世到中生代的裂谷盆地带，因而无古生代海相地层成油条件，以中生代侏罗－白垩系陆相地层成油为主，在东西两端的松辽和准噶尔两个缝合带间“港湾”式裂谷盆地中，拗陷期特别发育，形成两个巨型、特大型油田。经向石油富集裂谷盆地带，是中生代后中国东部大陆受古太平洋板块影响，形成的弧后陆相裂谷盆地，断陷期特别发育，石油富集于复杂的陆相第三纪小断块构造中，除形成部分大型油田外，绝大多数为中小型油田。中国东南沿海大陆架“镶边”裂谷盆地带，是在新生代东太平洋边缘海形成过程中，中国东部大陆边缘受到扩张形成的第三纪陆相为主的裂谷盆地，大部分为中型油田。

在早古生代，塔里木、华北、扬子古板块，彼此分离游弋于特提斯洋中[10]，经过晚古生代至早中生代才逐步汇聚成中国大陆的主体部分，因其块体小，三个古板块面积之和还不及古生代产油最多的北美板块的33%，因而其上盆地发育的规模和油气富集的丰度自然无法与北美和欧洲板块相比拟。由于古板块在演化中活动性特别大，所形成的三个克拉通盆地并不稳定，因而古生代油气保存条件受到影响。加之在古生代盆地上又上叠很厚的中生代陆相地层，中、新生代地壳活动特别强烈等因素，迫使古生代地层中有机质向天然气演化、储集层向致密储集层转化、构造向多种类型演变，最终导致古生代油气发生再分配。因而导致三个克拉通盆地古生代碳酸盐岩中以产气为主，中生代陆相地层以产油为主，形成的中、小型油气田占多数。

(四)中国含油气盆地今后勘探前景

在前述已知两类含油气盆地中，石油总资源量为940×10^8t，探明储量约200×10^8t[13]，探明程度约

为 21%；天然气总资源量 $38\times10^{12}m^3$，探明储量约 $2.43\times10^{12}m^3$，探明程度仅为 6.38%。与世界油气资源探明程度相比均很低，如世界天然气探明程度为 42.6%。表明中国油气资源尚有巨大的勘探潜力，还会找到更多的油气储量。

中国东部经向第三系产油裂谷盆地带，勘探程度甚高，潜力有限。中国北方纬向侏罗–白垩系产油的裂谷盆地带，西端准噶尔盆地还有较大的潜力，笔者曾在 1996 年预言“可望找到特大型的油气田”“应特别重视腹部区的勘探工作”“找到特大型油气田的期望值和在中国西部勘探地区上勘探的重要性应不低于塔里木盆地，建议‘九五’期间加强勘探力度和投入”[18]，经过两年多的勘探，新疆石油管理局在盆地腹部区发现了石西等 3 个大油田，并于 1997 年初调整原勘探方案，在腹部区部署了 12 口探井，已有石南 1 井、沙丘 4 井、夏盐 3 井等见到工业油气流，形势大好。中国东南大陆沿海大陆架“镶边”第三系产油裂谷盆地带，勘探时间短，勘探程度较低，已发现 5 个油气田，地质储量(当量)$1\times10^8\sim2.5\times10^8t$，年产原油约 1600×10^4t，天然气 $40\times10^8m^3$，是有潜在勘探远景的后续裂谷盆地带。

天然气资源的发展前景主要在三个克拉通盆地的古生代海相地层中。鄂尔多斯盆地和四川盆地以产气为主(勘探程度较高)，为中国两大产气区。今后还有可能在古生代海相地层中发现大气田，但因其埋深较大，地温较高，储集层物性变差，可能找到一些大面积非常规性储集层的气田，开采难度较大。塔里木盆地面积最大，勘探时间短，勘探程度低，虽有较大的石油资源量(107.6×10^8t)，但获得的储量仅 2.95×10^8t，探明程度不足 3%。所获得的 10 个中、小型油气田，绝大多数赋存于中生代陆相地层中，仅塔中 4 油田为海相石炭系油田。今后还有可能找到一些大、中型油气田。盆地现已探明天然气储量 $2150\times10^8m^3$，按国际标准已进入世界大型天然气区行列，是继鄂尔多斯盆地和四川盆地之后我国第三大产气区。

中国今后在上述两类盆地中，能否再找到几个巨型–特大型油气田，使中国油气储量和产量再跃上一个新台阶，是人们关心的问题。从中国近 50 年油气勘探成果和世界勘探历程及发现油气田规模的规律性和中国地质结构的复杂性看，中国今后虽还有大量油气资源有待发现，但可能面对的是大量中、小型油气田和少数大型油气田，它们勘探的地质和地理条件都比较复杂，油层深度增加，勘探费用不断增加，优质整装储量的油气田少，这自然会增加油气勘探的难度和影响投资的效益。这是我们不得不考虑和不得不面对的客观现实。

(五)中国新区沉积盆地油气勘探前景展望

除上述两类含油气盆地分布外，尚有两块大面积沉积岩分布区，一是中国南方海相碳酸盐岩地层分布区，二是青海–西藏地区的残留盆地。

中国南方可供勘探未受变质影响的海相碳酸盐岩地层约 $100\times10^4km^2$，分布在滇、黔、桂及中下扬子区。对该区勘探前景有两种不同的认识[19]：一种认为本区可供勘探的面积大(大于 $100\times10^4km^2$)，沉积岩厚度大(8~10km)，烃源层多，油气苗多，并已发现古油藏 11 个，有多种地质作用形成的碳酸盐岩储集层等有利因素，因而本区被认为是继发现中国东部和西部油气区之后另一发展中国石油工业的后备基地[20]，简称为“基地论”；另一种认为本区原始油气藏经历多期构造运动改造，区域构造运动抬升作用强烈，地下水活跃，缺少区域性的盖层和良好的保存条件，生烃的有机质演化程度高等不利因素，对本区已勘探和研究多年，未见成效，有如“鸡肋”，食之无肉，弃之可惜，只能找到小油气田的“鸡肋论”。这两种不同的看法，均据有一定的地质依据，但仍需进一步研究。

青海–西藏高原面积占国土面积约四分之一，论其中生代板块构造分区和成藏条件，应与中东的伊拉克等地相似[8]，同属特提斯洋体系，均发育有生、储条件良好的三叠–侏罗系，具有中东式油气藏形成条件；但在新生代因印度板块碰撞，导致青藏高原强烈隆升，产生的地质作用，对青藏地区油气成藏条件造成不利影响，有的地区遭受破坏。目前保留较好的大型盆地有柴达木盆地和羌塘盆地。柴达木为已知的含油气盆地，若以中、下侏罗统产油的时代和形成环境考虑，应归属中国纬向石油富集裂谷盆地带；若从中国板块构造演化考虑，它归属于甘青藏板块的范畴。羌塘盆地北部含油性较好，但因后期改造作用强烈，前途未卜。此外，沿几条缝合线走滑，形成的一些小型第三纪的拉分盆地，其中伦坡拉盆地经过勘探，已获良好的油气显示。但盆地一般多为面积小、构造复杂的残留盆地。本区若从中国油气布局和发展少数民族经济考虑，应积极开展油气勘探工作；但若从形成大油气田地质条件考虑，则难有大的作为。

参考文献

[1]李德生. 李德生石油地质论文集[M]. 北京：石油工业出版社，1992.

[2]朱夏. 关于我国陆相中、新生界含油气盆地若干基本地质问题的初步设想[J]//朱夏. 论中国含油气盆地构造[M]. 北京：石油工业出版社，1978：27-34.

[3]朱夏，陈焕疆. 论中国含油气盆地演化[J]//朱夏. 论中国含油气盆地构造[M]. 北京：石油工业出版社，1979：56-60.

[4]田在艺，张庆春. 中国含油气沉积盆地[M]. 北京：石油工业出版社，1996.

[5]罗志立. 试论中国含油气盆地形成和分类[J]//朱夏. 中国中新生代盆地构造和演化[M]. 北京：科学出版社，1983：20-28.

[6]罗志立，童崇光. 板块构造与中国含油气盆地[M]. 武汉：中国地质大学出版社，1989.

[7]张恺，罗志立，张清，等. 中国含油气盆地的划分和远景[J]. 石油学报，1980，1(4)：1-18.

[8]李春昱. 亚洲大地构造图说明书[M]. 北京：地图出版社，1982.

[9]肖序常，汤耀庆. 古中亚复合巨型缝合带南缘构造演化[M]. 北京：北京科学技术出版社，1991.

[10]王鸿祯，郑间鞠，王训练. 中国及邻区石炭纪构造古地理及生物古地理[M]. 武汉：中国地质大学出版社，1990.

[11]罗志立. 中国大陆纬向石油富集带地质特征[J]. 新疆石油地质，1997，18(1)：1-6.

[12]翟光明. 中国石油地质志(卷二)[M]. 北京：石油工业出版社，1987.

[13]翟光明. 我国油气资源和油气发展前景[J]. 勘探家：石油与天然气，1996，1(2)：1-5.

[14]童崇光. 中国东部裂谷系盆地的石油地质特征[J]. 石油学报，1980，1(4)：19-26.

[15]周志武，赵金海，殷培龄，等. 东海地质构造特征及含油气性[J]//朱夏，徐旺. 中国新生代沉积盆地[M]. 北京：石油工业出版社，1990：226-242.

[16]翟光明. 中国石油地质志(卷十六)[M]. 北京：石油工业出版社，1987.

[17]张文昭. 我国陆上九十年代油气勘探形势认识及“九五”勘探建议[J]. 新疆石油地质，1997，18(2)：101-104.

[18]罗志立，田作基，徐旺. 试论中国大陆经向和纬向石油富集“黄金带”特征[J]. 石油学报，1997，18(1)：1-9.

[19]罗志立. 中国南方碳酸盐岩油气勘探远景分析[J]. 勘探家：石油与天然气，1997，2(4)：62-63.

[20]周永康. 努力实现南方海相油气勘探重大突破[J]. 海相油气地质，1997，2(1)：1-5.

第Ⅱ部分

中国地裂运动和勘探实践

[本文原载于《四川地质学报》，1981，2(1)：1—22]

Ⅱ-1　中国西南地区晚古生代以来地裂运动对石油等矿产形成的影响

罗志立

序　言

地裂运动(taphrogenesis)是1922年德国地质学家克伦科尔(Krcnkel)提出来的，其含意是指张力引起裂谷或地堑的形成过程，代表区域性的块断运动。1974年，伊利斯把这一名称赋予板块构造运动的含意，认为“地裂运动起源于上地幔”，地裂运动与造山运动并列，同一连续地壳板块中，有似对立统一体的两个方面，互为补偿彼此影响”[1]。1979年，高名修把Taphrogenesis译为地裂运动[2]。这一地质术语不仅从成因上概括了许多地质学家研究大陆上的东非、莱茵、贝加尔地堑或裂谷等构造的性质和地质作用，而且对20世纪50年代后期在海洋中所发现的“世界裂谷系”也有重要意义。论其规模可与世界宏伟的褶皱山系对比；论其地质作用所代表的地壳引张过程，可与人们多年熟悉的造山运动的挤压过程相比拟。结合板块构造运动的概念，在地壳发展阶段中，在总的地球动力作用下，地槽区由于应力聚集而挤压发生造山运动(orogenesis)，裂谷区由于应力释放而拉张发生地裂运动，这两种并列的运动，在地球上有张有弛，这就构成了地壳在发展过程中有矛盾、有联系又互相制约的一幅生动活泼的构造运动局面。它们推动地壳运动发展的进程，在地球表面产生了许多重要的构造现象，对某些内生和外生矿床提供了赋存的条件。因此，地裂运动这个地质术语的厘定和应用，不仅具有理论意义，而且也有很大的实际价值。

米兰诺夫斯基[3]认为自晚元古代以来就存在于类似现代大陆裂谷带的构造、古生代的裂谷自联合古大陆开始就已出现，中新生代更加发育。我国在20世纪70年代后期由于东部中新生代裂谷含油盆地的发现，才对这类盆地的地质成因和经济价值引起普遍重视，但对古生代裂谷研究工作方才开始。我国西南地区晚二叠世喷发的大量峨眉山玄武岩早为地质工作者所注意，但对其所代表的地质作用了解甚少，广西的西部和中部在晚古生代到中三叠世有一隐伏的深断裂，代表湘桂边缘海的扩张中心[4]，提出了我国西南华力西—印支期地壳的引张作用。四川省地质局106从及攀枝花综合研究队，近两年来研究了康滇地轴上的构造特征，明确地提出了川滇裂谷系的存在及其与成矿作用的关系。这些研究工作不仅论证了古裂谷的存在，而且揭示了我国川滇黔桂四省广大地区在晚古生代有一次强烈的地裂运动；其影响所及甚至可达印支半岛的北部。这次地裂运动的地质意义，不仅说明我国西南晚古生代有一次强烈的引张作用，还说明世界上联合古大陆的解体有可能从我们中国开始出现征兆。其经济意义也是很大的，西南四省油气的形成和保存、钾盐矿床的形成和富集、以及铁矿等金属矿床的赋存，均与这次地裂运动有关。故我国西南地区晚古生代地裂运动的研究，不仅具有理论意义，而且也有很大的经济意义。

一、西南地区晚古生代以来的地裂运动

在四川的西部和南部，云南和贵州的大部和广西西部的广大地区，面积100余万平方公里，其大地构造位置相当于黄汲清的扬子准地台，华南褶皱系，松潘甘孜褶皱泵和三江褶皱系四个构造单元交

汇区[5]，在华力西期以康滇地轴为中心发生过一次强烈的地裂运动。它是在中国南方加里东期板块构造运动的基础上，从中泥盆世开始张裂，晚二叠世达到高潮，晚三叠世以后结束的；也就是说西南地区的地裂运动经过孕育、发生、发展到消亡的过程，是我国研究地裂运动的很好的地区。

（一）晚古生代地裂运动前的板块活动背景

我 1976 年和 1978 年曾在两文中[4][6]，论述了晋宁－激江期我国南方在相当于黄汲清的“扬子准地台”的范围内，以岛弧的运动形式由洋壳逐步转化陆壳形成扬子古板块。加里东期在扬子古板块东南形成华夏－武夷－云开岛弧，在其弧后有黔、桂、湘边缘海，在古板块的西侧有甘、青、藏大洋板块，加里东早期向北推挤，形成祁连褶皱山系（见图 1）。这时中国南方结束了以地壳挤压为主的造山运动，孕育着地壳以引张为主的地裂运动。

华力西期的地裂运动主要集中在川、滇、黔、桂四省，处于扬子古板块西南部和其边缘地区，属大陆裂谷和大陆边缘裂谷的性质，其活动强度各地很不一致，分区叙述于后。

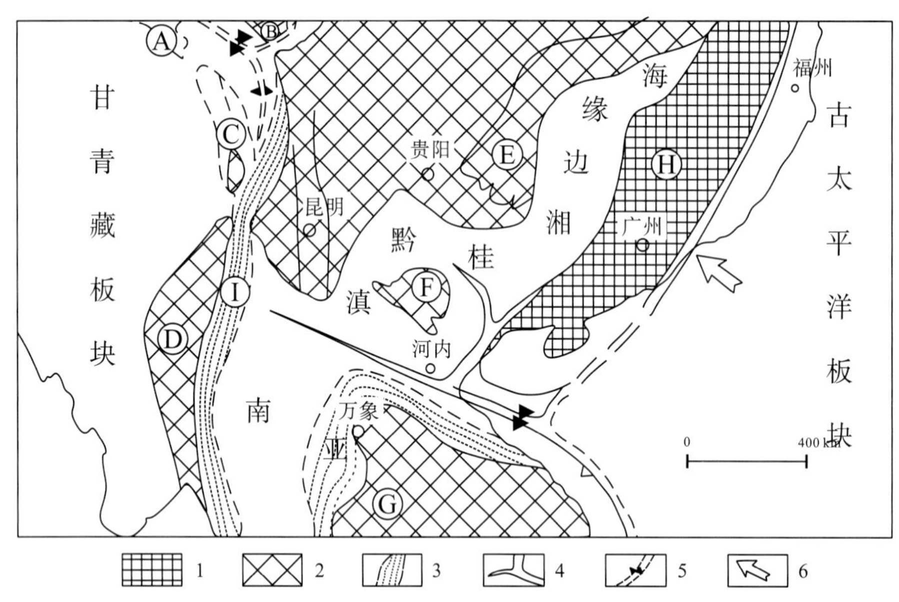

图 1　加里东期华南与东南亚北部板块构造复原示意图

1. 远古板块或微板块；2. 岛弧；3. 下古生代地槽沉积；4. 板块俯冲带；5. 张裂带；6. 推测的板块俯冲带

A. 羌塘微板块；B. 若尔盖微板块；C. 巴塘－理塘微板块；D. 西马来亚微板块；E. 江南岛链；F. 滇东南微板块；G. 印支板块；H. 武夷－云开岛弧；I. 滇、缅、马地槽

（二）晚古生代以来各区地裂运动的发生与发展

1. 康滇地轴陆内裂谷区

西以龙门山南段和丽江－安顺场深断裂为界，西南以哀牢山深断裂为界，东南以师宗－弥勒深断裂为界，东北约以峨眉－安顺一线为界，成一菱形块体，面积 30 余万平方公里（见图 2）。本区大部分以晚元古代到早震旦世的硬性岛弧为基底[6]，当时即有东西向和南北向的构造线。从震旦纪到中奥陶世以安宁河－绿汁江深断裂为中心形成南北向的台地边缘水下隆起，泥盆－石炭纪发展成古陆，晚二叠世发生大范围的峨眉山玄武岩陆相喷发，其覆盖面积达 27 万平方公里，陆相喷发中心约以康滇古岛为轴，向其东西两侧厚度增大，最大厚度可达 3000～4000m，继续向东西两侧延伸，玄武岩厚度减薄。上二叠世渐转为海陆过渡相的龙潭煤系，更向东则转为浅海相的吴家坪灰岩组。喷发的方式一般认为是以沿南北向和北东向为主的古断裂成裂隙式的喷发。据 105 件玄武岩性质的研究，表明本区不是钙碱性而是碱钙性系列或者说偏碱的钙碱系列，为大陆拉斑玄武岩。与世界大陆玄武岩相比，硅、铝、钙

等氧化物偏高，而钛、钾氧化物偏低。从峨眉山玄武岩喷发的规模和性质说明，晚二叠世本区发生过一次强烈的陆壳引张的地裂运动。

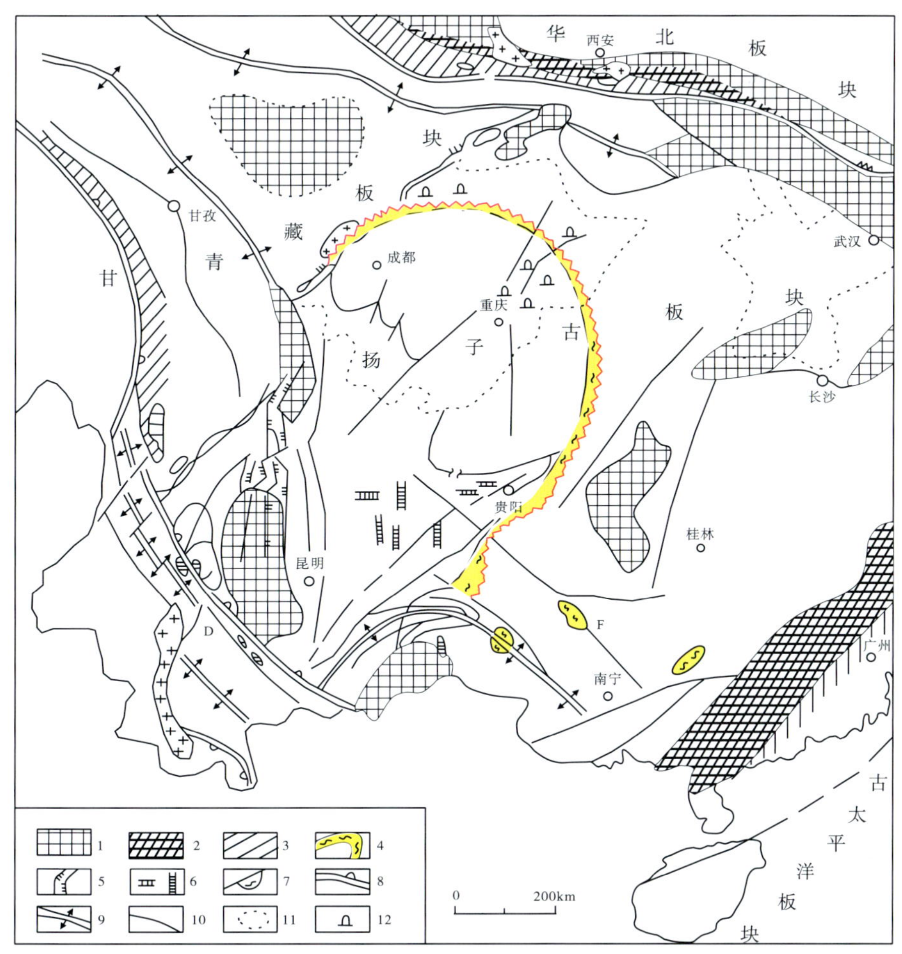

图 2　中国西南地区峨眉地裂运动与礁体分布示意图

1. 前震旦纪陆块；2. 加里东期岛弧；3. 印支期岛弧；4. 推测四川盆地礁块分布带；5. 海西期康滇裂谷；6. 二叠纪玄武岩喷发裂隙；7. D-T 生物礁；8. 印支期俯冲带；9. 推测的扩张脊；10. 深断裂和区域断裂；11. 现今盆地范围；12. 1982 年后川东发现的上二叠统生物礁

近几年来为了寻找富铁矿，四川省地质局 106 队等单位，沿安宁河和攀枝花深断裂一带作过详细的地质和地球物理研究，提出“川滇裂谷系”的观点，进一步丰富了对本区地裂运动的认识(见图 3)。中奥陶世后沿康滇地轴发生南北向的穹形地块隆起，在会理力马河和元谋朱布岩体有加里东期的超基性岩体(4.0±0.2 亿年)向上穿刺，代表本区由于地幔上拱形成的穹形隆起，处于大陆裂谷的前奏阶段。到了晚古生代，先是华力西早期的攀枝花式钒钛磁铁矿的层状基性——超基性岩体(3.60 亿年)沿两条南北向带侵位，后是华力西晚期偏碱性的大量峨眉山玄武岩喷溢活动，继而是华力西和印支早期的西昌太和、米易白马、会理白草路枯和渡口攀枝花正长岩及会理矮郎河花岗岩的侵入(2.65～2.01 亿年)，以及攀枝花区的务本碱性粗面岩－碱流岩－熔结凝灰岩的陆相中心式喷发，这种由基性到酸性的双模式火山岩套，代表大陆裂谷的典型特征，晚二叠世到早白垩世，研究区进一步扩展成拗陷盆地，沉积了厚度巨大的含煤建造－类磨拉石－膏盐红层组合。到了晚白垩世和第三纪由于印度板块的碰撞而致裂谷盆地萎缩和消亡。

2. 滇、黔、桂、湘边缘海区

在师宗－弥勒和紫云－罗甸深断裂以南，华夏－云开古岛弧与滇东南微板块以北的弧形地区。传统地质观点认为本区为华南地槽褶皱的基底，经过晚加里东运动转化为地台，并与扬子准地台合并。

1975年，郭令智认为本区是武夷-云开岛弧之后的湘桂弧间盆地(边缘海)，晚古生代发生过微型扩张，使陆壳局部洋壳化。我于1976年研究扬子古板块，从中国南方大陆向太平洋增生所具有的构造格局出发，接受这一观点，称为滇、黔、桂、湘边缘海[4]。

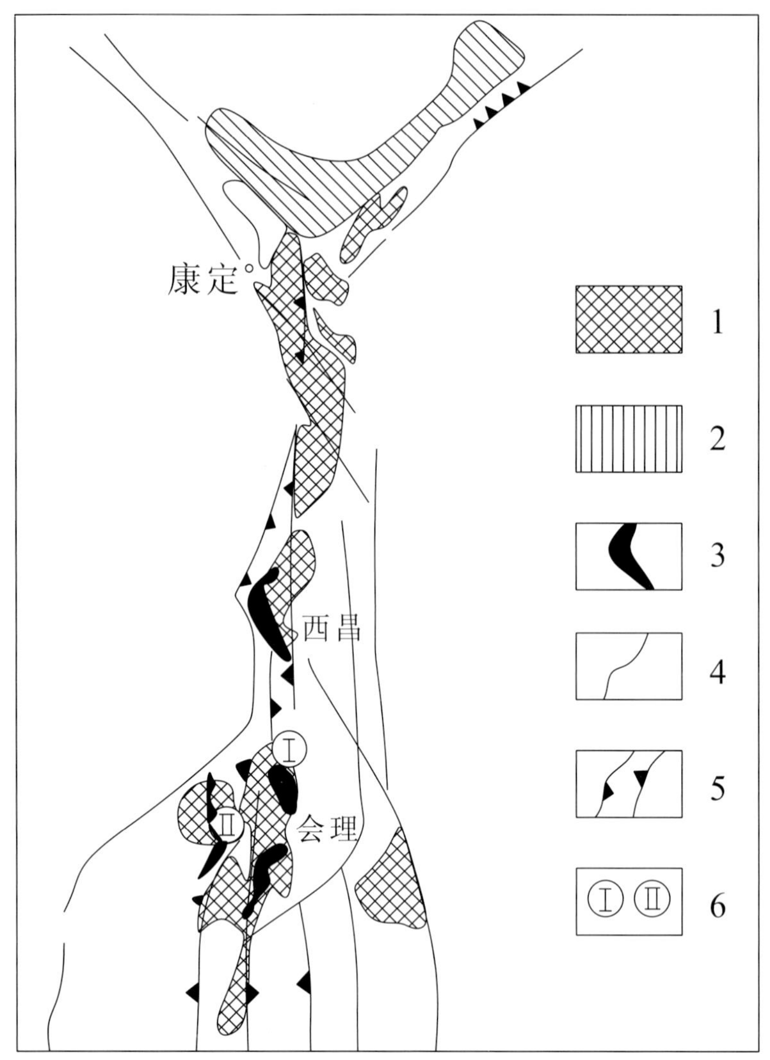

图3　康滇裂谷系分布略图

1. 前震旦系变质基底；2. 下古生界；3. 华力西-燕山期岩浆杂岩带；4. 区域性深断裂；5. 裂谷带；Ⅰ. 安宁河裂谷带，Ⅱ. 攀枝花裂谷带

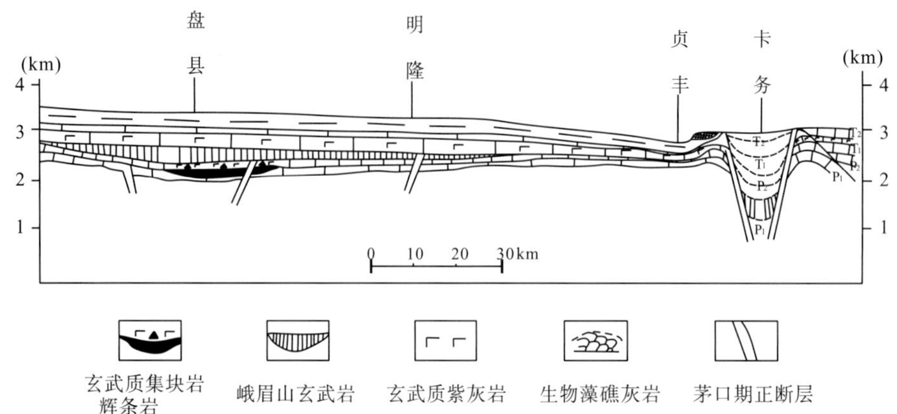

图4　贵州西部二叠纪玄武岩岩相变化示意图

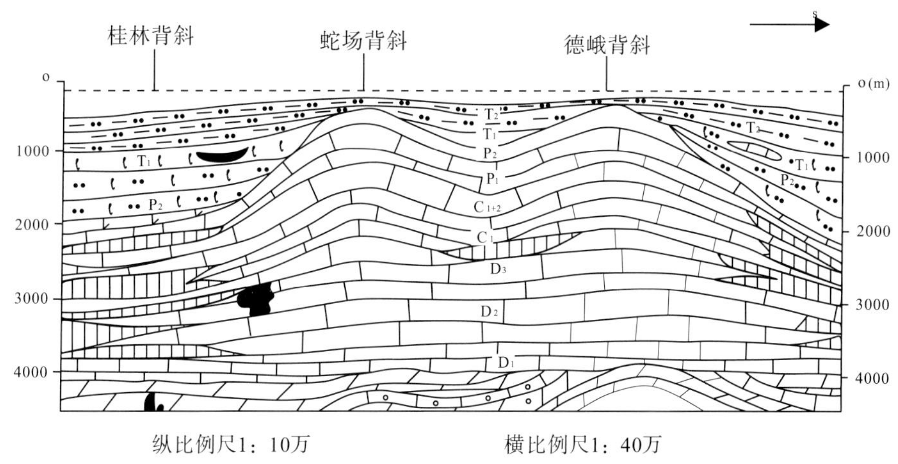

图 5　贵州隆林地区蛇场－德峨背斜发展示意图

1)南盘江－右江扩张带

近几年滇、黔、桂的大量石油地质研究工作，证实了这个边缘海的存在，并进一步确定了在南盘江－巴马深断裂和富宁－温浏弧形深断裂之间有一向北突出的弧形扩张带，称南盘江－右江扩张带。在扩张带的隆林地区，局部出露下古生代地层，在地形较高地方见泥盆纪至下二叠纪的礁体与寒武纪形成不整合接触，在礁体两侧见盆地深水相的硅质岩和喷发的玄武岩和火山凝灰岩与生物灰岩犬牙交错(见图 5)。从晚二叠世到中三叠世有厚逾 7000～8000m 边缘海型的浊流沉积，覆盖面积达三万平方公里。浊流沉积岩的性质，晚二叠世到早三叠世为厚 500～2000m 的安山质火山灰流的浊积岩，有深海相的海绵骨针、放射虫及硅质岩，石英含量低(＜1%)，代表断陷形成地堑型洋壳环境。中三叠统是一套陆源碎屑岩为主，含火山物质的岩屑砂岩和泥岩的浊积岩，厚 5000～7000m 产深海相浮游生物薄壳，瓣鳃和菊石，代表大陆边缘海的沉积环境。

近几年来南盘江地区的石油勘探工作发现井下玄武岩厚度很大。如拖戛构造一井厚 688m，花贵构造一井厚度大于 1603m，塘房构造二井厚 1041m。本区玄武岩性质属都城秋穗划分的碱性、钙碱性玄武岩和低钾拉斑玄武岩，与我国基性岩平均值对比，基性程度更高，具富铁和富钛的特征。低钾拉斑玄武暑系列代表边缘海扩张脊环境形成的火山岩。随着玄武岩的剧烈喷发，拉张作用加剧，海盆中在华力西早期由于块断作用形成高地貌的碳酸盐台地发生陷落，被玄武岩或凝灰岩覆盖，如拖戛背斜钻井证实在泥盆纪之上为六百六十多米的二叠系玄武岩覆盖，霸王构造已钻 2380m 仍为上二叠系的凝灰岩，据地震资料推测，玄武岩和凝灰岩的厚度可能超过 4000m。这说明扩张带到了上二叠世和中三叠世发展成裂谷盆地阶段。广西右江地区上古生代为碳酸盐岩，硅质岩，碎屑岩，厚逾 2000～3000m。中三叠世为类复理石建造，其次为火山碎屑岩与细碧岩建造，最厚可达 9500m，说明盆地发展进入拗陷沉积环境。故不论从构造特征、沉积环境和火山岩性质，均说明本区自晚古生代以来由陆壳扩张形成洋壳性质的裂谷盆地。

2)黔南－桂北陆缘块断区

本区处于早古生代扬子古板块形成的台地南缘到海盆的过渡区。下古生代在桂北河池－三江一线以南的罗甸一带为厚达 5000～6000m 的浊流相沉积，并受加里东运动的影响形成一些北东向和南北向的古断裂。隆起地方遭受剥蚀缺失志留－奥陶系。中泥盆世地壳开始拉张，黔南的台地边缘相王佑一井沉积厚达 4765m(有人怀疑有断层)，其南为厚度较薄的南丹型槽盆相沉积，在黑色泥质岩类中富含竹节石和浮游生物。这种由于张裂槽谷形成深水的沉积盆地和台缘隆起形成的浅水生物堆集的沉积环境，一直延续到三叠纪，各时代敞布着大小不等的台丘型的生物礁体，如隆林、白色、凌云等台丘[11,12]。而这些槽谷与台丘相间发育又与北西、东西和南北向区域断裂伴随。对这种地质现象，钟大赉等[13]认为是“深层构造对浅层构造的控制作用，深层发生的块断控制沉积的古地貌条件，表现为条条块块的结合”(见图 6)。这样的论断虽然所依据的观点不同，但却从另一个角度说明了本区中泥盆世到中三叠世发生过地裂运动。

3)灵山—玉林残余海槽

在华夏—武夷—云开加里东古岛弧的西北，在博北和灵山深断裂之间有志留纪到下二叠世的拗陷，沉积厚达 17000m，为深水相复理石、笔石页岩、硅质和含锰硅质岩建造。这里未受加里东褶皱的影响，东吴运动后才形成褶皱带。在褶皱带的西北大明山岛链之间形成桂东山前凹地，堆集了厚达 10000m 的上叠统至中三叠统的磨拉石含煤建造。并与下二叠统及其以下地层不整合接触(见图 7)。它所代表的华力西造山运动，在中国南方大陆上是罕见的。后经过印支运动，褶皱带转变为叠加火山弧。又在其西北前缘形成厚达 13000m 的上三叠统到第三纪的红色磨拉石建造，经过燕山运动才使凹地褶皱隆起形成今日的十万大山。其板块构造运动性质可能是加里东运动时保留在弧后的残余海盆，经过华力西—燕山期火山山弧影响而逐渐封闭。

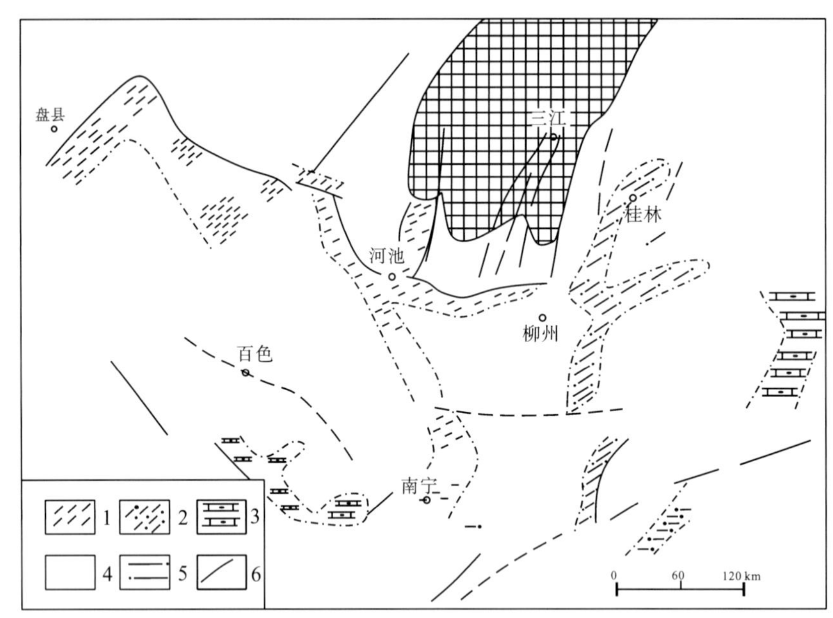

图 6　黔桂一带中泥盆世东岗岑期岩相变化示意图

1. 碎屑岩夹硅质岩相，产竹节石、三叶虫等化石；2. 泥灰岩相，产腕足类为主；3. 燧石灰岩夹硅质岩，产竹节石、笔石、腕足类等；4. 生物碎屑碳酸盐岩相夹碎屑岩，产珊瑚、层孔虫、腕足类，厚度比三个带大 5～10 倍；5. 岩相界线；6. 区域性断裂

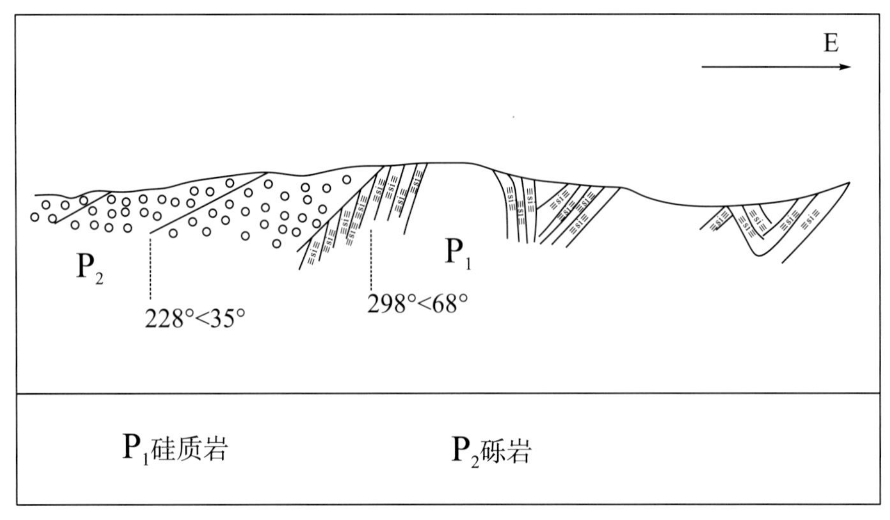

图 7　钦州乡隆上二叠统与下二叠统角度不整合接触

4)滇、黔、桂、湘边缘海的关闭

中三叠世末的印支运动，本区基本结束海侵历史，造山褶皱成陆，只有在零星地区有晚三叠世的海陆交替相和陆相沉积，如滇东的乌格组，黔西南的把南组有海陆交替相产卡尼克期的瓣鳃类生物，云南石油队在丘北平寨的原中三叠统顶部找到 *Rcimkints* 和 *Josunites* 菊石，认为有卡尼克期地层存在。广西十万大山上三叠系发育最全，其下部的平洞段与中三叠统的二长斑岩和凝灰熔岩成不整合接触，本段下部为海相，上部为海陆交替相，厚 569～2150m，产常见于湘、赣、粤及缅甸等地的贝克凡蛤(*Bakvelloides*)、瓢蛤(*Modlolus*)、盘蛤(*Isognomon*)等化石，时代属于诺利克期，或卡尼克－诺利克期。上部扶隆坳组为一套洪积至河流相局部含煤沉积厚 1632～4448m，以产瑞替克期的植物化石为主，上下之间显示沉积间断。其后在侏罗纪、白垩纪之末和始新统内见有不整合接触关系。

本区关闭的方式和时代，从南盘江、右江地区和广西以及越南的地质资料分析，是以滇东南微板块与扬子古板块碰撞形成褶皱带而关闭的。南盘江地区地表为中三叠系组成的紧密褶皱和冲断层，据地震资料查明，地腹在南盘江和温浏两条相对俯冲的深断裂间早古生代基底成背斜。隆起，顶面埋深 7000～8000m，晚古生代与地表构造不协调(见图 8)。广西右江地区中三叠统亦有类似的构造格局。再从本区印支褶皱带以围绕滇东南微板块向北成弧形凸出的褶皱束，和南北两侧深断裂相对逆掩的性质，均说明它们相对碰撞的关系。但从广西境内的凭祥、靖西和那坡等地，中三叠统有大量火山岩喷发，特别是在那坡县境。内倾向西南的妖皇山大断裂带，有泥盆系推覆予中三叠统之上，形成妖皇山，炮台山等飞来峰，并伴生有混杂岩堆积，可延续 30 余千米，还有蛇绿岩套一直延入越南境内。这进一步说明本区的边缘海在中三叠世收缩时，主要消减带在靠近滇东南微板块的北侧。从地层接触关系分析，本区边缘海的关闭时间主要是中三叠纪柬韵印支运动，其后的燕山和喜山运动只不过受邻区挤压的影响，使其褶皱进一步加强而已。

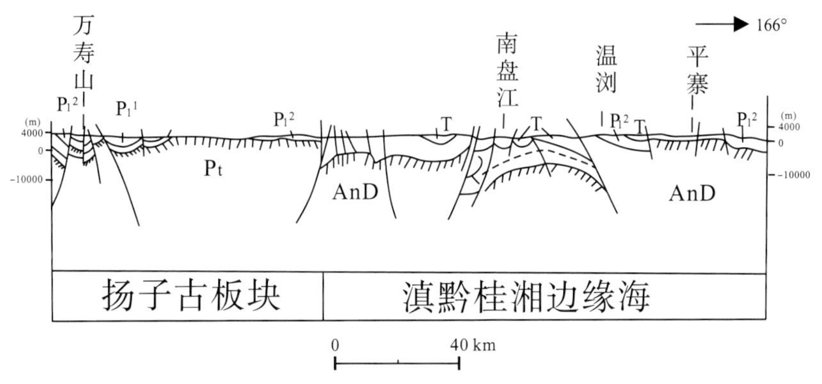

图 8　云南宜良万寿山－丘北平寨构造横剖面图

3. 兰坪－思茅中新生代裂陷槽(aulacogen)

在红河深断裂以西的滇西地区，其地质发展条件与以南的印支半岛和整个东南亚(后简称东南亚大陆)相联系。而东南亚大陆在古板块演变中的地理位置，从 1929 年魏格钠发表第一篇联合古大陆到 1972 年塔林重建的冈瓦纳大陆有近十种不同的方案[7,8]，因而东南亚大陆古地理位置的确定必然涉及“原始中国地台”在联合古大陆中的位置[9]。研究两个板块之间的关键地区就是红河深断裂和澜沧江深断裂之间的兰坪－思茅地区，也就是说本地区的离散或会聚，这对认识中国大陆和东南亚大陆在联合古陆中的位置起着重要作用。

我在 1976 年，曾把本区作为华力西期发展起来到印支期关闭的边缘海[4]，现在从新的资料看来，似应为中新生代发育起来的裂陷槽。其发生和发展有以下依据。

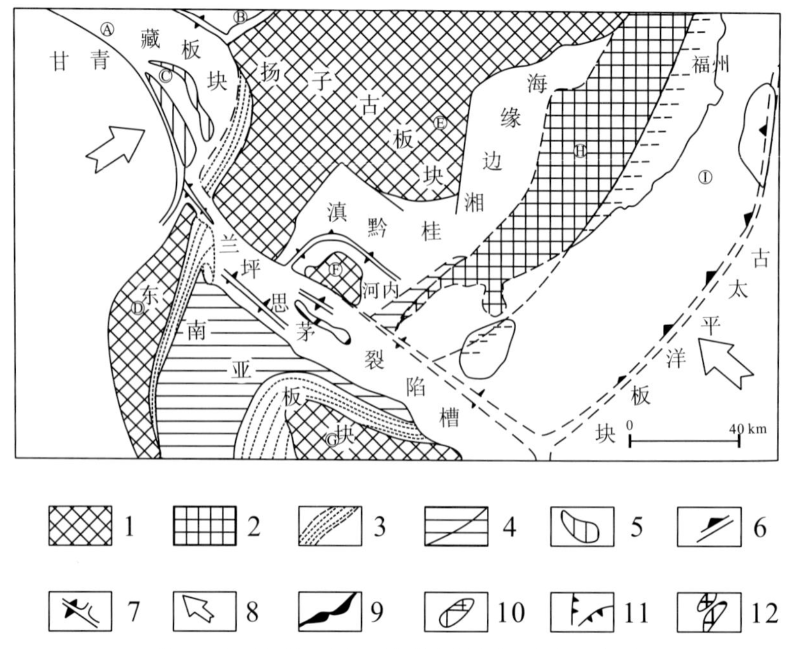

图 9　华力西期南和东南亚北部板块构造示意图

1. 元古板块或微板块；2. 岛弧；3. 下古生代褶皱带；4. 华力西褶皱带和推测的褶皱带；5. 华力西期岛弧；6. 推测的板块俯冲方向；7. 推测的张裂带；8. 推测的板块俯冲方向；9. 碰撞缝合线；10. 华力西期花岗岩；11. 华力西期玄武岩；12. 蛇绿岩套；
A. 羌塘微板块；B. 若尔盖微板块；C. 巴塘－理塘岛弧；D. 西马来亚微板块；E. 江南古岛；F. 滇东南微板块；G. 印支板块；H. 武夷－云开迭加岛弧度；I. 台湾－东南沿海褶皱带

(1)下古生代盐源－丽江地区形成的下古生代冒地槽沉积，不论其岩性和所含化石均可越过本区与滇西南的昌宁－镇康一带对比，而昌宁－镇康南延即与缅甸－马来西亚地槽相接[10]，即一般所称的滇－缅－马地槽。上古生代的镇康－临沧带的下二叠统为台地相的生物碎屑灰岩和白云质灰岩，以及上二叠统保山垲区陆相喷发的玄武岩，均可与丽江地区对比，其走向还可基本相连。说明东南亚大陆在整个古生代基本上与我国南方大陆相距不远，只是在晚三叠纪后兰坪－思茅地区才开始张裂(见图 9)。

(2)滇东南微板块的破裂也说明本区华力西运动的拉张作用。这个微板块小部分在我国云南境内，出露元古代的屏边群，其上与寒武系成假整合至不整合接触，中奥陶世后被中泥盆统超覆。大部分在越南境内的拾宋早再山，有一套相同地层围成半圆形的构造与之对应，其间为红河深断裂带通过，两个半圆形构造相距约 100km，中间分布泥盆纪至白垩纪地层，而且地层分布从东北和西南两侧向中心变新。若去掉其间的晚古生代至中生代地层，把两个半圆形相对移动 100 余千米，即可再造成近圆形的滇东南微板块(见图 1)。这样的构造格局和地层分布，说明华力西期滇东南微板块经过一分为二的拉裂过程，其拉裂的时间比兰坪－思茅地区早些。

(3)兰坪－思茅中新生代裂陷槽。本区夹持于哀牢山构造带和澜沧江构造带之间，向北延在景东段鼠街附近收敛，其北为兰坪盆地，其南为思茅盆地，统称为滇西中新生代红层分布地区。思茅盆地在沉积上又有东西两侧的差异。哀牢山西侧的深断裂带上，在墨江、沅江、金平等地有蛇绿岩套和成对的变质岩带，断裂西翼的上三叠系出现高压低温的兰闪石变质岩带，东盘则为高温低压的深变质岩带，金平还有石炭、二叠系嵌于红层的混杂堆积。并见上三叠统的一碗水组与其下地层局部或微角度不整合。在澜沧江构造带上，有基性和超基性岩分布，也出现有高温低压变质相的矽线石、红柱石、蓝晶石等特征矿物。临沧－勐海花岗岩体的同位素年龄为 244Ma，此岩带一直南延至泰国和老挝境内，并有大量的蛇绿岩套伴随。这些资料说明华力西晚期由于印支板块与西马来亚微板块碰撞会聚成东南亚板块，这个东南亚板块在印支期又以哀牢山深断裂为边界与杨子古板块会聚，最后完成了劳亚大陆向南发展的历史。这样的地壳活动格局造成本区无下三叠统和部分中三叠统的沉积，同时使本区地壳发展进入裂陷时期。

据钾盐队的研究[11]，思茅盆地内部未见下古生代地层、二叠世末即为陆地，缺失下三叠统和部分中三叠统，中晚三叠世又复海侵，为浅海至过渡相沉积，西部以红色碎屑岩为主，东部以灰色灰岩为主。在靠近澜沧江的西部地区出现火山岩系，下部中酸性和上部基性火山岩系，厚约6000m，向东部减少。侏罗至老第三纪为红色和含盐建造，最厚10400m，若从邻区的最老的奥陶系算起，沉积岩总厚度超过了35000m。中侏罗统的和平乡组为由西向东的海侵沉积，底部砾岩成分复杂，有火山岩、石英燧石及少量变质岩砾石，并与其下地层为假整合接触。下第三系的勐野井组为红色碎屑岩含钾盐建造。始新世末本区发生褶皱，并在盆地内形成许多推复构造及飞来峰，如兰坪有名的金顶铅锌矿，即为上三叠至中侏罗统地层推复在老第三纪上的推覆体。本区深部构造在思茅盆地西部，莫氏面起伏成一鼻状隆起，地壳厚度由东南的43km向西北加厚成48km，并向西侧的临沧地区减薄2～3km。本区断陷构造格局如图10所示。

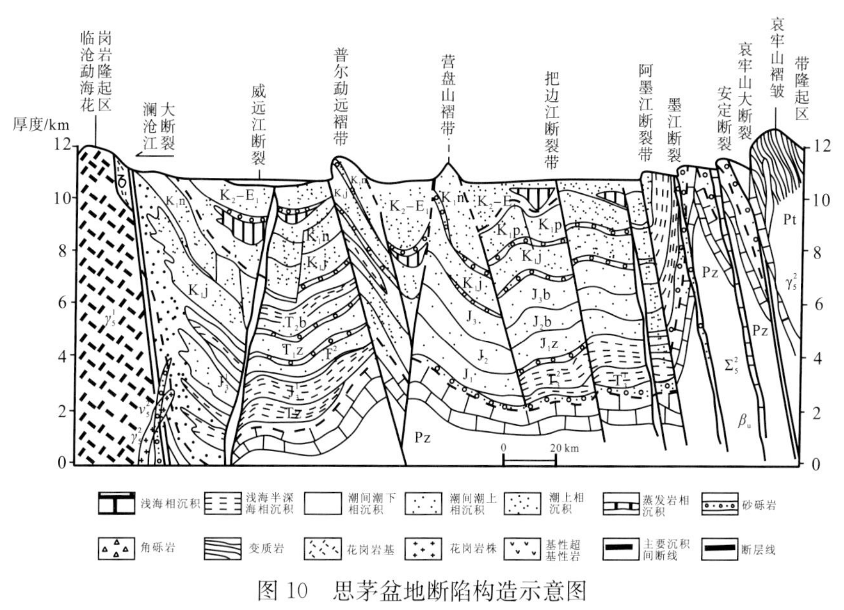

图10　思茅盆地断陷构造示意图

从以上地层和构造的发展史，不难看出本区为中新生代的裂陷槽。晚二叠至下三叠世为地壳上隆阶段，因而缺失相应的地层，中晚三叠世沿西部澜沧江深断裂开始拉张，除有很厚的火山岩喷发外，还形成北西向的断陷，迎来了海水的进侵，中侏罗纪断陷发展到高峰时期，海路可能向西北延伸经过兰坪一直到昌都地区，东南延伸分为两支，东支延入越北，西支可能进入老挝境内，其后逐渐转为陆成拗陷盆地，但不时有海水漫进，早第三纪在思茅盆地的东侧沉积了曼宽河组－勐野井组(K_2-E_1)提供了形成潮坪－萨布哈含钾盐沉积的有利条件。始新世的等黑组(Ezd)末由于印度板块的碰撞，使哀牢山和澜沧江两条深断裂向盆地推挤，如哀牢山变质带内发现有16～23Ma和22～44.4Ma变质期得到印证。由于强烈的推挤作用，使盆地构造复杂褶皱紧密、推复体和飞来峰发育、火山岩体穿刺，盐层发生塑性流动，从而使勐野井组的钾盐层相对集中，形成厚近四百多米的钾盐块体。随后沉积的渐新统勐腊组与其下地层不整合接触，为厚约600～1600m的磨拉石堆积，盆地转入拗陷时期。兰坪－思茅裂陷榴的发育历史，可以这样说，它孕育于晚华力西期，上隆裂陷于印支期，扩张于燕山期，封闭拗陷于喜山期，它比滇、黔、桂、湘边缘海拉张开始的时间晚，而封闭的时间也晚，可能是继承晚古生代以来红河裂陷槽向北东发展的延伸部位。

4. 扬子古板块西部大陆边缘裂谷区

本区位于玛沁－略阳深断裂以南，龙门山到安顺场－丽江深断裂以西，金沙江深断裂以东的三角形地区(见图2)。本区处于陆壳和洋壳的过渡区，具冒地斜沉积和破碎的地壳块体，有似米兰诺夫斯[3]所描述的大陆边缘裂谷区。由于中生代的覆盖和调查研究的不够，对中生代以前的地质结构多属推断认识。1976 年我曾在一文中[4]认为本区为甘、青、藏洋板块的东北部，晚元古代曾沿龙门山－丽江深断裂带发生俯冲消减形成缝合线，下古生代沿龙门山有大西洋式的冒地斜沉积，未见加里东褶皱运动，但沿龙门山发生过张扭性的块断运动。华力西－印支期本区为具拉张性质的松潘－甘孜边缘海。这些认识说明本区具有大陆边缘张裂的性质，现分区进一步论述。

(1)巴塘－得荣岛弧。在金沙江深断裂以东的巴塘－得荣地区，有一条北西向古生代分布区，出露最老地层为金沙江畔前泥盆系的石鼓片岩(为下古生代褶皱变质岩带或前震旦系变质岩)。其上为厚约 3000m 的碳酸盐台地相的奥陶志留系，志留系底部为 150m 的含砾安山岩和粗面岩，超覆于奥陶系之上。泥盆－石炭系仍为厚约 1500m 的碳酸盐台地相沉积，其下与志留系连续沉积，但在石炭纪局部露出水面未接受沉积，形成巴塘岛链的雏形[12,14]。下二叠世岛弧进一步发展，虽仍为厚约 1800m 的碳酸盐岩，但有基性火山岩喷发，上二叠世则有厚达 1000m 的中酸性火山凝灰岩夹海陆交替相的砂页岩，局部地方不整合在石炭系上，说明本区已形成火山岛弧、在岛弧西侧的得荣地区，二叠系为厚 1000～3000m 变质复杂的中基性火山岩，具蛇绿岩套特征，且含大量的志留到二叠世的外来岩体[12]，向南到云南的德钦－维西一带也有石炭二叠纪的蛇绿岩套。若再联系岛弧上白玉等地区出露的华力西期的花岗岩体，表明甘、青、藏洋板块在华力西期向北东发生俯冲，形成付变质岩带。这一构造格局一直延续到晚三叠世早期，在金沙江边的乡城、得荣还可见到蛇绿岩套与混杂堆积[13]，在巴塘－得荣岛弧上还出现大量的印支期花岗岩体。从本区的地史演变可认为巴塘－得荣岛弧可能是前震旦纪分离的微型陆壳，奥陶纪至下二叠世为漂浮在洋中的台地，晚二叠世后才完全转为火山岛弧，构成松潘－甘孜边缘海西南的屏障。

(2)松潘－甘孜边缘海。在巴塘－得荣岛弧之北，玛沁－略阳深断裂之南，龙门山深断裂以西的三叠系广泛分布的三角形地区，为晚古生代以来发展起来的边缘海。其发展历史南北两部的差异很大，又可分为西部邓柯－义敦－理塘过渡壳区，东部甘孜－若尔盖区。

(甲)邓柯－义敦－理塘区。位于巴塘－得荣岛弧以北，甘孜－理塘深断裂以西，当巴塘－得荣地区在石炭－二叠纪形成火山岛弧的时候，这里的德格等地接受厚达 9600～12100m 的碎屑岩、碳酸盐岩及火山凝灰岩的石炭纪沉积。随后的早二叠世，在稻城木里一带沉积厚达 5600m 的碎屑岩，碳酸盐岩类夹大量玄武岩。上二叠世本区普遍见有基性火山岩喷发。早中三叠世比较稳定但在晚三叠世的早中期，又复沉积了厚达 5000m 的类复理石沉积，并有大量基性火山岩喷发。以上大量火山喷发和很厚的复理石沉积说明本区晚古生代以来为弧后盆地，早二叠世茅口期在稻城、木里一带即有大量玄武岩喷发，说明本区在晚古生代发生过弧后拉张，其引张时期可能比康滇地轴区来得早。本区地史发展到晚三叠世的诺尼克－瑞替克期方结束海侵转为陆成盆地，沉积了含煤建造喇嘛垭组，其后由于甘、青、藏板块沿金沙江深断裂俯冲，才使本区造山形成褶皱区。

(乙)甘孜－若尔盖区。本区南侧约以理塘－甘孜深断裂为界。北以玛沁－略阳深断裂为界，在本深断裂上的花石峡、玛沁等地发现石炭、二叠纪到三叠纪的混杂堆积与超基性岩体，李春昱认为是华力西－印支期的俯冲带[15]。这条俯冲带东延至略阳、榨水等地出现大片印支早期的花岗岩体，可能代表俯冲带的仰侧岛弧上的岩基，它也可能为松潘－甘孜边缘海印支早期扩张的边界。东界以龙门山深断裂为界，在这条断裂带上江油唐王寨地区泥盆纪成菱形断陷沉积分布和前震旦纪的茂汶杂岩体也成菱形块体相间出现，代表华力西朝本区与扬子古板块以拉张断裂性质相分离，再以断裂带的宝兴－汶川段，上二叠世出现的枕状玄武岩，也表明华力西期的深部拉张作用一直延续到二叠纪。

本区北部的若尔盖地区，近年来任纪舜等根据地质和卫星资料认为是三叠纪下隐伏的硬性地块[5]，从地块东部若尔盖和平武之间出现的下二叠统厚度较薄只有 10～31m，并有砾岩出现，表明这个地块在阳新海侵处于隆起状态。联系龙门山地区古生代地史分析，它可能是兴凯旋回[5]与扬子古板块分离后的微板块，本文称为若尔盖微板块。本区边缘海发展主要在晚三叠世早期，在康定－道孚－炉霍深断裂以东为厚 2000～5000m 的类复理石沉积，含单调的 Holobia 瓣鳃类化石组合，深断裂以西的雅江地区为厚达 12500m 的拗陷沉积，再西到义敦地区即属巴塘—得荣弧后盆地有广泛分布的中基性火山岩。边缘海的扩张中心可能在康定—道孚深断裂带，在这条深断裂带上的鲜水河段有上二叠纪的玄武岩喷发。三叠系的砂板岩和断裂破碎带中，有闪长玢岩、安山岩和玄武岩的侵入，1725 年以来发生 5 级以上地震 34 次。本边缘海于印支晚期随甘、青、藏板块沿金沙江向西俯冲而关闭。

（三）西南地裂运动的特征

（1）从以上四区的论述，充分说明我国西南地区有地裂运动的存在，其规模和影响均是很大的。这次地裂运动的范围包括我国川、滇、黔、桂四省大部分地区以及东南亚大陆北部。中心可能在康滇地轴一带。其运动形式多种多样，有以大面积玄武岩喷发为特色的康滇陆内古裂谷区，有以弧后拉张为背景的滇、黔、桂、湘边缘海区，有以大陆分离为特色的兰坪—思茅裂陷槽，也有以大陆边缘拉张分离后形成的巴塘—得荣岛弧区和松潘—甘孜边缘海。其影响范围之大和运动形式之复杂，可以说是我国大陆地史发展中的一次重大地质事件。

（2）西南地区地裂运动各区的地质和地物特征及其发展阶段（见表 1）：

表 1

<table>
<tr><th rowspan="2">地层</th><th colspan="2">康滇地轴陆内裂谷区</th><th colspan="2">滇黔桂湘边缘海</th><th colspan="2">兰坪-思茅裂谷槽</th><th colspan="2">松潘-甘孜边缘海</th></tr>
<tr><th>发展阶段</th><th>特　征</th><th>发展阶段</th><th>特　征</th><th>发展阶段</th><th>特　征</th><th>发展阶段</th><th>特　征</th></tr>
<tr><td>N</td><td rowspan="2">消亡</td><td rowspan="2"></td><td rowspan="7">消亡</td><td rowspan="4">大部地区元T_3沉积，局部地区为含煤沉积</td><td rowspan="2">消亡</td><td rowspan="2"></td><td rowspan="7">消亡</td><td rowspan="7">陆相含煤建造</td></tr>
<tr><td>E</td></tr>
<tr><td>K_2</td><td rowspan="5">拗陷</td><td rowspan="5">河湖相的含煤、含盐红色建造为主，大面积分布</td><td rowspan="7">拗陷
断陷
(?)</td><td rowspan="7">（1）厚达万米的红色含盐建造
（2）有海侵夹层
（3）盐温泉3处水温29~61摄氏度
（4）具深层卤水形成钾盐的可能条件</td></tr>
<tr><td>K_1</td></tr>
<tr><td>J_3</td><td rowspan="6">（1）厚度巨大的含陆屑浊积岩，分布范围广泛
（2）右江地区见火山碎屑岩及蛇绿岩套
（3）结束海侵</td></tr>
<tr><td>J_2</td></tr>
<tr><td>J_1</td></tr>
<tr><td>T_3</td><td rowspan="11">断裂</td><td rowspan="11">（1）由基性到酸性的双模式火山岩套
（2）偏碱性的峨眉山玄武岩，沿南北和北东向断裂陆相喷发，形成大面积玄武岩盖
（3）海侵结束</td><td rowspan="3">拗陷</td><td rowspan="19">拗陷
—
断陷
(?)
?</td><td rowspan="19">（1）C厚度近万米的碳酸盐岩，碎屑岩，火山凝灰岩
（2）P_1开始大量玄武岩喷发
（3）T_3早中期有厚5000m的类复理石沉积和基性火山岩喷发
（4）沿龙门山道孚–康定、丽江–安顺场等深断裂出现P_2枕状玄武岩</td></tr>
<tr><td>T_2</td></tr>
<tr><td>T_1</td><td rowspan="5">上隆</td><td rowspan="5">（1）P_2有玄武岩喷发
（2）T_1一部分和T_2缺失
（3）T_2在西部出现火山岩系</td></tr>
<tr><td>P_2</td><td rowspan="6">断裂</td><td rowspan="9">（1）P_2–T_1安山灰流浊积岩，含深海生物
（2）P_2玄武岩厚度大，低钾富铁
（3）断块形成的台丘，发育生物，礁体，台槽为深水沉积</td></tr>
<tr><td>P_1</td></tr>
<tr><td>C_3</td></tr>
<tr><td>C_2</td></tr>
<tr><td>C_1</td><td rowspan="12"></td><td rowspan="12"></td></tr>
<tr><td>D_3</td></tr>
<tr><td>D_2</td><td rowspan="9">上隆</td></tr>
<tr><td>D_1</td></tr>
<tr><td>S_3</td><td rowspan="8">上隆</td><td rowspan="8">（1）顶部缺失O_2–C,长期剥蚀,地壳减薄
（2）开始出现加里东期的超基性岩体</td><td rowspan="7">一般缺失奥陶–志留纪</td></tr>
<tr><td>S_2</td></tr>
<tr><td>S_1</td></tr>
<tr><td>O_3</td></tr>
<tr><td>O_2</td></tr>
<tr><td>O_1</td></tr>
<tr><td>ϵ_3</td></tr>
<tr><td>ϵ_2</td><td></td><td></td></tr>
<tr><td>其他特征</td><td colspan="2">（1）轴部地壳薄，一般41~45km，最薄在渡口至永仁厚36km，外围地壳45~48km
（2）活动地震带，震源一般小于30km</td><td colspan="2"></td><td colspan="2">思茅盆地西部,莫氏面起伏成向西北倾伏的鼻状构造,由东南约43km,向西北增厚至48km</td><td colspan="2"></td></tr>
</table>

从上表不难看出西南地区地裂运动各区一般经过发生、发展到消亡的过程。也就是说经过异常地幔的底辟，发生热拱起，使地壳上隆长期剥蚀减薄的裂前隆起阶段。接着发生地壳引张大量玄武岩喷溢的断陷阶段。接着由于异常地幔热力散失而冷却，引起地壳沉降盆地范围扩大快速堆积的拗陷阶段。最后由于邻区板块运动事件的影响结束了裂谷盆地发展历史而进入消亡阶段。

各区裂谷系的发生、发展到消亡在地史中虽有很大的差异，但晚古生代以来发生引张断陷的时期是基本一致的。特别是二叠纪的玄武岩喷发，在陆地和海洋以及不同的构造单元均有分布，它代表深层地幔物质一次大规模的上涌活动，导致地壳上大范围不同构造单元发生引张而形成各式各样的裂谷系。因此，裂谷系是引张作用产生的结果，而不能代表地质作用和造成时原因。为此，以地裂运动这一术语来概括西南晚古生代的引张作用较为恰当，由于二叠纪峨眉山玄武岩代表了晚古生代地裂运动的高峰期，峨眉山玄武岩这一名称又早为国内外所熟知，建议把我国西南晚古生代地裂运动称为“峨眉山地裂期”。这样建立“地裂期”的作用，不仅有构造运动和找矿的意义；而且可与我国塔里木盆地华力西期所表现的“盆地中央基底有纬向拉张深断裂带”“盆地内成菱形块断结构”，以及二叠纪有大量玄武岩喷溢活动等形成的地裂运动期对比，在国外还可与西欧奥斯陆裂谷期对比，那里“在赤底世(280～250Ma)发生过玄武岩(B-斯基思玄武岩)喷发活动和张裂作用”，据同位素年龄测定，岩浆活动的年龄大约从290Ma持续到245Ma[16]，代表晚古生代二叠纪地裂期的产物。这样表明“峨眉山地裂期”还具有世界性的地质事件。

(3)西南区华力西期的地裂运动，是在总的地球动力作用下以引张作用为主，同时伴随褶皱作用下完成的，这与板块构造运动所要求的动力平衡是一致的。当华力西期的东吴运动在康滇地轴和南盘江－右江地区引张作用达到高潮时，而在东南缘的灵山－玉林残余海槽则发生褶皱作用。国外总结的裂谷发生的构造环境，也认为“裂谷形成于威尔逊旋回各个阶段，也就是说，板块构造离散运动可与板块构造会聚运动同时并存，如：白垩世时，北大西洋中的落卡尔海槽和拉布拄多海脊围绕格陵兰大陆东西两侧扩张时，但在格陵兰北面的厄尔兹米半岛则发生板块的会聚作用[18]。这样的地壳引张和褶皱同时存在的运动，既不同于米兰诺夫斯基所主张的地壳发展历史所具的引张与褶皱不同时期的交替作用[3]。也不同于施蒂勒全球造山同时性的概念。促使人们对地壳运动的认识进入有张有弛的辩证思维过程。

二、引起我国西南地裂运动原因的探讨及其地质意义

(一)西南地裂运动原因的探讨

对我国西南局部地区的张裂现象，很早就引起了人们的注意，从20世纪30年代起就有许多地质学家认为峨眉山玄武岩为裂隙喷发；华力西期存在湘桂边缘海，发生过微型扩张[4]，华力西期地幔沿康滇地轴发生隆起，形成川滇三叉裂谷系，康定一带为三叉点，西北支为康定－道孚－炉霍中脊，东北支为龙门山深断裂，南北向发育不完全的一支为康滇古裂谷带，滇、黔、桂许多石油地质工作者认为，本区在华力西期有块断运动。这些论述均说明本区局部地区裂谷系存在，但还不足以说明引起裂谷系区域上分布的原因和地史上发展的顺序。若从宏观上来考查，我国西南地区裂谷系是经过峨眉山地裂期形成的。它经历孕育、发生、发展到终结的过程，在平面上互有联系，在纵向上为统一的地幔上隆机制所形成。远溯本区地裂运动，它孕育于黄汲清倡导的兴凯旋回[5]，当“古中国地台”开始解体时，滇东南微大陆从南面与扬子古板块分离，巴塘岛弧区的基础——石鼓片岩体从西南与扬子古板块“康滇地轴”区撕离，若尔盖微板块可能从扬子古板块西北缘龙门山区分离。加里东运动来临，本区地裂运动开始发生，我国东南地区由于古太平洋板块向西北俯冲，形成华夏－武夷－云开岛弧造山区，在弧后形成华力西期的滇、黔、桂、湘弧后拉张的边缘海盆地，北祁连和秦岭海板块的收缩，使扬子古板

块和甘、青、藏洋板块前导边缘发生挤压俯冲，必然导致两个板块后缘拖曳分离，这种前冲后推的动力作用，就会在扬子古板块西南缘及其邻区发生地壳拉张作用的应力场，使滇东南微板块、巴塘岛弧区和若尔盖微板块进一步与扬子古板块分离，这样的构造格局和应力作用性质，就可以解释龙门山区在加里东期只有断块运动而无褶皱运动的问题。这样地壳运动的格局，必然导致地壳深部动力学结构的进一步改变，在康滇陆壳区发生裂谷作用，在华力西早期当裂谷作用仅仅影响陆壳深部时，上侵的玄武岩浆就在重力分异作用下在深鄯固结，从而形成含钛磁铁矿的层状辉长岩杂岩。若断裂作用向上发育到使岩浆能够喷发的高度时，则形成大片高原玄武岩、但不含铁矿[19]。同时使大陆边缘裂谷也发生张裂，沿龙门山深断裂，道孚－康定深断裂和丽江－安顺场深断裂以及哀牢山深断裂延伸近地幔，致使有二叠纪枕状玄武岩出现，迫使若尔盖微板块和巴塘岛弧区进一步分离，这时华力西地裂运动可能发展到了高潮时期。印支期以后地裂运动仍继续发展，但各区颇不平衡，滇、黔、桂、湘边缘海在印支早期继续拉张，印支晚期结束。兰坪－思茅裂陷槽，张裂作用从华力西期由东南红河谷继续向西北发展，直到印支和喜山期才结束。松潘－甘孜边缘海在印支晚期还继续拉张，到晚三叠世早期才完全封闭。我国西南地区地裂运动从孕育、发生、发展到结束的过程，也就是我国南方大陆与东南亚大陆从离散到会聚的过程，它不仅影响我国南方大陆和东南亚大陆地壳的演化，也影响这些地区矿产的分布。

（二）建立中国地裂运动期的设想

造山运动和地裂运动，不论其运动性质和分布规模均可相对应和比拟。可是人们在认识大自然中，由于造山运动形成巍峨雄壮的褶皱山脉显而易见，已为地质工作者所熟知，划分出许多造山期和褶皱幕，而地裂运动在大陆上所形成的古裂谷系在地史上常被填平掩埋，不易被人们所发现和研究，而海洋中所发现的“世界裂谷系”，也仅是近十余年来才为人们所认识和了解，故对地裂运动世代的划分尚在探索中。从板块构造运动的观点上看地裂运动对地壳发展的重要性甚至比造山运动还重要，没有大陆的分离就不可能在大陆边缘形成地槽，没有海底扩张，大陆边缘就不会发生俯冲甚至碰撞变形造成褶皱山系，何况“裂谷形成于威尔逊旋回各个阶段”中。故从某种意义上来说，后者能动，前者被动，后者是前因，前者是结果。简而言之，没有地裂运动也就没有造山运动。因此，若要研究地壳运动史，很有必要与造山运动期和褶皱幕相对应地建立地裂运动期和引张幕。这样才能完整地认识地壳运动发展的历史、性质和阶段。米兰诺夫斯基注意到这一问题，已提出显生宙以来世界裂谷运动期的图表[3] Neumann 和 Ramberg 也提出显生宙以来欧洲大陆裂谷形成时期有四个世代的认识[17]。回顾中国大陆地质研究历史，过去多注意造山期和褶皱幕，而对于地裂运动引起的裂谷构造作用，近几年来才为人们所重视。至于要建立与造山期和褶皱幕相对应的地裂期和引张幕，很少有人涉及。可是丰富多彩的中国大陆和海域地质，不仅有地裂运动存在，而且从震旦纪到第四纪均保存有地裂运动的地质记录。因此，有必要逐步建立我国地质发展的地裂运动期和引张幕，以便寻找与这类构造现象有关的许多内生和外生矿床。本文不揣浅漏，在研究我国西南地裂运动基础上，初步提出我国显生宙以来至少发生过四次大的地裂期(见表 2)。

三、地裂运动对我国西南地区石油等矿产形成的影响

（一）对西南地区油气形成和聚集的作用

(1)滇、黔、桂、湘边缘海中泥盆世到中三叠世生物礁体的形成和油气聚集作用。

本区从中泥盆世到早二叠世边缘海张裂过程中，弥勒－师宗、紫云－罗甸、温浏－富宁三条深断裂的活动，形成北东、北西和向北突出弧形的三条盆地的边界，在三条边缘上，发育着许多继承性的生物堤礁和生物礁，如兴义、册享、南丹等地的礁体(见图 2)。在盆地内沿南盘江－右江深断裂带，在许

表 2

地质时代			地裂运动期	主要分布地区	与矿产关系
代	纪	世			
新生代	第四纪	Q	南海期	南海、汾渭地区	
	第三纪	N			
		E	华北期	中国东部地区	控制华北、江汉等油区
中生代	白垩纪	K_2			
		K_1			
	侏罗纪	J_3			
		J_2			
		J_1			
	三叠纪	T_3	?		
		T_2	峨眉山期	中国西南地区 塔里木盆地	(1)康滇地轴上的铁矿 (2)南盘江生物礁 (3)思茅盆地钾盐矿 (4)川东南气藏
		T_1			
古生代	二叠纪	P_2			
		P_1			
	石炭纪	C_3			
		C_2			
		C_1			
	泥盆纪	D_3			
		D_2			
		D_1			
	志留纪	S_3			
		S_2			
		S_1			
	奥陶纪	O_3			
		O_2			
		O_1			
	寒武纪	ϵ_3			
		ϵ_2			
		ϵ_1	兴凯期	古中国地台解体，昆仑、秦岭、北山、天山等地槽形成。	
新元古代	震旦纪	Z_2			
		Z_1			
元古代					

多断块上形成台丘，在台丘上发育着带状或点状的生物礁体，其中最大的如隆林凸起上形成的继承性礁体(见图 5)，有人比拟这类台丘为“类似当今南海中央盆地中散布着的群岛”上二叠世由于玄武岩沿康滇地轴喷发，盆地西缘抬升较高，北东向的陆块边缘生物堤礁较发育，但总的区域构造控制礁体分布的格局仍未改变。这些资料和认识有力地说明了华力西期地裂运动对礁体形成的控制作用。在所见

的各种礁体中不论是原生孔隙和次生孔隙，均发现有沥青充填，有的规模很大，如广西南丹大厂高峰街泥盆系地层中的沥青脉，长4m、宽3m、高1.5m，并在长30m的矿洞中所见的礁灰岩缝洞全被沥青充填；又如广西河池拉朝的沥青作为煤矿开采已达数万吨。这些说明华力西期地裂运动所构成的沉积环境对上古生界和早中三叠纪油气的生成和聚集起过有利的作用，但可惜的是中三叠统后缺乏区域盖层，除南盘江-右江地区保存稍好外，其他地区多裸露地表，保藏油气不利；兼之印支和燕山期强烈的挤压作用和火成岩的影响，就更增加了本区油气勘探的复杂性。

(2)依据上二叠世在滇，黔、鄂形成堤礁的线索，追踪同类礁体在四川盆地出现的可能性。

前已言及上二叠世玄武岩喷发使康滇地轴隆起形成古岛，在其东南缘弥勒-师宗深断裂带附近形成北东向的陆块边缘生物堤礁，从广南-紫云向东北断续延伸可达贵定、思南，长约700km，礁体内含有大量干沥青。这个含油性的礁相带恰位于由西北的龙潭煤系过渡到吴家坪石灰岩的变化相带土。此成礁相带从黔东北延出省外后，向北延展可与湖北境内的利川、建南一带的生物礁体相对应(见图2)；而建南气田已在长兴组内发现生物礁气藏，有三口工业气井单井产量很高。在七跃山之东的利川市境内，在地面露头上还发现天坝、花椒坪、黄泥塘三个礁体。此含油气有利生物礁带延入四川境内将如何展布？我们也可根据四川盆地内由于康滇地轴的隆起，上二叠系岩性岩相带也发生东西向的同类相变带，即在乐平煤系向吴家坪灰岩相变带上，为寻找上二叠世生物礁体分布有利地区。其大体位置可能在川东的万县至达县一带，再向西经过川北拗陷到川西北的江油地区。这种从地裂运动控制相带分布，从而提出在四川盆地寻找有利礁相带的推论，是否正确？还待实践。

(3)对川东南下二叠系气藏的形成和储集空间的改善作用。川东南下二叠系为四川盆地主要产气层，与其上覆的中三叠系嘉陵江产气层相比，具有以下主要特点。

a. 潜伏构造多。据近几年来地震工作查明，全川发现潜伏构造116个，分布在川东南(包括自贡地区)82个，其中二、三叠系的潜伏构造69个，二、三叠系中二叠系阳新统顶部潜伏构造又占47个，集中分布在川南和自贡地区。故阳新统的潜伏构造数占全盆地的40%，占川东南地区的57%，占侏罗系-上三叠统、中三迭统-二叠系、志留系-震旦系三套构造层中已查明的潜伏构造的三分之一。

(2)阳新统顶部的断层多，断距大。根据川东南58个局部构造地质和地震详查统计结果，发现地面有断层的77条，中三叠系顶面有断层的265条，阳新统顶面有断层的510条，中奥陶统顶面有断层的178条，阳新统顶面断层约占总数的50%，再从187条地震测线通过的213口钻入二叠系的井统计，侏罗系钻遇断点22个，三叠系105个、二叠系148个(其中阳新统100个)，二叠系钻遇断层数也超过50%。另外，根据215条断开二、三叠系的断距统计，由三叠系向二叠系延伸断距增大的约135条，占总数的63%。

(3)气藏分布范围不受局部构造的严格控制。如在纳溪构造北翼近鞍部的纳9井、相国寺构造南端鞍部的相22井和纳溪构造西端的况3井等在构造圈闭范围之外，但均获得高产工业性天然气井。

(4)储层物性很差，但在钻井过程中严重放空并获高产量的气井。阳兴灰岩的钻井取芯，经过成千上万的油层物理性质分析，孔隙度一般小于1%，渗透率小于0.01毫达西；但钻遇的高产气井无阻流量可达数百万立方米，钻井过程中常发生放空井漏形成高产，如川南36口井中有44井次放空(有的放空2次以上)，放空后形成高产气井的有24井次，占总井次的54%；其中有的井放空距离很大，如长8井放空4.88m，塘12井放空4.75m、自2井放空4.45m，这些大放空的井均获得百万级以上的“气老虎”。

对这些特点的认识，过去多从燕山期后构造遭受水平挤压力形成的裂缝性气藏来解释，这虽说明了部分问题，但不足以说明阳新统产层潜伏高点多，断层多断距大和放空严重以及气藏不受局部构造严格控制等地质现象；近年来又注意到阳新统末古岩溶对产层的影响，这虽触及古构造活动的问题，但未从力学性质和构造背景上对上述问题作出全面合理的解释。如前所述，我们认为川东南地区属晚古生代以来“峨眉山地裂期”的影响范围，特别是阳新统末剧烈拉张作用所形成的构造背景，必然对本区二叠系气藏的形成和改善储集条件产生影响。当康滇地轴裂谷区发生二叠纪玄武岩喷发时，本区沿北东向深断裂也有上二叠世玄武岩的喷发或辉绿岩的侵入作用，如龙泉山背斜南端的油 1 井钻遇玄武岩、威远背斜南翼的威 12 井也钻遇玄武岩、华蓥山深断裂带上的李子垭地区地面有延续数十公里的玄武岩，近年来又在川东的梁向 1 井钻遇辉绿岩，在华莹山构造带的北端雷音镐构造上的雷 2 井钻遇玄武岩。这些表明本区当时确实受“峨眉山期地裂运动”的强烈影响。在如此强烈的引张作用力之下，本区陆壳必然还会发生许多张性破裂面构成的正断层和断块，如黔西形成的卡务地堑(见图 4)，或如广西凌云深洞背斜形成许多古裂隙或古岩溶(见图 11)。这些大大小小的张性破裂面，就为古岩溶发育提供了条件。据对川南井下资料的研究，川南阳新统灰岩有 4 层古岩溶带，最浅的一层距顶部 2～21m，最深的一层可达 175m，这些未被充填的古岩溶就为钻井中的放空、井漏产大气的场所，如合江构造上 5 口井中有 4 口井产大气就是位于第一岩溶带上。而这些张性断裂切割的微有起伏并受剥蚀的断块，在燕山期以后的褶皱运动中，有的迁就晚期褶皱而形成今日的含气背斜，而有的仍保持原状而被后期地层覆盖，形成今日众多的含气潜伏构造。具有早期断裂后期改造或加强所形成的气藏就会出现不完全受燕山期局部构造控制和气水分布混乱的气藏特点，如纳溪二叠系气藏。钻井过程中也必然会在阳新统遇见断层多、断距大的特点。若对川东南二叠系气藏构造是先张后压复合作用力形成的认识能够成立，这不仅可从西南地裂运动的性质、范围、影响大小和展布方向，寻找更多的潜伏高点和探索古喀斯特发育对储集层的有利地区，从另一个思路寻找更多的二叠系天然气资源。而且还从实践上支持了板块构造可用于研究油气区的理论问题。

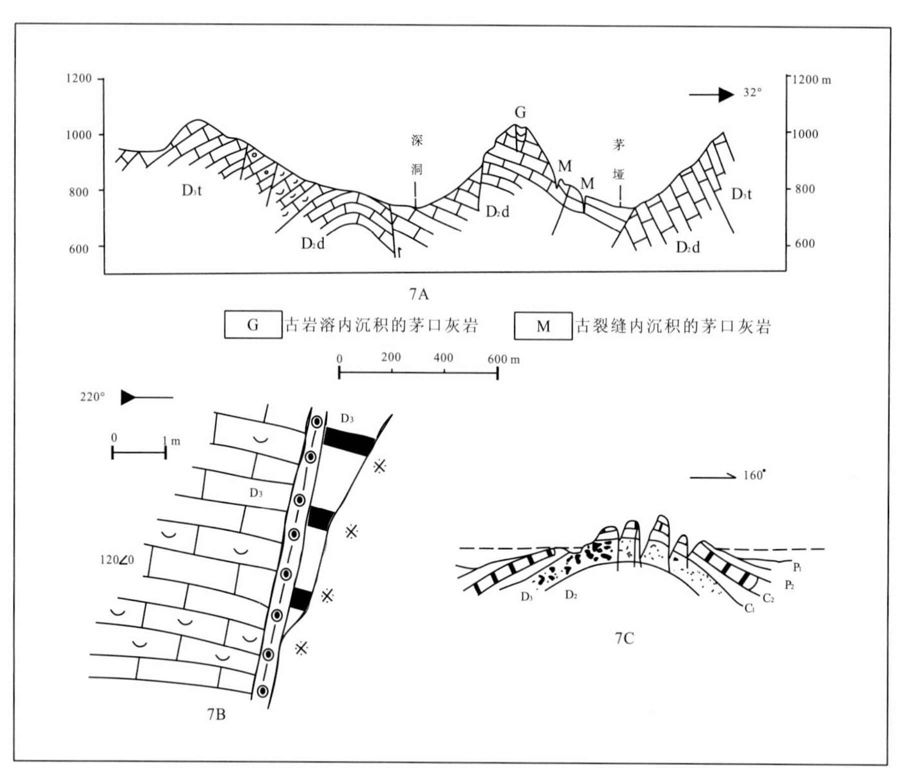

图 11　广西凌云深洞背斜早二叠世沉积灰岩脉及灰岩产状和形成图

7A. 广西凌云县深洞背斜构造横剖面图；7B. 茅口期含鲕的沉积灰岩脉填充于上泥盆统融县右裂隙内；7C. 深洞背斜早二叠世古构造发展示意图

(二)对其他矿产形成的影响

(1)地裂运动在康滇地轴生成的大陆裂谷，为攀枝花式铁矿的形成提供了条件。前已提及华力西早期有层状基性到超基性岩体，沿南北向大陆裂谷向上侵位形成攀枝花式的钒钛磁铁矿，在裂谷带中构造上开启较大的锯齿状地段，则形成矿田或矿区③。显然可认为地裂运动为攀枝花式铁矿形成提供了成矿条件，类似的地质条件还有一些大陆边缘裂谷带，如龙门山、道孚－康定、丽江－安顺场，哀牢山和南盘江等深断裂带，都具有攀枝花式铁矿的成矿条件，特别是对南盘江地区井下玄武岩化学性质的研究，认为更有可能寻找攀枝花式的钒钛磁铁矿，应当引起注意。

(2)兰坪－思茅中新生代裂陷槽对钾盐矿产的形成起了重要作用。思茅盆地内的江城勐野井钾盐矿床是我国西南已查明的重要矿床，“对成盐条件的认识虽很不一致，但对深部卤水补给说”[1]，直接反映了裂陷槽与钾盐矿床的关系，值得注意。含钾盐层的勐野井组的沉积环境为陆相沉积，而其盐类物质又来源于海水，如盐类中所富含重金属元素，这只有深层卤水所具有较高的溶解作用才能形成的。微量元素铷和溴在矿石中含量高，也具深层高氯化钙地层水的特征，而溴的分配系数所构成的原始溶液与海水极为近似。另外从盐系剖面中看，缺乏正常浓缩时的碳酸盐－硫酸盐－氯化物沉积相序，基本缺失碳酸盐相，硫酸盐相也不普遍，这也表明缺硫酸盐深部卤水的补给作用。盐层中富含氯化钙，具有红海类似的成盐条件。其他如江城含盐系中有火山岩夹层，勐野井钾盐层中有火山玻璃屑，盐矿物包体普遍有100℃以上的温度记录，这也可与东非大裂谷中由于深部补给作用，可形成100～130℃的高温小盐湖比拟，表明成盐期有过热卤水或火山气液补给的可能性。这些地质和地球化学特征所需要的成盐构造条件，裂陷槽的构造模式完全可以满足。首先从华力西期以来由于拉张或局部俯冲形成红河、哀牢山、阿墨江、澜沧江等北西向深断裂，在长期地史活动中既可纵向上使深部的热卤水向上运移，也可在横向上使海水沿裂陷槽由东南向西北发展过程中进行补给，正如许效如和吴嘉陵等所论述的，“咸水补给的方向在国内由勐腊－勐野井－磨黑到镇沅由南向北”方向一致。再从思茅盆地西部目前地壳厚度为43km，若减去奥陶纪以来沉积厚度35km，其地幔顶部距沉积盖层底部也不过8km，更易形成深部物质向上补给的条件。因此，兰坪－思茅裂陷槽的形成与发展对滇西钾盐矿床的形成关系密切。对寻找类似的钾盐矿床有参考意义。

后　记

我国西南四省晚古生代以来确实存在一次规模较大的地裂运动，但由于印支以后各期褶皱运动的影响，常掩盖了这次拉张运动的性质，不为人们所注意。本文在综合前人资料的基础上，论证了这个地裂运动的存在、规模、性质和影响以及与矿产的关系，企图引起同行的关注，倡议建立全国地裂运动期和引张幕，丰富对祖国大地构造学的认识，并希望有志于此工作的同志试用所提供的构造格架，继续探索西南地区与地裂运动有关的矿产。但限于作者的时间、水平和研究程度，对许多问题还不十分清楚，如扬子古板块西部大陆边缘裂谷区板块构造的格架问题，引起西南地裂运动的原因问题，西南地裂运动对铅、锌、磷、锰等其他金属矿床的赋存问题，均尚待探讨。

本文在编写过程中得到省地质局、成都地质矿产研究所、四川石油局和滇黔桂石油指挥部许多同志的帮助和支持，完稿后又蒙郭岭智、夏帮栋、高名修、郝子文、夏宗实等同志审稿，提出了许多宝贵意见，文中附图由王礼廉同志抽空清绘，均在此一并致谢！

参考文献

[1]J. H. 伊利斯. 略论地裂运动[J]. 译文见《四川地质科技情报》1980年3期，1974.

[2]高名修. 华北块断构造区的现代引张应力场[J]. 地震地质，1979，1(2)：1-12.

[3]Milanovsky E E. Some problems of rifting development in the earth's history[A]//Tectonics and Geophysics of Continental Rifts[M]. Berlin：Springer Netherlands，1978，385－399.

[4]罗志立. 杨子古板块的形成及对中国南方地壳发展的影响[J]. 地质科学，(2)：127-138.

[5]黄汲清. 中国大地构造及其演化[M]. 北京：科学出版社，1980.

[6]罗志立. 试从扬子准地台的演化论地槽如何向地台转化的问题[J]. 地质论评，1980，26(6)：505-509.
[7]P. H. 斯托弗. 陆漂移中的马来亚和东南亚[R].《马来西亚地质协会会报》1973 年 7 卷，译文见《海洋地质参考资料》1976 年 3 期，1973.
[8]有关东南亚构造发展的缅甸地质发展的初步综合[R].《东南亚地质区域会议汇报》1973 年，译文见《海洋地质参考资料》1976 年第 4 期，1973.
[9]金性春. 漂移的大陆[M]. 上海：上海科学技术出版社，1979.
[10]丁小林. 缅甸－马来亚地槽的早期[R].《东南亚地质区域会议汇报》，译文见《海洋地质参考资料》1976 年第 4 期，1973.
[11]云南地质局钾盐地质科学研究队. 云南思茅地区钾盐地质研究论文集[C]. 内部资料，1980.
[12]四川省地质局综合研究队. 四川省地层总结[A]//第二届全国地层会议论文集[C]，1978.
[13]张之孟，金蒙. 川西南乡城——得荣地区的两种混杂岩及其构造意义[J]. 地质科学，1979，14(3)：205-214.
[14]成都地质矿产研究所. 中国西南地区川、滇、黔三省震旦－白至系[A]//第二届全国地层会议论文集[C]. 1979.
[15]李春昱. 再谈板块构造[J]. 西北地质，1973，(5)：1-36.
[16]Ramberg I B，Spjeldnaes N. The tectonic history of the Oslo region[A]//Tectonics and Geophysics of Continental Rifts[M]. Berlin：Springer Netherlands，1978，167-194.
[17]Neumann E R，Ramberg I B. Paleorifts-concluding remarks[A]//Tectonics and Geophysics of Continental Rifts[M]. Berlin：Springer Netherlands，1978，409-424.
[18]Burke K. Evolution of continental rift systems in the light of plate tectonics[A]//Tectonics and Geophysics of Continental Rifts[M]. Berlin：Springer Netherlands，1978，1－9.
[19]Karamata S. 从板块构造地质学观点看铁矿床的分布[J]. 译文见《地质科技动态》1980 年第 16 期，1976.

[本文原载于《中国地质科学院院报》，1984，(10)：93－100]

Ⅱ-2　略论地裂运动与中国油气分布

罗志立
(成都地质学院)

前　言

地裂运动(taphrogenesis)是1922年德国地质学家Krenkel提出的，其含意是指张力引起裂谷或地堑的形成过程，代表区域性的块断运动。1974年，Ilies把这名词赋予板块构造运动的含意，认为“地裂运动起源于上地慢”“地裂运动与造山运动并列，在同一连续地壳板块中，有似对立统一体的两个方面，互为补偿彼此影响”。这一认识具有深远的地质意义：从地球运动学说把地槽区由于应力聚集挤压而发生的造山运动(orogenesis)和地壳裂谷区由于应力释放拉张发生的地裂运动联系起来了；使人们对地壳运动发展过程的认识进入了有张有弛、有联系有斗争的辩证思维过程。因而它不仅概据了百余年来许多地质学家研究大陆上的东非、莱茵、贝加尔地堑或裂谷等构造的性质和地质作用，而且比当今流行的裂谷系、裂陷槽(aulacogen)和裂谷作用在成因上具有更裹的地质含意。地裂运动形成的裂谷，常为许多内生和外生矿床提供了赋存的条件。因此地裂运动这个地质术语的拟定和选用，不仅具有理论价值，而且有很大的指导地质找矿的实践意义。

Milanovosky认为地台区自元古代以来就存在于类似现代大陆裂谷带的构造，古生代的裂谷自联合古大陆开始就已出现，中新生代更加发育，裂谷在地史发展过程中具有周期性[1]。Schwan把晚侏罗世至晚第三纪在阿尔卑斯造山旋回中的高峰期与海底扩张作用的间断期相对应[2]。这更加发展了地裂运动的认识。20世纪70年代后期由于中国东部中新生代裂谷含油气盆地发现，才对这类盆地的地质成因和经济意义引起普遍重视。1979年，高名修把Taphrogenesis译为地裂运动[3]，并相继发表论文。作者于1981年撰文论述地裂运动对西南晚古生代以来石油等矿产形成的影响[4]，基本阐明了前述地裂运动的重要意义。1983年，马杏垣等把Taphrogenesis译为裂陷作用，这种作用，形成的构造称为伸展构造[5]。这些事实说明中外许多地质工作者对地裂运动非常重视。

在百余年来的石油勘探历史中，人们多注意由于造山运动挤压而形成的背斜含油构造。近二十多年来国外发现许多大油区产生在裂谷盆地中，如北海、西西伯利亚、南大西洋沿岸等油区，人们开始注意地裂运动拉张而产生的块断构造，并陆续发现了许多新领域。从我国大陆上目前已发现的中新生代石油储量和产量上看，地裂运动形成块断含油构造占有百分之九十以上，沿海地区也属这类块断构造类型，今后将会占更重要的位置。纵观我国地壳历史的发展，大陆上的古生代也存在地裂运动。因而从地裂运动研究我国油气的分布具有重要的实践意义。

一、中国地裂运动主要分期和含油性

晚元古代以来全球板块构造的演变，存在着由合到分、由分到合、再由合到分的三次重大演变过程；如Yalentine和Mores认为前寒武纪形成的超级古大陆，在下古生代分裂成三到四个大陆；晚古生代以后又再次分离成现在的五个大陆[6]。在由合到分的过程中，陆陆分裂、洋壳生成，代表一次全球性的地裂运动，在陆壳沿岸保留的裂谷前期的沉积建造和深入大陆内的裂陷槽为我们研究古板块分离的地质依据，如中生代大西洋沿岸裂谷前期的陆缘碎屑建造和深入西非及南美东海岸的许多裂陷槽。在由分到合的过程中，板块俯冲或陆壳碰撞，洋壳消失，在古陆边缘形成褶皱山系，大陆内部发生区域性的地裂运动，产生纵贯古陆的裂谷系，如莱茵地堑系是新生代非洲大陆与欧亚大陆发生碰撞开始发育的，北欧的二叠纪裂谷系(包括奥斯陆裂谷)是非洲与大陆在海西期发生碰撞产生的[7]。

纵观中国古陆演变的历史，情况虽很复杂，但大体上仍与全球构造运动的模式相类似，经历过由合到分，由分到合再由合到分的过程，在这个过程中存在许多区域性或局部性的地裂拉张运动[4]，现仅就与中国油气分布关系密切的三次地裂运动论述于后。

(一)兴凯地裂运动

这一地质名称是从黄汲清先生的“兴凯旋回”引申出来的。他认为中国存在一个统一的“古中国地台”，晚前寒武纪到早寒武世这个地台解体，昆仑、秦岭、北山、天山等地槽逐步形成；同时在我国东北、西南等地发生过褶皱运动，因而命名为“兴凯旋回”[8]。黄汲清先生注意了地壳褶皱的一面，而古中国地台解体，形成许多早古生代地槽，还包含有地壳强烈拉张作用的一面，故“兴凯旋回”应包括挤压和拉张运动的并存，在文中已注意到了这一地质现象。为了尊重前人的发现，这里不另取名称，只强调运动的性质，故称之为兴凯地裂运动(或简称兴凯地裂期)。

由于这次地裂运动发生的时间早，构造遗迹保留不多，兼之研究不够，因而只知其梗概。当古中国地台解体，拉开成为地槽时，在拉开的塔里木、华北和扬子等古板块边缘，古生代早期多为被动大陆边缘，有冒地斜楔状体沉积，如南天山、南祁连、龙门山、大巴山、东秦岭等地，具有良好的成油条件，晚古生代以后由于洋壳的俯冲，多成为向大陆逆掩的山系，推测在向大陆超覆而尚未变质的早古生代，仍有勘探价值。在大陆内部还可形成裂陷槽，也是寻找早古生代的油气构造单元，如在陕甘宁盆地西缘的银川地区，有人认为早古生代北祁连山和秦岭拉开时，保留在阿拉善地块和陕甘宁地块间的一个裂陷槽，目前已发现有生油条件好、厚度大的平凉页岩(中奥陶世)。

(二)峨眉地裂运动

笔者曾详细论述过我国西南地区晚古生代发生过一次强烈的地裂运动[4]。其规模之大，不仅涉及我国西南的川、滇、黔、桂、藏五省区，而且影响塔里木古板块广大地区，其运动形式的复杂多样实属罕见，有以大面积玄武岩喷发为特色的康滇陆内裂谷区，有以弧后拉张为背景的滇、黔、桂、湘弧后盆地，有以大陆边缘拉张分离形成的松潘-甘孜边缘海，有以大陆成纬向拉张和菱形块断破裂为背景的塔里木陆块。这次地裂运动发生于中泥盆世，到早二叠世峨眉山玄武岩喷发达到高潮，因而命名为峨眉地裂运动。

早二叠世末的运动，在中国南方习称东吴运动。作者赞同尹赞勋[9]的意见，认为东吴运动不足以代表我国西南地区晚古生代以来发生的地裂运动。因而本文不用东吴运动这一名称，而以国内外熟知的峨眉山玄武岩喷发代表这次地裂运动高峰期，命名为峨眉山地裂运动(简称峨眉地裂期)。

这次地裂运动发生在晚古生代中国大陆由分到合的过程中。西伯利亚古板块与塔里木和华北古板块碰撞，结束了天山-内蒙-大兴安岭地槽系，华北与扬子古板块碰撞，基本结束了秦、祁、昆地槽系。在总的地球动力学作用下，槽区的挤压，带来了扬子、塔里木等台区的拉张，拉张形成的块断构造格局，就为晚古生代和早中生代形成有利的生油条件，如四川盆地阳新统潜伏高点的形成和天然气储集条件的改善，受峨眉地裂期的影响。滇、黔、桂中泥盆世到中三叠世生物礁体形成和油气的聚集以及多金属矿床的赋存，也受此运动的控制；此外著名的康滇裂谷系对攀枝花铁矿的富集有很大的影响。塔里木盆地晚古生代形成的菱形断陷，为中生代的拗陷沉积和油气的富集提供了重要条件。

（三）华北地裂运动

我国东部（从松辽－渤海－南阳－江汉）的盆地，为中新生代的裂谷系盆地。这类盆地是太平洋板块向中国大陆俯冲，诱发次级地幔上涌形成的弧后拉张盆地。它开始于印支晚期地壳区域上隆和中酸性火山岩喷发，强烈拉张断陷于燕山晚期（K_2-E），收缩终止于喜山期[5]。这次地裂运动在华北表现最为典型和强烈，因而命名为华北地裂运动。

这次地裂运动形成的中国东部陆内裂谷系盆地内的块断构造具有丰富多彩的各种类型圈闭，是世界陆相生油的重要地区。

华北地裂运动还影响我国东南边缘海的形成。郭令智等[10]认为“亚洲大陆东部的大陆边缘确实存在一个统一的包括浙、闽、粤沿海，台湾省和琉球群岛及日本列岛部分地区的海面、印支旋回地槽褶皱带”“在燕山期存在一类似现代南美西海岸安第斯型大陆边缘”，白垩纪至早第三纪由于太平洋板块向亚洲大陆的俯冲，形成了日本海、东海和南海等边缘海，日本、琉球、台湾、菲律宾等岛屿，是由于大陆边缘拉张而分离出去的大陆“碎块”。这一板块运动格局提供了东海和南海大陆架为被动大陆边缘地裂盆地的背景，是寻找断块含油气构造的有利地区。

二、中国地裂盆地的划分及成油条件

（一）地裂盆地的划分

地裂运动的结果，必然导致盆地的形成，高名修等称这类盆地为地裂盆地。它广布于我国大陆及邻近海域，发育于各个地质时期，含有丰富的油气储量，尤以中新生代为最。这类盆地虽同属拉张作用力所形成，但从板块运动学上考虑，具有不同的力学性质背景，可概括为以下三类。

1. 大陆板块分离形成的地裂盆地

它与地幔对流或地幔柱活动有关，主要分布在大陆内部，如东非裂谷系；或分布于被动大陆边缘的弧后裂谷盆地和裂陷槽；前者如大西洋沿岸的裂谷盆地，后者如贝努埃裂陷槽。我国在兴凯地裂期古中国地台解体时，形成的南天山、南祁连山和龙门山等大陆边缘早古生代冒地斜沉积盆地属这种类型，陕甘宁西南缘银川裂陷槽，也属这种类型。

2. 板块聚会形成的地裂盆地

大洋板块向大陆板块俯冲，在大陆板块边缘诱发次级地幔对流圈，形成弧后地裂盆地。这类地裂盆地是在挤压的动力背景下引起弧后地壳拉张形成的地裂盆地，对陆壳拉张程度不同还可以分成两亚类：

（1）弧后拉张破裂仍保持陆壳性质的地裂盆地：如美国西部中新生代盆地——山脉省地裂盆地，我国东部华北地裂早期形成的地裂盆地。

（2）孤后拉张破裂出现洋壳的地裂盆地。如西太平洋在新生代形成的边缘海等地裂盆地，我国东海和南海大陆边缘的地裂盆地。

3. 大陆碰撞形成的地裂盆地

Schwan认为大陆与大陆强烈的碰撞会引起岩石圈的脉动（impulse），脉动所产生的应力，不仅可传递到整个板块，而且可引起深部地幔物质均衡调整，沿陆壳薄弱带拉张形成地裂盆地[2]。如新生代非洲大陆与欧洲大陆碰撞，形成阿尔卑斯褶皱山系的同时，在欧洲大陆上形成莱茵地堑盆地。在晚古生代发生在我国西南地区的峨眉地裂运动，显然是与那时扬子古板块和华北古板块碰撞，秦岭洋壳关闭有关。新生代印度大陆与欧亚大陆碰撞，形成青藏高原的同时，我国中部的鄂尔多斯周围出现了汾渭地堑等一系列裂谷盆地，它们可能也属此类型。

(二)地裂盆地的生油条件

据 Bois 等的统计[11]，全球古生代沉积含有世界石油储量 14%、天然气储量 29%，其中主要集中在晚古生代，而晚古生代的石油从泥盆纪即开始富集。全球中生代沉积保有世界含油储量 54%，天然气储量 44%，其中以白垩纪最为富集。泥盆纪和白垩纪在地史上处于两次海侵高峰期，相应地有比其他地质时代较高的沉积速率($3\times10^6km^3/Ma$ 和 $1.5\times10^6km^3/Ma$)。海侵高峰期是与海底剧烈扩张、地幔物质迅速上涌、洋脊生长加快有关；同时不仅使海水矿物质增加，有利浮游生物的繁殖，还会使海水温度增加，溶于水体内的氧气减少，有利于还原环境的形成。因而在晚古生代围绕欧美克拉通(euramericancraton)在北美的西部和欧洲的东部地区对称性的分布许多油气区[9]。这可能是全球地裂运动提供油气赋存的重要条件。

结合我国的石油地质的具体情况，地裂盆地具有下列有利成油条件：

(1)陆壳拉张形成的地裂盆地一般伴随火山岩的喷发，为水体中微生物繁殖提供了充分的条件。如我国松辽、华北等油区在中新生代一般沿断裂有火山岩喷发或侵入，这对有机物的发育，提供了丰富的养料，故它们成油的原始有机质多为腐泥型或混合型。

(2)有利于油气保存和储集的沉积环境。在地裂盆地中形成的箕状断陷，沉降迅速，周围的块状隆起又具有充分的物源，因而使有机物质得以迅速埋藏、保存，形成良好的生油层；盆地周边可作储集层的高孔隙砂岩，又适时插入形成良好的生储组合。地裂盆地收缩晚期，水体封闭，又常形成良好的膏盐层作盖层。

(3)特有的高地温有利于有机质充分转化。地裂盆地的深部构造常有异常地幔上隆，因而造成地裂盆地的地温梯度偏高，如我国东部盆地的地温梯度高达 32～30℃/km，比国内其他中新生代盆地均高，这对有机质的热演化非常有利。

(4)丰富多彩的圈闭类型，提供了许多勘探新领域。地裂盆地在沉降阶段，常形成同生断层、滚动背斜和岩性圈闭；若块断构造陷落很深，则易形成产量甚高的潜山圈闭，如任丘油田。地裂盆地在回返阶段，受侧向的挤压，又可形成背斜圈闭。

三、地裂运动形成机制的探讨

板块构造运动为认识地裂运动提供了总的地球动力学机制，大陆的地裂盆地又为研究地裂运动提供了丰富的地质和地球物理资料；地裂运动成因机制虽还不十分清楚，但就国内外研究程度，略可见其大体眉目。

(一)地裂盆地的地质和地球物理特征

(1)受正断层控制的块断构造，构造线分布可沿主轴裂谷系成长条形的深拗陷带，如莱茵、贝加尔、郯庐等地裂盆地；也可是无主轴裂谷系，以地垒和地堑形式相间分布，如美国西部盆地——山脉省，北海和华北等地裂盆地。

(2)盆地内的沉积物一般厚度巨大(数千米至万余米)。大陆地裂盆地内的沉积物堆积常有三个发展阶段：如华北地裂盆地，初期为红色磨拉石充填阶段，中期为补偿不足的黑色砂页岩和膏盐沉积阶段，晚期为湖盆萎缩封闭的红色粗碎屑充填阶段。三个阶段在岩性上反映出红－黑－红和粗－细－粗的旋回，代表地裂盆地构造发展动－静－动的三个阶段。

(3)随着地裂盆地的演化，常有从基性到碱性岩浆的活动。碱性岩浆和双模式火山岩类(玄武岩－流纹岩组合)为大陆地裂盆地的特有岩石标志。

(4)在重磁力测量上，一般为负的布格重力异常及负磁异带(如莱茵、贝加尔、美国西部盆地——

山脉省、东非西支)；也可以在负值的背景上出现正的重、磁异常(如红海、亚丁湾等地)。电磁测深上裂谷盆地的地壳内常有一高电导层，其电性、地震波速性质与软流圈相似(如莱茵、贝加尔)。

(5)有较高的地震率和高热流值。

(二)地裂运动的机制

引起上述地质和地球物理特征的原因，板块构造者认为来自于“异常地幔”(或称“裂谷垫”)所引起。据地震测深和重力测量资料表明，异常地幔地震纵波速度为7.3～7.7km/s(正常地幔为8.0～8.1km/s)、高温(约1100℃)、具高导电率及粘滞性等特点，可视为软流圈向上突起部分。由于它以塑性流变为特征发生上隆作用，会迫使冷的脆性地壳上拱、拉张、裂陷发生正断层，继而沿裂谷轴向两侧产生重力滑移，同时深部岩浆也大量喷发，热力散失，加剧了断陷作用。随着地裂盆地的演化，两侧肩部发生了剥蚀作用，盆地内部沉积物充填产生的负载作用，进一步加强了地壳的细颈作用，造成地幔凸面向上和盆地凹面向下的镜像反映，地裂盆地就是这样形成的。因此，地裂盆地无论在地形、构造和地球物理特征方面都有着固定的表现形式，应属一个独立的大地构造单元，过去把它们归属于后造山褶皱带应力松弛的产物，显然是不恰当的。

我国地裂运动在世代演化上，主要有兴凯期、峨眉期和华北期，这与Neuman和Ramberg所总结欧洲大陆内三个重要裂谷时期相对应(晚前寒武纪—里费期、中晚古生代，中、新生代)[12]。Millanoosky总结全球裂谷作用也主要集中在上述三个地裂运动期内[1]。这样看来地裂运动在地史演变中的分期性，似乎具有全球性，特别是晚古生代最为明显。这就为人们提出研究它的全球动力成因机制问题，目前虽然无明确答案，但可以从地球演化过程中，地热体制的变化、地幔对流和板块运动中得到启示。

四、结语

(1)地裂运动存在于大陆和大洋中，贯穿于晚元古代以来的整个地质时期，而又集中在晚元古代、晚古生代、中新生代三个地质时期，与本文提出的兴凯期、峨眉期、华北期相对应。在总的地球动力作用下，它与造山褶皱运动并列而紧密联系。因此研究地裂运动不仅可以丰富和发展地槽学说，而且是研究板内构造的一个重要方面，对寻找许多内生和外生矿床，特别是石油矿产有很大的实际意义。为此我们提出与造山运动相对应的运动时期和适应石油勘探的地质构造术语列于表1，供进一步研究参考。

表1　地质构造术语

<table>
<tr><th>地壳运动</th><th>运动幕</th><th>盆地类型</th><th colspan="2">二级构造</th><th>三级构造</th></tr>
<tr><td>造山运动</td><td>褶皱幕</td><td>挤压盆地</td><td colspan="2">长远构造</td><td>背斜构造</td></tr>
<tr><td rowspan="2">地裂运动</td><td rowspan="2">“引张幕”</td><td rowspan="2">地裂盆地</td><td rowspan="2">块断构造</td><td>断块隆起</td><td>断块凸起</td></tr>
<tr><td>断块坳陷</td><td>断块凹陷</td></tr>
</table>

(2)地裂运动形成的地裂盆地，具有良好的成油条件。我国地裂盆地占有目前已发现石油产量和储量的90%以上，占有已发现的大量天然气资源，今后我国沿海地区新生代和塔里木盆地的中生代油气资源，可能仍应以地裂盆地为主要勘探对象。其他如钾盐，多金属矿床和煤矿，地裂盆地也常提供良好的赋存条件。

(3)从地裂运动的观点，预测我国古生代的油气勘探新领域和新层系。首先应注意“古中国地台”解体形成的冒地斜靠大陆前缘未变质的下古生代地层(如龙门山、大巴山及天山山前地区)和深入大陆的裂陷槽(如银川裂陷槽)。华北晚元古代的燕辽裂陷槽内发现许多原生油气显示，就是值得注意的一个信息。

据 Bois 等综合分析世界油气资源，二叠系天然气储量特别高，居古生代之冠，每百万年可生成约 $400\times10^9km^3$ 天然气，其原因为：①早、中古生代由于埋藏深，从石油热演化形成的天然气[9]，在后期多次地壳运动条件下向上运移而添加到石炭二叠系中去。②早古生代由于后期成岩后生变化孔隙度减小，排挤天然气向晚古生代运移。③晚石炭世后全球性的海退，在二叠－三叠纪形成大量蒸发岩作为盖层。类似的成气条件在四川盆地存在，且有峨眉地裂运动形成的古缝、洞和圈闭，今日已在石炭－二叠系发现大量天然气资源，预计今后还会有重要发现。对我国古生代天然气的勘探工作也应以晚古生代为主要对象。

地裂运动这一新课题的研究，还存在许多问题。如地裂运动的成因机制问题，地裂运动期的划分和“引张幕”的建立问题，地裂盆地的类型和演变问题，寻找古地裂盆地的方法问题，地裂盆地演化细节对成油条件的控制问题等等，均待深入探讨和解决。本文只粗浅地涉及了它的概貌，企图引起同行的关注，错误之处，敬请批评指正。

参考文献

[1]Milanovsky E E. Some ploblem of rifting development in the earth's history[A]//Tectonics and Geophysics of Continent Rifts[M]. Berlin: Springer Netherlands, 1977, 386-399.

[2]Schwan W. Geodynamic peaks in Alpintype orogenies and changes in ocean-floor spreading during Late Jurasic-Late Tertiary time[J]. AAPG Bulletin, 1980, 64(3): 359-373.

[3]高名修. 华北块断构造区的现代引张应力场[J]. 地震地质，1979，1(2)：1-12.

[4]罗志立. 中国西南地区晚古生代地裂运动及对石油等地质矿产形成的影响[J]. 四川地质学报，1981，2(1)：1-22.

[5]马杏垣，刘和甫，王维襄，等. 中国东部中、新生代裂陷作用和伸展构造[J]. 地质学报，1983，57(1)：22-32.

[6]Condie K C. Plate Tecionics and Crustal Evolution[M]. London: Pergamon Press, 1976, 177-179.

[7]Burke K. Evolution of continental rift systems in the light of plate tectonics[A]//Tectonics and Geophysics of Continental Rifts[M]. Berlin: Springer Netherlands, 1978, 1-9.

[8]黄汲清，任纪舜. 中国大地构造及其演化[M]. 北京：科学出版社，1980.

[9]尹赞勋，张守信，谢翠华. 论褶皱幕[M]. 北京：科学出版社，1978.

[10]郭令智，施央申，马瑞士. 西太平洋中、新生代活动大陆边缘和岛弧构造的形成及演化[J]. 地质学报，1983，57(1)：11-21.

[11]Bois C, Bouche P, Pelet R. Global geologic history and distribution of hydrocarbon reserves[J]. AAPG Bulletin, 1982, 66(9): 1248-1270.

[12]Neuman E R. Ramberg I B. Paleorifts-concluting remarks[A]//Tectonics and Geophysics of Continental Rifts[M]. Berlin: Sprirger Netherlands, 1977, 408-424.

[13]罗志立. 试从地裂运动探讨四川盆地天然气勘探的新领域[J]. 成都理工大学学报(自然科学版)，1983，1(2)：1-13.

[14]张恺，罗志立，张清，等. 中国含油气盆地的划分和远景[J]. 石油学报，1980，1(4)：1-18.

[本文原载于 *Geological Magazine*，1990，127(5)：393—405]

Ⅱ-3 The Emei Taphrogenesis of the Upper Yangtze Platform in South China

Luo Zhili Jin Yizhong Zhao Xikui

(Chengdu College of Geology, Chengdu, Sichuan, People's Republic of China)

Abstract: The Yangtze Platform(Yangtze Palaeoplate) drifted into the area of southern China following late Silurian tectonism. In late Palaeozoic to early Mesozoic time the Yangtze Platform was subjected to strong extensional movements in its southeastern region within Yunnan, Guizhou, Guangxi and Hunan province, and along its northwestern margin in the Songpan-Ganzi area. Taphrogenesis(intracontinental extension) began in Devonian times, climaxed with the late Permian eruption of the Emeishan basalts, and ended in mid-Triassic times. Therefore, the senior author(LZL) has named this extension the Emei Taphrogenesis, a phenomenon that was constrained by the neighbouring tectonic units of the Yangtze Platform. The platform has been substantially affected by the early Palaeozoic south China fold zone along its eastern margin, and by the late Palaeozoic opening of the Tethys Ocean on the northwestern margin. This paper delineates the tectonic patterns associated with the Emei Taphrogenesis.

1. Introduction

The Yangtze Platform(named paraplatform by Huang Jiqing *et al.*, 1980) occupies a large part of south China(Fig. 1). This area was dominantly emergent following mid Palaeozoic folding and became a

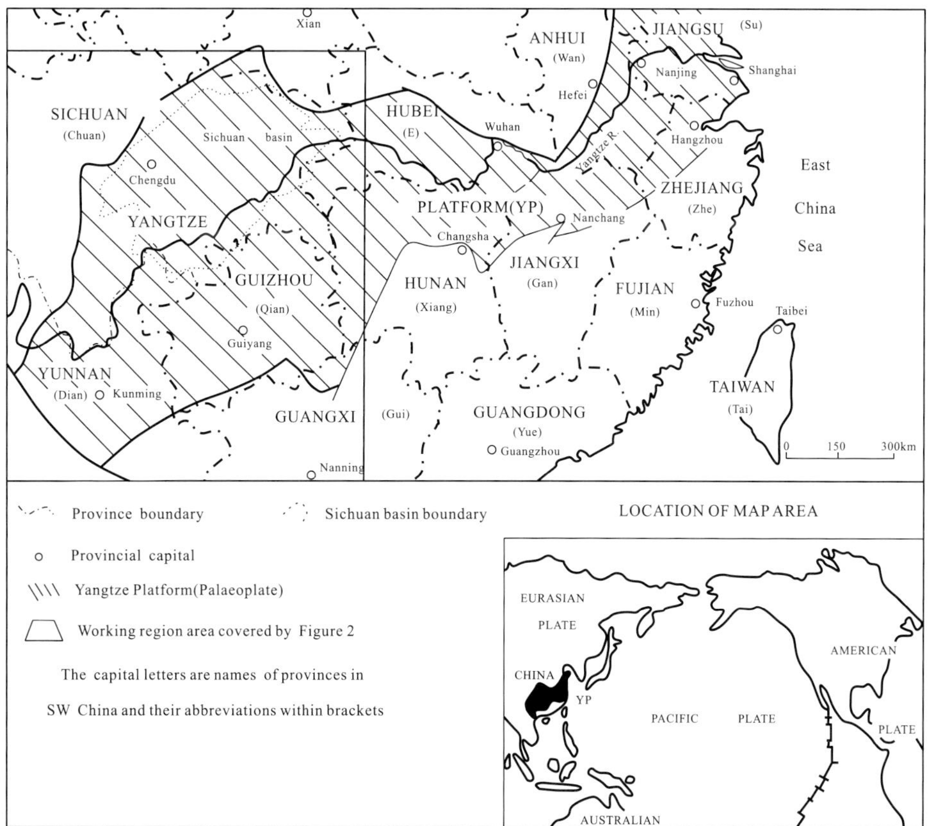

Fig. 1 The location of the Yangtze Platform(Yangtze Palaeoplate)

continental platform over much of which Devonian and Carboniferous sedimentary rocks are absent(the blank area shown in Fig. 4). During late Palaeozoic time, extensional movements occurred in the Songpan-Ganzi area on the northwestern margin of the continent and in the Yunnan, Guizhou, Guangxi, and Hunan provinces on the southeast margin(Fig. 2). The structures produced by these movements, however, have been modified by late compressional folding of the Indo-Sinian, Yanshannian and Himalayan tectonic cycles(Fig. 3), and geologists have previously paid very little attention to the early extension structures. Only in recent years has the significance of the extensional movements been appreciated.

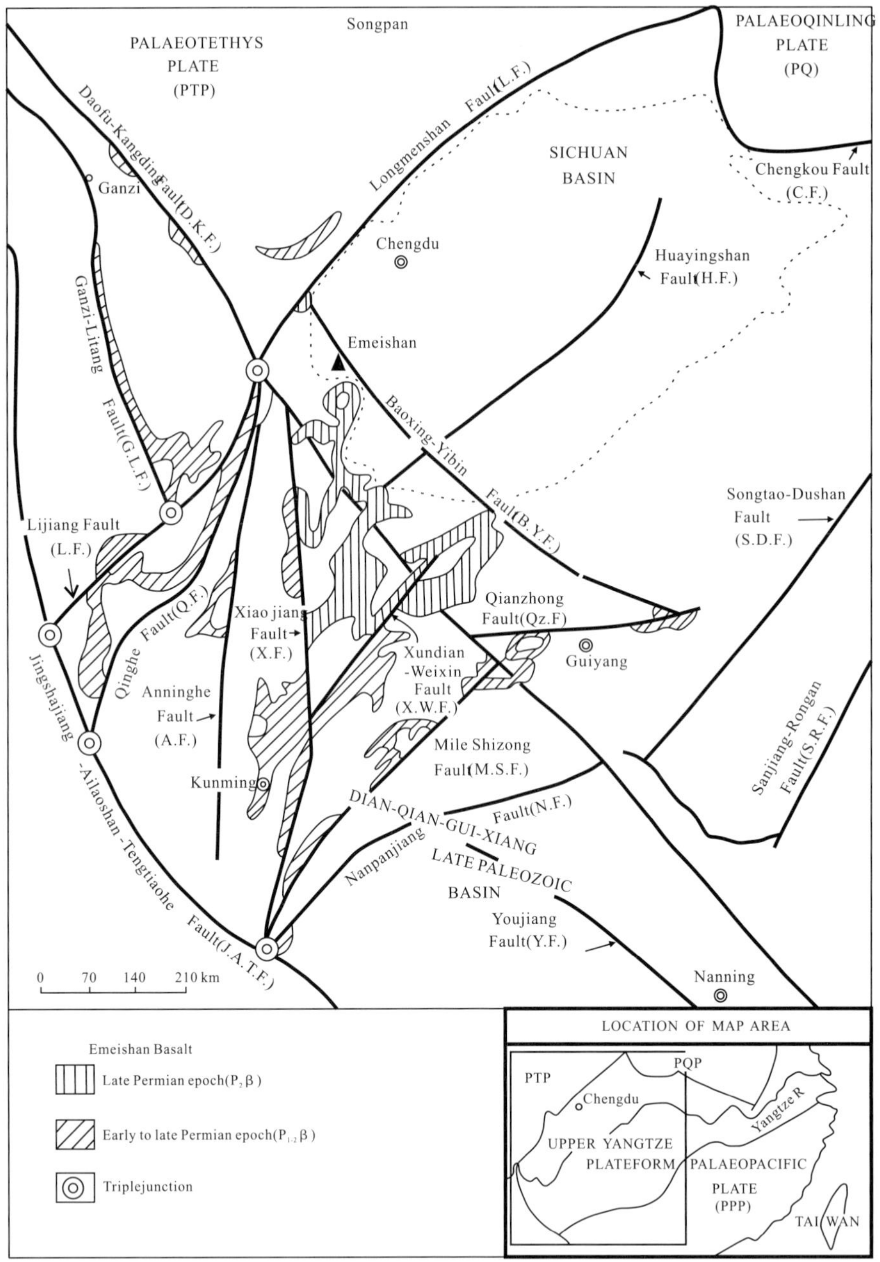

Fig. 2 Tectonic elements of the upper Yangtze Platform

Luo(1981)delineated an intracontinental extension regime, that commenced in the Devonian Period and climaxed with the late Permian Emeishan basaltic eruptions, and named the entire episode the'Emei Taphrogenesis'. It represented a major geological event during the evolution of the Yangtze Platform because of its long time span, regional scale and the important role of deep crustal processes. Luo(1981)also demonstrated that the rifting stage controlled the formation of metallic ore deposits and exogenetic oil and gas deposits. This paper presentsa synthesis of what is presently known about the extensional stages in the evolution of the Yangtze Platform.

2. The inception of the Emei Taphrogenesis

The initial development of the Emei Taphrogenesis was a complicated and varied process. Extension first took place on the southeastern margin of the Yangtze Platform in Devonian times, and resulted in the formation of a basin through Yunnan, Guizhou, Guangxi and Hunan (the Dian-Qian-Gui-Xiang Basin; Fig. 2, 13). Extension also occurred in Devonian times near the northwest margin, forming several microcontinental blocks throughout the Songpan-Ganzi fold area (Fig. 2). During a subsequent early Permian episode of extensional movements, platform blocks and troughs, delineated by belts of contrasting sedimentary facies, formed within the platform. This gave way to intracontinental rifting accompanied by widespread basaltic eruptions. The scope of the extensional regime can be likened to a model of a small oceanic basin-continental rift-platform trough system in which the extension gradually weakened.

2. a Initiation of taphrogenesis on the southeast margin of the Yangtze Platform

The late Palaeozoic Dian-Qian-Gui-Xiang Basin is an extensional fault-controlled basin along the southeastern margin of the Yangtze Platform (Fig. 2, 13). Sedimentary facies contrasts allow the recognition of troughs and blocks active in this basinal area during the middle Devonian to Carboniferous periods. Along the NW-SE trending Yadu-Mashan Fault (Y. M. F., Fig. 4), for example, the differentiation of facies belts is very clear. On the northeast side of this fault facies are all of platform block type, characterized by shallow water carbonate facies, whereas on the southwest side facies are all of platform trough type characterized by deep water fine-grained siliciclastic rocks. During early late Palaeozoic time, the taphrogenesis controlled the structural framework of the continental margin. For example, during the late Devonian to Carboniferous periods, most of the Nanpanjiang area to the south of the Mile-Shizong (M. S. F.) and Yadu-Mashan faults (Fig. 2) developed platform trough siliceous rocks containing few fossils. These deposits surround some isolated blocks of fossiliferous carbonate rocks, protruding in an arcshaped distribution, which are thought to be microcontinental blocks remaining after an intense breakup of the crust.

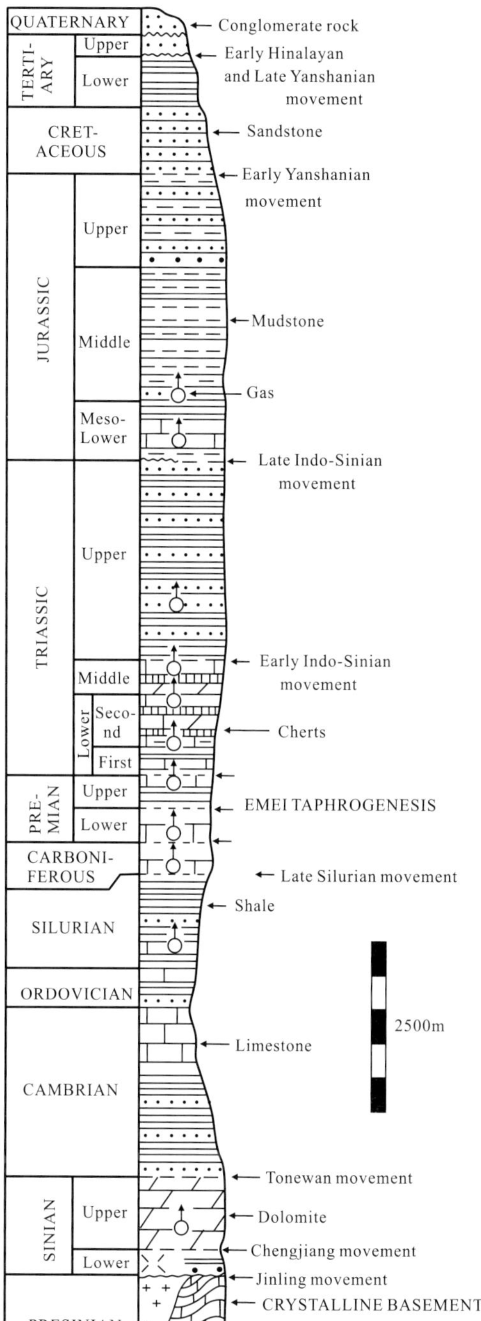

Fig. 3 Stratigraphic column of the upper Yangtze Platform (after Bao *et al.*, 1985)

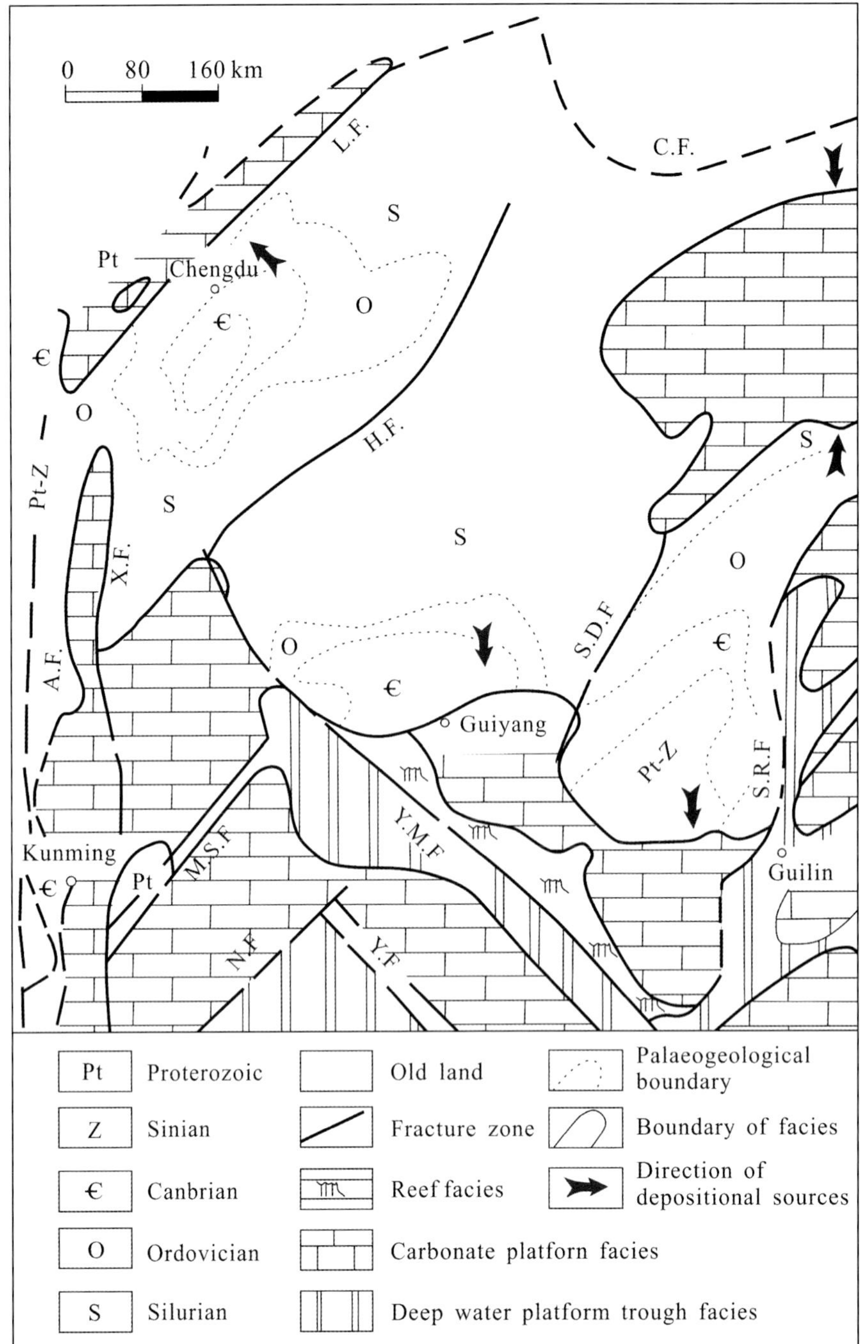

Fig. 4 Map of the tectono-deposits in middle Devonian time on the upper Yangtze Platform(cited from Luo *et al*. 1988)

During late early Permian time, carbonate breccias were extensively developed as a result of synsedimentary tensional faulting. In central Guizhou, the evolution of breccias had three stages: first, a deep water scarp broke down to form carbonate breccias; second, aggradational carbonate sedimentation was extensively developed and covered over the carbonate breccias; last, the carbonate breccias were silicified. This feature can be observed at Ziyun and Nashui(Hou *et al*., 1982)and Zhijin(Fig. 5). By late Permian times, turbidite type sedimentation was dominant and basaltic lavas, erupted along the Nanpanjiang Fault (N. F.), accumulated to over 2000m thickness(Fig. 8). These data support the concept that taphrogenesis came to a climax during the late Permian Emeishan basalt eruptive cycle.

2. b Early Permian taphrogenesis within the Yangtze Platform

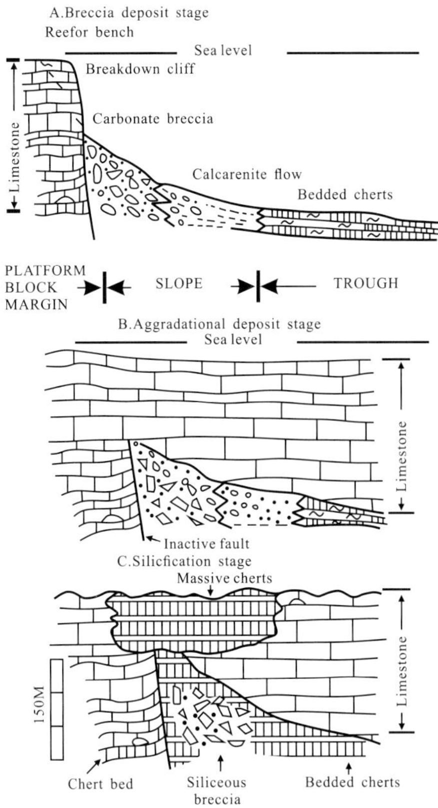

Fig. 5 Depositional model of a Permian deep water scarp in Zhijin, central Guizhou, southwest China

Taphrogenesis was pervasive from the margin to the interior of the Yangtze Platform. Analysis of the early Permian rocks in central Guizhou province has led the delineation of two sedimentary facies belts.

1) *Deep water platform trough facies belt*

Sediments deposited in deep water consist mainly of sequences of thin beds of horizontally laminated siliceous mudstone, rich in manganese and containing an assemblage of radiolaria and ammonites. Chen *et al.* (1984) and Jin (1987) proposed that these manganese-rich siliceous carbonate sediments were formed in a deep restricted oceanic environment having low kinetic energy so that stagnant and reducing conditions prevailed. Our results from Zhijin, cental Guizhou (Table 1) indicate deep water for the siliceous sediments.

2) *Shallow water platform block facies belt*

The shallow water facies comprise mainly light coloured carbonate sediments with rich assemblages of fusulinacea and algae. The sediments have attained great thickness and are separated from the deep water facies by voluminous basalts or siliceous breccias distributed along the trough matgins. The breccias are slope sediments which represent the transition from the deep water facies of the platform through to the shallow water facies of the platform block.

The deep and shallow water facies belts were synchronous and were clearly controlled by block faulting (Fig. 6). Carbonate rocks of the shallow water facies belts developed on productive platform blocks. The bedded siliceous rocks of the deep water facies belts developed in sediment-starved, fault-controlled platform troughs. Syndepositional tensional faults between blocks and troughs provided the necessary conduits and structural conditions for the eruption of synchronous basalt, and triggered slumping and accumulation of the siliceous breccias. The sedimentary and structural model of the 'platform block-slope-platform trough' is presented in the profile of Fig. 6.

Table 1 Contrasting features of deep and shallow water facies in Zhijin, central Guizhou, southwestern China

	Shallow water facies belt (platform blocks)		Deep water facies belt (platform trough)
Lithology	Limestone	Reeflimestone biocalcarenite	Cherts; basaltic agglonerate
Texture	Phanerocrystalline-adiagnostic	Phanerocrystalline	Aphanocrystalline-aphanophyic
Colour	Grey	Greyish white	Dark grey-black ash
Bedding	Medium-thick	Massive	Thin, laminated
Fauna:			

Continued

	Shallow water facies belt(platform blocks)		Deep water facies belt (platform trough)
	Assenblage Fasulinea-Algae-Foraminifera Echinoidea	Hydroid polyp; sponge; coral reef	Radiolaria; bone needle
	Fragmented	Fine	Fine-infinitely small
	Individual form		
	Sorting		
	Roundness		
	Medium	Good	Good
	Medium Good		
Depth/m	10—30　10—30	10—20	50—120
Kinetic energy	Mid　Mid-high	High	Low; stagnant water
Environment	Shallow water well-fed basin		Deep water starved basin

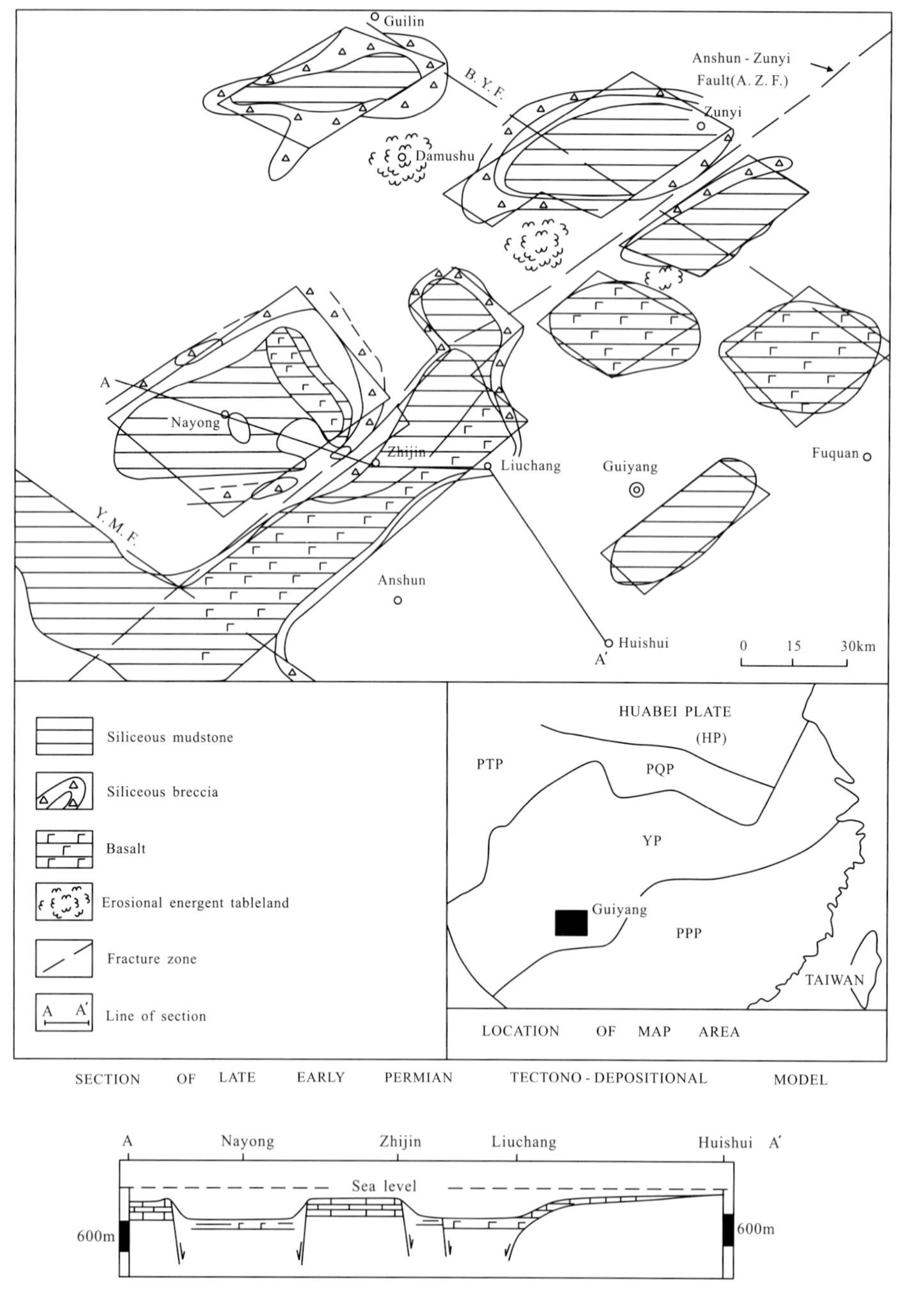

Fig. 6 Distribution and model of early Permian sedimentation in central Guizhou(modified after Liang, 1987)

The facies belts created during the early Permian extension are not only evident on surface exposures, but also reflect the deep structural elements of the Sichuan Basin. Deep well no. 1 in the Shuikouchangstructure(SD No. 1, Fig. 7) was drilled into dark coloured siliceous carbonate rocks containing sponge spicules, sediments representative of the platform trough facies. However, deep well no. 2 in the Guangan structure(GD No. 2, Fig. 7), 80km southwest of deep well no. 1 and drilled into rocks of the same age, encountered a change to shallow water beach facies. Fractures and cavities are well developed in these carbonate rocks and midway testing of the well produced gas. Obviously the facies change was controlled by taphrogenesis in the deep part of the Sichuan Basin(Fig. 7).

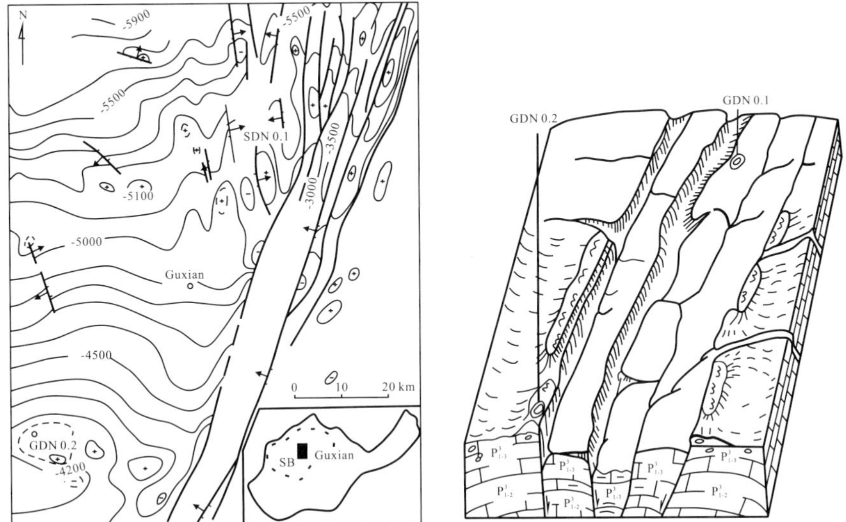

Fig. 7 Illustration of the Emei Taphrogenesis in central Sichuan(cited from Luo *et al*. 1988)
left: contour map of the upper surface of the Lower Permian deposits;
right: cross-section of the hypothetical model

2. c Late Permian taphrogenesis on the southwest margin of the Yangtze Platform

When taphrogenesis reached a climax in late Permian time, continental rifting, along with voluminous basalt eruptions, occurred over a large region along the western margin of the Yangtze Platform. The wellknown Emeishan basalts are widely distributed over four provinces(Sichuan, Yunnan, Guizhou, Guangxi), covering a rhombic area of more than 300000km^2. The distribution of the Emeishan basalts is clearly governed by faults, Several accumulation centres, over 2000m in thickness, were formed at the intersections of two groups of faults at Yanyuan, Miyi, Zhaojue, Jianshui and other areas(Fig. 8).

1) *Timing of Emeishan basalt eruption*

Based on the relations between the upper and lower units of the Emeishanbasalts and fossils recorded in intercalated sediments, the eruption of basalts commenced during the late stage of early

Permian time. Eruptive activity reached a climax in the early Wujiaping stage, and continued into the middle Wujiaping stage of late Permian time in some areas. The eruptions can be roughly grouped into three major types(Fig. 9):

(1) Early Permian basalts($P_1\beta$). These basalts are distributed on both the east and west sides of the Yangtze Platform. On the east side they appear sporadically along the E-W trending Qianzhong Fault (Qz. F.) in central Guizhou Province, but on the west side they form a belt along the NW-SE trending Ganzi-Litang Fault(G. L. F.). The basalts in central Guizhou Province were erupted into the platform trough at the end of early Permian time(Fig. 9).

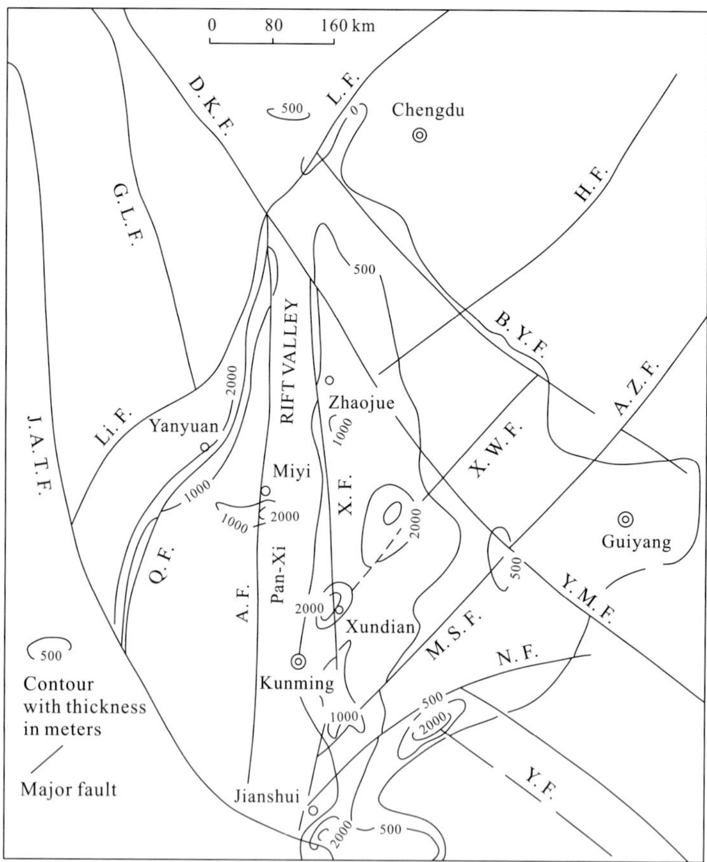

Fig. 8 Isopach map of the Emeishan basalts(modified after Liu *et al.*, 1982). Major faults named in Fig. 2

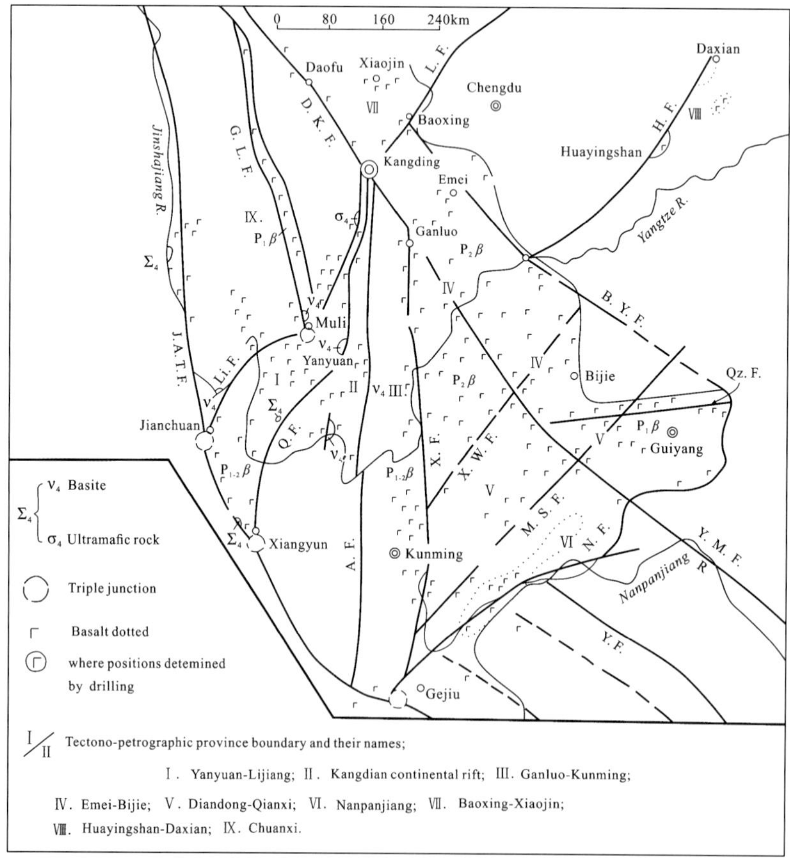

Fig. 9 Tectono-petrographic provinces of the Emeishan basalts, southwest China

(2) Early to late Permian basalts($P_{1-2}\beta$). These basalts are widely distributed over the southwest margin of the Yangtze Platform. Large volumes of continental flood basalts were erupted along major faults during the climactic period of Emei Taphrogenesis. Depressed areas were the first to be filled with lavas and formed centres for very thick accumulations.

(3) Late Permian basalts($P_2\beta$). These basalts are dispersed in the interior of the Yangtze Platform to the east of the Xiaojiang Fault(X. F.) and north of the Xundian-Weixin(X. W. F.) and Qianzhong (Qz. F.) faults. The region includes southwest Sichuan (where Emeishan is located), north Yunnan and west Guizhou. Sporadic outcrops of basalts can be observed from Huayingshan to Daxian, where Emeishan basalt has been revealed by drilling, but these units are thin and comprise few cycles.

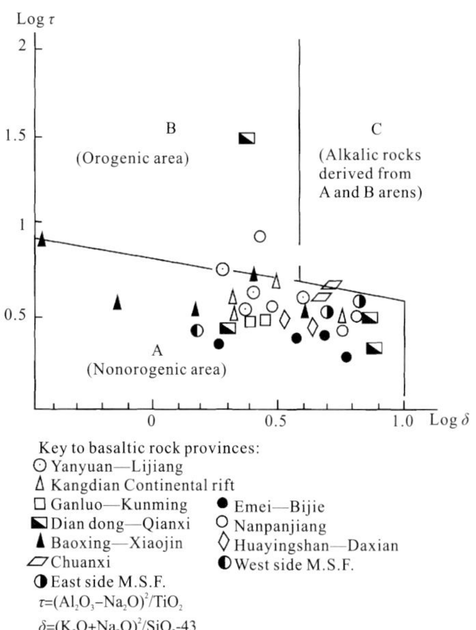

Fig. 10 Rittman-Gotini plot of Emeishan basalt analyses (from Rittman, 1973)

Generally, the episodes of basalt eruption were early in the southwest and developed late in the northwest. The intensity of basalt eruptions also ranged from strong in the southwest to weak in the northeast. These features are consistent with the model that the Emei Taphrogenesis began with extension along the southwest margin of the Yangtze Platform, then became more developed towards the interior of the Yangtze Platform to the northeast.

2) *Geochemistry of the Emeishan basalts*

Geochemical analyses of 247 basalt samples are presented graphically (Fig. 10, 11) according to the methods of Miyashiro(1974) and Rittmann(1973). Determination of the lithological association and petrological series of the basalts enabled the structural environment of the eruptions to be determined. Fresh rocks have been analysed as far as possible, but the Emeishan basalts are commonly altered to various degrees. According to Wang *et al*. (1987) the proportion of altered minerals is normally not over 5%, but a rare sample could be up to 30% altered. They determined average contentsover several samples, so that they could eliminate the partial errors of major elements of altered basalts and draw correct conclusions. Thus, we divide the basalts into nine different tectono-petrographic provinces (Ⅰ-Ⅸ, Fig. 9).

Yanyuan-Lijiang (Ⅰ) and Nanpanjiang (Ⅵ) basaltic rock provinces are situated on the west and southeast margins, respectively, of the Yangtze Platform. The Emeishan basalts in these areas represent eruptions in back-arc extensional basins. They are characterized by high contents of magnesium oxide (MgO, generally 5%, with some samples up to 17.5%), low potash($K<1\%$), moderate contents of titanium dioxide($TiO_2 = 2\%\sim3\%$), and low ratios of ferrous oxide(total iron as FeO) to magnesium oxide ($\langle FeO\rangle/MgO\approx0.73\sim3.30$; $\langle FeO\rangle = FeO + 0.8998\times Fe_2O_3$). In the discriminant projection of Miyashiro(1974) the eruptive series fell into the range of oceanic tholeiite (OTH) or island-arc tholeiite (ITH, Fig. 11). In the log τ (Gotiniindex as an axis of ordinate) and log δ (Rittman combined parameter as an axis of abscissa) graphic projections of Rittman(1973), the series also fell directly into or near area B(Fig. 10).

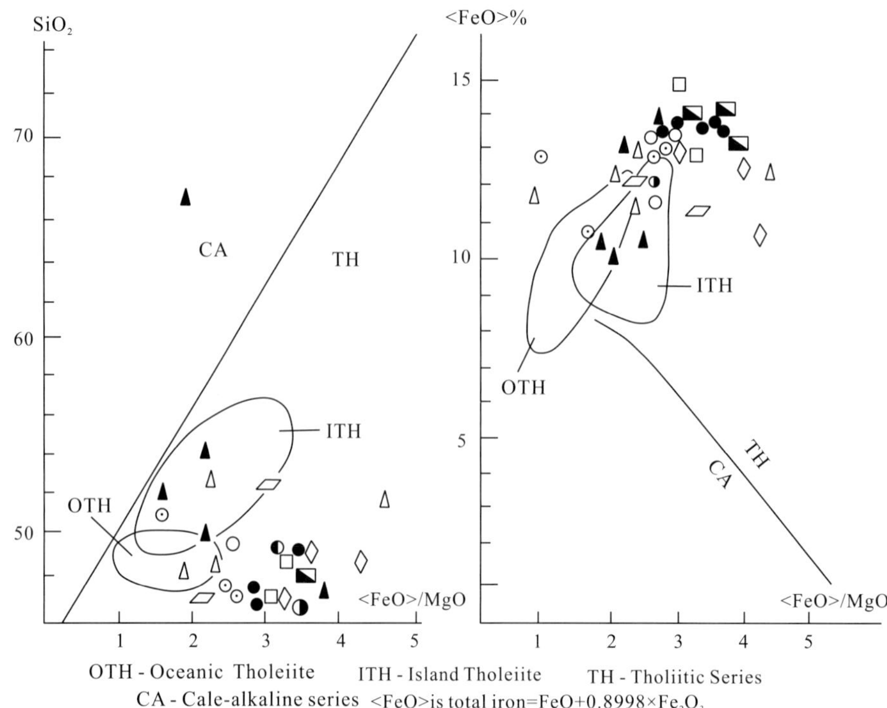

Fig. 11 Variation diagram of basalts(from Miyashiro, 1974). Key to basaltic sample numbers as in Fig. 10

Permianvalance in the Kangdian(Ⅱ), Ganluo-Kunming(Ⅲ) and Diandong-Qianxi(Ⅴ) areas all have low MgO(2.7%~6.5%), high TiO_2 (>2.13%~3.5%), somewhat high alkali values(3.45%~5.2%) and relatively high<FeO>/MgO ratios(2%~4%). The discriminant projection places both regions in stable area A(Fig. 10), the eruptive environment of continental margin rifting. Moreover, the Kangdian (Pan-Xi) Rift Zone, along the Anninghe and Xiaojiang faults, has been proved to be a continental rift with basalt eruptions and bimodal volcanism(Shen and Liu, 1984).

The Emei-Bijie rock area(Ⅳ) is characterized by alkaline continental flood basalts that are weakly saturated to unsaturated in silica(SiO_2). These rocks have low contents of MgO(<5%), high TiO_2 (>3.6%), high alkaline values(>3.73%) and high ratios of <FeO>/MgO(>2%). Graphic and discriminant projections place the compositions into area A(Fig. 10), representing an environment of intracontinental fissure-type eruptions.

The Baoxing-Xiaojin(Ⅶ) and Chuanxi(Ⅸ) rock areas are situated on the part of the Yangtze Platform. Basaltic eruptions commenced as sea-floor basalt flows characterized by the development of pillow structures. The geochemistry is typically that of oceanic tholeiite(OTH) and the discriminant projection places these rocks in area B(Fig. 10). Their eruptive environment was liely to have comprised aseries of small extension oceanic basins which were developed during the opening of the Palaeotethys Ocean adjacent to the western margin of the Yangtze Platform.

Basalts in the Huayingshan-Daxian rock area(Ⅷ) have few surface outcrops, but have been encountered numerous times in drilling operations. They are roughly distributed along the Huayingshan Fault (H. F.). Resembling the rocks from area Ⅳ, the basalt flows of area Ⅷ belong to the realm of intracontinental fissure-type eruptions.

In summary, the eruption of basalts is clearly related to taphrogenesis. Variations in intensity and mode of eruption, reflected in different structural settings, allowed the production of basalts having variable characteristics(Fig. 9). The various eruptive regions were in a unified stress field, where mantle uprise at the peak of heat-induced expansion resulted in an extensional movement of the overlying crust. The highest part of the mantle uprisewas approximately in the Kangdian section area(areas Ⅱ and Ⅲ). Numerous basalt eruptions occurred along N-S trending basement faults and formed several accumulation centres. Rock areas Ⅳ and Ⅷ, situated inside the Yangtze Platform and on the east side of the mantle uprise, were mainly controlled by two groups of NE-SW and NW-SE trending subordinate faults. Rock areas Ⅰ, Ⅵ, Ⅶ and Ⅸ, on the margin of the Yangtze Platform, were influenced by the opening of the Palaeotethys Ocean to the west of the Yangtze Platform and by the subduction of the Palaeopacific Plate(PPP)from the east. Therefore, the extension movement was not only intense, but also developed early along with the onset of oceanic or island-arc tholeiite basalt eruptions having pillow stuctures. Permian basalt eruptions commenced along the margin of the Yangtze Platform(areas I and Ⅵ)followed by later eruptions occurring in the interior(areas Ⅳ and Ⅷ)with decreasing intensity.

3. The formation and evolution of the Emei Taphrogenesis

The formation and evolution of the Emei Taphrogenesis were mainly controlled by the differences in the internal conditions of the Yangtze Platform and the structural influence of the adjoining oceanic plates.

3. a The internal conditions of the western part of the Yangtze Platform

After the Jinning-Chengjiang movements(about 800Ma), the Kangdian-Chuanzhong-Exi and Jiangnan island arcs(Kangdian PU, Jiangnan PU, Fig. 12)were created on the Yangtze Platform and subsequently formed a rigid basement composed of granite and metamorphic rocks. The Sichuan-Hubei-Guizhou basin sediments(Banxi Croup)formed relatively less rigid basement situated between the two arcs(Luo, 1980). Other internal conditions which prevailed were the rim faults around the Yangtze Platform, the N-S trending faults in the Kangdian area and the NE-SW trending faults such as the Huayingshan Fault(Fig. 2, 12). These internal features provided the setting for the intense vertical movements in early Palaeozoic time and formed the structural precedents to late Palaeozoic taphrogenesis(Fig. 13).

3. b Deformation of the south China geosyncline and its influence on the Yangtze Platform

According to Guo *et al.* (1980), the south China geosyncline(about 405～800 Ma)evolved into the Wuyi-Yunkai early Palaeozoic folded arc system(Fig. 13). The subsequent transfer of compressional stress from the southeast to the northwest part of the Yangtze Platform not only created the early Palaeozoic structural patterns of NE-SW trending intense upwarps and downwarps(Fig. 12), but also formed a state of stress accumulation related to subduction. During late Palaeozoec time, the weakening of subduction led to renewed stress release. This release provided the necessary conditions for the Emei Taphrogenesis as the Dian-Qian-Gui-Xiang basin first opened on the northwest side of the Wuyi-Yunkai island arc.

In early Devonian time there was a marine transgression from the southeast towards the northwest and, as the extensional movement intensified from middle Devonian to Carboniferous time, the deep water trough facies gradually formed. The overall structural pattern became partitioned into numerous belts and blocks. By the early Permian period, the taphrogenesis had spread to the interior of the Yangtze Platform and the sedimentary facies belt of 'platform block-platform trough' was deposited in central Guizhou and on the west side of the Huayingshan Fault in the Sichuan basin. The south China geosynclinal folding thus influenced the development of the Emei Taphrogenesis in its early stages and affected the later change to lower intensity extension in the interior of the Yangtze Platform.

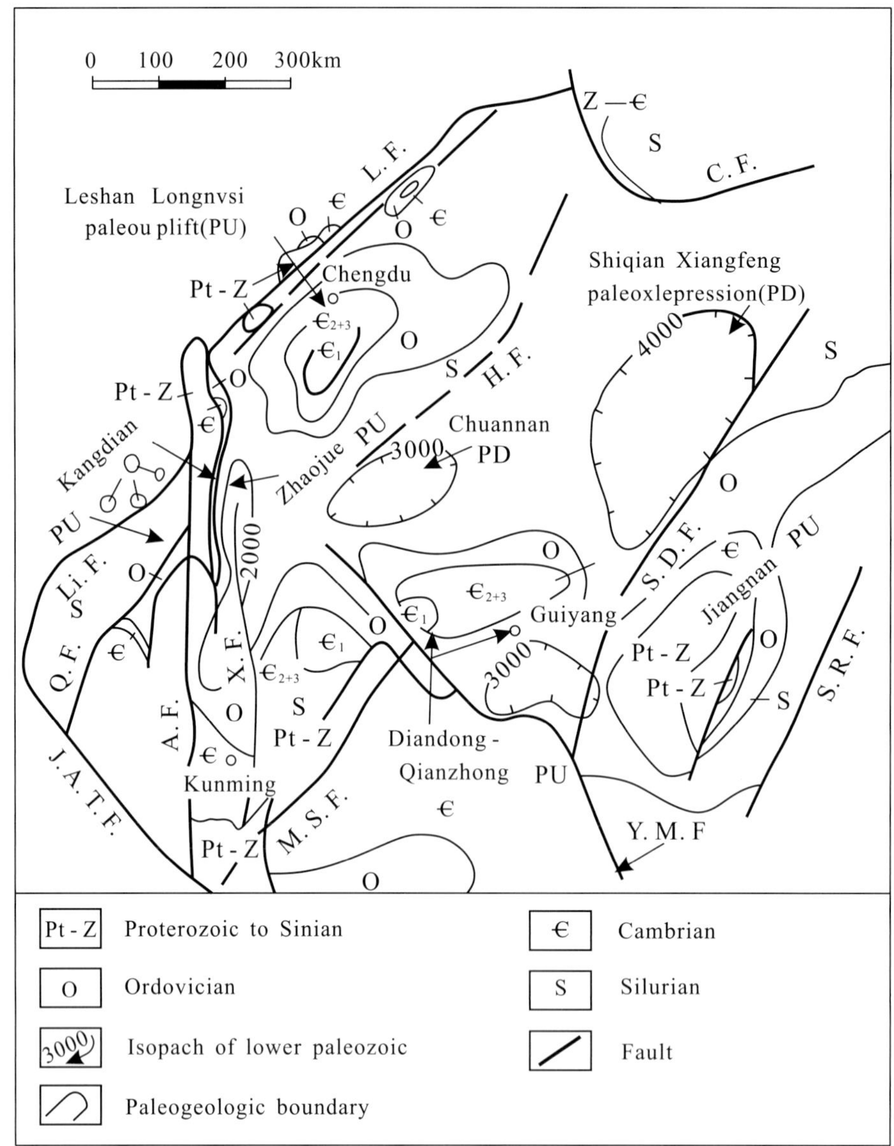

Fig. 12 Palaeogeological map of the pre-Devonian deposits on the upper Yangtze Platform.

3. c The opening of the Palaeotethys ocean on the western margin of the Yangtze Platform

According to Chen(1985), the Jiayuqiaoian schists of Mt Taniantaweng in east Tibet were consolidated during early Carboniferous folding. This suggests that the Gondwana palaeocontinent was once joined to the Cathaysia palaeocontinent, a consideration that is consistent with palaeomagnetic restoration of Pangaea B by Morel and Irving(1981). In Permian(of earlier) time, the united palaeocontinent broke along the Longmucuo-Shuangjiang tectonic line(suture) and subsequently separated. This breakup initiated the developmental stage of the Palaeotethys ocean(Huang *et al*. 1984).

With the formation of the Palaeotethys Ocean a series of small oceanic basins appeared in western Sichuan and eastern Tibet(Fig. 13). These basins, listed in order from north to south, include: Animaqing suture; Daofu-Kangding miniature spreading ridge; Ganzi-Litang subduction; Ailaoshan-Tengtiaohe subduction; Longmucuo-Yushu-Shuangjiang suture.

Between each of these basins are microcontinental blocks which drifted away from the Yangtze Palaeoplate. These blocks, also listed from north to south, are:

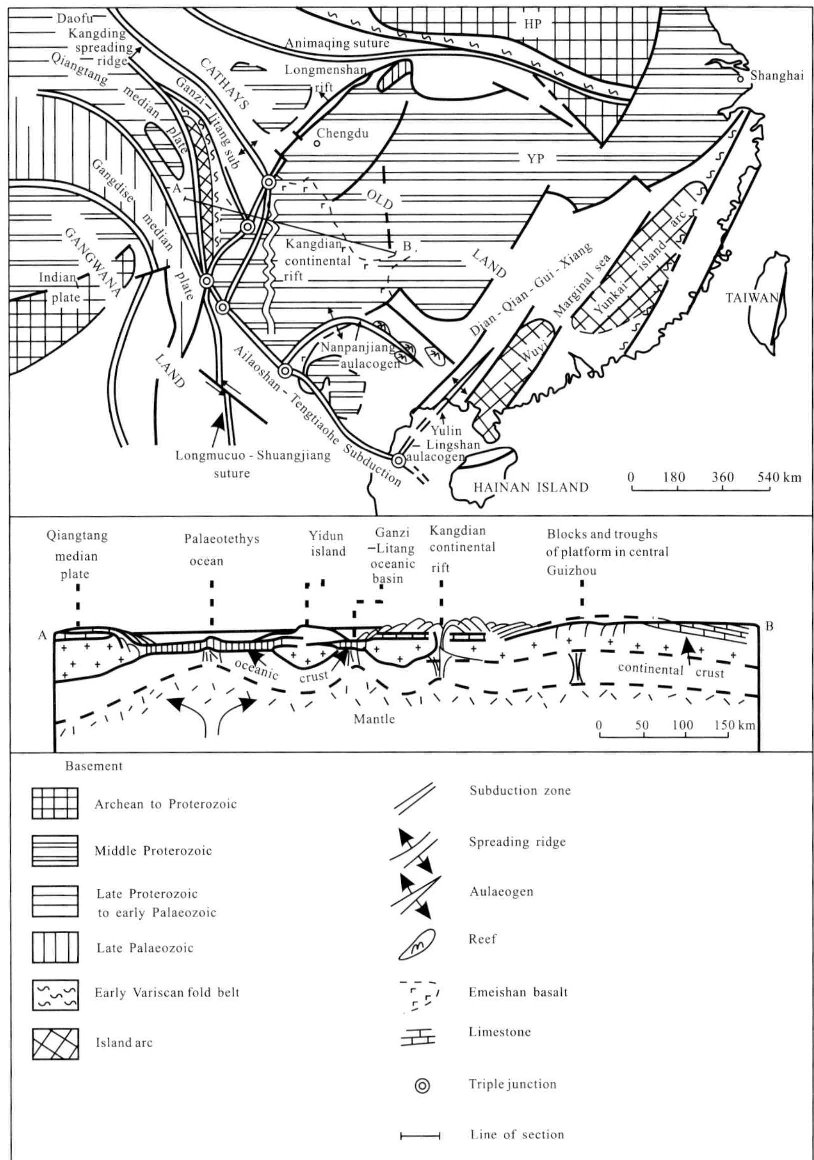

Fig. 13 Structural features of the Emei Taphrogenesis of southwest China

(a) Ruoergai microcontinental block with Lower Permian sediments of the Yangtze type of Lower Palaeozoic rocks;

(b) the island-arc microcontinental block to the east of the Jinshajiang bank, and the Daocheng-Mulimicrocontinental block (Sinian and Permian systems of the Yangtze type);

(c) southeast Yunnan microcontinental block.

On the margin of the Yangtze Platform, the influence of the opening of the Palaeotethys Ocean is seen in the development of the Yidun island arc and the Yanyuan-Lijiang backarc extensional basin, the Kangdian continental rift with associated large-scale eruptions of Emeishan basalts, and the sedimentary facies belts of the platform trough in central Guizhou and the Huayingshan region in central Sichuan (Fig. 13). That the taphrogenesis of the Yangtze Platform is clearly related to the opening of the Palaeotethys Ocean is also supported by the following evidence:

(a) The extensional features are synchronous (Fig. 14). The opening of Palaeotethys and the subsequent formation of oceanic crust, as represented by facies changes, occurred in the late Palaeozoic era simultaneously with the Emei Taphrogenesis. The events can be bracketed between Devonian and mid Triassic time(Fig. 14).

(b)The structures make up a series of triple junctions along the southwest margin of the Yangtze Platform. From north to south the following triple junctions are observed, as shown in Fig. 9 and Fig. 13:

Kangding triple junction, comprising the Longmenshan deep fault, the Daofu-Kangding spreading ridge and the Pan-Xi Rift Valley;

Muli triple junction, comprising the Ganzi-Litang suture and Lijiang-Anshunchang deep faults;

Jianchuan triple junction, comprising the Jinshajiang suture, the Ailaoshan suture, and the Lijiang-Anshunchang deep fault;

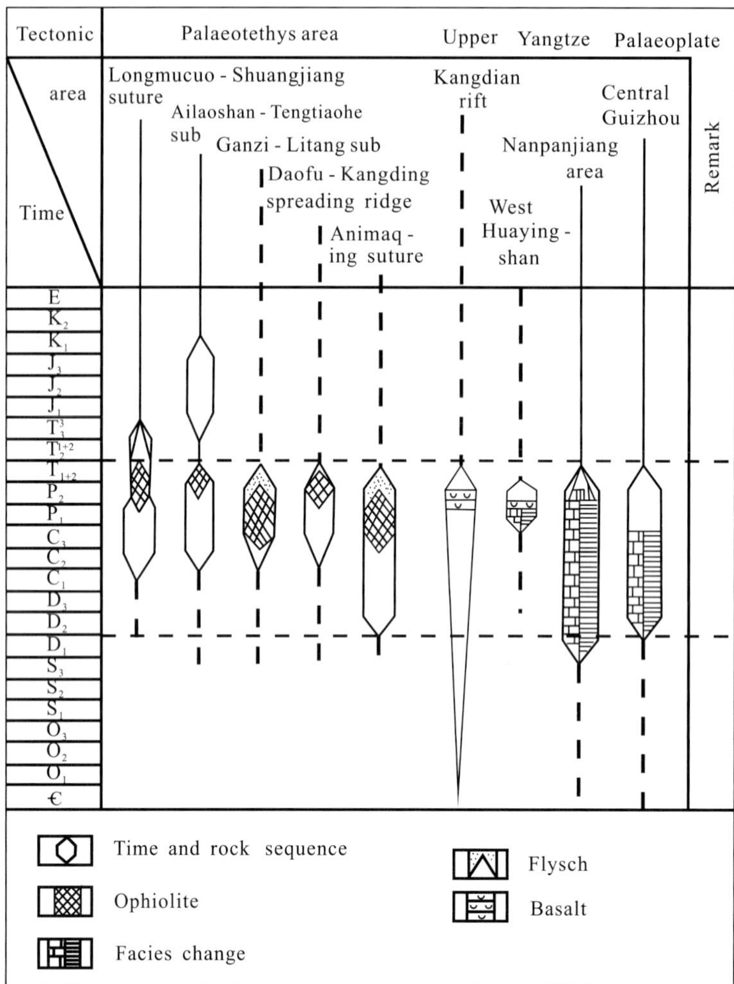

Fig. 14 Taphrogenic evolution of the Palaeotethys region and the upper Yangtze Platform

Xiangyun triple junction, comprising the Ailaoshan-Tengtiaohe subduction and the Qinghe-Chenghai fault;

Gejiu triple junction, comprising the Ailaoshan-Tengtiaohe subduction, and the Nanpanjiang Aulacogen.

The development of the structural pattern is similar to the Viking, Central and Oslo grabens formed in the North Sea area of northwest Europe when the ancient Atlantic Ocean opened during the late Variscan orogeny(Fig. 15).

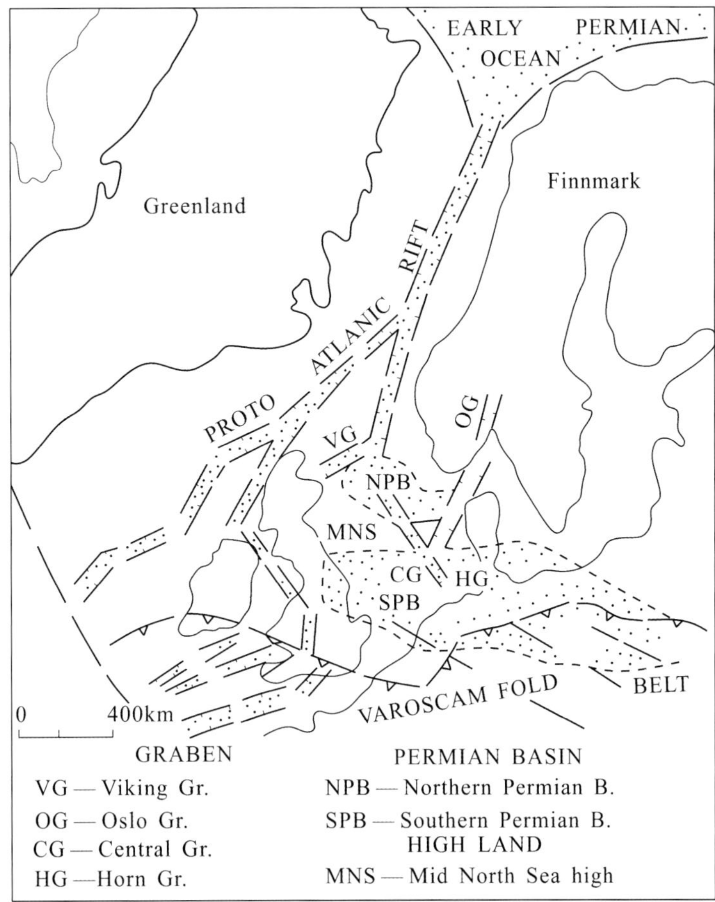

Fig. 15 Late Variscan fault patterns of northwest Europe(from Glennie, 1984)

4. Conclusions

The Emei Taphrogenesis was an important geological event in the development of the Yangtze Platform during the late Palaeozoic Era. The occurrence and evolution of the Emei Taphrogenesis was influenced by the south China geosynclinal fold belt in the early part of the late Palaeozoic Era, but was strongly affected by the opening of the Palaeotethys Ocean in latest Palaeozoic time.

Acknowledgements. We thank Southwest Petroleum Bureau, Sichuan Petroleum Bureau, Southwest Petroleum College, Sichuan and Guizhou Bureau of Geology and Mineral Resources, for providing us with much geological, borehole and seismological data. We thank the Central Experiment of Petroleum Geology, and the Central Experiment of Chengdu College of Geology for analysis of samples. We also thank W. B. Harland for his help.

References

Bao Z, Yang X J, Li D X. 1985. Regional structure features and structural mode of Sichuan basin[C]. Scientific Conference Thesis of Sino-American Petroleum Sedimentary Basins, 7-8. (in Chinese)

Chen B W. 1985. Tectonic outline and evolution of Hengduan Mountains region[C]. In A Cotlection of Geological Academic Papers for International Exchange, the 27th International Plenary Session of Geology, 35-146. (in Chinese)

Chen W Y, Wang L T, Ye N Z, et al. 1984. The characteristics of lithofacies and palaeogeography of Guizhou in early Permian[J]. Guizhou Geology, (1):9-64. (in Chinese)

Glennie K W. 1984. Introduction to the Petroleum Geology of the North Sea[M]. Blackwell Scientific Publications, 17-59.

Guo L Z, Shi Y S, Ma R S. 1980. The geotectonic framework of southern China and evolution of the Earth's crust[J]. Scientific Papers on Geology for International Exchange, 109-116. (in Chinese)

Hou F H, Hong Q Y, Feng S X. 1982. Deep water breccia in Permian and Triassic period in Nanpanjiang area[J]. Journal of Southwest Petroleum College,(3):1-17. (in Chinese)

Huang J Q, Chen G M, Chen B W. 1984. Preliminary analysis of the Tethys-Himalayan tectonic domain[J]. Acta Geologica Sinica, 58: 1-17. (in Chinese)

Huang J Q, Ren J S, Jiang C F, Zhang Z K, et al. 1980. The geotectonic evolution of China[J]. Beijing:Science Press. (in Chinese)

Jin R G. 1987. Sedimentary environment and model of latest Permian in northern Longmenshan, Sichuan[J]. Acta Sedimentologica Sinica, 5: 78-87. (in Chinese)

Liang E Y. 1987. Donwn movement nature and its relationship with oil and gas in upper Yangtze region[J]. Oil&Gas Geology of Marine Deposit Region, 1:1-9. (in Chinese)

Liu B G, Huang K N, Shao H H. 1982. Permian Emeishan basalt in southwestern China and its implication to the rifting[J]. Institute of Geology, Academia, 1:208-214. (in Chinese)

Luo Z L, Jin Y Z, Zhu K Y, et al. 1988. On Emei taphrogenesis of the upper Yangtze platform[J]. Geological Review, 34:11-24. (in Chinese)

Luo Z L. 1980. Discussion on how geosynclines transform into platforms through the evolution of the Yangtze paraplatform[J]. Geological Review, 26(6):505-509. (in Chinese)

Luo Z L. 1981. The influence of taphrogenesis from late Paleozoic Era in southern China on petroleum and other deposits[J]. Acta Geologica Sichuan, 2:1-22. (in Chinese)

Miyashiro A. 1974. Volcanic rock series in island arcs and active continental margins[J]. American Journal of Science, 274(4):321-355.

Morel P, Irving E. 1981. Paleomagnetism and the evolution of Pangea[J]. Journal of Geophysical Research Solid Earth, 86(B3): 1858-1872.

Rittmann A. 1973. Stable Mineral Assemblages of Igneous Rocks: a Method of Calculation[M]. Heideberg: Springer-Verlag.

Shen F K and Liu D. 1984. The bimodal volcanic rocks of the Panzhihua rift branch[J]. Journal of Mineralogy and Petrology , 4(1):10-15. (in Chinese)

Wang Y L, Hughes S S, Tong C H, et al. 1987. Geochemistry of the late Permian Emeishan basalts and implication of subcontinent mantle evolution[J]. Journal of Chengdu College of Geology, 14: 74-81. (in Chinese)

[本文原载于《地球学报》，2004，25(5)：515－522]

Ⅱ-4 “峨眉地幔柱”对扬子板块和塔里木板块离散的作用及其找矿意义

罗志立 刘 顺 刘树根 雍自权 赵锡奎 孙 玮

(成都理工大学，四川 成都，610059)

摘要：扬子板块与塔里木板块，目前直线相距约 1900km(且末与成都间距离)，但国内许多地学工作者从古生物群和沉积相的相似性，认为早古生代两板块相连或相距不远。本文从中国古生代板块构造演化史中出现的“兴凯地裂运动”和“峨眉地裂运动”，论述扬子板块和塔里木板块离散和汇聚中的运动学特征，从“峨眉地幔柱”理论阐述扬子板块向东漂移的动力学机制。扬子板块在二叠纪与塔里木板块离散并向东漂移的论断若能成立，则为古特提斯在中国境内首先打开提供依据；对全球一些地方(俄罗斯的通古斯、印度的潘加尔)二叠纪玄武岩大面积同时喷发有重大的地球动力学理论意义；研究二叠纪末—三叠纪初生物大绝灭事件具有重要作用；还可在阿尔金地块及其邻区找到攀枝花式的钒、钛磁铁矿及铜、镍、铂等金属矿床，对比四川盆地二叠系生物礁块气藏成藏条件对塔里木盆地油气藏生成、运聚和保存等条件烈及在下古生界寻找大油气田，均有启示作用。

关键词：扬子板块；塔里木板块；峨眉地幔柱；峨眉地裂运动；兴凯地裂运动

多年来，许多地学工作者认为扬子板块早古生代的古生物群和沉积相与塔里木板块十分相似，二者相距不远，至少没有大洋相隔[1]。或有的从“古生代岩性组合、古生物面貌等，认为塔里木区与扬子区极为相似，二者为统一的整体”[2]。据此设想，早古生代扬子板块西缘与塔里木板块东南缘相接，若以现今的成都和且末二市为准，当时距离不过 200km。而现在两地直线距离约 1900km。这样就存在扬子板块与塔里木板块何时汇聚？又何时离散？因何原因而离散？它们的汇聚和离散对找矿和地质科学有何重大意义？这是人们关心而又复杂的地学难题。本文在前人研究基础上，依据笔者多年倡导的“兴凯地裂运动”和“峨眉地裂运动”观点[3,4]与“峨眉地幔柱”理论，将扬子板块西缘和塔里木板块东南缘阿尔金断裂拼合，从地史学、同位素年代学和板块演化探讨这一问题，提出两个板块汇聚和离散的模式。

一、扬子陆核和塔南等陆核的拼结

扬子陆核西部的康滇隆起上和塔里木南部陆核东南侧的阿尔金隆起上均有太古宙至古元古代的岩石。在康滇隆起上，北从康定南至元谋的南北带上，断续分布的康定群为片麻岩组合，局部为麻粒岩相，测得同位素年龄值为 2957 Ma(Pb-Pb 全岩等时线法)和 2404 Ma(Pb-Sr 全岩等时线法)[5]。在阿尔金山隆起东端的米兰群中，测得花岗片麻岩中锆石的年龄为 3605 Ma(U-Pb 法)[6]。若二者拼合相距很近，可能是在太古宙为统一结晶基底，以后再分离的。

古元古代扬子、塔南陆核和华北陆块拼结成超级大陆后又经过扭动改造从航磁异常样式的岩石构造解释，发现扬子和塔南基底的航磁异常，均显示与华北基底相同的“X-型”构造样式，即 NE 向成带、NW 向成串的特征，显示太古宙中晚期分散的扬子、塔南和华北陆核在新太古宙末期，经阜平运动形成了一个总体构造走向 NW-SE 或近 EW 向的统一超级大陆(见图 1)。古元古代此超级大陆被一系列 NE 向左行韧性剪切带切割，如古郯庐和古阿尔金等剪切带，又使超级大陆发生大规模的左行走滑和改造。这时，柴达木和阿拉善地块形成，扬子地体和华夏地体位于塔南和柴达木地体之南，形成一个克拉通加活动带的超级大陆。

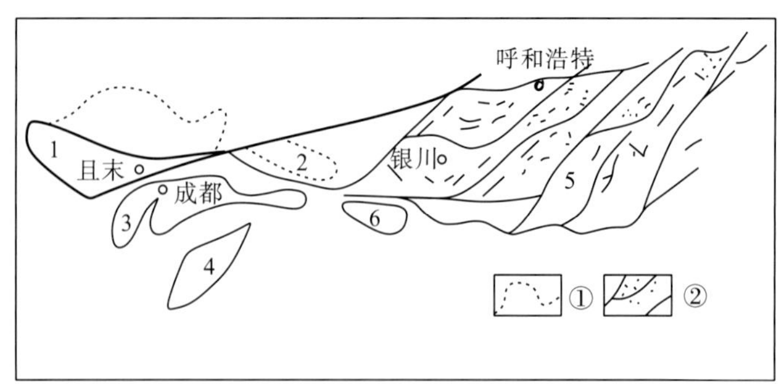

图 1　古元古代塔南—扬子地体

1. 塔南地块；2. 柴达木地体；3. 扬子地体；4. 华夏地体；5. 华北陆块；6. 大别地体；①尚未形成板块边界；②左形韧性剪切带

二、扬子板块和塔里木板块在中、新元古代发育完成并形成“古中国地台”

扬子板块为两弧夹一盆的构造格局。20 世纪 80 年代，笔者曾根据石油钻井(女基井和威 28 井)钻入四川盆地前震旦系基底岩石年龄(701.5～740.9 Ma；Ru-Sr 全岩)和岩性资料、航磁解释和扬子地台区域资料，提出扬子板块从太古宙到晚元古代演化模式为两弧夹一盆[7]。推断扬子板块西缘在太古宙至中晚元古代，有洋壳沿龙门山地区由西向东俯冲，当时还未发现蛇绿岩套的依据。其后攀西裂谷队[5]发现盐边群为一套轻变质的复理石夹枕状熔岩组合，属红海型初始洋阶段沉积，时限在 1700～850 Ma。20 世纪 90 年代，林茂炳等[8]依据龙门山区 1∶5 万区域地质填图的成果，在褶皱基底变质岩系中常残存有中、晚元古代蛇绿岩残块，如盐边群中的深层堆晶岩和海相火山岩，石棉的构造橄榄岩，声山黄水河群中的硅质岩，白水河地区黄水河群中的地幔辉橄岩，青川碧口群中的超基性岩、枕状玄武岩及海相火山岩等。认为中晚元古代在扬子板块西缘存在一条规模延长 750 多公里的宏大的蛇绿岩带，且被以后的构造运动分割、肢解了。

塔里木板块之南的阿尔金山南缘，存在阿帕—茫崖蛇绿岩杂岩带(见图 2)，有 43 个超镁铁岩体断续分布于中、下元古界中，NE 向延长 700 余公里，以盛产石棉著称[9]。这条蛇绿岩带不仅代表塔里木板块与柴达木地体之间中晚元古代洋盆的开启与关闭；更重要的是它的产状、延续的长度和盛产石棉矿等特征，可与前述扬子板块西缘被肢解的蛇绿岩带特征对比。表明塔里木板块与扬子板块之间存在的阿尔金洋，在中、晚元古代多次开启，最终在晚元古代末(800Ma)的晋宁运动(扬子地区)和塔里木运动(塔里木区)完全关闭。这时，塔里木板块、扬子板块、柴达木地体和华北陆块联结在一起，构成黄汲清等所称的“古中国地台”[10]。

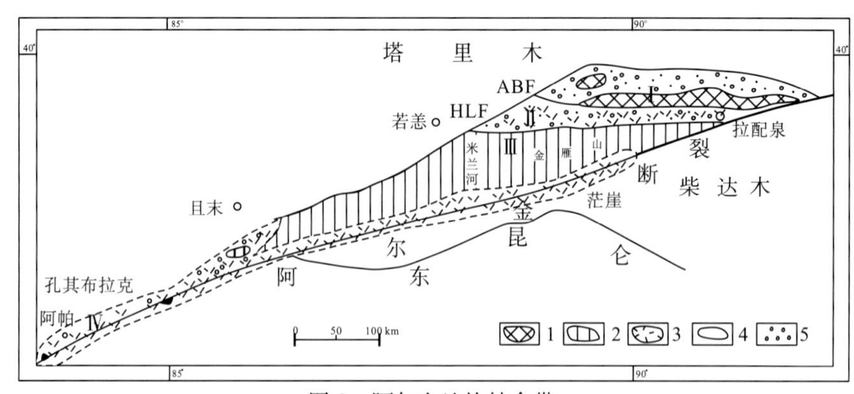

图 2　阿尔金地块结合带

1. 太古代隆起；2. 元古宙隆起；3. 混杂岩带；4. 超镁铁质岩；5. 第四系覆盖区；Ⅰ. 阿北变质体；Ⅱ. 红柳沟—拉配泉混杂岩带；Ⅲ. 米兰河—金雁山岛弧地块；Ⅳ阿帕—茫崖混杂岩带；ABF. 阿北断裂；HLF. 红柳河断裂

三、"古中国地台"裂解和加里东期洋盆发育特征

（一）"兴凯地裂运动"和"古中国地台"裂解

对"中国古地台"裂解，笔者创建了"兴凯地裂运动"这一名词[3,4]。通过"兴凯地裂运动"，古亚洲洋、天山洋、祁连洋、秦岭洋和阿尔金海槽张裂，并在早古生代发育成洋盆(见图3)。有的还保留有岩石学记录，如北祁连洋在震旦－寒武纪发育双峰式火山岩、北秦岭洋在二郎坪群、丹凤群等出现扩张型的中基性、酸性和碱性火山岩系(847～640Ma；Sm-Nd)等等。均可代表"古中国地台"裂解的依据。

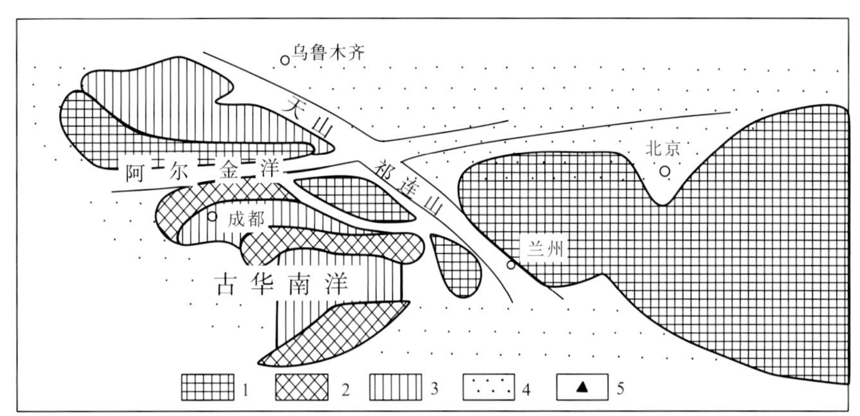

图3 震旦系古中国地台裂解示意图

1. 早元古代基底；2. 早元古代岛弧地体；3. 中晚元古代基底；4. 中晚元古代陆缘沉积；5. 震旦纪水碳层

（二）阿尔金洋演化和扬子板块西缘构造密切相关

目前，阿尔金地块南缘的阿帕－茫崖保留一条混杂岩带，原始状态难以恢复。在西段且末南的孔其布拉克一带，碎屑岩地层中发现大量的头足类等海相化石。时代属寒武－泥盆纪证实古生界存在[2]。在茫崖发现有459Ma(Rb-Sr)的蛇绿岩，表现早奥陶世洋盆扩张期，岩浆主要活动期为早古生代晚期(490～385Ma)；高峰期年龄为442Ma左右，表明中奥陶世碰撞洋盆关闭，早古生代俯冲带向北倾[3]；早志留世至晚石炭世完全关闭成山。

在扬子板块西缘的盐源－丽江地区，可见寒武－奥陶纪大陆边缘海相碎屑岩沉积；在龙门山地区寒武纪至早、中奥陶世仍以海相陆缘碎屑岩和浅海相碳酸盐岩为主，志留纪时发生裂陷作用，沉积厚度巨大的复理石(茂县群)。在整个板块西缘均未发现蛇绿岩套，表明为稳定大陆边缘特征。

故从板块边缘性质看，阿尔金南缘有早古生代蛇绿岩，处于活动大陆边缘，盐源－丽江到龙门山区处于稳定大陆边缘，中奥陶世末阿尔金洋盆俯冲带向北倾，这些事实充分说明塔里木板块、阿尔金洋盆和扬子板块三者间的早古生代板块运动学关系。其俯冲碰撞方向可能为斜向对接，故至今在扬子板块边缘仍保留有一些早古生代地层。

四、"峨眉地幔柱"导致扬子板块和塔里木板块再次分离并向东漂移

（一）扬子板块晚古生代火山岩活动的特征

扬子板块在四川、云南、贵州、广西地区，从中泥盆世开始张裂，晚二叠世峨眉山玄武岩喷发达到高潮，到中三叠世结束，在岩石学、古生物学和古构造学上均有可信的地质记录，因而笔者曾创名

“峨眉地裂运动”。晚二叠世峨眉山玄武岩溢流面积至少有 30×10⁴km²，远在川东的华蓥山和达县、梁平钻井中，仍可见玄武岩沿裂隙喷发，玄武岩的厚度在盐源－丽江地区可达 2000～3000m，在兵川上仓剖面最厚为 5384m。岩石构造分区，由东向西可分为 3 个岩区(见图 4)，其时工从早到晚有由海相转为陆相的特征，如在③岩区喷发于早二叠世，一直延续到晚二叠世，玄武岩常见枕状构造。②岩区和①岩区，玄武岩平行不整合于下二叠统茅口灰岩之上，上二叠统宣威组或上三叠统丙南组之下，层状产出，发育柱状节理，属晚二叠世早期陆相喷发，获得 219～237Ma(全岩 K-Ar 法)。

(二)塔里木板块晚古生代火山岩活动特征

石炭纪—早二叠世，塔里木板块及邻区，也发生“峨眉地裂运动”。如在石炭纪至早二叠世时，塔里木板块北缘的南天山地区为半深海盆地相的黑色泥岩、硅质岩发育；西昆仑北地区的为盆地斜坡相的薄层灰岩和硅屑浊积岩；阿尔金断裂东南的东昆仑地区为厚度巨大的裂陷槽深水沉积(7600～10000m)。

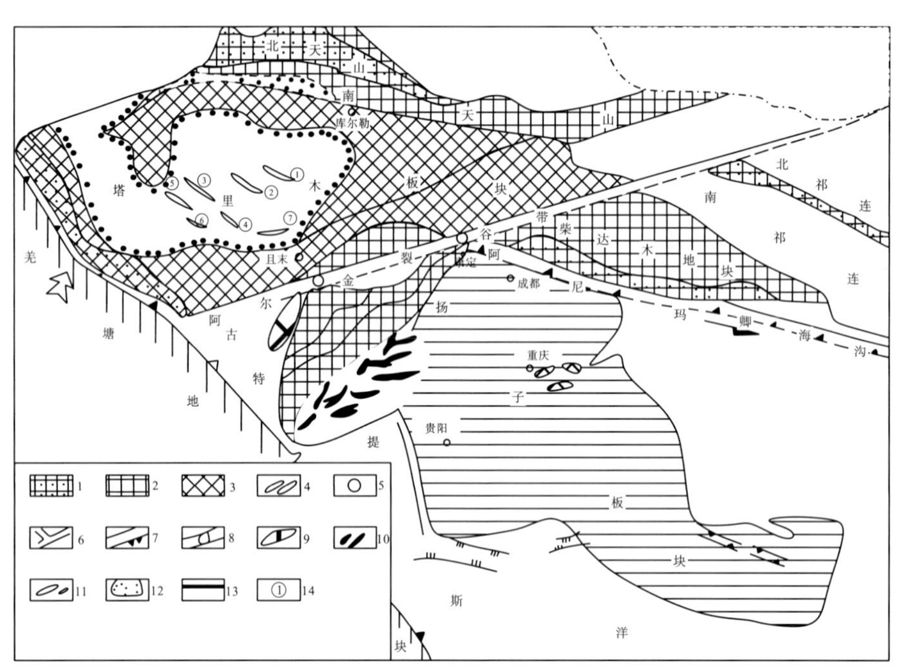

图 4　晚二叠世塔里木板块和扬子板块汇聚示意图

1. 前寒武纪古陆；2. 古陆；3. 陆地；4. 火山岩；5. 推测三结点；6. 深水裂陷槽；7. 裂谷；8. 深海沟；9. 微陆块；10. 晚二叠世玄武岩；11. 早二叠世玄武岩；12. 上二叠世陆相沉积；13. 上二叠世海相沉积；14. 玄武岩分区

塔里木板块内部石炭系火山岩主要见于塔中地区，在塔中 21、22、46 井钻遇，为双峰式火山岩组合。下二叠统火山岩大量喷发，主要分布在柯坪、巴楚－满加尔凹陷西部，估计面积超过 10×10⁴km²，厚度一般为 200～300m，最厚不过 500m。岩石化学性质具有双模式火山岩系特征。在巴楚断隆玄武岩采样，获得 241～278Ma(K-Ar 法)年龄，在侵入于下二叠统及以下地层的基性岩墙群，测得 259Ma(Sm-Nd 法)年龄[13]。玄武岩喷发期的确切时代应从栖霞期开始，如在柯坪大冲沟下玄武岩的夹层内产大量的 *Tyloplecta nankingensis*，和在柯坪丘达依萨依剖面上，与上玄武宕相当的最高一层火山凝灰岩层，出现 *Parafusulina* sp.，*Nankinila*，等类化石[14]。

塔里木盆地二叠纪火山岩浆作用，可划分为 NWW 向和 NEE 向 7 条火山岩浆活动带(见图 4)。

(三)二叠纪“峨眉地幔柱”活动，迫使扬子板块与塔里木板块分离，并向东走滑、漂移

1. 晚古生代塔里木板块、扬子板块和柴达木陆块再次拼结成联合古大陆

加里东运动使南天山洋、祁连洋、北秦岭洋和阿尔金洋关闭，泥盆—石炭纪塔里木板块、柴达木

板块、华北陆块和扬子板块大多成为陆地，拼合成一个大型联合古陆。在板块的边缘和一些块体内部(如塔里木板块)虽有海陆过波相或台地相沉积，但多以海陆过渡相和大量陆盆沉积为主；特别是在塔里木板块东南缘阿尔金山地区和扬子板块西缘康滇隆起地区均没有沉积，显示为古高地隆起地区，二者具有拼合特征。

2. 扬子板块向东走滑、漂移

“峨眉地幔柱”活动，迫使扬子板块沿阿尔金构造带与塔里木板块分离，并沿阿尼玛卿海沟向东走滑、漂移。

(1)“峨眉地幔柱”存在的初步认识：20世纪80年代，笔者曾认为“峨眉地裂运动”是扬子板块地史发育的一次大的地质构造事件，受地幔热隆作用，与古特提斯洋打开，并在扬子板块西缘确定有康定、剑川等“三接点”[15]。20世纪90年代，许多地球化学家认为峨眉山玄武岩喷发与地幔柱活动有关，汪云亮等利用微量元素丰度，认为峨眉山玄武岩为幔源成因，类似于南大西洋拉开时形成的巴西陆缘玄武岩；近年来，张招崇等[16]“在云南丽江地区发现两处苦橄岩产地，发育的三层苦橄熔岩，成夹层产于峨眉山玄武岩系近底部”，经岩石化学分析为地幔柱成因。宋谢炎等[17]认为峨眉山地幔柱活动，早二叠世是在盐源－丽江陆缘海区，晚二叠世进入攀西裂谷及其以东的岩区，这一认识与塔里木板块玄武岩喷发时间为早二叠世早期是对应的，上述认识基本肯定了“峨眉地幔柱”的存在，这对塔里木和扬子板块的离散将起到重要作用。

(2)二叠纪塔里木板块和扬子板块沿阿尔金构造带拼结的依据：在时间上，两个板块内部均有大面积溢流的二叠纪玄武岩喷发，塔里木板块喷发时间为早二叠纪早期(栖霞组)；向东进入扬子板块的盐源－丽江地区二叠纪玄武岩喷发的时间为早二叠世晚期(茅口组)；更东过攀西裂谷区后，则二叠纪玄武岩喷发的时间为晚二叠世(乐平组)。在两个板块上玄武岩由西向东喷发时间从早到晚有规律性变化，可能显示古板块运动与地幔柱的密切关系。在空间上，峨眉山玄武岩喷发的地域和强度，以拼合的阿尔金构造带为中心，分别向板块构造东西两侧减弱，如扬子板块西南端为峨眉山玄武岩喷发主体，并向东减弱，到了川东仅有受断层控制的个别喷发点；塔里木板块玄武岩喷发主要分布在中央隆起以东地区，喷发的强度可从玄武岩的厚度判断，有由南(中央隆起)向北(塔北隆起)减弱的趋势。从两个板块喷发强度分别向东、向西递减的特点，表明玄武岩幔源岩浆成因可能受同一“峨眉地幔柱”作用控制。在物质成分上，塔里木板块内部由碱性玄武岩和亚碱性酸性岩浆组成的双模式火山岩系组成，代表板内裂谷喷发特征；扬子板块西南地区以喷发碱性和拉斑玄武岩为主，也代表板内裂谷喷发特征。但在两板块间的盐源－丽江地区，主要由橄榄玄武岩和辉斑玄武岩组成，具枕状构造，并发现苦橄岩，代表陆缘海溢流玄武岩喷发的环境。在塔里木板块东南缘喷发岩相第⑦带(见图4)，音干村也有橄榄玄武岩的报道(待核实)。这些玄武岩分异物质说明，地幔柱主体在盐源－丽江以西洋盆中，也许位于当时的甘孜－理塘洋脊扩张带，那里发育有晚二叠世至晚三叠世早期准洋脊型拉斑玄武岩等组成的蛇绿岩带[18]。目前在川滇显示的峨眉地幔柱，可能是部分残存地幔柱的表现。

(3)扬子板块二叠纪沿东昆南－阿尼玛卿－康、勉、略深海沟，向东漂移的运动学特征分析：在柴达木地块以南的东昆仑南区延伸至阿尼玛卿缝合带，再向东延到康、勉、略地区共同组成构造混杂岩带[9]。岩石特征显示，石炭纪至二叠纪从东昆仑南到康、勉、略存在一条深海沟，为扬子板块向东漂移提供了滑移的条件，这条海沟经过其后的晚二叠世至三叠纪的俯冲、消减，形成一条板块结合的混杂岩带。

早二叠世末因羌塘地块沿康西瓦断裂俯冲产生的SW-NE向挤压力，不仅使南天山小洋盆完全关闭和形成塔里木陆相盆地，而且产生的NW-SE的拉张力，会驱使扬子板块沿阿尔金小洋盆中的康定和剑川等“三接点”连线向SE裂开，在深部“峨眉地幔柱”上拱加速作用下，北侧沿东昆仑南－阿尼玛卿－康、勉、略海沟，向东迅速滑移。扬子板块在向东漂移到现在位置，运移1900km，经过印支－燕山－喜马拉雅运动的改造(旋转、拉裂)，中咱地块、若尔盖地块以及青川地块和茂汶杂岩体等，都向东漂移过程中从扬子板块分离滞后的大、小块体，在这些块体上仍保留有震旦系灯影组盖层或二叠纪喷发的玄武岩，可资证明。

五、找矿和地质科学意义

(1)晚古生代扬子板块与塔里木板块，在阿尔金构造带拼结，二叠纪栖霞期因“峨眉地幔柱”活动，才分离和向东漂移。这一板块构造运动模式若能成立，就有理由推断在阿尔金地块及其邻区可以找到攀枝花式的钒钛磁铁矿、荥经和石棉型铜、铂矿床，以及在塔里木盆地玄武岩喷发区找到层控的玄武岩铜矿床。在塔中45井钻遇萤石层矿，及且末县青水泉发现沙铂矿就是先兆。阿尔金地块区，交通困难，调查程度低，今后若加强勘探，可能有重大发现。

(2)1979～1981年，笔者在研究四川盆地上二叠统峨眉山玄武岩喷发特征和相带变化时，根据“峨眉地裂运动”观点，首次提出川东的万县、达县一带为生物礁发育地带，后经地面调查证实和石油钻探，发现许多上二叠统的礁块气藏[19]。塔里木盆地在古生代演化中存在“兴凯地裂运动”和“峨眉地裂运动”，对古生界油气藏的生成、运聚和保存具有重要作用，借鉴四川盆地“峨眉地裂运动”对气藏的控制作用，预计还有可能在塔里木盆地下古生界找到更多的大油田[20]；近年来，国内外一些地学工作者，对金属矿床与油气矿床之间的成因联系给予高度重视，分布于云、贵、川交界的峨眉山玄武岩中，普遍发育沥青-自然铜矿化现象，其中沥青含量一般大于5%，最高达40%。表明“峨眉地幔柱”活动期不仅是油气成藏期，也是金属成矿期，值得充分重视。

(3)扬子板块和塔里木板块，在中晚元古代与华北等古板块拼合成“古中国地台”(约相当于全球新元古时期的Rodinia超大陆形成期)，经过“兴凯地裂运动”分离，加里东期围绕陆块的洋盆关闭再次拼合成晚古生代联合大陆(约相当于全球Pangia形成期)，后经“峨眉地幔柱”活动引起的“峨眉地裂运动”，导致扬子板块向东漂移，再经印支和燕山期变动后，达到现在的位置，东移约1900km。若“峨眉地幔柱”引起扬子板块和塔里木板块离散模式成立，就可解释扬子板块古生代古生物和沉积特征不同于华北古板块而与塔里木板块相近的复杂问题。同时又引发了3个区域地质问题：①松潘-甘孜三角形地槽区(P_2-T_3)，其下可能无完整的前寒武纪陆壳基底；②金沙江缝合带是古特提斯洋壳残留标志，或是松潘-甘孜三角形地槽区南缘俯冲缝合带；③华北与扬子板块之间的下古生代秦岭洋盆是一个有限洋盆，或是其南无扬子板块存在的一个广阔的深海洋盆。这些均值得同行深思。

(4)二叠纪时扬子板块和塔里木板块有大量玄武岩喷发，并向东离散，为中国境内晚二叠世至早三叠世古特提斯打开的前驱。与此同时，西伯利亚的通古斯有$150\times10^4\text{km}^2$的二叠纪玄武岩喷发，形成暗色岩被；印度西北的潘加尔岩被(Pangal traps)也有大量同期的玄武岩喷发。如此大范围的二叠纪玄武岩同期喷发，与全球地幔柱活动和联合古大陆地球动力学有何关系？是值得深入探讨的问题。

(5)大范围二叠纪玄武岩喷发，喷入大气中的火山灰、SO_2、CO_2含量升高，酸雨普降，影响全球气候巨变和生物繁衍。在二叠纪末至三叠纪初(PBT)发现90%的海洋生物和70%的陆上脊椎动物绝灭，许多学者认为与二叠纪玄武岩喷发有关，因而称为全球生物绝灭事件“内生论”。当时，扬子板块和塔里木板块处于低纬度区的关键位置，研究“峨眉地幔柱”和“峨眉地裂运动”，具有全球性的地质和灾变环境学的意义。

需要说明的是，本文论述扬子板块和塔里木板块在地史中的聚汇和离散，是古大陆再造的一次大胆尝试，初步回答有关两板块之间长期争论的问题。在同位素年代学、岩石学、古生物学、构造学等方面有较多的依据，从目前的资料看来还较合理。但与国内外同行使用古地磁学恢复的古板块位置，矛盾较大。这些复杂的问题，有待同行指正和探索。

致谢　在编写本文过程中得到马宗晋院士、刘德权总工程师、骆耀南总工程师和俞如龙研究员的鼓励和支持，在此致谢！

参考文献

[1]周志毅，林焕林，Stratum. 西北地区地层、古地理和板块构造[M]. 南京：南京大学出版社，1995.

[2]程裕淇. 中国区域地质概论[M]. 北京：地质出版社，1994.

[3]罗志立. 中国西南地区晚古生代以来地裂运动对石油等矿产形成的影响[J]. 四川地质学报，1981，(2)：1-22.

[4]罗志立. 略论地裂运动与中国油气分布[J]. 中国地质科学院院报，1984，(10)：93-101.

[5]张云湘，骆耀南，杨崇喜. 攀西裂谷——地质专报5号[M]. 北京：地质出版社，1988.

[6]李惠民，陆松年，于海峰，等. 阿尔金山东端片麻岩中36Ga锆石的地质意义[J]. 矿物岩石地球化学通报，2001，20(4)：259-262.

[7]罗志立. 川中是一个陆核？[J]. 成都地质学院学报，1986，13(8)：65-73.

[8]林茂炳，苟宗海. 四川龙门山造山带模式研究[M]. 成都：成都科技大学出版社，1996.

[9]新疆地质矿产局. 新疆维吾尔自治区区域地质(专报)[M]. 北京：地质出版社，1982.

[10]黄汲清，任纪舜. 中国大地构造及其演化[M]. 北京：科学出版社，1980.

[11]车自成，刘良，罗金海. 中国及其邻区区域大地构造学[M]. 北京：科学出版社，2002.

[12]陈宣华，尹安，高荐，等. 阿尔金山区域热演化历史的初步研究[J]. 地质论评，2002，(S1)：146-152

[13]贾承造，魏国齐，姚慧君，等. 塔里木盆地构造演化与区域构造地质[M]. 北京：石油工业出版社，1995.

[14]贾润胥. 中国塔里木盆地北部油气地质研究(第一辑)[M]. 武汉：中国地质大学出版社，1991.

[15]罗志立，金以钟，朱夔玉，等. 试论上扬子地台的峨眉地裂运动[J]. 地质论评，1988，34(1)：11-23.

[16]汪云亮，李巨初，韩文喜，等. 幔源岩浆源区成分判别原理及峨眉山玄武岩地幔源区性质[J]. 地质学报，1993，67(1)：52-62.

[17]宋谢炎，王玉兰，曹志敏等. 峨眉山玄武岩、峨眉地裂运动与地幔柱[J]. 地质地球化学，1988，(1)：47-52.

[18]徐义刚，钟孙霖. 峨眉山火成岩省：地幔柱活动的证据及其熔融条件[J]. 地球化学，2001，30(1)：1-9.

[19]罗志立，赵锡奎，刘树根，等. “中国地裂运动观”的创建和发展[J]. 石油实验地质，2001，32(1)：232-241.

[20]罗志立，罗平，刘树根等. 塔里木盆地古生界油气勘探的新思路[J]. 新疆石油地质，2001，22(5)：365-370.

[21]张成江，汪云亮，侯增谦. 峨眉山玄武岩的Th、Ta、Hf特征及岩浆源区大地构造环境探讨[J]. 地质论评，1999，45(增刊)：858-860.

[22]张招崇，王福生. 峨眉山大火成岩省中发现二叠纪苦橄质熔岩[J]. 地质论评，2002，48(4)：448.

[本文原载于《新疆石油地质》，2006，27(1)：1－14]

Ⅱ-5　试解“中国地质百慕大”之谜

罗志立[1]　姚军辉[2]　孙　玮[1]　赵锡奎[1]　刘树根[1]

(1. 成都理工大学能源学院，成都 610059；2. 中国矿业大学，北京 100083)

摘要：青藏高原东部三角形的松潘啮孜褶皱区，全区几乎被巨厚的三叠系浊流沉积覆盖，掩盖了许多地质信息，成为国内一块神秘的土地。由于地质构造特殊性，造成了许多地质问题的多解性和专家认识的不确定性，许志琴称此区为“中国地质百慕大”。本文从古板块演化、“峨眉地幔柱”“峨眉地裂运动”和沉积盆地学等方面探讨该问题，试图揭开该区地质上的神秘面纱，并提出国内地学界最感兴趣的几个基础地质问题。

关键词：中国地质百慕大；松潘啮孜褶皱系；浊流沉积盆地；古板块构造演化；峨眉地幔柱；峨眉地裂运动

在青藏高原东部和四川西部的松潘叫于孜地区，北以木孜塔格－王马沁缝合带为界，南以金沙江缝合带为界，西以龙门山冲断带为界，形似一个倒立的三角形地区。全区除与北缘相邻的叠部－武都和西缘的扬子古板块地区出露古生界外，全区几乎被巨厚的三叠系浊积岩覆盖，掩盖了许多地质信息，成为国内一块神秘的土地。

对该区的大地构造属性，看法分歧甚大。黄圾清、任纪舜等认为是“一个印支地槽褶皱系”，称“松潘－甘孜褶皱系”[1]；森格认为是劳亚、扬子、羌塘 3 大陆块区间“非并置碰撞形成的鹿头形松潘－甘孜增生杂岩体”[2]；罗志立认为是华力西－印支运动期拉张形成的边缘海[3]；侯立伟、许志琴等认为本区变形十分复杂，存在向南、向东双向“造山极性带”；殷鸿福等认为本区有前震旦系古老花岗质基底，称松潘－甘孜地块，在石炭－二叠纪属泛扬子地台的一部分[4]；蔡立国等认为本区为扬子地块的一部分，早二叠世至晚三叠世早期形成的系列“陆内裂陷盆地”[5]；潘桂棠等认为本区是三叠世拉丁尼克晚期，扬子与华北板块碰撞，形成的巴颜喀拉－川前陆盆地[6]；车自成等认为“松潘－甘孜地区具有扬子型克拉通基底”“三叠纪成为由内向外发育的裂陷盆地”[7]；任纪舜等认为“可可西里－松潘、甘孜盆地，是奠基在劳亚南缘大陆之上的浊流盆地”[8]。

本区地质特征显著，国内外少见。若从大地构造学中的几何学观察，世界上许多造山褶皱带多为线型，而本区为倒三角面积型的特殊几何形态；世界上绝大多数造山带变形结构多为单向的不对称造山带(如科迪勒拉、秦岭等)，而本区造山带具有向南、向东不对称的双向造山极性。在构造演化体制上也很特殊，在晚二叠世到早三叠世的蛇绿岩套和平移剪切带(如甘孜－理塘缝合带和道孚－康定平移剪切带)，具洋盆裂陷体制，走向垂直于扬子古板块北东向西缘；在中、晚三叠世后转为浊积盆地充填，为陆内挤压造山体制。在沉积盆地学上更为特殊，松潘－甘孜浊流盆地面积约 50×10^4 km^2，多个沉积中心，三叠系各统沉积厚度约 5～10km，累积厚度超过 20km，如此大面积、巨厚的浊流沉积盆地，国内外少见；其物源早期认为来自桐柏山和大别山，与秦岭洋向西成剪式闭合有关，近期认为来自于西边北侧的柴达木地块和昆仑山区目，与祁连、昆仑褶皱带活动有关。基于上述认识的不确定性、地质构造的特殊性、许多地质问题难解性，许志琴称松潘－甘孜地区“为中国地质百慕大”。

本文将从中国古板块演化、峨眉地裂运动和沉积盆地学等方面进行探讨，试解“中国地质百慕大”之谜。

一、二叠纪扬子古板块和塔里木古板块联合的依据和向东漂移的地球动力学条件

(一)二叠纪扬子与塔里木古板块的联合

太古代至新元古代，扬子与塔里木古板块拼结成“古中国地台”，后经“兴凯地裂运动”导致“古中国地台”解体形成阿尔金洋，再经过加里东运动期俯冲、碰撞，华力西运动期的进一步拼合[9]，两个古板块到二叠纪完全拼接成一个塔里木-扬子大陆，成为“全球联合古陆”的组成部分(见图1)，其依据如下。

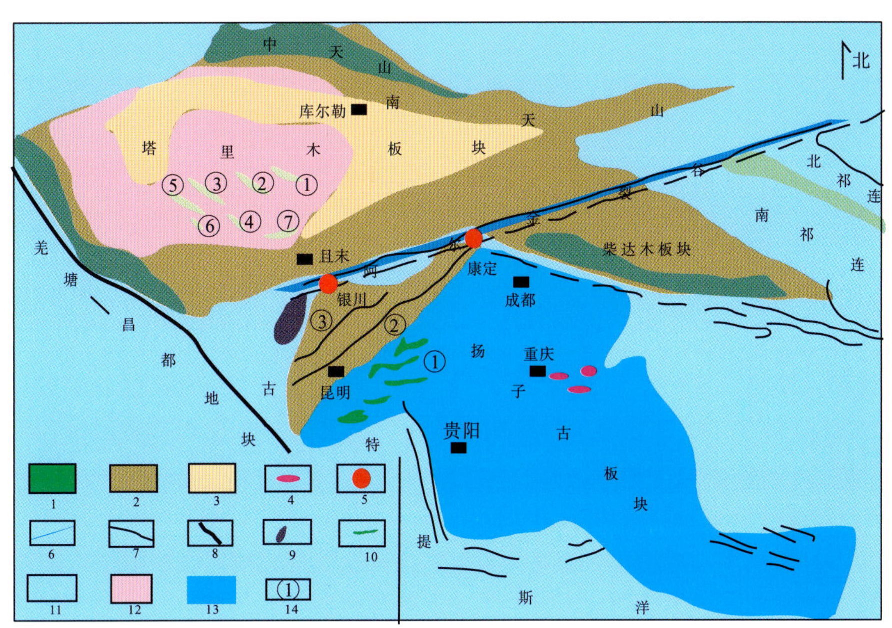

图1 晚二叠世塔里木板块与扬子古板汇聚示意图

1. 前寒武纪古陆；2. 古陆；3. 陆地；4. 火山岩；5. 推测三结点；6. 深水裂陷槽；7. 裂谷；8. 深海沟；9. 微陆块；10. 晚三叠世玄武岩；11. 早二叠世玄武岩；12. 晚二叠世陆相沉积；13. 晚二叠世海相沉积；14. 玄武岩分区或分区编号

(1)玄武岩发育在扬子古板块西南的川、滇、黔地区，有 $30\times10^4\sim50\times10^4km^2$ 上二叠统峨眉山玄武岩喷发，其厚度在盐源-丽江地区(③区)可达2～3km。塔里木古板块的柯坪、巴楚-满加尔凹陷西部，有下二叠统玄武岩喷发，估计面积超过 $10\times10^4km^2$，一般厚200～300m，最厚不过500m。两个古板块在同一时代出现大面积玄武岩盖，并非偶然，可能受同一地球动力学支配。

(2)玄武岩喷发时代有规律性变化，如塔里木古板块，在巴楚断隆上玄武岩，获得同位素年龄值 $241\times10^6\sim278\times10^6a$(K-Ar法)，并在柯坪玄武岩夹层中，采得 *Parafusulina* sp.，*Nankinila*.，等笔蜓类化石，喷发时代为早二叠世栖霞组沉积[10]。而在扬子古板块西缘(介于箐河-程海断裂和小金河断裂间)，玄武岩喷发始于早二叠世，一直延续到晚二叠世(③区)；更向东至甘洛-小江断裂以东的云、贵、川地区，喷发时代限于晚二叠世乐平组沉积期(①区)。这种玄武岩喷发层位，从西向东，由老至新有时空规律变化，显示二者可能受深部统一地球动力学移动的作用。

(3)玄武岩喷发物质成分和喷发强度有规律的变化。玄武岩喷发物成分和喷发强度由阿尔金对接的构造带分别向东、西两侧呈有规律的变化。在扬子古板块的盐源-丽江地区(③区)，主要由橄榄玄武岩和辉斑玄武岩组成，具枕状构造，并发现苦橄岩，代表陆缘海溢流玄武岩喷发环境；向东至云、贵、川地区(①区)以拉斑玄武岩为主，属典型大陆溢流玄武岩(暗色岩区)；其喷发的强度和玄武岩的厚度，也由西向东变弱和变薄。在塔里木古板块内部有7条火山岩浆活动带，喷发强度有由南向北变弱的趋

势，值得注意的是，在靠近阿尔金构造带的音干村，有橄榄玄武岩的报道(待核实)，也显示物质成分由东向西的变化。沿阿尔金对接构造带向东、西两侧发生物质成分和强度有规律的变化，可能受同一地幔柱活动的控制。

(二)扬子古板块向东漂移的运动学和地球动力学条件

(1)拼结后的扬子古板块北缘，存在向东滑移的条件。在柴达木地块南区，下石炭统为火山碎屑夹碳酸盐岩，厚度大于 3.2km。下二叠统生物碎屑岩夹玄武岩，厚 8～9.6km。向东延伸到阿尼玛卿，出现二叠－三叠系蛇绿岩带，东西延长 500km。更向东延至康、勉、略地区，出现前寒武系岩块、下石炭统蛇绿岩片和陆缘碎屑岩，共同组成构造混杂岩带[11]。这些岩石记录显示在当时的扬子古板块北缘在石炭纪—早二叠世是一条深海沟，木孜塔格－玛沁为晚二叠世—早三叠世的缝合带，其构造格架可提供扬子古板块向东滑移的条件。这与潘桂棠等从玛沁东有糜棱岩带和东昆仑南缘北侧有 228.74×10^6a(Rb-Sr)的片麻岩等资料，认为“东昆仑南缘断裂确实存在左行位移”的结论一致[6]。

(2)扬子古板块西北缘，存在康定、木里、剑川等“三结点”，为扬子古板块脱离塔里木古板块分离的条件。罗志立等在研究上扬子地台“峨眉地裂运动”时，联系道孚－康定平移剪切带、甘孜－理塘缝合带和龙门山冲断带和攀西裂谷带的空间位置，确定出康定、木里、剑川等“三结点”[12]。若二叠纪扬子古板块与塔里木古板块拼结于阿尔金构造带，这些“三结点”的活动，就会成为扬子古板块脱离塔里木古板块向东离散的条件，其中木里“三结点”后期可能成为“峨眉地幔柱”发育的主要位置。

(3)羌塘－昌都地块向东北推挤，迫使扬子古板块向东离散。羌塘－昌都地块北端早二叠世与塔里木古板块西南的康西瓦碰撞形成缝合带，并致南天山小洋盆关闭和塔里木地块隆升，转为晚二叠世陆相盆地。从南西向北东的推挤力，必然在塔里木古板块边缘上产生北西－南东向的拉张力，这也会促使扬子古板块脱离阿尔金构造带向东漂移的运动学条件。

(4)“峨眉地幔柱”活动，是扬子古板块与塔里木古板块分离并向东漂移的主要动力学条件。20 世纪 90 年代，许多地球化学家认为，峨眉山玄武岩喷发与地幔柱活动有关。如汪云亮认为峨眉山玄武岩为幔源成因，类似于南大西洋拉开时形成的巴西陆缘玄武岩[13]；张昭崇等在云南丽江地区发现两处苦橄岩，夹于峨眉山玄武岩底部[14]；宋谢炎等认为“峨眉山地幔柱”活动，早二叠世在盐源－丽江陆缘海区，晚二叠世进入攀西裂谷及其以东的岩区[15]。上述部分学者的论述，基本肯定了“峨眉地幔柱”的存在。若二叠纪扬子古板块与塔里木古板块拼结于阿尔金构造带，地壳深部发生了“峨眉地幔柱”，必将从深部发生物质上涌和热力作用，迫使扬子古板块离散向东漂移。

综上所述，无论从板块构造运动学的时空关系，或板块动力学的力源条件，扬子古板块与塔里木古板块离散并向东漂移，完全是可能的。

二、松潘－甘孜边缘海的形成和演化

(一)扬子古板块向东漂移，后缘形成松潘－甘孜边缘海(见图 2)

(1)向东漂移的距离和三角形边缘海的形成。二叠纪扬子古板块与塔里木古板块拼合时，若以成都和且末二地直线距离计，不过 200km，而现在两地相距约 1900km，这可能是它向东漂移的最大距离。扬子古板块向东漂移，在其后缘必然产生晚二叠世—早三叠世的新生洋壳，加之羌塘－昌都地块同步北上，北与塔里木板块碰撞，南受扬子古板块阻挡，就围陷成三角形的边缘海，有似今日中国南海边缘海的构造格局。

(2)边缘海具有新生洋壳的依据。在松潘－甘孜三角形褶皱区，除南秦岭造山带南缘、扬子板块西缘和羌塘－昌都地块北缘，可见到古生代地层外，广大三角形中心区未见到上二叠统以前地层，故推测为中二叠世—早三叠世的新生洋壳；在松潘－甘孜边缘海，有木孜塔格－玛沁缝合带、甘孜－理塘缝合带、金沙江缝合带和道孚－康定平移剪切带，在这些构造带中均发现有中二叠世—早三叠世的蛇绿岩套或超基性岩类，有的还发现类似洋脊－准洋脊特征的玄武岩，如在甘孜－理塘和金沙江缝合带[6]。这些均可证明新生洋壳存在；松潘－甘孜边缘海在三叠纪中－晚期，填充为浊流盆地，三叠系为一套地槽型复理石沉积，累积厚度可达 10～20km[6]，其基底必然活动性很大、下陷很深，显示出非泛扬子地台稳定型的陆壳基底。

(3)边缘海中矗立的若尔盖和中咱等微陆块，是从扬子古板块拉裂后缘分离出来的。若尔盖地块从其北缘相邻叠部地区，出露的前震旦系基岩及上震旦统灯影组的岩性、化石，可与东邻的“碧口微地块”和扬子古板块对比。

中咱地块位于金沙江缝合带东侧，基底为元古界的点苍山及石鼓片岩，上覆浅变质的古生界，以台地相碳酸盐岩为主，近几年来“在中咱地块上发现晚二叠世柱状节理很发育的玄武岩，它与东侧峨眉山玄武岩遥相呼应，且二者岩石化学和地球化学特征相似”。东侧与义敦岛弧带东缘的沙鲁里岩浆弧相邻，“其基底为恰斯群的变质岩，其上部整合有震旦系观音岩组与灯影组及古生界海相碎屑岩与碳酸盐岩，其沉积特征为扬子古板块相”[6]。

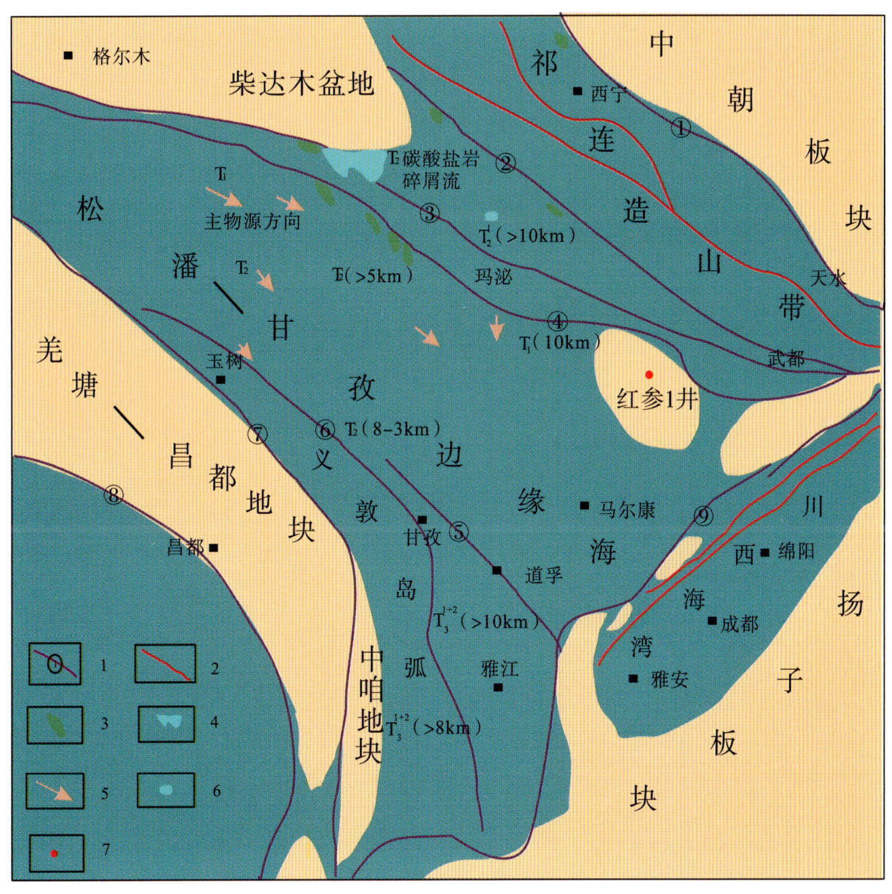

图 2　三叠纪松潘－甘孜边缘海沉积－构造特征

1. 不同时期缝合带：①北祁连缝合带(C)；②南祁连缝合带(C)；③昆中缝合带(C)；④木孜塔格－玛沁缝合带(V-I)；⑤道孚－康定平移剪切带(I)；⑥甘孜－理塘缝合带(I)；⑦金沙江缝合带(V-I)；⑧班公－怒江缝合带(V)；⑨龙门山俯冲带(I)；2. 大断裂；3. 蛇绿岩套；4. 滑塌堆集；5. T_3 物源方向；6. 沉积中心和厚度；7. 勘探井位

如此看来，在松潘－甘孜边缘海中，绝大部分为洋壳基底，在其南、北边缘分布的中咱地块和若尔盖地块，仅代表局部陆壳残块特征，而非全部海盆基底的概貌，在这个问题认识上的分歧，会涉及该区许多基础地质问题，容后讨论。

(二)松潘—甘孜边缘海在三叠纪发育成浊流沉积盆地

该浊积盆地处于南、北大陆结合部，演化涉及古特提斯洋开裂和关闭、秦岭洋最终对接、扬子板块变形等复杂问题。

(1)华力西运动期，羌塘—昌都地块北上，扬子古板块东移，围陷形成松潘—甘孜边缘海。早二叠世末，羌塘—昌都地块向北漂移，北端在塔里木板块东南缘康西瓦断裂碰撞。与此同时，在“峨眉地幔柱”作用下，扬子古板块沿阿尔金构造带裂开，向东漂移，在其后缘形成上二叠—下三叠统的新生洋壳，三边被大陆包围下，围陷成松潘—甘孜边缘海。

(2)印支运动早期，松潘—甘孜边缘海充填成浊流盆地，盆地南北缘及邻区开始变形。早、中三叠世(T_{1+2})，南祁连造山褶皱带，活动强烈，柴达木地块和南缘东昆仑褶皱带，可能隆起为陆，向盆地提供了碎屑物源，相对来说，来自南缘的物源较少。中三叠世末(T_2末)羌塘—昌都地块向北推挤，金沙江缝合带南段与中咱地块碰撞关闭。

(3)印支运动中期，松潘—甘孜浊流盆地充填结束，盆地发生北东—南西向构造变形。晚三叠世早、中期(T_3^{1+2})，即相当于川西的小塘子组和马鞍塘组，浊流盆地碎屑物向南的雅江地区汇聚，充填一万多米的半深海浊积岩和复理石(西康群)，海水向东漫侵到扬子古板块西缘的川西、楚雄盆地，成为川西等海湾。这时甘孜—理塘缝合带向西俯冲，形成义敦岛弧，发育很厚的岛弧火山岩及侵入岩。晚三叠世早、中期末的印支运动中期，秦岭洋完全关闭，松潘—甘孜浊流盆地北西—南东向褶、断隆起，其后成为四川陆相盆地物源的主要供给区。

(4)印支运动晚期形成龙门山冲断带。印支运动晚期，四川盆地须家河组(T_3x)沉积后，扬子古板块沿龙门山冲断带发生陆内俯冲，形成北东—南西向的龙门山冲断带[16]，成为东部边界，松潘—甘孜三角形造山褶皱带最终完成。

燕山—喜马拉雅运动期，本区南受冈底斯地块和印度板块的持续推挤，东受龙门山冲断带进一步抬升，成为青藏高原的组成部分和长江、黄河的发源地。

三、问题讨论

综上所述，扬子古板块和塔里木古板块，在中—晚元古代与华北等古板块拼合成“古中国地台”，经过“兴凯地裂运动”分离，加里东运动期围绕陆块的洋盆关闭。晚古生代扬子古板块与塔里木古板块在阿尔金构造带拼接，二叠纪因“峨眉地幔柱”产生的“峨眉地裂运动”，在羌塘—昌都地块向北东推挤联合作用下，扬子古板块向东漂移，形成松潘—甘孜边缘海，后发育成松潘—甘孜浊流盆地。印支运动期从南西—北东和南东—北西两个不同方向推挤作用力，造成三角形的造山褶皱系，后再经燕山—喜马拉雅运动期的持续推挤作用，隆升成为青藏高原的重要组成部分。上述扬子古板块和塔里木古板块构造运动演化模式若能成立，就会涉及下列一些基础地质问题，值得讨论：

(1)松潘—甘孜三角形造山褶皱区的基底，许多同行从“泛扬子地台”观点，认为是陆壳基底。本文认为，它是扬子古板块向东漂移后，形成的上二叠—下三叠统新生洋壳基底。若尔盖地块是从扬子古板块分裂出来的微陆块，分布局限，不能说明松潘—甘孜地区均为陆壳基底。

(2)在青藏高原北部存在从古生代延续到三叠纪的特提斯洋[8]，或是本文认为的晚二叠—早三叠世松潘—甘孜褶皱区的新生洋盆，这个新生洋盆不是早二叠世闭合再裂开，而是晚二叠—早三叠世扬子古板块向东漂移后形成的新生洋盆。

(3)国内很多学者把金沙江缝合带认为是晚古生代大洋盆地的标志，我想他们是基于松潘—甘孜褶皱系为陆壳基底与其相邻的羌塘—昌都地块间，存在金沙江大洋得出的结论。若按本文分析，松潘—甘孜褶皱系为新生洋壳基底，则金沙江缝合带在晚二叠—早三叠世为松潘—甘孜边缘海南缘的俯冲缝合带，因而它不应该是独立大洋存在的标志。

(4)国内有些学者恢复早古生代的古大陆时，常把扬子古板块放在华北古板块之南，中隔秦岭有限洋盆。本文则认为古生代扬子古板块与塔里木古板块相近，与华北古板块相距甚远。那时华北古板块之南不是有限洋盆而是广阔的秦岭大洋。

(5)扬子古板块西缘是矿产富集地，如康滇隆起上的攀枝花式的钒钛磁铁矿、荥经和石棉型铜矿、铂矿床等。若晚古生代扬子古板块与塔里木古板块拼结，在同一峨眉地幔柱作用下，以后再分离，则很有可能在阿尔金构造带及其邻区找到类似的大型金属矿床。

本文论述扬子古板块和塔里木古板块在地史演化中的汇聚和离散，是中国古大陆再造的一次大胆尝试，在构造学、岩石学、古生物学和同位素年代学方面有较多的依据，自认为还较合理。但与国内外同行使用古地磁学恢复的古板块位置，则矛盾较大，讨论中涉及的问题结论，也与同行大相径庭。是否能称解析“中国地质百慕大”之谜？敬待读者批评指正。

在编写本文过程中得到骆耀南、夏宗实和俞如龙诸位先生的鼓励和支持，在此致谢！

参考文献

[1]黄汲清，任纪舜，姜春发，等. 中国大地构造及其演化[M]. 北京：科学出版社，1980.

[2]森格 A M C. 板块构造学和造山运动——特提斯洋剖析[M]. 上海：复旦大学出版社，1981.

[3]罗志立. 中国西南地区晚古生代以来地裂运动对石油等矿产形成的影响[J]. 四川地质学报，1983，(2)：1-22.

[4]殷鸿福，杨逢清，黄其胜，等. 秦岭及邻区三叠系[M]. 北京：中国地质大学出版社，1992.

[5]蔡立国，郑冰，刘建荣，等. 青藏高原东部石油地质基本特征[M]. 南京：南京大学出版社，1993.

[6]潘桂棠，陈智梁，李兴振，等. 东特提斯地质构造形成和演化[M]. 北京：地质出版社，1997.

[7]车自成，刘良，罗金海. 中国及邻区区域大地构造学[M]. 北京：科学出版社，2002.

[8]任纪舜，肖黎巍. 1∶25万地质填图进一步揭开了青藏高原大地构造的神秘面纱[J]. 地质通报，2004，2(31)：1-1.

[9]罗志立，雍自权，刘树根，等. “峨眉地裂运动”对扬子古板块和塔里木古板块的离散作用及其地学意义[J]. 新疆石油地质，2004，2(51)：1-7.

[10]贾润胥. 中国塔里木盆地北部油气地质研究(第一辑)[M]. 北京：中国地质大学出版社，1991.

[11]新疆地矿局. 新疆维吾尔自治区区域地质(专报)[M]. 北京：地质出版社，1982.

[12]罗志立，金以钟. 试论上扬子地台峨眉地裂运动[J]. 地质论评，1988，3(41)：11-23.

[13]汪云亮，李巨初. 幔源岩浆源区成分判别原理及峨眉山玄武岩地幔源区性质[J]. 地质学报，1993，6(71)：52-62.

[14]张昭崇，王福生. 峨眉山大火成岩中发现二叠纪苦橄质[M]. 成都：成都科技大学出版社，1994.

[15]宋谢炎，王玉兰. 峨眉山玄武岩、峨眉山地裂运动与峨眉地幔柱[J]. 地质地球化学，1998，(1)：47-52.

[16]罗志立. 龙门山造山带的崛起和四川盆地的形成与演化[M]. 成都科技大学出版社，1994：203-219，288-302.

[本文原载于《地学前缘》，2006，13(6)：131－138]

Ⅱ-6 试论“塔里木－扬子古大陆”再造

罗志立 雍自权 刘树根 孙 玮

（成都理工大学“油气藏地质及开发工程”国家重点实验室，四川 成都 610059）

摘要：扬子古板块在地史演化中，是与塔里木板块靠近还是与华北古板块相近，这是中国大陆再造中长期争论的问题。在前人有限的资料的基础上，从岩石学、古气候学和古生物学等方面，论证扬子与塔里木古板块内部地质特征的可比性，从构造解析板块边缘造山带的岩石学记录，追踪扬子与塔里木古板块地史演化中的相关性，得出从新元古代至二叠纪扬子古板块多与塔里木古板块靠近，成为一个大陆，我们暂命名为“塔里木－扬子古大陆”。后经“峨眉地幔柱”的作用和“峨眉地裂运动”的拉张，古大陆解体，两个板块分离，扬子古板块向东漂移到现今位置。两个板块会聚和离散的演化模式若能成立，则涉及中国一些基础地质科学的重新认识，也为预测大型矿产提供一点新思路。

关键词：扬子古板块；塔里木古板块；塔里木－扬子古大陆再造；峨眉地幔柱

长期以来，国内的大地构造学家均认为古生代华北与扬子准地台之间的活动中隔秦岭地槽[1]；板块构造学家认为华北板块与华南板块之间的秦岭洋为开、合演化[2]；而古地理学家把秦岭洋的关闭视为扬子板块与华北板块的对接带[3]。但20世纪90年代以后，也有一些地质学家认为古生代扬子板块与华北板块相去甚远，而与塔里木板块相近，如程裕琪为：“从古生代岩性组合、古生物面貌等，认为塔里木区与扬子区极为相似，二者为统一的整体”[4]。又如周志毅等认为：“塔里木板块在古生代早中期与华南板块较接近，属同一生物地理区系；而不是像过去有人所主张的那样，古生代时塔里木板块与华北板块连接在一起。”[5]这一问题涉及中国许多基础地质科学创新的认识问题，如古大陆重建问题、古环境地质问题、古生物灭绝问题和大型矿产预测等问题。我们不揣浅漏，在前人研究成果启迪下，使用有限的资料，从峨眉地裂运动、峨眉地幔柱等论点，研究塔里木古板块与扬子古板块的汇聚和离散，前后发表过3篇文章[6－8]，求教于同仁。近期笔者等再从岩石学、古气候学、古生物区系等方面，论证塔里木和扬子古板块的可比性，解释阿尔金造山带和龙门山造山带的演化关系。应用王鸿祯先生的构造古地理和生物古地理结合的方法[9]，再造古生代早、中期“塔里木－扬子古大陆”会聚的格局。从古生代晚期至中生代早期板块运动的区域构造解析[10]、根据西南发生的“峨眉地裂运动”和“峨眉地幔柱”所表现的地球运动学和地球动力学特征，分析“塔里木－扬子古大陆”裂解和漂移。在此基础上，提出中国大地构造一些基础的地质问题和预测大型矿产方向等问题与同仁探讨。并以此文祝贺王鸿祯先生90岁生日，感谢他为中国地球科学做出的杰出贡献和对晚辈的谆谆教诲。

一、塔里木板块和扬子板块汇聚成“塔里木－扬子古大陆”的依据和过程

（一）太古宙岩石学的信息

塔里木板块东部阿尔金地块的米兰群杂岩中，获得3.6Ga(U-Pb法)岩石的年龄信息[11]，红柳沟－拉配泉以北出露麻粒岩获得2.4～2.7Ga(U-Pb法)年龄，库尔勒附近铁门关斜长角闪岩的锆石中获得2.5Ga(U-Pb法)年龄[12]。在扬子始板块西缘的康滇隆起上，北起康定南至元谋的南北带上，断续分布的康定群为片麻岩组合，局部为麻粒岩相，测得年龄为2957Ma(Pb-Pb法)和2404Ma(Rb-Sr法)[13]。两个板块均有太古宙岩石的信息，推测可能为统一的陆核，以后再分离开的。

（二）古中元古代航磁异常样式的岩石－构造解释

太古宙中晚期分散的扬子、塔南地体和华北陆块，在新太古代末期，经阜平运动形成一个总体构造的走向北西－南东或近东西向的统一超级大陆，其构造样式为北东成带，北西成串特征（见图1）。此超级大陆在古元古代被一系列北东向左行韧性剪切带切割，如古郯庐和古阿尔金等剪切带，使大陆发生大规模的左行拆离和改造。这时的扬子地体和华夏地体与塔南和柴达木地体靠近，而远离华北陆块，显示扬子板块与塔里木板块在元古宙就可能靠近的亲密关系。

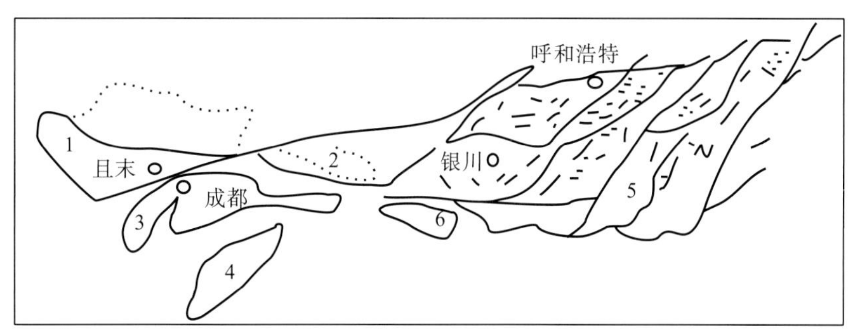

图1 古元古代塔南－扬子地体和华北陆块组成的超级大陆

1. 塔南地体；2. 柴达木地体；3. 扬子地体；4. 华夏地体；5. 华北陆块；6. 大别地体

（三）新元古代塔里木始板块与扬子始板块均有火山岛弧的构造背景

（1）塔中－阿尔金新元古代的岩浆岛弧：近年来在塔中隆起上钻的塔参1井，井深7200m，见寒武系白云岩不整合在元古宙的闪长岩上，年龄有（790±22.1）Ma、（754.4±22.6）Ma和（744±9.3）Ma，岩石元素鉴别分析，样品均落在火山弧区，认为可与阿尔金地块上在茫崖－若羌公路上存在的（969±6）Ma（U-Pb法）花岗岩相近，成为新元古代的岩浆弧。

（2）康滇－川中－鄂西新元古代火山岛弧：笔者曾于1986年在扬子古板块的威远构造上钻的威28井，对3630m井深进入灯影组前的花岗闪长岩取样，测得年龄值为740.99Ma（Rb-Sr全岩），可与峨眉山及康滇地轴上同时代花岗岩对比。又于钻进川中基底的女基井井深5963～6010m的流纹英安岩取样，测得年龄值为701.54Ma，可与川西苏雄组对比。经判别元素分析，为岛弧构造背景的产物，符合作者提出的康滇－川中－鄂西岛弧的论断[14]。

（3）塔里木始板块与扬子始板块上两个岛弧可能为陆－陆碰撞的成因：笔者曾以扬子始板块西缘出现的盐边群等岩石学资料，推断古青藏洋板块向东俯冲，形成康滇－川中－鄂西岛弧[14]。20世纪90年代林茂炳等依据1∶50000区域地质填图成果[15]，在扬子板块西缘盐边群等褶皱基底的变质岩中，常残存有中、新元古代蛇绿岩残块，延长超过700km，进一步证实了扬子始板块西缘存在洋壳俯冲带，康滇－川中－鄂西岛弧为其俯冲的产物。塔里木始板块的阿尔金山主断裂带上的阿帕－茫崖发育一条北东向蛇绿岩带，由43个超镁铁岩体组成，断续延长700km以上，年龄值为（949±62）Ma（Sm-Nd）[11]，以盛产石棉著称，可与扬子始板块产石棉矿对比。阿帕－茫崖中、新元古代蛇绿岩带存在，即可推断塔中－阿尔金地块上的岩浆弧火山岩是俯冲碰撞的产物。

由此可推测，两个始板块在中、新元古代彼此俯冲、碰撞，阿尔金小洋盆关闭，“塔里木－扬子古大陆”初次形成，成为黄汲清等所称“古中国地台”的一部分[16]。

（4）震旦纪塔里木和扬子始板块有相同的古气候环境和古生物区系：中、新元古代“塔里木－扬子古大陆”基底初步形成，迎来新元古代第一套震旦系盖层，当时气候寒冷，发生全球性早震旦世晚期冰川流动事件，新疆贝义西组冰碛层的沉积物和层位，可与湘、黔、桂比邻地区的长安组冰渍层对比[17]（见表1）。表明两者间在古气候分区内，相距不远。

震旦系上统，在新疆柯坪地区的震旦纪晚期奇布拉克组中，出现有代表性的叠层石化石 *Paniscolenia Colleniella*（阿克苏-乌什组合）；可与贵州、云南、湖北等地上震旦统陡山沱组中有代表性叠层石化石 *Boxnia*，*Gymnosolen*，*Linella*，*Potomia* 等对比（梁玉左等称为开阳组合）。该作者还认为："新疆震旦纪的微古植物化石组合，占优势的粗面球形藻和光球藻，与峡东、滇东、湘、桂、黔、川西等地区的微古植物化石组合特征基本一致，是可以对比的。"[17]

（四）早寒武世塔里木和扬子古板块也有相同古生物组合和沉积序列

早寒武世在新疆柯坪地区肖尔布拉克组（$\mathrm{Є}_1$）中，出现的 *Liangshanella*，*yaoyingella*，*shensiella* 等古介形虫是扬子区动物群中筇竹寺阶中很有特色的分子。此外，盛产于早寒武世的软舌螺化石，在塔里木区和扬子地区也极为丰富[17]。塔里木和扬子古板块早寒武世可视为一个统一的古大陆块体，其共同点和可比性有四个方面：①有共同的缺氧事件沉积，其黑色页岩建造完全可以对比；②下寒武统与上震旦统间均具有成因相同的层序不整合；③塔里木古板块与扬子古板块均具有同时性的海泛面；④两个古板块在早寒武世的含磷地层，均具有相同的沉积序列和古生物组合。

表 1　新疆和华南震旦系特征对比表

<table>
<tr><td rowspan="2" colspan="3">时代地层</td><td colspan="7">不同地区地层</td></tr>
<tr><td>新疆
（库鲁克塔格）</td><td>青海
柴达木北缘</td><td colspan="2">甘肃-内蒙
（北山）</td><td>滇东</td><td colspan="2">湘黔桂</td></tr>
<tr><td colspan="3">上覆地层</td><td>西山布拉克组</td><td>下寒武统</td><td colspan="2">双鹰山组</td><td>梅树村组</td><td colspan="2">下寒武统</td></tr>
<tr><td rowspan="9">震旦系</td><td rowspan="4">上统</td><td>罗圈冰期</td><td>汉格尔乔克组
ΔΔΔ</td><td>红铁沟组
ΔΔΔ</td><td rowspan="7">红山口群</td><td rowspan="4">上岩组</td><td>灯影组</td><td colspan="2">老堡组</td></tr>
<tr><td rowspan="3">间冰期</td><td>水泉组</td><td rowspan="10">全吉群</td><td rowspan="3">陡山沱组</td><td rowspan="3" colspan="2">陡山沱组</td></tr>
<tr><td>育青沟组</td></tr>
<tr><td>扎摩克提组</td></tr>
<tr><td rowspan="5">下统</td><td rowspan="3">南沱冰期</td><td>特瑞爱肯组
ΔΔ</td><td rowspan="3">下岩组</td><td rowspan="3">南沱组 ΔΔ</td><td rowspan="3">南沱组</td><td>ΔΔ
上冰碛期</td></tr>
<tr><td rowspan="2">阿勒通沟组
ΔΔ</td><td>大塘坡段</td></tr>
<tr><td>下冰碛层
ΔΔ</td></tr>
<tr><td>间冰期</td><td>照壁山组</td><td rowspan="2" colspan="2"></td><td rowspan="2">微江组</td><td colspan="2">富禄组</td></tr>
<tr><td>长安冰期</td><td>贝义西组</td><td colspan="2">长安组
Δ</td></tr>
<tr><td colspan="3">下伏地层</td><td>帕尔岗塔格群</td><td colspan="2">大豁落山群</td><td>昆阳群</td><td colspan="2">板溪群
下江群</td></tr>
</table>

（五）加里东期阿尔金洋盆再次的开启与关闭，导致塔里木与扬子古板块再次会聚

早寒武世后，"古中国地台"裂解，南天山、祁连、秦岭等洋和阿尔金小洋盆发育。扬子古板块和塔里木古板块再次沿阿尔金断裂开裂成小洋盆，滇黔桂石油地质所在阿尔金地块南缘的阿帕-茫崖的混杂岩带，发现大量的头足类化石，时代属寒武纪—泥盆纪，说明有海洋沉积。在茫崖又发现有 459Ma

(Rb-Sr)的蛇绿岩，证实小洋盆存在，早奥陶世为洋盆扩张期；岩浆主要活动高峰期为442Ma左右，表明中奥陶世发生碰撞，洋盆关闭。早古生代俯冲带向北倾[18]。早志留世—晚石炭世洋盆完全关闭成山。

在扬子古板块西缘的盐源－丽江区，可见寒武纪—奥陶纪大陆边缘海相碎屑岩沉积；在龙门山区志留纪发生裂陷，沉积厚度巨大的复理石(茂县群)。在整个板块边缘均未发现早古生代的蛇绿岩套，显示稳定大陆边缘特征。若把上述两个板块边缘性质和变形时间结合研究，就会发现阿尔金洋盆的关闭，是由扬子古板块由东向西俯冲推挤造成的，彼此具有运动学配套特征。

阿尔金洋盆的开启与关闭在两个板块内部变形也有响应。如阿尔金洋盆主要扩张期为早奥陶世，与塔里木古板块寒武纪—早奥陶世的满加尔拗拉槽发育对应，阿尔金洋盆中奥陶世关闭，不仅与塔里木盆地的塔北和塔中等古隆起发育期相对应，还与扬子古板块上的康滇、乐山－龙女寺和江南等古隆起发育相对应。

(六)二叠纪两个板块完成拼合，会聚成“塔里木－扬子古大陆”

太古宙至新元古代，扬子与塔里木古板块拼结成“古中国地台”，后经“兴凯地裂运动”导致“古中国地台”的解体形成阿尔金等洋盆，再经过加里东运动期俯冲、碰撞，华力西运动期的进一步会聚，两个古板块到二叠纪完全会聚成一个“塔里木－扬子古大陆”(见图2)，成为全球“联合古大陆”的组成部分，其依据为：①两个古大陆均有大面积玄武岩发育。在扬子古板块西南的川、滇、黔地区，有$30\times10^4\sim50\times10^4km^2$上二叠统峨眉山玄武岩喷发，厚度在盐源－丽江地区(③区)可达2～3km。在塔里木古板块的柯坪、阿瓦提坳陷、满加尔坳陷西部、塔北隆起西部、巴楚隆起、塔中隆起和塔西南坳陷等地发育早二叠世玄武岩，从钻井控制范围估计面积超过$10\times10^4km^2$，有7个火山喷发带。一般厚度为200～300m，最厚不超过500m，年龄为278Ma(Ar-Ar法)。两个古板块均在二叠纪出现大面积玄武岩盖，并非偶然，可能受同一地球动力学控制。②玄武岩喷发时代由西向东有规律性变化。如塔里木古板块，在巴楚隆起上玄武岩，获得同位素年龄值241～278Ma(K-Ar法)，并在柯坪玄武岩夹层中，采得*Parafusulina*，*Nankinila*等类化石，喷发时代为二叠世栖霞组沉积期[19]。而在扬子古板块西缘(介于箐河－程海断裂和小金河断裂间)，玄武岩喷发始于早二叠世，一直延续到晚二叠世(③区)；更向东至甘洛－小江断裂以东的云、贵、川地区，喷发限于晚二叠世乐平组沉积期(①区)。这种玄武岩喷发层位，从西向东，由老至新的变化规律，显示两者可能受深部统一地球动力学移动的作用。③玄武岩喷发物质成分和喷发强度沿阿尔金对接构造带，分别向东西两侧有规律的变化。在扬子古板块的盐源－丽江地区(③区)，主要由橄榄玄武岩和辉斑玄武岩组成，具枕状构造，并发现苦橄岩，代表陆缘海溢流玄武岩喷发环境；向东至云、贵、川地区(①区)以拉斑玄武岩为主，属典型大陆溢流玄武岩(暗色岩区)；其喷发的强度和玄武岩的厚度，也由西向东变弱和变薄。在塔里木古板块内部有7条火山岩浆活动带，喷发强度有由南向北变弱的趋势，值得注意的是，在靠近阿尔金构造带的音干村，有橄榄玄武岩报道(待核实)，也显示物质成分由东向西变化。这种变化的规律性，可能受同一地幔柱活动的控制。

二叠纪是中国古地理的一个转折点。晚二叠世以后，海水从中亚、蒙古和华北退却，许多陆相盆地形成。塔里木古板块和扬子古板块联结成一体，我们称它为“塔里木－扬子古大陆”，是基于它面积大，超过$100\times10^2km^2$。自元古宙以来，无论古生物组合、古气候、沉积序列、板块构造边缘组合关系等，彼此亲缘关系都很密切。二叠纪大面积的火山岩喷发，又受同一地球动力学影响。这些均不同于华北古板块的构造特征和古地理格局。这样古大陆的再造理念可恰当回答黄汲清等提出的“新疆玄武岩与华南玄武岩的同时性，有待于合理解释的问题”[20]。

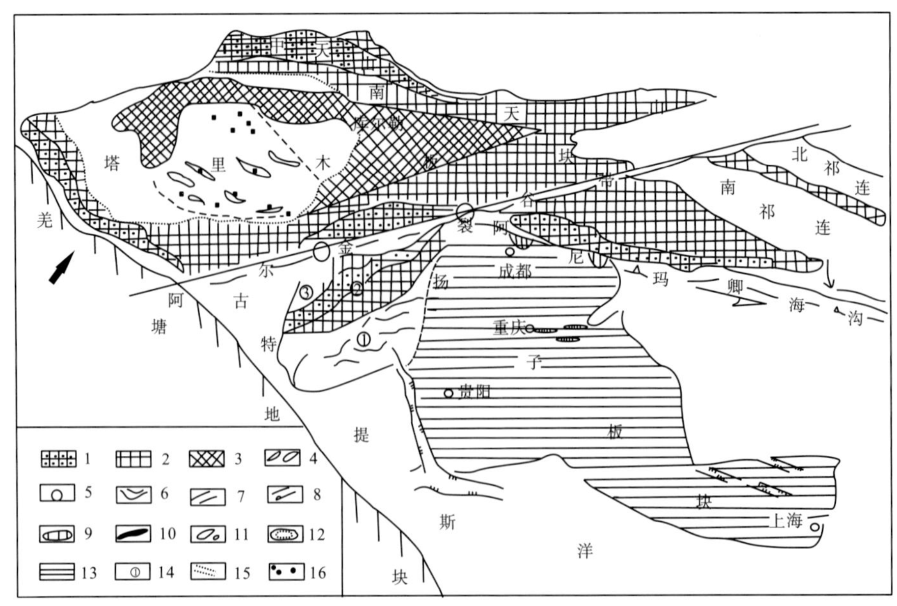

图 2　晚二叠世塔里木板块与扬子古板块汇聚示意图

1. 前寒武纪古陆；2. 古陆；3. 陆地；4. 火山岩；5. 推测三结点；6. 深水裂陷槽；7. 裂谷；8. 深海沟；9. 微陆块；10. 晚二叠世玄武岩；11. 早二叠世玄武岩；12. 晚二叠世陆相沉积；13. 晚二叠世海相沉积；14. 玄武岩分区或分区编号；15. 塔里木盆地下二叠统分区；16. 钻井中见灿岩

二、扬子古板块与塔里木古板块离散，向东漂移的运动学和动力学条件

“塔里木—扬子古大陆”形成后，若以且末和成都两点计算，当时两个板块直线距离不超过 200km，而现在两点的直线距离超过 1900km，也就是说二叠纪后扬子古板块离开塔里木古板块向东漂移了很长距离。这个大胆论点能否成立，取决于对古区域构造的解析，是否存在古板块运动学和动力学的条件。

(一)扬子古板块向东漂移的动力学条件

(1)拼接后的扬子古板块北缘，存在向东滑移的条件。在柴达木地块南区，下石炭统为火山碎屑夹碳酸盐岩，厚度大于 3.2km。下二叠统生物碎屑岩夹玄武岩，厚度为 8～9.6km。向东延伸到阿尼玛卿，出现二叠—三叠系蛇绿岩带，东西延长 500km。更向东延至康、勉、略地区，出现前寒武系岩块、下石炭统蛇绿岩片和陆缘碎屑岩，共同组成构造混杂岩带[11]。这些岩石记录显示在当时的扬子古板块北缘石炭纪—早二叠世有一条深海沟，木孜塔格—玛沁为晚二叠世—早三叠世的俯冲带，其构造格架可提供扬子古板块向东滑移的条件。这与潘桂棠等从玛沁东有糜棱岩带和东昆仑南缘北侧有 228.74Ma (Rb-Sr)的片麻岩等资料，认为“东昆仑南缘断裂确实存在左行位移”结论一致[21]。

(2)扬子古板块西北缘，存在康定、木里、剑川等“三结点”，为扬子古板块脱离塔里木古板块分离的条件。罗志立等在研究上扬子地台“峨眉地裂运动”时联系道孚—康定平移剪切带、甘孜—理塘缝合带和龙门山冲断带和攀西裂谷带的空间位置组合，确定出康定、木里、剑川等“三结点”[22]。若二叠纪扬子古板块与塔里木古板块拼接成阿尔金构造带，这些“三结点”的活动，就会成为扬子古板块脱离塔里木古板块向东离散的条件，其中木里“三结点”后期可能成为“峨眉地幔柱”发育的主要位置。

(3)羌塘—昌都地块向东北推挤，迫使扬子古板块向东离散。羌塘—昌都地块北端早二叠世与塔里木古板块西南的康西瓦碰撞形成缝合带，并致南天山小洋盆关闭和塔里木地块隆升，转为晚二叠世陆相盆地。从南西向北东的挤压力，必然在塔里木古板块边缘上产生北西—南东向的拉张力，这也会促使扬子古板块脱离阿尔金构造带向东漂移。

(二)“峨眉地幔柱”活动是扬子古板块与塔里木古板块分离并向东漂移的地球动力学的主要条件

20世纪90年代，许多地球化学家认为峨眉山玄武岩喷发与地幔柱活动有关[23－25]，并由中国地质学会矿床专业委员会等单位发起，于2003年10月在成都召开“峨眉地幔柱与资源环境效应学术研讨会”，基本肯定了存在“峨眉地幔柱”的论点。地球深部发生的“峨眉地幔柱”，必将使地壳深部物质上涌并发生热力膨胀作用。在“塔里木－扬子古大陆”产生“峨眉地裂运动”[6,7]，大面积玄武岩喷发，必然会使扬子古板块与塔里木古板块离散，加速向东漂移(见图3)。

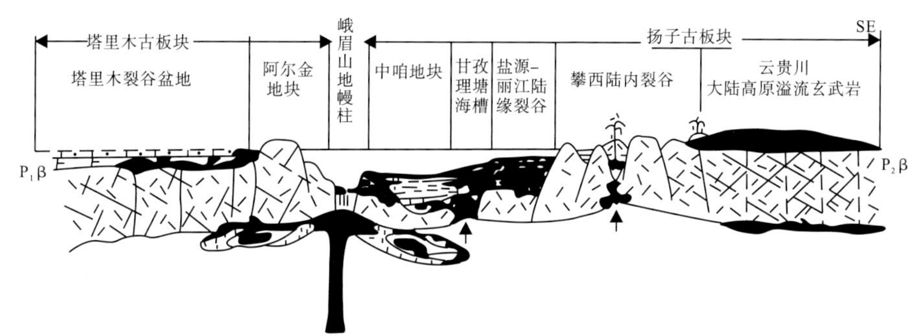

图3 峨眉地幔柱引起塔里木－扬子古大陆破裂、离散剖面示意图

$P_1\beta$. 早二叠世玄武岩；$P_2\beta$. 晚二叠世玄武岩

(三)扬子古板块向东漂移

上述古板块的运动学和动力学条件具备，则扬子古板块脱离塔里木古板块，向东漂移到现在位置，运移距离约1900km成为可能。期间还经过印支－燕山－喜马拉雅期运动的改造，有旋转，有拉裂，中咱、若尔盖和青川等地块都是在漂移过程中从扬子古板块分裂、滞后的大、小块体。在这些块体中仍保留有与扬子古板块相似的震旦系灯影组盖层或二叠纪喷发的玄武岩，可资证明。

三、“塔里木－扬子古大陆”再造模式对地质科学创新认识和大型矿产等预测

上述“塔里木－扬子古大陆”再造模式若能成立，就会涉及大半个中国古板块的重新组合和挑战传统观念的一些问题。

(1)松潘－甘孜三角形造山带褶皱区的基底，许多同行从“泛扬子地台”观点[11,21]出发，认为是陆壳的基底。我们认为它是从扬子古板块向东漂移后，形成的晚二叠世—早三叠世新生洋壳基底[8]。其区域的构造格局，有如森格认为是劳亚、扬子、羌塘三大陆块区间，非并置碰撞形成的鹿头形松潘－甘孜增生杂岩体[26]。若尔盖等地块是从扬子古板块拉裂出来的微陆块，分布局限，不能代表松潘－甘孜地区全是陆壳基底，或成为“泛扬子地台”组成部分的认识。

(2)在青藏高原北部的松潘－甘孜地区存在从古生代延续到三叠纪的特提斯洋[27]，或是本文认为的晚二叠－早三叠世的新生洋盆，这个新生洋盆不是早二叠世闭合再裂开，而可能是晚二叠世—早三叠世扬子古板块向东漂移后形成的新生洋盆。

(3)前述国内许多地学工作者恢复古生代大陆演化时，常把扬子古板块放在华北古板块之南，中隔秦岭有限洋盆的开合来讨论。本文则认为古生代扬子古板块与华北板块相去甚远，而与塔里木古板块相距甚近。那时华北古板块之南不是有限洋盆，而是广阔的秦岭大洋，这一观点的提出又会给秦岭造山带形成讨论增加了新的变数。

(4)二叠纪“塔里木－扬子古大陆”大面积的玄武岩喷发，喷入大气中的大量火山灰、SO_2、CO_2形成酸雨，产生的全球气候巨变，必然会影响二叠纪末到三叠纪初(PBT)生物灭绝事件(当时90%的海

洋生物和70%的陆上脊椎动物绝灭），为研究全球生物绝灭事件“内生论”提供依据。研究“塔里木－扬子古大陆”及因“峨眉地幔柱”和“峨眉地裂运动”而产生的大规模离散作用，也有利于认识全球性的地质灾害和环境巨变。

(5)扬子古板块西缘是晚古生代金属矿产富集地，如康滇隆起上的攀枝花式大型钒、钛磁铁矿，荥经和石棉等地的铜矿和铂矿床等。若“塔里木－扬子古大陆”在同一地幔柱作用下而分离，很有可能在新疆的阿尔金构造带及其邻区找到类似的大型金属矿床。

(6)笔者根据“峨眉地裂运动”的论点，首次提出川东的万县和达县一带为上二叠统生物礁发育地带，后经地面调查和钻探证实，发现许多礁块气藏[28]。川东北礁块发育是在开阔台地海相中，为“峨眉地裂运动”拉张形成“台块－台槽”模式所支配，台块边缘的隆升活动，不仅控制上二叠统礁块发育，而且还控制下三叠统飞仙关组鲕状石灰岩发育和白云岩化，形成良好的储层，近几年来在川东北的宣汉地区，发现的普光特大型碳酸盐岩整装气田(探明储量达$2500\times10^8 m^3$)，即与此“台块”构造背景相关。据我们多年对“峨眉地裂运动”的研究，在川北的广元－苍溪一带有可能发现类似的整装大气田。塔里木盆地古生代演化中存在“兴凯地裂运动”和“峨眉地裂运动”，对古生界油气藏的生成、运聚、保存和成礁有重要作用，若能借鉴四川盆地“峨眉地裂运动”对气藏的控制规律性，预测还有可能在古生界找到更多的大油气田[29]。

最后要说明的是，本文论述“塔里木－扬子古大陆”的会聚和离散，是利用前人有限资料，在恢复中国古大陆中的一次大胆尝试。初步回答了两个板块之间长期争论的关系问题，并提出一些重大基础地质问题讨论，这些问题涉及多学科和多领域的协作研究，其中任一问题的突破，都会对中国某些基础地质问题产生较大的影响。

参考文献

[1] Huang T K. An outline of the tectonic characteristics of China[A]//Burchfiel B C, Oliver J E, Silver L T. Continental Tectonics(Studies in Geophysics)[M]. Washington, D C: National Academy of Science, 1980 , 184-197.

[2]张国伟，张本仁，袁学诚．秦岭造山带过程和岩石圈三维结构图丛[M]．北京：科学出版社，1996.

[3]王鸿祯，杨森楠，刘本培，等．中国及邻区构造古地理和生物古地理[M]．北京：中国地质大学出版社，1990.

[4]程裕琪．中国区域地质概论[M]．北京：地质出版社，1994.

[5]周志毅，林焕林．西北地区地层、古地理和板块构造[M]．南京：南京大学出版社，1995.

[6]罗志立，雍自权，刘树根，等．“峨眉地裂运动”对扬子古板块和塔里木古板块的离散作用及其地学意义[J]．新疆石油地质，2004，25(1)：1-7.

[7]罗志立，刘顺，刘树根，等．“峨眉地幔柱”对扬子板块和塔里木板块离散的作用及其找矿意义[J]．地球学报，2004，25(5)：515-522.

[8]罗志立，姚军辉，孙玮，等．试解“中国地质百慕大”之谜[J]．新疆石油地质，2006，27(1)：1-4.

[11]车自成，刘良，罗金海．中国及邻区区域大地构造学[M]．北京：科学出版社，2002.

[12]贾承造．塔里木盆地-板块构造与大陆动力学[M]．北京：石油工业出版社，2004.

[13]张云湘，骆耀南，杨崇喜．攀西裂谷——地质专报5号[M]．北京：地质出版社，1998.

[14]罗志立．川中是一个古陆核吗？[J]．成都地质学院学报，1986，13(3)：65-73.

[15]林茂炳，苟宗海．四川龙门山造山带模式研究[M]．成都：成都科技大学出版社，1996.

[16]黄汲清，任纪舜．中国大地构造及其演化[M]．北京：科学出版社，1980.

[17]新疆地质矿产局．新疆区域地质志[M]．北京：地质出版社，1993.

[18]陈宣华，尹安，高荐，等．阿尔金山区域热演化历史的初步研究[J]．地质论评，2002，48(增刊)：146-151.

[19]贾润胥．中国塔里木盆地北部油气质研究(第1辑)[M]．北京：中国地质大学出版社，1991.

[20]黄汲清，陈炳蔚．中国及邻区特提斯海演化[M]．北京：地质出版社，1987.

[21]潘桂棠，陈智梁，李兴根，等．东特提斯地质构造形成和演化[M]．北京：地质出版社，1997.

[22]罗志立，金以钟．试论上扬子地台峨眉地裂运动[J]．地质论评，1988，34(1)：11-23.

[23]汪云亮，李巨初．幔源岩浆源区成分判别原理及峨眉山玄武岩地幔源区性质[J]．地质学报，1993，67(1)：52-62.

[24]张招崇，王福生. 峨眉山火山岩中发现二叠纪苦橄质熔岩[J]. 地质论评，2002，48(4)：448.

[25]宋谢炎，王玉兰，曹志敏，等. 峨眉山玄武岩、峨眉地裂运动与峨眉地幔柱[J]. 地质地球化学，1998，(1)：47-52.

[26]森格 A M C. 板块构造学和造山运动——特提斯洋剖析[M]. 上海：复旦大学出版社，1981.

[27]任纪舜，肖黎巍. 1 ∶25 万地质填图进一步揭开了青藏高原大地构造神秘的面纱[J]. 地质通报，2004，23(1)：1-11.

[28]罗志立，赵锡奎，刘树根，等. “中国地裂运动”的创建和发展[J]. 石油实验地质，2001，23(2)：232-240.

[29]罗志立，罗平，刘树根，等. 塔里木盆地古生界油气勘探的新思路[J]. 新疆石油地质，2001，22(5)：365-370.

［本文原载于《新疆石油地质》，2012，33(4)：401－407］

Ⅱ-7　峨眉地裂运动观对川东北大气区发现的指引作用

罗志立

（成都理工大学能源学院，成都，610059）

摘要：目前川东北已成为上万亿立方米储量的礁滩相大气区，它是如何获得的？其原因很多，其中，在这一大气区的发现过程中，由笔者三十多年前创建的“峨眉地裂运动观”起到了一定的指引作用。依据公开发表的历史文献，分阶段论述了大气区的研究过程和勘探成果，并探讨了峨眉地裂运动作为川东北礁滩相沉积的大地构造背景和对大气区成藏条件的控制作用。最后，从认识论的角度总结出科研工作的几点经验。建议重视以地裂运动观研究四川和塔里木两个克拉通盆地有沉积岩和火山岩兼备的复合地层，预期今后还会发现更多有机或无机的天然气资源。

关键词：峨眉地裂运动；川东北气区；礁滩相成藏条件；勘探思路

四川盆地在1949～2001年的五十多年里，共发现气田一百多个，探明天然气储量6 238.28×10^8m^3，剩余可采储量2416.24×10^8m^3，其中未见超过1000×10^8m^3的大气田。但从2002年发现普光等海相碳酸盐岩大气田后，十年来探明天然气储量总计超过万亿立方米，在川东北形成礁滩相大气区，使得四十年的川气出川愿望成为现实，为中国南方工业化建设作出了巨大贡献。

这种大好形势的取得，与峨眉地裂运动的理论指引有密切关系。本文将基于峨眉地裂运动观点论证川东北礁滩相大地构造背景和控制成藏条件。

本文所指的川东北地区，是指四川盆地东北部的米仓山－大巴山以南，绵阳－南充－万县以北的广大地区，面积约8×10^8m^3位于盆地沉降最深处，沉积岩厚达11000km。

一、川东北礁滩相大气区研究和勘探发展的四个阶段

（一）峨眉地裂运动观对四川盆地存在生物礁块的预测阶段（1979～1981年）

1976年在四川盆地东缘湖北建南构造，上二叠统长兴组发现礁块气田，但未引起人们的重视。笔者于1979～1981年根据所创建的峨眉地裂运动观点，考查了云南、贵州南盘江地区古生代礁块古油藏的特征，再从西南地区峨眉山玄武岩喷发的构造背景和引起上二叠统在四川盆地岩相带的变化，首次提出在四川盆地找生物礁块气田的意见，并明确指出“上二叠统生物礁块分布的有利地区，其大体位置可能在川东万县至达县一带，再向西经过川北坳陷到川西江油地区”[1]，编制的华力西期地壳运动图件中，所示生物礁体块分布带，与现今川乐和川北查明的许多礁块气田分布基本一致（见图1）。

（二）川东野外地质调查和钻探证实上二叠统生物礁块存在阶段（1982～1984年）

自1981年文献[2]发表后，引起了同行的关注，如1982年陈季高等在《四川盆地上二叠统沉积相和储集条件》的报告中，提出川东地区台内浅滩相有点礁分布[2]；1985年强子同、郭一华等在重庆北碚发现老龙洞生物礁；1984年李书舜等在开县红花乡长兴灰岩中发现生物礁。

早在1966年未提出川东礁块气藏概念之前，在川东共勘探过7个以上二叠统为目的层的构造，钻井13口，仅有日产1.5×104m^3的产气井，其后又钻探的10余口井也均无发现。直到1983年11月在川东石宝寨构造上钻的宝1井，在井深3972～3983m和4008～4051m两个井段的长兴组发现54m白云

岩，中途测试日产气 $8.7\times10^4m^3$，酸化后日产气 $37.2\times10^4m^3$，发现了四川盆地第 1 个生物礁块气藏，从此开拓了川东找气的新局面。“这是四川盆地碳酸盐岩二叠系气藏地质勘探开发上的重大事件，为盆地二叠系气藏的开发指出了新的方向”[3]。

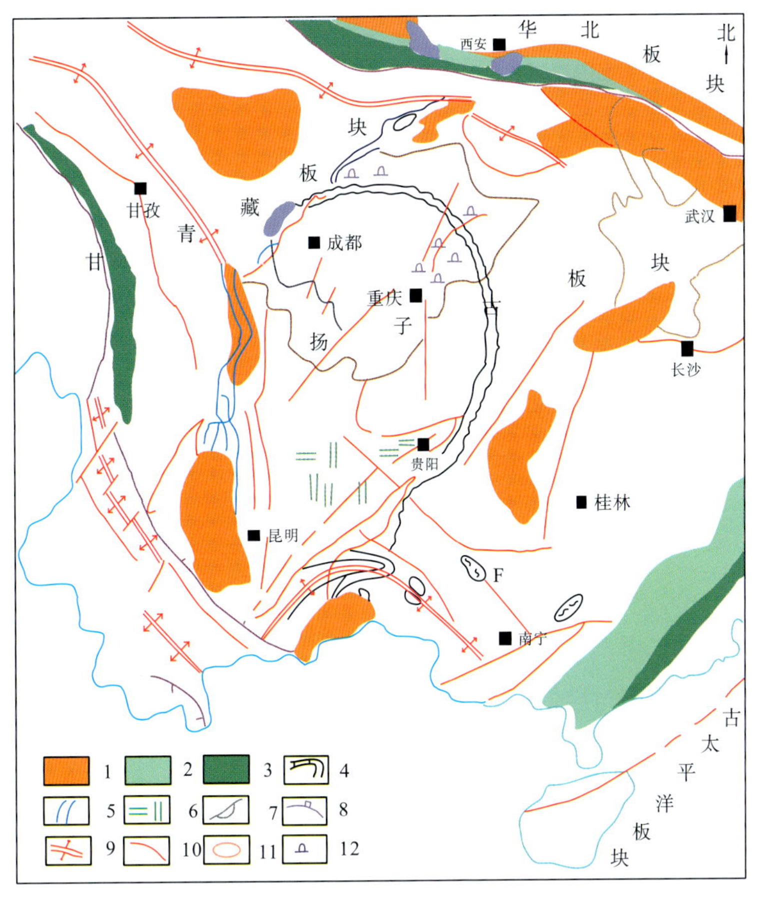

图 1　中国西南地区华力西期地壳运动构造(据文献[1]补充)

1. 前震旦系陆块；2. 加里东期岛弧；3. 印支期岛弧；4. 推测四川盆地礁块分布带；5. 海西期康滇裂谷；6. 二叠纪玄武岩喷发断裂；7. D-T 生物礁；8. 印支期俯冲带；9. 推测的扩张脊；10. 深断裂和区域断裂；11. 现今盆地范围；12. 1982 年后川东发现的上二叠统生物礁

(三)生物礁块气藏分布规律的探索及开江-梁平海槽发现阶段(1985~2000 年)

继石宝寨构造的宝 1 井喷气之后，在川东钻的板东、双龙、铁山、卧龙河、黄龙场、五百梯、大猫坪等构造，相继发现生物礁块气藏，但多为点礁或塔礁，储量仅有 $10\times10^8\sim40\times10^8m^3$，1986 年陈季高、陈太源采用地震地层学方法探索预测生物礁分布，共在川东及邻区查明地面礁块 13 处和井下 8 处，地震礁块异常点 67 个[3]，未发现分布的规律。

笔者等在承担“八五”国家重点攻关项目中，依据川东和川东北地面和井下钻遇的礁块、地震异常显示、火山岩体分布、古断裂和沉积相带等资料，把成礁序列划分出点礁、堡礁和台缘礁三类，圈出 14 个地震异常区(见表 1)。之后发现的普光和元坝大气田，虽均在预测范围内，但限于资料，对川东上二叠统生物礁块分布规律，还不十分清楚。王一刚等利用地质、测井、地震等手段，采用多元信息综合预测方法，在川东北划分出广元-旺苍和开江-梁平两个相邻的二叠系海槽[4]，指出海槽边缘相控制礁体分布的规律(见图 2)，并认为，海槽“除因地裂运动使盆地处于扩张应力场之外，更直接的可能是与北侧秦岭勉略-紫阳洋盆裂陷有关”[5]；2008 年再次认为“四川盆地晚二叠世的海侵，是在盆地北部南秦岭洋扩张和盆地西部地裂运动背景下发生的”[6]。文献[7]虽不认同开江-梁平海槽存在，但在论述川东北区域地质背景时，也认为“南秦岭是以勉略主缝合带为标地在此处于伸展构造体制”。这些论述都与峨眉地裂运动发生的时间和构造性质相对应，在成因上均认为与峨眉地裂运动有关。

表 1　四川盆地地震礁异常分区

分区编号	所在构造名称	礁异常点（个）	发现生物礁的地区或井号
A	硐村西、云安厂、冯家湾和高峰厂	10	
B	五百梯、黄龙场、中新厂和大方寺向斜	15	天东 2 井、天东 21 井、黄龙 1 井
C	铁山北、亭子铺北、雷西、清溪场、东岳寨、宣汉向斜和天生桥向斜	12	即今普光气田所在位置
D	税家槽和龙会	6	
E	铁山场、双家坝和大天池北、罐子	15	铁山 2 井、铁山 4 井、铁山 5 井、七里 8 井
F	石宝寨、万顺场、大池干井和黄泥堂	14	宝 1 井、池 24 井、梁 2 井，太运和茨竹地面礁体
G	邻北、相国寺、座洞崖、板桥、张家场、卧龙河、铜锣峡、新市、黄草峡和苟家湾	53	板东 4 井、张 23 井、卧 117 井、卧 118 井、卧 1224 井、双 15 井、双 18 井，华蓥山椿木坪等 8 个地面礁体
H	石龙峡	4	
I	磨溪、龙女寺和广安	46	广深 3 井
J	涞滩、合川、王家场和潼南	68	涞 1 井
L	永安桥、大足、荷包场和界石场	12	
N	蔺市向斜	1	
L	涪阳坝	2	即现今通南巴构造区
M	九龙山南和彭店	22	即现今元坝气田所在区

对飞仙关组生物滩储集层，也有一个认识过程。1956～1957 年，罗志立、万湘仁等指出：“川东北达县附近飞仙关组飞一段及飞三段可能为储集层，应引起注意”[2]，1963 年钻探川南巴县石油沟构造的巴 3 井，在下三叠统飞仙关组鲕状灰岩获天然气显示。1986 年王一刚等研究川东鲕状灰岩分布和含油性时，认为“鲕粒滩、粒屑滩是有利的储集层相带”[2]。直到 1995 在川东北渡口河构造的渡 1 井，发现厚层鲕粒白云岩，获天然气储量 $359\times10^8m^3$ 后，引起强烈重视以后又发现铁山坡、罗家寨等气田。飞仙关组鲕状白云岩，要叠置在“海槽”边缘的生物礁块上，成为礁滩复合型储集体，才会形成大型气田；而飞仙关组鲕状滩在川东北的分布又受峨眉地裂运动形成的开江－梁平海槽控制。

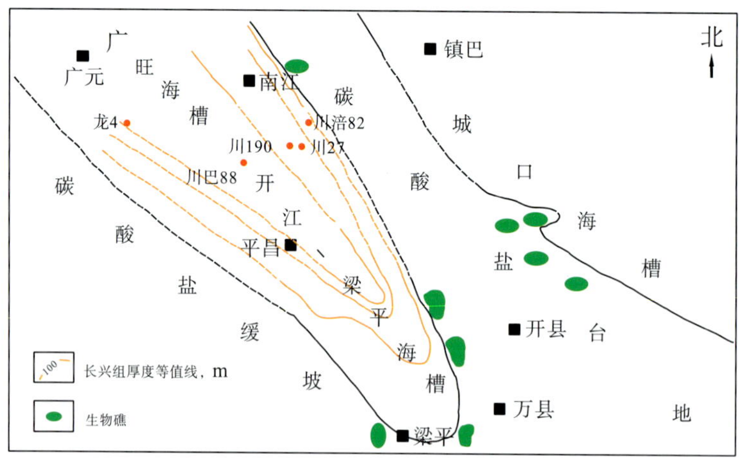

图 2　四川盆地东北部长兴期古地理(据文献[4])

(四)普光、元坝、龙岗大气田的发现和川东北礁滩相大气区的认识阶段(2001～2010 年)

普光大气田位于宣汉－达县地区，区域构造处于大巴山推覆构造前缘五宝场坳陷的西缘。它的构造格架是由川东北北东向的帚状褶皱构造带北端和大巴山北西向弧形构造带横跨褶皱交切形成的“U”形坳陷，其间还保留有白垩系。宣汉－达县区块又恰位于碳酸盐台地边缘的礁相带，也就是在开江－梁平海槽的东缘带上(见图 3)。20 世纪 50～60 年代在该区进行过地面和地球物理调查，钻浅井 10 口找油气和钾盐，仅在侏罗系中、下统见油气显示和嘉陵江组五段发现富钾卤水；70～80 年代随着川东石炭系黄龙组天然气勘探的高潮，以石炭系为目的层进行勘探，效果不好；到了 90 年代五宝场坳陷边缘的罗家寨构造(1999 年)、渡口河构造(1995 年)和铁山坡构造(1999 年)采用地振强震幅(亮点定位技术)等技术发现飞仙关组鲕粒滩大气藏，如罗家寨气藏地质储量 818.23×10^8m^3，铁山坡气藏控制储量为 448×10^8m^3[8]，展现出良好的勘探远景。

2000 年中国石化南方公司确立了以长兴组—飞仙关组礁滩孔隙性白云岩为主的构造－岩性圈闭为主要目标的勘探思路。2001 年 11 月在宣汉－达县地区东岳寨－普光构造上布置了普光 1 井，到 2003 年 7 月在井深 5600.3～5666.24m 的飞仙关组获 42.37×10^4m^3 的高产气流，揭开了长兴组—飞仙关组礁滩相优质白云岩厚度 261.7m，宣告普光大气田的发现(见图 3)。至 2007 年累计探明地质储量 3812.57×10^8m^3，成为我国陆上发现的最大海相气田[9]。尽管如此，在选定勘探主要目标时，还是注意到前人多年研究和勘探长兴组生物礁和飞仙关组鲕粒滩油气的成果。

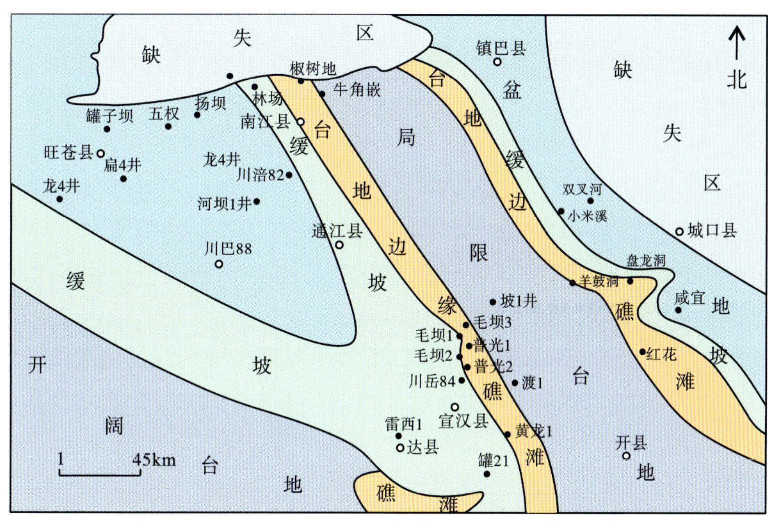

图 3　四川盆地东北部长兴组岩相古地理(据文献[7])

早在 1986 年，陈太源采用地震地层学方法探索四川盆地的生物礁块分布规律时，在龙 4 井之南发现上二叠统存在永宁铺、岐坪等生物礁块，认为“是台地边缘大型潜伏礁块的反映(见图 4)[10]”，笔者在 1991 年编著的《地裂运动与中国油气分布》一书时，即引用了图 4，并认为这里有可能成为大型气藏[11]。

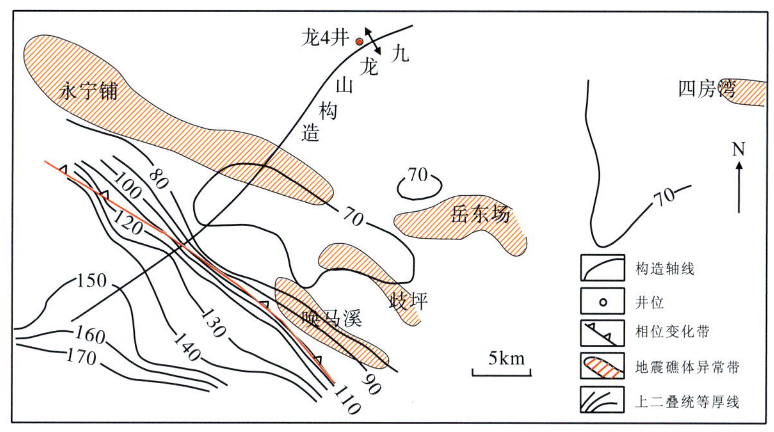

图 4　四川九龙山地区上二叠统厚度等值线(据文献[10])

1986年，笔者的研究生宋子堂，在研究川北台盆边缘的大陆层后，1990年发表文章称：在江油至剑阁和苍溪县的碳酸盐台地边缘上圈出永宁铺等地有生物礁块，并认为“从剑阁－苍溪－南江南部的大隆期台地为找岩性气藏及生物礁气藏的有利地区”[12]。

2005年5月23日，笔者在应邀参加的重庆中国石化南方下组合油气勘探技术交流会上，建议勘探九龙山以南岐坪地区上二叠统礁块气藏，并函复中国石化有关当事人，明确其具体钻探位置。

中国石化南方公司2006年为了进一步落实台缘礁滩相分布范围并为钻井提供依据，实施了二维地震工作，其后编制的元坝地区长兴组岩性圈闭分布图礁体位置分布走向与图4没有大的区别。

元坝1井于2006年5月30日开钻，至井深7170.71m完钻，但在长兴组－飞仙关组产微量气，后续钻元坝1－斜1井，在井深7330.70～7367.60m酸化测试，获天然气$50.3\times10^4m^3/d$，预测礁滩异常体面积$556km^2$，圈闭资源量$6403\times108m$，油气勘探潜力巨大[13]。到2011年元坝气田布井四十多口，有两口井日产气$200\times10^4m^5$，获得探明储量$1592.53\times10^8m^3$，是中国石化继发现国内最大海相普光大气田之后，在四川盆地发现的又一个且最深的海相大气田。

对元坝气田上二叠统生物礁块的发现和证实，不同学者在不同时期都做过研究，在口头或文章上均认为是有远景的生物礁块气藏。并非因为“元坝地区处于九龙山背斜、通南巴背斜和川中隆起三者的过渡带，构造位置相对较低，因此整体评价不高”的论断[14]。相反，上述研究成果为南方公司在2006年勘探元坝构造，提供了重要的参考信息。

龙岗气田位于仪陇县立山镇，处于“开江－梁平海槽”的南缘斜坡礁滩相带，2006年4月龙岗1井开钻，在井深6500m发现气层，测试日产气$120\times10^4m^3$。到2008年底共钻探井20口，获工业油气流井16口，发现三级储量超过$5000\times10^8m^3$的大气田。同时在通南巴构造带涪阳坝构造的河坝1井，宣汉－达县区块毛坝场构造的毛坝1井和双庙场构造双庙1井，均获高产气流。显示广旺－开江－梁平“海槽”边缘斜坡的礁滩型气藏前景广阔。此外，在钻探龙岗和元坝构造过程中还在中浅层发现雷口坡组和须家河组气层和侏罗系油层，从而发现了川东北礁滩相大气区。

二、川东北礁滩相大气区形成的大地构造背景

中国石化于2008年委托成都理工大学开展“华南古板块地裂运动与海相油气前景”项目研究。笔者组织了大量的科技力量，进行野外调查和室内分析，取得以下几点成果。

(一)论证了“开江－梁平海槽”的存在及其油气远景

自2003年发现普光大气田后，先后又发现龙岗大气田和元坝大气田。对这些大气田的沉积－构造单元所在位置，最早称“开江－梁平海槽”[4-6]，后有的学者不同意“海槽”的称谓，改称“盆地”或台棚，中国石油西南油田分公司勘探开发研究院在川中北部发现类似的裂陷又称“台凹”，这些称谓从沉积学、古地理学上有一定的依据，但是若从板块构造成因上看有些局限性，名称不统一不利于科研和实际工作。

“开江－梁平海槽”地理位置，仅限于四川盆地北部，“海槽”向西无开口；而今广元－旺苍地区广泛存在深水相长兴组的“大隆层”，在其槽缘的苍溪等地又发现岐坪等地台缘礁，故再称“开江－梁平海槽”就不宜了，我们建议改称“广旺－开江－梁平拗拉槽”。笔者之所以将“海槽”改称为“拗拉槽”(alacogen)是基于Burke的板块构造观点，将大陆裂陷形成过程概括为地幔上隆－三联构造－拗拉槽和裂谷，来解释大陆边缘与大洋同时裂开有成因关系的拗拉槽，有的又称夭折臂(failedarm)。是国内外许多大油气田聚集的构造单元[11]。结合华南板块格局分析，南秦岭在勉略地区有二叠纪蛇绿岩套，代表南秦岭洋盆存在，在其相邻板块西北缘广元－旺苍地区出现拗拉槽合乎板块构造演合模式。在广旺－开江－梁平拗拉槽之东，在前人研究成果基础上又划分出“鄂西裂陷槽”(alacogen另一译名)，并

认为是南秦岭南缘的“夭折裂陷槽”[16]，与笔者所称的拗拉槽形成机制相同。

对广旺－开江－梁平拗拉槽在分布和成因上有整体认识，在川东北绵延600km范围近$1\times10^4km^2$的环拗拉槽边缘礁滩相带为储集天然气有利地带，虽已获8个长兴组边缘礁气藏和13个飞仙关组鲕粒滩气藏，但还有很大潜力。深入研究和加强勘探，有可能在川东北礁滩型大气区获得更多的储量。

(二)分析四川盆地北部及鄂西拗拉槽群形成的地球动力学背景

广旺－开江－梁平拗拉槽不是单独存在，在其东有鄂西拗拉槽[16]；在其西的四川盆地北部，笔者据龙门山前山带绵竹汉旺地区峨眉枕状玄武岩分布特征、中三叠统天井山组古地理拗陷状况和地震资料，推测在川西的绵竹－中江可能存在另一个拗拉槽[17]。2008～2009年中国石油勘探开发研究院在川中地区发现“蓬溪－武胜台凹”，成为笔者推测的绵竹－中江拗拉槽向东延伸部分。两者结合起来可统称为绵竹－蓬溪－武胜拗拉槽。3个并列拗拉槽形成中上扬子区西北缘的拗拉槽群(见图5)，有以下特征：鄂西、广旺－开江－梁平和绵竹－蓬溪－武胜3个拗拉槽从东向西有序排列；总体走向均为北西－南东向，向北西的洋区开口，向南东的陆区尖灭；槽内深度由南西向北东加大；槽中部位存在深－较深水沉积物，槽缘发育生物礁滩，有利油气聚集。

图5　峨眉地幔柱活动与华南板块西北缘坳拉槽群形成关系示意图

据峨眉地裂运动和前人对峨眉地幔柱研究的资料综合分析[18,20]，四川盆地东北部和湖北西部存在上述拗拉槽群的因素为：一是南秦岭有限洋盆扩张，为坳拉槽群盆地沉降和深水沉积提供条件，如鄂西－广旺－开江－梁平拗拉槽西北端，发育深水硅质沉积相的大隆层；二是扬子板块西北缘存在隐伏的基底断裂为内因；三是峨眉地幔柱强烈活动、快速隆升和大火成岩省形成为其主控的地球动力学因素(见图5)。

三、峨眉地裂运动对川东北大气区成藏的控制作用

(一)峨眉地裂运动形成的拗拉槽群为良好的生、储组合发育提供构造背景

拗拉槽形成裂谷型的拉张构造背景，在其台缘带上，处于大型礁滩发育最有利地带，如普光、毛坝气田，在长兴组礁块上发育的飞仙关组鲕粒滩厚200～300m，为有利的良好储集层。又如普光气田飞仙关组储集层孔隙度2%～28.86%，平均为8.11%，有的埋深超过6000m，最大孔隙值仍可达28.2%。普光、元坝等大气田的烃原岩，很多学者认为来自下伏的二叠系和志留系，但在拗拉槽中沉积的深水相大隆组，为富含有机质的暗色泥岩、泥质灰岩和硅质岩，岩石中含微体浮游有孔虫、骨针和放射虫等化石，在广元－旺苍一带，有机碳含量2.49%～16.91%，8个样品平均为6.21%，分布有厚达30m的良好烃源岩。同时异相的吴家坪组为泥质灰岩，有机碳0.48%～4.69%，9个样品平均为2.22%，亦为较好的烃原岩。在同一拗拉槽中，有如此良好的生储匹配，自然容易形成大气田。显然，峨眉地裂运动形成的拗拉槽，为其成藏提供良好的构造背景。

(二)峨眉地裂运动为盆地有机质充分转化和白云岩化作用提供物理条件

峨眉地幔柱形成的大火成岩省(LIPS)，在中上扬子区喷发的玄武岩有$30\times10^4\sim50\times10^4km^2$，折合体积约$0.35\times10^6\sim0.6\times10^6km^3$，当时参与峨眉玄武岩作用的地幔具有1 550℃的潜能温度[16]，形成的热液流体带来300～400℃热能，为沉积盆地生油层中有机质提供热演化的条件，并有利于油气运移。据四川盆地多口钻井的地层剖面显示，在中、上二叠统间镜质体反射率值突然增大，表明乐平统以下地层温度升高，促进了有机质强烈的转化作用。

拗拉槽边缘存在的二叠系—三叠系礁滩相石灰岩，不一定就是良好储集层，还必须经白云石化形成孔隙性白云岩，方成为大气田的优质储集层。白云石化成因复杂，但构造控制热液白云石化(简称热液白云岩—HTD)是当前国内外许多学者认同的主因[20]。川东北开江－梁平拗拉槽存在有地幔热流体侵入形成热液白云岩化的构造背景，在华蓥山大断裂以北地区，在许多探井中钻遇玄武岩，特别是“开江－梁平”拗拉槽的南缘有大的火山岩体，它们与相伴生的北东向和北西向两组基底断裂有关。这就为热液白云岩化提供一个开放系统和镁元素的参与作用，为普光大气田提供热液白云岩化储集层的充分条件(见图6)。

(三)峨眉地裂运动形成的深大断裂为无机成因天然气提供大通道

峨眉地幔柱导致$30\times10^4\sim50\times10^4km^2$玄武岩喷发，形成大火成岩省，如此大量岩浆物质上涌至当时的地壳表层，伴随岩浆活动而产生的地幔脱气、二氧化碳加氢形成的费托合成生烃和幔源烃，均可利用地裂运动形成的深大断裂通道，向上游逸到上地壳的适当储集层和圈闭保留下来，成为无机成因的油气藏。故文献[21]认为，四川盆地普光大气田的天然气与地壳深部排气作用有关。

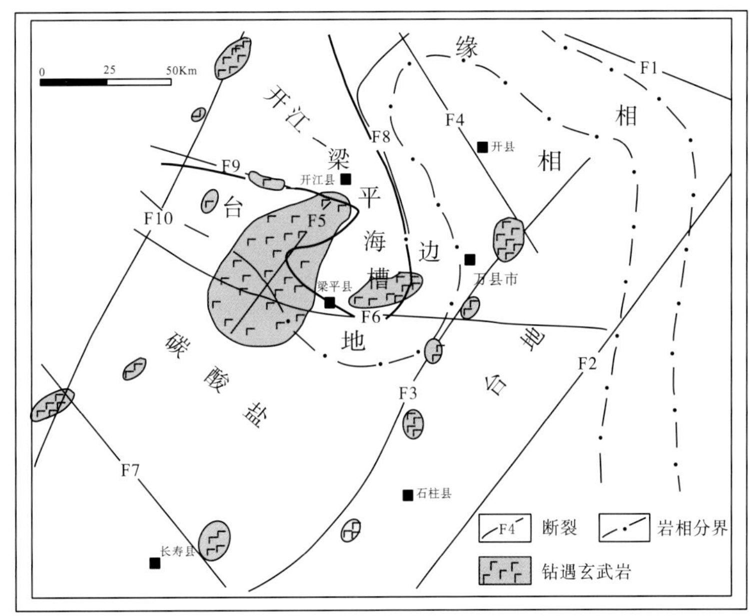

图 6　川东地区晚二叠世基底断裂和火山岩体分布(据文献[4]简化、补充)

推测基底断裂：F1. 万源—巫溪断裂；F2. 七跃山断裂；F3. 万县—长寿断裂；F4. 万源—开县断裂；F5. 开江—梁平断裂；F6. 大竹—梁平断裂；F7. 南充—涪陵断裂；F8. 达川—开江断裂；F9. 云安—黄龙断裂；F10. 华蓥山断裂

四、结语和讨论

(1)20 世纪 80 年代在建立峨眉地裂运动理论的同时，就预测四川盆地上二叠统生物礁块的存在及其分布范围[1]，为以后寻找礁滩相岩性大气田，提供了基础地质科学依据。利用中国石化建立的“产学研一体化强大的科研支撑体系”这个平台[9]，抓住机遇，积极建议大上元坝构造来检验地裂运动观的科研成果，方能取得实效。

(2)三十年来川东北礁滩相大气区的发现，从生物礁块预测到野外调查和钻井证实，探索礁滩相分布规律到普光等大气田的发现，以及大气区的确定，都与峨眉地裂运动观息息相关，在构造—岩性气藏勘探思路上是许多单位的石油勘探工作者，从不同的专业做了大量工作，共同实践形成的。如在 20 世纪 70 年代初，川东南天然气勘探思路多以寻找构造裂缝系统为主，但从 1977 年相国寺构造的相 18 井发现石炭系孔隙性储集层后，就萌生了构造—岩性气藏的勘探思路；1983 年川东石宝寨构造的宝 1 井在上二叠统发现生物礁块气藏后，更加注意礁块构造—岩性气藏的勘探；1995 年川东北渡口河构造渡 1 井，发现飞仙关组鲕状白云岩产大气后，在勘探思路上进一步明确构造—岩性气藏的勘探思路。并不是文献[13]认为的普光气田的发现，是 2002 年“突破前人关于海槽的结论，进而提出了构造—岩性气藏的新思路”[13]。这与四川盆地油气勘探历史事实不符。

(3)1981～2000 年，中国科技部针对中国南方油气地质研究工作，组织了“六五”～“九五”4 次重点科技攻关项目。川东北礁滩相大气田的发现，也经历过“六五”期间用峨眉地裂运动观点预测礁块的存在、分布和钻井证实，“七五”到“八五”期间共同探索礁块气藏分布规律，“九五”期间“开江—梁平海槽”的发现和川东北飞仙关组鲕粒滩大气藏的发现等几个阶段。2000 年后普光、龙岗和元坝等礁滩相大气田相继发现和川东北大气区的扩展，对大气区形成的大地构造背景和成藏条件也有初步的认识。三十多年来的实践表明，峨眉地裂运动观对寻找生物礁，鲕粒滩构造—岩性气藏起着至关重要的作用。

(4)建议重视四川和塔里木两个克拉通叠合盆地，地裂运动对深层海相地层的构造—岩性油气藏形成的作用。四川和塔里木两个叠合盆地，不仅表现在上部陆相沉积盆地和下覆的海相沉积盆地相叠合，海相地层中又有沉积岩和火山岩两套地层相叠合；而且表现在克拉通盆地内部早期的中、古生界以海相碳酸盐岩伸展构造体制(兴凯和峨眉二次地裂运动)，和晚期中新生界挤压构造体制(印支－喜马拉雅运动)相叠合。而晚期的挤压构造体制又强烈改造或控制早期的伸展构造形迹，如四川盆地川东北的拗拉槽群的出现和塔里木盆地早期存在震旦纪—奥陶纪张性断裂和伴生的火山岩体[22]，后期多被掩覆或改造。但人们对盆地深部海相地层存在的伸展构造形迹，在研究工作中不易察觉或常被忽视，因而缺少新认识，难有大的突破。今后应继续重视研究四川盆地和塔里木盆地地裂运动观对海相碳酸盐岩成藏条件的影响，预期还会发现更多有机或无机的天然气资源。

最后，三十多年来笔者及所在科研团队创建的“中国地裂运动”得到尹赞勋、王鸿祯等老先生的指导，在发展和实践过程中得到任纪舜、牟书令、徐旺和冉隆辉等同志的鼓励和支持，仅以谢笔之文表示感谢。本文在行文和引文失当之处，请读者批评指正！

参考文献

[1]罗志立. 中国西南地区晚古生代以来地裂运动对石油等矿产形成的影响[J]. 四川地质学报，1981，(1)：20-39.
[2]李茂钧，冉隆辉. 地质勘探开发研究所院院志[M]. 成都：四川人民出版社，1995.
[3]四川省志编纂委员会. 四川省志——石油天然气工业志[M]. 成都：四川人民出版社，1997.
[4]王一刚，陈盛吉，徐世琦. 四川盆地古生界—上元古界天然气成藏条件及勘探技术[M]. 北京：石油工业出版社，2001.
[5]王一刚，文应初，张帆，等. 川东上二叠统长兴组生物礁分布规律[J]. 天然气工业，1998，18(6)：10-15.
[6]王一刚，洪海涛，夏茂龙，等. 四川盆地二叠系、三叠系环海礁滩富气勘探[J]. 天然气工业，2008，28(1)：22-27.
[7]马永生，牟传龙，谭钦银，等. 关于开江－梁平海槽的认识[J]. 石油与天然气工业，2006，27(3)：326-331.
[8]赵贤正，李景明. 中国天然气勘探快速发展的十年[M]. 北京：石油工业出版社，2002.
[9]牟书令. 中国海相油气勘探理论、技术与实践[M]. 北京：地质出版社，2009.
[10]陈太源. 九龙山构造南侧存在长兴组边缘礁的探讨[J]. 天然气工业，1989，9(1)：6-9.
[11]罗志立. 地裂运动与中国油气分布[M]. 北京：石油工业出版社，1991.
[12]宋子堂，罗志立. 川北晚二叠世大隆期岩相分异的古拉张背景[J]. 四川地质学报，1990，10(2)：85-87.
[13]杨鹏. 中国天然气的大发现——接连创新天然气新纪录[A]//付廷顺. 中国矿藏大发现[C]. 济南：山东画报出版社，2011，53-63.
[14]郭旭生，郭彤楼. 普光、元坝碳酸盐岩台地边缘大气田勘探理论与实践[M]. 北京：科学出版社，2012.
[15]马永生，郭旭升，郭彤楼，等. 四川盆地普光大气田的发现与勘探启示[J]. 地质论评，2005，5(4)：477-480.
[16]卓皆文，王剑，王正江，等. 鄂西区二叠纪沉积特征与台内裂陷槽的演化[J]. 新疆石油地质，2009，30(1)：300-303.
[17]罗志立. 峨眉地裂运动和四川盆地天然气勘探实践[J]. 新疆石油地质，2009，30(4)：419-424.
[18]徐义刚. 地幔柱构造、大火成岩省及地质效应[J]. 地学前缘，2002，9(4)：419-424.
[19]姚军辉，罗志立，孙玮，等. 峨眉地幔柱与广旺－开江－梁平坳拉槽形成关系[J]. 新疆石油地质，2011，32(1)：97-101.
[20]刘树根，黄文明，张长俊，等. 四川盆地白云岩成因的研究现状及存在问题[J]. 岩性油气藏，2008，20(2)：6-10.
[21]石兰亭，郑荣才，张景廉，等. 普光气田的天然气可能是无机成因的[J]. 天然气工业，2008，28(11)：8-12.
[22]杨克明. 中国新疆塔里木板内变形与油气聚集[M]. 武汉：中国地质大学出版社，1996.

[本文原载于《西南石油大学学报(自然科学版)》，2011，33(5)：1－8]

Ⅱ-8　华南古板块兴凯地裂运动特征及对油气影响

孙　玮[1]　罗志立[1]　刘树根[1]　陶晓风[1]　代寒松[2]

(1. “油气藏地质及开发工程”国家重点实验室·成都理工大学，四川 成都，610059；

2. 中国石油勘探开发研究院西北分院，甘肃 兰州，730020)

摘要：华南板块新元古代的兴凯地裂运动始于晋宁运动后(800Ma B. P.)，强烈活动于新元古代中期的苏雄－开建桥组火山岩喷发期(700Ma B. P.)，结束于中奥陶世的郁南运动(458Ma B. P.)。演化历程大体相当于Rodinia(罗迪尼亚)超大陆解体时，应为Rodinia超大陆裂解期的组成部分。兴凯地裂运动在新元古代形成扬子板块的基底，对中上扬子区后期构造变形有重要的影响，为后兴凯期(加里东运动)形成大型古隆起和大形拗陷提供了基础；产生的基底断裂对四川盆地后期构造活动有控制作用；形成的稳定大陆边缘为下组合烃源岩发育提供了条件等。

关键词：兴凯地裂运动；Rodinia；华南古板块；下组合油气藏

一、兴凯地裂运动与Rodinia超大陆裂解的比较大地构造学关系

(一)兴凯地裂运动的厘定

黄汲清认为，经过扬子造山旋回(1100～700Ma)，在中国境内西起天山、塔里木，东经柴达木、东昆仑、祁连、秦岭到扬子中下游，曾经形成一个范围辽阔的扬子准地台，而且它还很可能与早先形成的中朝准地台连成一体，构成一个巨大的“古中国地台”。前寒武纪晚期到早寒武世，这个地台解体，昆仑、秦岭、北山和天山等地槽逐步形成。同时在中国东北、西南等地发生褶皱，因而命名为“兴凯旋回”(700～536Ma)[1]。1984年罗志立在研究中国地裂运动时，认为兴凯旋回是在新元古代早中期(扬子造山旋回)形成的“古中国地台”基础上，在新元古代晚期发生解体，挤压和裂解运动并存。而裂解运动形成的昆仑、秦岭等地槽远大于后期褶皱运动规模。为尊重前人的发现，不另取裂陷构造运动名称，只强调裂解运动性质，故称为“兴凯地裂运动旋回”(简称兴凯地裂期)[2]。

(二)“古中国地台”形成与兴凯地裂运动裂解和Rodinia超大陆演化的时空对比

McMenamin等[3]首先提出新元古代Rodinia(罗迪尼亚)超大陆的概念。Rodinia一词源于俄语，为诞生之意，指Rodinia超大陆是全球显生宙的始祖。Hoffman[4]基于全球格林威尔造山带分布、年代学、古地磁学和地球化学等资料恢复的Rodinia超大陆轮廓(1000Ma)，把劳亚大陆置于中心，东冈瓦纳大陆在其东北边、西冈瓦纳大陆在南边。中国的塔里木、扬子、华北三大陆块没有确定位置。李正祥[5]根据古地磁等资料，把塔里木、华南和华北地块分别散置于Rodinia超大陆北部的澳大利亚陆块和西伯利亚之间，并认为Rodinia超大陆会聚于1000Ma，裂解于700Ma。中国的宽坪运动和四堡运动在时代上与格林威尔运动大致相当。古中国地台形成于中元古代末(1100Ma)的扬子旋回早期，或称华南陆块的晋宁运动(1000Ma)，于800Ma后开始裂解，700Ma达到高潮。它与李正祥提出的Rodinia大陆会聚于1000Ma和裂解于700Ma，在时间上是对应的；在新元古代早期中国三大陆块形成的“古中国地台”，成为Rodinia超大陆的组成部分，在空间上也是有联系的。从全球构造学看，兴凯地裂运动与Rodinia超大陆的形成演化关系十分密切[6](见表1)。故研究中国南方板块的兴凯地裂运动，有必要将此与全球Rodinia超大陆形成和裂解相联系；但也不能不说黄汲清先生“古中国地台”提出和“兴凯地

裂运动”论点的建立，比 Rodinia 超大陆形成裂解之说早了十多年。

表 1　华南古板块兴凯地裂运动演化与 Rodinia 超大陆汇聚和裂解特征表

地层时代：代	地层时代：纪	构造运动	构造运动(Ma)	兴凯地裂事件	Rodinia超大陆	生物圈	岩石圈(裂解强度)	板块构造演化特征	成藏条件
古生代	泥盆纪		广西						扬子板块南北缘现今古油藏形成
	志留纪	加里东旋回	400						
	奥陶纪		郁南 458	地裂运动结束期				华南洋经过加里东运动关闭,江南弧褶皱,扬子板内古隆起形成	五峰–龙马溪组烃源岩
	寒武纪		桐湾 542	生物爆发事件		小壳、澄江			下寒武统烃源岩
新元古代	震旦纪：灯影组	兴凯旋回				Ediacara		Ⅳ.碳酸盐岩和硅质碎屑岩相组合。华南洋扩张,在扬子陆块西,北,东南形成稳定大陆边缘	灯影组气层
	震旦纪：陡山沱组				超大陆裂解				陡山沱组烃源岩
	南华纪			雪球化事件				Ⅲ.冰碛岩组合	
			澄江? 700	火山岩喷发事件(地裂运动高峰期)				Ⅱ.火山岩相组合.在古陆内部和边缘形成川滇,湘桂和浙闽赣火山岩喷发,华南洋扩张加剧	约相当板溪群
								Ⅰ.冲,洪积相组合。大陆缺沉积,华南洋开始张裂。华南板块裂成川滇,江南,华夏三陆块和湘桂,浙—闽—赣二盆地共5个构造单元。	约相当板溪群
			晋宁 800	地裂运动开始期					
	青白口纪	扬子旋回			超大陆形成			1.扬子与华夏古陆在江绍缝合带碰撞形成华南板块 2.扬子,塔里木,华北汇聚成古中国地台,成为Rodinia超大陆组成部分	
			四 堡 1000	古中国地台形成					
中元古代					格林威尔运动				

二、兴凯地裂运动在华南古板块东南缘(中上扬子区)演化特征

过去对华南板块前寒武纪地层的划分和对比分歧较大，其根本原因是缺少构造–沉积理论的依据。王剑等[10]从华南裂谷盆地演化观点出发，统一分层和对比；据作者等野外调查，基本与兴凯旋回盆地发育阶段对应(见表 1)。新元古代中、晚期发生的兴凯地裂运动，所产生的裂谷和隆起控制沉积相。兴凯地裂运动期由先到后、自下向上可分为四个裂谷期和相应的沉积组合，可对应地裂运动开始、高潮至结束期的特征。

(一)地裂运动开始期：裂谷开始期

晋宁运动后扬子和华夏陆块会聚成华南大陆，其后兴凯地裂运动开始，形成许多初始裂谷、盆地，发育冲、洪积相夹火山碎屑岩相组合，但在上扬子的川滇和江南岛弧的赣北和皖南隆起上缺失(见图 1)。

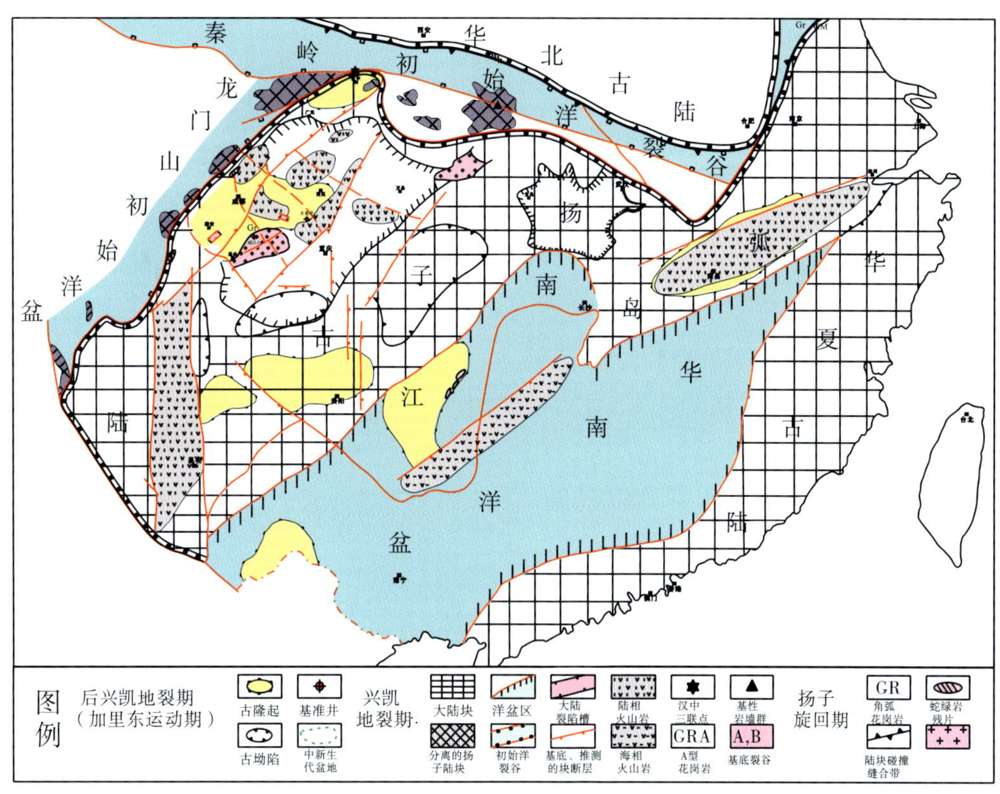

图 1 华南古大陆新元古代中期(苏雄、开建桥组)兴凯地裂运动格架图

(二)地裂运动高潮期：裂谷盆地发育期

近十多年来，国内许多研究表明，华南地区是全球新元古代中期(830～750Ma)与 Rodinia 超大陆裂解有关岩石记录最完整的地区，如大陆溢流玄武岩、基性岩墙群、双峰式火山岩、基性－超基性侵入体、碱性侵入体以及板内花岗岩侵入体等，其同位素年龄介于 830～680Ma，集中于 780～750Ma。这些具有大陆裂谷型地球化学特征的岩浆岩，正是全球 Rodinia 超大陆裂解作用在中国华南地区的真实表现，也是华南地区兴凯地裂运动早期的表现。

据野外调查和近年来 1∶200000 区域地质调查，以及刘宝珺等和成都理工大学沉积地质研究院等的岩相古地理研究[11,14]，认为华南板块南华纪早期(苏雄/开建桥组)是兴凯地裂运动的高潮期(见图 1)，陆相或海相火山岩及火山碎屑岩组合，主要发育在扬子古陆西南和东南缘，如苏雄组和开建桥组，反映兴凯地裂运动在早期裂陷的构造特征。

(三)地裂运动中期：裂谷盆地中期

在华南板块广泛发育冰碛岩组合(如南沱组)，它与全球化的“雪球化地球事件”同步。

(四)地裂运动结束期：裂谷发育晚期

以震旦系的陡山沱组和灯影组为代表，发育碳酸盐岩台地和碳硅质的碎屑岩组合，其后发生“生命大爆发事件”。本组合延续到中奥陶世末的郁南运动，兴凯地裂运动结束。

三、兴凯地裂运动在华南古板块西北缘的演化特征

(一)秦岭 EW 向裂谷系

在华南板块北缘的秦岭造山带中，陆松年等[15]认为存在北、南两条新元古代岩浆岩带，根据其物质成分、地球化学特征、U-Pb 年龄及大陆动力学构造背景，认为新元古代中期(南华纪)华南板块北缘和西缘存在两条裂谷系，三连点在汉南地块。

1. 秦岭初始裂谷系北带

主要发育在北缘的秦岭岩系分布区，东延可达桐柏－大别－苏鲁一带，由花岗岩质岩石组成，时代为 955～844Ma。

2. 秦岭初始裂谷系南带

主要发育在中、南秦岭区，包括神农架、大洪山地区，勉县－唐县－碧口－平武一带，近陆一侧发育一套陆相大陆裂谷系型火山－沉积岩系，如马槽园组；远陆一侧发育一套海相裂谷型细碧－角斑岩系，即花山群和碧口群等，时代为 810～710Ma。本条裂谷系是劳伦、澳大利亚和华南陆块初始裂解的产物，是原特提斯洋形成的前兆。到了早寒武世，秦岭洋初始裂谷进一步扩展为南秦岭海槽。

3. 汉南三叉裂谷中心

汉南侵入杂岩体，形成于 837～800Ma，处于 EW 向初始裂谷系与扬子板块西缘 SN 向康滇裂谷带交接处，成为三连点(triple junction point)。

(二)扬子板块西缘 SN 向康滇裂谷系及其发展

北起于四川大相岭、小相岭及甘洛、峨眉等地，向南延入滇东地区，岩石记录为苏雄组、小相岭组和澄江组。苏雄组为酸性－基性熔岩及火山碎屑岩(见图 2)，底部以不整合覆于峨边群(中元古)之上(见图 3)，曾测得英安岩的 Rb-Sr 年龄为 822～812Ma[16]。连续沉积于苏雄组之上的开建桥组中玄武岩 K-Ar 年龄为 726Ma。相当于苏雄组和开建桥组的地层，在大、小相岭地区称小相岭组，Rb-Sr 年龄为 794Ma；其上为列古六组，为上叠盆地产物，即裂谷盆地闭合于澄江运动(700Ma)。在滇东的武定、罗茨经东川至巧家发育的澄江组，下段碱性玄武岩 Rb-Sr 年龄为 887Ma，与苏雄组年龄大体相当。它实际是苏雄组裂谷型火山岩南延部分，上段是一段粗碎屑岩，层位上与开建桥组相当[17]。

图 2　苏雄组流纹岩线(镜向：W)苏雄乡南西约 2.8km 公路旁

图 3　苏雄组/峨边群不整合界线(镜向：W)苏雄乡南西约 2km 公路旁

（三）龙门山初始洋盆发育的探讨

扬子板块西缘南北康滇裂谷系，应属板内裂谷系，到澄江期闭合。但在扬子板块西缘的龙门山以西地区应存在洋盆，与其他大陆分离。罗志立[18,19]据扬子板块西缘岩体的年龄多在850～770Ma，四川盆地航磁解释资料以及作者等在威28井和女基井第一次取得的四川盆地基底岩石同位素资料表明，威28井基底岩石为岛弧花岗岩(Rb-Sr年龄为740.99Ma)，女基井基底岩石为火山喷发霏细斑岩(Rb-Sr年龄为701.54Ma)，罗志立在扬子板块西缘提出沟、弧体系的板块构造模式。这一认识得到杨遵仪[20]的认可，并写道："所有这些都证明，在晚元古代沿着地台西缘，存在着一个巨大俯冲带"。林茂炳等[21]依据龙门山区1∶50000区域地质填图成果，在中、晚元古代褶皱基底的变质岩系中，发现蛇绿岩套残块，可断续延伸700km，进一步证实扬子板块西缘存在洋壳俯冲。到了新元古代中、晚期的兴凯地裂运动期，发育龙门山裂陷海槽，早古生代沉积大陆斜坡型的碎屑岩、硅质岩和基性火山岩以及复理石。据碧口地块、若尔盖地块出露的与扬子板块相同的灯影组白云岩盖层，可认为是兴凯地裂期扬子板块与其西缘其他板块裂解分离时，拉分保留的残余地块。

四、兴凯地裂运动在扬子板块东南缘发育的南华裂谷系

中元古代末的四堡运动和新元古代初的晋宁运动，扬子与华夏板块在江绍缝合带碰撞，西南端可能保留残余洋盆。新元古代中晚期，兴凯地裂运动再次裂开，在苏雄-开建桥期，扬子板块南缘发育两个火山裂谷盆地，一个是在广西融水至龙胜境内发育的海相水下火山岩裂谷盆地；另一个是在江西修水至浙江萧山发育的陆相火山岩裂谷盆地(见图1)。两个火山裂谷盆地向东南方向海水加深，到了震旦纪早期发展成为次深海裂陷盆地，在大陆斜坡发育大范围的陡山沱组，为良好的烃源岩。

五、兴凯地裂运动在四川盆地的表现

兴凯地裂期南华纪形成的火山岩体，控制四川盆地基底分异。

(1)当前四川盆地由西向东，构造变形有显著"明三块"的差异。据研究，主要受控于兴凯地裂期基底差异沉降和火山侵入岩体控制。以龙泉山基底断裂为界的川西地区，仅有绵阳一个基性杂岩体侵入，其余地区分布弱磁性的中元古界黄水河群。但据陆松年研究，认为是三连点向南延的裂谷系分支，可与康滇裂谷系相连。因其为塑性岩石或裂谷为基底，故易沉降接受沉积，沉积盖层厚度可达11km。

(2)在龙泉山和华蓥山断裂之间的川中地区，有多个火山岩体，在威28井和女基井已钻到花岗岩和霏细斑岩，属新元古代晚期产物，构成稳定的结晶基底，因而后期沉积盖层薄(6～8km)、构造变形弱。

(3)在华蓥山至齐耀山断裂之间的川东南地区，物探解释仅在忠县有侵入岩体，大部分地区为上元古界板溪群充填，盖层厚度达11km。另据川中遂宁-蓬莱镇地震剖面，在震旦系反射层之下出现楔形构造层，向西尖灭，可证实为板溪群向川中超覆的可能性(见图4)。川东南若为巨厚的板溪群塑性基底，则其后期滑脱褶皱和变形强烈，是理所当然的。

(4)芦山-洪雅一带，二叠纪之前存在多个地堑构造，主要为NE走向，被断层所控制。断层延伸至基底，证明该区可能存在兴凯期的拉张活动(见图5)。

(5)在川西大圆包至简阳的地震剖面上，龙泉山断裂北西处，基底出现裂谷构造，也证明可能存在兴凯期的拉张作用(见图6)。

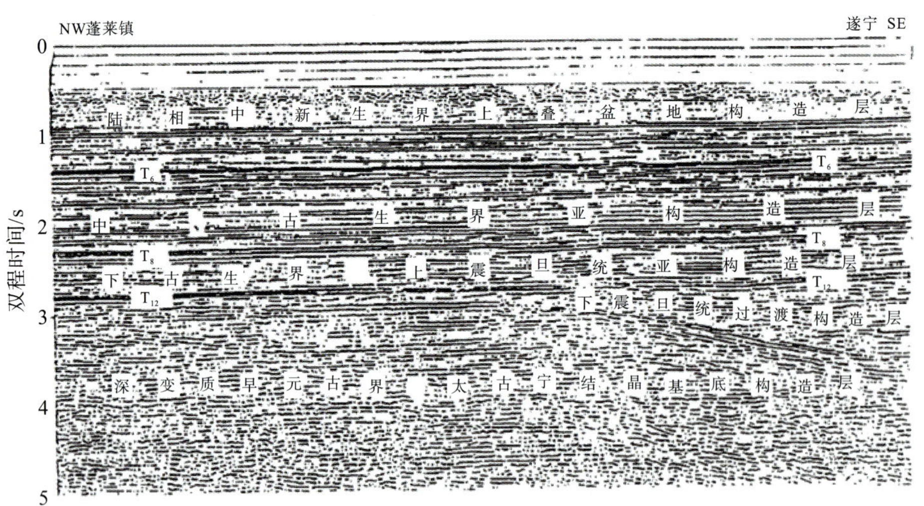

图 4　川中地区遂宁—蓬莱镇石油地震时间剖面图

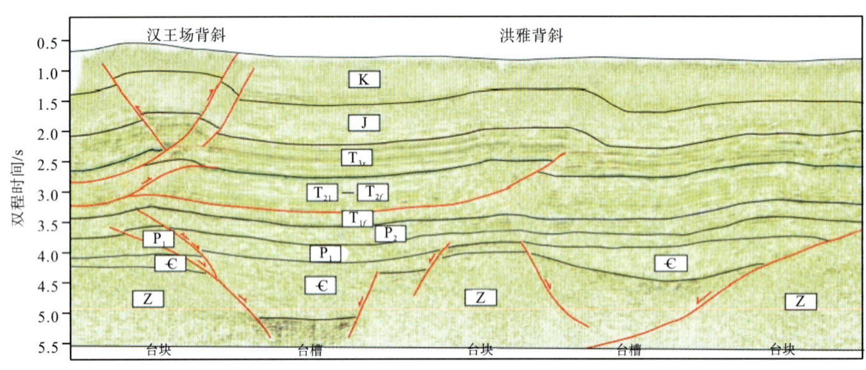

图 5　汉王场—洪雅地震地质剖面

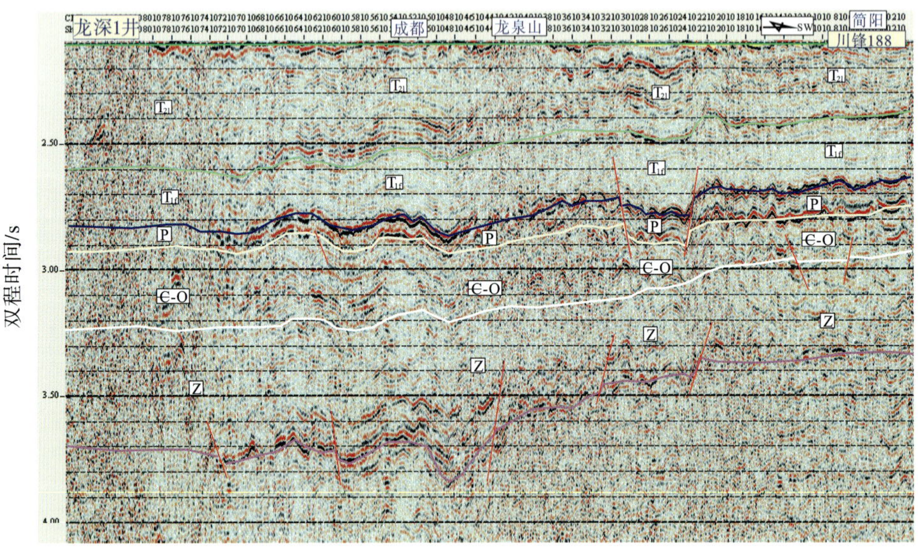

图 6　川西 L_2 线拉平中三叠统雷口坡组顶面地震部面解释图

六、兴凯地裂运动对四川盆地后期构造变形和成藏条件的影响

1981 年提出的兴凯地裂运动在华南板块的确存在，它是全球 Rodinia 超大陆解体的组成部分。兴凯地裂运动在新元古代形成扬子板块的基底，对中上扬子区后期构造变形有重要的影响；产生

的基底断裂对四川盆地后期构造活动有控制作用；形成的稳定大陆边缘对下组合成烃条件有重要作用。故而可认识到华南板块存在兴凯地裂运动，不仅是地质理论问题，而是与新元古代全球 Rodinia 超大陆裂解拼合的问题，更关系到中国南方下组合勘探的实际问题。

(一)兴凯地裂运动对四川盆地后期构造变形和成藏条件的影响

(1)四川盆地因地裂运动形成的基底断裂，发育的龙泉山、华蓥山和齐岳山等大断裂，控制后期四川盆地东西向“明三块”构造的分布。

(2)南华纪(苏雄/开建桥群)地裂运动形成的构造格局为川东至湘鄂西提供了塑性基底，对该区后期隔挡式和隔槽式构造强烈变形有重要作用。

(3)兴凯地裂运动从震旦纪至早古生代黑色页岩沉积阶段，在扬子板块内部及稳定大陆边缘形成的陡山沱组、梅树村组－筇竹寺组优质烃源岩，对下组合古油藏提供了物质基础。

(4)兴凯地裂运动形成了扬子古陆刚性基底，为后期加里东期构造大隆、大拗变形提供了条件。前者如乐山－龙女寺、黔中、雪峰等隆起，后者如湘鄂西、川南、川东等拗陷；为古油藏的形成提供了构造基础(见图 1)。扬子地台在中生界、古生界共发现古油藏 29 个[22]，其中下组合相关古油藏有 7 个，都与这 3 个古隆起相关。乐山－龙女寺古隆起为下组合天然气早期聚集提供了圈闭条件。

(二)兴凯地裂运动对川西南(资阳－威远)地区构造变形和成藏条件的影响

图 7 是利用川西南钻遇震旦系灯影组的探井资料所做的地层剖面对比图。受桐湾运动的影响，灯三段残厚在资阳地区最小，仅 40m，向东的安平 1 井增至 300m，向西老龙 1 井方向增至 95m。

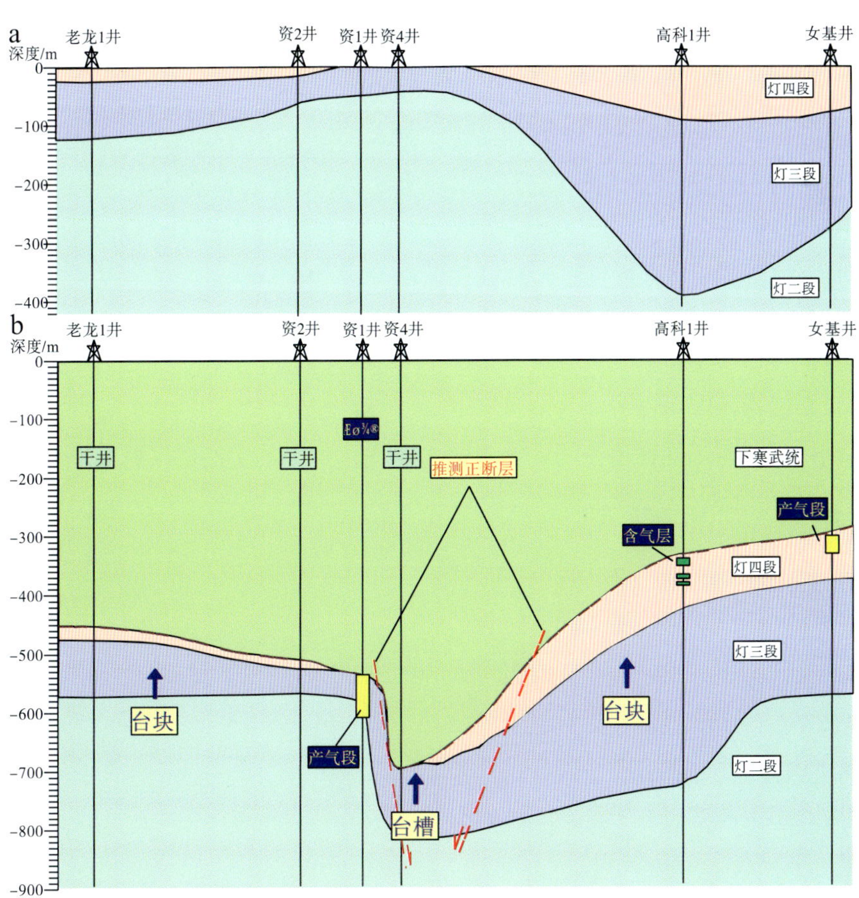

图 7　四川盆地老龙 1 井－女基井联井剖面图

灯四段在川西南资阳地区被剥蚀，威远地区灯四段残厚也只有40m，向东安平1井－女基井地区为90m，西南方向的窝深1井和峨眉山地区为300m(图7a)。在灯四段被剥蚀，灯三－灯四段最薄的资阳地区，下寒武统厚度加厚，灯影组沉积较厚的地区，下寒武统反而较薄。上下两套地层的厚度互补关系可认为是在灯影组沉积末期发生的兴凯拉张运动产生断层，并形成了“台槽－台块”格局(图7b)。四川盆地西南地区下寒武统的生烃中心即位于资阳地区，因此兴凯地裂运动对于下寒武统烃源岩的分布和资阳－威远古气藏的形成有重要作用。

下寒武统烃源层目前也被认为是重要的页岩气勘探层位，拉张形成的类似于资阳－威远的拉张槽内，有利于富有机质页岩层段的形成，厚度大，有机碳含量高，如位于台槽内的资阳地区的TOC为1.48％～6.83％，平均可达3.62％[23]。因此，重视兴凯地裂运动的研究对于研究下寒武统富有机质页岩的形成和分布有着重要的意义。

七、结语

(1)华南板块在新元古代的确存在兴凯地裂运动，它在板块的东南缘和西北缘以古大陆离散形式发育，在板内以裂谷形式存在。

(2)兴凯地裂运动开始于新元古代晋宁运动后(800Ma)，强烈活动于新元古代中期的苏雄－开建桥组火山岩喷发期(700Ma)，结束于中奥陶世的郁南运动(458Ma)。演化历程大体相当于李正祥所称的Rodinia超大陆解体时间，应为Rodinia超大陆裂解期的组成部分。

(3)兴凯地裂运动强烈活动期(苏雄－开建桥组)产生的区域火山岩活动和形成的构造格局控制了当时的地层沉积，所沉积的地层成为扬子板块基底岩石的重要组成部分。它控制四川盆地后期“明三块”变形特征，提供川东至湘鄂西后期构造区域强烈褶皱变形的机制，形成的基底断裂控制龙泉山、华蓥山和齐岳山等构造强烈变形，扬子板块形成的刚性基底为后兴凯期(加里东运动期)形成大型古隆起(如乐山－龙女寺、黔中、雪峰)和大型拗陷(湘鄂西、川南等)发育提供了基础。

(4)由于兴凯地裂运动使扬子古大陆裂解，在扬子板块的北缘和东南缘形成稳定大陆边缘，为陡山沱组、梅树村－筇竹寺组、五峰－龙马溪组优质烃源岩发育提供了条件。对中上扬子区和四川盆地下组合油气勘探非常重要，资阳－威远震旦系气藏发育即是一个范例，此外上扬子板块的页岩气研究也集中在这三套层位，兴凯地裂运动的主要活动期对下寒武统的沉积有着重要的控制作用，而后兴凯期的大型隆拗构造格局又控制了下志留统的沉积，因此，对兴凯地裂运动的深入研究，对于寻找下寒武统和下志留统页岩气有利区提供了一个方向。

致谢：马润则教授、赵兵教授等参与了项目研究工作，并为本文提供了野外照片，在此一并致谢！

参考文献

[1] 黄汲清，任纪舜，姜春发，等. 中国大地构造及其演化[M]. 北京：科学出版社，1980.

[2]罗志立. 略论地裂运动与中国油气分布[J]. 中国地质科学学院院报，1984，(10)：93-101.

[3]McMenamin M A S，McMenamin D L S. The Emergenceof Animals：the Cambrian Breakthrough[M]. New York：Columbia University Press，1990.

[4]Hoffman P F. Did the breakout of Laurentia turn Gondwanaland inside-out[J]. Science，1991，252(5011)：1409-1412.

[5]Li Z X. Tectonic history of the major east Asian lithospheric blocks since the mid-Proterozoic—a synthesis[J]. American Geophysical Union，1998，109(1)：16-42.

[6]罗志立. 试从扬子准地台的演化论地槽如何向地台转化的问题[J]. 地质论评，1980，26(6)：505-509.

[7]罗志立. 四川盆地基底结构的新认识[J]. 成都理工学院学报，1998，25(2)：191-200.

[8]刘本培. Rodinia泛大陆离散和前寒武－寒武纪转折[J]. 现代地质，1999，13(2)：240-241.

[9]任纪舜，牛宝贵，刘志刚. 软碰撞、叠覆造山和多旋回缝合作用[J]. 地学前缘，1999，6(3)：85-93.
[10]王剑，刘宝珺，潘桂棠. 华南新元古代裂谷盆地演化——Rodinia 超大陆解体的前奏[J]. 矿物岩石，2001，21(3)：135-145.
[11]罗志立. 中国西南地区晚古生代以来地裂运动对石油等矿产形成的影响[J]. 四川地质学报，1981，2(1)：1-22.
[12]罗志立. 地裂运动与中国油气分布[M]. 北京：石油工业出版社，1991.
[13]罗志立，李景明，刘树根，等. 中国板块构造和含油气盆地分析[M]. 北京：石油工业出版社，2005.
[14]刘宝珺，许效松. 中国南方岩相古地理图集(震旦纪—三叠纪)[M]. 北京：科学出版社，1994.
[15]陆松年，陈志宏，李怀坤，等. 秦岭造山带中两条新元古代岩浆岩带[J]. 地质学报，2005，79(2)：165-173.
[16]刘鸿允，胡华光，胡世玲，等. 从 Rb-Sr 及 K-Ar 年龄测定讨论某些前寒武系及中生代火山岩地层的时代[J]. 地质科学，1981，(4)：303-313.
[17]刘鸿允. 中国晚前寒武纪构造、古地理与沉积演化[J]. 地质科学，1991(4)：309-316.
[18]罗志立. 扬子古板块的形成及其对中国南方地壳发展的影响[J]. 地质科学，1979，(2)：127-138.
[19]罗志立. 川中是一个古陆核吗[J]. 成都地质学院学报，1986，13(3)：65-73.
[20]杨遵仪，程裕祺，王鸿祯. 中国地质学[M]. 武汉：中国地质大学出版社，1989.
[21]林茂炳，敬宗海. 四川龙门山造山带造山模式研究[M]. 成都：成都科技大学出版社，1996.
[22]高瑞琪，赵政璋. 中国油气新区勘探(第五卷)：中国南方海相油气地质及勘探前景[M]. 北京：石油工业出版社，2001.
[23]王世谦，陈更生，董大忠，等. 四川盆地下古生界页岩气藏形成条件与勘探前景[J]. 天然气工业，2009，29(5)：51-58.

[本文原载于《成都理工大学学报(自然科学版)》，2013，40(5)：511－520]

Ⅱ-9　兴凯地裂运动与四川盆地下组合油气勘探

刘树根[1]　孙　玮[1]　罗志立[1]　宋金民[1]　钟　勇[2]　田艳红[1]　彭瀚霖[1]

(1. 成都理工大学油气藏地质及开发工程国家重点实验室，成都，610059；

2. 中国石油川庆钻探工程有限公司地球物理勘探公司，成都，610213)

摘要：探讨兴凯地裂运动对四川盆地下组合油气成藏的影响。以兴凯地裂运动思想为指导，分析四川盆地早寒武世绵阳－乐至－隆昌－长宁拉张槽的演化过程及其对震旦系—下古生界油气地质条件的控制作用。绵阳－乐至－隆昌－长宁拉张槽形成过程可分为拉张孕育阶段－隆升剥蚀期(灯影组沉积末期)、拉张初始阶段－初始发育期(麦地坪组沉积期)、拉张高潮阶段－壮年期(筇竹寺组沉积期)、拉张衰弱阶段－萎缩期(沧浪铺组沉积期)、拉张消亡阶段－消亡期(龙王庙组沉积期)几个阶段。其形成演化对于筇竹寺组优质烃源岩的发育、灯影组优质岩溶孔洞型储层和下寒武统优质储层的形成和保持以及断裂输导体系的形成等有重要的控制作用。该拉张槽内及其两侧可能成群地分布有震旦系灯影组和下古生界(如下寒武统龙王庙组)大气田及丰富的下寒武统筇竹寺组页岩气。

关键词：地裂运动，拉张槽，灯影组，寒武系，油气勘探，四川盆地

一、前言

罗志立等在黄汲清先生古中国地台解体启示下，考证了中国区域构造特征、分析了西南峨眉山玄武岩喷发的构造背景、研究了华北裂谷形成机制、参阅了国内外许多裂谷文献，提出了中国大陆自晚元古代以来，经历过三次大范围的拉张运动，分别命名为“兴凯”“峨眉”和“华北”三次地裂运动[1－3]。其中时代最古老的兴凯地裂运动发生于震旦纪至中寒武世，沉积了新元古代早期火山－碎屑沉积，在地裂运动相对较弱的部位形成早古生代被动大陆边缘盆地。

四川盆地震旦系灯影组—下古生界(简称“下组合”，下同)自1964年威远气田发现后，20世纪70～90年代围绕乐山－龙女寺古隆起核部及斜坡区域，以震旦系为目的层进行了一系列勘探，钻探了龙女寺、安平店、资阳等11个构造，仅少数井获得较好的天然气显示。油气分布的古隆起控制论是这一时期主要的勘探指导思想，对乐山－龙女寺古隆起震旦系寄予厚望，但截至2010年底尚未获重大突破。2011年高石梯震旦系灯影组气田，2012～2013年磨溪下寒武统龙王庙组气田的发现，揭示四川盆地下组合具有巨大的油气勘探前景。

本文依据大量二、三维精细地震资料和联井分析解释发现的、由兴凯地裂运动形成的贯穿四川盆地中西部的早寒武世绵阳－乐至－隆昌－长宁大型拉张槽的特征[4]，分析其形成和演化过程及对下组合生、储、盖等石油地质条件的控制作用；并据此指出四川盆地下组合油气勘探的方向和有利地区，供决策者参考。

二、兴凯地裂运动的创建和影响

1980年黄汲清等认为经过扬子造山旋回(1100～700Ma)，在中国境内存在一个巨大的“古中国地台”，到了晚前寒武纪至早寒武世，地台解体，昆仑、秦岭、北山、天山等地槽形成，同时在我国东北、西南等地发生褶皱，因而命名为“兴凯旋回”(700～536Ma)。1982～1984年罗志立等研究中国地裂运动时，强调“古中国地台”裂解的规模和性质，称为“兴凯地裂运动旋回”(或简称兴凯地裂期)。

1999年任纪舜院士编制的“中国及邻区大地构造简要说明”的表2中，认为古中国地台解体为古中华陆块群形成起了重要作用[5]，对“兴凯地裂运动”这一论点给予肯定。

兴凯地裂运动不仅使中国地台解体形成秦岭－天山等洋盆，而且在大陆板块边缘形成一些中晚元古代至早古生代的拉张槽有很好的油气显示，如华北板块北缘的燕山－太行拉张槽、南缘的吕梁－陕豫三叉拉张槽，贺兰－祁连三叉拉张槽[6]。作者等认为塔里木板块存在“兴凯地裂运动”，库鲁克塔格－满加尔拉张槽，就是实例[7]，它为塔里木盆地塔北和塔中构造提供油气资源供给区。

“古中国地台”形成于中元古代末(1100Ma)的扬子旋回早期，于800Ma后开始裂解，700Ma达到高潮(见表1)，它与李正祥认为的Rodinia超大陆会聚于1000Ma，裂解于700Ma，在时间上是可以对应的，在空间上是有联系的[8]。值得指出的是，黄汲清先生“古中国地台”观点的提出和我们的“兴凯地裂运动”论点的建立，比Rodinia超大陆形成裂解之说早了十多年。

表1　古中国地台与Rodinia超大陆会聚和裂解特征对比表

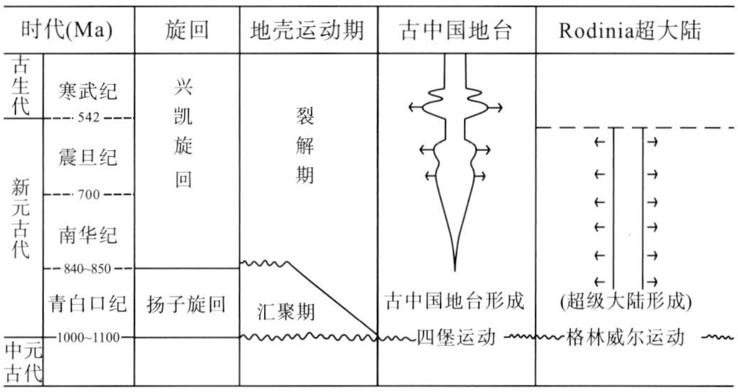

时代(Ma)		旋回	地壳运动期	古中国地台	Rodinia超大陆
古生代	寒武纪	兴凯旋回	裂解期		
	542				
新元古代	震旦纪				
	700				
	南华纪				
	840~850				
	青白口纪	扬子旋回	汇聚期	古中国地台形成	(超级大陆形成)
	1000~1100			四堡运动	格林威尔运动
中元古代					

陈竹新、贾东等[9]在研究四川盆地西部汉王场－洪雅剖面时，发现二叠系之下存在隐伏裂谷，但把它解释为海西期拉张的产物，可能沉积有志留－石炭系。通过笔者团队的研究结果表明，该拉张断层可能为更早时代的，推断其为晚元古代至早寒武世拉张的产物，与兴凯地裂运动相对应[10]。

通过四川盆地野外露头剖面、精细地震资料及钻井资料对比解释发现，兴凯地裂运动始于中、晚元古代，在苏雄组沉积期达到高潮，南华系至上震旦统灯影组沉积期主要发育碳酸盐台地和碳硅质细碎屑岩组合，晚震旦世至早寒武世在局部地区再次发育拉张构造，至中寒武世拉张运动结束，在该时期四川盆地内即形成了绵阳－乐至－隆昌－长宁拉张槽[4]。

三、早寒武世绵阳－乐至－隆昌－长宁拉张槽的演化过程

早寒武世拉张槽位于绵阳－乐至－隆昌－长宁一带(命名为绵阳－乐至－隆昌－长宁拉张槽)。拉张槽整体的展布格局为向南北开口，其东侧陡，西侧缓。资料可靠区域内最窄处位于资中，宽约50km；南部区域最宽处可超过100km，并且向南逐渐变宽；北部区域宽度亦可超过100km，并且向北变宽。其发现过程和特征见钟勇等[4]。

该拉张槽的演化过程如下(见图1、图2)：

(一)拉张孕育阶段－隆升剥蚀期(灯影组沉积末期)

灯影组沉积末期的桐湾运动为拉张槽形成的孕育阶段。该阶段主要特征是灯影组的隆升和剥蚀作用，灯影组隆起幅度越高，剥蚀地层越多，出露地层越老。如位于拉张槽内的资4井和高石17井均缺失灯三段和灯四段(见表2)，而位于拉张槽东缘的高石梯、安平店和磨溪构造仍保留有灯四、灯三段(高石1井残留灯三、灯四段329m)。推测在灯影末期，地壳深部可能存在异常地幔活动，致使地壳浅

部发生隆升和拉张作用，拉张槽区在灯影组沉积末期为隆起高部位，剥蚀作用强，这一特征与东非裂谷形成初期特征相似[11]，现代的美国科罗拉多高原即处于该阶段。在上震旦统灯影组沉积期间是否有拉张作用，有待今后进一步研究。

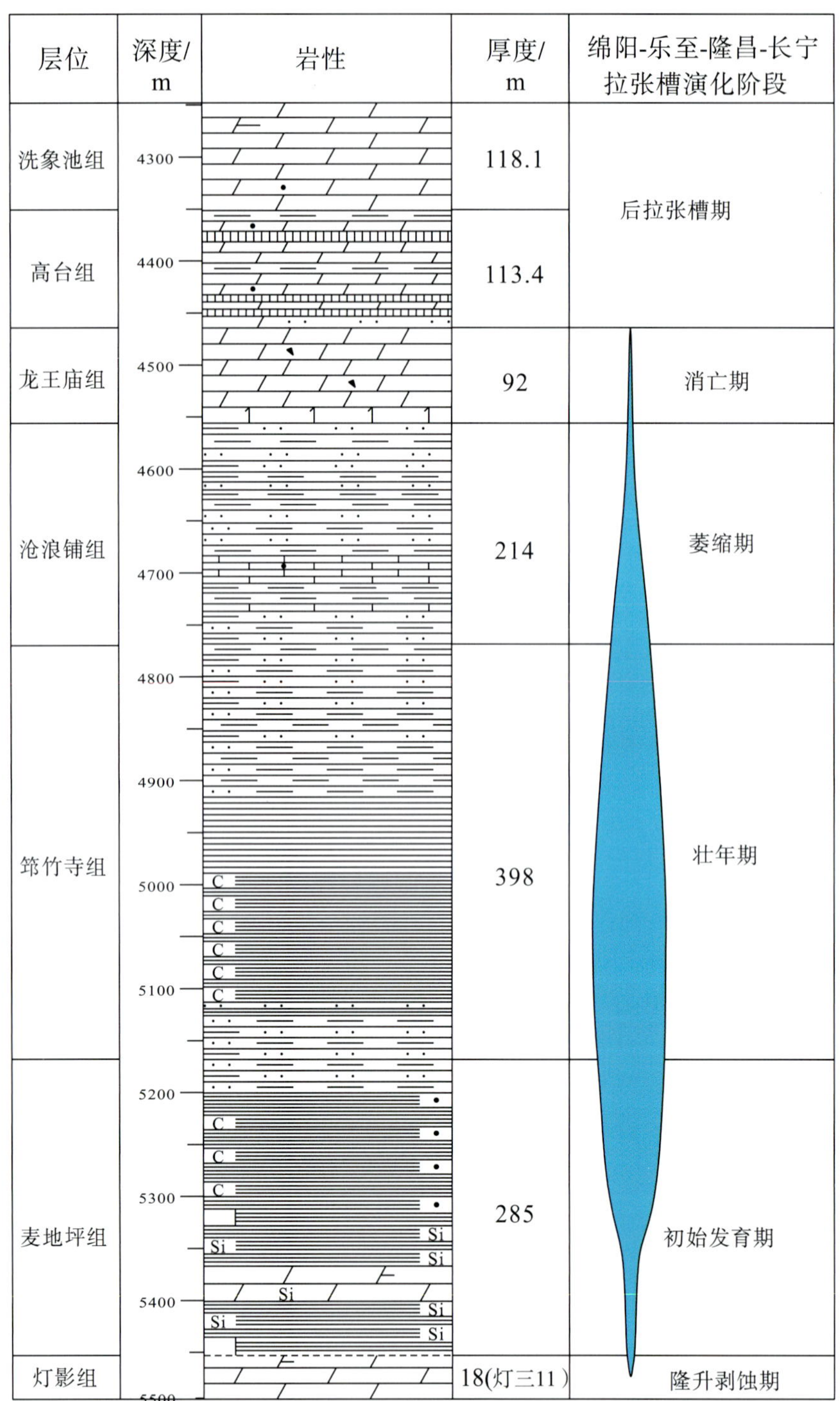

图 1　高石 17 井寒武系地层柱状图及拉张槽发育阶段示意图(井位置见图 4)

(二)拉张初始阶段－初始发育期(麦地坪组沉积期)

麦地坪组沉积期，在灯影组隆升幅度最大，剥蚀作用最强，残留地层最薄处开始拉张和沉降，使古地貌产生差异，并且使深部富硅和富磷热流体上升，海水中硅质和磷质含量增加，在部分地区沉积富硅和含磷的麦地坪组。灯影组中的交代硅质岩也是此期间形成[12]。这种特征在有相同地层沉积处都有该特征，硅和磷的来源可能与深水远洋环境有关并受到海底火山及热液作用的影响[13,14]。据资 4 井、峨眉山露头资料，麦地坪组岩性主要为黑色含磷硅质岩、硅质白云岩，夹有胶磷矿条带。高石 17 井钻探表明，麦地坪组下部为黑色硅质页岩与黑灰色泥质白云岩互层，中上部则是黑色硅质页岩与灰质页岩。该套地层在四川盆地内分布局限，如拉张槽中部高石 17 井厚 129m，资 4 井厚 210m，而高部位的高石 1 井则没有该套地层的沉积，筇竹寺组黑色泥岩直接与下伏灯影组白云岩接触(见表 2)。据陈志明等[15]研究梅树村组(与麦地坪组同时)分布特征，结合本文研究成果，梅树村组南北向沉积厚度最大处与拉张槽的分布具有一致性。

表 2　威 113、资 4、高石 17、高石 1 井灯影组和下寒武统厚度对比表

层位	威 113 井拉张槽西缘	资 4 井拉张槽内	高石 17 井拉张槽内	高石 1 井拉张槽东侧
龙王庙组		76m	92m	87m
沧浪铺组	447.5m	267m	214m	91.1m
筇竹寺组		386m	398m	157m
麦地坪组		198m	285m	
灯影组四段	36m			262.5m
灯影组三段	56.5m	76m	11m	67.15m

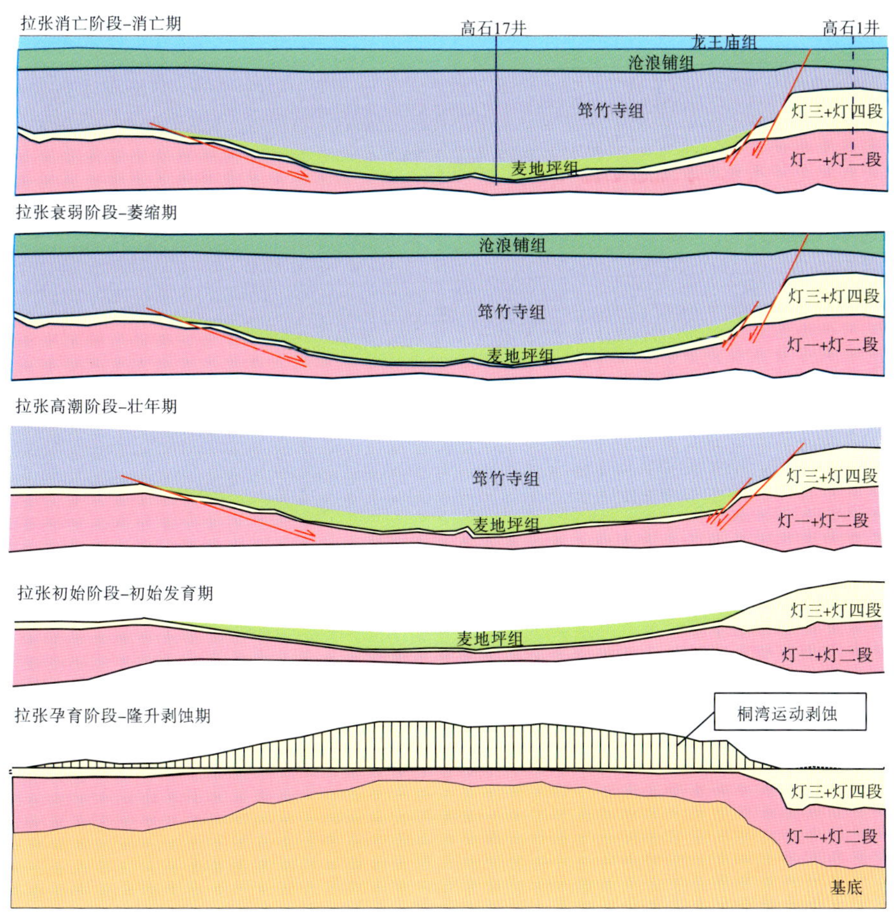

图 2　绵阳－乐至－隆昌－长宁拉张槽形成及消亡演化图(剖面位置见图 4)

(三)拉张高潮阶段－壮年期(筇竹寺组沉积期)

筇竹寺组沉积早期拉张运动和沉降作用达到高潮，在拉张槽的中心沉积了巨厚的黑色页岩，该地层为典型的深水沉积，而在高部位则岩石颗粒较粗。这一过程一直持续到筇竹寺组沉积后期。

筇竹寺组下部黑色泥/页岩其颜色为黑、褐黑至灰黑色，一般碳质含量较高且染手。黑色页岩水平层理发育。黑色泥/页岩主要脆性矿物为石英、长石、方解石和黄铁矿；而黏土矿物主要是高岭石、蒙脱石、伊利石、铝土，一般黄铁矿呈层分布。

筇竹寺组中上部为灰黑色、灰黄色、灰绿色泥质粉砂岩。

随着海平面的快速上升，整个扬子地台沉积筇竹寺组黑色泥岩，拉张槽内为相对的深水相。随后，海平面缓慢上升到下降，岩性逐渐过渡为灰黄色灰绿色粉砂质泥岩，钙质页岩，为浅水陆棚相。

拉张槽内的高石17井筇竹寺组为黑色炭质页岩为主，夹有灰黑色砂质页岩，其中黑色炭质页岩厚度约180m，顶部为深灰色砂质页岩。

（四）拉张衰弱阶段－萎缩期（沧浪铺组沉积期）

沧浪铺组沉积期，拉张作用和沉降作用快速减弱，由黑色页岩向砂岩过渡，表明水体变浅，岩性主要为长石岩屑砂岩，岩相为浅水陆棚相，但在拉张槽区厚度仍然较厚一些，如位于拉张槽内的高石17井沧浪铺组厚度214m，而位于拉张槽东侧的高石1井沧浪铺组厚仅91m。高石17井沧浪铺组为深灰色泥质岩与泥质粉砂岩互层，表明水体较之筇竹寺组沉积时变浅。

（五）拉张消亡阶段－消亡期（龙王庙组沉积期）

龙王庙组沉积期，拉张作用和沉降作用几乎停止，水体从浑水演变为清水，岩性已变为碳酸盐岩，且槽内和槽外沉积厚度基本一致，表明此时拉张槽已消亡。龙王庙组主要为浅灰白色含陆缘碎屑的砂屑白云岩，由浅水陆棚相过渡为浅海相。

四、早寒武世绵阳－乐至－隆昌－长宁拉张槽对下组合油气地质条件的控制作用

（一）拉张孕育阶段隆升剥蚀作用对灯影组优质储层形成的影响

拉张孕育阶段，上震旦统灯影组发生隆升和剥蚀作用，势必致使拉张槽内及其周缘灯影组残留厚度较薄，同时发生较强的风化壳岩溶作用。

已有研究表明，灯影组优质储层的形成与风化壳岩溶作用密切相关[16]。

离拉张槽较远的金石地区岩心观察统计结果表明，灯影组岩溶孔洞1.82个/m，其中灯二段2.34个/m，灯四段0.75个/m。4个灯二段物性测试样品孔隙度最小为3.02%，最大为4.05%，但面孔率极低。

拉张槽西侧的威远地区威113岩心观察统计结果表明灯影组岩溶孔洞2个/m，其中大洞的发育密度为0.02个/m、中洞0.48个/m、小洞1.52个/m，面孔率大约5%[17]。

拉张槽西缘的资阳地区统计结果表明灯影组岩溶孔洞24.5个/m，其中大洞的发育密度为5.1个/m，中洞为4.7个/m、小洞为15.1个/m，面洞率为1.65%～4.39%[18]。

拉张槽东缘的高石1井灯影组溶洞密度11.4个/米。高石1井震旦系灯影组（灯四段）白云岩储集物性分析测试结果表明，103个样品孔隙度最小0.39%，最大值8.274%，平均2.35%；大多数集中分布在1.5%～3.0%。局部存在2个孔渗相对发育带，井深分别为4957～4963m和4975～4985m。高石梯－磨溪构造带灯二段白云岩储层孔隙度主要介于1%～3%，其次是3%～5%，而灯四段有部分储层的孔隙度为0.06%～1%，灯四段储层孔隙性与灯二段相比要稍微差一些。灯四段储层渗透率几乎全部小于1md，灯四段储层略差于灯二段。

平面上，金石地区灯影组储集物性最差，铸体片中未见铸体注入，说明孔喉结构差，同时镜下薄

片观察发现面孔率极低，且仅在4个薄片中发育少量针状溶孔。测试孔隙度较好可能是因为取样、样品数量过少所致。高石梯、资阳地区灯影组储集物性最好，大规模的溶蚀孔洞发育，沥青含量高，厚度大。威远地区灯影组岩溶洞穴较少，但岩溶孔隙较多。由此看来，紧邻拉张槽东侧的高石1井，西侧的资1井、威113井灯影组储集物性均较好，而远离拉张槽的金石1井灯影组储集物性不佳，这说明拉张槽对本地区灯影组储层发育具控制作用。且整体上，储集物性从金石1井至高石1井是逐渐变好的(见表3)。

表3　川西南地区上震旦统灯影组储集物性对比表

属性＼井号	金石1井	威113井	资1井	高石1井
孔隙度	3.02%～4.05%，面孔率小于1%	面孔率约5%	1.74%～11.24%，面洞率1.65%～4.93%	0.39%～8.274%，面孔率约5%
渗透率	小于0.06md	区域全直径渗透率为27.68md	全直径渗透率为0.674～88.2md，区域全直径渗透率为24md	一般小于1md
溶蚀孔洞密度	1.82个/m	2个/m	24.5个/m	11.4个/m
裂缝密度	15.3～18.2条/m	全区域为24.75条/m	41.3条/m	1.4条/m
储集类型	针孔白云岩	孔缝白云岩	孔缝白云岩	孔洞白云岩
与拉张槽相对位置	西侧，水平距离约55km	西侧，水平距离约15km	西侧，水平距离约10km	东侧，水平距离约8km

该拉张槽的发育和演化使灯影组隆升幅度最大、剥蚀作用最强、残留地层最薄处，拉张作用最强、沉降幅度最大、下寒武统沉积厚度最厚。因此，利用下寒武统厚度通过印模法绘制灯影组古岩溶地貌图不能真实揭示灯影组风化壳古岩溶特征。

(二)拉张槽发育对优质烃源岩发育的控制作用

拉张高潮阶段沉降作用最大，致使水体较深，沉积的筇竹寺组应是最好的烃源岩。众多研究已揭示，下寒武统烃源岩主要集中在筇竹寺组下段[19]。四川盆地下组合天然气主要来自于下寒武统烃源岩[19,20]。四川盆地下寒武统烃源岩厚度和平均生气强度平面展布与拉张槽范围重叠，充分揭示拉张槽的发育对下寒武统优质烃源岩分布的控制作用(见图3)。在四川盆地内，拉张槽内下寒武统烃源岩最厚，生烃强度最大，生烃量最多(可能麦地坪组和沧浪铺组也可生成一定的烃量)，因此拉张槽是四川盆地下组合的主要供烃中心。

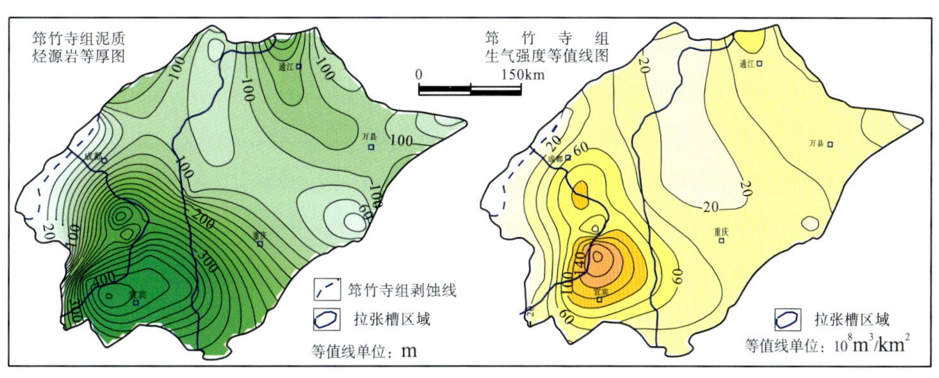

图3　四川盆地下寒武统泥质岩厚度及生气强度图(据文献[21])

(三)拉张槽发育对沧浪铺组和龙王庙组优质储层发育的影响

沧浪铺组和龙王庙组沉积期，拉张作用已非常微弱，拉张槽已基本填平，但可能仍有一定的沉降作用和古地形地貌差，对沉积相的分布仍有一定的影响，进而影响优质储层的发育。然而，限于资料和时间，目前只能推测拉张槽周缘应是沧浪铺组和龙王庙组优质储层较发育部位，其具体情况有待于今后深入研究。

值得指出的是，由于四川盆地下组合时代老、经历构造期次多，致使成岩作用异常复杂，优质储层的保持非常困难。经我们多年的研究[22-24]，四川盆地下组合优质储层保持最重要的原因是油气充注。因此，供烃中心(拉张槽)周缘油气充注能力强，应是优质储层保持的有利地区。

(四)拉张槽发育对油气输导系统发育的影响

拉张槽的发育一方面使下寒武统优质烃源岩位于拉张槽两侧震旦系灯影组优质储层的低部位，有利于烃源向高部位优质储层的运移和聚集，提高了新生(下寒武统筇竹寺组)古储(震旦系灯影组)天然气的成藏效率；另一方面，该拉张槽是一克拉通内坳陷(intracratonic sag)，在其两侧(尤其是东侧)发育了连接优质烃源岩(下寒武统筇竹寺组)和优质储层(震旦系灯影组和下寒武统龙王庙组优质碳酸盐岩储层，沧浪铺组优质碎屑岩储层)的高效输导系统，使油气运移聚集非常有效。

五、四川盆地下组合油气勘探的方向和有利地区

四川盆地下组合盖层有下寒武统筇竹寺组泥岩，高台组泥岩、膏盐岩，下志留统泥岩，中二叠统泥质岩等直接盖层和中下三叠统膏盐岩的间接盖层。因此，其早期静态封盖条件较佳。正因如此，二叠纪—三叠纪时下寒武统筇竹寺组生成的石油一般都可以运聚至下组合储层内形成古油藏[22,24]。下组合(志留系除外)的流体至今并没有大规模向上运移至中组合(石炭系—中三叠统)和上组合(上三叠统及以上地层)内，四川盆地内由下寒武统生成的天然气大部分仍然保留在下组合中[22,23,25]。

罗志立、刘树根[26]在研究中国板块构造和含油气盆地分析时，详细对比分析了塔里木、鄂尔多斯和四川克拉通盆地下古生界油气的成藏条件，提出高石梯－磨溪构造带是四川盆地下古生界最有利区块。

刘树根等[22,23,27]提出四川盆地元古界震旦系灯影组(下组合)，时代老、埋藏深，天然气藏形成经历了生气中心(古油藏和未成藏石油的富集区)——储气中心(古气藏和未成藏天然气及水溶气的富集区)——保气中心(现今气藏和未成藏天然气及水溶气的富集区)的变换过程。生气中心是储气中心的主要“气源”、储气中心是现今保气中心的主要“气源”，即下组合天然气主要来源为原油裂解气[28,29]。生气中心的形成受控于烃源岩所在部位的生烃中心(烃源灶)。震旦系灯影组(下组合)天然气藏的形成是在多期构造作用控制下由油气的四中心(生烃中心、生气中心、储气中心和保气中心)的耦合关系决定的。油气能否成藏和保存下来的关键取决于烃源是否丰富和保存条件是否较佳，即具有源盖联合控烃控藏的特征。生烃中心受控于盆地的原型格局，形成后其空间位置即无变动性；而其余三中心受构造作用的控制而变动性较易和较大。因此，“三中心”(生气中心、储气中心和保气中心)在空间上的分布关系，决定了油气的最终分布[24,30]。此外，从盆山结构分析，提出川北突变性盆山结构区和川中原地隆起－盆地区具有较好的区域保存条件，应是四川盆地下组合油气勘探的有利地区[31]。高石梯－磨溪地区下组合油气勘探的重大突破，在一定程度上验证了上述认识的正确性。

前人的研究和目前多数学者及勘探家多认为乐山－龙女寺古隆起是控制四川盆地下组合油气分布最为重要的因素。通过研究，我们认为四川盆地下组合油气分布的“古隆起”控制论既有一定的合理性，又有较大的局限性；兴凯地裂运动形成的拉张槽特征、古隆起的演化和盆山结构特征联合控制了四川盆地下组合天然气的区域分布。

晚震旦世末期—早寒武世绵阳－乐至－隆昌－长宁拉张槽为下寒武统烃源岩最发育的地区，是下组合最为重要的供烃中心，其周缘也是优质储层形成和保持最有利地区；拉张槽及周缘地区是油气运聚

有利区域。因此，该拉张槽及东西两侧地区是下组合勘探有利地区(见图 4)。同时，我们认为该拉张槽东侧是四川盆地下组合勘探最有利地区，原因有：①该拉张槽东侧(断裂)较陡且长期存在，易形成更佳的灯影组优质岩溶(表生岩溶和深埋岩溶)储层，且该拉张槽内烃源向储层运移具备更好的输导条件；②位于乐山－龙女寺古隆起轴线迁移较小地区，后期构造作用对先期油气藏调整较弱，易形成成藏效率较高的三中心(生气中心、储气中心和保气中心)叠合的油气藏(见图 4)；③位于川中原地隆起－盆地区，受盆地周缘造山带构造作用影响较小，晚白垩世以来隆升作用不强，地表剥蚀作用较弱[32]，对先期油气区域保存条件影响不大，利于先期油气藏和大气田的保存。高石梯－磨溪地区就处于这一区域，向南至大足，向北至阆中都是未来有利勘探区(见图 4)。

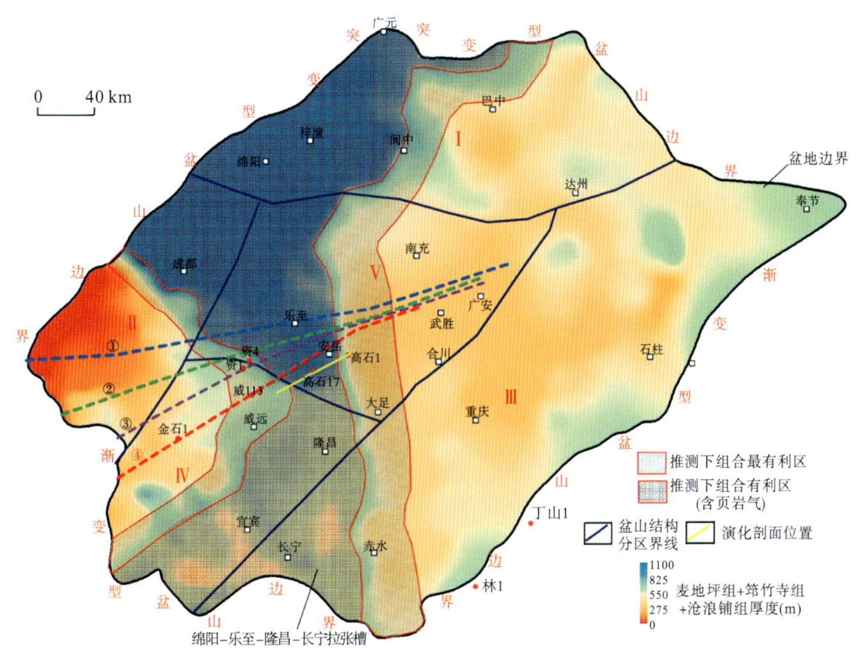

图 4　四川盆地下组合油气勘探方向和有利地区

Ⅰ. 川北突变型盆山结构区；Ⅱ. 川西突变型盆山结构区；Ⅲ. 川东渐变型盆山结构区；Ⅳ. 川西南渐变型盆山结构区；Ⅴ. 川中原地隆起－盆地区；①. 二叠纪古隆起轴线位置；②. 晚三叠世前古隆起轴线位置；③. 侏罗纪前古隆起轴线位置；④. 古隆起轴线现今位置；

总之，绵阳－乐至－隆昌－长宁拉张槽是四川盆地下组合最重要和主要的烃供给区，拉张槽及其两侧(尤其是东侧)地区是四川盆地下组合优质储层形成和保持最有利地区。因此，若保存条件佳，拉张槽及其两侧(尤其是东侧)地区是四川盆地油气勘探的最有利地区；绵阳－乐至－隆昌－长宁拉张槽内是下寒武统页岩气勘探的最有利地区(见图 4)。值得指出的是，在重视拉张槽南部和北部油气勘探的同时，应重视其南部和北部保存条件的动态评价。拉张槽北部天星 1 井和南部丁山 1 井和林 1 井下组合的钻探失利，均因保存条件不佳所致[22]。

六、结论和建议

(1)四川盆地晚元古代至早寒武世曾发生兴凯地裂运动，在早寒武世形成绵阳－乐至－隆昌－长宁拉张槽。该拉张槽形成过程可分为拉张孕育阶段－隆升剥蚀期(灯影组沉积末期)、拉张初始阶段－初始发育期(麦地坪组沉积期)、拉张高潮阶段－壮年期(筇竹寺组沉积期)、拉张衰弱阶段－萎缩期(沧浪铺组沉积期)、拉张消亡阶段－消亡期(龙王庙组沉积期)。

(2)绵阳－乐至－隆昌－长宁拉张槽的发育演化过程决定了拉张槽内(相对于拉张槽外)灯影组残存厚度较薄，但表生期岩溶作用较强，对灯影组优质储层的形成有重要的控制作用；筇竹寺组烃源岩在拉张槽内厚度最大，且质量较佳，拉张槽控制了筇竹寺组优质烃源岩的分布；拉张作用形成的断裂裂缝系统是筇竹寺组烃源岩生成油气向沧浪铺组、龙王庙组、洗象池组等跨层流动的主要通道。

(3)拉张槽内及其两侧可能成群地分布有震旦系灯影组和下古生界(如下寒武统龙王庙组)大气田及丰富的下寒武统筇竹寺组页岩气。

(4)今后应加强该拉张槽对下寒武统沉积相及优质储层发育的控制作用的研究，并探讨上震旦统灯影组沉积时是否有拉张作用。

致谢：本文在研究过程中得到中国石油川庆钻探工程有限公司地球物理勘探公司和西南油气田分公司川中油气矿，和中国石化西南油气分公司和勘探南方分公司的大力支持，在此一并致谢!

参考文献

[1]黄汲清，任继舜，姜春发，等. 中国大地构造及其演化——1：400万中国大地构造图简要说明[M]. 北京：科学出版社，1980.

[2]罗志立. 中国西南地区晚古生代以来地裂运动对石油等矿产形成的影响[J]. 四川地质学报，1981，2(1)：1-22.

[3]罗志立. 略论地裂运动与中国油气分布[J]. 中国地质科学学院院报，1984，(03)：93-101.

[4]钟勇，李亚林，张晓斌，等. 四川盆地早寒武世拉张槽特征[J]. 成都理工大学学报(自然科学版)，2013，40(5).

[5]任纪舜，王作勋，陈炳蔚，等. 从全球看中国大地构造——中国及邻区大地构造图简要说明[M]. 北京：地质出版社，1999.

[6]马丽芳，乔秀夫，闵隆瑞，等. 中国地质图集[M]. 北京：地质出版社，2002.

[7]罗志立，罗平，刘树根，等. 塔里木盆地古生界油气勘探新思路[J]. 新疆石油地质，2001，22(5)：365-370.

[8]Li Z X. Tectonic history of the major east Asian lithospheric blocks since the Mid Proterozoic—a synthesis[J]. Geol Soc Am Bull，1997，109(1)：16—42.

[9]陈竹新，贾东，魏国齐，等. 川西前陆盆地南段薄皮冲断构造之下隐伏裂谷盆地及其油气地质意义[J]. 石油与天然气地质，2006，27(4)：460-466.

[10]孙玮，罗志立，刘树根，等. 华南古板块兴凯地裂运动特征及对油气影响[J]. 西南石油大学学报(自然科学版)，2011，33(5)：1-8.

[11]盖保民. 地球演化(第二卷)[M]. 北京：中国科学技术出版社，1991.

[12]马文辛，刘树根，陈翠华，等. 渝东地区震旦系灯影组硅质岩地球化学特征[J]. 矿物岩石地球化学通报，2011，30(2)：160-171.

[13]张位华，姜立君，高慧等. 贵州寒武系底部黑色硅质岩成因及沉积环境探讨[J]. 矿物岩石地球化学通报，2003，22(2)：174-178.

[14]Wang J，Chen D，Wang D，et al. Petrology and geochemistry of chert on the marginal zone of Yangtze Platform，western Hunan，South China，during the Ediacaran-Cambrian transition[J]. Sedimentology，2012，59(3)：809-829.

[15]陈志明，陈其英. 扬子地台早寒武世梅树村早期的古地理及其磷块岩展布特征[J]. 地质科学，1987，22 (3)：246-256.

[16]黄文明，刘树根，张长俊，等. 四川盆地震旦系储层孔洞形成机理与胶结充填物特征研究[J]. 石油实验地质，2009，31(5)：449-454.

[17]黄新翠. 川西南震旦系灯影组优质储层特征研究[D]. 成都：成都理工大学，2012.

[18]徐世琦，包强，钟醒文. 四川盆地资阳地区震旦系气藏储集体描述[J]. 天然气勘探与开发，1996，10(2)：12-23.

[19]黄籍中，陈盛吉，宋家荣，等. 四川盆地烃源体系与大中型气田形成[J]. 中国科学，1996，(6)：504-510.

[20]王兰生，苟学敏，刘国瑜，等. 四川盆地天然气的有机地球化学特征及其成因[J]. 沉积学报，1997，15(2)：49-53.

[21]黄先平，王世谦，罗启后，等. 四川盆地油气资源评价[R]. 内部报告(中石油西南油气田分公司)，2002.

[22]Liu S，Zhang Z，Huang W，et al. Formation and destruction processes of upper Sinian oil-gas pools in the Dingshan-Lintanchang structural belt，southeast Sichuan Basin，China[J]. Petroleum Science，2010，7(3)：289-301.

[23]Liu S，Qin C，Jansa L，et al. Transformation of oil pools into gas pools as results of multiple tectonic events in Upper Sinian (Upper Neoproterozoic)，deep part of Sichuan Basin，China[J]. Energy Exploration&Exploitation，2011，29(6)：679-698.

[24]刘树根，秦川，孙玮，等. 四川盆地震旦系灯影组油气四中心耦合成藏过程[J]. 岩石学报，2012，28(3)：879-888.

[25]王国芝，刘树根. 海相碳酸盐岩海相碳酸盐岩区油气保存条件的古流体地球化学评价——以四川盆地中部下组合为例[J]. 成都理工大学学报(自然科学版)，2009，36(6)：631-644.

[26]罗志立，刘树根. 中国塔里木、鄂尔多斯、四川克拉通盆地下古生界成藏条件对比分析[A]//罗志立，李景明，刘树根，等. 中国板块构造和含油气盆地分析[M]. 北京：石油工业出版社，2005：454-546.

[27]Liu S，Deng B，Li Z，et al. Architecture of basin-mountain systems and their influences on gas distribution：a case study from the Si-

chuan basin，South China[J]. Journal of Asian Earth Sciences，2012，47(1)：204-215.

[28]孙玮，刘树根，马永生，等. 四川盆地威远－资阳地区震旦系油裂解气判定及成藏过程定量模拟[J]. 地质学报，2007，81(8)：1153-1159.

[29]孙玮，刘树根，韩克猷，等. 四川盆地震旦系油气地质条件及勘探前景分析[J]. 石油实验地质，2009，31(4)：350-355.

[30]孙玮，刘树根，徐国盛，等. 四川盆地深层海相碳酸盐岩气藏成藏模式[J]. 岩石学报，2011，27(8)：2349-2361.

[31]刘树根，邓宾，李智武，等. 盆山结构与油气分布——以四川盆地为例[J]. 岩石学报，2011，27(3)：621-635.

[32]刘树根，孙玮，李智武，等. 四川盆地晚白垩世以来的构造隆升作用与天然气成藏[J]. 天然气地球科学，2008，19(3)：293-300.

Ⅱ-10 中国地裂运动理论与实践综述

刘树根　罗志立　雍自权　赵锡奎　孙　玮　李智武　冉　波　宋金民　杨　迪

（成都理工大学）

摘要：自1981年创立“中国三次地裂运动”的理论以来，得到了地学界和社会广泛的反响。文中依据近三十年来国内外大量有关信息，从地裂运动的学术观点对中国地质科学理论发展的促进方面、从陆相生油二元论观点、从峨眉地裂运动观点对四川盆地礁块型气藏的预测有效性方面，以及地质同行用此观点解释西南富煤带聚集规律和某些金属矿产成矿构造背景方面、兴凯地裂运动对四川盆地下古生界油气勘探的指引方面、基于地裂运动的扬子—塔里木古大陆重建方面等进行归纳和总结，进而探讨地裂运动与基础地质科学问题的关系及地裂运动理论还需深入研究和完善的方向。

关键词：地裂运动；构造运动；油气成藏；构造控矿；油气勘探；拉张槽；盆地

前　言

自20世纪80年代提出中国有三次地裂运动的论点以来，以罗志立教授、刘树根教授、雍自权教授、赵锡奎教授、孙玮博士、李智武博士、邓宾博士、罗超博士、冉波博士、宋金民博士、杨迪博士等为核心的一百多人的科研团队持续研究地裂运动至今已有三十多年。据不完全统计，科研团队承担国家和省部级课题12个，编写出版与中国地裂运动有关的专著7部、大学专用教材1部，在国内外发表有关地裂运动文章50余篇[1—57]，其中有十余篇发表于《新疆石油地质》[26,29—30,36—37,41,46—47,49,50,53]，获部省级科研成果奖和优秀论文奖27次。

中国地裂运动理论的创建，不仅是基础地质科学理论上的创新而且在矿产勘探开发中成效显著，得到了黄汲清、尹赞勋、郭令智等老一辈地质学家的肯定和认可[21—22,40,58,66—69]。在四川盆地油气勘探的实践中，用峨眉地裂运动为寻找上二叠统生物礁块气藏和发现元坝深层碳酸盐岩大气田方面起到了指引作用。近年来，刘树根教授等发现的绵阳—长宁下寒武统拉张槽与兴凯地裂运动有关，对近期发现的磨溪—高石梯四千多亿方大气田的成藏条件具有关键作用[54—59]。此外在研究地裂运动过程中，还涉及地质构造学、沉积学、矿产开发、环境地质学等多个科研问题，均与中国地裂运动有关，有的见到实效和验证，有的待深入研究和探索。

一、地壳(岩石圈)运动与地裂运动

20世纪70年代以前，地台稳定论和地槽廻返论的经典大地构造地质学认为地槽因挤压褶皱廻返而形成的造山运动，在全球形成多期同时的造山带而命名(施蒂勒建立的定律)，这种“洋陆固定论”的学说，统治地学界100多年，也深深地影响到中国地质构造学界研究的思维。随着科学技术的进步，“大陆漂移说”与“海底扩张说”的融合创立的“板块构造理论”给地球科学带来了革命性革命。

“板块构造理论”揭示了全球构造运动的本质，汇聚、挤压、离散(拉张)是全球构造运动的对立统一体，其中离散—拉张运动是重要的不可忽视的全球性构造运动，在板块边缘离散作用产生的构造形迹，无论在海洋和大陆其规模远大于其他类型，如全球大洋中脊和中隆所形成的裂谷系，总长64000km。由洋脊上隆所影响的洋壳范围占大洋总面积的1/3，即影响地壳的范围占全球地壳的23%左右，接近全球陆壳分布的面积。在板块内部，大陆上由于地壳拉张作用，形成的裂谷系的规模远远超过造山运动形成的褶皱带。如东非裂谷宽200km，南起赞比亚河下游，北至亚丁湾，绵亘4000km，若向北把它和红海裂谷及地中海东岸的利凡得裂谷系加在一起，总长度超过6500km；欧洲的莱茵裂谷带，宽200km，纵切欧洲全长600km；亚洲的贝加尔裂谷系总长2500km；北美加拿大的圣劳伦斯裂谷系总长在2000km左右。故有人称之为“全球裂谷系”，或“地球上的伤痕”。这也充分说明拉张运动在全球地壳运动中的重要性。

地裂运动(taphrogenesis)一词是德国地质学家Krenkel研究东非裂谷系时提出来的，词源出自希腊语，Taphro意为“槽”，Genesis指“起源”之意，他用Taphrogenesis来描述地壳运动，指出“因张力作用分裂为区域断块，是造山运动(orogenesis)同时期的对应物”。取其与造山运动对应物的理念，适合当今板块运动有张有弛、有联系又有斗争的辩证思维过程，比当今流行的裂谷系(rift system)和裂谷作用(rifting)在成因上具有更深层次的地质内涵。

据*Glossary of Geology*[59]，Taphrogenesis(也写成Taphrogeny，地裂运动)是指“A general term for the formation of rift phenomena，characterized by high-angle normal faulting and associated subsidence. It is often considered to be the first stage of continental rupture and plate separation.”。

地裂运动与勘探油气和研究环境地质关系密切，因地裂运动形成的产油裂谷盆地很多，如北海裂谷盆地、西西伯利亚裂谷盆地、墨西哥湾裂谷盆地和南大西洋沿岸因冈瓦纳大陆分离而形成的许多裂谷盆地。此外，地裂运动与深部地幔活动相关联，这就为金属成矿提供了条件，如东非裂谷系成矿带，中国西南晚古生代峨眉地裂运动形成的攀西裂谷多金属成矿带等。地裂运动代表地壳的拉张作用，可发生在Wilson旋回各个阶段[59]，所产生的地裂运动与油气区形成关系密切。①大陆分裂阶段发生的地裂运动，北海油区、西非尼日利亚油区和墨西哥湾油区，即为与此次地裂运动形成的坳拉槽有关。②洋壳消减在大陆边缘火山岛弧后缘形成的含油裂谷盆地，如美国西部新生代盆岭省，中国东部华北裂谷盆地。③大陆板块与大陆板块碰撞发生地裂运动，产生的裂谷盆地，如奥斯陆裂谷盆地，Zigler认为二叠纪—三叠纪华力西造山带从南向北排挤，北海在东西向拉张应力下形成裂谷，又如新生代非洲大陆与欧洲大陆碰撞，形成阿尔卑斯造山带的同时，在欧洲形成莱茵地堑盆地。

Burke和Dewey按板块构造观点，将裂谷形成过程概括为地幔上隆→三联构造→坳拉槽和裂谷。坳拉槽(aulacogen)是前苏联Shatski提出来的，是指从地槽区横向伸入地台区内部的三角形坳槽；板块构造学者赋予新的含意，认为大陆破裂成洋发育时，它是三联构造中伸入大陆不发育的一支裂谷，或称废弃臂(failed arm)。坳拉槽在全球古生代油气区形成有重要作用，如北美的俄克拉荷马坳陷，欧洲的俄罗斯和乌克兰坳拉槽，控制第聂伯－顿涅茨含油气盆地。

据*Glossary of Geology*[59]，aulacogen(坳拉槽或裂陷槽)是指：“(a)a sediment-filled continental rift that trends at a high angle to the adjacent continental margin or orogen. Some aulacogens initiate as the failed arm of a three-armed spreading system，whereas others are abandoned rifts that were later truncated by rifting at a substantially different orientations. (b)Term introduced by Shatski(1964a，b) to describe a narrow，elongate basin that extends into the craton either from a passive-margin basin or from a mountain belt that formed a passive-margin basin(Biddle and Christie-Blick，1985). It is a tectonic trough on a craton，bounded by convergent normal faults. Aulacogens have a radial orientation relative to cratons and are open outward.”。

Milanovsky研究全球大陆上坳拉槽发展的历史，认为地史上存在三个主要裂谷发育期：早寒武世、泥盆纪和新生代。Burke认为北美大陆存在三期裂谷和坳拉槽：美国中部大陆晚元古代的南俄克拉荷马坳拉槽和凯翁那瓦裂谷，北美大陆东部古生代裂谷，北美大陆东部中、新生代裂谷。

通过考证中国区域构造特征、研究华北裂谷形成机制、分析西南峨眉山玄武岩喷发的构造背景、参阅国内外许多裂谷文献，提出了中国大陆自晚元古代以来，经历过三次大范围的拉张运动，分别命名为“兴凯”“峨眉”和“华北”三次地裂运动(见表1)[4,7,33]。这首次打破中国(尤其是西部地区)长期以来只有褶皱运动命名的传统，并得到地学前辈和许多专家的首肯或响应，如王鸿祯先生、郭令智先生和赵重远教授的肯定，刘本培教授和张渝昌教授把峨眉地裂运动扩展到中、下扬子及整个华南古板块地区[66−71]。

表 1　中国主要地裂运动旋回与造山运动旋回对应简表[33]

地质时代				地裂运动旋回		造山运动旋回	
代	纪	世	时间/Ma	构造发展特征	地裂期	造山期	构造发展特征
新生代	第四纪	Q	2.5			喜马拉雅	印度板块与甘青藏板块碰撞，青藏高原形成。菲律宾板块向台湾地块碰撞，形成台湾山脉
	第三纪	N_2	26				
		N_1					
		E_3	65	晚侏罗世松辽和渤海湾盆地开始张裂。早第三纪中国东部大多数盆地剧烈拉张，渤海湾、黄海、东海、珠江口等盆地形成	华北地裂运动		
		E_2					
		E_1					
中生代	白垩纪	K_2	136				
		K_1				燕山	西藏班公湖－丁青－怒江造山褶皱带形成。华南强烈褶皱，沿海火山弧发育。东北、华北盆地受挤压
	侏罗纪	J_3	190				
		J_2					
		J_1					
	三叠纪	T_3	225				
		T_2		滇、黔、桂、湘弧后拉张盆地形成。扬子地台西缘大量峨眉山玄武岩喷发，攀西裂谷发育，特提斯洋打开，甘孜－理塘小洋盆形成，塔里木盆地二叠纪大量玄武岩喷发	峨眉地裂运动	印支	秦岭洋全部关闭，可可西里－金沙江以东地槽关闭，东部沿海发育火山弧。
		T_1					
古生代	二叠纪	P_2	280			海西	天山－兴安岭地槽褶皱回返，昆仑－秦岭褶皱回返
		P_1					
	石炭纪	C_3	345				
		C_2					
		C_1					
	泥盆纪	D_3	395				
		D_2					
		D_1					
	志留纪	S_3	430			加里东	早奥陶世北祁连、秦岭褶皱。志留纪末华南、秦岭、祁连地槽褶皱回返
		S_2					
		S_1					
	奥陶纪	O_3	500				
		O_2					
		O_1					
	寒武纪	$Є_3$	570				
		$Є_2$					
		$Є_1$		古中国地台解体，天山、北山、祁连、秦岭地槽开裂，贺兰山裂陷槽产生。下寒武统拉开达到高潮	兴凯地裂		
新元古代	震旦纪	Z_2	900			兴凯	中国东北、前苏联及蒙古早寒武世末发生褶皱运动。
		Z_1					

中国的地裂运动可划分出兴凯、峨眉和华北三个地裂运动旋回，其中兴凯地裂运动和峨眉地裂运动对于华南古板块的影响尤为重要。

二、中国大陆的三次地裂运动

(一)兴凯地裂运动

1. 兴凯地裂运动与Rodinia(罗迪尼亚)超大陆裂解比较大地构造学关系

1)兴凯地裂运动的厘定

1980年黄汲清认为“经过扬子造山旋回(1100～700Ma)，在中国境内西起天山、塔里木，东经柴达木、东昆仑、祁连、秦岭到扬子江中下游，曾经形成一个范围辽阔的扬子准地台。而且，它很可能还与早先形成的中朝准地台连成一体，构成一个巨大的“古中国地台”[61]。到了晚前寒武纪到早寒武世，这个地台解体，昆仑、秦岭、北山、天山等地槽逐步形成，同时在中国东北、西南等地发生褶皱，因而命名为“兴凯旋回”(700～536Ma)。

1981～1984年罗志立在研究中国地裂运动时，认为黄黄汲清先生的兴凯旋回是在新元古代早中期(扬子造山旋回)形成的“古中国地台”基础上，在新元古代晚期发生解体，挤压和裂解运动并存，而裂解运动形成的昆仑、秦岭等地槽远大于后期褶皱运动规模。为了尊重前人的发现，不另取裂陷构造运动名称，只强调裂解运动的性质，故称为“兴凯地裂运动旋回”(或简称兴凯地裂期)。

2)“古中国地台”形成与兴凯地裂运动裂解和Rodinia超大陆演化，在大地构造学上的时空对比

Menamin等首先提出新元古代Rodinia超大陆的概念[62]。Rodinia一词来源于俄语，原意诞生之意，意指Rodinia超大陆是全球显生宙的始祖。Hoffman等基于全球格林威尔造山带分布和年代学、古地磁学、地球化学等资料[63]，恢复的Rodinia超大陆轮廓(1000Ma)，把劳亚大陆置于中心，东冈瓦纳大陆在其东北边、西冈瓦纳大陆在南边。中国的塔里木、扬子、华北三大陆块，没有确定位置(见图1)。

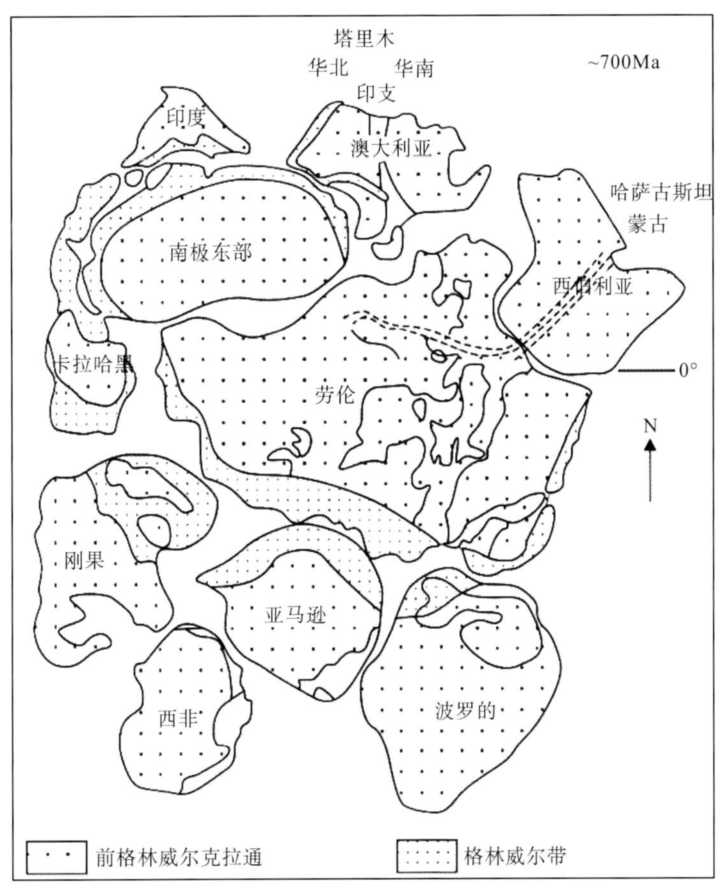

图1　新元古代Rodinia超大陆古地理再生图[62]

李正祥等根据古地磁等资料[64]，把塔里木、华南和华北地块，分别散置于 Rodinia 超大陆北部的澳大利亚陆块和西伯利亚之间(见图 2)，并认为 Rodinia 超大陆会聚于 1000Ma，裂解于 700Ma。中国的宽坪和四堡运动在时代上与格林威尔运动大致相当。

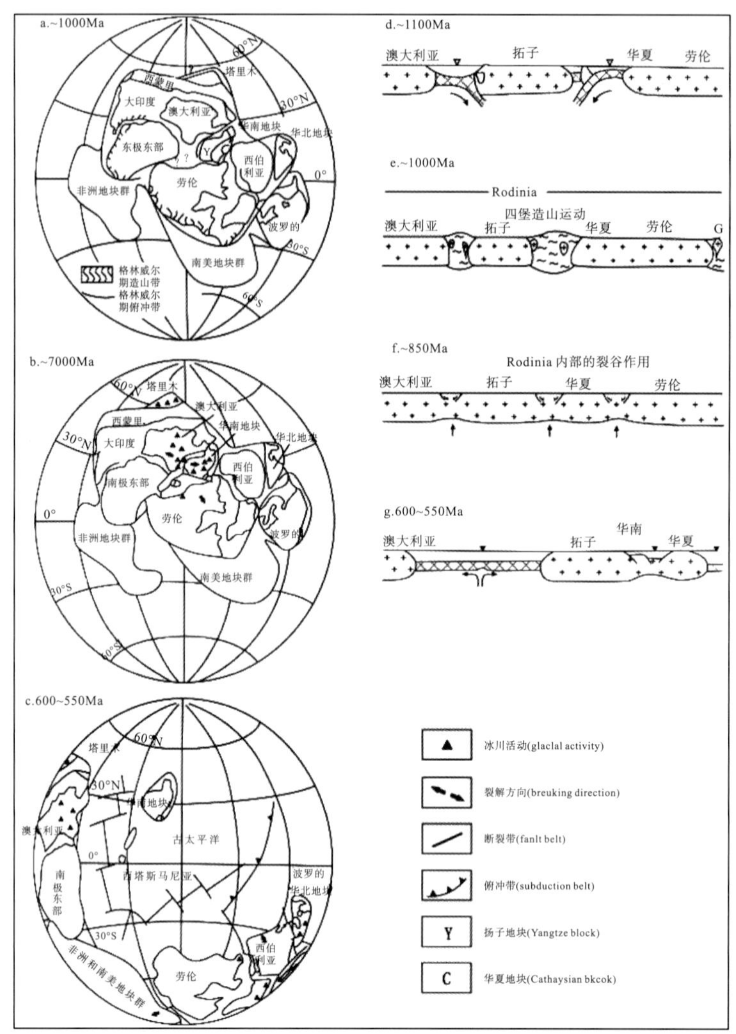

图 2　Rodinia 超大陆的形成和裂解过程关系模式图[63]

古中国地台形成于中元古代末(1100Ma)的扬子旋回早期[或称华南陆块晋宁运动(1000Ma)]，于 800Ma 后开始裂解，700Ma 达到高潮。它与李正祥[63]提出的 Rodinia 大陆会聚于 1000Ma，裂解于 700Ma，在时间上是可对应的；在新元古代早期中国三大陆块形成的“古中国地台”，成为 Rodinia 超大陆组成部分，在空间上也是有联系的。从全球构造学看，兴凯地裂运动与 Rodinia 超大陆的形成演化关系十分密切(见表 2)。故研究中国南方板块的兴凯地裂运动，有必要将此与全球 Rodinia 超大陆形成和裂解相联系，但也不能不说黄汲清先生“古中国地台”的提出和“兴凯地裂运动”论点的建立，比 Rodinia 超大陆形成裂解之说早了十多年。

2. 兴凯地裂期华南板块地史演化特征

过去对华南板块前寒武纪地层的分层和对比较为复杂，认识甚为分歧(见图 3)，其根本原因缺少构造–沉积理论的依据。若承认新元古代中、晚期发生过兴凯地裂运动，所产生的裂谷和隆起控制沉积相，这问题就易解决。可喜的是王剑等从华南裂谷盆地演化观点研究，统一分层和对比[65]；据我们野外调查，基本与兴凯旋回，盆地发育阶段对应，由下向上可分为 4 个裂谷期和相应沉积组合(见表 2)[48]。

表 2　古中国地台与 Rodinia 超大陆会聚和裂解特征对比表[48]

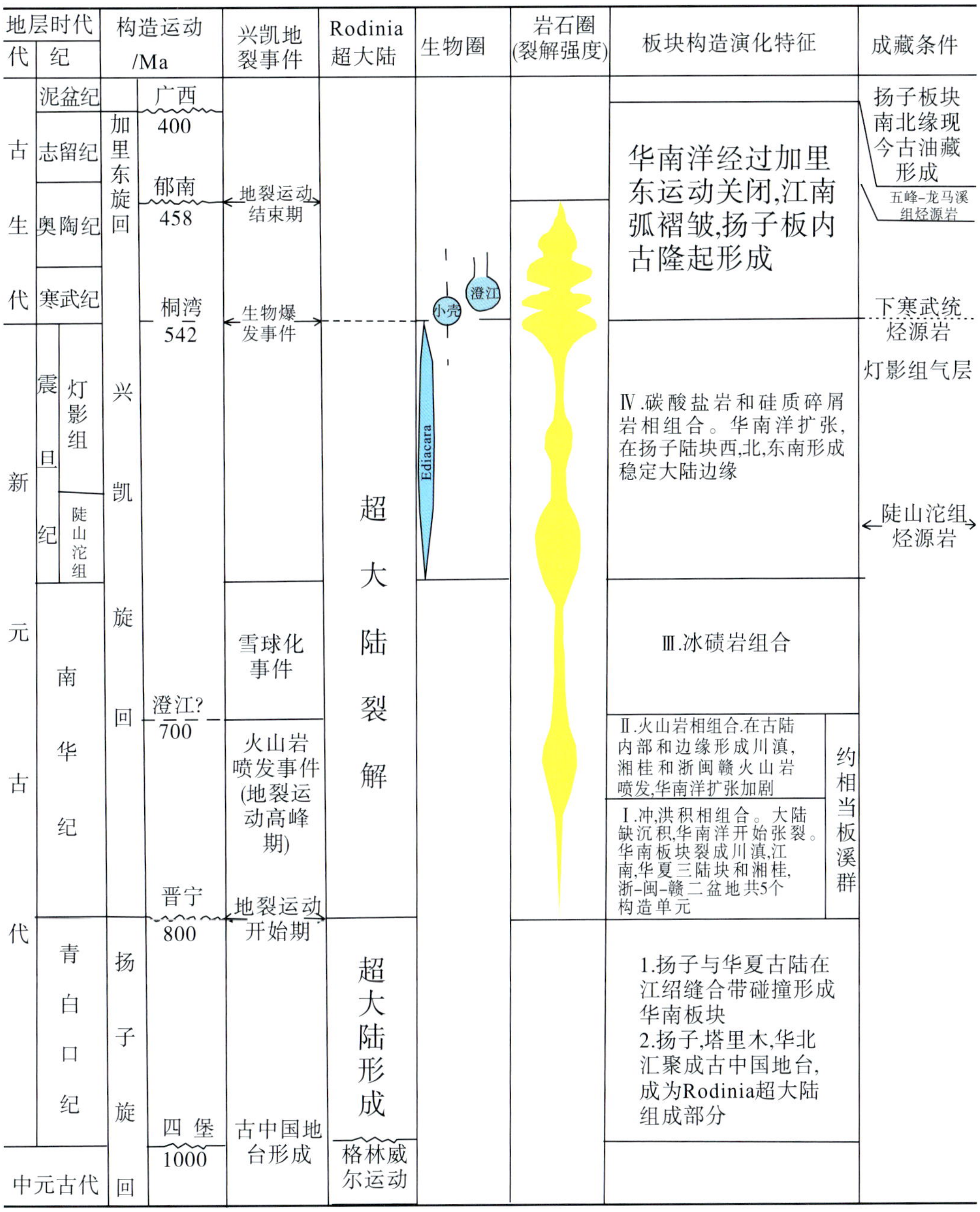

地层时代 代	地层时代 纪	构造运动	/Ma	兴凯地裂事件	Rodinia超大陆	生物圈	岩石圈(裂解强度)	板块构造演化特征	成藏条件
古生代	泥盆纪		广西						扬子板块南北缘现今古油藏形成
古生代	志留纪	加里东旋回	400					华南洋经过加里东运动关闭,江南弧褶皱,扬子板内古隆起形成	
古生代	奥陶纪	加里东旋回	郁南 458	地裂运动结束期				华南洋经过加里东运动关闭,江南弧褶皱,扬子板内古隆起形成	五峰-龙马溪组烃源岩
古生代	寒武纪	加里东旋回	桐湾 542	生物爆发事件		澄江；小壳		华南洋经过加里东运动关闭,江南弧褶皱,扬子板内古隆起形成	下寒武统烃源岩
新元古代	震旦纪 灯影组	兴凯旋回			超大陆裂解	Ediacara		Ⅳ.碳酸盐岩和硅质碎屑岩相组合。华南洋扩张,在扬子陆块西,北,东南形成稳定大陆边缘	灯影组气层
新元古代	震旦纪 陡山沱组	兴凯旋回			超大陆裂解	Ediacara		Ⅳ.碳酸盐岩和硅质碎屑岩相组合。华南洋扩张,在扬子陆块西,北,东南形成稳定大陆边缘	陡山沱组烃源岩
新元古代	南华纪	兴凯旋回		雪球化事件	超大陆裂解			Ⅲ.冰碛岩组合	
新元古代	南华纪	兴凯旋回	澄江? 700	火山岩喷发事件(地裂运动高峰期)	超大陆裂解			Ⅱ.火山岩相组合.在古陆内部和边缘形成川滇,湘桂和浙闽赣火山岩喷发,华南洋扩张加剧	约相当板溪群
新元古代	南华纪	兴凯旋回		火山岩喷发事件(地裂运动高峰期)	超大陆裂解			Ⅰ.冲,洪积相组合。大陆缺沉积,华南洋开始张裂。华南板块裂成川滇,江南,华夏三陆块和湘桂,浙-闽-赣二盆地共5个构造单元	约相当板溪群
新元古代	青白口纪	扬子旋回	晋宁 800	地裂运动开始期	超大陆形成			1.扬子与华夏古陆在江绍缝合带碰撞形成华南板块 2.扬子,塔里木,华北汇聚成古中国地台,成为Rodinia超大陆组成部分	
新元古代	青白口纪	扬子旋回	四堡 1000	古中国地台形成	超大陆形成			1.扬子与华夏古陆在江绍缝合带碰撞形成华南板块 2.扬子,塔里木,华北汇聚成古中国地台,成为Rodinia超大陆组成部分	
中元古代		扬子旋回			格林威尔运动				

1)裂谷早期

晋宁运动后扬子和华夏陆块会聚成华南大陆，其后兴凯地裂运动开始，形成许多初始裂谷、盆地，发育冲、洪积相夹火山碎屑岩相组合，但在上扬子的川滇和江南岛弧的赣北和皖南隆起上缺失。

2)裂谷盆地发育期

陆相或海相火山岩及火山碎屑岩相组合。主要发育在扬子古陆西南和东南缘，如苏雄组和开建桥组；向东南相变为滨岸边缘相至深海相组合。本期代表兴凯地裂运动扩张期。

3)裂谷盆地中期

在华南板块广泛发育冰碛岩组合，如南沱冰积层。这与全球的“雪球化地球”事件同步。

4)裂谷晚期

以震旦纪的陡山沱组和灯影组为代表，发育碳酸盐台地和碳硅质细碎屑岩组合，其后发生“生命大爆发事件”，小壳类和澄江生物群大爆发。本组合一直延续到早古生代末的中奥陶世末发生的加里东期的郁南运动后，兴凯地裂运动演化结束。

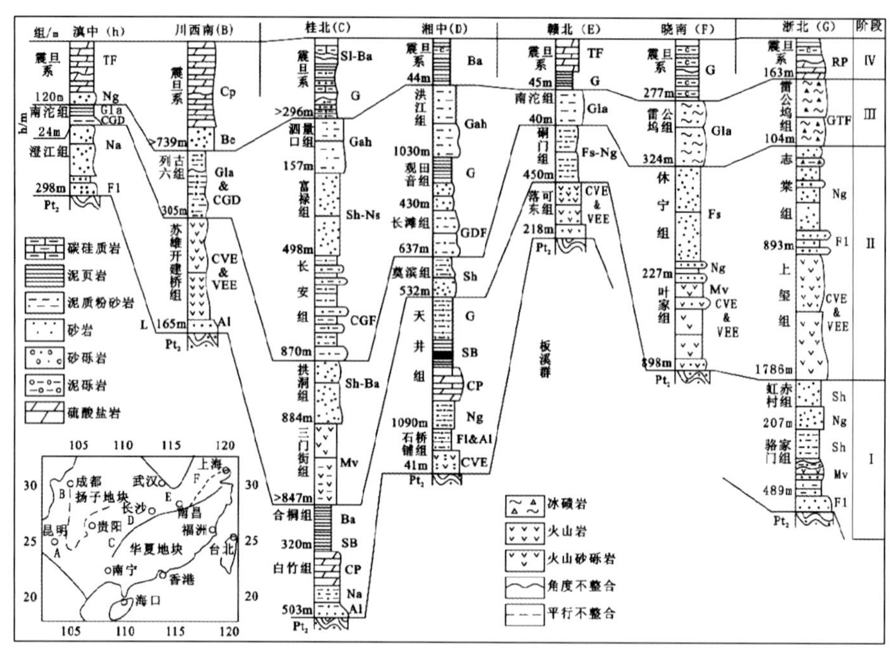

图 3　华南新元古代裂谷盆地演化解体与相应的成因组合图[64]

3. 华南板块新元古代南华纪(苏雄/开建桥组)兴凯地裂运动特征

近十多年来国内许多研究表明，华南是全球新元古代中期(830～750Ma)与 Rodinia 超大陆裂解有关岩石记录最完整的地区，如大陆溢流玄武岩、基性岩墙群、双峰式火山岩、基性－超基性侵入体、碱性侵入体以及板内花岗岩侵入岩等，其同位素年龄介于 830～680Ma，集中于 780～750Ma。这些具有大陆裂谷型地球化学特征的岩浆岩，正是全球 Rodinia 超大陆裂解作用在中国华南地区的真实表现，也是华南地区兴凯地裂运动早期的表现。

据野外调查、1∶20 万区域地质调查及岩相古地理研究，华南板块南华纪早期(苏雄/开建桥组)兴凯地裂运动最强烈，结合四川盆地航磁解释和基准井钻探资料，编制的岩相－构造图(见图 4)[48]，反映兴凯地裂运动在早期裂陷的构造特征。

1)秦岭东西向初始裂谷系

在华南板块北缘的秦岭造山带中，陆松年等认为存在北、南两条新元古代岩浆岩带[71]，从其物质成分、地球化学特征、U-Pb 年龄及大陆动力学构造背景，认为新元古代中期(南华纪)，华南板块北缘和西缘存在两条裂谷系，三连点在汉南地块。

(1)秦岭初始裂谷系北带。主要发育在北缘的秦岭岩系分布区，东延可达桐柏－大别－苏鲁等地，由花岗岩质岩石组成，时代 955～844Ma。

(2)秦岭初始裂谷系南带。主要发育在中、南秦岭区，包括神农架、大洪山地区，勉县－唐县－碧口－平武一带，近陆一侧发育一套陆相大陆裂谷系型火山－沉积岩系，如马槽园组；远陆一侧发育一套海相裂谷型岩石－细碧－角斑岩系，即花山群和碧口群等，时代为 810～710Ma。本条裂谷系是劳伦、澳大利亚和华南陆块初始裂解产物，是原特提斯形成的前兆。在震旦纪早期，扬子板块北缘发展成为南秦岭海盆，其中陡山沱组的黑色、黑灰色炭质页岩、藻纹层硅质岩(见图 5、图 6)以及部分磷块岩夹层(神农架地区)，成为川北地区优质烃源岩。

(3)汉南三叉裂谷中心。汉南侵入杂岩体，形成于 837～800Ma，处于东西向初始裂谷系与扬子板块西缘南北向康滇裂谷带交接处，成为三连点(triple junction point)。

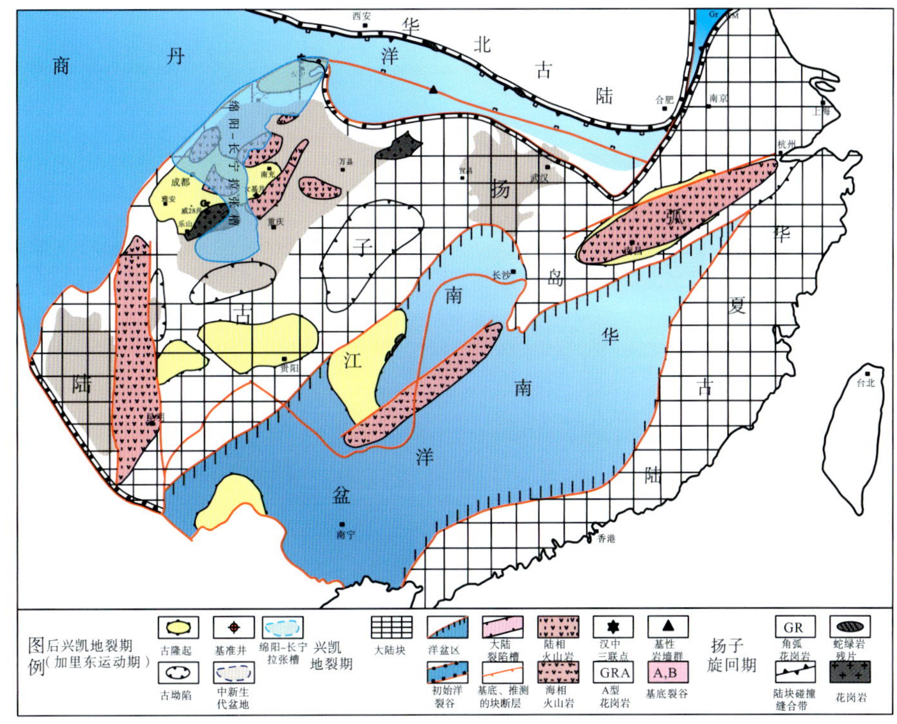

图 4　华南板块新元古代南华纪(苏雄/开建桥组)兴凯地裂运动岩相－构造图[48]

图 5　陡山沱组黑色页岩(D007，镜向：W)，九拱坪南 1km 附近

图 6　陡山沱组纹层状硅质岩(D007，镜向：NW)，九拱坪南 1km 附近

2)扬子板块西缘南北向康滇裂谷系及其发展

北起于四川大相岭、小相岭及甘洛、峨眉等地，向南延入滇东地区，岩石记录为苏雄组、小相岭组和澄江组，为一套陆相基－酸性火山岩、火山碎屑岩。苏雄组为酸性－基性熔岩及火山碎屑岩(见图 7、图 8)，底部以不整合覆于峨边群(中元古)之上(见图 9)，曾测得英安岩的 Rb-Sr 年龄为 822～812Ma，连续沉积于苏雄组之上的开建桥组中玄武岩 K-Ar 年龄为 726Ma，相当苏雄组和开建桥组，在大、小相岭地区称小相岭组，Rb-Sr 年龄为 794Ma，其上为列古六组，为上叠盆地产物，即裂谷盆地闭合于澄江运动(700Ma)[73－74]。

在滇东的武定、罗茨经东川至巧家发育的澄江组，下段碱性玄武岩 Rb-Sr 年龄为 887Ma[74]，与苏雄组年龄大体相当。它实际是苏雄组裂谷型火山岩南延部分。上段是一段粗碎屑岩，层位上与开建桥组相当。

图 7　苏雄组流纹岩线(D003，镜向：W)苏雄乡南西约 2.8km 公路旁

图 8　玄武安山质火山角砾岩(D004，镜向：SW)苏雄乡南西约 2.6km 公路旁

图 9　苏雄组/峨边群不整合界线(D003，镜向：W)苏雄乡南西约 2km 公路旁

3)龙门山初始洋盆发育的探讨

扬子板块西缘南北康滇裂谷系，应属板内裂谷系，到澄江期闭合。但在扬子板块西缘的龙门山以西地区应存在洋盆，与其他大陆分离。罗志立据扬子板块西缘岩体的年龄多在 850～770Ma[1,9]，四川盆地航磁解释资料以及在威 28 井和女基井第一次取得的四川盆地基底岩石同位素资料(威 28 井基底岩石为岛弧花岗岩(Rb-Sr 年龄为 740.99Ma)，女基井基底岩石为火山喷发霏细斑岩(Rb-Sr 年龄为 701.54Ma))，在扬子板块西缘提出沟、弧体系的板块构造模式(见图 10)。这一认识得到杨遵仪先生主编的《中国地质学》一书的认可[75]，并写道“所有这些都说明，在晚元古代，沿着地台西缘，存在着一个巨大的俯冲带”。

林茂炳等依据龙门山区 1∶50000 区域地质填图成果，在中、晚元古代褶皱基底的变质岩系中，发现蛇绿岩套残块，可断续延长 700km[76]，进一步证实扬子板块西缘存在洋壳俯冲的依据。

到了新元古代中、晚期的兴凯地裂运动期，发育龙门山裂陷海槽，早古生代沉积大陆斜坡型的碎屑岩、硅质岩和基性火山岩以及复理石沉积。据碧口地块、若尔盖地块出露的可与扬子板块相同的灯影组白云岩做盖层，可认为是兴凯地裂期扬子板块与其西缘其他板块裂解分离时，拉分保留的残余地块。

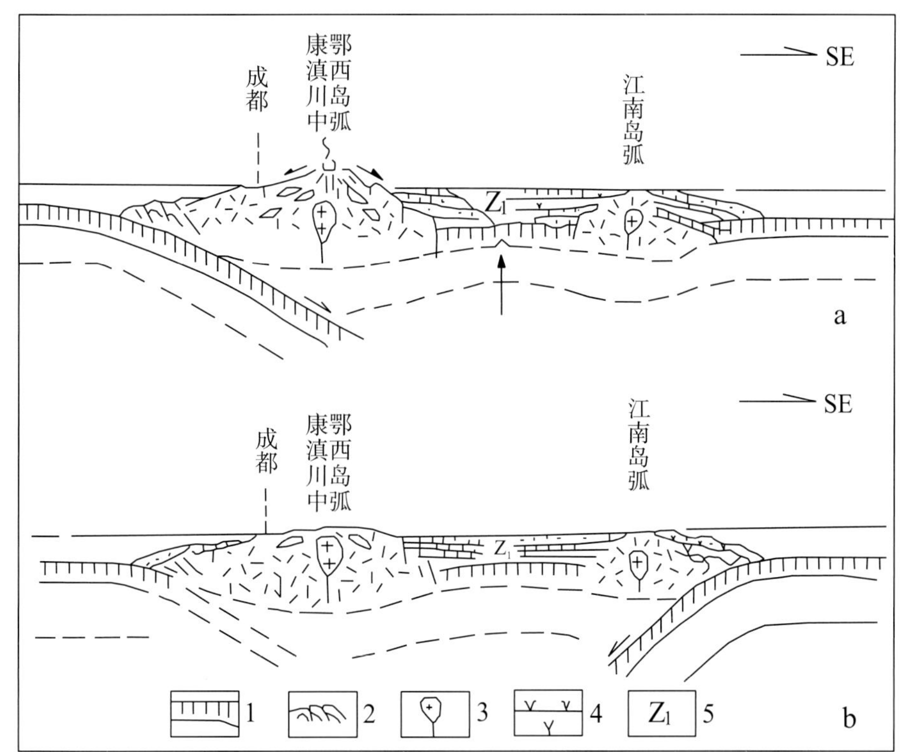

图 10　晋宁—澄江运动扬子古板块发展示意图[27]

a. 晋宁运动使岛弧破裂成两个岛弧和弧间盆地；b. 澄江运动形成扬子古板块基底。1. 洋壳；2. 俯冲杂岩体；3. 火山岩基；4. 类复理石沉积；5. 板溪群

3)扬子板块东南缘的南华裂谷系

中元古代末的四堡运动和新元古代初的晋宁运动，扬子与华夏板块在江绍缝合带碰撞，西南端可能保留残余洋盆(?)。到了新元古代中晚期的兴凯地裂运动，再次裂开，在苏雄—开建桥期，扬子板块南缘发育两个火山裂谷盆地，一个是在广西融水至龙胜境内发育的海相水下火山岩裂谷盆地；另一个是在江西修水至浙江萧山发育的陆相火山岩裂谷盆地(见图 4)。两个火山裂谷盆地向东南方向海水加深，到了震旦纪早期发展成为次深海裂陷盆地，在大陆斜坡发育大范围的陡山沱组，为良好的烃源岩。

4)四川盆地兴凯地裂运动表现

兴凯地裂期南华纪形成的火山岩体，控制四川盆地基底分异和盆内拉张槽发展演化。

(1)当前四川盆地由西向东，构造变形有显著“明三块”的差异，据我们研究，主要受控于兴凯地裂期基底差异沉降和火山侵入岩体控制。以龙泉山基底断裂为界的川西地区，仅有绵阳一个基性杂岩体侵入，其余地区分布弱磁性的中元古界黄水河群(?)(见图 11)。可以认为是三连点向南延的裂谷系分支，可与康滇裂谷系相连。因其为塑性或裂谷为基底，故易沉降接受沉积，沉积盖层厚度可达 11km。

(2)在龙泉山和华蓥山断裂之间的川中地区，有多个火山岩体，在威 28 井和女基井已钻到花岗岩和霏细斑岩，属新元古代晚期产物，构成稳定的结晶基底，因而后期沉积盖层薄(6～8km)、构造变形弱。

(3)在华蓥山至齐耀山断裂之间的川东南地区，物探解释仅在忠县有侵入岩体，大面积为上元古界板溪群充填，盖层厚度达 11km。另从川中遂宁—蓬莱镇地震剖面，在震旦系反射层之下，出现楔形构造层，向西尖灭，可证实为板溪群向川中超覆的可能性。川东南若为巨厚的板溪群塑性基底，故其后期滑脱褶皱和变形强烈，是理所当然的。

(4)芦山—洪雅一带，二叠纪之前存在多个地堑构造，主要为 NE 走向，被断层所控制。断层延伸至基底，证明该区可能存在兴凯期的拉张活动(见图 12)。

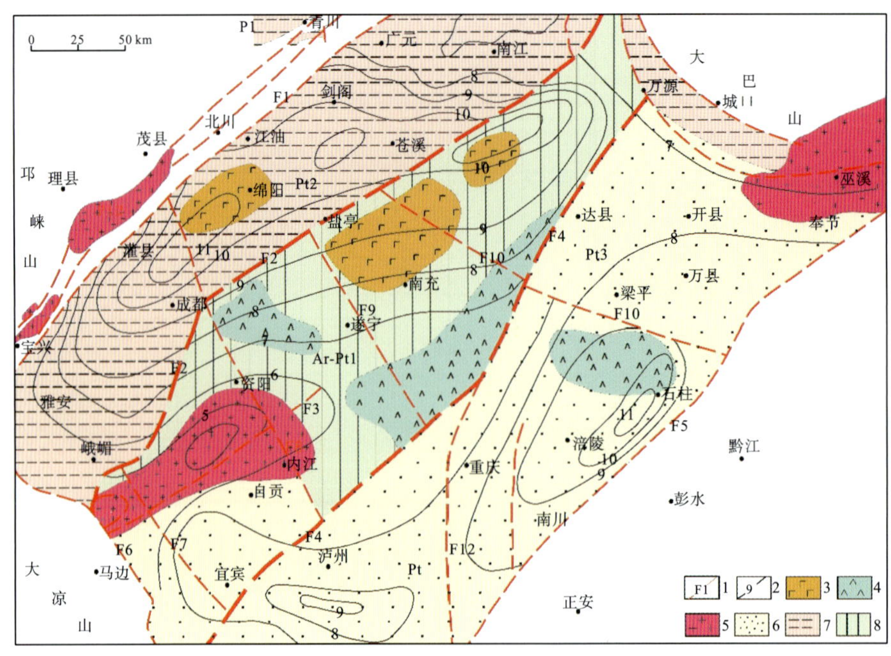

图 11　四川盆地前震旦系基底构造图[27]

1. 推测大断裂；2. 基岩埋深等高线(m)；3. 基性杂岩；4. 中基性火山岩；5. 花岗岩；6. 上元古界板溪群；7. 中元古界黄水河群；8. 太古界—下元古界康定群。F1. 龙门山断裂带；F2. 龙泉山—三台—巴中—镇巴断裂带；F3. 键为—安岳断裂；F4. 华蓥山断裂；F5. 齐跃山断裂；F6. 荥经—沐川断裂带；F7. 乐山—宜宾断裂带；F8. 什邡—简阳—隆昌断裂；F9. 绵阳—山台—潼南断裂带；F10. 南部—大竹—中显断裂带；F11. 城口断裂带；F12. 綦江断裂带

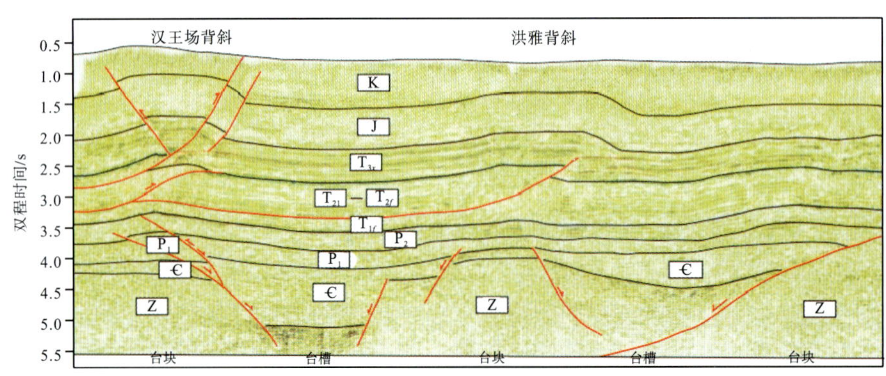

图 12　汉王场—洪雅地震地质剖面[48]

(5)在川西大圆包至简阳的地震剖面上，龙泉山断裂北西处，基底出现裂谷构造，也证明可能存在兴凯期的拉张作用(见图 13)。

4. 华南板块(中上扬子区)早寒武世兴凯地裂运动特征

1)秦岭东西向初始洋裂谷进一步张裂成南秦岭海槽

据调查，成县—白河—襄樊断裂，为一控制南秦岭斜坡相与深水盆地相的边界断裂(见图 14)，具有同生断层性质，如在紫阳下寒武统石牌组深灰色灰岩中发育大量同生期网脉状破裂，裂缝中充填黑色碳泥质。在深海槽沉积非补偿型的碳质及硅质岩石组合，为良好烃源岩。

现代海底的火山活动产生的强烈的热流体地质作用会形成“黑烟筒”或“白烟筒”构造，是拉张断裂有关的重要证据。张家界天门山向斜周边地区前寒武—寒武系界线附近(留茶坡组)的硅质岩—黑色岩系中发现了硅烟筒(silica chimney)的确切地质证据，表明这是一种寒武纪时的“白烟筒”构造。从古构造背景看，正好位于碳酸盐台地的边缘，受同沉积断裂活动的控制。在局部甚至可以见到黑色岩系直接盖在硅岩喷口之上，说明黑色岩系与硅烟筒的喷流密切相关。

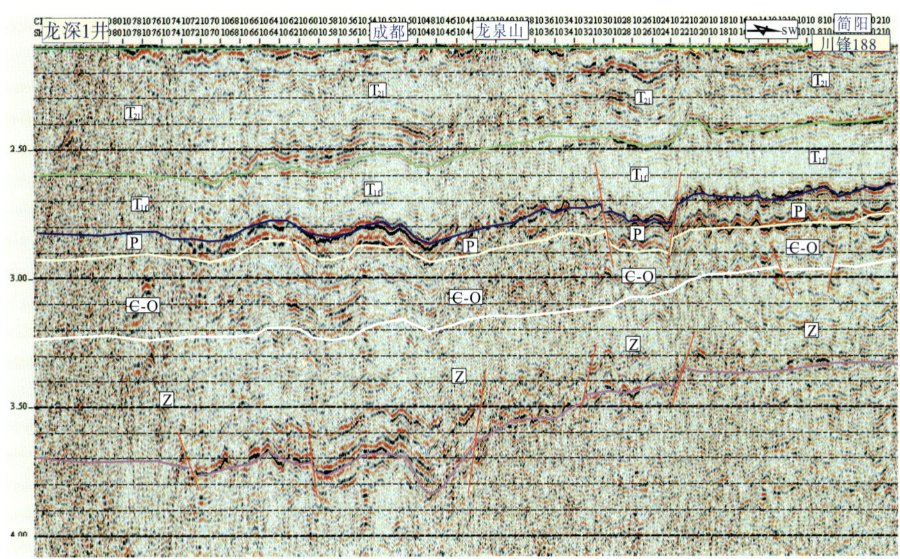

图 13　川西 L2 线拉平中三叠统雷口坡组顶面地震剖面解释图[48]

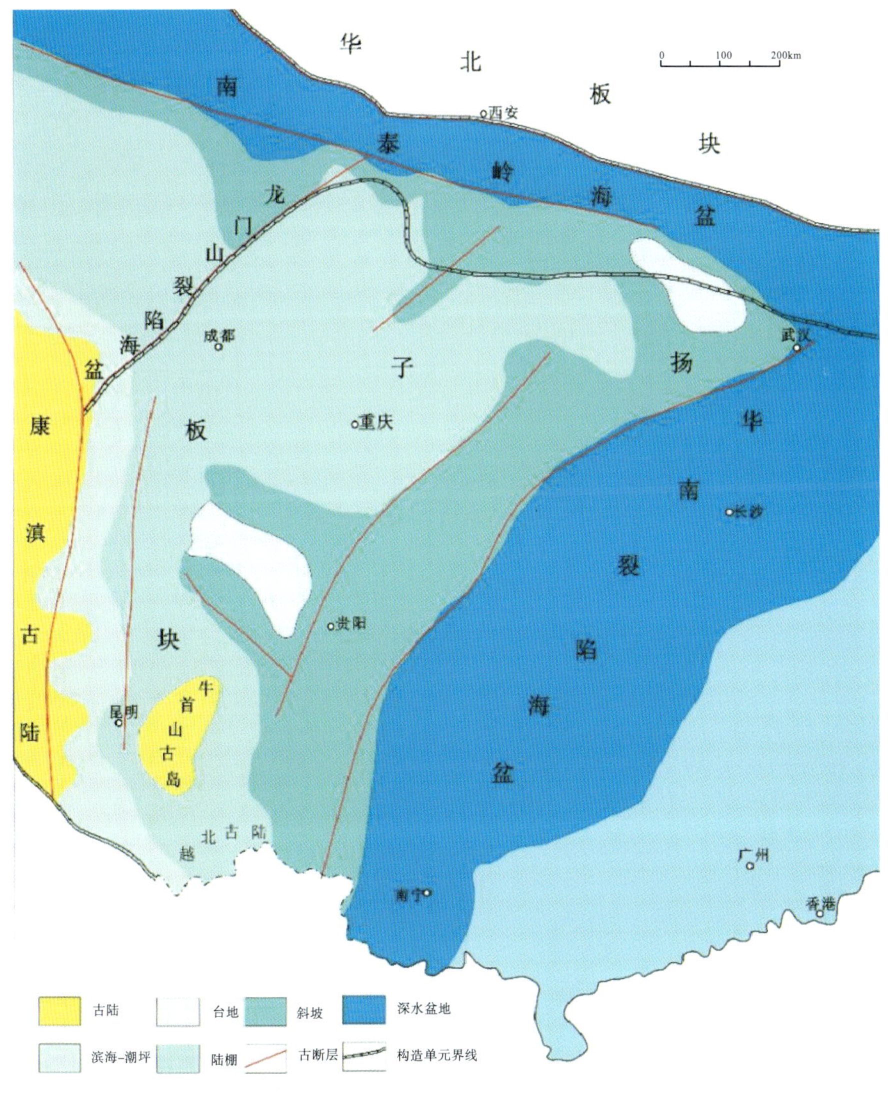

图 14　华南板块(中上扬子区)兴凯地裂运动早寒武世构造-沉积格架图

总体上看来，晚震旦世的沉积主要是受深大断裂带控制，从台地到盆地岩性上主要是由白云岩、硅质白云岩相变到硅质岩，但是在经过两个从陡山沱期开始的沉积－构造演化旋回后，扬子陆块东南边缘所形成的充填楔已基本填平了地堑盆地，达到了沉积基准面与侵蚀面基准面均衡，构筑了早寒武世碎屑岩陆架的基底。在台缘－上斜坡附近，灯影组顶部的中厚层状微晶白云岩与硅质岩的形成大致同时。往盆地方向，硅岩的出现逐渐提前，在下斜坡－盆地部位，留茶坡硅质岩直接覆盖在陡山沱组之上，与整个灯影组的形成时代大致相当。

由于在台地边缘柑子坪剖面的前寒武－寒武系地层中发现有多层的火山灰夹层，这给确定其地层的时代带来了可能。柑子坪剖面留茶坡组火山灰中分离出典型的岩浆成因锆石，进行了SHRIMP的定年测试分析，得到的年龄数据为536.3±5.5Ma，属于早寒武世，对比国际上前寒武－寒武系界线处的年龄数据(542.6±0.3Ma)可知，认为柑子坪剖面的前寒武－寒武系界线应在下部白云岩之上，亦即硅质岩开始出现的层位。

在喷流管壁局部充填了重晶石，其成因显然与热液作用有关。在中国南方发育的寒武系重晶石矿的成因可能也与火山热液作用有关。设若如此，这些寒武系重晶石矿的发育带应代表了当时火山热液作用的强化带，一方面可能指示了当时海底火山热液作用极为广泛，另一方面也为解释寒武系优质烃源岩分布规律提供了佐证。同时也为兴凯地裂运动在该区提供了另一种证据。

2)龙门山裂陷海槽发育成海盆

到了早寒武世龙门山裂陷海槽进一步发育成海盆，下寒武统发育非补偿边缘海泥质、硅质及火山碎屑夹灰岩沉积，为良好的烃源岩。

3)扬子板块东南缘的南华裂谷系进一步发展成洋盆

早寒武世梅树村组和筇竹寺组海侵达到高潮，涉及南方全区，广泛发育硅质岩、黑色页岩及浊积深水沉积建造。在中上扬子台地，也广泛发育黑色页岩及磷块岩，表现为凝缩层沉积特征，形成南方古生界主力烃源岩。这时南华裂谷系进一步发展，推测沉降中心在九江－株洲－柳州一带。整个寒武系厚度达9000m，梅树村组、筇竹寺组和沧浪铺组的厚度可达1500m以上。

在其东南缘形成的黔江－遵义古断裂控制陆棚与斜坡相的边界，其东南的慈利－丹寨古断裂又控制斜坡相与深水盆地相边界(见图15)。

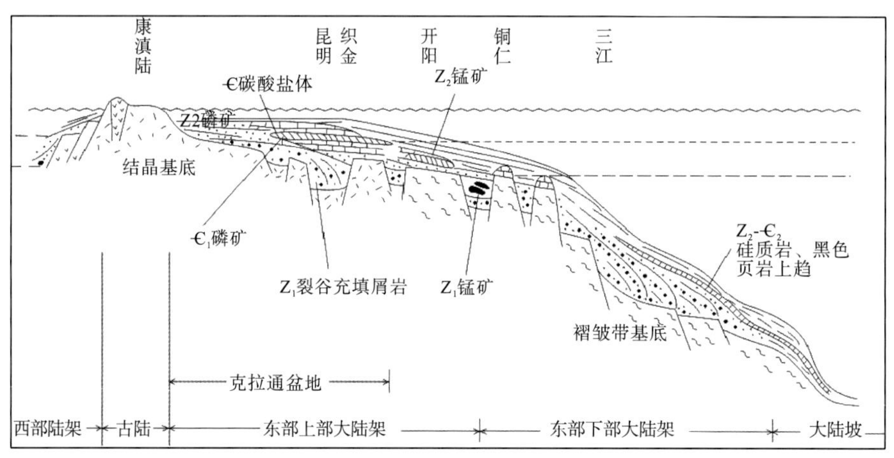

图15　扬子板块东南缘Z-Є1沉积－构造演化示意图[83]

5. 四川盆地寒武纪兴凯地裂运动特征

陈竹新、贾东等在研究四川盆地西部汉王场－洪雅剖面时，发现二叠系之下存在隐伏裂谷[77]，但把它解释为海西期拉张的产物，可能沉积有志留－石炭系。通过笔者团队的研究结果表明，该拉张断层的时代可能更早，推断其为晚元古代至早寒武世拉张的产物，与兴凯地裂运动相对应[48]。通过四川盆地野外露头剖面、精细地震资料及钻井资料对比解释发现，兴凯地裂运动始于中、晚元古代，在苏雄组沉积期达到高潮，南华系至上震旦统灯影组沉积期主要发育碳酸盐台地和碳硅质细碎屑岩组合，晚震旦世至早寒武世在局部地区再次发育拉张构造，至中寒武世拉张运动结束，在该时期四川盆地内即形成了绵阳－乐至－隆昌－长宁拉张槽[54－57]。

早寒武世拉张槽位于绵阳－乐至－隆昌－长宁一带，故命名为绵阳－乐至－隆昌－长宁拉张槽。拉张槽整体的展布格局为向南北开口，其东侧陡、西侧缓。资料可靠区域内最窄处位于资中，宽约50km；南部区域最宽处可超过100km，并且向南逐渐变宽；北部区域宽度亦可超过100km，并且向北变宽(见图16)。

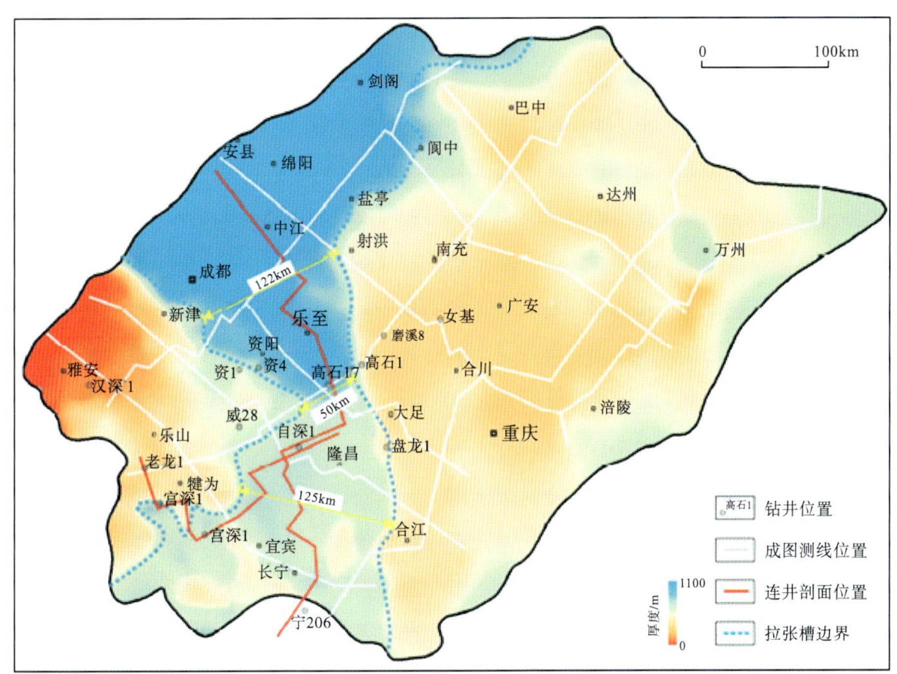

图16 四川盆地早寒武世拉张槽平面展布图[56]

1)拉张孕育阶段——隆升剥蚀期(灯影组沉积末期)(见表2、图17)

灯影组沉积末期的桐湾运动为拉张槽形成的孕育阶段。该阶段主要特征是灯影组的隆升和剥蚀作用，灯影组隆起幅度越高，剥蚀地层越多，出露地层越老。如位于拉张槽内的资4井和高石17井均缺失灯影组第三段(简称“灯三段”)和第四段(简称“灯四段”)，而位于拉张槽东缘的高石梯、安平店和磨溪构造仍保留有灯四、灯三段(高石1井残留灯三、灯四段329m)。推测在灯影组沉积末期，地壳深部可能存在异常地幔活动，致使地壳浅部发生隆升和拉张作用，拉张槽区在灯影组沉积末期为隆起高部位，剥蚀作用强。这一特征与东非裂谷形成初期特征相似，现代的美国科罗拉多高原即处于该阶段。在上震旦统灯影组沉积期间是否有拉张作用，有待今后进一步研究。

2)拉张初始阶段——初始发育期(麦地坪组沉积期)(见表2、图17)

麦地坪组沉积期，在灯影组隆升幅度最大，剥蚀作用最强，残留地层最薄处开始拉张而沉降，使古地貌产生差异，并且使深部富硅和富磷热流体上升，海水中硅质和磷质含量增加，在部分地区沉积富硅和含磷的麦地坪组。灯影组中的交代硅质岩也是此期间形成的[79]。这种特征在有相同地层沉积处都有该特征，硅和磷的来源可能与深水远洋环境有关并受到海底火山及热液作用的影响[80,81]。据资4井、峨眉山露头资料，麦地坪组岩性主要为黑色含磷硅质岩、硅质白云岩，夹有胶磷矿条带。高石17井钻探表明，麦地坪组下部为黑色硅质页岩与黑灰色泥质白云岩互层，中上部则是黑色硅质页岩与灰质页岩。该套地层在四川盆地内分布局限，如拉张槽中部高石17井厚285m，资4井厚198m；而高部位的高石1井则没有该套地层的沉积，筇竹寺组黑色泥岩直接与下伏灯影组白云岩接触。据陈志明等研究梅树村组(与麦地坪组同时)分布特征[82]，结合本文研究成果，梅树村组南北向沉积厚度最大处与拉张槽的分布具有一致性。

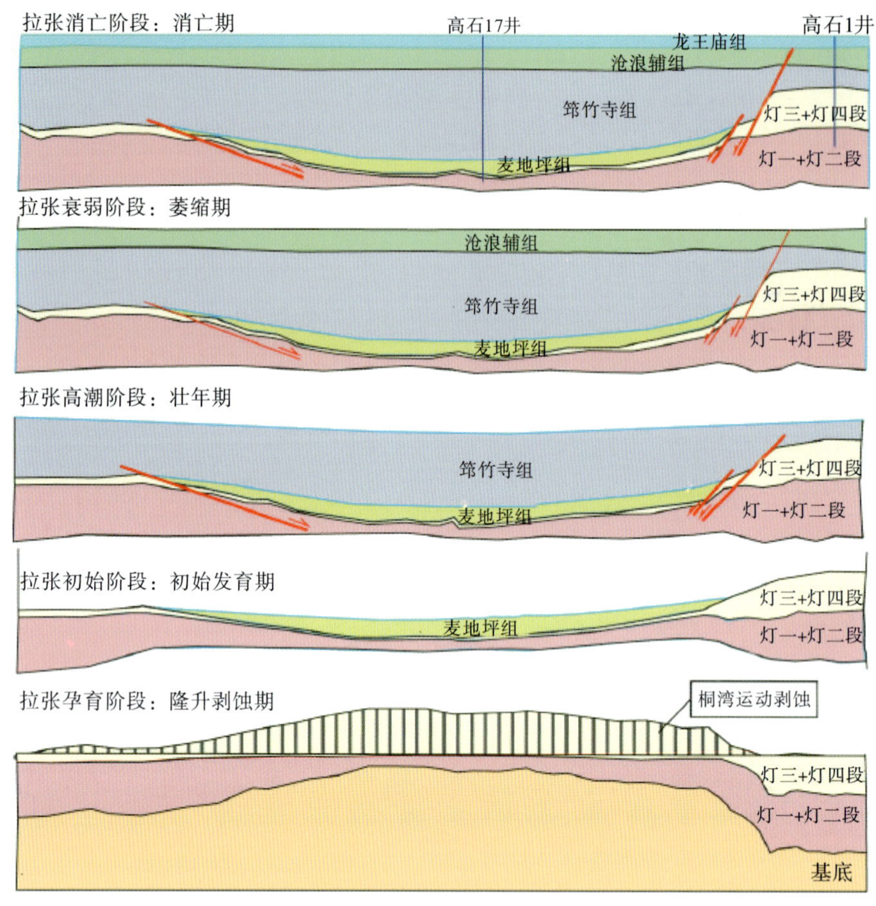

图 17 绵阳—乐至—隆昌—长宁拉张槽形成及消亡演化示意图[57]

3)拉张高潮阶段——壮年期(筇竹寺组沉积期)(见表 2、图 17)

筇竹寺组沉积早期拉张运动和沉降作用达到高潮，在拉张槽的中心沉积了巨厚的黑色页岩，该地层为典型的深水沉积，而在高部位则岩石颗粒较粗。这一过程一直持续到筇竹寺组沉积后期。筇竹寺组下部黑色泥/页岩的颜色为黑、褐黑至灰黑色，一般碳质含量较高且染手。黑色页岩水平层理发育。黑色泥/页岩主要脆性矿物为石英、长石、方解石和黄铁矿；而黏土矿物主要是高岭石、蒙脱石、伊利石、铝土，一般黄铁矿呈层分布。筇竹寺组中上部为灰黑色、灰黄色、灰绿色泥质粉砂岩。随着海平面的快速上升，整个扬子地台沉积筇竹寺组黑色泥岩，拉张槽内为相对的深水相。随后，海平面缓慢上升到下降，岩性逐渐过渡为灰黄色、灰绿色粉砂质泥岩、钙质页岩，为浅水陆棚相。拉张槽内的高石 17 井筇竹寺组以黑色碳质页岩为主，夹有灰黑色砂质页岩，其中黑色碳质页岩厚度约为 180m，顶部为深灰色砂质页岩。

4)拉张衰弱阶段——萎缩期(沧浪铺组沉积期)(见表 2、图 17)

沧浪铺组沉积期，拉张作用和沉降作用快速减弱，由黑色页岩向砂岩过渡，表明水体变浅，岩性主要为长石岩屑砂岩，属浅水陆棚相，但在拉张槽区厚度仍然较大一些，如位于拉张槽内的高石 17 井沧浪铺组厚度 214m，而位于拉张槽东侧的高石 1 井沧浪铺组厚仅 91m。高石 17 井沧浪铺组为深灰色泥质岩与泥质粉砂岩互层，表明水体较之筇竹寺组沉积时变浅。

5)拉张消亡阶段——消亡期(龙王庙组沉积期)(见表 2、图 17)

龙王庙组沉积期，拉张作用和沉降作用几乎停止，水体从浑水演变为清水，岩性已变为碳酸盐岩，且槽内和槽外沉积厚度基本一致，表明此时拉张槽已消亡。龙王庙组主要为浅灰白色含陆缘碎屑的砂屑白云岩，由浅水陆棚相过渡为浅海相。

（二）峨眉地裂运动

1. 华南板块峨眉地裂运动演化特征

20 世纪 80 年代提出的峨眉地裂运动，仅认为发生在中国西南的川滇黔地区，但据近三十多年来许多学者对南方岩相古地理的研究，华南构造史的研究，以及南方含油气盆地分析等资料的研究，发现峨眉地裂运动在晚古生代整个华南板块均有表现，尤其在川滇、黔、桂、湘板内地区较为强烈[66,67−71]。资料显示板内拉张与板块外围南秦岭洋打开、松潘−甘孜边缘海的扩张和金沙江−哀牢山洋盆张开有密切的关系。冈瓦纳大陆和欧亚大陆裂解时，位于东特提斯洋的华南板块也处于全面拉张背景。这就是范围更大的峨眉地裂运动。它的地史演化和在华南板块及其周围分区表现特征见表 1。

1）峨眉地裂运动开始期（D_2）

峨眉地裂运动始于中泥盆世。

（1）志留纪末的广西运动，扬子与华夏板块碰撞拼合形成一个完整的南方古大陆，统称“华南板块”，早泥盆世仅在其南缘保留钦防海槽成为海侵的通道，其余地区为古大陆。

（2）到了中泥盆世华南板块南缘的 NW 向黔桂海盆和湘桂海盆内，裂谷作用和火山作用强烈，台盆分异明显，生物礁块发育，表示拉张背景的台块−台槽发育。

（3）华南板块北缘的南秦岭洋也于此时打开。南秦岭和江油等地的洋盆，也显示台块−台槽相间的格局。故可认为华南板块峨眉地裂运动始于中泥盆世。

2）峨眉地裂运动强烈活动期（D_2-T_1）

（1）从中泥盆世到石炭纪，华南板块南缘的海盆，台块−台槽构造发育，海水不断向北进侵，但仍保留南海北陆的古地理格局。

（2）中二叠世栖霞期是古生代南方最大海侵，全面淹没了泥盆世早期形成的南方古大陆，茅口期古场子板块形成单一的浅水缓坡台地。

（3）中二叠世末的东吴运动后，台地消亡；晚二叠世吴家坪阶在华南古板块西南发生约 30 万 km^2 峨眉山玄武岩喷发，迎来了峨眉地裂运动高潮，川滇和华夏古陆扩大，导致海水撤退。在黔桂海盆台块−台槽构造仍存在，成为盆包台的格局。东侧再次出现华夏古陆，形成东西两大古陆中夹中上扬子浅海台地的古地理格局，一直延到中三叠世。

（4）早三叠世初期印度阶，海盆扩大，中上扬子发育鲕粒滩、泻湖及萨布哈。在黔桂浅海区和南秦岭洋台块−台槽格局仍有显示。

晚二叠世至早三叠世，华南板块西邻的松潘−甘孜边缘海扩张，南秦岭洋海水加深向南侵漫，发育广旺−开江−梁平和鄂西两个坳拉槽。

3）峨眉地裂运动结束期（T_1j 末-T_2t）

峨眉地裂运动终结于早三叠世末（即嘉陵江组末），最迟到中三叠世末（或天井山期末），依据如下：

（1）南秦岭在下三叠统的陕西凤县，沉积厚 4500m 的复理石，代表南秦岭海槽关闭前充填沉积。

（2）广旺−开江−梁平坳拉槽，到了嘉陵江组出现泻湖沉积，表明坳拉槽发育结束。

（3）早三叠世嘉陵江组末出现的“绿豆岩”，在上扬子地区广泛分布，为强烈中酸性火山喷发产物。

（4）华南板块南缘的黔桂次深海区，早三叠世仍发育二个孤立台地。但到了中三叠世的板纳组和兰木组发育厚达 3000m 陆源碎屑浊积岩，代表裂谷结束前的充填沉积。

2. 华南板块峨眉地裂运动分区特征

二叠纪峨眉地裂运动达到高潮，在华南古板块及其周围表现特征明显，长兴期又是中国南方二叠纪生物礁最发育时期，对寻找礁块气田关系密切。据我们编制的华南古板块二叠纪峨眉地裂运动构造特征图(见图 18)，分华南古板块外围拉张区和板内裂陷区，叙述如下。

1)华南板块西缘扩张区

在华南古板块之西的松潘－甘孜地区，北以木孜塔格－玛沁缝合带为界，南以金沙江－哀牢山缝合带为界，东以龙门山－丽江－安顺场裂陷带为界，二叠纪至早三叠世为多条深断裂组成的扩张区(见图 18)。

(1)金沙江－哀牢山洋盆区。它分割羌塘－昌都地块和印支地块。在金沙江断裂带的乡城－得荣可见晚古生代蛇绿岩套与混杂岩[84]，在哀牢山缝合带可见石炭－二叠纪的镁铁质和超镁铁质岩石组合，在缝合带附近的建水地区喷发的石炭纪玄武岩和枕状玄武岩厚 989m，显示拉张证据。

(2)甘孜－理塘缝合带，位于义敦岛弧北侧，有 P_2-T_1的蛇绿岩套。

(3)道孚－康定裂陷带(平移带)，在鲜水河段有晚二叠世超基性岩出露。

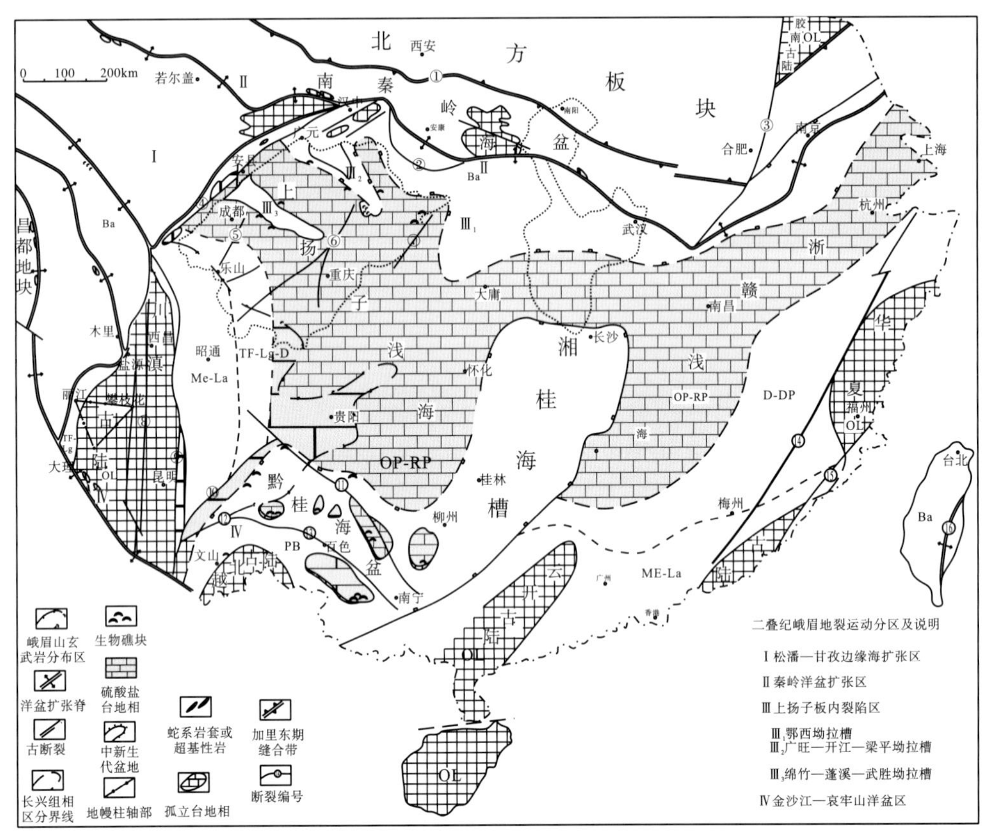

图 18　华南板块二叠纪峨眉地裂运动构造特征图[47]

(4)龙门山－丽江－安顺场大陆边缘裂陷带。在龙门山北段江油唐王寨地区有泥盆纪菱形断陷沉积体。在天全→宝兴→卢山→汶川→理县段出现上二叠统厚 24.4～35m 的海底喷发枕状构造玄武岩，向北东可延至青川－平武。故杨逢清等认为“茅口期开始的峨眉地裂运动使松潘－甘孜地块再次从扬子地台解体出来，裂陷线大致沿木里、平武一线”。

2)南秦岭洋盆扩张区

(1)勉略洋的打开与发育。南秦岭洋盆是据勉县－略阳一带发现晚古生代蛇绿岩套而确定的，向西可与木孜塔格－玛泌缝合带相连，向东延伸不十分清楚，过汉中北与安康和襄樊－广济断裂相连(?)，仅在湖北随州花山有蛇绿构造混杂岩。再向东延过九江进入下扬子区，也显示晚二叠世深水裂陷槽存在。加里东期秦岭微板块与华北古板块拼结后，由于南秦岭地幔柱沿佛坪块体缓慢抬升，勉略洋盆打开，D_{1-2}时可能为向西开口的大型盆地的东端；石炭系在高川地区沉积，反映有强烈的裂陷作用。二叠系在高川地区成断陷式盆地，发生大规模海侵，沉积了一套静海相泥质岩、硅质岩及泥灰岩建造，同时沿其北侧发育C-P碱性岩，表示处于一种强烈伸展构造环境中[84-87]。在宝成铁路以西的甘南和陇南西秦岭地区，在合作、岷县、宕昌一带广泛分布混杂砾屑灰岩，沿南秦岭北带东西向分布，并伴有偏碱性玄武岩喷溢，这些事实说明西秦岭二叠纪裂陷带存在[88]。

(2)勉略洋盆向扬子区延伸。南秦岭东西向勉略缝合带，可能代表洋脊扩张中心位置，南秦岭洋晚二叠世向南扩张时，在华南古板块陆壳北缘发育深水硅质岩相的广元－旺苍海槽，再向东南延伸为开江－梁平坳拉槽(Ⅱ1)，可看作是同洋盆张开时期发育有陆内裂谷。除此之外，鄂西坳拉槽(Ⅱ2)也可能与南秦岭洋盆区域扩张背景有关。

3)华南板块西北缘坳拉槽形成

Ⅱ1. 广旺－开江－梁平坳拉槽

(1)南秦岭洋晚二叠世向南扩张时，在华南古板块陆壳北缘发育深水硅质岩相的广元－旺苍坳拉槽，再向东南延伸为开江－梁平坳拉槽。它的构造格架可看作是同洋盆张开同时期发育的陆内裂谷。符合H. C. 沙特斯基命名和朱夏译名为坳拉槽(aulacogen)的原意[89]。

(2)在开江－梁平坳拉槽南端的梁平以西地区，在天东28井和七里25井等，钻井发现厚50多米大块玄武岩和玄武质砂岩，表明坳拉槽张裂时有岩浆活动。

(3)在坳拉槽中的P_2-T_1f为深水碳酸盐沉积区。大隆组以硅质岩为主，含放射虫、有孔虫等化石，为裂陷期凝缩层，仅厚12.5～29.0m。飞仙关组下部为远洋沉积的暗色泥岩、微晶灰岩、浊积岩、角砾灰岩组成的深水沉积，厚50～300m，属裂陷后期坳拉槽开始的充填沉积。

(4)坳拉槽晚二叠世—早三叠世飞仙关期沉积－构造演化史，可以切过开江－梁平坳拉槽的钻井资料构成演化图所示[90]。

A. 长兴中晚期－坳拉槽裂陷和台缘礁块发育阶段；

B. 飞一期－坳拉槽沉降，初步充填阶段；

C-D. 飞二－飞三期－坳拉槽充填加积和台块鲕粒滩发育阶段；

E. 飞四期－坳拉槽消亡，碳酸盐岩沉积均一化为蒸发坪阶段。

Ⅱ2. 鄂西坳拉槽区

朱洪发等、王一刚、马永生等卓皆文等学者编制的二叠纪岩相古地理图，均在鄂西标出深水海相沉积区[91-94]。它北与南秦岭洋盆相连，我们称为“鄂西坳拉槽”(见图18)。它的性质应与广、旺－开江－梁平坳拉槽相似。据研究也进一步证实它的存在。

我们在湖北调查大隆组，以深水硅泥质为特色(见图19)，菊石化石丰富(见图20)，并有球状钙磷质结核，个别直径大于1m(见图21)，结核呈串珠状排列(见图22)，黑色页岩中有机质丰富，显示良好生油岩。

图19 湖北建始县二叠系大隆组硅质岩夹黑色页岩

图20 湖北利川二叠系大隆组黑色页岩中的菊石化石

图 21　湖北建始县二叠系大隆组硅质页岩中的钙磷质结核

图 22　湖北建始县二叠系大隆组硅质页岩中的串珠状钙磷质结核

Ⅱ3. 推测的绵竹－中江存在 NW-SE 向坳拉槽

(1)绵竹－中江坳拉槽存在的依据。

①何鲤等依据海底喷发的枕状玄武岩[95]，南起天全北至广元的“川西海槽”（即图 18 所示的龙门山－丽江－安顺场大陆边缘裂陷带的部分），延至绵竹汉旺大、小天池一带，转向东延伸进川西坳陷，称为“汉旺裂谷”，预测沿裂谷肩部可能有礁滩发育。

②在四川盆地地质图上，可清楚看到 NNE 向的龙泉山大背斜带延至中江后，向 NNW 偏转消失，在成都平原成为安县至德阳白垩系和第四系分界线。它可能反映深部构造结构对地表的影响。

③中三叠世天井山期(T_2t)岩相古地理，在汉旺－成都范围内，发育一个厚 80m 至 130m(据汉旺－龙深 1 井资料)的泻湖－潮坪沉积坳陷，并在晚三叠世早期马鞍塘组，发现有生物礁滩发育[97−97]。

④近年来中石化在本区地震工作，在 SW-NE 向的都江堰市－江油市附近的 2582 和 261 测线在与 4 测线交汇处，可见二叠系至下三叠统地震反射杂乱并下坳。若将二叠系顶拉平，则在 T_2-P_3间厚度明显增加，若拉平雷顶则下凹，(见图 23、图 24)。

⑤绵竹位于 NE 向唐王寨大向斜(D)和大水闸复背斜(Pt)二构造单元斜接处，在(绵竹)汉旺清平存在下古生界 SN 向古断裂，可为上二叠统坳拉槽形成提供条件。

从上述依据各项地质特征，推测在广元－开江－梁平坳拉槽之南存在另一个坳拉槽绵竹－中江坳拉槽。

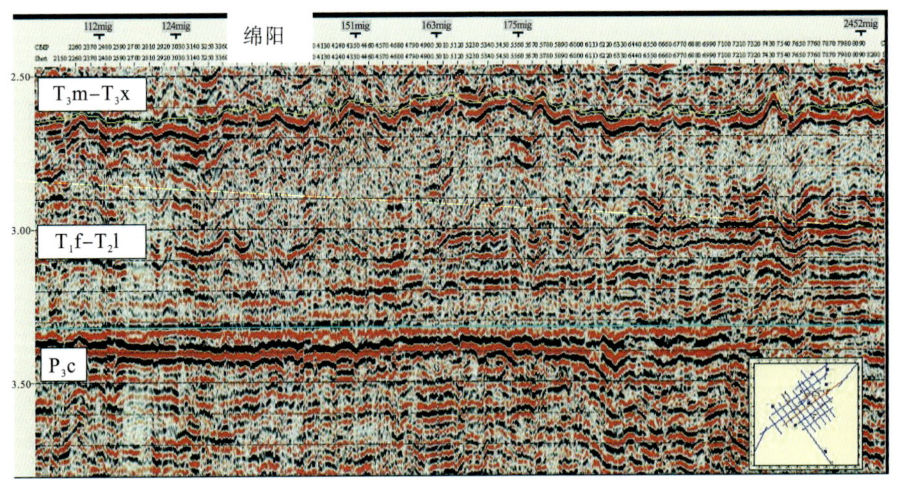

图 23　川西 261 线拉平长兴组(Pc)顶

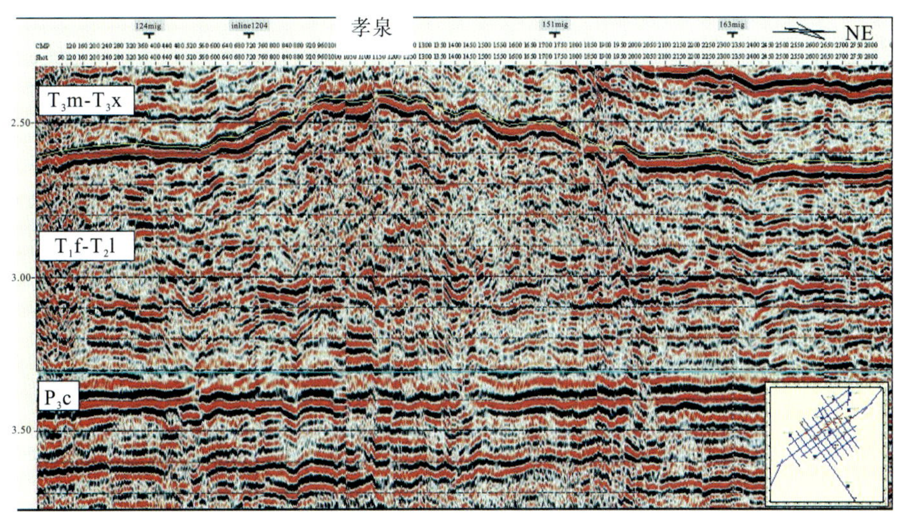

图 24 川西 2582 线拉平长兴组(Pc)顶(方向与图 23 一致)

(2)川中蓬溪—武胜长兴组台凹的发现与绵竹—中江坳拉槽的关系。

①据中石油西南油气田分公司勘探开发研究院课题研究成果，主要利用川中 1591km 地震资料和 20 多口钻井资料，在川中长兴组碳酸盐岩地震相中，发现 NW-SE 向的蓬溪—武胜台凹，在台凹的南北两侧发现 19 个预测礁体。

表 3 鄂西、广元—开江—梁平和绵竹—蓬溪—武胜坳拉槽特征对比表

项目	鄂西坳拉槽	广元—开江—梁平坳拉槽	绵竹—蓬溪—武胜坳拉槽
总体走向	北西	北西	北西
长度	城口—兴山—恩施—咸丰，约 350km	广元—梁平，约 250km	绵竹至武胜，约 210km
阔度	约 30～60km	约 50km	约 28km
面积	约 20000km^2	约 12500km^2	约 5880km^2
岩相古地理	深水盆地相沉积	主体为碳酸盐岩台地，	主体为碳酸盐岩台地
沉积	裂陷槽内发育大隆组硅质岩沉积，槽缘发育礁滩沉积	裂陷槽内发育大隆组硅质岩沉积，台缘发育礁滩沉积	槽内煤岩、碳质泥岩和煤层发育，台缘发育长兴组生物礁
充填演化	中二叠世茅口期为初始裂陷槽发育阶段；晚二叠世为裂陷槽发展期，其中长兴期为主要扩张期；早三叠世为热沉降(飞仙关组沉积初期)和快速充填期(飞仙关组沉积末期至中三叠世)	长兴中晚期—台槽裂陷和台缘礁块发育阶段，槽内沉积比较薄；飞一期—台槽沉降，初步充填阶段；飞二—飞三期—台槽充填加积和台块鲕粒滩发育阶段飞四期—台槽消亡，碳酸盐岩沉积演化为蒸发坪阶段	长兴期为台槽发育期，槽内沉积较薄，台缘沉积较厚，主要扩期在长三沉积期；飞一段沉积初期，混积沉积，开始充填；飞二—飞三段沉积时，已基本上填平补齐，沉积厚度不大，台槽消亡。
生物礁滩发育	利川—彭水一带发育长兴期生物礁，如见天坝生物礁	西缘以元坝—龙岗—梁平一线发育，东缘以通江至宣汉发育，主要为上二叠统长兴组生物礁和飞仙关组鲕滩	遂宁、磨溪、合川高带，包括磨溪 1 井、涞 1 井，共发现 11 个上二叠统礁滩异常体
构造岩石	受断层控制形成；发育两个火山旋回，即孤峰组、龙潭组、下窑组、大隆组内火山事件沉积层发育，代表裂谷双峰式火山旋回；后期构造改造强烈。	槽内东陡西缓，东侧发育断层，西部则为斜坡相向盆地超覆和尖灭。向盆地内部坳拉槽内飞仙关组厚度逐渐变薄，至开江一带厚度与盆地内厚度相差不大；含有火山岩，如亭 1 井钻遇玄武岩岩屑；普光后期构造较强，形成构造岩性—圈闭	总体南陡北缓，由遂宁断高向蓬溪—武胜—台凹和广安抬斜高构造过渡；后期构造变化不大，构造具有继承性
含气性及资源量	多出露地表，未知	已发现普光、龙岗和元坝等大气田，周边探明储量超过 6000×10^8 m^3，占四川盆地总探明储量的 25%强。	预测资源量 3711.6×10^8m^3
备注	主要据卓皆文研究数据和本次研究成果编	主要据王一刚、马永生、魏国齐和本次研究成果编著	据中石油川中报告和本次研究成果编

②蓬溪−武胜台凹在东南端 6 口钻井剖面上，华西 2 井和女基井在长兴组在台凹中厚度减薄 210～220m；而在台凹边缘的磨溪厚 270m，广安厚 300～330m，并在台凹中飞 1 段泥质发育。

③台凹边缘在地震资料有生物礁异常，如在台凹南缘 2008DCZ08 线反映的遂宁生物礁异常，2008DCZ05 线反映的大英生物礁异常。

④蓬溪−武胜台凹与推测的绵竹−中江坳拉槽的关系及其意义。台凹西北端虚线延伸进入川西境内，与我们推测的绵竹−中江坳拉槽方向一致，范围略偏北，二者可能是同一构造单元。我们从板块构造格架出发，可暂称“绵竹−蓬溪−武胜坳拉槽”。

⑤这个坳拉槽规模大，与广元−开江−梁平坳拉槽平行，很有勘探前景，可能是四川盆地另一个礁滩气藏有利地区。

表 3 为三个坳拉槽构造特征及形成演化比较表，表明三个坳拉槽从形成时间上看，具有一致性，均是在长兴期坳拉槽发育，在飞仙关组沉积时充填消失；从构造特征上来看，鄂西坳拉槽受断层控制明显，广元−开江−梁平坳拉槽的东侧断层较明显，至西侧断层不明显，地层超覆为主，而绵竹−中江−武胜坳拉槽断层更不明显，因此，从东向西，坳拉槽有构造变弱的趋势

4)华南板块南缘块断构造发育区

Ⅳ1. 黔桂海盆台块−台槽发育区(南盘江盆地)

(1)北部边界可从图 18 中的 NE 向的弥勒−师宗断层和 NW 向的垭都−马山断裂为界。海盆内可以 NE 向南盘江断裂和 NW 向的右江断裂为沉降中心。南缘存在越北隆起，被哀牢山断裂分隔。

(2)两组断裂切割拉张，在中泥盆世形成“台包盆”的格局，晚二叠世变为“盆包台”的格局。在孤立台地边缘发育层孔虫生物礁(见图 25，图 26)；深水盆地发育硅质岩沉积(见图 27)。

图 25 广西百色坡洪孤立台地北缘层孔虫生物礁

图 26 云南广南南西吉维特期东岗岭组孤立台地边缘层孔虫生物礁

(3)火山岩从中泥盆世开始出现于南端的桂南的那坡及靖西等地，早石炭世也发育基性火山岩，D-C 火山岩最厚达 400m，在晚泥盆世枕状玄武岩发育(见图 28)。二叠纪的玄武岩和早中三叠世的酸性熔岩，构成双模式的火山岩。值得关注的在广西那坡罗楼群(T_1)的中上部发现厚 198～734m 枕状和块状构造的基性熔岩。本区火山岩发育是由南向北推进，罗志立称本区为滇、黔、桂、湘边缘海[4]，夏邦栋等称滇、黔、桂裂谷(见图 29)[98]。

Ⅳ2. 湘桂海槽

(1)在 NE 向的长寿街−双牌断层①和丽水−海丰断层⑤之间的湘桂海盆，发育有许多 NE 向从泥盆纪—二叠、三叠纪微型裂陷槽，说明峨眉地裂运动存在。在泥盆纪中，地质现象非常丰富(见图 30～图 35)。

图 27　丘北城南溜江组深水盆地沉积硅质岩

图 28　广西那坡那桑拉坡-靖西裂陷槽泥盆纪枕状玄武岩

Ⅳ3. 钦防海槽关闭区

早泥盆世钦防海槽再次打开，成为黔桂和湘桂海水进侵的通道，一直持续到早二叠世茅口期，褶皱关闭，到了晚二叠世吴家坪期成为云开古陆西北缘的前陆盆地（见图 36）。它在中国南方峨眉地裂运动拉张大背景下，发生上、下二叠统间不整合的褶皱运动，其动力学背景值得进一步探讨。

图 29　黔桂及湘桂区中泥盆世沉积环境及断裂分布图[98]

1. 剥蚀区；2. 海岛；3. 沉积环境界线；4. 海侵方向；5. 主要物源方向；6. 滩；7. 礁；8. 环境分区；9. 断裂环境；Ⅰ. 陆地；Ⅱ. 过渡区；Ⅲ. 连陆碳酸岩台地；Ⅲ₁. 连陆内缘碳酸岩台地；Ⅲ₂. 连陆外缘碳酸岩台地；Ⅳ₁. 台地边缘斜坡；Ⅳ₂. 台间海槽；Ⅴ. 孤立碳酸岩台地；

断裂名称：①哀牢山断裂；②普渡河断裂；③小江断裂；④曲靖断裂；⑤弥勒-盘县断裂；⑥南盘江断裂；⑦文山断裂；⑧那坡-富宁断裂；⑨西林-田东断裂；⑩隆林-巴马斯断裂；⑪垭都-紫云断裂；⑫南丹-忻城；⑬贵阳-新晃断裂；⑭下雷-东平断裂；⑮凭祥-大黎断裂；⑯灵山-藤县断裂；⑰博白-梧州断裂；⑱荔蒲断裂；⑲柳州-灵川断裂；⑳三江-融安断裂；㉑步城-洞口断裂；㉒柳州-衡山断裂；㉓慈利-大庸断裂；㉔吴川-四会断裂；㉕恩平-连平断裂

图 30　邵东余田桥晚泥盆世余田桥组深水相薄层泥岩

图 31　耒阳南京桥晚泥盆世珊瑚礁

图32　广西鹿寨寨沙吉维特期深水台盆硅质岩夹硅质泥岩

图 33　连州东侧连州－玉林同沉积断裂滑塌角砾岩

图 34　连州同沉积断裂斜坡带滑塌角砾岩

图 35　广西钟山中泥盆东岗岭组层孔虫生物礁

(2)晚二叠世水体加深，从茅口期浅海盆地转变成海槽，发育硅质－泥质次深海相，仅在汕头－海丰一带发育二叠－三叠纪微型裂陷带。

5)峨眉山玄武岩喷发造成四川盆地川西南区(Ⅲ)古张性断裂发育

Ⅲ1. 川滇上二叠统峨眉山玄武岩强烈喷发区

(1)位于扬子古板块西南缘，地面覆盖面积约 27 万 km^2，以南北向川滇古陆为轴向两侧厚度增大，可达3000～4000m。

(2)沿南北向和北东向断裂成裂隙式喷发。西部有早二叠世玄武岩喷发，在盐源可见橄榄拉斑玄武岩，向东多在晚二叠世喷发，属碱钙系列大陆拉斑玄武岩。从喷发规模和性质代表一次强烈的陆壳地裂运动。

(3)康滇裂谷系在峨眉地裂期形成钒钛磁铁矿。中奥陶世后发生康滇地轴穹形块状隆起，在会理力马河和元谋朱布超基性岩体侵入(400±20Ma)，属于大陆裂谷前凑。到了晚古生代早期，攀枝花钒、钛磁铁矿的层状基性一超基性岩体(360Ma)沿两条南北向带侵位。

(4)晚二叠世到早中三叠世双模式火山岩套，代表大陆裂谷发育典型特征。

晚二叠世大量基性峨眉山玄武喷发。在攀枝花等地形成穹形玄武岩盖，继而是早、中三叠世在西昌太和、米易白马、会理白草等地正长岩和会理矮郎河花岗岩侵入(265～201Ma)，显示出双峰式火山岩和裂谷结构特点。

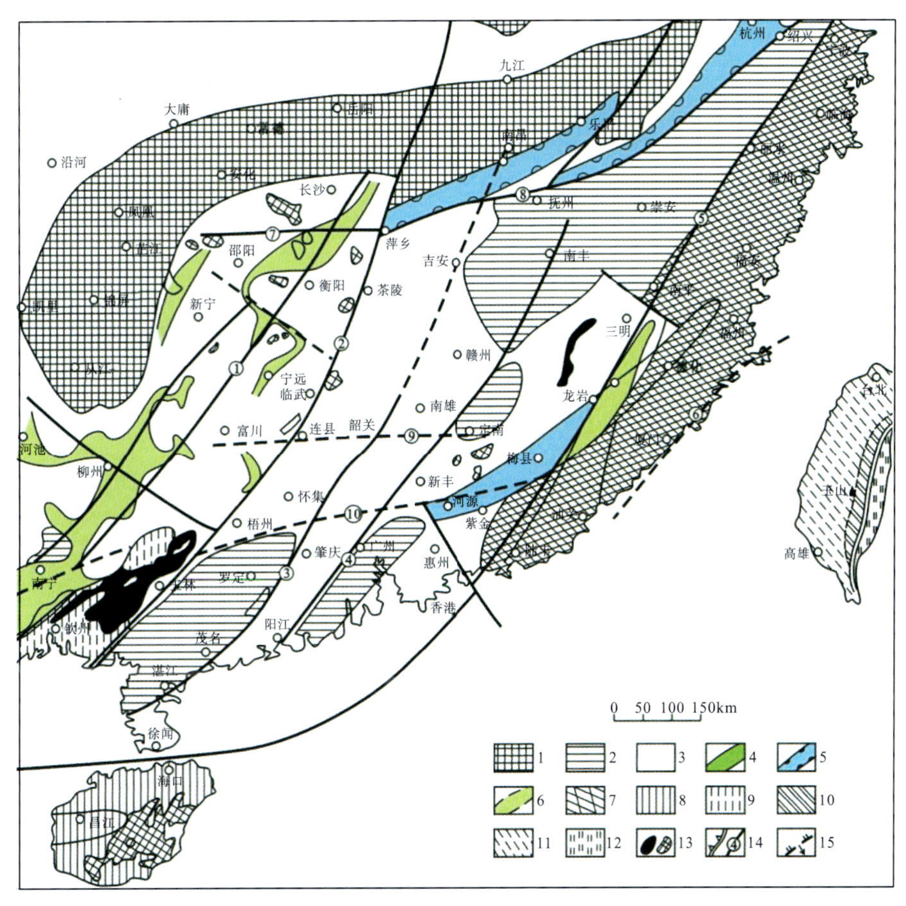

图36　华南地区海西-印支期古构造图[68]

Ⅰ. 陆壳：1. 前寒武纪基底隆起区；2. 加里东基底隆起区；3. 拗陷区；4. 泥盆纪微型裂陷带；5. 石炭系微型裂陷带；6. 二、三叠纪微型裂陷带；Ⅱ. 过渡壳：7. 海西-印支阶段中受强烈影响的加里东带；8. 早海西褶皱带；9. 晚海西褶皱带；10. 海西-印支褶皱带；11. 晚印支期边缘海；Ⅲ. 洋壳：12. 洋壳海域；13. 花岗岩类：a. 海西期；b. 印支期；14. a. 海沟俯冲带；b. 基底及同沉积盖层；15. 对接消减带

主要断层编号：①长寿街-双牌；②茶陵-郴县；③四会-吴川；④广州-阳江；⑤丽水-海丰；⑥长乐-厦门；⑦株洲-涟源；⑧绍兴-宜春；⑨定南-韶关-连县；⑩河源-梧州；⑪琼州海峡；⑫九所-陵水

Ⅲ2. 川西南古张性断裂分布区

四川盆地南部和黔北地区，在钻井或地表断层附近，发现玄武岩体，应视为代表峨眉地裂运动的古张性断裂存在(见图37)。

(1)北东向华蓥山大断裂，在早古代西隆东降，晚二叠世在断裂带北段的达县-梁平地区，井下多次钻遇玄武岩，中段李子垭地表出露100余米玄武岩，覆盖在茅口灰岩上，底具玄武质砾岩(见图38、图39)。南段宜宾西南有广泛的玄武岩喷发。类似的龙泉山断裂在油1井于井深4.528～4579.5m，钻遇24m玄武岩，熊坡构造带钻的大深1井和汉1井，也钻遇玄武岩。汉1井在上二叠统井深4512～4736m钻遇杏仁状玄武岩，在井深4816～5120m下二叠统，钻遇三层累厚122m糖粒状白云岩。

(2)在威远大背斜轴部和南翼大断层，许多气井钻遇玄武岩。其他如观音场和大塔场等构造上，也有玄武岩分布。

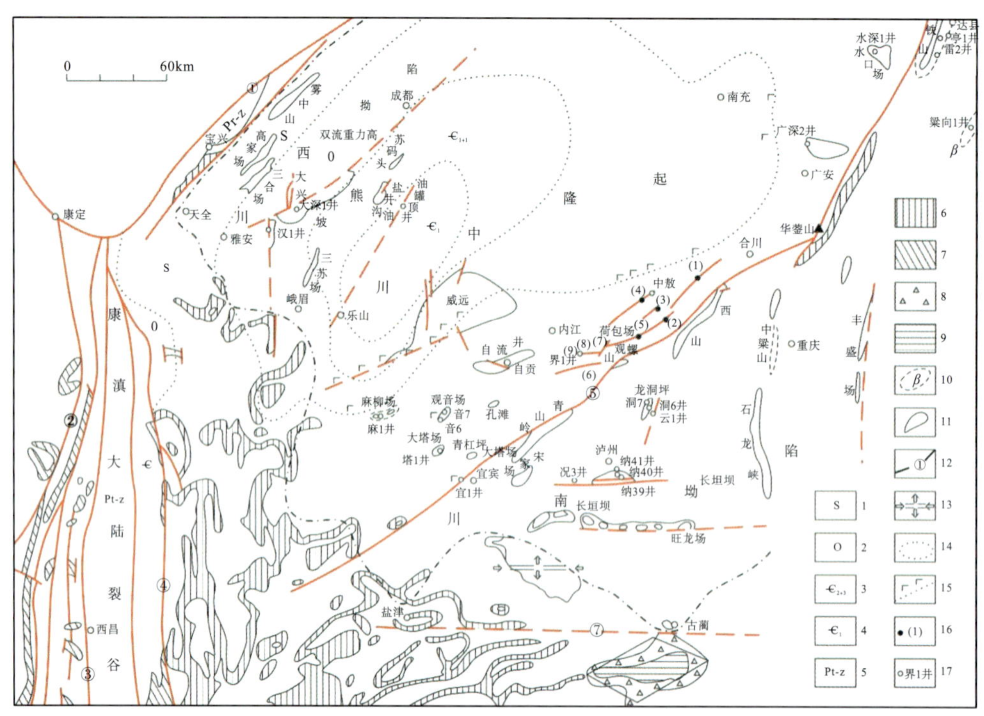

图37 四川盆地西南地区峨眉地裂运动古断裂略图

1. 志留系；2. 奥陶系；3. 中上寒武纪；4. 下寒武纪；5. 元古界—震旦系；6. 晚二叠世玄武岩；7. 早晚二叠世玄武岩；8. 碳酸岩角砾岩；9. 台槽相硅质岩；10. 井下钻遇玄武岩；11. 气田构造；12. 断裂及编号：①龙门山，②安顺场—丽江，③安宁河，④小江，⑤华蓥山，⑥南川—遵义，⑦盐津—古蔺；13. 古应力场解析；14. 古地质界线；15. 志留系尖灭线；16. 地震异常及编号，17. 钻井及井号

(3)其他南北向和东西向构造带，虽未见玄武岩，我们判断也与峨眉地裂运动形成的古断裂有关。

①南北向断裂带——汉王场断裂、南川—遵义等断裂。

②东西向断裂带——长坦坝南缘断裂、盐津—古蔺断裂(控制黔中隆起北缘)。

图38 四川华蓥山上二叠统玄武岩

图39 四川华蓥山上二叠统玄武岩玄武岩底部玄武质砾岩

Ⅲ3. 华蓥山西侧阳新统堑垒构造发育区

峨眉地裂运动在深层堑垒构造于本区存在。华蓥山大断裂北段的渠县以北、铁山构造以西，地震资料获得阳新统构造为一系列 S-N 向的堑、垒构造，构造线方向既不同于 NNE 向的华蓥山构造带，也不同于地表浅层 E-W 向的营山等构造。再从附近水口场构造钻的水深 1 井，阳三 3 段为含有海绵骨针的深水相沉积，而其西南广安构造上钻的广深 2 井在阳三 3 段为浅滩相的浅灰色灰岩和白云化灰岩，孔洞发育，中途测试产气和水(见图 40)。

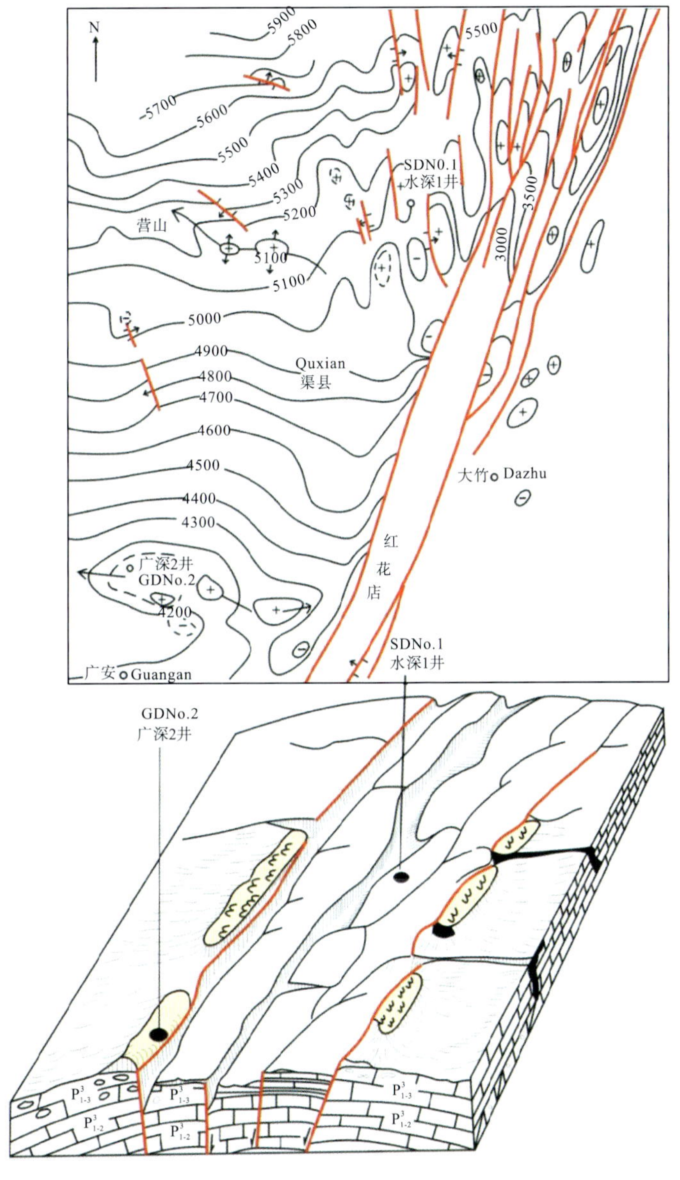

图 40　华蓥山断裂西侧水口场—广安早二叠世峨眉地裂运动示意图

上图：P_1顶构造等高线图，下图：本区峨眉地裂运动模式图

(三)华北地裂运动

区域上，从中国东部境内的松辽盆地—渤海湾盆地—苏北盆地到中国海域的东海盆地和南海盆地，在时间上从晚侏罗世到早第三纪先后发生过一次强烈的拉张运动。虽然拉张形成裂谷的时间和断陷结束时间有早有晚，但早第三纪断陷发生的时间具有普遍的一致性。华北及东南沿海发现的 K_2-E 裂谷含油气盆地大面积分布，代表中国大陆构造一次强烈的拉张运动。罗志立于 1981 年命名为华北地裂运

动[21]，其后在许多文献中已论述[25−26,29]，形成华北地裂运动的机制与深部软流圈活动有密切关系[40]。

中国东部中、新生代以来发生的华北地裂运动经历了以下几个演化阶段(见表1)。

1. 晚三叠世晚期—早、中侏罗世，为地壳上隆至陷前期

印支运动使松辽和华北东部大范围内缺失上三叠统延长组，表明当时地壳上隆的开始。早、中侏罗世在一些小的断陷盆地中有中酸性火山岩喷发和含煤碎屑沉积，处于裂前阶段。但经过燕山运动1～2期改造，坳陷盆地不发育，仅保留许多残留断陷盆地。

2. 晚侏罗世—白垩纪，完整的地裂活动期

从松辽盆地至渤海湾盆地均有上侏罗统和白垩系的分布，发育程度不同。松辽盆地断陷和坳陷形成一个完整的地裂旋回，油气主要富集在下白垩统的坳陷沉积地层中。渤海湾盆地断陷发育后终止，裂谷从发育形成断陷盆地的范围和个数比早、中侏罗世有所扩大和增加。

3. 第三纪为裂谷剧烈发育期

在渤海湾盆地构成了一个完整的地裂活动期。这或许是由于太平洋板块转为由东南向北西俯冲于中国大陆，诱发渤海湾弧后盆地，地幔进一步上隆，基性玄武岩类沿深大断裂上到地表，以渤中坳陷为中心引起地壳强烈拉张形成多个断陷−坳陷系统。华北地裂运动旋回的发展表现为：在空间上从中国东部大陆向大陆边缘海域，地裂运动发育的时间逐渐变新；地裂运动的强度从侏罗纪至第三纪由老至新逐渐加强；发育过程呈现断陷−拗陷的构造形式交替。

(四)院士专家对地裂运动创建的评价综述

中国三期地裂运动理论的提出和创新，引起地学界的关注和老前辈的好评，特别是我们在1992年编写的《地裂运动和中国油气分布》专著(石油工业出版社)[21]、1994年编写的《龙门山造山带的崛起和四川盆地的形成与演化》(成都科技大学出版社)[22]、2005年编写的《中国板块构造和含油气盆地分析》(石油工业出版社)[40]，在这三部专著中有关中国地裂运动论述得到科学院、大学、生产单位专家的肯定和评述，摘述于后。

1. 郭令智院士(1989年)评述

在《地裂运动和中国油气分布》一书序言中写道：“罗志立教授撰写的《地裂运动与中国油气分布》一书，就是把大陆岩石圈的拉张作用与挤压作用、地裂运动与造山作用并列，体现了事物的对立统一关系，这对大地构造学是一个推动”。“运用这一观点预测川东上二叠统生物礁块的分布规律，并提出下二叠统天然气新的储集类型，获得实际效果”[21]。

2. 王鸿祯院士(1986年)评述

在论述中国大地构造术语时，除了评述国外学者创立的大陆拉张构造名词以外，也肯定了中国学者对地裂运动名词的使用，如“罗志立、马杏垣、王鸿祯等对中国元古代、晚元古代和中新生代裂陷构造都作了论述”[66]。

3. 赵重远教授(1992年)评述

在《石油天然气地质》杂志中评价《地裂运动和中国油气分布》是一部新著，“地裂运动一词在国外地学界早已提出，并将它视为造山运动同时期的对应物，或与造山运动并列，视为板块运动对立统一的两个方面；然而国内着意研究中国的地裂运动，特别是将它同油气分布相联系者，罗志立教授的新著还是首例。”“首次系统分析了中国的地裂运动、厘定了地裂运动的含义及与相关名词的区别，划分了中国三次主要地裂运动旋回。”“这是一本主题思想明确、系统性高和逻辑性强、结构紧凑、语言明快、图文并茂、颇有创意的好书，值得广大地质工作者、研究生和大学生一读”[100]。

4. 徐开礼教授(1989年)评述

对《地裂运动和中国油气分布》评述意见中写道：“传统构造地质学基本是建立在挤压构造基础上，近十余年来拉张构造(或伸展构造)得到中外学者的重视，但把这类构造的形成所反映的拉张作用

作为一种构造运动——地裂运动而与造山运动并列，并作系统的分析论述，据本人所知，除法国 M·马托埃教授在其专著《地壳变形》中对“伸展作用”和“伸展带”有专著论述外，罗志立教授这一著作，可能是我国目前有关这一构造课题第一本较系统论述的书了”[21]。

5. 郭正吾总工程师(高级工程师，1989 年)评述

对《地裂运动和中国油气分布》写的推荐书评中写道：“罗志立教授这部著作不仅综述了世界上有关地裂运动科学论著的发展沿革，举出了一些颇有说服力的典型实例。更精彩的是第一次明确提出中国三次主要地裂运动的旋回，并且阐明了各个主要旋回的地质特征。阅读和学习这一部分，对于认识我国一些主要含油气盆地形成和演化的大地构造背景，解释一些疑难地质问题是很有帮助的。”“我认为这是一份优秀的研究生教材，希望尽快出版”[21]。

6. 王鸿祯院士(1995)评述

在对《龙门山造山带的崛起和四川盆地的形成和演化》专著的书面评价中，再次提出“80 年代他和研究生集体提出了地裂运动及其分期，强调了拉张期在地球构造发展中的地位”。最后认为该专著“是一本具有丰富的学术思想和创新内容的学术著作，也凝聚了罗志立教授及其研究集体多年来钻研成果的结晶，应予高度评价”[22]。

7. 郭令智院士(1995 年)评述

在对《龙门山造山带的崛起和四川盆地的形成和演化》专著评著意见书中再次写道：在理论上首倡“峨眉地裂运动和 C-型或 L-型俯冲带的学术观点，并划分我国三次地裂期，推动了大陆地质学的全新发展”[22]。

8. 赵重远教授(1995 年)评述

在对《龙门山造山带的崛起和四川盆地的形成和演化》专著评著意见书中，认为“提出了两个重要的学术论点；一是峨眉地裂运动，另一是 C-型俯冲断裂带。罗志立教授对于峨眉地裂运动的提出和对中国地裂运动的研究，是对我国拉张构造研究中认识上的一次飞跃。C-型冲断带的提出也不仅是在对挤压构造研究中增添了一种模式，而是提出了一种陆内地球动力学机制。因此，二者在国内外都占有举足轻重的地位”[22]。

9. 田在艺高级工程师(1995 年)评述

在对《龙门山造山带的崛起和四川盆地的形成和演化》专著评著意见书中写道：“许多学术理论观点多具独创，在国内首先提出峨眉地裂运动的论点，并在中国地史上划分出三次地裂期。”“以及提出一系列新认识，指导了油气勘探，这是对能源发展上的很大贡献。”“总之，笔者等以数十年的辛勤劳动，积累了丰富的知识经验，以独特的见解，编写成这本有较重的学术水平和对能源勘探的时间价值的巨著，是对中国地学方面的贡献，给人类的知识库增砖添瓦，希望今后更加努力”[22]。

10. 侯方浩教授(1995 年)评述

对《龙门山造山带的崛起和四川盆地的形成和演化》专著评述：“结合中国西南地区地质实际，提出了著名的峨眉地裂运动的理论，该理论强调了地壳拉张运动，这一认识已被国内外许多地质学家所接受。”“他学术思想活跃，勇于创新、开拓进取，在学习引进国外先进理论的同时，不拘泥于前人的认识，结合实际，特别是西南地质实际，创建了‘峨眉地裂运动’，‘C-型俯冲带’等。这些理论已在我国，特别是西南地区得到验证和应用。这是一部优秀的论著，它的出版必将丰富具有中国特色的地质科学理论。对我国特别是四川盆地的油气勘探具有重要的参考价值”[22]。

11. 贺自爱主编(1995)评述

对《龙门山造山带的崛起和四川盆地的形成和演化》专著评述：“是一部多学科、多角度、多层次和多思维的学术专著，反映我国学者、专家在这一领域的研究成就，是一部代表当代研究水平的力作。”“峨眉地裂运动和 C-型俯冲这一崭新的地质概念，是对板块构造理论的发展，是我国地质学家对全球大地构造的贡献。”“全书具有两个显著特色：其一是中国特色浓郁，从时间到新的学术思想的创

建，都是以中国丰富多彩的地质现象为基础，师古而又胜于所师，法洋而又胜于所洋；其二是学史特点，因为论文形式的专著，必会留下年代的痕迹、发展的烙印、学术的轨迹”，“具有学术和学史研究的双重价值”[22]。

12. 李德生院士(2004年)评述

在《中国板块构造和含油气盆地分析》的序言一中写道：“1981年他提出的中国地史上有‘兴凯’‘峨眉’‘华北’三次地裂运动，1984年提出‘C’型俯冲的观点”“是他理论联系实际的代表作。”“他半个世纪多来独立思考，认真执着的研究精神给我留下深刻的印象。本论文集的出版是我国石油地质界和大地构造学界的一本好书”[40]。

13. 徐旺高级工程师(2004年)评述

在《中国板块构造和含油气盆地分析》序言二中写道：“笔者运用丰富的实践经验和创新思维，自20世纪80年代以来发表了一系列论著。如1980年由笔者执笔完成的“中国含油气盆地划分和远景”一文，是国内最早运用板块理论研究中国含油气盆地论著，至今仍有参考意义。1981年提出中国大陆自古生代以来经历了‘兴凯’‘峨眉’‘华北’三次地裂运动，运用这些观点预测川东寻找礁块气藏已见到实效，提出塔里木盆地古生界油气勘探新思路，阐明了扬子古板块和塔里木古板块的拼合和离散关系”[40]。

14. 任纪舜院士(2005年)评述

在《中国板块构造和含油气盆地分析》序言三中写道：“罗志立先生勤于耕耘，著作等身，《中国板块构造和含油气盆地分析》一书即是罗先生半个多世纪中他的学生、同事对中国石油地质和板块构造研究的结晶。”“论述了一系列重要的学术观点：如兴凯，峨眉，华北三次地裂运动的命名，使他成为中国最早把伸展-裂陷作用与挤压-造山作用同时并重进行研究的学者之一。”“把板块构造和石油地质结合起来，将中国含油气盆地简洁地概括为二类(裂谷盆地和克拉通盆地)三条(中、新生代裂谷带)、三块(三个克拉通)，提出一些人所谓的前陆盆地，并不是典型前陆盆地，而是C型前陆盆地。”“从裂谷构造的属性出发，提出中国陆相生油(有机和无机生油结合的)二元论观点”等，是“比较符合实际的见解”[40]。

三、地裂运动与油气勘探

(一)峨眉地裂运动与四川盆地川东北二叠系三叠系大气区的发现

1. 在四川盆地首次提出寻找礁块气田的预测得到验证

1970年前后，贵州石油勘探指挥部等单位，在滇黔桂等省发现D-T_3生物礁，1976年在湖北建南构造发现上二叠统生物礁气藏，四川盆地内有无类似礁块气藏(?)当时尚无地质文献报道。1979～1981年罗志立研究峨眉山玄武岩喷发的构造背景及对四川盆地上二叠统相变带的控制关系，根据峨眉地裂运动理论，大胆预测从川东万县-达县一带，再向西经过川北坳陷到川西北的江油等地是上二叠统生物礁发育有利地带[4]。这一论断引起四川石油勘探开发研究院120队和西南石油学院强子同等老师的重视，在川东地面调查发现一些上二叠统生物礁。1984年川东气矿钻探石宝寨潜伏构造上的寨1井发现上二叠统生物礁气藏，日产气$37.2\times10^4m^3$，发现了四川盆地第一个生物礁块气藏，从此开拓了川东找气的新局面，也对我们的预测得到验证[33,50]。

2. 在承担“六五”至“八五”国家重点科技攻关项目中，坚持在四川盆地寻找生物礁块分布的规律，见到实效

自1984年寨1井发现生物礁气藏后，其后又在黄泥塘、张家场、大池干井、卧龙河、板东等构造钻遇生物礁，于是人们在川东寻找生物礁块分布规律，成为研究工作的重心和热潮。

“八五”期间，我们研究“四川盆地古构造发展及对油气聚集控制作用研究”项目。在川东和川北圈出14个地震异常分布区为生物礁块反应，标示在长兴组古构造图上(注：其中C区和M区即是以后发现普光和元坝大气田位置)[50－51,53]。1995年得到四川石油局勘探开发研究认可并在“效益证明”指出：“发现峨眉地裂运动与四川盆地已发现的大中型气田有十分密切的关系，对今后油气勘探有指导意义”，在“应用情况”中认为“用峨眉地裂运动理论指导勘探，将为寻找非背斜气藏理论提供依据”。

3.“九五”期间发现“开江－梁平海槽”和普光大气田的促进作用

笔者在编写《地裂运动与中国油气分布》[21]专著中，即注意到“三联点”的板块构造模式，推测晚古生代南秦岭洋在扬子古板块北缘形成坳拉槽的可能性。当“九五”期间实施国家重点科技攻关项目时，在与四川局研究院王一刚等生物礁研究队交换意见时，即把我们“八五”期间研究二叠纪生物礁情况告知，并借与张国伟院士编的秦岭构造图(英文版)，嘱其注意南秦岭的勉略洋与生物礁发现的关系。王一刚等在“九五”期间利用地质测井、地震等手段，采用多元信息与预测方法，在川东北划分出广元－旺苍和开江－梁平两个相邻的二叠系海槽。指出海槽边缘相控制礁体分布的规律，并认为“海槽除因地裂运动使盆地处于扩张应力场之外，更直接可能与此侧秦岭勉略－紫阳盆地裂陷有关”[50]。中石化2000年来川开展油气研究勘探工作，在开江－梁平海槽边缘发现普光大气田，马永生但在论述川东北区域地质背景时也认为“南秦岭是以勉略主缝合线为标志的泥盆纪—早二叠世打开扩张期，川东北盆地在此处于伸展构造体制”。这些论述都与峨眉地裂运动发生的时间和拉张构造性质对应[50]。可认为峨眉地裂运动对发现开江－梁平海槽和普光大气田和有促进作用。

4. 我们积极建议中石化钻探苍溪元坝构造，获得中国海相碳酸盐岩深层大气田

“八五”期间，我们发现九龙山构造之南的苍溪地区，有礁块异常点22个(即M区)[50－51,53]，1992年在《地裂运动与中国油气分布》专著中，引用陈太源资料，用图标出在九龙山构造之南的苍溪岐坪等地存在生物礁块，认为是台地边缘大型潜伏礁块的反映[7]。“在江油至剑阁和苍溪县的碳酸盐台地边缘有生物礁块存在”“为找岩性气藏及生物礁气藏的有利地区”[16]。

5. 在扬子古板块西北缘形成坳拉槽群

1998年前王一刚等发表广旺、开江－梁平海槽后，2001年，在其东卓皆文等界定出鄂西裂陷槽，在其西2010年中石油西南油气田勘探公司发现蓬溪－武胜台凹，从东向西有序排定，笔者联系南秦岭初始海槽的打开，厘定为坳拉槽群，对四川盆地礁滩相气田的勘探，还有较大的开发潜力[49－51]。

以上的勘探历程揭示了峨眉地裂运动形成的拉张槽控制了四川盆地二叠系和三叠系礁滩相大气藏的发育[57]。

6. 峨眉地裂运动期的开江－梁平拉张槽对上二叠统优质烃源岩分布的控制作用

拉张槽范围内二叠系大隆组厚12.5～33.5m，主要为黑色薄层硅质岩、黑灰色泥晶云岩、含云灰岩等厚互层，水平层理发育，厚度稳定，层面平整，根据钻井和地震资料显示，其分布较严格受拉张槽控制[101－106]。四川盆地上二叠统海槽相大隆组黑色泥质岩、腐泥岩有机碳含量很高，平均值达5.86%，烃源岩干酪根主要为Ⅰ型，少量为Ⅱ型，是一套优质烃源岩，其平均生油强度为(17.6～22.3)$\times 10^4$ t/km^2，平均生气强度为(1.65～1.98)$\times 10^8$ m^3/km^2，具有形成大气田的生烃潜力，可为拉张槽两侧普光、元坝气田等提供充足烃源[107]。

7. 开江－梁平拉张槽控制了上二叠统—下三叠统礁滩优质储层的分布

(1)对礁、滩储层发育的控制作用。开江－梁平拉张槽明显控制了周缘礁、滩储层的发育。晚二叠世，生物繁盛，加上拉张槽的有利地质条件，在台地边缘发育生物礁，目前在拉张槽周缘发现有十多个大的礁体，如：五百梯天东、石宝寨、铁山坡、普光、元坝和龙岗等[108]，主要的礁体发育在长兴组的上部30～70m的范围。P/T界限后，生物大灭绝，相类似的台缘地质条件，发育鲕粒滩。从长兴期造礁生物的习性分析，海绵、藻类、苔藓虫等造礁生物都习于浅水，所以生物礁选择长兴期原始地貌隆起地带定植和发育。台隆地区是生物礁定植的优选水域，台隆地区属于浅水带，高能浅滩发育，尤

其在台隆与拉张槽的过渡带是迎接洋流的水域，水体清洁开阔，氧气充足，营养适度，利于造礁生物和生物礁发育。川东北的大型生物礁，如天东礁、黄龙礁、普光礁都位于台隆－拉张槽过渡带，属于边缘礁。以五百梯天东和普光礁－滩组合发育模式为例，礁组合性质都是浅水环境形成的海绵障积型生物礁。濒临拉张槽边缘的礁体发育早，礁组合厚，向远离拉张槽边缘的东侧延伸，则礁体发育迟。礁－滩组合的上部至长兴组顶部普遍产生白云岩化[109,110]。

(2)提供了混合水白云岩化和热液白云岩化的条件，改善储集层。长兴组及飞仙关组良好储集层段以白云岩为主，次生溶孔作为主要储集空间，而成岩早期大气淡水淋滤溶蚀对次生溶孔的发育起着至关重要的作用。以普光为例[110]，处于台缘断裂的上升盘，台地边缘陡峭，礁滩相沉积显加积特征，上升速率相对较快，礁滩体往往具有较高的沉积速率并始终处于高部位或较高部位，由此可造成下列条件：①台地边缘礁滩相是成岩早期暴露溶蚀的主要地带，大气淋滤作用较强，与海水混合，很容易形成混合水白云岩化，可受到强烈的白云石化作用改造，同时也是次生溶孔发育的主要部位；②海底胶结作用相对较弱，可有剩余粒间孔保存下来，并为后期溶蚀作用和粒间溶孔的广泛发育创造条件；③受沉积时期礁滩体暴露、高频层序界面和三级层序界面控制的暴露大气水溶蚀作用影响大，溶蚀作用强烈，溶蚀孔洞非常发育，厚度大，也为埋藏期进一步溶蚀创造了更加优越的条件；④台地边缘断层，有利于热液活动，形成热液白云岩。在川东北的万县、达县、梁平、开江、邻水以及华蓥山也有玄武岩喷发和辉绿岩的侵入，沿拉张槽周边在12个构造16口井发现玄武岩，厚度不大，一般20～40m，厚者65m，如七里4井、亭1井、梁向1井等。这些热液活动对烃的生成演化和碳酸盐岩受热液作用而发生溶蚀、重结晶、热液白云化等次生改造起着重要作用[111]。正是上述作用的叠加导致了此类礁滩优质海相碳酸盐岩储层的形成，而这些地质作用又与拉张槽独特的地质环境有着密切相关性。

开江－梁平拉张槽控制了海相中组合天然气储量的分布。与开江－梁平拉张槽相关主要礁体有普光、元坝、铁山坡、罗家寨、渡口河、滚子坪及目前未公布探明储量的龙岗等十多个礁体[111]，已公布天然气探明储量达$7631.73\times10^8m^3$，约占四川盆地天然气总探明储量的28.5%。这说明该拉张槽对天然气气田和储量分布有着重要的控制作用。

(二)兴凯地裂运动对四川盆地下古生界大气田形成的控制作用

近两年来通过分析四川盆地中西部深层地震和深钻资料，发现绵阳－长宁拉张槽，认为是兴凯地裂运动的产物[54－57]。

1. 绵阳－长宁拉张槽控制了下寒武统优质烃源岩的分布

下寒武统筇竹寺组沉积期为拉张槽发育壮年期，发生寒武纪首次海侵。中上扬子地区下寒武统烃源岩主要集中在筇竹寺组下段，其有效烃源岩的分布特征与拉张槽的分布是一致的，烃源岩最厚的区域基本上都位于拉张槽的内部[112,113]。资料显示[103]MX8井龙王庙组天然气与W201-H3井筇竹寺组页岩气基本相同，证明筇竹寺组是龙王庙组的气源，灯影组虽然是混源气，但筇竹寺组也是其重要的气源。因此，筇竹寺组烃源岩好坏及分布对下组合古油藏和天然气的分布有着重要的控制作用。拉张槽西侧威远－资阳筇竹寺组厚约228.5～404m；拉张槽内GS17井厚398m，宫深1井厚459.5m；拉张槽东侧高石梯－磨溪构造厚约175～210.5m，向东厚度较稳定，女基井厚163m，南部拉张槽东缘的盘1井增厚至247m。这表明拉张槽控制了筇竹寺组的沉积中心，也控制了生烃中心[101－104]。筇竹寺组生气强度为$(0\sim160)\times10^8m^3/km^2$，平均$40\times10^8\sim45\times10^8m^3/km^2$。拉张槽内部筇竹寺组的生气强度达$140\times10^8m^3/km^2$，为拉张槽两侧古油气藏近源充注提供了丰富的油气源[114]。

2. 绵阳－长宁拉张槽控制了震旦系灯影组的优质储层

绵阳－长宁拉张槽影响了震旦系灯影组的表生岩溶作用、热液作用和烃类充注作用，进而对灯影组优质储层的形成和发育起到了控制作用。

(1)表生岩溶作用。通过对拉张槽东西两侧重点钻井灯影组储层的对比研究，发现拉张槽内古地貌隆起幅度大，剥蚀量大，西侧为次高点，东侧较低，分别向东、西两侧倾没，但东侧较西侧陡。这样的古地形差异导致灯影组古岩溶强度的差异，拉张槽内部区域岩溶作用最强，拉张槽的发育位置基本指示了桐湾运动造成的古岩溶优质储层的集中发育带；紧邻拉张槽的两侧表生岩溶作用也较强，且为储层发育的最有利地带，均发育较好的岩溶孔洞层；远离拉张槽表生岩溶作用减弱，岩溶孔洞不发育。靠近拉张槽的资阳和高石梯地区，表生岩溶作用最强，储层溶蚀洞穴较发育；威远地区剥蚀量和储层溶蚀洞穴发育中等，而远离拉张槽的金石地区和磨溪地区表生岩溶作用相对较弱。

(2)热液作用。通过横向对比拉张槽两侧重点钻井灯影组内的热液活动，发现拉张槽两侧均有热液活动证据。由于拉张槽两侧均为断裂带，距离拉张槽越近，热液活动越强烈。故从金石－威远－资阳地区，热液活动逐渐增强；紧邻拉张槽的资阳地区和高石梯地区热液作用较强，热液活动期次多，热液成因硫化物金属矿物(闪锌矿、方铅矿、黄铜矿)、斑马状构造、基质热液溶蚀孔洞发育；而拉张槽东侧的磨溪地区自东向西热液作用也逐渐减弱。但总体上，东侧高石梯地区的晚期硅质热液活动强度和热液溶蚀改造储层的强度要比西侧的资阳－威远－金石地区强烈。

(3)烃类充注作用。油气充注可以使储层先期孔隙得以保存，并对储集空间进行一定的改善作用[116]。虽然晚期成岩矿物和油气裂解生成的沥青堵塞部分孔隙，但残留孔隙仍为重要的储集空间。储层沥青具有重要的指示意义，威远－资阳地区储层沥青的研究揭示沥青含量与储层的储集性能呈正相关关系[117]。因此，储层沥青产状和含量的变化能够揭示拉张槽两侧烃类充注作用的差异性。拉张槽内筇竹寺组烃源岩厚度大、品质好，加之拉张槽两侧的断裂带沟通，距离拉张槽越近，沥青含量越高。平面上，金石地区储层沥青不发育，向东至高石梯－磨溪地区、向北至威远－资阳地区沥青含量、含沥青段累计厚度增高；纵向上，靠近古风化壳，沥青含量越大。因此，距离拉张槽越近，烃类充注作用越强；并且拉张槽东侧有断裂发育，能有效沟通源－储，造成拉张槽东侧烃类充注作用强于西侧。

(4)储层性质的差异。四川盆地震旦系灯影组储层基质孔隙度低，属低孔低渗型储层。拉张槽对于灯影组基质孔隙度和渗透率影响显著，越靠近拉张槽，基质孔隙度和渗透率越大，储层物性越好。

3. 绵阳－长宁拉张槽控制了海相下组合天然气储量的分布

据勘探程度，目前与绵阳－长宁拉张槽相关的气田有两个和一个含气区，即威远灯影组气田、安岳龙王庙组气田和资阳灯影组含气区。威远气田储层为震旦系灯影组，安岳气田储层为寒武系龙王庙组，两气田总探明储量为 $4771.6\times10^8\,m^3$，约占全盆地探明储量的 18%。资阳含气区灯影组动态储量 $102\times10^8\,m^3$。未来随着高石梯－磨溪地区灯影组和磨溪以外地区龙王庙组的勘探，有望进一步大幅提高探明储量。因此，该拉张槽对于天然气储量分布控制作用较大。

(三)地裂运动与火山岩油气藏及无机油气成藏

1. 地裂运动与火山岩油气成藏问题

笔者 1992 年编写的《地裂运动与中国油气分布》专著中[21]，专文讨论地裂运动与火山岩油藏，界定了用“火山岩油气藏”名称的三条理由，而不同意国内有的学者用“火成岩油气藏”的名称。中国中新生代火山岩油气藏分布渤海湾盆地的黄骅、济阳、下辽河坳陷和二连盆地中，与华北地裂运动的火山岩喷发有关。中国西部准噶尔盆地出现的火山岩油气藏与峨眉地裂运动有关，近 10 年来中国西部的准噶尔、三塘湖和吐哈等盆地发现许多火山岩油气藏，更进一步证实二者有密切关系和早期的论断。

2. 地裂运动和无机生油气的问题

地裂运动是因地幔柱活动引起的，大量的火山岩物质来源于下地壳或上地幔，如中国西南地区有 $30\times10^4\sim50\times10^4\,km^2$ 二叠纪的玄武岩和塔里木盆地有 $10\times10^4\sim20\times10^4\,km^2$ 的二叠纪玄武岩喷发，可发生地幔脱气作用，加氢作用和无机甲烷上逸作用，利用地裂运动通道，向上游逸到适当的储集层和圈闭中保留下来，成为无机成因的油气藏[38]。笔者早在 1987 年和 1997 年相继提出中国陆相生油二元论的论点[118,119]，其后有学者对塔里木盆地志留系大量沥青砂和四川盆地普光大气田天然气来源，认为是有无机来源，若此事实与塔里木盆地的兴凯地裂运动和四川盆地峨眉地裂运动背景相联系，无机生油气也是有可能的[42,51]。

四、地裂运动与金属矿床

(一)峨眉地裂运动与中上扬子区金属成矿

峨眉地裂运动导致地幔柱质上涌，多种金属元素从深部上逸到断陷的台槽中，并向台缘礁、滩相富集，形成各类金属矿产赋存，如广西大厂和泗顶－古丹的铅锌矿与台缘礁块形成有关，滇东南大锑矿(D_1)与右江裂陷槽台缘生物礁有关，黔北遵义锰矿(P)与深水台槽相的背景有关等[33]。

(二)峨眉地裂运动与钒钛磁铁矿关系

川西南攀枝花式钒钛磁铁矿的层状基性－超基性岩体，形成于360Ma，沿南北裂谷带侵位，峨眉地裂运动提供区域构造背景条件[4,7]。

(三)从塔里木－扬子古大陆再造预测新疆钒钛磁铁矿，初步得到验证

从峨眉地幔柱活动引起峨眉地裂运动，峨眉山玄武岩喷发和塔里木盆地二叠纪玄武岩喷发的对应关系[37,38]，建立的塔里木－扬子古大陆再造的论断[42]。推测在新疆的阿尔金造山带及其邻区可能找到攀枝花式大型钒钛铁矿[36]。据《新疆钢铁》2007年和2013年张照伟等调查，在喀什地区的巴楚县境内发现瓦吉里塔格钒钛磁铁矿床，资源量可达1亿吨，二氧化钛资源量600万吨，钒资源量13万吨，矿床脉可向下延深达1000m，还有很大潜在资源量，是近几年来发现规模较大的矿床之一。又据杨树锋等研究，该矿床与塔里木早二叠世大火成岩省的地幔柱活动有关[120]。进一步证明塔里木盆地，不仅存在峨眉地裂运动，而且塔里木－扬子古大陆重建的研究，具有非常重大的科学和经济价值。

五、地裂运动与基础地质问题的探讨

(一)地裂运动与松潘－甘孜三角形褶皱区基底的新认识

国内许多地学者多认为此区存在前寒武纪基底，或称泛扬子地台的一部分。笔者等据此区有厚达20km的中晚三叠世浊积物充填，特殊的沉积盆地形态以及无下古生界出露等资料分析，认为是无陆壳基底的洋壳基底。是峨眉地裂运动后塔里木－扬子古大陆解体，扬子古板块向东漂移，在其后缘形成的P_2-T_1新生洋壳基底。若此观点成立，则古特提斯洋打开的时间，金沙江缝合带的性质和秦岭洋盆的规模，都将重新认识[41]。

从杨逢清、殷鸿福在研究松潘－甘孜地块与秦岭褶皱带时，曾写道“茅口期开始的峨眉地裂运动，使地块再次从扬子地台解体出来，裂陷线大致在木里、平武一线。这次裂陷是扬子地台周缘及内部同期裂陷的一部分”[121]，也可对上述论断得到部分印证。

(二)地裂运动与塔里木－扬子古大陆再造

扬子古板块在地史演化中，是与塔里木古板块靠近还是与华北古板块相近，是中国大陆再造长期争论的问题。我们的地裂运动研究团队，依据岩石学、古气候、古生物学、同位素年代学以及板块构造边缘解析学等，认为晚元古代至早古生代二板块沿阿尔金造山带和龙门山造山带是连在一起，成为塔里木－扬子古大陆。二叠纪后由于峨眉地幔柱活动和峨眉地裂运动的影响，扬子古板块向东漂移，在

松潘—甘孜三角地区形成 P_2-T_1 新生洋壳基底，充填 20km 的中晚三叠世复理石沉积。印支期才与华北古板块拼合，并构成中国大陆的东部。这一研究成果对油气勘探、寻找金属矿产、构造地质学的新认识有重要意义[38,42,43,44]。也引起了地学界较大的关注。

(三)地裂运动与地幔柱的关系

笔者等虽早已注意地裂运动与地幔柱活动有关，但研究不多，直到 2000 年后许多地学者发表大量的研究资料，肯定峨眉地幔柱存在后，才进一步认识到峨眉地裂运动是峨眉地幔柱活动的产物，峨眉山玄武岩喷发(大火成岩省)是峨眉地裂运动的表现。近来有些学者认为塔里木盆地也有一个二叠系的大火成岩省(地幔柱)，在其他的天山、准噶尔盆地和吐哈盆地划分出许多火山岩，称为天山大火成岩省(地幔柱)[120]。如此看来，石油地质构造学者的研究工作，不仅要注意研究表层地壳的变形，还须深入研究下地壳和上地幔的活动及物质流动和各种物理和化学作用，有可能发现更多的常规的和非常规的油气资源[43,44]。

(四)地裂运动与生物大绝灭

地球生物史演化过程中，有 5 次生物大绝灭事件，尤其以二叠纪末到三叠纪初(PBT)生物大绝灭事件最为严重，当时有 90%的海洋生物和 70%的陆上脊椎动物灭绝。追踪峨眉地裂运动大量玄武岩喷发在全球的表现，可从“内生论”提供全球生物绝灭的依据。全球在二叠纪扬子古板块因峨眉地幔柱活动，有 30 万～50 万 km^2 玄武岩喷发，塔里木古板块有 10 万～20 万 km^2 玄武岩喷发；印度古板块的潘加尔岩被(Pangal traps)也有大量同期的玄武岩喷发。西伯利亚板块有 200 万 km^2 二叠纪玄武岩喷发，原始面积可能为 700 万 km^2。据麻省理工学院团队研究火山岩中的包裹体[122]，S、F、Cl 元素含量极高，经概括得出火山岩喷发过程中，有 9 万亿吨的 S，8.5 万亿吨的 F 和 5 万亿吨的 Cl 释放出来，这样大规模有毒气体，可能引起强酸雨，进入臭氧层大量消耗臭氧，会引起生物绝灭。此外，700 万 km^2 玄武岩流入西部通古斯盆地，将会破坏下伏的煤层和石油天然气藏，并向空中喷射 100 万亿吨的碳(人类每年排放到大气中的碳不过 80 亿吨)，成为破坏臭氧层的杀手，更会引起生物大绝灭。再次联系峨眉地裂期(D_2-T_1)为联合古大陆解体、古特提斯洋处于扩张离散期，还会有更多的地幔柱活动和火山岩喷发，喷入大气中的火山灰、SO_2、CO_2 含量升高，酸雨普降，会影响全球气候巨变导致生物的大绝灭。成为地球内力作用造成生物绝灭的“内生论”因。故峨眉地裂运动引申研究 PBT 生物大绝灭问题，值得关注[38,42]。

六、结语

中国地裂运动的研究，任重而道远。目前建立的中国三期地裂运动，只不过是对中国大地构造理论的添砖加瓦。在油气勘探方面的一些实践和对西南地区煤的富集规律与某些金属矿产勘探的促进作用，也只是可喜的开端。但这些仅是一个良好的开头，有声有色的叙述还在后头，许多问题尚待深入研究。如在理论上，中国三次地裂运动的成因机制问题还没有圆满回答，峨眉地裂运动影响的范围问题、中国地壳运动“引张幕”的划分和与“褶皱幕”对应关系问题、地裂盆地类型与演化问题都需进一步深化研究。

(一)地裂运动与褶皱运动对应和演变问题

在大陆岩石圈横向演变过程中，地裂运动与褶皱运动应是对立统一的关系，即此消彼长。我们提出的三次地裂运动与当时的褶皱运动关系，尚待探讨。在纵向演化上地裂运动与褶皱运动关系也让人费解，如四川盆地兴凯地裂运动后(Pt_3-O_2)，即出现乐山—龙女寺大型古隆起(O_3-S)；峨眉地裂运动后

(D_2-T_1)即出现开江–泸州古隆起(T_2-$T_3{}^2$)，这些构造格架的演变对四川盆地大气田的成藏条件均有重要影响。

(二)地裂运动与地幔柱活动关系，尚须深入研究的问题

中国西南地区峨眉地幔柱与峨眉山玄武岩喷发(大火成岩省)形成的峨眉地裂运动，已为地学者共识；近期在四川盆地厘定的兴凯地裂运动与地幔柱及其大火成岩省的关系，尚待探索。塔里木盆地有大面积二叠纪玄武岩喷发，存在峨眉地裂运动，但地幔柱活动问题也待进一步完善和研究。

(三)中国大陆可能存在一个纬向地裂运动带问题(J_3-K_1)

在塔里木–华北古板块之北和西伯利亚古板块之南存在古生代的古亚洲洋，经过加里东–华力西期多次俯冲消减，成为东亚大陆，到中生代形成了张性的盆地，从西向东有准噶尔、吐哈、二连、海拉尔和松辽等盆地群。火山岩发育、构造活动表现出先断(J_3-K_1)后坳(K_2)的成盆环境，构成中国纬向石油富集“黄金带”[25]，也是中国火山岩油气藏发育带，这可能是另一个巨型的“中国纬向地裂运动”带，详情尚待进一步探索。

致谢：衷心感谢指导我们创建中国地裂运动地学界李春昱先生、黄汲清先生、尹赞勋先生、郭令智先生等老前辈，在学术上互相支持的高鸣修研究员等，以及引用和发展地裂运动的许多同行。在共同承担“六·五”“七·五”国家重点科研项目集体中，金以钟教授也付出艰辛的劳动，对他的英年早逝深表哀悼。也要感谢成都理工大学各级领导，对创立地裂运动观点的支持并提供了宽松的学术环境。

参考文献

[1]罗志立. 扬子古板块的形成及对中国南方地壳发展的影响[J]. 地质科学，1979，(2)：127-138.
[2]张凯，罗志立，张清，等. 中国含油气盆地划分和远景[J]. 中国石油学报，1980，1(4)：1-18.
[3]罗志立. 试从扬子地台的演化论地槽如何向地台转化的问题[J]. 地质论评，1980，26(6)：505-509.
[4]罗志立. 中国西南地区晚古生代以来地裂运动对石油等矿产形成的影响[J]. 四川地质学报，1981，2(1)：1-22.
[5]罗志立. 试从地裂运动探讨四川盆地天然气勘探新领域[J]. 成都地质学院学报，1983，(2)：1-13.
[6]罗志立. 试论中国含油气盆地形成和分类[M]. 北京：科学出版社，1983.
[7]罗志立. 略论地裂运动与中国油气分布[J]. 中国地质科学院院报，1984，(10)：93-101.
[8]罗志立. 中国西南地区晚古生代以来的地裂运动[J]. 构造地质论丛，1985，(5)：447.
[9]罗志立. 川中是一个陆核吗[J]. 成都地质学院学报，1986，13(3)：65-73.
[10]罗志立，宋鸿彪. 川中内江–合川一带地震反射异常的发现及勘探意义[J]. 成都地质学院学报，1987，14(1)：73-78.
[11]罗志立，金以钟，朱夔玉，等. 试论上扬子地台峨眉地裂运动[J]. 地质论评，1988，34(1)：11-24.
[12]罗志立，童崇光. 板块构造与中国含油气盆地[M]. 北京：中国地质大学出版社，1989.
[13]罗志立. 峨眉地裂运动的厘定及意义[J]. 四川地质学报，1989，9(1)：
[14]罗志立. 中国寻找大气田的前景及方向[J]. 石油学报，1989，10(3)：20-30.
[15]Lou Z L，Jing Y Z，Zhu K Y. The Emei tapharogenesis of upper Yangtze platform in South China[J]. Geological magazine，1990，127.5
[16]宋子堂，罗志立. 川北晚二叠世大隆期岩相分异的古拉张背景[J]. 四川地质学报，1990，10(2)：85-88.
[17]刘树根，罗志立，庞家黎，等. 四川盆地西部的峨眉地裂运动及找气新领域[J]. 成都地质学院学报，1991，18(1)：83-90.
[18]刘树根，罗志立. 四川龙门山地区的峨眉地裂运动[J]. 四川地质学报，1991，11(3)：174-180.
[19]赵锡奎. 黔中早二叠世晚期织金拉张盆地原型分析[J]. 石油与天然气地质，1991，12(3)：308-322.
[20]罗志立，姚军辉. 试论松辽盆地新的成因模式及其地质构造和油气勘探意义[J]. 天然气地球科学，1992，3(1)：1-10.
[21]罗志立. 地裂运动与中国油气分布[M]. 北京：石油工业出版社，1992.

[22]罗志立，赵锡奎，刘树根，等. 龙门山造山带的崛起和四川盆地形成与演化[M]. 成都：成都科技大学出版社，1994.

[23]罗志立. 中国南方碳酸盐油气勘探前景分析[J]. 勘探家，1997，2(4)：62-63.

[24]赵锡奎，朱丽春，赵冠军，等. 黔中早二叠世晚期断裂陆缘层序地层分析[J]. 沉积学报，1997，15(1)：92-97.

[25]罗志立，田作基，徐旺. 试论中国大陆经向和纬向石油富集“黄金带”特征[J]. 石油学报，1997，18(1)：1-9.

[26]罗志立. 中国大陆纬向石油富集带地质特征[J]. 新疆石油地质，1997，18(1)：1-6.

[27]罗志立. 四川盆地基底结构的新认识[J]. 成都理工学院学报，1998，25(2)：191-200.

[28]罗志立，刘顺，徐世琦，等. 四川盆地震旦系含气层中有利勘探区块的选择[J]. 石油学报，1998，19(4)：1-7.

[29]罗志立. 中国含油气盆地分布规律及油气勘探展望[J]. 新疆石油地质，1998，19(6)：441-449.

[30]田作基，宋建国，罗志立. 塔里木阿瓦提前陆盆地构造特征及油气远景[J]. 新疆石油地质，1999，20(3)：193-198.

[31]罗志立. 试论中国油气地质条件的特殊性[J]. 勘探家，1999，4(2)：1-7.

[32]罗志立. 从华南板块构造演化探讨中国南方碳酸盐岩含油气远景[J]. 海相油气地质，2000，5(3-4)：1-19.

[33]罗志立，赵锡奎，刘树根. “中国地裂运动观”的创建和发展[J]，石油实验地质，2001，32(2)：232-241.

[34]刘树根，罗志立. 从华南板块构造演化探讨中国南方油气分布的规律[J]. 石油学报，2001，22(4)：24-30.

[35]罗志立. 中国地质构造背景的特殊性对油气勘探产生的影响[J]. 中国石油勘探，2001，6(1)：7-11.

[36]罗志立，罗平，刘树根. 塔里木盆地古生界油气勘探新思路[J]. 新疆石油地质，2001，22(5)：365-370.

[37]罗志立，雍自权，刘树根，等. 峨眉地裂运动对扬子古板块和塔里木古板块的离散作用及其地学意义[J]. 新疆石油地质，2004，25(1)：1-7.

[38]罗志立，刘顺，刘树根，等. 峨眉地幔柱对扬子古板块和塔里木古板块的离散作用及其找矿意义[J]. 地球学报，2004，25(5)：515-522.

[39]罗志立，李景明，李小军，等. 中国前陆盆地分布特征及含油气前景分析[J]. 中国石油勘探，2004，(2)：1-11.

[40]罗志立，李景明，刘树根，等. 中国板块构造和含油气盆地分析[M]. 北京：石油工业出版社，2005.

[41]罗志立，姚军辉，孙玮，等. 试解“中国地质百慕大”之谜[J]. 新疆石油地质，2006，27(1)：1-14.

[42]罗志立，雍自权，刘树根，等. 试论塔里木—扬子古大陆的再造[J]. 地学前缘，2006，13(6)：131-138.

[43]雍自权，罗志立，刘树根，等. 塔里木—扬子古大陆的重建对油气勘探的意义[J]. 石油学报，2007，28(5)：1-6.

[44]罗志立，张景廉，石兰亭. 塔里木—扬子古大陆的重建对无机成因油气的作用[J]. 岩性油气藏，2008，20(1)：124-128.

[45]刘树根，黄文明，张长俊，等. 四川盆地白云岩成因的研究现状及存在问题[J]. 岩性油气藏，2008，20(2)：6-15.

[46]雍自权，罗志立，刘树根，等. 四川盆地海相碳酸盐岩储集层与构造活动关系[J]. 新疆石油地质，2009，30(4)：459-462.

[47]罗志立. 峨眉地裂运动和四川盆地天然气勘探实践[J]. 新疆石油地质，2009，30(4)：419-424.

[48]孙玮，罗志立，刘树根，等. 华南古板块兴凯地裂运动特征及对油气的影响[J]. 西南石油大学学报(自然科学版)，2011，33(5)：

[49]姚军辉，罗志立，孙玮，等. 峨眉地幔柱与广旺—开江—梁平坳拉槽形成关系[J]. 新疆石油地质，2011，32(1)：97-101.

[50]罗志立. 峨眉地裂运动对川东北大气区发现的指引作用[J]. 新疆石油地质，2012，33(4)：401-407.

[51]罗志立，孙玮，韩建辉，等. 峨眉地幔柱对中上扬子区二叠系成藏条件影响的探讨[J]. 地学前缘，2012，19(6)：144-154.

[52]罗志立，孙玮，代寒松，等. 四川盆地基准井勘探历程回顾及地质效果分析[J]. 天然气工业，2012，32(4)：9-12.

[53]罗志立，韩建辉，罗超，等. 四川盆地工业性油气层的发现、成藏特征及远景[J]. 新疆石油地质，2013，34(5)：504-514.

[54]刘树根，孙玮，罗志立，等. 兴凯地裂运动与四川盆地下组合油气勘探[J]. 成都理工大学学报(自然科学版)，2013，40(5)：511-520.

[55]宋金民，刘树根，孙玮，等. 兴凯地裂运动对四川盆地灯影组优质储层的控制作用[J]. 成都理工大学学报(自然科学版)，2013，40(6)：658-670.

[56]钟勇，李亚林，刘树根，等. 四川盆地下组合张性构造特征[J]. 成都理工大学学报(自然科学版)，2014，40(5)：703-712.

[57]刘树根，孙玮，宋金民，等. 四川盆地海相油气分布的构造控制理论[J]. 地学前缘，2015，22(3)：146-160.

[58]陈国达等. 中国地学大事典[M]. 济南：山东科学技术出版社，1992.

[59]Neuendor K K E，Mehl J P J，JacksonJ A. Glossary of Geology(Fifth Edition)[M]. Berlin：Springer，2005.

[60]http：//geollab. jmu. edu/Fichter/Wilson/wilsoncicle. html，2015.

[61]黄汲清，任继舜，姜春发，等. 中国大地构造及其演化——1：400 万中国大地构造图简要说明[M]. 北京：科学出版社，1980.

[62]McMenamin M A S，McMenamin D L S. The Emergence of Animals：the Cambrian Breakthrough[M]. New York：Columbia University Press，1990.

[63]Hoffman P F. Did the breakout of Laurentia turn Gondwanalandinside-out[J]. Science，1991，252(5011)：1409-1412.

[64]Li Z X. Tectonic evolution of the major east Asian lithospheric blocks since the mid-Proterozo ic：a synthesis[J]. American Geophysical Union，1998，109(1)：16-42.

[65]王剑，刘宝珺，潘桂棠. 华南新元古代裂谷盆地演化 Rodinia 超大陆解体的前奏[J]. 矿物岩石，2001，21(3)：135-145.
[66]王鸿祯. 华南地区古大陆边缘史[M]. 武汉：武汉地质学院出版社，1986.
[67]任纪舜. 从全球看中国大地构造——中国及邻区大地构造图简要说明[M]. 北京：地质出版社，1999.
[68]刘本培. 华南地区大陆边缘史[M]. 武汉：武汉地质学院出版社，1986.
[69]张渝昌等. 中国含油气盆地原型分析[M]. 南京：南京大学出版社，1997.
[70]刘本培. Rodinia 泛大陆离散和前寒武一寒武纪转折[J]. 现代地质中国地质大学研究生院学报，1999，13(2)：240-241.
[71]任纪舜，牛宝贵，刘志刚. 软碰撞、叠覆造山和多旋回缝合作用[J]. 地学前缘，1999，6(3)：85-93.
[72]陆松年，陈志宏，李怀坤，等. 秦岭造山带中两条新元古代岩浆岩带[J]. 地质学报，2005，79(2)：165-173.
[73]刘鸿允，胡华光，胡世玲，等. 从 Rb-Sr 及 K-Ar 年龄测定讨论某些前寒武系及中生代火山岩地层的时代[J]. 地质科学，1981(4)：303-313.
[74]刘鸿允. 中国晚前寒武纪构造、古地理与沉积演化[J]. 地质科学，1991，(4)：309-316.
[75]杨遵仪，程裕祺，王鸿祯. 中国地质学[M]. 武汉：中国地质大学出版社，1989.
[76]林茂炳，敬宗海. 四川龙门山造山带造山模式研究[M]. 成都：成都科技大学出版社，1996.
[77]陈竹新，贾东，魏国齐，等. 川西前陆盆地南段薄皮冲断构造之下隐伏裂谷盆地及其油气地质意义[J]. 石油与天然气地质，2006，27(4)：460-466.
[78]盖保民. 地球演化(第二卷)[M]. 北京：中国科学技术出版社，1991.
[79]马文辛，刘树根，陈翠华，等. 渝东地区震旦系灯影组硅质岩地球化学特征[J]. 矿物岩石地球化学通报，2011，30(2)：160-171.
[80]张位华，姜立君，高慧，等. 贵州寒武系底部黑色硅质岩成因及沉积环境探讨[J]. 矿物岩石地球化学通报，2003，22(2)：174-178.
[81]Wang J G，Chen D Z，Wang D，et al. Petrology and geochemistry of chert on the marginal zone of Yangtze Platform，western Hunan，South China，during the Ediacaran-Cambrian transition[J]. Sedimentology，2012，59：809-829.
[82]陈志明，陈其英. 扬子地台早寒武世梅树村早期的古地理及其磷块岩展布特征[J]. 地质科学，1987，22(3)：246-256.
[83]许效松. 被动大陆边缘碳酸盐生长序列与盆山转换耦合[J]. 地质学报，1996，17(1)：41-53.
[84]张之孟，金蒙. 川西南乡城一得荣地区的两种混杂岩及其构造意义[J]. 地质科学，1979，(3)：205-214.
[85]李亚林，张国伟，王成善，等. 秦岭勉县-略阳地区的构造混杂岩及其意义[J]. 岩石学报，2001，17(3)：476-482.
[86]胡健民，孟庆任，白武明，等. 南秦岭构造带中一晚古生代伸展构造作用[J]. 地质通报，2002，21(8-9)：471-477.
[86]方维萱，张国伟，李亚林. 南秦岭晚古生代伸展构造特征及意义[J]. 西北大学学报(自然科学版)，2001，31(3)：235-240.
[87]李亚林，李三忠，张国伟. 秦岭勉略缝合带组成与古洋盆演化[J]. 中国地质，2002，29(2)：129-134.
[88]曾学鲁，高金汉. 西秦岭中、晚二叠世生物群更替事件[J]. 地质学报，2005，79(2)：145-149.
[89]孙枢，李继亮，王清晨. 继续重视坳拉槽(裂陷槽)及其成矿作用的研究[J]. 地质论评，1992，38(2)：190-193.
[90]王一刚，张静，杨雨，等. 四川盆地东部上二叠统长兴组生物礁气藏形成机理[J]. 海相油气地质，1997，5(1-2)：145-152.
[91]朱洪发，秦德余，刘翠章. 论华南孤峰组和大隆组硅质岩成因、分布规律及其构造机制[J]. 石油实验地质，1989，11(4)：341-348.
[92]王一刚，文应初，张帆，等. 川东地区上二叠统长兴组生物礁分布规律[J]. 天然气工业，1998，18(6)：10-15.
[93]马永生，牟传龙，郭旭升，等. 四川盆地东北部长兴期沉积特征与沉积格局[J]. 地质论评，2006，52(1)：25-29.
[94]卓皆文，王剑，汪正江，等. 鄂西地区晚二叠世沉积特征与台内裂陷槽的演化[J]. 新疆石油地质，2009，30(3)：300-303.
[95]何鲤，罗潇，刘莉萍，等. 试论四川盆地晚二叠世沉积环境与礁滩分布[J]. 天然气工业，2008，28(1)：28-32.
[96]彭靖淞，刘树根，赵霞飞，等. 川西中三叠统天井山组风暴沉积的发现及古地理意义[J]. 岩性油气藏，2009，21(1)：83-88.
[97]吴熙纯. 四川盆地西部晚三叠世卡尼期地层及海绵化石一新科[J]. 古生物学报，1989，28(6)：766-771.
[98]夏邦栋，刘洪磊，吴运高，等. 滇黔桂裂谷[J]. 石油实验地质，1992，14(1)：20-30.
[99]方少仙，侯方浩，董兆雄，等. 黔桂泥盆、石炭系白云岩的形成模式[J]. 石油与天然气地质，1999，20(1)：34-38.
[100]赵重远. 地裂运动与中国油气分布[J]. 石油与天然气地质，1992，13(4)：47-49.
[101]王一刚，文应初，洪海涛，等. 四川盆地开江一梁平海槽内发现大隆组[J]. 天然气工业，2006，26(9)：32-36
[102]张奇，屠志慧，饶雷，等. 四川川中地区晚二叠世蓬溪一武胜台凹对台内生物礁滩分布的控制作用[J]. 天然气勘探与开发，2010，33(4)：1-7.
[103]付小东，秦建中，腾格尔，等. 四川盆地北缘上二叠统大隆组烃源岩评价[J]. 石油实验地质，2010，32(6)：566-571.
[104 夏茂龙，文龙，王一刚，等. 四川盆地上二叠统海槽相大隆组优质烃源岩[J]. 石油勘探与开发，2010，37(6)：654-662.
[105]邓雁，张延充，李忠，等. 川东下三叠统飞仙关组沉积相研究[J]. 勘探地球物理进展，2004，27(5)：371-375.
[106]王一刚，洪海涛，夏茂龙，等. 四川盆地及邻区上二叠统一下三叠统海槽的深水沉积特征[J]. 石油与天然气地质，2006，27

(5)：702-714.

[107]陈瑞银，朱光有，周文宝，等．川北地区大隆组烃源岩地球化学特征与生气潜力初探[J]．天然气地球科学，2013，24(1)：99-107.

[108]王一刚，洪海涛，夏茂龙，等．四川盆地二叠、三叠系环海槽礁、滩富气带勘探[J]．天然气工业，2008，28(1)：22-27.

[109]马永生．中国海相油气勘探实例之六：四川盆地普光大气田的发现与勘探[J]．海相油气地质，2006，11(2)：35-40.

[110]陈宗清．四川盆地长兴组生物礁气藏及天然气勘探[J]．石油勘探与开发，2008，35(2)：148-156.

[111]何鲤，罗潇，刘莉萍，等．试论四川盆地晚二叠世沉积环境与礁滩分布[J]．天然气工业，2008，28(1)：28-32.

[112]杜金虎，邹才能，徐春春，等．川中古隆起龙王庙组特大型气田战略发现与理论技术创新[J]．石油勘探与开发，2014，41(3)：1-10.

[113]邹才能，杜金虎，徐春春，等．四川盆地震旦系—寒武系特大型气田形成分布、资源潜力及勘探发现[J]．石油勘探与开发，2014，41(3)：278-293.

[114]郑平，施雨华，邹春艳，等．高石梯－磨溪地区灯影组、龙王庙组天然气气源分析[J]．天然气工业，2014，34(3)：50-54.

[115]徐春春，沈平，杨跃明，等．乐山－龙女寺古隆起震旦系—下寒武统龙王庙组天然气成藏条件与富集规律[J]．天然气工业，2014，34(3)：1-7.

[116]刘树根，马永生，孙玮，等．四川盆地威远气田和资阳含气区震旦系油气成藏差异性研究[J]．地质学报，2008，82(3)：328-337.

[117]崔会英，张莉，魏国齐，等．四川盆地威远－资阳地区震旦系储层沥青特征及意义[J]．石油实验地质，2008，30(5)：489-493.

[118]罗志立．中国陆相生油二元论——兼谈中国陆相石油论的发展[J]．中国石油物探信息．1987，(5-1)：2.

[119]罗志立．再论“中国陆相生油二元论”[J]．复式油气田，1997，(4)：1-6.

[120]杨树锋，陈汉林，厉子龙，等．塔里木早二叠世大火成岩省[J]．中国科学：地球科学，2014，44(2)：187-199.

[121]杨逢清，殷鸿福，杨恒书，等．松潘甘孜地块与秦岭褶皱带、扬子地台的关系及其发展史[J]．地质学报，1994，68(3)：208-218.

[122]歆塬．大规模火山喷发的气体是地史上最大规模生物灭绝的原因[R]．化石网，2012.

第Ⅲ部分

中国型（C-型）俯冲和前陆盆地

[本文原载于《石油与天然气地质》，1984，5(4)：315－324]

Ⅲ-1　试论中国型(C-型)冲断带及其油气勘探问题

罗志立
(成都地质学院)

二十世纪六十到七十年代，在加拿大和美国的落基山冲断带发现了许多大油气田，这引起了地质工作者的广泛兴趣。苏联近年在前喀尔巴阡冲断带也发现了许多油气田。在意大利和德国的阿尔卑斯冲断带也有所发现。我国准噶尔盆地西北缘的克拉玛依－乌尔禾(简称：克－乌)冲断带自1979年以来也发现了大量断裂掩覆油藏，引起了国内外的关注。在冲断带找油，已列为我国第二次石油普查的新领域之一。

对这个新领域如何看待？我国冲断带的地质特征是什么？其成油条件如何？在勘探工作中应注意什么问题？这是当前广大石油工作者所关心的问题。

一、中国型(C-型)冲断带的地质特征

(一)问题的提出

当前国内广大石油工作者对冲断带的认识很不一致，有的把造山褶皱带前缘的叠瓦式断层称为冲断带，如西准噶尔前缘的克拉玛依－乌尔禾冲断带和龙门山冲断带等，被认为是上盘主动形成的推覆体；也有的把地台区由于盖层滑动形成的逆断层或逆掩断层称为冲断带，如湘中和苏南的“推覆构造”，甚至把它们与美国落基山和阿巴拉契亚的冲断带相比拟。对这个问题我认为有严格区分的必要，因为它不仅涉及冲断带的地质成因等理论问题，也涉及今后油气勘探远景的实际问题。

本文所指的冲断带(thrust system或thrust belt)，是指在地史上曾为大陆边缘的地槽区，后因板块的俯冲或碰撞，或因沉积负载发生俯冲，在前陆区发生大规模的叠瓦扇构造(imbricate fan)和重叠构造(duplex fault zone)的地区。即一般所指的造山褶皱带及其山前区。对这类冲断带，Bally认为是洋壳俯冲或陆壳碰撞所形成[1,2]，洋壳向大陆俯冲一侧形成的俯冲带称为B-型俯冲带(Benioff-type)，在大陆一侧硅铝壳内形成的俯冲带称为A-型俯冲带(Ampferer-type)。如在美洲大陆边缘有成对的B-型和A-型俯冲带，落基山和阿巴拉契亚山的俯冲带，就属于他所称的A-型俯冲带。他认为两类俯冲带由一个统一的动力系统所形成(见图1)。他还认为在中亚巨型结合带的北缘，即中国西北部“不存在A-型俯冲带和与之有关的前渊”，因而存在一种特殊的“中国型盆地”。既然如此，中国大多数冲断带有什么特点？其形成机制如何？这是首先要讨论的问题。

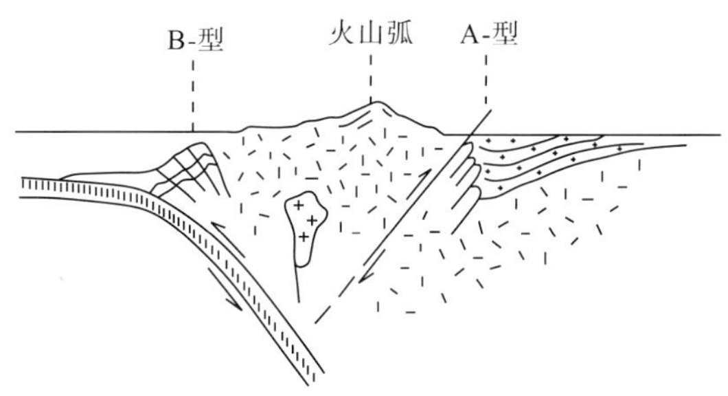

图1　B-型和A-型俯冲带形成的动力学机制示意图

（二）中国型（C-型）冲断带的特点

目前我国大陆上发现的一些冲断带，在地质特点和成因机制上与 Bally 所称的 A-型俯冲带有很大的区别。

（1）在大地构造位置上处于老的褶皱山系和陆内盆地边缘坳陷之间。如我国西部准噶尔盆地、塔里木盆地和柴达木盆地周缘的冲断带，我国中部鄂尔多斯盆地西缘的冲断带和四川盆地西北缘的龙门山冲断带等，它们远离洋壳俯冲带，显然在动力体系上不属于 Bally 所指的与 B-型冲断带相配套的 A-型冲断带。

（2）中、新生代陆相沉积厚度巨大，可达十余公里，一般没有或很少有类似美国落基山冲断带（A-型）前缘的中生代海相沉积。

（3）在构造演变上，冲断层发展前期可能为正断层，后期转为逆断层，最终转为冲断层，因而断面在浅部倾角较大，深部平缓，成凹面向上的犁式，其水平位移规模可能不大。

（4）从沉积和构造发展史分析，这类冲断层不是通常所称的上盘主动的仰冲断层（overthrust），而可能是盆地坳陷边缘向山系潜滑（underplating）形成的俯冲断层（underthrust）。

为了说明上述地质特点，试以克－乌冲断带和龙门山冲断带为例略作分析。准噶尔盆地西北缘的克－乌冲断带，位于西准噶尔优地槽褶皱带前缘，中华力西期末（C_1）沿达尔布特山褶皱，在其山前堆积成一套中、上石炭统到三叠系的陆相磨拉石为主的沉积，向盆地延展，在玛纳斯湖边缘坳陷一带厚达 8 公里，具有较大的沉积负载。克－乌冲断带即发育在这些向盆地内凸出的冲积扇体上，构成三个弧形推覆体，沿北东向蜿蜒延伸可达三百公里左右；再从推覆体上、下盘同层厚度比较，有明显的差异，上盘薄下盘厚，同层在断面处厚度突变（见图 2）。故克－乌冲断层无论在平面展布或纵向地质特征上，初期均显示有正断层的性质；早石炭世时，断层两侧的沉降背景是西北高东南低，地形反差较大，而下石炭统本身为巨厚的泥质岩类，又具有滑脱层的性质。在如此地质边界条件下，当印支－燕山运动来临，由于邻区甘、青、藏板块的运动，应力的传递会触发下盘巨厚沉积物负载的重力作用，使下盘基底沿下石炭统滑脱面向西准噶尔褶皱带潜滑，在纵向上把正断层改造为逆冲断层，在平面上把初期弧形的孤立正断层束，联结成绵延数百公里的克－乌冲断带。晚侏罗世后，本区在沉积和构造上均处于稳定状态，只有向盆地内轻微的下翘运动，而无断层活动，克－乌冲断层一般上延终止于上侏罗统。

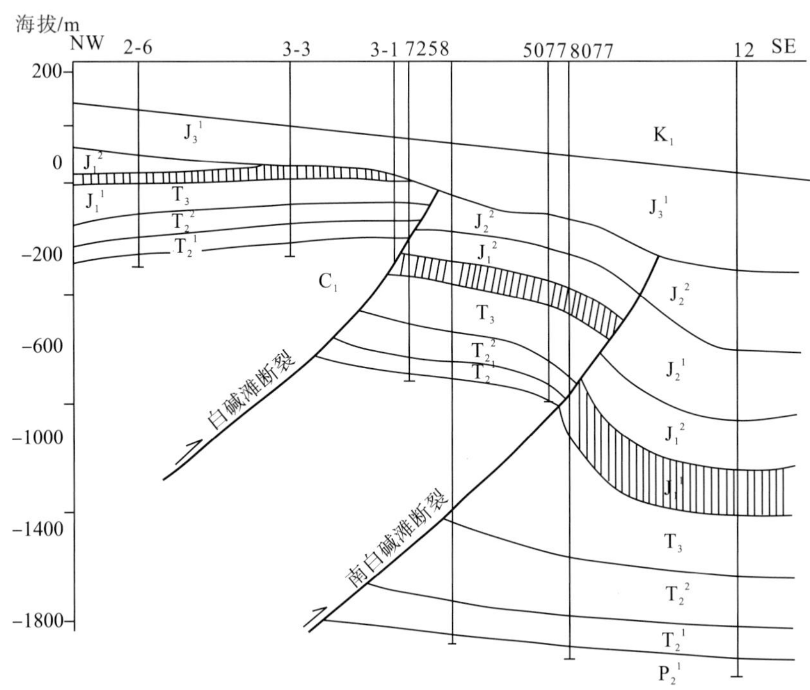

图 2　准噶尔盆地克－乌冲断带横剖面示意图

龙门山冲断带位于四川盆地西北缘，东北起于广元，西南约止于雅安，长五百多公里，处于松潘－甘孜褶皱系和四川盆地边缘枢纽带上。古生代具有台缘拗陷带性质，中生代变为冲断带后，在其山前的川西坳陷沉积了厚达近万米的陆相地层。冲断带在江油、绵竹一带表现为叠瓦断层(见图3)。在彭县、灌县一带断距最大可达万米，有许多由泥盆系到二叠系组成的飞来峰，上置于晚三叠世的须家河组等地层上。在地史演变上，我曾作过如下的论述[3]。本区从震旦纪到中三叠世，处于大西洋型扬子古板块的西缘，沉积了巨厚的海相地层。印支早幕(T_2末)遭受古太平洋板块向西北推挤的影响，四川盆地东部抬升，形成北东向的泸州－开江古隆起，迫使海水向西撤退，仅在川西保留有较薄的晚三叠世早期马鞍塘组和小塘子组的海相沉积，而在后龙门山的松潘－甘孜槽区则沉积了厚达8000多米的海相复理石的兴都桥组。印支中幕(小塘子期末)松潘－甘孜槽区受滇、青、藏洋板块向北东方向的推挤，后龙门山变成北西向褶皱山系，成为本区物源供给区；其后四川盆地转变为一大型陆相含煤盆地，须家河组由西向东超覆。伴随彭－灌大断裂东侧下降，须家河组沉积最厚可达4000余米，这时的正断层两侧基底高差估计可达万余米。印支晚幕(须家河期末)，后龙门山区已经褶皱固结，不易成为向盆地内推挤的动力策源地；而是由于古太平洋板块持续的挤压，迫使西倾的盆地基底在川西巨厚的沉积物的负载重力联合作用下，向西北潜滑并使其前缘发生变形褶皱，后被侏罗系白田坝组覆盖，其间形成明显的不整合。在俯冲构造格局下，须家河组在彭－灌大断裂附近等厚线突变，又未发现边缘相沉积，推测边缘地层潜滑于龙门山地腹之下。彭－灌一带发育的“飞来峰”，从岩石序列、产状及具地台岩相特征等方面，推断其系由板块前缘被挤压成倒转向斜或辗掩断层推覆到新地层之上，后经侵蚀保留下来的“岩块”，而非后龙门山槽区地层向东南仰冲“飞来”的产物。自此以后的燕山(或喜山)运动，川西继续沉降5000余米，沉积物的负载重力作用进一步加强，从而更加增强俯冲构造的格局。

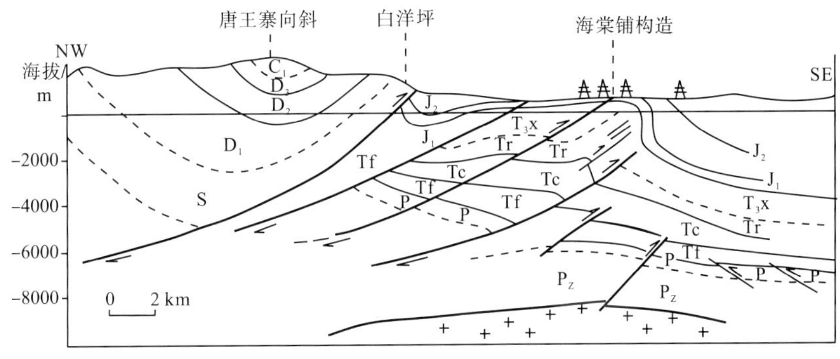

图3　江油龙门山前缘叠瓦冲断带横剖面示意图

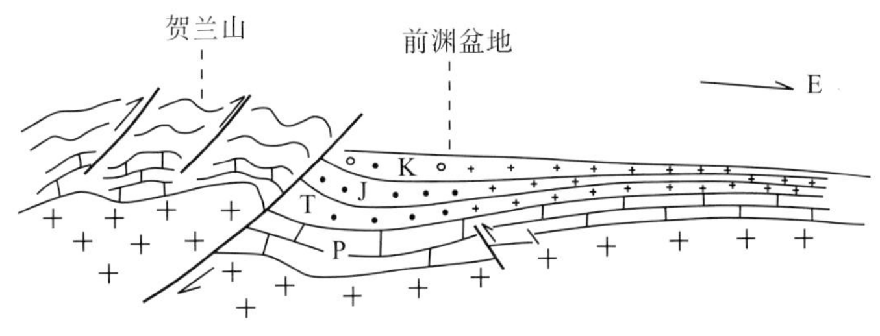

图4　贺兰山“准A型”俯冲带示意图

从上述两个实例，不难看出我国冲断带有自己的特色，它在动力学上并不与B-型俯冲带组成一个动力体系；它在运动学上不是由于上盘仰冲，而是由于下盘俯冲所形成；它在构造演变上与中国挤压型陆相盆地的发育紧密相关。因此，完全不同于Bally所称的A-型俯冲带，而有另进行命名之必要，我们不妨设想为C-型俯冲带(Chinese-type)，以示我国中新生代形成的一些俯冲带的特殊类型。类似的俯冲带还有鄂尔多斯盆地西缘的贺兰山冲断带。对这类俯冲带孙国凡等称为“准A型”俯冲带[4](见图4)。此外，我国天山南北和祁连山北缘在中新生代出现的一些冲断带，也可能属此类型。故C-型冲断带在我国的地质作用和油气勘探中具有某种普遍意义。“A、B、C”三型俯冲带对比特征如表1所示。

表1　“A、B、C”三型俯冲带特征对比表

特征＼类型	A-型	B-型	C-型
大地构造位置	位于火山弧之后大陆一侧，如落基山俯冲带	位于洋壳向陆壳俯冲的太平洋型大陆边缘	远离洋壳俯冲带的板内盆地与褶皱山系之间
沉积相特点	中、新生代海陆过度相沉积为主	弧前盆地的陆相到海相沉积	中、新生代陆相沉积为主，厚度巨大
构造形态	倾向大洋的弧后褶皱冲断带	倾向大陆的叠瓦状俯冲杂岩体	古生代褶皱山系前缘，早期正断层，后期转为逆断层
动力学关系	由于B-型俯冲带的作用，在近大陆一侧形成配套的剪切A-型俯冲带	由于洋脊扩张，迫使洋壳向陆壳发生俯冲	在厚度巨大的沉积物负载作用下，由于邻区板块活动触发而发生俯冲

（三）中国型（C-型）冲断带的成因机制

我国C-型冲断带的形成，既决定于陆内地壳内在的物质条件，又受邻区板块活动触发作用的影响。现代板块运动的许多模式对我们的研究有许多启发，板块在运动过程中，可以从稳定的大陆边缘转换成活动的大陆边缘[5]，主要是因为在稳定大陆边缘过渡壳上早期发育了很多正断层，使地壳引张而减薄，随着大陆边缘沉积物堆积发展成大陆堤（continental embanklrent）时，在巨大的沉积负载重力作用下，就会使减薄的过渡壳发生破裂，洋壳向陆壳发生俯冲而成为活动型大陆边缘。K. O. Errery 把这种大陆边缘发育的时期称为大陆边缘的老年期。G. Bcillot 也认为沉积物负载是盆地沉降的一个重要因素，若大陆边缘上密度为2.2g/cm^{3}的沉积物取代了1.05g/cm^{3}的海水，就会导致地壳基底下沉和区域性地壳均衡重新发生调整，其在大陆架或陆隆上有1km厚的沉积物负载的调整量就会使莫霍面相应地下降0.5km。近十年来国外大量的地球物理工作，发现壳内存在低速层，这又为陆内横向滑移提供了条件，如Giese在阿尔卑斯和亚平宁褶皱带做的地球物理工作，就发现壳内低速层可延入前陆区[6]。这些板块运动模式和事实，有助于我们对C-型俯冲带形成机制的认识。

我国克-乌冲断带和龙门山冲断带，发育在大型陆相盆地边缘坳陷附近，早期一般有正断层；晚古生代或中生代以后，有数千到万余米厚的陆相沉积物负载，其岩石密度比近代海洋沉积物密度大（如四川盆地沉积岩平均密度为2.6g/cm^3），这样的负载更会使沉积盖层的基底以及莫霍面沉降加深，自然与盆地边缘相邻的隆起或褶皱带形成巨大的古地形反差；沉积盖层中的泥质岩类（如西准噶尔的下石炭统，龙门山区的寒武-志留系和三叠系须家河组下部）可作滑脱层。在这种构造格局和重力作用下，存在较大的不稳定势能。印支构造期以来，在太平洋板块或印度板块对中国大陆的俯冲或碰撞的影响下，这种势能就会被触发向动能转化，盆地边缘坳陷向褶皱带或隆起带潜滑，使早期的正断层转化为俯冲断层，形成凹面向上的犁式冲断面。这就是我国许多冲断层多发育在盆地边缘坳陷的原因，坳陷越深俯冲越剧烈，如龙门山冲断带在彭-灌地区特别强烈。这可能是我国C-型冲断带的特殊成因机制。其演化模式可设想如图5。这种成因机制虽还只是设想，但可解释克-乌冲断带和龙门山冲断带若为上盘仰冲，则缺乏动力来源的疑难。在这种成因机制下，其俯冲动力有限，俯冲角度可能较大，水平滑移不会太远，故其冲断面下的含油面积受到限制，不能与落基山、阿巴拉契亚山、阿尔卑斯山等冲断带的规模相提并论，这是我国冲断带今后油气勘探工作中必须注意的一个问题。

（四）C-型冲断带的成油条件

C-型冲断带具有良好的生油条件。在冲断带形成的早期，往往有较厚的海相-海陆过渡相沉积，具有良好的成油环境；后期形成的前渊盆地，又可在中、新生代形成良好的湖相成油环境。故冲断带处于“早晚有利”和“左右逢源”的非常有利的位置上，即一般所称的枢纽带（hinge zone）上。

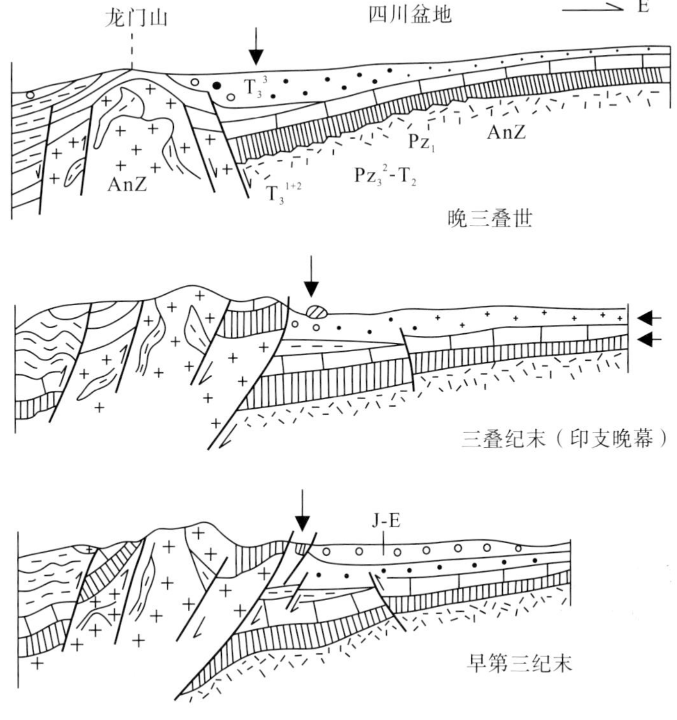

图 5　龙门山 C-型俯冲带发育示意图

我国西准噶尔前缘的克—乌冲断带，从二叠系到下第三系有三套良好的陆相盆地生油层系，厚达2700 多米；近年来又在断层下盘的下石炭统海相地层中见到工业油流，其中可生油地层在阿拉德依赛地区厚达 890m，经分析认为是克拉玛依油区的又一套油源岩故准噶尔盆地及其晚古生代冒地槽边缘可生油地层总厚度超过 3500m，无怪乎该区域尽管地面溢油遍地，而地下资源仍然丰富。其他如贺兰山冲断带的中奥陶统平凉组页岩和上三叠统的延长群，龙门山冲断带的寒武系黑色页岩和上三叠统须家河组，均属类似情况。关于产层类型。据北美一些冲断带油气藏的产层特点，储层主要为裂缝型。

我国西准噶尔克—乌冲断带的风成城地区，近年来新发现的下石炭统产层，为安山岩、砂砾岩、白云质凝灰岩及不纯的灰岩，裂缝性产油可能起着主导作用；龙门山冲断带上的中坝气田、须家河组虽为砂岩储层，但属于裂缝性产气。冲断带以裂缝性产层为主的特征，可能与冲断带经过多期构造活动，成岩后生变化剧烈等特殊地质背景有密切的关系。

此外，冲断带还具有有利于有机质转化和油气运移的特殊条件：冲断带在运动过程中，无论产生的动压力或静压力均对油气运移有利。冲断层中厚的泥质岩类往往是良好的生油层，也是良好的滑脱层，如我国克—乌冲断带中的下石炭统。当冲断层在泥质的滑脱层中运动时，会产生强烈的剪切压应力，使泥质岩具有异常高的孔隙压力，这种压力会驱使油气从母岩中运移到冲断面上下的储层中去。此外，由于冲断作用，许多巨大的外来岩体压覆在具有生油条件的原地岩体上，这无异于突然增加了下伏层的埋深，所产生的静压力与温度，去加速生油层内有机质的演化和油气运移作用。

二、选择有利冲断带勘探的问题

对我国冲断带勘探的选择和勘探方法问题，因尚在摸索当中，姑且大胆言之。

(一)选择有利冲断带的条件

从冲断带的成油条件和国内外勘探经验来看，有无丰富的油源是冲断带选择的首要条件，后期地壳稳定是冲断带保藏油气的重要条件。北美落基山冲断带之所以成为一个含油带，在大地构造位置上处于早期陆棚和后期盆地的枢纽线上，即前文总结的“早晚有利”“左右逢源”的地区，那里在盆地内的海相侏罗系和白垩系的生油条件特别优越，故能否找到冲断层上、下盘生储层间的恰当配置，就成为该区勘探成功的关键。正如王金琪等1980年考查该区的爱达荷－怀俄明冲断带后所说“从各方面的资料来看，本区油源十分丰富，否则，难以想象在那种极其复杂的构造带内，能赋存如此大量的油气”，我国准噶尔盆地油源非常丰富，克－乌冲断带之所以形成断层圈闭的油田，这与该区在晚侏罗世后地壳趋于稳定有很大的关系。

（二）对我国冲断带勘探的选择

前已言及，冲断带的发育是与地槽或坳陷回返和陆相盆地形成有关。据黄汲清等的论著[7]，中国有21个地槽褶皱系和3个台缘褶皱带。这些构造单元在地史活动中均发育有冲断带，因而其油气资源具有广阔的前景。但我国地槽发育具多旋回的性质，后期经过多次构造变动，使冲断带的成油条件异常复杂，又给勘探工作带来很大的困难和风险。在这24个构造单元中，就目前所知可作为勘探对象的有以下冲断带：

1. 西部盆地边缘的冲断带

包括：①准噶尔盆地西北缘的西准噶尔冲断带；②准噶尔盆地东北缘的东准噶尔冲断带；③准噶尔盆地南缘的北天山冲断带；④塔里木盆地北缘的南天山冲断带；⑤塔里木盆地西南缘的西昆仑冲断带；⑥柴达木盆地南缘的东昆仑冲断带；⑦柴达木盆地北缘冲断带；⑧祁连山北缘的甘肃走廊冲断带。

这些冲断带，绝大多数为C-型冲断带。西准噶尔的克－乌冲断带已被证实为丰富的油田；东准噶尔冲断带可能具有丰富的油源和后期稳定的构造条件，现已钻探可见工业性油流。柴达木盆地南缘冲断带，已在油砂山之南获得了油流，其北缘在下古生界变质岩系逆掩的中、下侏罗统发现了鱼卡和冷湖3号油田。其他冲断带山麓前缘均发现中、小型油气田，但由于新生代处于山前坳陷，沉降很深，冲断带的发育宽度和勘探工作受到一定的限制，如天山南北和西昆仑的北缘等地区。

2. 中部盆地边缘的冲断带

包括：⑨鄂尔多斯西缘贺兰山冲断带；⑩龙门山前缘冲断带；⑪大巴山前缘冲断带。

贺兰山和龙门山冲断带具有C-型冲断带的性质，有沉降很深的中生代前渊，而大巴山冲断带印支旋回后无明显的前渊沉积。三者发展的构造背景虽不一样，但均具有良好的生油层，如鄂尔多斯西缘中奥陶统的平凉组页岩和上三叠统延长群。龙门山和大巴山寒武系的黑色页岩和大量油苗以及上三叠统的须家河组。它们又处于“早晚有利”“左右逢源”的大地构造位置上；其前山带已发现一些油气田，因而是当前国内勘探冲断带关注的地区。

3. 东部盆地边缘冲断带

秦岭－淮阳北缘冲断带。主要指从河南信阳到安徽庐江一段，属南华北盆地的边缘，这里可见晚元古界的信阳群向北掩冲在石炭系之上，也可见中、下侏罗统向南俯冲在佛子岭群之下”，它们可能分别是华力西运动秦岭洋关闭仰冲的产物及燕山期华北古板块向南俯冲的产物。中、下侏罗统为火山碎屑磨拉石堆积，缺乏生油条件，而石炭二叠系为南华北的主要产煤层位，可生成大量的煤成气；但南华北盆地内缺乏良好的盖层和由于块断作用的影响，保藏条件欠佳。可是秦岭－淮阳北缘冲断带具有保藏油气的能力，因而很多人认为是勘探煤成气的新领域。

（三）冲断带的勘探方法

冲断带是与地槽褶皱带伴生的，要查明冲断带的结构，实质上就是要查明地槽的形成与演化，这是一件极不容易的事；要勘探流动性很大的油气矿产在冲断带内的分布，更是一大难题。百余年来的石油勘探历史，人们在近十年来才转入冲断带的勘探，说明它是大陆上油气勘探最复杂的一个领域，其难度与海洋勘探并列，有人喻之为“上山下海”。联系国外的经验与我国的实际，下述3个方面值得参考。

1. *详细的地质调查和综合研究工作是冲断带油气勘探的基础方法*

在复杂的冲断带勘探油气，其地质基础的研究工作必须先行，这样才能为以后的物探综合解释提供依据。如地层分层对比和相变及相应的密度变化研究，这是以后地震一重力解释必不可少的资料[8]。冲断构造几何形态的测量和分析，是以后用平衡剖面法(balance cross section)恢复变形前的构造形态所不可缺少的步骤[9]。冲断带地史发育的研究，对冲断带发展阶段和成因机制的探讨也是很重要的。如美国利用地化指标和牙形石的色调变化以及变质岩的组合建立等热级线，来评价兰山一埃德蒙特冲断带的含气远景就是一例[10]。以油气勘探为目的的成油条件调查，这更必须先行。我国石油地质工作者过去习惯于盆地内的工作方法，对褶皱山区的工作不熟悉，新的勘探领域给我们提出了新的学习任务，必须努力去完成。

2. *以地震一重力法为中心的多种方法进行综合勘探是查明有利地区的有效手段*

如美国近年来为了查明阿巴拉契亚中段和南段的含油性，在南起亚拉巴马北达宾夕法尼亚长约1000km范围内，采用地质、遥感、重力、磁力、地震多学科的综合研究方法，取得对冲断带划分的良好效果[11]。在地震和钻井资料较多的落基山冲断带的怀俄明区，用两度空间恢复横剖面法(two-dimensional restoretion)[12]，恢复冲断前岩层的长度、冲断后构造的几何形态和压缩比以及探讨变形强弱的原因。最终作出每条冲断层面的构造等高线和古地质图，来寻找断层上盘侏罗系、三叠系、下石炭统和利奥陶系中的四套储层，与断层下盘白垩系海相生油层的配置关系。当前我国山区地震勘探工作尚未过关，但以一个冲断带为整体进行地面地质、航空磁测、重力测量以及遥感地质等方法综合解释则是可行的。目前使用单兵种在局部地区孤军作战，看来不适应新形势的发展。

3. *勘探工作的布置应从山前带逐步向冲断带发展，这是由易到难的必由之路*

加拿大西加盆地、美国东部的阿巴拉契亚盆地的勘探历史是如此，我国准噶尔盆地克一乌冲断带的勘探历史也是如此。这是因为山前带较为简单，成油条件较好，易于勘探；冲断带较为复杂，需有个认识过程。故必须持由易到难的稳妥方针，特别是对耗资大的探井工作更要慎重。若山前带没有良好的成油条件或有所发现，而冲断带又未经可靠的地震工作，切莫轻易投入钻探。

最后，对李祐佑等同志热情提供资料致以诚挚的谢意。

参考文献

[1] Bally A W. 油气产状的地质动力背景[A]//李汉渝，译. 全球大地构造与石油勘探[C]. 北京：石油化学工业出版社，1975.

[2]Bally A W. Basin and subsidence-A summary[A]//Bally A W. Dynamics of Ptate Interiors[M]. Washington, DC: American Geophysical Union, 1980, 5-20.

[3]罗志立. 扬子古板块的形成及其对中国南方地壳发展的影响[J]. 地质科学，1979，4(2)：127-138.

[4]孙国凡，刘景平. 贺兰坳拉槽与前渊盆地及其演化[J]. 石油与天然气地质，1983，4(3)：236-245.

[5]Emery K O. Continental margins-classification and petroleum prospects[J]. AAPG Bulletin, 1980, 64(3): 297-315.

[6] Bally A W. Thoughts on the Tectonics of Folded Belts, Thrust and Nappe Tectonics [M]. Oxford: Blackwell Scientific Publications, 1981.

[7]黄汲清. 中国大地构造及其演化[M]. 北京：科学出版社，1980.

[8]Scott W R, Geyer R A. An integrated multidisciplinary method as applied to Appalachia [J]. Oil & Gas Journal, 1982, 80 (30): 284-302.

[9]Boyer S E, Elliott D. Thrust systems[J]. AAPG Bulletin, 1982, 66(9): 1196-1230.

[10]Harris L D, Harris A G, De Witt Jr W, et al. Evaluation of southern eastern overthrust belt beneath Blue Ridge-Piedmont thrust [J]. AAPG Bulletin, 1981, 65(12): 2497-2505.

[11]Geyer R A, at al. Major geologic suprovinces in the Appalachian ovrerthrust belt—I and Ⅱ[J]. Oil & Gas Journal, 1982, 80(43): 201.

[12] Dixon J S. Regional structural synthesis, wyoming salient of western overthrust belt [J]. AAPG Bulletin, 1982, 66 (10): 1560-1580.

[本文原载于《中国大陆科学钻探先行研究》，许志琴等，1996，北京：冶金工业出版社，189—197]

Ⅲ-2　试论龙门山冲断带大陆科学钻探选址问题

罗志立　刘树根

（成都理工学院）

一、科学钻探目的及意义

龙门山冲断带，北起广元南到天全，全长约500km，宽约30km(见图1)。它们位于扬子准地台和甘孜–阿坝褶皱带的分界线上，既是青藏高原的东界，又是四川盆地的西缘。北东与秦岭褶皱系相交，西南与康滇地轴相接，且位于古特提斯洋东延地域。龙门山前山带具有中国典型推覆构造特征，是中国研究推覆构造理论和勘探油气的重要领域。龙门山后山带是中国南北地震带经过地区，是四川灾害地质发育场所，又是黄金和铀矿等多金属内生矿床富集地，由于它的大地构造位置和成矿作用的重要性，历来为中外地质学家所瞩目，成为国内外构造研究工作的热点地区。在本区选择中国大陆科学钻探的井位，具有下列多重科学目的和意义。

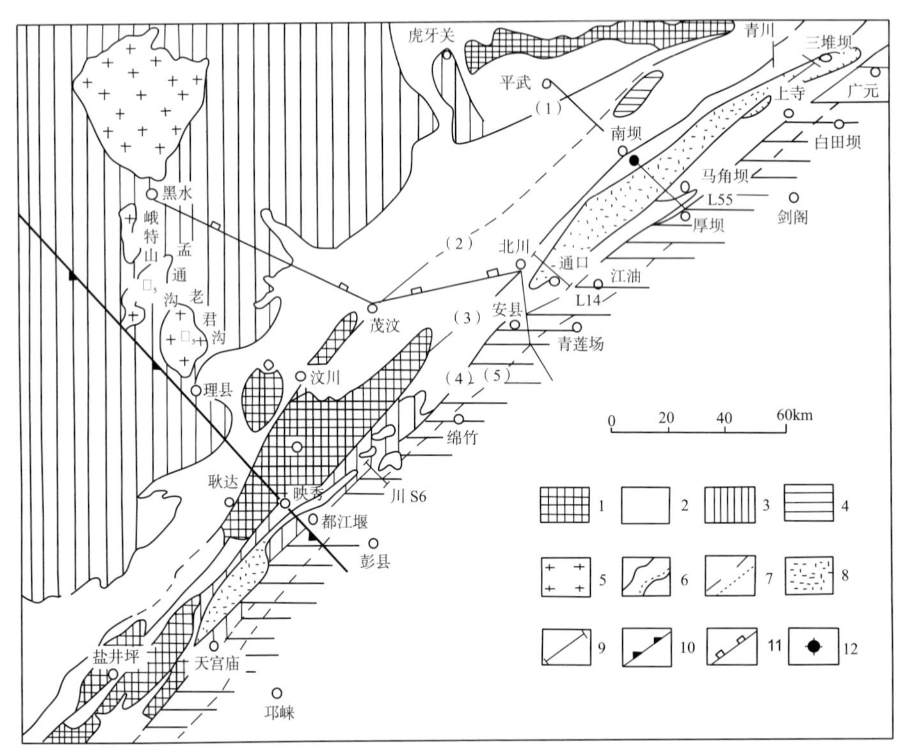

图1　龙门山造山带及邻区地质略图

1. 前震旦纪结晶基底；2. 古生界(包括T_{1+2})；3. T_3；4. J-E；5. 中生界花岗岩；6. 地层界线及不整合线；7. 主干断裂及编号：(1)平武–青川断裂，(2)汶川–茂汶断裂，(3)映秀–北川断裂，(4)灌县–安县断裂，(5)山前潜伏断裂；8. 滑覆体；9. 地震测线及编号；10. 大地电磁测深剖面；11. 深部地壳测深剖面；12. 设计井位

1. 考查本区地震灾害形成的地质背景

本区是中国南北地震带经过的地震灾害多发区，自公元前780年至公元1976年8月本区共发生6～8级以上地震12次，造成巨大经济损失和人员伤亡[1]。影响本区发震的构造有北西向鲜水河大断裂，

北东向的茂汶—汶川大断裂及映秀—北川大断裂，和南北向的虎牙和岷江大断裂。经过十多年来的研究，对这些断裂孕震重要性虽有一定程度了解，但对断裂发展的地质背景和活动性质还有不同认识。若能在本区选择中国大陆科学井位钻探，将对查明本区发震的地质构造背景和预测预报地震工作有重要作用。对确保中国西南重镇成都地区的经济建设和人口稠密地区的人身安全有重要意义。

2. 探测本区可能存在的隐伏金属成矿带

本区与康滇地轴同为扬子准地台的西缘，目前已在康滇地轴及其相邻地区发现许多大中型金属矿床，有“中国乌拉尔”之称。而龙门山地区仅发现一些中小型金属矿床，尚未发现大中型金属矿床。究其地质原因可能有二：一是中生代以后逆冲推覆构造发育，大中型金属矿床可能被掩覆；二是龙门山冲断带以东中生代以后发育的川西前陆盆地，赋存的前震旦系和古生界含矿地层被深埋，无法暴露。但本区从地史发展与深部地质结构和康滇地轴区对比，又存在大中型金属矿床的赋存条件：一是本区在晚古生代存在与康滇地轴成矿期相同的拉张背景；二是可构成幔源岩浆矿床的深部地球物理异常在本区均有反映。据李立等大地电磁测深结果，攀西轴部和龙门山断裂带深部均出现电阻率大于 104Ω·m 的高阻异常。这与爆破地震获得的高速层和重力异常反映的物性特征类似，推测深部存在基性、超基性的幔源岩。在攀西裂谷地区已获得与超基性岩相关的大型金属矿床，推测龙门山地区也可能存在类似的矿床。因而在本区选择适当地区钻探科学探索井，对发现隐伏金属成矿带是值得尝试的。

3. 查明汶川—茂汶韧性剪切带与其西侧印支—燕山期火成岩成矿的关系

汶川—茂汶断裂带为韧性剪切带已为人们共识，它发育在中压型区域动力变质的龙门山后山变质岩中，其西侧发育有老君沟、孟通沟、峨特山等印支—燕山期火成岩体，在其深部理县—龙日坝段的 10.40km 大地电磁测深反映有壳内低阻层存在。它们在空间上组成彼此有关的三位一体的地质特征，有重要的地质构造和找矿意义(见图 2)，即汶川—茂汶韧性剪切带向西倾斜与深部壳内低阻层相连，因其逆冲活动产生的剪切热导致地壳融熔和向上侵入的印支—燕山期花岗岩体。有的地方还可成为变质热穹窿金属成矿带，如丹巴地区。故在本区钻探科学探索井，不仅有检验韧性剪切带成因机制的作用，还有查明变质热穹窿金属成矿的意义。

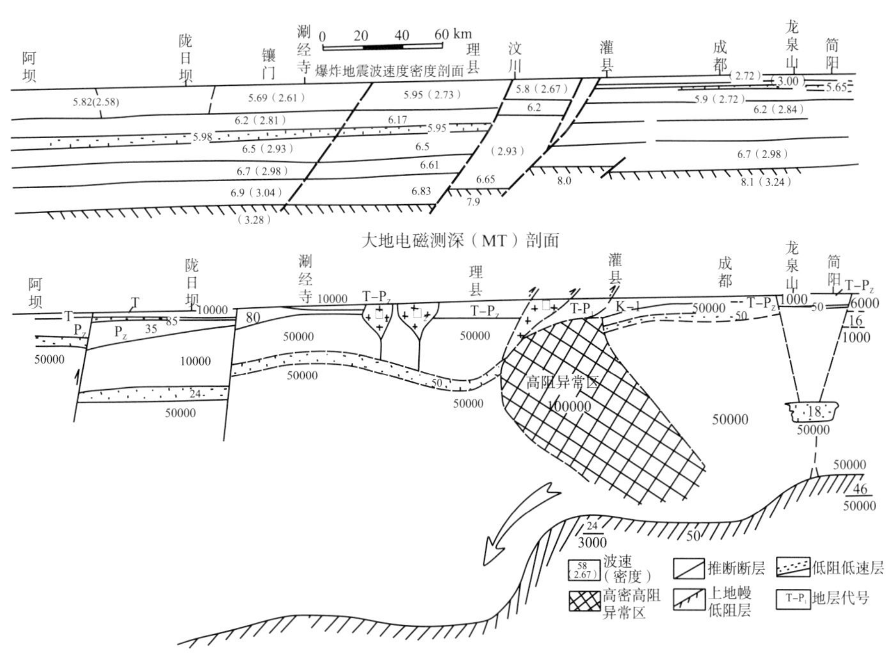

图 2 四川阿坝—简阳深部地球物理解释剖面

4. 寻找龙门山推覆构造下掩覆的油气资源

本区从震旦系到上三叠统均有生油层，地面油气显示为全川之冠，二叠系中的沥青质在广元矿山梁地区不仅变质程度低而且形成大型沥青脉。在川西前陆盆地已发现有中坝、合兴场、平落坝等大中型气田。因其成油条件处于“早晚有利，左右逢源”的境地[3]，其成为中国推覆构造领域寻找油气资源最有利的地区。因推覆构造复杂，研究者虽在地面地质和地球物理等方面做了些工作，但多属推断，尚需深部钻探验证。

二、龙门山冲断带的地质、地球化学及地球物理研究基础

1. 龙门山区地质调查和研究工作

龙门山区基础地质调查和研究工作已有半个多世纪。近二十年来开展了石油地质、煤田地质、冶金地质、地震地质和工程地质等专项研究工作。1∶20万的区域地质调查已经完成，现正在本区及其前陆盆地开展1∶5万连片制图调查工作。此外，以研究推覆构造和龙门山造山带或青藏高原东缘为目的的国际合作项目也方兴未艾，已实施的有中法、中美、中澳等合作科研项目。故在本区钻探科学探索井的地质研究基础资料是丰富的。

2. 本区火成岩体的地球化学分析

本区及其西邻的甘孜－阿坝地区出现的火成岩体，多进行过岩石地球化学分析，对岩体的产状、年代、化学成分、产出的构造背景有可信的资料和一定的认识。在“七五”科技攻关期间，我们在理县至龙日坝地段有意识地从东向西排列选取老君沟、孟通沟、峨特山、羊拱海等4个岩体系统岩样，进行主元素、微量元素、稀土元素、同位素和锆石晶形等地球化学分析，得出4个岩体为印支期和燕山期的产物，主要为壳幔混染型的岩体。更有意义的是其SiO_2、K/Na、$\sum$REE和$^{87}Sr/^{86}Sr$化学元素及其比值，有由东到西增加之势；而CaO和Eu等化学元素则相反，由东向西减少。这表明壳源地球化学成分有由东向西增加的趋势，反映出岩浆来源的深度由东向西增加，其地球化学意义有如中国华南地区因板块俯冲而造成岩体的地球化学特征从大陆边缘向大陆内部变化的规律性。因而，推断本区地壳深部存在有由东向西的俯冲带。本区有一定的地球化学资料研究基础，但尚需收集、整理、补充和深入的综合研究工作。

3. 本区的地球物理研究

本区地球物理资料较为丰富。面上已完成重力和磁法的区域调查工作。以查明前陆盆地构造为目的的石油地震勘探工作，有从广元至雅安地震详查或构造细测工作，其中有江油－平武L55地震测线、江油L14测线及彭县川S-6三条地震测线穿过龙门山推覆构造带，获得许多基底以上的构造样式和信息。以查明地壳深部特征为目的的地球物理剖面，北段有阿尔泰－台湾地壳爆炸地震剖面经四川三台－茂汶－黑水通过本区(1986～1988年)；中段有四川简阳－青海久治爆炸地震剖面(1990年)及泸州－简阳－灌县－理县－阿坝大地电磁测深剖面(1986年)通过本区。因而本区具有的石油物探资料和深部地球物理资料研究基础比国内其他造山带条件优越。更有利者，本区前陆盆地钻过许多勘探天然气的深钻井，一般井深3000～4000m，其中最深的梓潼关基井井深达7000余米，已钻至下二叠统，并发现超高压异常。这些钻探资料对今后在龙门山冲断带钻探科学探索井的工程和地质对比分析均有很大的参考价值。

三、龙门山区的地质构造背景及其认识

1. 选区的基本地质构造情况

本区有明显的5条北东向的大型逆冲断裂，把本区及其邻区划分为6个构造单元(见图1)。

(1)平武－青川逆冲断裂及其以北的摩天岭复背斜区。出露前震旦纪的中高压绿片岩相的碧口群。

(2)茂汶－青川逆冲断裂及其以北的褶皱区。主要出露低温动力变质的上古生界及上三叠统的西康

群。多为紧闭褶皱，在金川至黑水间有大量侵入西康群中的印支和燕山期花岗岩体。

(3)映秀—北川逆冲断层及其与茂汶—汶川断裂之间的复背斜区。本断裂作为龙门山区变质岩的分界线，又作为龙门山前山和后山的界线，从北东向南西有轿子顶复背斜、大水闸复背斜(核部为茂汶杂岩体)、宝兴复背斜，左行斜列，出露最老地层为太古界—下元古界的康定群及晋宁期的花岗岩；复背斜之间分布有中压型区域动力热流变质的巨厚志留系茂汶群及碳酸盐岩发育的上古生界。

(4)灌县—安县逆冲断裂及其以北飞来峰分布区。本区中北段有发育很厚的泥盆系和上三叠统须家河组陆相地层，叠瓦构造发育。从北东向南西分别存在广元三堆地区飞来峰、唐王寨飞来峰和宝兴灵关飞来峰，变形时间清楚。在本区北段可见须家河组及与其上的侏罗系白田坝组不整合，表现有强烈的印支晚幕产物。

(5)盆地边缘隐伏冲断裂及其以北的高中背斜褶皱区。本断裂为石油地震发现的隐伏断层，是本区与川西前陆盆地的分界线。断裂以东地面出露白垩系以上地层，以低缓丘状背斜为主。断裂以西分布许多高中背斜，其中许多构造经过钻探，已发现为气田，如河湾场背斜、中坝背斜、平落坝背斜等。

2. 有关本区地质构造背景认识

1)朱森、叶连俊、李春昱、黄汲清等人早在20世纪三四十年代，即对本区做过调查，发现彭灌飞来峰，并认为是扬子准地台与地槽的分界线[6]。其后持槽台观点者(因发育巨厚志留系，泥盆系和须家河组)，认为龙门山褶皱带是槽台过渡型的单元，属于台缘拗陷性质。

2)地质力学者认为本区为南北向反时针扭动形成北东向华夏构造体系，这一认识与其在西侧出现的较场坝弧形构造和小金一带弧形构造变形特征相吻合。

3)板块构造学者对本区构造有不同的认识

(1)从基地性质研究，认为本区在晋宁期为大洋板块向大陆俯冲的边界。扬子板块西北缘中、晚元古代的各种地体和联合地体(包括摩天岭地体、轿子顶地体、盐井地体等)，在晋宁—澄江期陆续拼接，增生到川中陆核上，本区是地体增生型大陆边缘。

(2)从研究特提斯空间的展布角度，认为本区及相邻的甘孜—阿坝三角区晚古生代为古特提斯洋的一支，称昆仑—巴颜克拉海。该区在晚古生代至中三叠世发生过峨眉地裂运动，在期间形成甘孜—理瑭、康定—炉霍和阿尼玛卿等小洋盆。本区因有巨厚的晚三叠世复理石堆积，被认为劳亚、扬子、羌塘三大陆块间，并非属于碰撞造山形成的“鹿头型松潘—甘孜增生杂岩体”。

(3)从逆冲推覆构造变形特征研究，认为本区由北而南有平武—青川、茂汶—汶川、映秀—北川、灌县—安县及盆地边缘推覆体等组成。经过平衡横剖面恢复计算，在龙门山中北段缩短率为42%～63%，比美国阿拉巴契前陆逆冲带缩短率35%～43%还大。从逆冲断层变形的构造环境判断，有从茂汶—汶川断裂从韧性到脆性的变形特征，再从晚三叠世以后各层砾石来源以及砂岩成分等资料分析，认为本区推覆构造发育的次序是由北向南成背驮式向前陆盆发展。在灌县—安县推覆体上的4群飞来峰均为滑覆体。故本区构造变形特征为推覆和滑覆构造叠置。

(4)从逆冲推覆构造动力学机制考虑，有的把龙门山逆冲断层与A. W. Bally的俯冲模式对比，称A-型俯冲；也有的研究了龙门山地质与地球物理资料后，认为龙门山的地质特色不能与Bally的A-型俯冲特征对比，因而称为龙门山型俯冲带。又因其具有中国中、西部冲断带样式的代表性特征，被称为中国型俯冲(C-型俯冲)，归纳出龙门山C-型俯冲的动力学模式——多阶段多层次滑脱、深层俯冲控制浅层逆冲发育的动力学模式。并认为“龙门山造山带应作为一个独立的造山带与松潘—甘孜造山带分开”。

四、龙门山冲断带区的深部地质地球物理特征

龙门山冲断带是中国地球物理场急剧变化带，反应的深部地质结构也很独特。

1. 重磁场特征与深部构造特征

从四川盆地的三台到阿坝的布格重力异常值由－100～－400mGal，龙门山冲断带处于重力陡降带上，经计算反映的莫氏面为东高西低之势(图2)。在磁力异常处于东西高中间低的变化幅度上。航磁异常下降带为－50～100nT，局部异常可达50～250nT，可与茂汶杂岩体对应，但航磁化极上延21km后即消失，因而推断杂岩体为无根的外来岩体。

2. 爆炸地震反映的深部构造特征

(1)垂向存在3～5个稳定界面，可将地壳分为上、中、下三部分(见图2)。上壳层速度为4.6～6.1km/s，厚6～12km，一般由两层组成，反映沉积盖层特征。中壳层速度为6.2～6.4km/s，厚6～12km；由1～2层组成，反映前震旦系的结晶基底、岩浆杂岩和花岗质层特征。在其底部出现低速层，速度为5.9km/s，在茂汶以西和三台以东均有分布，埋深18.25km，一种观点认为这是花岗岩初始熔浆所引起，另一种观点认为是剪切作用形成的糜棱化岩石所引起的。下地壳层速度为6.6～7.14km/s，厚18～20km，一般为1～2层，是玄武质岩和壳幔过渡层的反映。上地幔顶部速度在四川盆地为8.0～8.1km/s，在甘孜－阿坝区偏低为7.8km/s，相应的下壳层厚度变化也是东薄西厚。

(2)龙门山波速错断区的构造特征。在本区出现一系列西倾的逆冲断层，莫氏面也在本区错断，因而可把四川盆地到甘孜－阿坝的地震波速分开，成为波速错断区。本区在黑水至潼南爆炸地震剖面上，深部有西倾的4条断裂，从构造几何学观点，可分别与灌县－安县、映秀－北川和茂汶－汶川断裂相连。从空间展布关系，地面出露的茂汶杂岩体应是花岗质的中壳层(波速6.4km/s)被错断再推挤到地面上的；茂汶－汶川韧性剪切断裂带下延与中壳层底部低速层(波速5.9km/s)相连，显示深部低速层可能是剪切作用引起的糜棱岩带。另外，在绵阳地区的深部出现东倾的反冲断层(back thrust)形成一个正三角形的波速异常区，顶角在安县附近，成为褶皱造山带前缘常见的构造三角带(triangle zone)。三角带内三层结构清楚，未发现低速层。各层的波速和换算的密度值均比西侧大，这就为向西俯冲潜没提供了不稳定的因素。

阿坝－简阳爆炸地震剖面(见图2)，在龙门山区深部也可见到莫氏面错断，并有3条西倾的断裂，地壳3层结构不清楚，出现高速和高密度的块状结构。结合磁性推断，可能是基性岩的部分高磁性闪长岩的反映。

3. 大地电磁测深剖面反映的深部构造特征

从阿坝－简阳段大地电磁测深(MT)剖面(见图2)，可以龙门山冲断带为准，把剖面分为东、西两部，东部岩石圈薄、电阻率高，存在大规模高阻异常，缺失深部壳内低阻层。西部岩石圈厚，电阻率较高，壳内低阻层发育。

(1)上地壳内低阻层：厚约1km，埋深0～3km，电阻率238～85Ω·m,它反映的是盖层内塑性层或基底面滑脱层的特性。

(2)中地壳内低阻层：主要存在于西部的甘孜－阿坝地区，可与爆破地震中壳层底部出现的低速层对应。层厚5～7km，埋深10～34km，电阻率6～50Ω·m,从其弯褶或错断判断，可能是由于壳内韧性剪切糜棱岩带向东推挤过程中受阻变形的结果。它不仅成为印支－燕山期花岗岩体来源的层位，也成为本区浅源地震震源深度的下界。据统计本区80%的地震震源深度小于30km，可资证明。

(3)龙门山冲断带下的高阻异常：在深度10余公里至岩石圈底部，在理县至灌县东宽约100km范围内存在2×10^4Ω·m的高阻异常，有人称为幔块。其位置约可与茂汶－灌县间航磁AT化极异常平面图出现的航磁局部高异常值(＋100nT)相对应，并可与攀西轴部出现的大地电磁异常特征对比。因而认为是幔源的基性岩和超基性岩上涌堆积形成的。也有人认为高阻异常中心为区域的重、磁负异常，不像赋存在地下巨大的基性和超基性岩体的反映，而是前寒武纪基性、超基性及部分中性侵入岩形成的杂岩体所引起，意即与地面茂汶杂岩体对应。

(4)上地幔低阻层：电阻率25～50Ω·m,东部埋深100km，它相当于岩石圈底面的软流圈，具滑脱面性质。龙门山冲断层下伏的高阻层，恰好位于软流圈的隆坳之间，因而极易造成岩石圈上地幔部分由东向西下插，并将龙门山造山带剪断高阻层中地壳的岩块向上推挤到地面成为茂汶杂岩体。这种深部岩石圈由东向西俯冲的应力状态，导致龙门山冲断带以东的中浅层地壳沿低阻层多层次滑脱形成由西向东逆冲推覆构造。这就是我们建立的陆内 C-型俯冲模式的依据之一。

综上所述，龙门山冲断带的各种地球物理资料提示的深部物性特征，均显示为不连续的物性界面，因而可认为存在一条大断裂，其规模可断续地从地表至莫氏面，甚至深至地幔。龙门山冲断带的形成，从地表构造形态、地史发展过程及深部地球物理特征综合考虑，本区东侧扬子古板块深层存在重力失稳的地质和地球物理态势，有由东向西俯冲的构造条件，而本区西部中浅层又存在多层次滑脱由西向东逆冲的地质及地球物理特征。故本区在印支及燕山期存在由东向西的陆内 C-型俯冲模式，是完全可能的。

五、欲解决的关键问题

在本区选择钻探科学探索井地址，有多重目的，企望能解决以下关键地质问题。

1. 推覆体下隐伏金属矿产存在的可能性

探测映秀—北川和茂汶—汶川推覆体下存在隐伏金属矿产的可能性，为在龙门山区寻找金属富矿开辟途径，是企望解决的关键问题之一。前已言及，本区深部大地电磁、爆破地震等地球物理特性与攀西裂谷区相似，地表的茂汶杂岩体在桃关至耿达一带可见大量的华力西期的辉长岩脉贯入，表明其深部可能存在类似攀西含矿的基性—超基性岩体。在这里实施科学探索井钻探，可望在本区推覆体下发现隐伏的金属矿产，若钻探获得好的苗头，将会在国内产生重大影响。

2. 潜伏构造含油气的可能性

查明北川枫顺场潜伏构造的含气性，为在龙门山浅变质岩区寻找油气资源开辟新领域。在北川冲断层和唐王寨潜伏体之间，地表出露浅变质的志留系。石油地震测线 L55 从此经过，在深部发现一背斜，称为枫顺场潜伏构造。以奥陶系顶计算，背斜宽 15km，闭合差 1200m，于 4800m 处可钻达震旦系顶部含气层。我们在相当顶部位置通过的地表北川断裂带上，采得黑色泥质物胶结的断层角砾岩，经分析黑色泥质物中的有机碳为 1.78%，也显示潜伏构造有含油气的可能性。若进行进一步物探工作，查明枫顺场背斜地下构造形态，值得钻探科学探索井，若获成功，将给本区以及中国浅变质岩区寻找油气资源开辟新领域。

3. 地震灾害发生的地质背景

查明本区地震灾害发生的地质背景，提高预报地震的水平。本区及其邻区地震发生集中在 3 条带上，即北西向的炉霍—康定断裂带、南北向的岷江断裂带和北东向的龙门山断裂带。平面上引起地震的应力状态，为东西向的挤压和北西向的反扭。纵向上沿滑脱面多层次拆离形成大量推覆构造。过去多凭经验做出地震预报，而直接以地壳深部岩石破裂和岩石圈的物理化学作用资料为依据进行研究较少。若能从钻探科学探索井直接取得各项资料，将会提高本区预报地质灾害水平，为确保本区水电工程及广大人民生命财产安全有重大作用。

4. 查明本区韧性剪切带向深部的变化和造山带形成的机制

本区若选择在映秀—北川推覆构造带上钻探科学探索井，将会穿过下元古界到太古界的茂汶杂岩体，进入更古老的地层；或穿过下伏断层面，证实茂汶杂岩体为外来岩体。若在茂汶—汶川推覆构造带上盘进行钻探，可查明茂汶—汶川剪切带向西下延到糜棱岩带(电性低阻层)的情况，了解其与地表印支—燕山期花岗岩形成的关系，以及热穹窿成矿的作用。这些关键问题，若能查明 1～2 个，这不仅对阐明中国的推覆构造、韧性剪切带、热穹窿成矿、造山褶皱带的成因等问题有巨大作用，而且对研究世界大陆构造、发展板块构造理论也有很大的贡献。

六、可行性及实施方案

1. 本区选择钻探科学探索井的有利条件

(1)地质、地球物理资料较为丰富，除前述一般地球物理及石油物探地震资料和阿尔泰－台湾的地壳断面各项深部物探资料涉及本区外，还有近几年来实施的连片1∶5万的地质详查正在进行。这些资料给选择钻探科学探索井位提供了可靠的依据。

(2)对本区推覆构造和深部地质结构有丰富的认识，存在多目的钻探的条件，可能比其他选址地区优越。

(3)本区交通条件方便，有江油至平武、灌县至汶川－理县、灌县至汶川－茂县、雅安至宝兴等公路与成都平原相通，可省去钻探前修路工程。西距成都较近，只有100～200多公里的距离，这对保证后勤供应十分有利。

(4)四川石油管理局和西南地质石油局有钻探超深井的经验，如1976年钻的女基井(6000m)及其后钻的关基井(7000m)。并具有处理井下复杂钻探的技术能力，在钻探工程上可取得及时的支援。

2. 尚需补作的地球物理勘探和科学研究工作

(1)在预选的井位地区，补作地震和大地电磁工作，查明地下层位和岩石分布状态，为顺利钻井提供依据。

(2)在预选的井位地区补齐1∶5万地面填图工作(包括水文调查)，为保证科学设计井位提供资料。

(3)加强本区地质和地球物理的综合研究，进一步了解本区的大地构造格局和钻探科学探索井可能出现的问题。

3. 科学钻探井位选择的建议(见图1)

(1)若为解决前述第一关键问题为主的钻探目的，具体井位可选在灌县－汶川公路经过的茂汶杂岩体分布区。

(2)若为解决前述第二关键问题为主的钻探目的，具体井位可选在江油至平武公路段的枫顺场背斜上(这项工程还可争取石油总公司合作投资)。

(3)若为解决前述第三和第四关键问题为主的钻探目的，具体井位可选在映秀至汶川县公路段或汶川至理县的公路段上。

4. 井深计划

该区井深设计暂定5000～6000m，预计可达到上述目的。详细的钻探计划尚待井位选定并补作地球物理工作后，再作调整。

参考文献

[1] 张洪荣. 川西北龙门山－邛崃山地壳－上地幔的结构构造特征[J]. 四川地质学报，1990，(2)：73-84.
[2]罗志立. 峨眉地裂运动的厘定及其意义[J]. 四川地质学报，1989，(1)：1-17.
[3]罗志立. 试论中国型(C-型)冲断带及其油气勘探问题[J]. 石油与天然气地质，1984，5(4)：315-324.
[4]张志兰，张平，袁海华. 龙门山形成动力机制的地球化学信息[J]. 成都地质学院学报，1991，18(1)：23-31.
[5]黄汲清，任纪舜. 中国大地构造及其演化[M]. 北京：科学出版社，1980.
[6]罗志立. 扬子古板块的形成及其对中国南方地壳发展的影响[J]. 地质科学，1979，4(2)：127-138.
[7]刘肇昌，赵彻经，钟康惠. 晋宁－澄江期扬子板块西北缘的地体-板块构造[J]. 四川地质学报，1990，(3)：151-158.
[8]罗志立，金以钟，朱夔玉，等. 试论上扬子地台的峨眉地裂运动[J]. 地质论评，1988，34(1)：11-24.
[9]Sengor A M C. 板块构造学与造山运动——特提斯洋例析[M]. 南京：复旦大学出版社，1992.
[10]林茂炳，吴山. 龙门山推覆构造变形特征[J]. 成都地质学院学报，1991，18(1)：46-55.

[11]赵友年，赖祥福，余如龙．龙门山推覆构造初析[J]．石油与天然气地质，1985，6(4)：359-368.
[12]陈焕疆．论板块大地构造与油气盆地分析[M]．南京：同济大学出版社，1990.
[13]刘树根，罗志立，曹树恒．一种新的陆内俯冲类型——龙门山型俯冲成因机制研究[J]．石油实验地质，1991，13(4)：314-324.
[14]罗志立，龙学明．龙门山造山带崛起和川西陆前盆地沉降[J]．四川地质学报，1992，(1)：1-17.

[本文原载于《四川地质学报》，1992，12(1)：1－17]

Ⅲ-3　龙门山造山带崛起和川西前陆盆地沉降

罗志立　龙学明

（成都地质学院）

摘要：本文从沉积环境、地层古生物来研究龙门山造山带晚三叠世早期以前的组成及地史发展，从同位素地球化学来研究印支期—燕山期的地质热事件，从遥感地质和构造地质来研究变形特征，从重磁电各种物探资料综合解释来研究深部地壳结构，最后得出龙门山造山带岩石圈演化的动力学模式——多层次、多阶段、深层控制浅层变形的陆内俯冲模式，它不同于国内外许多学者对龙门山造山带演化模式的认识，是具有中国特色的C-型(中国型)俯冲造山模式，这个模式的建立不仅具有发展中国陆内构造的理论意义，并将对龙门山造山带寻找金属矿产和扩大川西陆前盆地油气资源有实际指导意义，还将为研究龙门山区南北地震带和青藏高原东部隆起的成因机制提供新的认识。

关键词：龙门山造山带；川西陆前盆地；稳定大陆边缘；A-型俯；冲C-型俯冲；陆内俯冲；动力学模式

龙门山造山带主要指龙门山的推覆构造带，它北起广元、南达天全，全长约500km，宽约30km。其位于扬子准地台和松潘－甘孜褶皱系分界线上[1]，北东与秦岭褶皱系相交，南西与康滇地轴相接，在中国大地构造上处于关键地位。龙门山前山带具典型推覆构造特征，是中国推覆构造带勘探油气的重要领域；龙门山后山带不仅是南北地震带经过地区和四川灾害地质发育的场所，而且是有色金属与贵金属矿产的富集地。为研究需要，本文也涉及龙门山后山带的松潘－甘孜褶皱系。

龙门山造山带的地质研究工作已达半个多世纪。近十年来，许多学者以板块构造观点，解释过龙门山造山带的成因机制，有的认为它不是扬子地台的西界，扬子地台西界在金沙江缝合线；有的认为它的运动方式是由西北向东南逆冲，属阿尔卑斯型推覆构造，并控制四川盆地中、新生代以来构造发展，具美国洛基山式薄皮构造；也有的从地球动力学模式考虑，认为龙门山属于A. W. Bally 1975年提出的A-型俯冲带。这些大相径庭的认识引起国内外许多学者的广泛兴趣。

作者曾提出龙门山冲断带具有中国地质特色，不属A-型俯冲带，而属中国型(C-型)冲断带[2,3]。最近几年来，又搜集和整理了最新的地质、地球物理和地球化学资料，从地史演化与构造变形相结合、地质与地球物理综合解释和结合、浅层变形与深层构造研究相结合、龙门山的崛起与川西陆前盆地沉降相结合的研究思路，深化了对龙门山冲断带为C-型冲断带的认识，并根据它的动力学特征，提出“多层次、多阶段、深层控制浅层变形的陆内俯冲模式”。不当之处，请读者指正①。

一、龙门山造山带三叠纪前的构造格局

(一)龙门山基底的大地构造属性

散布于后龙门山区的前震旦上角系结晶基底(见图1)，其时代和岩石组合均可与川中女基井和威28井揭示的基底对比[4]，也可与川西南的苏雄组对比，如彭灌杂岩体由变质酸性，基性火山岩、火山碎屑岩和变质沉积岩的黄水河群及侵入岩组成。侵入岩的同位素年龄一组为647～776Ma(K-Ar法)，另一组为1043～1017Ma(U-Pb法)，这些结晶基底多为震旦系灯影组覆盖，因而许多地学者认为属扬子

①　课题为“七五”国家重点科技攻关和国家自然科学基金资助项目

地台的西北延伸部分，其大地构造属性应为扬子地台的产物，故提出“大扬子地台”的概念。但在这些杂岩体上，有的被奥陶系超覆，如雪隆包杂岩体；有的被二叠系覆盖，如宝兴杂岩体；其间又被厚度巨大的志留系茂县群分隔，如轿子顶杂岩体，又显示孤立分布的特征。我们曾对轿子顶和茂汶杂岩体引起的磁异常作向上延拓计算，向上延拓 9km 还有显示，但向上延拓 21km 则消失，显示为无根岩体的特征。表明这些杂岩体在早古生代属扬子大陆稳定边缘基底，后经张裂向洋离散成为分离的微陆块，再经三叠纪晚期以来的冲断推覆而成目前格局。因而也暗示龙门山造山带后山区并不存在完整的扬子地台基底潜伏部分，仅保留一些分离的微陆块。

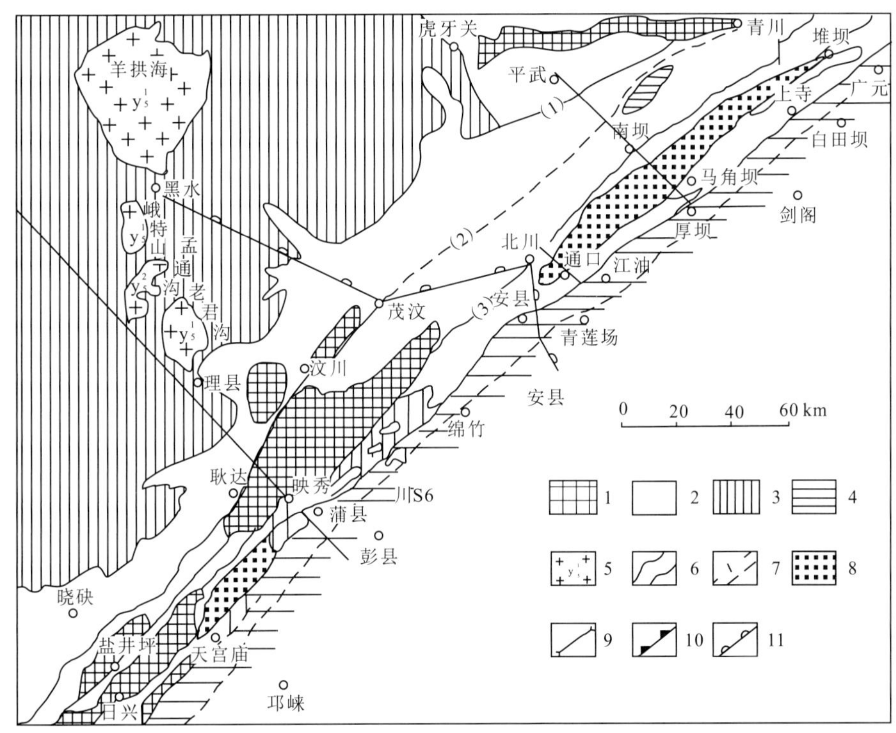

图 1　龙门山造山带及邻区地质略图

1. 前震旦系结晶基底；2. 古生界(包括震旦系及中下三叠统)；3. 上三叠统；4. 侏罗系—下第三系；5. 中生带花岗岩；6. 地层界线，不整合；7. 主干断层及编号：(1)平武—青川断裂，(2)汶川—藏汶—青川断裂，(3)映秀—北川断裂，(4)灌县—安县断裂，(5)山前潜伏断裂；8. 滑覆体；9. 地震测线及编号；10. 大地电磁测深剖面；11. 深部地壳测深剖面

(二)晚古生代至晚三叠世早期，龙门山发生过地裂运动

作者曾论述过扬子地台西南缘发生过峨眉地裂运动，近年来的研究，也初步证明龙门山区也有过类似的运动。

1. *岩石学方面的依据*

龙门山北段的泥盆系，以唐王寨为沉积中心，最厚可达 6000m，向南西方向缺失下统和中统下部，厚约 3500m，向北东广元朝天驿厚 41m，向东到河湾场构造的河深 1 井减薄仅 10m。这一北东向沉积凸镜体的展布，显示其菱形断陷的沉积背景。杨文杰等①认为“是在稳定大西洋型的被动大陆边缘砂质滨岸沉积基础上，发展起来的浅水碳酸盐台地”。如果与后龙门山区冒地槽型的危关群(Dwg)对比，显示泥盆系水体由东南向西北加深，从碳酸盐台地到大陆斜坡深水沉积的变化。

到了二叠纪，地裂运动更为显著，在龙门山北段的广元，早二世茅口组出现深水硅质岩类的孤峰组，晚二叠世出现富含深水海绵骨针放射虫及假提罗菊石的含硅质的大隆组[5]。在龙门山中南段，沿

① 杨文杰，洪庆玉. 龙门山店王寨地区逆冲推覆体沉积学研究，1988 年.

茂汶断裂带出现早二叠世的斜坡碎屑重力流沉积，晚二叠世在宝兴和汶川的大石包组出现海底枕状玄武岩喷发等。

进入三叠纪，后龙门山发生大规模的拉张裂陷，其间分布有阿尼玛卿、道孚－康定、甘孜－理塘等北西向小洋盆。前龙门山晚三叠世的马鞍塘组在浅海陆棚背景上出现深水硅质海绵礁群。并在江油仰天窝向斜等地出现十余条辉绿岩脉，化学成分和稀土元素与峨眉山玄武岩类似，同位素年龄为 195.26±3.15Ma。

上述事实说明，龙门山造山带在晚古生代至晚三叠世早期的人地构造背景，处于扬子地台西延的稳定大陆边缘上，由东向西从大陆架向大陆斜坡发展。在大陆架上由于地裂运动，出现了许多同沉积断块和断槽：断槽中由现深水相沉积，如孤峰组和大隆组；断块上出现不同时期的超覆沉积，如天井山背斜有上泥盆统超覆沉积在寒武系之上等。

2. 平衡横剖面的恢复

扬子地台西北缘，在晚三叠世以前为伸入古特提斯洋的稳定人陆边缘。从图 2 可看出，由扬子地台(参考点 A)到西北缘(参考点 A′)的志留系、泥盆系和上三叠统下部的厚度显著加大，导致地壳下弯，并被许多北东向的同沉积断层切割，有的断层切入基底，如 4、5 号断层(分别相当灌县－安县和映秀－北川断层)，据计算，地壳缩短率为 42%，唐王寨向斜的巨厚的泥盆系是从 5 号断层以西推覆至现今位置的，推覆距离约 40km。值得注意的是这些向西北倾、切割基底的同沉积断层，成为印支期以来反转为向东南逆冲断裂的基础。

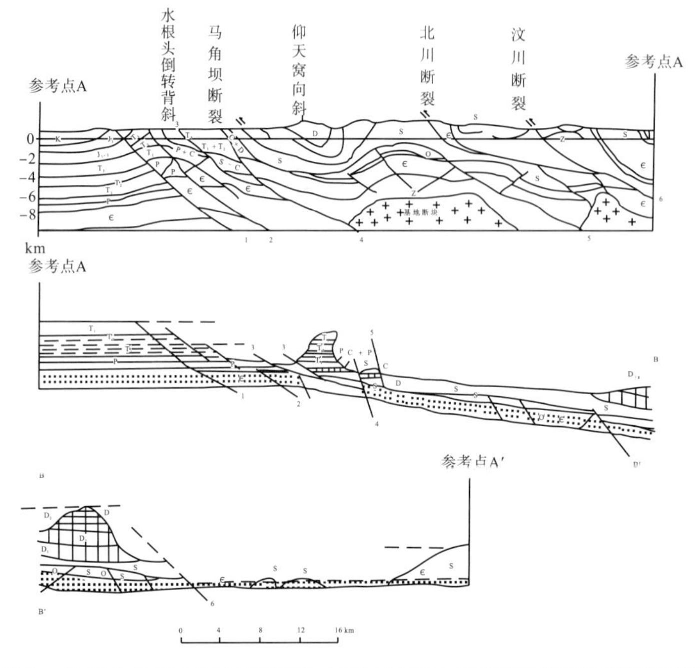

图 2　龙门山北段 L55 地震测线地震地质综合解释剖面图及平衡剖面图

二、龙门山的崛起和川西陆前盆地的沉降

为了把四川盆地沉降前后龙门山变形作为一个有机联系的整体进行研究，我们在后龙门山自西向东采集老君沟等印支期—燕山期的侵入体做地球化学分析。前龙门山重点研究 5 条主干大断裂的变形特征，川西陆前盆地研究沉降和沉积物的来源。把岩体上升、构造变形和陆前沉降三种地质作用联系起来研究，发现三者在地质时空演化上有密切的关系。

(一)后龙门山的地质热事件

在后龙门山，我们重点研究老君沟、孟通沟、峨特寺、羊拱海、年保也则5个岩体(见图1)，根据它们的主元素、稀土元素、微量元素、同位素及锆石晶形等分析资料，得出老君沟、峨特寺、羊拱海岩体具有同溶性或Ⅰ型花岗岩成因，物质来源于壳幔混染型花岗岩；孟通沟岩体为深部岩浆结晶分异到晚期阶段产物，物质来源于幔源型；年保也则(在羊拱海岩体的更西侧)为改造型或S型花岗岩。

多数岩体形成于印支期末，同位素年龄为196～206Ma，少数岩体形成于燕山期，同位素年龄为152～164Ma。燕山期的岩体有靠近西侧分布的趋势，如年保也则岩体。

表1　龙门山区印支期—燕山期主要岩体形成温度、压力、深度估算表

岩体名称	Ti、Mg分配估算温度/℃	氧同位素温度计/℃	锆石晶形分类法计算温度/℃	Ab-Or-Q-H_2O体系			Bi-Amp中Al分配/Kbar
				温度/℃	压力/Kbar	深度/km	
老君沟	600	500	650～850主要为800	700～800	>3	>12	2.5
峨特山	—	—	650～850主要为800～850	750～800	>3	>12	—
孟通沟	—	—	650～850以600为主	700或<700	2～3	8～12	—
年保也则	—	—	—	700～759	3		—

同时，采用黑体云母—角闪石矿物中的Mg和Ti元素分配计算法、石英—磁铁矿同位索温度汁、锆石形态分类法对岩体形成温度进行研究，并用Ab-Or-Q-H20共结体系估算温度、压力和深度，结果列于表1。

从印支期的老君沟—峨眉山—羊拱海岩体南东向西排列，其化学元素分布也有变化，由东向西SiO_2、K/Na、∑EREE和$^{87}Sr/^{86}Sr$逐渐增加，岩浆分异指数相应变好，而CaO和Eu减小。燕山期的孟通沟岩体到年保也则岩体，化学元素也有类似的变化。以上说明本区岩浆混染的壳源物质由东向西增加，表明岩浆来源的深度有南东向西增加的趋势。因而推测龙门山区地下可能存在南东向西倾斜的构造带，这与该区在20km左右存在大地电磁低阻层和地震测深的低速层可以对应。我们引用Armstrong 1966年和Harper 1967年提出的冷却年龄理论重点研究老君沟等岩体用不同方法测得的年龄值，得出岩体冷却年龄曲线，再换算成对应的深度，由此得出老君沟岩体上升的曲线(见图3)。根据曲线可划分为4个阶段。

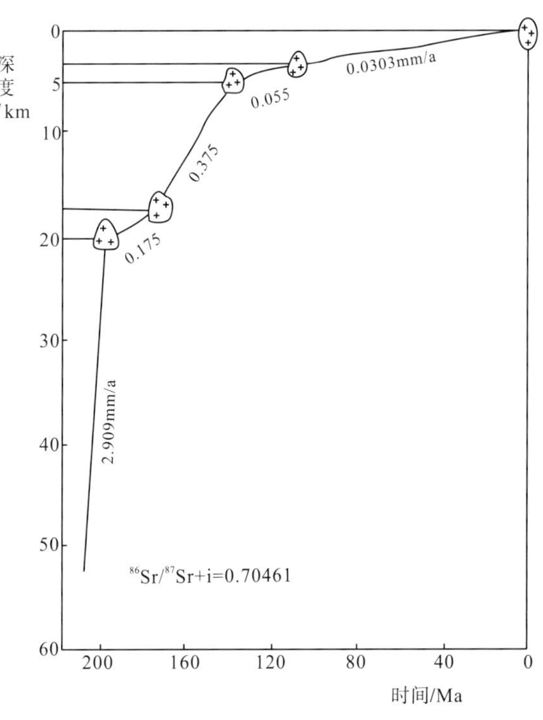

图3　老君沟岩体上升隆起曲线图

第一阶段(210～196Ma)：相当于晚三叠世，来自下地壳或上地幔的岩浆(初始锶0.70461)，在地壳深处(>50km)开始结晶，并以2.909mm/a速度迅速上升，侵位在20km处的深部地壳固结成岩体。

第二阶段(196～172Ma)：相当于中晚侏罗世，已结晶的花岗岩以0.125mm/a较缓慢的速度随地壳抬升。

第三阶段(172～140Ma)：相当于中晚侏罗世，岩体以0.375mm/a速度又迅速上升。

第四阶段(140Ma至现代)：相当于白垩纪至今，

以 0.055～0.0303mm/a 速度缓慢上升。

从上述老君沟岩体上升速度的估算，可见后龙门山地壳隆起的不均匀性。晚三叠世后龙门山总的上隆约 20km，其中晚三叠世晚期和中晚侏罗世上隆较快，这与川西陆前盆地沉降的速率的不均衡性也是相对应的。

综上所述，可看出印支中幕以后，后龙门山发生过一次地质热事件，约在深度为 50km 和温度为 800℃左右处的下地壳或上地幔发生岩浆源，随着后龙门山的隆起，迅速上升，侵位在 20km 处的深部地壳固结成岩体，当时温度约 650℃，印支晚幕以后不均匀地上隆。这个高温岩浆岩带的不断上隆，对地壳产生的热膨胀作用和侧向推挤作用，为前龙门山逆冲带由西北向东南推挤提供了部分热动力条件。再从岩体的地球化学元素由东向西有规律的变化，反映下地壳或上地幔可能存在由东向西倾斜的深部构造带，导致岩浆源的产生和分异。这一认识被后述和深部地球物理资料所支持。

（二）前龙门山推覆构造带的变形特征

1. 主干断裂带控制区内推覆构造发育

龙门山构造带的主要变形期发生在须家河组（T_3）沉积后的印支晚幕，导致龙门山的崛起，白田坝组（J_1）普遍不整合在须家河组地层上，由西向东有 5 条主干断裂带（见图 1）控制着区内的变形特征。

这些断裂带的走向除平武—青川断裂为北东向外，其余均为北北东向，以逆冲断层为主，总体倾向北西，上陡、下缓，具铲式特征，且从西北向东南有由韧性到脆韧性再到脆性递变的趋势。这些断裂变形特征，反映断裂带发育的序次由西北向东南逐渐变新，成“背驮式”向盆地发展。断层切割深度上存在差异，有的沿志留系页岩、三叠系膏盐层和须家河组煤系地层滑脱，有的切割很深，甚至卷入基底。因而这些主干断层形成的推覆构造，具多层次滑脱和“厚皮构造”特征。

2. 龙门山造山带变形基本模式——推覆构造与滑覆构造叠加

我们对龙门山中北段 L_{55}、L_{14} 和 S-6 三条地震测线平衡横剖而的综合解释（见图 4），其缩短率分别为 42%、63%和 43%，并参考航磁判断杂岩体“生根”情况，证实上述 5 条主干断裂带控制的断层上

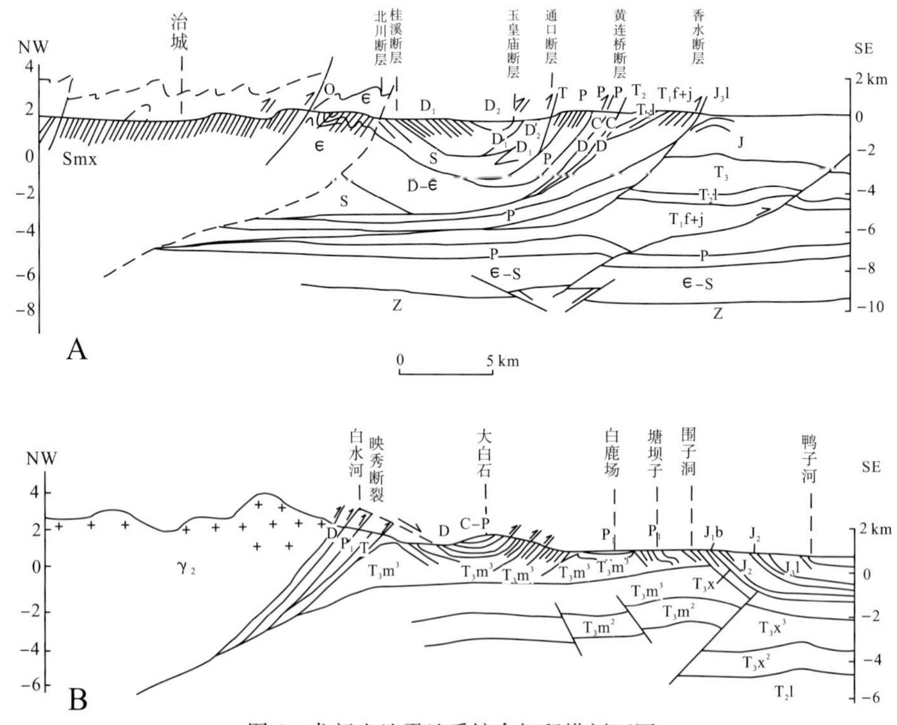

图 4　龙门山地震地质综合解释横剖面图

A. L14 地震测线香水—北川—小坝地质综合解释剖面图；B. S-6 地震测线鸭子河—汶川地质综合解释剖面图

盘的杂岩体，并非原地杂岩体而是经过一定位移的外来推覆体。遵循对推覆体的命名法，据外来推覆体下方赖以运动的断层名称来命名，南西北向东南划分出 5 个推覆体：①平武－青川推覆体：②汶川－茂汶推覆体；③灌县－安县－广元推覆体；④映秀－北川推覆体；⑤盆地边缘潜伏推覆体。

从推覆体暴露的岩石学和构造变形特征来看，前三个为地壳较深层次的早期变形的推覆体，后两个为浅层次晚期变形的产物。

我们注意到龙门山许多外来岩块，并非完全由挤压作用所形成，有的系沿断层面由于重力伸展作用形成的滑覆体[6]。映秀－北川断裂带东南侧，从东北向西南存在 4 个滑覆体：①广元三堆滑覆体群；②江油唐王寨滑覆体群；③彭县－灌县滑覆体群(常称的飞来峰)；④宝兴－芦山滑覆体群。

上述资料表明，龙门山构造变形特点，不仅有因地壳受挤压而收缩形成的推覆构造，还有因重力伸展形成的滑覆构造，推覆与滑覆构造的叠加构成了龙门山造山带变形的基本模式，从而造成叠嶂起伏、巍峨雄伟的龙门山。

(三)川西陆前盆地沉降

龙门山造山从晚三叠世须家河期逐步抬升变为剥蚀的物源区，在它东部相应发生陆前盆地沉降，若从须家河组开始两区持平算起比较，川西陆前盆地自须家河期开始沉积以来，至少沉降了 9500m。在这些地层中保留的某些岩石记录，可反证龙门山区构造演变的某些规律。

1. 川西陆前盆地沉降速率估算(见表 2)

从表 2 得知，川西陆前盆地 T_3 和 J_2s-J_3l 为两次沉降速率较快的时代，与前述后龙门山老君沟岩体两次隆起较快的时间是大致对应的(见图 3)，即当岩体代表后龙门山上升速率快时，川西陆前盆地沉降速率也快。这种对应关系，反映龙门山区上升是以川西陆前盆地沉降为条件的。川西陆前盆地的沉积负载又促使龙门山区构造活动加强，不断上升，互为影响。

表 2　川西陆前盆地沉降速率估算表

地 层	时代	年代/Ma	厚度/m	沉积速率/(mm/a)
须家河组	T_3^3	197～192	4000	0.8
白田坝组	J_1b	192～171	500	0.02
沙溪庙组—莲花口组	J_2s- J_3l	171～140	3500	0.11
剑门关组—下第三系	K-E	140～25	1500	0.01

2. 砾石成分的统计及其来源的判断

(1)上三叠统须家河组四段底部砾岩，无论在广元须家河还是在彭县海窝子剖面，均以碳酸盐岩砾石为主(70%以上)。从砾石所含生物化石和岩性判断，其主要来自三叠系，少数为石炭系—泥盆系。反映当时已有逆冲断层活动，二叠系被大规模剥蚀，搬运较远，具有统一物源区的特征，推测最西的平武－青川断裂带可能已经开始活动。

(2)下侏罗统的白田坝组砾岩。分别以剑阁金子山和安县形成两个厚的冲积扇，厚 260m 和 100m。成分以石英砂岩为主(88%～100%)，用阴极发光鉴定，砾石主要来自于平驿铺砂岩(D_1p)。砾石砾径大，并组成河口冲积扇，说明物源较近，推测唐王寨泥盆系滑覆体已经存在并遭受强烈剥蚀。

(3)上侏罗统莲花口组砾岩。剑阁金子山仍为冲积扇体的中心(厚 500m)，石英质砾石为主(68%～93%)，主要来自泥盆系和更老地层。安县冲积扇体(厚 250m)以灰岩砾石为主(90%)，主要来自泥盆系—三叠系的碳酸盐岩地层。还可见到少数上三叠统或早侏罗统的陆相砾石。表明推覆构造已向盆内迁移发展，部分陆相地层已成为剥蚀区。

(4)下白垩统剑门关砾岩。该地层仍继承上述两个冲积扇体发育。但在剑阁冲积扇中发现有少数前泥盆系磷块岩和花岗闪长岩砾石，可能代表推覆体前缘老地层和基底的暴露。

三、龙门山造山带岩石圈结构特征

(一)航磁常反映上地壳结构的分块性

航磁异常分区图上地壳具分块特征，结合地震测深资料确定的深部断层，可得到深部构造分块图(见图5)，该图显示本区存在北东向和南北向两组断层，其对应的北东向龙门山推覆构造带，非常清楚，在后龙门山区出现的南北向断层，可能为本区南北地震带的基础。

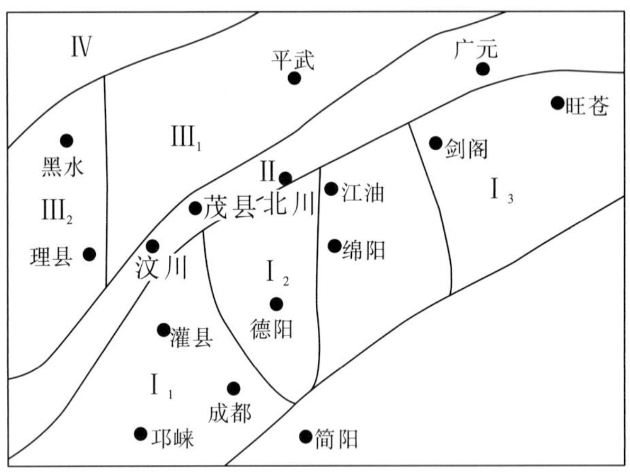

图5　龙门山中北段深部构造分块图

(二)正均衡重力异常存在的构造意义

区内重力场总趋势是由扬子地台向龙门山山区降低，从成都的－150mGal到马尔康的－385mGal，平均下降梯度为－1.04mGal/km。龙门山造山带仍处于陡变带。我们用艾里模式计算从武胜至久治10个点的平衡异常值，发现安县和茂汶2点为正均衡重力异常，这与孟令顺人等计算的龙门山地区为正均衡异常结果一致。正均衡异常表明壳内存在质量过剩，为达到地壳均衡，按理龙门山推覆构造应该不断下沉，而实际上其不仅未下沉反而还在上升，如茂汶附近的九顶山每年还以0.3～0.4mm的速度缓慢上升。龙门山推覆构造带深部存在一种支托龙门山不断上升的作用力，结合其他物探资料推测，这种力量可能来源于扬子地台深部岩石圈向龙门山区地腹推挤作用力的结果。

(三)岩石圈的等温变异

据李立等用人地电磁测深资料编制的阿坝至泸州的岩石圈等温度结构图(见图6)，或我们采用Chapman和Pollak方法，用岩石圈厚度与温度间的经验关系曲线。从阿坝至北碚计算的岩石圈温度结构图，均显示出剖面通过茂汶、灌县等地，岩石圈等温线成舌状向西下插弯曲的特征，表明扬子地台有向龙门山地腹嵌入趋势。目前地温场尚未达到热平衡，其温度结构特征，有如印度板块向喜马拉雅山俯冲造成等温线变化的格局。

(四)地震测深剖面的综合地质解释

据在科院实验地震队近年来完成的湖南邵阳至黑水爆炸地震测深剖面，我们选用四川境内黑水至北碚段研究龙门山构造带，依据地震剖面上解释的断层，联系地表主干断裂带进行综合解释，组构成图7。从图中不仅看出本区地壳结构有分层性，而且在下壳层存在深断裂，并在龙门山造山带深处错开莫氏面。

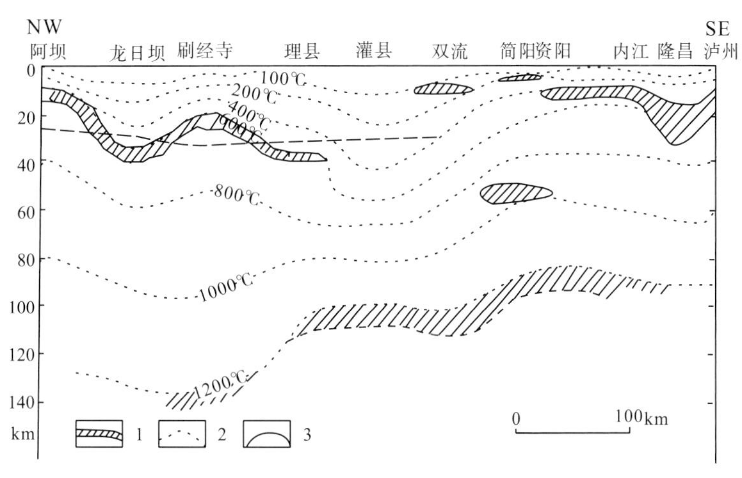

图 6　四川阿坝—泸州岩石圈温度结构估算图

1. 低阻层；2. 等温线；3. 居里面

本区地壳结构面分层特征：R_1代表结晶基底顶面，其上为沉积盖层；R_2代表花岗岩层顶面，或结晶基底面；R_3代表花岗岩层底面，或低速层顶面，在大地电磁上反映为低阻层；R_4代表低速层面或玄武岩层顶面(康氏面)；R_5代表玄武岩层底面出现的高速薄层；R_6代表莫氏面。上述各结构面均可作为滑脱面，但据岩石物性和地震及电性特征判断，以 R_1、R_3和 R_6结构面以及其下的上地幔低速层塑性较强，可能为本区深部结构变动的主滑脱面。

龙门山三条逆冲主干断裂向下延伸可与深部断层相连或滑脱消失于塑性层内，构成超壳深的大断裂。如映秀—北川和灌县—安县两条火断裂，向下延伸可能与错断莫氏面的两条深断裂相连；并在莫氏面附近出现 7.8km/s 波速异常；茂汶—汶川断裂向下延伸，在赤不苏地腹延入低速层(R_3)滑脱消失。三者组成一组倾向西北的铲式断裂带。其特征不似在盖层中滑脱的薄皮构造，而是切穿基底以至地壳的厚皮构造，其规模之大可切穿莫氏面进入上地幔成为超壳深大断裂。

(五)龙门山造山带岩石圈俯冲结构模式

1. 岩石圈俯冲模式的建立

据前述地表构造变形和石油地震解释剖面，以及地震测深剖面和大地电磁测深综合解释剖面，编制出本区岩石圈结构图(见图 7)。由此可以建立扬子地台岩石圈向龙门山区俯冲的模式。这一模式的建立不仅有地质、地球物理资料等方面的充分依据，还可解释前述印支期—燕山期火成岩体地球化学元素由东向西变化、龙门山区出现的正均衡重力异常，以及地温场舌状异常等地质和地球物理现象。扬子地台岩石圈由东向西俯冲，必然导致下地壳分熔的岩浆逐步由东向西构成倾斜面，混染的壳源物质增加、时代也逐步变新。扬子地台岩石圈由东向西俯冲所产生的推挤力，就会支持龙门山推覆构造带内过剩的质量，不仅不会下沉达到地壳均衡，而且还不断抬升，形成正均衡异常。南东向西下插的冷壳层，自然会造成异常的地温场，等温线成舌状下弯的趋势。扬子地台岩石自南东向西俯冲的构造格局，可能成为青藏高原东部抬升的原因。

2. 扬子地台深层俯冲结构与龙门山造山带浅层逆冲推覆构造模式的统一

扬子地台的岩石圈由东向西俯冲的这种构造局势必影响驮负其上的岩石圈由东向西移动，遇到高势态龙门山区受阻后，沿前述壳内多层塑性层(R_1、R_3、R_6)发生层圈滑脱，首先错断莫氏面，当莫氏面错断叠置缩短(川中无此现象)，又会影响上地壳塑—脆性层发生复杂变形，导致龙门山浅层次的地壳由西向东逆冲，形成逆冲推覆构造。构成龙门山深层俯冲和浅层相对逆冲的统一模式。但若从动力学来看，引起龙门山推覆构造发生的动力作用，主要来于东南方向，浅层推覆构造变形是深层俯冲作用造成的结果。

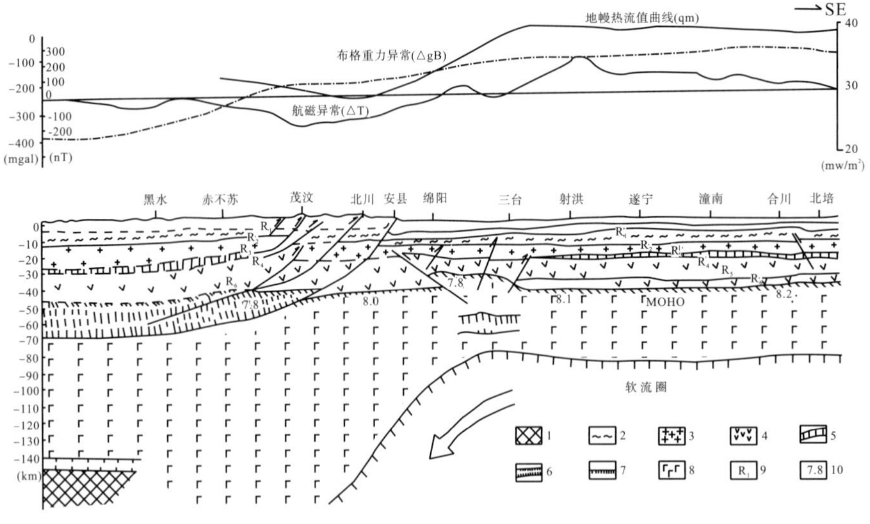

图 7　龙门山造山带岩石圈结构图

1. 类地“上地幔”；2. 结晶基底；3. 花岗岩层；4. 玄武岩层；5. 壳内塑性层；
6. 上地幔低速层；7. 莫氏面；8. 上地幔顶部；9. 代表地壳结构面分层；10. 地震 P 波速度/(km/s)

四、龙门山造山带的动力学演化模式

龙门山造山带动力演化，涉及秦岭地槽的关闭、古特提斯洋的演化、青藏高原的隆起和四川盆地形成等重多地质问题。虽然以往对龙门山区的动力学模式，不少学者作过许多探讨，但因缺乏地壳深部地球物理和岩体的地球化学资料，而未能从龙门山造山带的形成与相邻构造单元的整体上进行分析。我们在前述地史发展、构造变形、深部地壳结构研究的基础上，联系与龙门山推覆构造相邻的构造单元的关系进行讨论，从地壳物质在时空演化的程度，提出一个动态变动的演化模式，意图加深对龙门山推覆构造复杂地质问题的认识，为研究油气勘探及其他地质问题提供一个基本构造框架，为将来完善地质构造模型打下基础。龙门山造山带动力学演化机制，在空间上涉及邻区大地构造单元的演化，其关系如图 8 所示，在时间上的演化，可分为五个阶段。

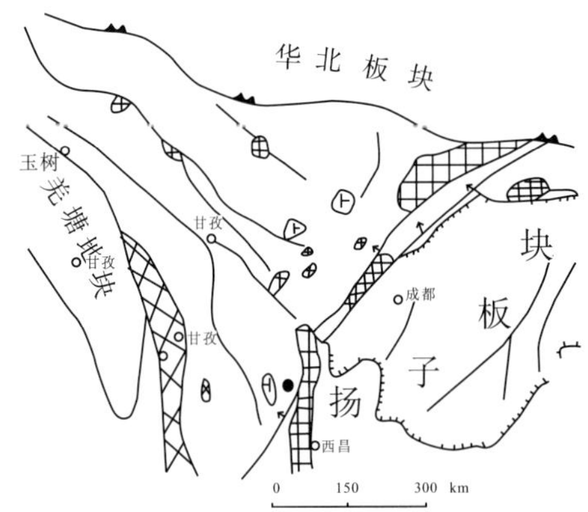

图 8　龙门山推覆构造与邻区构造单元示意图

(一)稳定大陆边缘发展阶段(T_2前)

在晚三叠世卡尼克–诺尼克期以前，龙门山区(包括甘孜–阿坝地区)属稳定大陆边缘发展阶段，见图 9A。

从震旦系到下古生界总的沉积特征是南东南向西北从陆棚相到盆地相的沉积背景，大陆局部地势有起伏，一些地区显示古隆起的特征，如天井山出现的泥盆系与寒武系假整合接触。在这个向西北倾斜的稳定大陆架上，自然会发生一些西北倾的同沉积断层，这些断层就是后期龙门山5条主干断裂发育的雏形。

早泥盆世有滨岸相的断陷沉积，二叠纪到中三叠世有玄武岩喷发和深水相放射虫硅质岩沉积。晚三叠世末期有深水硅质海绵礁群和碳酸盐重力流，以及明显的辉绿岩脉侵入到唐王寨泥盆纪地层中，这些均说明峨眉地裂运动在该区存在。这个阶段扬子地台北缘以秦岭群为界，其分界线可能在阿尼玛卿缝合线，其西北缘沿稳定大陆边缘伸入古特提斯洋。

（二）边缘海发育阶段(T_2末)

中三叠世，扬子板块与华北板块碰撞，秦岭地槽关闭，松潘－甘孜三角形的中生代地槽的北界已经形成，近北东向摩天岭和白龙江复背斜也于此时形成①，青川断裂可能开始活动，扬子板块上的海水由东向西撤退，三角形地槽的东界已露端倪。与此同时或稍后，青藏地区的羌塘地块及其前缘洋壳，沿金沙江俯冲，在义敦－中咱地区微陆块基础上形成一个岛弧，构成三角形地槽的西界。这时的甘孜－阿坝地区，成为义敦岛弧后的三角形边缘海盆，见图9B。其间沉积了巨厚的晚三叠世的复理石沉积(西康群)，海水向东入侵到龙门山区，形成时代略同的垮洪洞组和小塘子组海相地层。

因羌塘地块的俯冲，导致甘孜－阿坝地区边缘海盆的形成，必然会使该区地壳下弯，再加上厚达万米西康群的沉积负载，一定会影响深部地壳结构的改变，前期的稳定大陆边缘将转换成边缘海盆的地壳结构。推测这时龙门山断裂西侧的岩石圈在前期同沉积断裂基础上发生破裂而下掉，软流圈产生的岩浆源，沿破裂带向上迁移，一方面使下地壳的玄武岩层加厚，另一方面分异出来的岩浆源不断上升，成为印支期和燕山期中性幔源岩浆的来源地。这时的龙门山断裂带两侧的深部地壳结构成为东高西低失稳的态势，形成了南东向西下插的局面。

（三）初次褶隆上升阶段(T_3中)

晚三世早期垮洪洞组和小塘子组沉积后，羌塘地块的后续俯冲(subsidary subduction)沿金沙江俯冲带继续推进，以致碰撞[7]迫使甘孜－阿坝地区的海水向南撤退，结束海侵历史。随着羌塘地块的碰撞，羊拱海等花岗岩快速上升，巨厚的西康群也随之隆褶上升，成为青藏高原东部的雏形(图9C)。

这时龙门山区地壳已由洋壳或过渡壳完全转变为陆壳，中三叠世以前稳定大陆边缘存在西北倾的同沉积断裂(如青川断裂)，可能因龙门山区的初始隆起，反转为向东南推挤的逆冲断层，前震旦系的碧口群等因而抬升剥蚀，成为川西坳陷须家河组沉积时的古老物质来源地区。龙门山区的初始隆起和川西坳陷的沉降，为须家河组巨厚沉积物提供了充分条件，隆起区的北西向断层带可能成为向盆地搬运沉积物的水道，在盆地边缘形成三角洲，不过这时龙门山推覆构造尚未完全形成。

（四）推覆构造形成阶段(T_3末)

三叠纪时的印支运动成为龙门山推覆构造的主要形成阶段，如图9D所示。这时动力来源方向发生了变化，再不是来源于西侧地块的碰撞，而主要是受东南古太平洋板块推挤的影响，迫使扬子板块向龙门山区俯冲。其演化机制讨论如下。

1. 发生俯冲的条件

(1)须家河期末，川西坳陷至少沉积了3000m以上的陆棚地层，龙门山冲断带东西两侧地反差强烈。

(2)从后龙门山青川断裂以北出露的前震旦系(碧口群)高度与川西坳陷基底埋深比较，两者至少相

---

① 李小北．秦巴地区南亚带几个区域地质问题，1990年.

差 12km。这样就会在川西坳陷地壳形成巨大的沉积荷载产生的静压力。

(3)后龙门山区印支期形成的幔源岩浆不断上升并同陆壳成为壳幔混源型，岩体上升热膨胀所产生的侧压力，为后龙门山由西向东逆冲提供了条件。

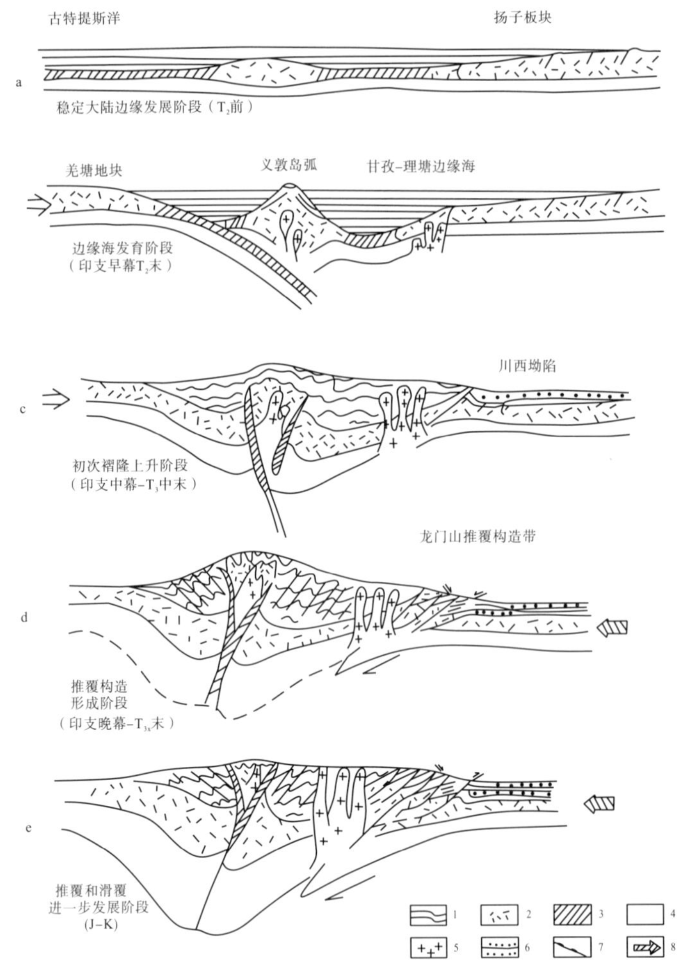

图 9　龙门山造山带和川西陆前盆地动力学演化模式示意图

1. 沉积层及褶皱；2. 陆壳；3. 洋壳或过渡壳；4. 上部地幔；5. 印支—燕山期花岗岩；6. T_3^3-K 陆相地层；7. 滑覆体；8. 邻区板块运动方向

2. 邻区板块作用力源方向的转变

印支中幕以后，羌塘地块与青藏高原东部拼贴，甘孜—阿坝三角区地壳已逐渐固化。古特提斯洋已迁移到班公湖—丁青—怒江一带成为中特提斯洋。直到晚侏罗世末中特提斯洋才关闭。推挤作用到后龙门山区的时间应是燕山期，它与龙门山推覆构造主要形成于印支晚期相矛盾，故我们认为龙门山推覆构造形成的动力来源，不是来自于西边，而应该从东边去找。印支运动在中国南方有许多表现，如东南沿海开始的火山弧、华中许多地方的晚三叠世末出现的沉积间断、北东向江南古陆再次抬升、川东南出现开江—泸州印支期北东向古隆起，均说明古太平洋板块(实际为法拉隆板块)对中凹南方地壳的影响，其作用力传递到龙门山区，成为扬子板块向龙门山俯冲的动力因素。因此我们认为龙门山推覆构造形成的主要动力来源于东边。

3. 俯冲机制

晚三叠世龙门山区早已存在西高东低的地反差、川西坳陷剧烈沉降和青川断裂推覆产生的沉积与构造载荷，均使该区上地壳处于失稳的状态；深部岩石圈又早已破裂，又具有东高西低的格局。故当太平洋板块对中国南方地壳推挤时，作用力传递到龙门山区，就会触发这种不稳定的势能向动能转换。

首先沿已破裂的岩石圈发生错动，带动其上的莫氏面和上地壳低速层拆离而缩短；继之使早期大陆边缘存在的汶川－茂汶和映秀－北川等同沉积断层，从正转逆，加剧活动，迫使浅层构造由西向东仰冲，形成前述4个推覆构造。与此同时或稍后，在重力失稳状态下，形成向川西坳陷前进的滑覆体。此时龙门山推覆构造已基本形成，它显然不同于美国西部落基山的推覆构造，而成为具有中国特色的由于陆内俯冲形成的推覆构造。

（五）推覆构造和滑覆构造进一步发展阶段(J-K)

侏罗纪和白垩纪发生的燕山运动，龙门山区主要表现为上升运动，形成多套磨拉石河口堆积。从四川盆地构造形迹展布方向和华蓥山、龙泉山、熊坡等大断裂主倾方向来看，龙门山区构造受力来源，仍继承印支晚幕发展(图9E)。扬子板块向龙门山区不断的俯冲，迫使甘孜－阿坝地区进一步隆起，推覆和滑覆活动加剧，有的滑覆体下滑推覆在侏罗系上，如龙门山中段的塘坝子滑覆体，龙门山推覆构造于此时发展定型。

不可否认，青藏高原在燕山期冈底斯地块沿班公湖－丁青－怒江的碰撞作用，和印度地块在喜马拉雅期沿雅鲁藏布江的碰撞作用，对本区构造变动均可能产生影响，但不是主要的作用力。它们产生的北东向的作用力传递到本区，可能沿鲜水河－小江断裂左旋滑移而减弱。许多地球物理学家已有论述，如滕青文、傅维洲等。

五、结语

通过上述对龙门山地质、地球物理和地球化学等资料的系统综合研究，对龙门山造山带可得以下几点主要结论。

(1)扬子地台与其西侧地槽区的分界线，无论是按古生代和中生代的地史分，亦或是现今深部地壳结构的物理特征，均说明龙门山冲断带是一条明显的分界线。目前的资料还不足以说明某些学者在金沙江缝合线建立扬子地台西界的结论；因甘孜－阿坝地区出现的前震旦纪的块体，可能是兴凯地裂期或峨眉地裂期从扬子地台分离出去的陆块，或古特提斯洋中漂浮的外来地体，经印支运动后，才拼接在松潘－甘孜边缘海中。其来源问题还待进一步研究。

(2)龙门山造山带的运动学方式。我们认为印支早幕和中幕，由于羌塘地块北东向的俯冲和后续碰撞，形成边缘海和北西向的构造带；印支晚幕以后由于扬子地台岩石圈向西发生陆内俯冲及其伴生的地质热事件，才导致龙门山推覆和滑覆构造由东向西逆冲，形成北东向的龙门山造山带。这样分阶段的运动学方式，不仅可协调松潘－甘孜地区北西向构造线与龙门山区北东向构造线直交的矛盾，而且可解释其后冈底斯地块和印度板块发生碰撞的时间(燕山期和喜马拉雅期)与龙门山造山带构造变形时间(印支晚幕)的矛盾。因此，我们认为龙门山造山带是印支晚幕以后受扬子地台向西俯冲推挤而开始，后经燕山和喜马拉雅运动进一步强化形成。

(3)龙门山造山带的动力学演化模式，是多阶段、多层次滑脱、深层控制浅层的陆内俯冲模式，我们称为C-型俯冲模式，它不仅具有地区特色，而且具有代表中国中西部许多挤压型中新生代盆地中陆前坳陷形成推覆构造的特征。这个模式的建立不仅能解释龙门山造山带诸多“矛盾”的地质现象，而且还可把扬子地台深层俯冲和龙门山造山带浅层逆冲推覆构造的机制统一起来。这一模式的建立，还将为评价龙门山推覆构造油气资源提供乐观的前景，为川西陆前盆地须家河组超高压气藏的形成提供依据，也为四川盆地气田勘探形成时间提出新的认识。此外为解释后龙门山区出现的南北向地震带和许多内生金属矿产富集提供基本的人地构造格架。

本文是在我院22名合作者承担“七五”国家重点科技攻关项目(75－54－01－06－01)的科研成果基础上和国家自然科学基金资助项目综合编写的一篇文章。属于多学科协作攻关共同劳动的成果。若有综合上升不够或错误之处，由编写人负责，请读者批评指正。

在完成并攻关课题中，得到西南石油地质局地质大队、四川石油管理局、四川省地矿局、成都地质学院等单位和个人的许多支持和帮助，在此一致致谢!

参考文献

[1] 黄汲清，任纪舜. 中国大地构造及其演化[M]. 北京：科学出版社，1980.

[2]罗志立. 试论四川龙门山冲断带的成因机制和对青藏高原的形成和油气聚集的影响[C]. 喜马拉雅国际讨论会论文文摘要. 1984.

[3]罗志立. 中国西南地区晚古生代以来的地裂运动对石油等矿产形成的影响[J]. 地质论评，1983，29(5)：447.

[4]罗志立. 试论中国型（C-型）冲断带及其油气勘探问题[J]. 石油与天然气地质，1984，5(4)：315-324.

[5]金若谷. 四川龙门山北段晚二叠世大隆组放射虫岩及其形成环境[J]. 地质论评，1987，33(3)：238-247.

[6]马杏垣，索书田. 论滑覆及岩石圈内多层次滑脱构造[J]. 地质学报，1984，3：205-213.

[7]俞如龙，郝子文，侯立玮. 川西高原中生代碰撞造山带的大地构造演化[J]. 四川地质学报，1989，(1)：27-38.

[本文原载于《地质评论》，2002，48(4)：398－407]

Ⅲ-4 评述“前陆盆地”名词在中国中西部含油气盆地中的引用

——反思中国石油构造学的发展

罗志立 刘树根

(成都理工大学油气藏地质及开发工程国家重点实验室，610059)

摘要：“前陆盆地”一词，在中国中西部含油气盆地研究中被许多学者广泛引用，在空间上有“泛前陆盆地化”，在地史演化中有“扩大化”，名词术语引用上有“复杂化”的倾向，因而引起同行的关注。本文从文献中追踪前陆盆地原命名者的含义和沿革，正确理解国外学者提出前陆盆地的特征及模式，再根据中国的实际地质特征与国外典型前陆盆地对比，结果发现我国中西部前陆盆地的特殊性大于国外所称的前陆盆地的共同性。因而认为在中国中西部直接引用“前陆盆地”一词不当。建议采用“陆内俯冲型前陆盆地”(intracontinental subduction foreland basin)一词(简称C-型前陆盆地)，以示有中国地质特色的前陆盆地，为今后建立油气成藏模式和指导油气勘探工作提供理论依据。最后，还讨论了中国石油构造学发展中，值得反思的3个问题。

关键词：前陆盆地；特征和对比；陆内俯冲型前陆盆地；A-型俯冲带；C-型俯冲带

20世纪90年代以来，在实施“稳定东部、发展西部”的油气战略方针中，人们把目光和勘探研究工作转向了西部，最为关注和使用最多的地质名词之一是“前陆盆地”，在科技刊物上发表文章之多，不胜列举；认识之分歧，莫衷一是。有的多把西昆仑山北缘、天山和祁连山南北缘、六盘山和龙门山东缘(旧称的中、新生代山前坳陷)叫“前陆盆地”；有的“甚至把大型的塔里木盆地归入前陆盆地之类”①；也有的把南天山中的小型库尔勒盆地(焉耆盆地)叫“前陆盆地”[1]；更有甚者在华南板块的北边划出四川－江汉－下扬子－苏北等北缘前陆盆地带，在其南边划出楚雄南盘江－十万大山等南缘前陆盆地带，其间只剩下江南隆起了[2]，这把前陆盆地概念在空间上“泛化”了。类似现象在许多文章论述中颇为流行。有的把前陆盆地概念在时间上“扩大化”了，如有的作者在塔北地区，就划分出早期类前陆(S-D)、中期类前陆(C-P)、晚期类前陆(P_2-E)、前陆(N-Q)等阶段[3]；又如有的作者还认为中国南方古生代的“钦州残余海槽，是云开碰撞造山带的前陆盆地”[4]。

对前陆盆地名词的理解和应用上也各不相同，在中国同一盆地可叫出不同的前陆盆地名称。如塔里木盆地北缘库车盆地，很多学者都称为前陆盆地，但也有一些学者认为与Dickinson[5]厘定的前陆盆地性质不一样，因而称为“类前陆盆地”[6]。有的学者认为中国西部陆相盆地，属于特提斯碰撞造山带的后缘部位上的产物，把库车盆地称为“前陆类盆地”②；有的学者认为中国中西部的前陆盆地，是因陆内俯冲所引起，有别于Dickinson[5]提出的洋、陆俯冲形成的弧后前陆盆地和陆、陆碰撞形成的周缘前陆盆地，因而提出“再生前陆盆地”概念，库车盆地就属于这种类型。甚至在中国大百科全书(地质学)列出的两条前陆盆地条目中[7]，把龙门山山前坳陷与美国落基山前陆盆地对比(p256)，把天山北麓山前坳陷与恒河前陆盆地和阿尔卑斯北麓磨拉石前陆盆地对比(p440)，是否恰当？也值得商榷。对中国前陆盆地名词和含义还有一些修正和不同的叫法，以及与Dickinson[5]界定的前陆盆地特性对比等问题，恕不一一列举了。

对上述中国中西部前陆盆地的论述，无疑有益于中国盆地学的探索，也有利于中国前陆盆地油气

① 张抗．1999．塔里木盆地辨析．南方海相油气勘探会议文件．

② 张肇才．2000．中国中西部中、新生界前陆类盆地及其含油气性．油气盆地研究新进展学术研讨会文件．

成藏条件的分析。但在空间上的“泛前陆盆地化”，在时间上的“地史演化中扩大化”，在使用前陆盆地名词上的“复杂化”，使这种研究现状又不能不引起我们的关注和思考。

前陆盆地是世界上油气最丰富、大油气田最多的一种盆地类型。据统计在世界10种不同含油气盆地原型中，前陆盆地的油气储量，占总储量的45%①。在21个前陆盆地中发现大油气田150个，占世界大油气田总数的34.2%②，主要分布在加拿大和美国西部的弧后前陆盆地、南美的安第斯弧后前陆盆地、中东阿拉伯湾－扎格罗斯周缘前陆盆地、罗马尼亚前喀尔巴阡等前陆盆地中。因此，中国中西部前陆盆地的定性与世界前陆盆地对比，不单是盆地分类学上的理论问题，也是评估油气丰度的勘探实际问题。本文将从国外文献中追踪确定前陆盆地术语沿革、前陆盆地在板块构造格架中的沉积和构造特征，来认识国外前陆盆地形成模式。再从中国中西部实际地质出发，认识中国中西部前陆盆地演化特征，与国外确定的前陆盆地对比，分析彼此的异同。最后，提出陆内俯冲型前陆盆地名称的概念，讨论动力学形成机制，反思发展中国石油构造学的思路。不当之处，请读者指正。

一、国外前陆盆地名词演变沿革及特征

(一)前陆盆地名词演变沿革及类型

早在100多年前，Suess 1883年提出前陆(foreland)概念，是指与造山带毗邻的稳定的克拉通或地台的边缘地区。Stille 1936年更明确指出，前陆是“不再遭受阿尔卑斯式褶皱作用的大构造单元，但至多只发生过日耳曼式的变形”[8]。板块构造学说兴起后，1974年Dickinson在研究板块构造与沉积作用时，提出前陆盆地(foreland basin)一词，按板块地壳会聚不同方式分为两类：第一类称周缘前陆盆地(peripheral foreland basin)，因陆壳与陆壳碰撞时形成于造山带外弧的盆地，如印度－恒河盆地、阿尔卑斯北麓磨拉石盆地；第二类称弧后前陆盆地(retro-arc foreland basin)，因洋壳向大陆壳消减俯冲作用，在岩浆弧后形成的盆地，如美国中、新生代形成的落基山盆地(见图1)。

1980年Bally等在研究全球中、新生代巨型构造体系时，划分出环太平洋与B-型俯冲带配套的A-型俯冲带(在中国境内无A-型俯冲带)(见图2)，由于A-型俯冲带的作用在美国落矶山等地形成弧后前陆盆地；沿特提斯域，因南方大陆与欧亚大陆发生陆－陆碰撞划分的A-型俯冲带内发育有前述印度－恒河和磨拉石等周缘前陆盆地(注意，在中国中西部境内也未划出A-型俯冲)。从上可看出，前陆盆地与板块构造作用形成背景有密切关系。当今，中国许多学者使用的前陆盆地及其含义，是否恰当?就是本文要讨论的问题。

(二)前陆盆地概念和前陆盆地系统

按Dickinson[5]和Bally等[9]对前陆盆地划分概念，它是一种较为特殊的沉积盆地，位于造山带前沿和相邻克拉通之间的沉积盆地，是在板块会聚或碰撞条件下，靠近克拉通(或大陆)一侧形成的盆地。靠近造山褶皱冲断带一侧有蛇绿岩套和火山弧等特征，如Bally等[9]认为前陆盆地是与挤压巨型缝合带相伴生刚性岩石圈上的缝合带周缘盆地(perisutural basin)，其形成与A-型俯冲有关。因而必须承认前陆盆地形成于挤压构造背景。

Decelles和Giles[10]提出前陆盆地系统的概念：①它是陆壳上一个长条形沉积物丰富的聚集区，位于造山带和克拉通之间，它的形成与消减带的地球动力学作用和周缘或弧后褶皱冲断带活动有关；②它由4个单独的沉积带组成，即顶部尖灭带(wedge-top)、前渊、前缘隆起(前隆)、后缘隆起(后隆)；

① 张肇才. 2000. 中国中西部中、新生界前陆类盆地及其含油气性. 油气盆地研究新进展学术研讨会文件.
② 甘克文. 1994. 前陆盆地沉积层序、构造风格与油气聚集. 中国石油总公司石油勘探开发研究院(内刊).

③前陆盆地延伸长度，大约与冲断、褶皱带长度相当(图 3c)。

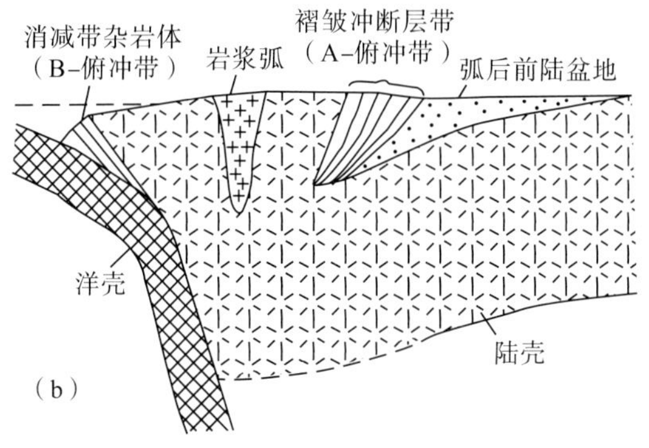

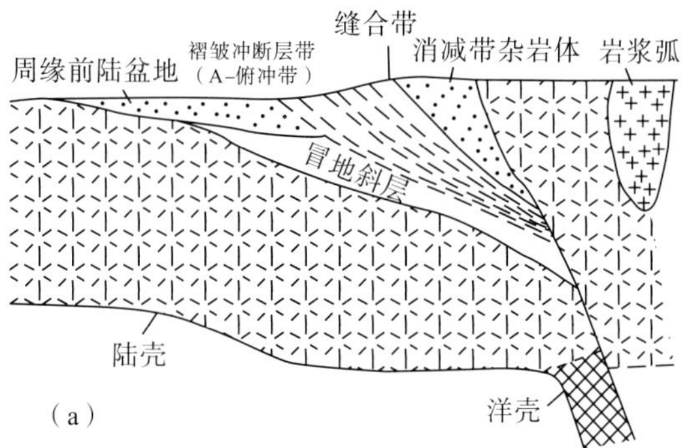

图 1 前陆盆地两种基本类型

(据文献[5]和文献[9])

(a)周缘前陆盆地；(b)弧后前陆盆地

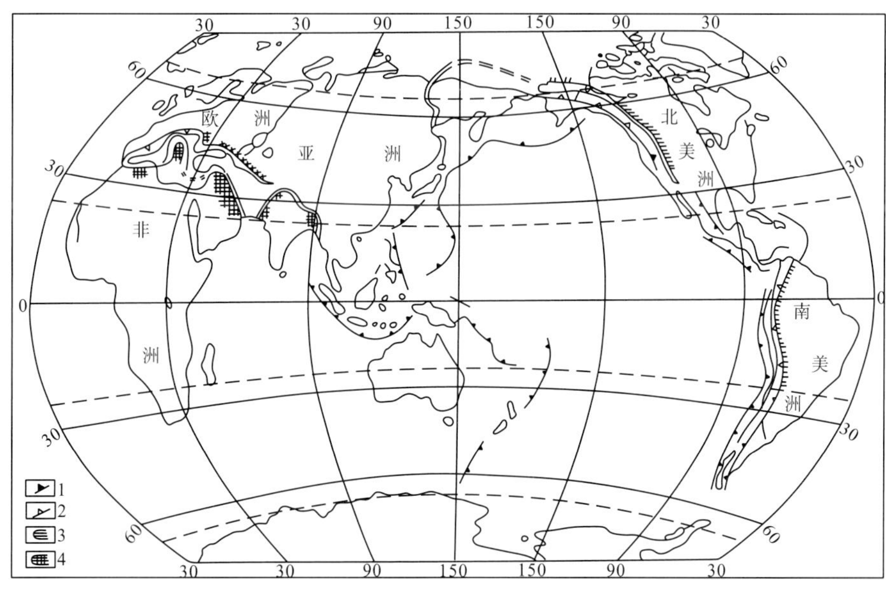

图 2 全球 A、B 俯冲带分布与前陆盆地(据文献[9])

1. 中新生代 A-俯冲带；2. 现代 B-俯冲带；3. 弧后油气前陆盆地；4. 周缘油气前陆盆地

(三)组成前陆盆地的构造单元及成因机制

按前述前陆盆地概念，一般认为从造山带向克拉通方向由下述构造单元组成：

(1)中、新生代岩浆弧。由洋壳向陆壳俯冲，在大陆边缘形成的岩浆弧，如美国西海岸；或由陆、陆碰撞产生的岩浆弧，如喜马拉雅造山带。

(2)褶皱、冲断带。因地球动力学作用产生的褶皱推覆体、叠瓦推覆体和滑覆体等类型，深部常见堆叠构造，成为前陆盆地靠近造山带一侧陡翼，或称前陆盆地活动翼。

(3)深坳陷或称前渊(foredeep)。是前陆盆地主体，在俯冲或碰撞前，处于稳定大陆边缘，有大陆架海相碳酸盐岩或斜坡上复理石沉积。造山褶皱带形成后，处于造山带前缘坳陷，常为陆相磨拉石沉积。

(4)前陆斜坡(foreland slope)。靠近克拉通一侧缓斜坡上，实属前陆盆地缓翼，或称前陆稳定斜坡。

(5)前缘隆起(forebulge)。当前陆盆地因负载向下坳陷时，按薄板弹性负荷原理，就会在相邻克拉通一侧，引起挠曲隆起(flexural uplift)，称作前缘隆起(或前隆)。

许多文献中认为前陆盆地成因模式，与克拉通边缘岩石圈负载作用有关[11]。当洋、陆板块俯冲或陆、陆板块碰撞时，形成的造山带给大陆岩石圈边缘加载，因地壳均衡调整，使前陆发生弯曲而下陷，而造山带相对隆升。剥蚀物又堆集在前陆盆地中，更增加了巨厚的沉积物加载，加大岩石圈的挠曲程度。构造和沉积负载的联合作用，使岩石圈持续下弯，前陆盆地形成，并在克拉通一侧抬升形成前隆。大陆岩石圈边缘，因负载作用从开始的弹性形变到后期的黏性形变，就成为前陆盆地形成的动力学机制。

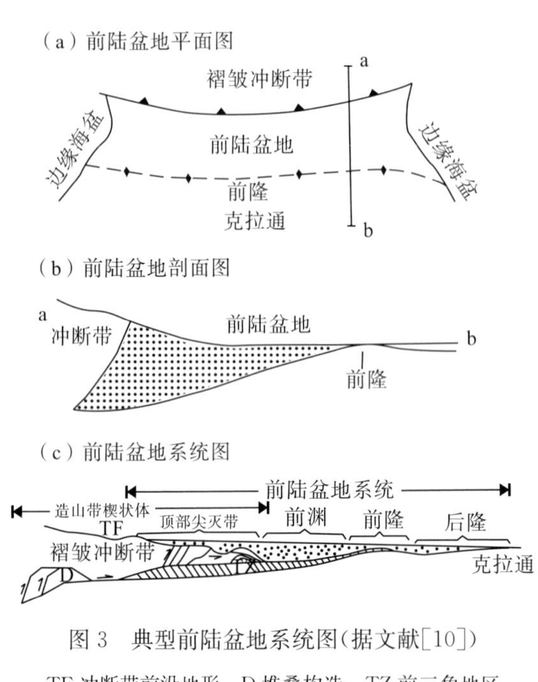

图 3　典型前陆盆地系统图(据文献[10])

TF-冲断带前沿地形；D-堆叠构造；TZ-前三角地区

二、中国前陆盆地特征及其与国外前陆盆地对比

(一)中国西部前陆盆地特征

罗志立[12]在研究陆内俯冲型(C-型)冲断带及油气勘探问题时，即注意到中国中西部盆地边缘的8个冲断带与前渊沉积盆地和油气勘探的关系。在深入研究龙门山冲断带与川西前陆盆地的基础上，进一步论述C-型俯冲与中国中西部陆内造山模式时，就明确提出中国中西部存在9个前陆盆地(或前渊)，并充分论证了深部地壳结构运动学，由前陆盆地深部结构向造山带潜滑的可能性。20世纪90年代以来，国内发表的许多文章，多围绕上述9个前陆盆地讨论，本文综合其特征为：

(1)陆内俯冲型前陆盆地开始发育的时间，是以塔里木、华北、扬子3个古板块和准噶尔及柴达木两个块体由广海沉积转为陆盆沉积的时间。它实际是克拉通盆地组成部分。除四川和柴达木盆地外，其他均在晚古生代形成。这与国外所称标准前陆盆地，发育的时间多在中、新生代有所不同。

(2)除在天山南缘有火山弧形的花岗岩(D-C_1)和碰撞后的碱性花岗岩带(P-T)外[7]，一般在中国中西部前陆盆地相邻的造山带中，在中、新生代均未见同造山期的岩浆弧，这是与国外所称前陆盆地最大不同之处。

(3)前陆冲断带多为前展式，冲断序列一般从造山带向前渊方向，从晚古生代断裂向中、新生代断裂发育。主要形成时间，多在新生代，如天山南缘、天山北缘、祁连山北缘、祁连山南缘、西昆仑北缘等冲断带；西准噶尔、鄂尔多斯和川西龙门山冲断带则形成于晚三叠世—侏罗纪。据深部地球物理资料证实，这些冲断带向腹地延伸，可看出下地壳结构是从盆地向造山带深部潜滑，如在川西龙门山前陆冲断带和库车前陆冲断带，均有地球物理资料证实[13]①。罗志立等[12]称为陆内俯冲型(C-型)俯冲和L-型俯冲；刘和甫等称为陆内俯冲。前陆冲断带，因它介于造山带与前渊之间，处于盆、山结合部位，是人们用来研究盆山耦合关系的关键部位。

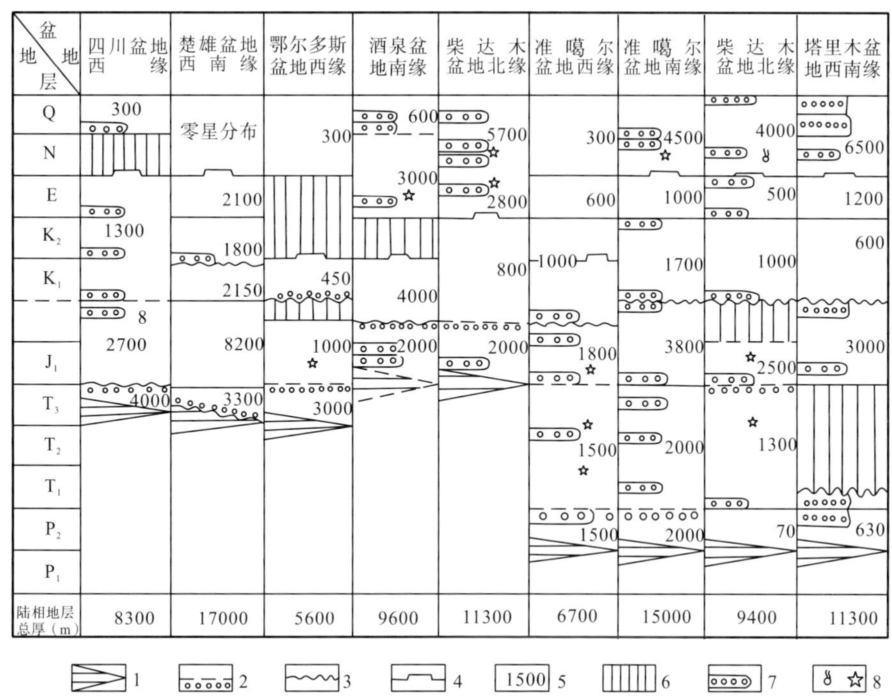

图4 中国中西部陆内俯冲型前陆盆地陆相沉积厚度及构造活动对比

1. 陆盆开始期；2. 前渊形成期；3. 造山带主要褶皱期；4. 造山带主要抬升期；5. 地层厚度/m；6. 地层缺失；7. 砾岩层；8. 主要油气层位

(4)前渊和前陆斜坡。前者是前陆盆地的主体部分，常成不对称的坳陷，靠近前陆冲断带的陡翼，充填巨厚的中、新生代地层，厚5600～15000m(见图4)，靠近前陆斜坡厚度减薄，有的层位甚至尖灭，如川西前陆盆地中的上三叠统须家河组1～3段，向川中尖灭。沉积体系配置，除在塔西南、川西和楚雄等前陆盆地，分布少量的海相地层外，一般均为陆相地层，由冲积扇砾岩—河流相砂泥岩—湖泊相沉积体系组成，在纵向上频繁交替具旋回性，显示磨拉石堆积特征。如川西龙门山前陆盆地，从上三叠统须四段至第四纪，可见巨厚砾岩14层。相比之下，国外前陆盆地则从深海复理石—浅海—陆棚磨拉石的演化过程，如北阿尔卑斯新生代的前陆盆地，美国落矶山前陆盆地中新生代均为海相地层，直到新第三纪才转为陆相地层；南美洲安第斯山前陆盆地，中生代为海相复理石沉积，到新生代中晚期由

① 马宗晋等. 2000. 中国主要含油气盆地区地壳结构构造研究. “九五”CNPC重点科研项目研究成果报告.

浅海相转为陆相的三角洲和湖相沉积①。

(5)前缘隆起(前隆)在中国前陆盆地中，表现不明显，因而存在认识分歧。如有的把库车前陆盆地的前隆一直推到塔里木盆地中心；有的把盆地内不同时代的古隆起作为前陆盆地的前隆，如把塔北古隆起(古生代)，作为中新生代库车前陆盆地的前隆[6]；或把泸州－开江古隆起(T_2形成)作为晚三叠世川西龙门山前陆盆地的前隆[14]。有的甚至把整个四川盆地都叫前陆盆地，而无前隆[2]。中国前陆盆地无明显的前隆，是与中国克拉通块体小和前陆盆地不典型有关。

(二)国内外前陆盆地特征对比

国外以 Dickinson 和 Bally 等[5,9]确定的典型前陆盆地为标志，国内以图 4 中所列的中国中西部 9 个前陆盆地特征为准，进行比较，看出两者有共性之处，更多的是个性不同之点(见表 1)。

(1)在组成前陆盆地基本结构上有许多相似之处。如上述中国中西部前陆盆地均发育在造山带和克拉通(或地块)之间，也都发育有前陆冲断带、前渊和不明显的前隆等基本结构单元，在前渊地壳发生挠曲坳陷，并充填巨厚的陆相地层和磨拉石建造。

表 1　国内外前陆盆地特征对比表

特征	周缘前陆盆地弧后前陆盆地	C-(中国)前陆盆地
命名者	Dickinson；Bally 等	罗志立等(建议采用名称者)
区域构造位置	巨型造山缝合带与大型克拉通之间	造山带与微陆块之间
盆地的基本结构	均有前陆冲断带、前渊、前隆和在前渊中堆集磨拉石(处于压性环境中)，但中国基本结构规模小，前隆不明显，缺少岩浆弧	
动力学背景	与全球性的洋、陆俯冲或陆－陆碰撞形成的 A-型俯冲有关	与局部性的 C-俯冲(或陆内俯冲)有关
沉积体系配置	以中、新生代海相地层为主，陆相磨拉石发育	以中、新生代巨厚的陆相和磨拉石沉积为主
前陆冲断带发育程度	冲断带宽度大于 100～200 km	冲断带宽度仅 20～60km
前陆盆地发育程度	较发育，在造山带前缘成群、成带分布	不发育，在造山带前一般仅一个前陆盆地
盆地沉降动力学机制	构造负载为主次为沉积负载	沉积负载为主，次为构造负载、C-俯冲有重要作用
发育阶段	消减(subduction)和碰撞(collision)阶段	压榨(squeeze)阶段

(2)在全球构造上，具有不同的动力学背景。国外加拿大西部、美国西部落基山和南美的下安第斯等弧后前陆盆地，是因太平洋洋壳对美洲大陆发生的 B-型俯冲，在其弧后形成 A-型俯冲作用而产生的前陆盆地。北阿尔卑斯、中东阿拉伯湾－扎格罗斯和印度恒河等周缘前陆盆地，是冈瓦纳大陆与欧亚大陆碰撞，形成 A-型俯冲而产生的前陆盆地。因而，它们是全球性的板块俯冲或碰撞，规模巨大，变形强烈，形成的前陆盆地自有其特色。中国在晚古生代的塔里木、准噶尔、中朝等微陆块发生的碰撞，使天山、祁连山和昆仑山洋盆关闭褶皱成山，但很多学者认为是微陆块间的“软碰撞”，故造山作用不强烈，前陆坳陷不明显，只不过开始具备了前陆盆地雏形。中国中西部前陆盆地形成和发育，只有在中、新生代中国大陆拼接之后，因 C-型俯冲(或陆内俯冲)导致造山带强烈隆升，前陆盆地剧烈沉降而形成。因而中国中西部前陆盆地形成的动力学背景，与国外前陆盆地有较大差异，留作以后讨论。

(3)前陆盆地内的沉积体系配置，也存在较大的差异。正如前述，中国中西部前陆盆地充填物以中、新生代巨厚的陆相地层为主，而国外前陆盆地则以中、新生代海相地层为主。

(4)中国中西部许多前陆盆地，除缺乏与同造山期的岩浆弧外，如公认的中国典型的川西龙门山前陆盆地和鄂尔多斯西缘前陆盆地也缺少明显的前隆。这些均与国外前陆盆地结构存在较大差异。

(5)中国中西部前陆盆地的前陆冲断带宽度较窄，如龙门山川西前陆盆地冲断带，仅 30～60km，库

① 甘克文. 1994. 前陆盆地沉积层序、构造风格与油气聚集. 中国石油总公司石油勘探开发研究院(内刊).

车相塔西南前陆冲断带也不过 20～30km，准噶尔西缘前陆盆地冲断带仅 20～30km。这个特征与北阿尔卑斯前陆盆地存在 100km 以上的巨大逆冲推覆构造，和加拿大落基山逆冲断裂带宽度达 200km[15]，有显著的差异。

表 2　3 种俯冲带特征与盆地关系对比表

类型	A-型俯冲	B-型俯冲	C-型俯冲
大地构造位置	位于火山弧大陆一侧，或陆—陆碰撞造山带一侧	位于洋壳向陆壳俯冲的太平洋型边缘	位于大陆褶皱带和前陆盆地结合部位
沉积特征	中、新生代海陆过渡相沉积为主	弧前盆地的陆相到海相沉积	中新生代陆相沉积为主，厚度巨大
变动时间	中新生代	中新生代	晚中生代和新生代
变动前构造背景	火山弧后盆地	太平洋型大陆边缘	中国大陆拼结之后
中浅部构造形态	倾向大洋的弧后冲断带或倾向造山带	倾向大陆的叠瓦状消减带杂岩体	古生代褶皱山系前缘，俯冲带倾向造山带
深部地壳结构	基底与盖层滑脱形成薄皮构造	洋壳向大陆边缘俯冲	沿深部地壳或上地幔中塑性层发生多层次滑脱
动力学特点	由于 B-型俯冲活动在大陆一侧形成配套的 A-型俯冲	由于洋脊扩张迫使洋壳向陆壳发生俯冲	由前陆盆地沉积和构造负荷，和邻区板块构造活动触发形成的复合作用
前陆盆地	形成 Dickinson 的弧后前陆盆地和周缘前陆盆地	相当 Bally 的前弧盆地	中国型前陆盆地

(6)中国中西部前陆盆地分布单一，不如国外前陆盆地成群、成带分布。在中国中西部造山带前缘，一般只有一个前陆盆地，如天山南北的库车和乌鲁木齐前陆盆地。而在南美下安第斯前陆盆地群从北至南即分布有 14 个前陆盆地①；阿尔卑斯前沿也存在多个前陆盆地。这项特征是与全球构造活动规模巨大有关。

(7)不同俯冲带特征与前陆盆地关系。从上述可看出 3 种俯冲带与相应的前陆盆地关系密切，不能混为一谈，其特征可概括在表 2 中，以资对比。

三、讨论与建议

(一)中国中西部前陆盆地定名问题

当前国内许多文章在中国中西部所称的前陆盆地，若按 Dickinson[5] 和 Bally 等[9] 首先命名的周缘前陆盆地和弧后前陆盆地的定义对比均不恰当。如前所述中国中西部前陆盆地存在的 7 点特殊性，远大于与国外所称前陆盆地的共性。Bally[16] 把弧后缩短过程(retroarc shortening process)称为之 A-型俯冲(A-subduction)，以纪念瑞士地质学家 Ampferer。国内外许多学者均认为周缘前陆盆地和弧后前陆盆地与 A-型俯冲伴生[11,9,5]，而 Bally 一再否认中国有 A-型俯冲带存在，作者已有详细的评述[13]；甚至到了 1994 年 Bally 来中国 CNPC 石油物探局讲学时，也持同样的看法，认为“西太平洋的 B-型俯冲带没有一个对应的 A-型俯冲带”，“A-型俯冲带类型不能应用于蒙古和中国”。按原作者的权威性，合乎逻辑学的判断，中国既然没有 A-型俯冲带，则中国也就没有他所称的前陆盆地了。看来 Bally 在中国没有划出前陆盆地，而只能统称“陆内俯冲型盆地”就不足为奇了。因此，当前在中国广泛应用“A-型俯冲”和“前陆盆地”术语，是不恰当的；不仅有悖于原命名者的定义和认识，而且与中国实际地质情况有差别，在命名上应该慎重考虑。作者认为中国中西部的前陆盆地，在基本结构上与国外前陆盆地有相似之处，而更多的有其特殊性，是在中国大陆拼接之后，因 C-型俯冲(或陆内俯冲)形成的，应另创名称，以资区别。作者等建议称“陆内俯冲型前陆盆地”(intracontinental subduction foreland ba-

① 甘克文. 1994. 前陆盆地沉积层序、构造风格与油气聚集. 中国石油总公司石油勘探开发研究院(内刊).

sin)，或可简称“I-型前陆盆地”。这一名称仅限于前述的与克拉通或地块活动有关的中国中西部的前陆盆地，至于范围更小的焉耆等盆地，或古生代的前陆盆地等，须另作处理。这样的处理建议，有利于达成共识和建立“陆内俯冲型前陆盆地”的成藏模式。

（二）陆内俯冲型前陆盆地形成动力学机制问题

国内一些学者在解释陆内俯冲型前陆盆地沉降机制时，多引用 Beaumont[17]的弹性模式和黏弹性模式，认为引起前陆盆地岩石圈挠曲的因素主要是构造加载，其次为沉积加载综合作用的结果[6,18]。这样的研究和解释，可说明部分问题，但不能完全说明陆内俯冲型前陆盆地沉降机制问题，如陆内俯冲型前陆冲断带(C-型冲断带)宽度比北美和西欧分布狭窄，推覆距离短，形成的前陆构造增生楔短，能否成为陆内俯冲型前陆盆地沉降机制的主因，值得怀疑；相反，陆内俯冲型前陆盆地陆相堆集物厚度巨大，如在天山北缘的乌鲁木齐前陆盆地，中新生界沉积厚度超过 15000m；塔西南前陆盆地剧烈沉降期是新第三纪，沉积厚度可达 7000m，在沉积前并未见到有构造负载的现象(见图 5)；再者，当时的西昆仑山主体，早已固结成山，已没有潜力主动向盆地推覆，成为构造负载异地岩体。据此，陆内俯冲型前陆盆地沉降机制，可能是以沉积负载为主，运动方式以垂向运动为主。用 Beaumont 在北美洲的阿帕拉契亚造山带建立的前陆盆地沉降机制，来解释陆内俯冲型前陆盆地形成机制，是否恰当，值得怀疑。

陆内俯冲型前陆盆地沉降动力学机制，除构造加载和沉积加载等因素外，据罗志立等多年的研究[12,13,19]，引起中国中西部中新生代山脉隆升和前陆盆地沉降机制的主导因素，是 C-型俯冲(或陆内俯冲)作用的结果(见表 2)。晚古生代以后，中国领域以微陆块、软碰撞等方式拼接成中国大陆，形成的造山带走向与其前陆冲断带走向平行，有 NW、NE、EW 和 NNE 等，走向各异，与 Bally 等[9]所定的太平洋 B-型俯冲带毫无配套关系。因此，不能把中国发育的冲断带称为 A-型俯冲带。C-型俯冲(或陆内俯冲)是早期冲断带已经存在、高山低盆地貌已经发育、前陆盆地已有负载、深部地壳存在塑性层等多种条件下，在盆、山之间的 C-型俯冲带，构成当时地壳变动不稳定的势能。因邻区板块俯冲和碰撞的远端效应，触发克拉通盆地深部地壳，在不同时间、不同的方向向相邻造山带下俯冲(C-型俯冲)，使势能向动能转换，导致造山带强烈抬升推覆、滑覆、剥蚀，前陆盆地剧烈沉降和堆集。故 C-型俯冲应成为陆内俯冲型前陆盆地沉降机制的主导因素。这在印度板块第三纪对青藏板块碰撞的远端效应，对昆仑山、天山、祁连山的隆升，和其前陆盆地剧烈沉降有明显的影响可以说明。最近，从塔里木盆地向北穿过天山的深部地球物理剖面(见图 6)，也证实了这种模式的可信性。

（三）对发展中国石油构造学的反思

“A-型俯冲”和“前陆盆地”两个构造术语，在中国地质界和石油地质学界，广泛引用多年，虽有些学者觉得不适合中国地质实际，提出质疑和修正，但未引起重视；甚至创建 A-型俯冲概念原作者(Bally)，一再否认中国大陆不存在 A-型俯冲带的论断，但一些中国地质学者仍在造山带、前陆盆地甚至解释造山带岩浆岩成因等方面，引用这一模式和名词。这种现象不能不引起人们的深刻反思。

造成上述原因有两方面，一方面对欧美地学界在国外建立的构造模式(如 A-型俯冲和前陆盆地)地质背景，缺乏深入的分析和了解；更重要的一方面是对中国大陆具有以微陆块拼接、软碰撞、活动性大等基本地质结构和演化特征，缺乏全面的系统认识，因而把国外的一些构造模式和概念，不加分析地用在中国地质实际中，就显得格格不入或“帽不对头”了。

可喜的是近几年来许多学者，已认识到中国大陆地质结构的特殊性，提出许多符合中国地质实际的论断，如 C-型俯冲[12]、陆内俯冲[20]、L-型俯冲[21]、中国区域地质结构的特殊性[22]、“中国大陆是一个多块体拼合大陆①、中国板块群在地史演变中的“多动症”②、前陆盆地③等，均是有创见性的认识。在掌握中国地质特色基础上，建立的石油构造学和盆地模式，不仅对发展中国大陆板块构造学和走创新之路有重大意义，也是为陆内俯冲型前陆盆地建立油气成藏模式，指导有效勘探工作所必须。中国大陆在全球构造中具有独特的地质结构，丰富多彩的地质现象。若我们既能吸收国外的成果，又能结合中国的实际地质情况创新，确信会对世界地质科学做出应有的贡献。

最后，作者引用 Allen 等[23]在前陆盆地一书导言的结论中说过的话来结束本文的讨论，“前陆盆地研究并未完结，在未来的研究一定会提出许多不同的概念和解释，本书(文)只起到振奋探索和促进发展的作用”。

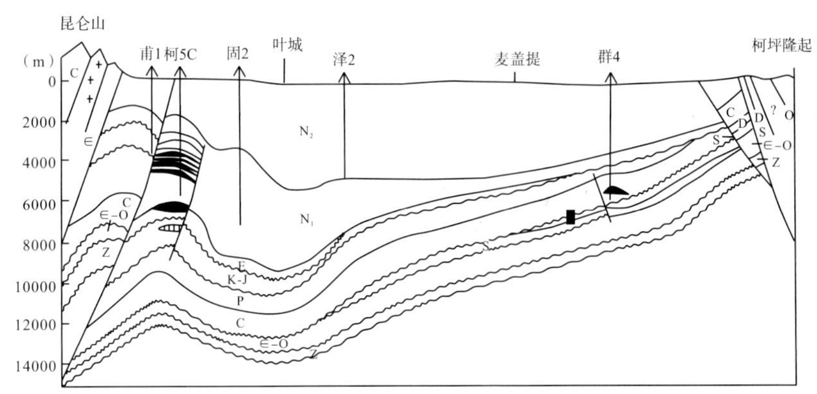

图 5　塔里木盆地塔西南陆内俯冲型前陆盆地构造和油气藏分布模式图(据文献[11])

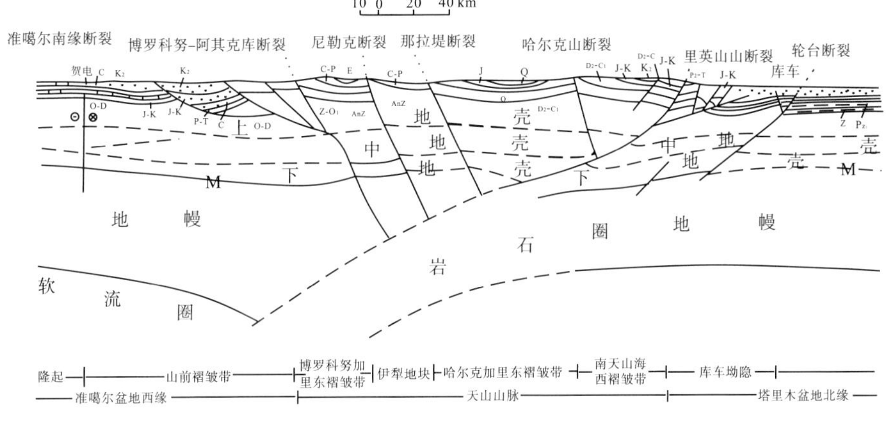

图 6　塔里木盆地－天山－准噶尔盆地地壳结构构造剖面图

参考文献

[1]Allen M B，Windley B F，Zhang C. Active alluvial system inthe Korla Basin，Tien Shan，northwest China：sedimentation in a complex foreland basin[J]. Geological Magazine，1991，128(6)：661-666.

[2]马力，钱奕中，王根海. 中国南方海相油气勘探研究新进展[J]. 海相油气地质，1997，2：1-14.

[3]陈发景，陈金茂. 塔北地区盆地构造演化及其油气关系[A]//贾润胥. 中国塔里木盆地北部油气地质研究（第二辑）[M]. 武汉：中国地质大学出版社，1991：29-38.

[4]李曰俊，邝国敦，吴浩若，等. 钦州前陆盆地——关于钦州残余海槽的新认识[J]. 南方国土资源，1993，(4)：13-18.

[5]Dickinson W R. Plate tectonics and sedimentation[A]//Tectonics and Sedimentation[M]. Tulsa：Spec. Publ. Soc. Econ. Paleont.

① 张国伟. 2000. 中国南方海相油气地质新认识与油气潜力分析. 油气盆地研究进展学术研讨会论文.
② 马宗晋. 2000. 中国大陆板块格局特征及其含油气盆地的关系. “九五”CNPC 重点科研项目研究成果报告.
③ 张肇才. 2000. 中国中西部中、新生界前陆类盆地及其含油气性. 油气盆地研究新进展学术研讨会文件.

Miner.，1974，22：1-27.

[6] 曹守连，陈发景. 塔里木板块北缘前陆盆地的构造演化及其与油气的关系[J]. 地球科学：中国地质大学学报，1994，19(4)：482-492.

[7]程裕淇. 中国大百科全书【地质学】[M]. 北京：中国大百科全书出版社，1993.

[8]丹尼斯J G. 国际构造地质词典——英语术语[M]. 闫嘉祺译. 北京：地质出版社，1983.

[9]Bally A W，Snelson S. Realms of subsidence[A]//Facts and Principles of World Petroleum Occurrence[M]. Canadian Society of Petroleum Geologists，1980，9-75.

[10]Decelles P G，Giles K A. Foreland basin systems[J]. Basin Research，1996，8(2)：105-123.

[11]何登发，吕修祥，林永汉，等. 前陆盆地分析[M]. 北京：石油工业出版社，1996.

[12]罗志立. 试论中国型（C-型）冲断带及其油气勘探问题[J]. 石油与天然气地质，1984，5(4)：315-324.

[13]罗志立. 试评A-俯冲带术语在中国大地构造学中应用[J]. 石油实验地质，1994，16(4)：317-324.

[14]曾允孚，李勇. 龙门山前陆盆地形成与演化[J]. 矿物岩石，1995，15(1)：40-49.

[15]朱志澄. 逆冲推覆构造[M]. 武汉：中国地质大学出版社，1991.

[16]Bally A W. 1975. Dynamic Geology of Oil and Gas，Global Tectonic and Petroleum Exploration[M]. Beijing：Oil and Chemical Industry Press，51-72.

[17]Beaumont C. Foreland basins[J]. Geophysical Journal of the Royal Astronomical Society，1981，65(2)：291-329.

[18]刘少峰. 前陆盆地的形成机制和充填演化[J]. 地球科学进展，1993，8(4)：30-37.

[19]罗志立，刘树根，赵锡奎，等. 试论C-型俯冲带及对中国中西部造山带形成酌作用[A]//罗志立. 龙门山造山带的崛起和四川盆地的形成与演化[M]. 成都：成都科技大学出版社，1994，288-303.

[20]刘和甫，夏义平，刘立群，等. 造山带与前陆盆地连锁断滑系统[A]//马宗晋，杨主恩，吴正文. 构造地质学岩石圈动力学研究进展[M]. 北京：地震出版社，1999，29-40.

[21]刘树根，罗志立，曹树恒. 一种新的陆内俯冲类型——龙门山型俯冲成因机制研究[J]. 石油实验地质，1991，13(4)：314-324.

[22]罗志立. 中国石油天然气形成的地质构造背景[A]//邱中健. 中国油气勘探[M]. 北京：地质出版社和石油工业出版社，1999：1-30.

[23]Allen P A，Peter H，Williams G D. Foreland basins：an introduction[A]// Foreland Basins[M]. Blackwell Publishing Ltd，2009，3-12.

[本文原载于《新疆石油地质》，2003，24(1)：1－8]

Ⅲ-5　中国陆内俯冲(C-俯冲)观的形成与发展

罗志立　刘树根　雍自权　赵锡奎　田作基　宋鸿彪

(成都理工大学“油气藏地质及开发工程”国家重点实验室，四川成都 610059)

摘要：自 1984 年首次提出 C-俯冲(中国陆内俯冲－Chinese-subduction 之简称)观点后，引起了国内地学界强烈的反响。经过近 20 年的发展，这一观点已被越来越多的地质现象证实，也被越来越多的人所接受。这一观点认为，C-俯冲带在大地构造位置上处于古老褶皱山系与内陆盆地边缘坳陷之间；C-俯冲带早期为正断层，后期转化为逆断层，成为盆地坳陷边缘主动向山系潜滑的俯冲断层；C-俯冲带有着良好的成油条件，在逆冲带形成早期往往发育着较厚海相和海陆过渡相沉积，后期形成前渊盆地，在中、新生代可形成良好的湖相成油环境；青藏高原的崛起除了与新生代印度板块与欧亚板块发生碰撞有关外，还与龙门山 C-俯冲活动有关；C-俯冲不仅在中国中西部存在，也存在于中国的东部地区，C-俯冲观点的提出，丰富、完善了板块学说关于申、新生代造山带形成的模式，是中国地学工作者在大陆构造理论上的创新。

关键词：俯冲作用；C-俯冲；造山运动；内陆盆地；边缘坳陷

一、问题的提出

在冲断带之下寻找油气是我国第二次石油普查的新领域之一。为了说明冲断带油气成藏的地质构造背景，国内著名石油构造学家朱夏最早引用 A-俯冲术语[1]。笔者据 1974 年以来对中国板块构造和含油气盆地的研究[2,3]，并将龙门山、准噶尔盆地西北缘与鄂尔多斯盆地西缘所称的 A-俯冲和 Bally 在美国落基山区命名的 A-俯冲[4]进行比较，发现二者在沉积特征、全球区域构造背景和动力学机制上，均有很大的不同。前者与中国中西部“挤压型陆相盆地的发育紧密相关”。类似的陆内俯冲带还发育在“我国天山南北和祁连山北缘在中、新生代出现的一些冲断带”，因而设想为 C-俯冲带(Chinese-subduction)。为此，笔者 1984 年撰文提出以下新论点：[5,6]

(1)C-俯冲断层不是上盘主动的仰冲断层，而可能是盆地坳陷边缘向山系潜滑形成的俯冲断层。如龙门山冲断带是在印支运动晚期(T_3x 末，当时的龙门山区已成陆地)由于古太平洋板块持续的挤压，迫使西倾的盆地基底在川西巨厚沉积物负载重力联合作用下，向西北潜滑并使其前缘发生变形褶皱形成。

(2)C-俯冲在大地构造位置上处于老的褶皱山系和陆内盆地边缘坳陷之间，如我国西部的准噶尔盆地、塔里木盆地和柴达木盆地边缘冲断带等。

(3)C-俯冲带早期为正断层，后期转化为逆断层。如克－乌冲断带和龙门山冲断带中生代形成的 C-俯冲带。

(4)C-俯冲带成油条件良好并提供中国中西部可供选择勘探有利的冲断带。在冲断带形成早期，往往有较厚的海相－海陆过渡相沉积(即：被动陆缘沉积环境)；后期形成的前渊盆地(foredeep basin)，又可在中、新生代形成良好的湖相成油环境，故冲断带处于“早晚有利”和“左右逢源”的非常有利位置上。笔者认为今后可供选择有利勘探的冲断带有 11 个(见图 1)：①准噶尔盆地西缘的西准噶尔冲断带；②准噶尔盆地东北缘的东准噶尔冲断带；③准噶尔盆地南缘的北天山冲断带；④塔里木盆地北缘的南天山冲断带；⑤塔里木盆地西南缘的西昆仑冲断带；⑥柴达木盆地东南缘冲断带；⑦柴达木盆地北缘冲断带；⑧祁连山北缘甘肃走廊冲断带；⑨鄂尔多斯西缘贺兰山冲断带；⑩龙门山前缘冲断带；

⑪大巴山前缘冲断带。经过十多年的勘探，上述冲断带绝大多数发现了油、气田，有的甚至发现了特大气田，如塔里木盆地北缘南天山冲断带中的库车前陆盆地，发现的克拉 2 号大气田等。

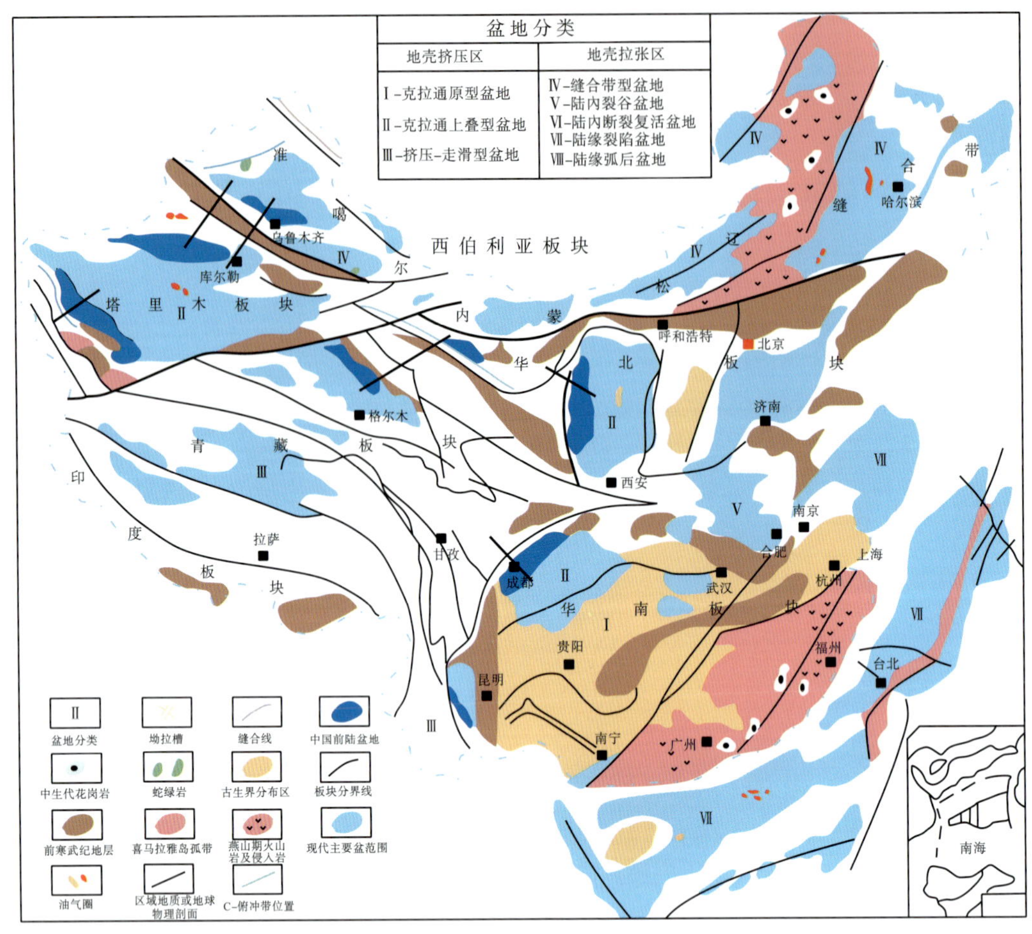

图 1　中国板块构造、盆地分类及 C-型俯冲带分布

（5）许多地质学家认为，青藏高原的隆升是新生代印度板块与欧亚板块在其南侧发生碰撞的结果。我们分析了龙门山冲断带发育史后认为，龙门山 C-俯冲作用，从东面抬升青藏高原，也是一个不可忽视的重要原因，这进一步丰富了人们对青藏高原隆升的认识。

20 世纪 80 年代初，C-俯冲论点发表后，引起国内许多地学者不同的反响。反对者有之，赞成者有之[8]，当时大多数学者持怀疑态度。国内首先引用 A-俯冲的著名石油构造学家朱夏先生，临终前在论述中国大地构造的讲话中认为，中国发生的俯冲“显然不是 B-Subduction，也不同于 Bally 提出的 A-Subduction，是罗志立教授所说的 C-Subduction，是与地壳底下的物质向外流动产生的底流（subfluz）有关”[9]，开导笔者从更深层次考虑问题。因 C-俯冲（陆内俯冲）的论点，冲击了传统地质学仰冲造山的观点，大多数学者对此持怀疑态度，仍多沿用 Bally 在中国都不承认的 A-俯冲这一术语[10]。

二、龙门山冲断带研究的深化及 C-俯冲模式的建立

（一）多学科综合研究，深化了龙门山冲断带的认识

“七五”国家重点科技攻关项目和国家自然科学基金资助项目，对龙门山冲断带及其邻区的甘孜－阿坝地槽区和川西坳陷，从沉积学、构造学、同位素年代学、地球物理学和遥感地质学等学科，进行了全面的、系统的研究；后又与澳大利亚墨尔本大学合作，从变质岩石学、裂变径迹技术和深部地

震学等多方面进行研究，完成专题报告一份①、专著两部[11,12]，国内外发表论文30余篇[13]。在龙门山冲断带取得以下重要的新认识：

(1)晚古生代至晚三叠世早期，龙门山处于扬子地台向古特提斯洋延伸的稳定大陆边缘，马鞍塘组(T_3m)沉积后的印支运动中幕，受羌塘－昌都地块北东向挤压，在茂汶断裂以西的甘孜－阿坝地区形成西北两向褶断隆起，成为四川盆地须家河组(T_3x)的物源区；印支运动晚期(T_3x末)随着扬子古板块向华北板块俯冲，形成北东向的龙门山造山带；其后经过燕山和喜马拉雅运动期不断抬升，形成今日青藏高原东缘的地貌景观[14,15]。这项由两期造山形成两个不同方向造山带的研究成果不仅不同于前人把松潘－甘孜造山带与龙门山带同时形成一个造山带的观点，而且解决了松潘－甘孜北西向造山带与龙门山北东向造山带在发展阶段上不同和在动力学上不协调的矛盾。

(2)龙门山造山带形成的基本模式，为推覆与滑覆体叠加模式。龙门山造山带可划分出5个推覆体和3个滑覆体群。本区5条主干断裂由西北向东南从韧性到脆性变形，并呈背驮式向盆地发展[16]。首次在全区划分出滑覆体，川西北泥盆系组成的唐王寨向斜也属一个大型的滑覆体，丰富了本区构造样式的认识。

(3)通过阿坝地区的黑水－理县间的老君沟等4个岩体的地球化学和年代学研究，花岗岩体分布时代由东向西变新，其中壳源物质逐步增加的趋势，显示可能存在向西倾斜的俯冲滑脱层。根据老君沟岩体矿物封闭温度计算得到的岩体上升速度，以T_3x和J_2上升最快，这与川西坳陷在该两期沉积厚度较大、沉降最快特征对应[17]。这有力地证实了盆山演化的耦合关系。

(4)据重、磁、电、地震及面波频散等地球物理资料，得出龙门山中段出露地表的茂汶杂岩体(Pt_2,)是无根岩体，龙门山造山带正处于莫霍面由东向西的陡斜坡上，上地壳的磁性层面和莫霍面的形态均出现由东南向西北下插的格局[19]。特别是依据人工爆破地震测深和大地电磁测深资料解释的岩石圈剖面，显示中地壳存在低电阻率层、莫霍面在龙门山造山带地腹错断、软流圈由东向西下插，显示四川盆地深部地壳结构沿龙门山造山带地腹发生构造潜滑作用。

(5)据与墨尔本大学合作的磷灰石裂变径迹的成果，龙门山俯冲带在北川－映秀－小关子断裂东西两侧，隆升幅度和隆升速度均有很大的差异[11,12]。西侧分别在燕山运动期岩体、前震旦纪花岗岩体和古生界砂岩采样，测得裂变径迹年龄均小于10×10^6a，经计算机模拟10×10^6a以来快速冷却上升，其上被剥蚀掉4～6km岩层。东侧在彭县－灌县一带采得的上三叠统和上侏罗统砂岩样品，其裂变径迹年龄分别为173×10^6a和140×10^6a，经模拟计算35×10^6a以来冷却上升，其上被剥蚀掉0.35～0.53km岩层。若以上升速率计算，北川－映秀－小关子断裂西侧比东侧快40倍。这些资料充分说明北川－映秀－小关子大断裂是青藏高原东界深断裂，晚第三纪以来因C-型俯冲而使西侧快速上升，从东面抬高了青藏高原。

(二)龙门山C-俯冲模式的建立和评述

上述多学科研究得出的新认识，不仅检验了20世纪80年代初提出的假设和推断，而且从地壳深部结构等多方面对C-俯冲机制加深了认识。据此，总结出龙门山造山带的动力学模式为“多阶段、多层次滑脱，深层俯冲控制浅层发展的陆内俯冲模式”。多阶段是指松潘－甘孜造山带和龙门山造山带不是一次完成，而是经过印支运动中期和晚期两次完成，而龙门山冲断带还经过燕山－喜马拉雅运动期多次挤压、抬升方形成今日的面貌。多层次滑脱是从龙门山山区深部地球物理资料推断地壳深部和沉积盖层内均存在多个低速层(或低电阻率层)和塑性层，这是C-俯冲累积错断必不可少的条件。深层俯冲控制浅层发展，是指盆地内上地幔和下地壳沿各种塑性层(如低速层)向造山带地腹俯冲挤压，导致造山

① 罗志立，成学明，等. 龙门山中北段(灌县－广元)晚古生代以来地形发展和变形特征研究报告. “七五”国家重点科技攻关项目成果报告，1989.

带上盘不断抬升，使上地壳的浅层发生推覆和滑覆构造，向盆地方向逆掩。陆内俯冲是指中国大陆在中、新生代拼接过程或完全拼接后发生在微陆块与造山带之间的俯冲，它不同于Bally在北美大陆东侧因洋壳俯冲(B-俯冲)而发生的A-俯冲，也不同于冈瓦纳大陆与欧亚大陆碰撞而形成的A-俯冲[4]。

我们还通过数学模拟验证上述陆内俯冲模式存在的可能性[19]。运用有限单元数值模拟方法，对龙门山C-俯冲带形成的机制进行了研究：通过应力-应变场分析和动力学作用模拟，证明了扬子古板块由东向西的挤压力，可使龙门山断裂带由早期形成的正断层转变为反向仰冲的逆断层。深部塑性层的上下岩层在侧向压力作用下相对位移量出现差异，验证了多套塑性层可导致多层次的滑脱作用：通过对断层错动情况的计算，得出深部断裂错动量最大，往浅部方向变小，这也验证了深部动力作用控制浅层构造发展的模式。

龙门山C-俯冲模式研究成果的发表，引起国内同行的关注和评述。1989年原地矿部科技司委托西南石油地质局，组织专家评审“七五”龙门山科研成果，认为“这项成果在国内逆掩推覆复杂地区研究领域内具领先地位，在其系统性和多学科方面，也具国际先进水平，对推动我国地质科学发展有重要意义，在油气勘探方面有实践价值”。贺自爱认为C-俯冲这一崭新的地质概念，是对板块构造理论的发展，是我国地质学家对中国大地构造理论的贡献[20]。赵重远认为：“C-冲断带的提出不仅是在挤压构造中增添了一种模式，而且是提出了一种陆内地球动力学机制”。刘宝珺认为：“C-俯冲带研究学术思想的推出，在国际上是领先的，这部专集的问世，将成为龙门山地质构造研究的新起点，对揭示中国大陆构造特色做出了应有的贡献”。

三、C-俯冲的分类和中国中西部陆内造山新模式的提出

（一）中国中西部C-俯冲带特征

龙门山C-俯冲综合研究，只是局部认识上的深化，结合前述8个C-俯冲带及其前陆盆地的对比研究，发现存在以下共同特征[21]：

(1)地貌反差大，常发生在隆坳之间，其规模常达数百千米，可深切至下地壳甚至莫霍面，如龙门山冲断带和天山北缘冲断带。龙门山冲断带位于青藏高原与川西平原之间，其地貌反差可达3km以上。

(2)常处于前陆盆地沉积最厚和沉降最深的地方。自晚二叠世中国中西部形成许多陆相盆地，在冲断带前缘形成的前陆盆地，陆相沉积厚度达5～15km，这种沉积负荷造成的地壳下弯，不仅为C-俯冲带继续发展，而且为后期造山带抬升提供了条件。

(3)在构造演化上，成背驮式向前陆盆地逐步发展，不断加大前陆盆地的构造负荷，迫使地壳下弯，加速前陆盆地沉降。

(4)在深部地壳结构上相邻造山带或前陆盆地中、下地壳内存在低速层或高导层，莫霍面或软流圈有由前陆盆地向造山带下插之势。

(5)印支运动期之后，天山、昆仑山、祁连山、秦岭和龙门山区洋盆早已消失，褶皱造山带已经形成，中国大陆已拼接成块。C-俯冲是发生在大型陆相盆地与造山带之间的冲断带，故称为陆内俯冲。

(6)在动力学上，推测C-俯冲是复合作用的结果。发生C-俯冲的内在条件，正如前述有地貌反差大、早期大断裂存在、前陆盆地有巨厚的沉积负荷和构造负荷、地壳和上地幔中又存在多个滑脱层等先决条件。邻区的印度板块俯冲或碰撞产生的远端效应是其外因，它会触发前陆盆地重力失稳状态转变成运动状态，导致前陆盆地深层构造向造山带腹部潜滑，从而会强化陆内造山带的隆升和前陆盆地的逆冲和滑覆。这显然不同于Bally从全球板块构造角度提出的A-俯冲与B-俯冲伴生和共轭剪切配套的成因机制。

(二)天山造山带及其前陆盆地研究，对C-俯冲的进一步验证

夹持于准噶尔盆地和塔里木盆地之间的天山造山带，其前缘冲断带发展史，有与龙门山C-俯冲相似的特征。早二叠世末的华力西晚期运动，塔里木板块和准噶尔地块碰撞，结束天山洋盆发育的历史。经过晚二叠世—三叠纪天山造山带不断夷平，到早、中侏罗世随着西北地区大小盆地湖沼化，天山造山带已接近准平原化，如在中天山带内伊宁、焉耆等山间盆地内仍保留相同层位的含煤沉积。侏罗纪末的燕山运动期，C-俯冲在天山造山带南北两侧发生，这不仅在库尔勒以北可见杨吉布拉克群(Pt)逆冲到侏罗系之上，还在白垩系底部发育巨厚的磨拉石堆集，有的地方不整合超覆在侏罗系之上。上新世以来天山造山带剧烈隆升形成冰川地貌，其南北两侧发育4km的磨拉石堆积，显示C-俯冲导致的陆内造山特征(见图2)。对天山造山带发展阶段，可概括为“早期(P_3-J)板块碰撞造陆，晚期(K-N)因C-俯冲陆内造山”的模式。

穿过天山的MT-Ⅲ大地电磁综合解释剖面(见图3)，显示天山造山带南北两侧盆缘的深部结构有向下插之势。如：塔里木盆地北部库车拗陷、南天山部分地区、北天山和准噶尔盆地南缘，在10～30km深部范围内，断续存在厚8～10km视电阻率为1.6～6.3Ω·m的低电阻率层，夹于上下高电阻率层间，这为C-俯冲必要的层间滑移提供了条件；在库车拗陷之北存在挤压破碎带，F14断裂北倾可下延至40km(见图3)，显示库车拗陷深部地壳有向北俯冲趋势；在北天山和准噶尔盆地南缘超过10km深处存在1.6～5.5Ω·m的低电阻率层向南倾斜，其下的基底高电阻率层有向南俯冲的趋势。

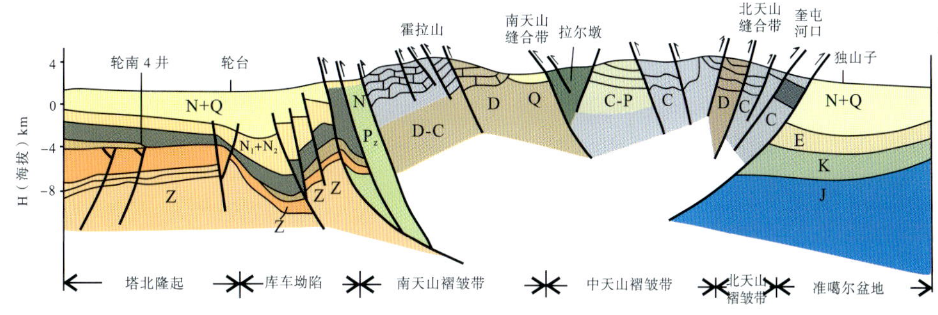

图2　天山造山带构造横剖面(轮台—独山子段)

从上述地面构造地质和深部地壳结构特征，进一步证实天山造山带南北两侧均存在C-俯冲，对天山抬升起有重要作用。

(三)C-俯冲带的分类及陆内俯冲造山的动力学新模式

据C-俯冲所处大地构造位置与造山带作用的相互关系，中国中西部的C-俯冲可分为单向和双向俯冲两类。龙门山俯冲带、贺兰山俯冲带、准噶尔盆地西缘冲断带，属单向俯冲带，可以龙门山俯冲带为代表，称为龙门山型俯冲，简称L-俯冲。天山、祁连山和昆仑山两侧俯冲带为双向俯冲，称为天山型俯冲，可简称T-俯冲。这样的分类对研究中国中西部造山带动力学机制和前陆盆地的形成有重要作用。

笔者认为，C-俯冲对中西部造山带形成有3种作用[21]：C-俯冲多与前陆盆地伴生或稍后形成，早期因板块碰撞作用力未完全消失，后继的C-俯冲继续加强挤压，起着“后继俯冲陆内造山的动力作用”；因C-型俯冲带沿盆地边缘深部地壳向造山带腹部地壳俯冲，致造山带中浅层地壳剧烈抬升，并向盆地“推覆与重力扩展的滑覆作用”；C-俯冲带常具韧性剪切带性质，沿剪切带摩擦产生的热力作用会熔融地壳形成大量火成岩体，起到陆内造山带的“扩容和扩展作用”。

自晚中生代以来，特别是新生代中国中西部陆内造山带之所以强烈隆升，是因为在中国大陆虽完全拼接但继续受到邻区印度板块和太平洋板块的远程效应的挤压力，中国大陆地壳仍继续收缩(或走

滑)，这就必然在薄弱的前陆盆地深部地壳通过 C-俯冲，把传递来的水平挤压力转换成陆内造山带的上升力，使它得以隆升。这可以中国中西部中、新生代地壳变形强度和地震活动频度高而得到证明。

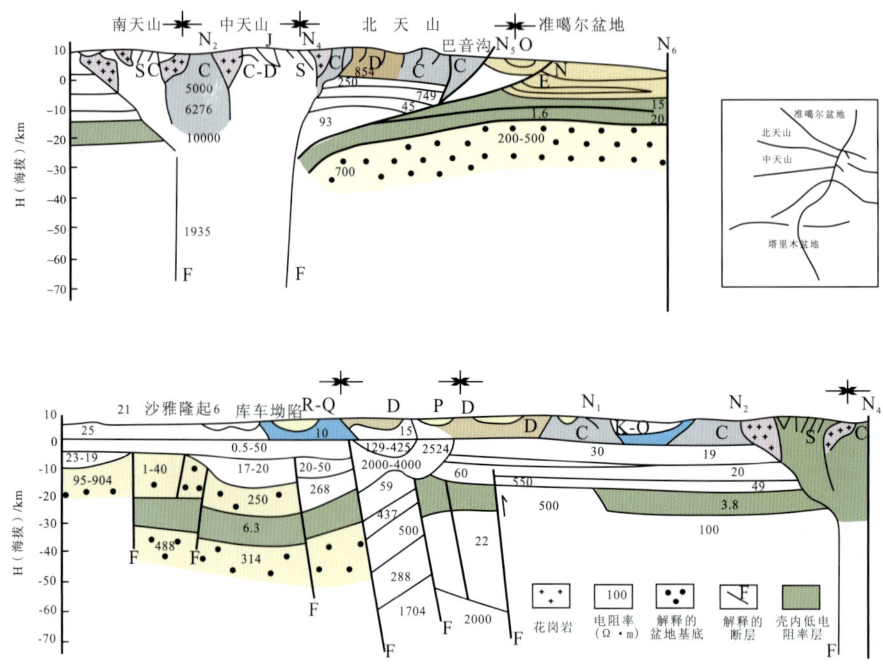

图 3　天山造山带及邻区大地电磁探测 MT-Ⅲ综合解释剖面(据文献[46])

从板块构造演化讨论全球中、新生代造山带的形成有 3 种模式：洋壳对陆壳俯冲形成科迪勒拉型造山带，其动力来源与洋壳俯冲有关，可称俯冲作用造山(subduction)(图 4a)；洋壳消失殆尽，陆壳与陆壳发生碰撞，形成的阿尔卑斯型造山，可称为碰撞作用造山(collision)(图 4b)，因 C 型俯冲使原夷平的造山带再次抬升，形成天山型的陆内造山带，可称抬升作用造山(lifting)(图 4c)。这种造山带的形成只有在中国多块体拼接

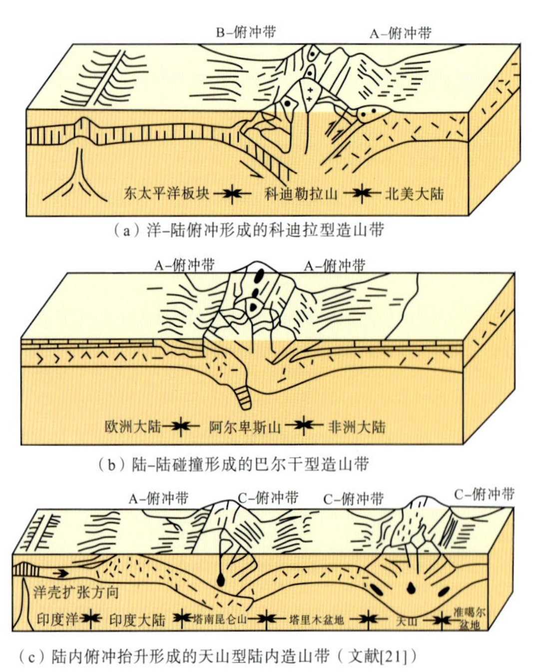

图 4　板块构造造山作用的不同阶段

成大陆后，由于印度板块碰撞，在中国中西部因C-型俯冲而显现出陆内抬升而形成的造山带，不同于前两种作用形成的造山带，故我们暂称为“陆内俯冲抬升造山的动力学新模式”[23]。

四、中国中西部盆山系统耦合关系的研究和陆内俯冲前陆盆地的提出

“九五”期间，刘树根等11名中澳地质工作者，系统地研究了中国中西部盆山系统的耦合关系。完成《中国中西部盆山系统耦合关系及动力学过程》成果报告。取得的主要新认识有：

(1)中国中西部盆山系统能量流的循环和演变具有两个方向：①从深部软流圈和上地幔传向下地壳、中地壳和上地壳；②以壳内高导层为界，其下能量从盆地传向造山带，而其上是从造山带传向盆地。

(2)中国中西部盆山系统物质流的循环和演变也具有两个方向：①地壳高导层之下由沉积盆地迁移(俯冲潜滑)到造山带，在壳内高导层之上，由造山带迁移(推覆和滑覆)到沉积盆地；②在沉积盆地，物质从浅部向深部迁移，而在造山带，物质从深部迁移到浅部。

(3)盆山间具有十分重要的流体交换。这种交换可能改变盆山系统的热结构和压力系统，影响盆地内和造山带内资源的再分布。流体交换表现在：①不同层圈间流体作用强烈；②流体对C-俯冲潜滑起到了推动作用；③流体起着物质流和能量流传输的作用。

(4)据中国中西部的实际地质特征与国外典型前陆盆地对比，发现我国中西部前陆盆地的特殊性大于国外称的前陆盆地的共同性。因而，认为在中国中西部直接引用“前陆盆地”一词不当，建议采用“中国陆内俯冲型前陆盆地”(Chinese intracontiental sub-duction foreland basin)一词(简称C-前陆盆地)，以示有中国地质特色的前陆盆地[24]。

18年前在研究龙门山冲断带时提出C-俯冲概念，即含有陆内俯冲性质，后对中国中西部天山等其他冲断带的研究，进一步证实C-俯冲的存在，并在中国大陆构造中带有普遍性。与此同时。国内许多地学者也做了大量的工作，发表了许多精辟的论述[25-35]，均承认中国陆内俯冲的存在。近年来，许多学者不再套用A-俯冲名称，而多改称大陆俯冲[34,35]，但在俯冲动力学机制等上有共识也有分歧。

C-俯冲不仅在中国中西部存在，20世纪80年代末至90年代初在中国东部的大别-苏鲁碰撞造山带多处发现含柯石英的超高压变质岩后，引起国内外广泛的重视，多认为秦岭-大别-苏鲁造山带是在印支运动期扬子板块向华北板块俯冲后形成[36-39]，俯冲后深部物质还发生拆迁，因而在大别-苏鲁造山带出现俯冲到90km又折返到地表的含柯石英超高压变质岩，从柏林等称为大陆深俯冲。国内地质学者虽对陆内俯冲的具体机制还有许多争论，但在中国大陆不论西部和东部都存在着中生代以来所发生的俯冲作用则是不争的事实。可见，中国大陆俯冲是一种具有普遍性的地质作用。

经过十多年来我们与国内同行的共同研究，进一步认识到这种陆内俯冲，具有中国陆内构造独有的特征。首先它是在多块体、软碰撞基础上发展起来的，新生代印度板块与青藏陆块的碰撞作用，又触发中国中西部陆内俯冲的进一步活动，在陆内起到造山和成盆的作用，直到第四纪强烈的地震活动，表明有些地方俯冲活动还在进行，如塔西南的俯冲带[32]。C-俯冲的这些构造特征，在世界其它大陆的陆内构造是少有的，因而称他为中国型陆内俯冲(C-俯冲)是恰当的。

C-俯冲在中国地质构造理论、找矿和灾害地质等方面具有重要意义：

(1)C-俯冲对陆内造山带形成起着杠杆作用。C-俯冲带多位于中国中西部造山带的山根与地块之间，对中、新生代陆内造山带的隆升，起着杠杆抬升作用。如前述的天山和龙门山新生代强烈上升与C-俯冲有关。当前国内地学界正热烈讨论创建大陆造山带新理论的时候[40]，研究C-俯冲带将会起到促进作用。

(2)C-俯冲对中国前陆盆地形成起着控制作用。C-俯冲带位于前陆盆地的岩浆弧与前渊(Foredeep)之间，其构造单元称褶皱冲断带(相当本文所称的C-俯冲带)。经我们多年的研究，中国中西部9个大

型前陆盆地均与C-俯冲有关，因而提出C-俯冲形成“陆内俯冲型前陆盆地”的论点[24]。

(3)C-俯冲对油气、金属矿产和灾害地质的形成有重要作用。由于C-俯冲带多发生在古生代的被动大陆边缘和后期中、新生代变形的陆相盆地边缘，对海、陆相沉积有控制作用，成烃和成藏条件十分有利，具有“早晚有利”和“左右逢源”的位置；中国中西部的准噶尔盆地西缘、塔里木盆地北缘和四川盆地西缘等9个前陆盆地均产油气，中国最大的克拉2号气田即位于塔里木盆地北缘的库车前陆盆地中。

C-俯冲产生的热效应，使深部地壳物质活化迁移，在韧性剪切带有金矿的富集，在俯冲带上盘有多金属矿产富集，如陕、甘、川卡林型金矿和东秦岭峭山的金矿化[41]，在龙门山俯冲带的丹巴地区的伟晶岩型白云母矿床，均与此有关[28]。

在著名的天山地震带和中国南北地震带的龙门山段，地壳内普遍存在高导层和低速层，“是地震孕育、发生的深部动力条件”，“在天山埋深15～23km，有由南向北加深的趋势”，显示“层间插入消失的模型”[33]，这实际上就是一个多层次C-俯冲的滑脱面。

综上所述，可以毫不夸张地说中国陆内俯冲(C-俯冲)理论的概括，是中国地学工作者在大陆构造理论上的创新之一。

参考文献

[1] 朱夏．板块构造与中国石油地质[A]//朱夏．论中国含油气盆地构造[M]．北京：石油工业出版社，1981，71-79.

[2]罗志立．扬子古板块的形成及其对中国南方地壳发展的影响[J]．地质科学，1979，4(2)：127-138.

[3]罗志立．试论中国含油气盆的形成和分类[A]//朱夏．中新生含油气盆地形成和演化[C]．北京：科学出版社，1983：20-28.

[4]巴利A W．油气产状的地质动力背景[A]//李汉渝，译．全球大地构造与石油勘探[C]．北京：石油化学工业出版社，1975：10-31.

[5]罗志立．试论中国型(C-型)冲断带及其油气勘探问题[J]．石油与天然气地质，1984，5(4)：315-324.

[6]Luo Z L．On the Mechanism of the Longmen MountainThrust belt and its influence on formation of the Qinghai-Xizang plateau and accumulation of Hydrocarbon[J]．Geologyof the Himalaysas-Papers on Geology，1984，141-150.

[7]李扬鉴．中国挤压型盆地边缘的逆冲断层是潜滑俯冲作用形成的吗？——与罗志立同志商榷[J]．石油与天然气地质，1986，7(2)：125-134.

[8]刘树根．一种新的陆内俯冲类型——龙门山型俯冲成因机制研究[J]．石油实验地质，1991，13(4)：314-324.

[9]朱夏．活动论构造历史观[J]．石油实验地质，1991，13(3)：201-209.

[10]巴利A W．地震褶皱带及有关盆地[M]．石油工业出版社，1994.

[11]罗志立，赵锡奎．龙门山造山带的崛起和四川盆地的形成和演化[M]．成都：科技大学出版社，1994.

[12]刘树根．龙门山冲断带与川西前陆盆地的形成演化[M]．成都：科技大学出版社，1993.

[13]Arne D，Worley B，Wilson C，et al．Differential exhumation in response to episodic thrusting along the eastern margin of the Tibetan Plateau[J]．Tectonophysics，1997，280(3)：239-256.

[14]罗志立．龙门山造山帝岩石圈演化的动力学模式[J]．成都地质学院学报，1991，18(1)：1-7.

[15]龙学明．龙门山中、北段地史发展的若干问题[J]．成都地质学院学报，1991，18(1)：8-16.

[16]林茂炳，吴山．龙门山推覆构造变形特征[J]．成都地质学院学报，1991，18(1)：46-55.

[17]袁海华，张志兰．龙门山老君沟花岗岩的隆升及冷却史[J]．成都地质学院学报，1991，18(1)：17-22.

[18]宋鸿彪，刘树根．龙门山中北段重磁场特征与深部构造的关系[J]．成都地质学院学报，1991，18(1)：74-82.

[19]李天斌，宋鸿彪．龙门山C-俯冲带模式数值模拟研究[A]//罗志立．龙门山造山带的崛起和四川盆地的形成和演化[M]．成都：成都科技大学出版社，1994：357-368.

[20]贺自爱．《龙门山造山带的崛起和四川盆地和形成与演化》评介[J]．石油与天然气地质，1995，16(4)：394-394.

[21]罗志立，宋鸿彪．C-俯冲带及对中国中西部造山带形成的作用[J]．石油勘探与开发，1995，22(2)：1-7.

[22]田作基．南天山和塔北阿瓦提地区构造样式及油气远景[D]．成都：成都理工大学，1995.

[23]Luo Z L，Zhao G J，Liu S G，et al．The characteristics of C-subduction and the model of the inlracontinentalorogenic belts in the western central China[C]．International Conference on Geology，Geotechnology and Mineralresources of Indochina Khon Kaen，Thailancl，1995：25-42.

[24]罗志立，刘树根. 评述“前陆盆地”名词在中国中西部含油气盆地中的引用[J]. 地质论评，2002，48(2)：398-407.

[25]陈社发，邓起东，Wilson C J L，等. 龙门山中段推覆构造带及相关构造的演化历史和变形机制(一)[J]. 地震地质，1994，16(4)：404-420.

[26]刘和甫，梁慧社，蔡立国，等. 川西龙门山冲断系构造样式与前陆盆地演化[J]. 地质学报，1994，68(2)：101-118.

[27]林茂炳，苟宗海. 四川龙门山造山带造山模式研究[M]. 成都：成都地质大学科学出版社，1996.

[28]骆耀南. 龙门山—锦屏山陆内造山带[M]. 成都：四川科学技出版社，1998.

[29]蔡学林，曹家敏，刘援朝，等. 青藏高原多向碰撞—楔入隆升地球动力学模式[J]. 地学前缘，1998，6(3)：181-189.

[30]周立发. 阿拉善及邻区不同构造阶段沉积盆地的形成与演化[D]. 西安：西北大学，1992.

[31]贾承造，何登发，雷振宇，等. 前陆冲断带油气勘探[M]. 北京：石油工业出版社，2000.

[32]吴世敏，马瑞士，卢华夏，等. 西昆仑地震展布与塔西南“A”型俯冲[J]. 石油实验地质，1997，19(1)：1-4.

[33]马宗晋，赵俊猛. 天山与阴山燕山造山带的深部结构和地震[J]. 地学前缘，1999，6(3)：95-102.

[34]许志琴，杨经绥，姜枚，等. 大陆俯冲作用及青藏高原造山带的崛起[J]. 地学前缘，1999，6(3)：139-152.

[35]从柏林，王清晨. 大陆深俯冲作用研究引起的新思维[J]. 自然科学进展，2000，10(9)：777-781.

[36]徐树桐. 大别山的构造格局及演化[M]. 北京：科学出版社，1994.

[37]刘德良. 秦岭构造带东段与郯庐断裂带南段古应力[J]. 郯庐断裂超微构造，北京：中国科学技术出版社，1994：55-66.

[38]张国伟. 华北地块南部巨型陆内俯冲带与秦岭造山带和岩石圈三维结构[J]. 高校地质学报，1996：3(2)：129-143.

[39]袁学诚. 秦岭造山带地壳构造与楔入造山[J]. 地质学报，1997，71(3)：227-235.

[40]李纪亮，张国伟，钟大赉，等. 造山带研究笔谈会[J]. 地学前缘，1999，6(3)：1-19.

[41]陈衍景. 影响碰撞造山成岩成矿模式的因素及其机制[J]. 地学前缘，1998，5(S1)：109-118.

[42]罗志立. 中国石油天然气形成的地质构造背景[H]//邱中健. 中国油气勘探(第一卷)[M]. 北京：石油工业出版社，1999：1-30.

[43]任纪舜，牛宝贵，刘志刚. 软碰撞、叠覆造山和多旋回缝合作用[J]. 地学前缘，1999，6(3)：85-94.

[44]吴正文，张长厚. 关于创建中国造山带理论的思考[J]. 地学前缘，1999，6(3)：21-30.

[45]罗志立. 地裂运动与中国油气分布[M]. 北京：石油工业出版社，1989.

[46]詹鹿其. 塔里木盆地东北部的大地电磁测探工作及其初步地质成果[J]. 地球科学，1990，(S1)：97-106.

[本文原载于《中国石油勘探》，2004，9(2)：1－12]

Ⅲ-6　中国前陆盆地特征及含油气远景分析

罗志立[1]　李景明[2]　李小军[2]　刘树根[1]　孙　玮[1]

(1. 成都理工大学，四川省成都市 610059；2. 中国石油勘探开发研究院廊坊分院，河北省廊坊市 065007)

摘要：中国前陆盆地勘探成为可持续发展战略选区之一。作者在 20 多年来研究中国板块和大陆构造演化的角度，结合近 10 年来前人研究成果，从前陆盆地油气勘探现状、中国前陆盆地形成的地质构造背景和动力学机制进行分析，总结出中国前陆盆地特征，并与国外前陆盆地对比，从而提出“中国型前陆盆地”名称的建议；它在烃源岩类型、盆地结构中的含油气性和成藏期次等方面，均有很大的不同。综合分析了中国前陆盆地成藏条件，依据烃源层多少、稳定大陆边缘海相烃源层保存条件、盆地变形期早晚、盆地规模大小和勘探现状等因素，把中国 15 个前陆盆地含油气远景分为有利、较有利和有远景三类，供勘探决策者参考，并提出中国前陆盆地研究中存在 5 个关键问题。

关键词：中国前陆盆地；动力学机制；盆地对比；远景评价；盆地特征

随着中国经济高速发展，能源需求日益迫切，许多专家预测，到 2010 年需要大量的石油和开发天然气资源，除向国外开拓市场增加进口外，在国内提出前陆盆地、碳酸盐岩和岩性油气藏三大领域，为可持续发展的战略选区。前陆盆地首当其冲，引起同行的广泛关注，近 10 年来国内发表有关中国前陆盆地文章数百篇，对认识中国前陆盆地特征有很大的促进作用，但对一些战略性关键问题，讨论不够。如中国前陆盆地为什么主要分布在中国西部；中国前陆盆地与国外前陆盆地结构有何主要差异；中国前陆盆地油气资源远景估计，以油为主或以气为主。本文拟在 20 多年来研究中国板块构造和陆内俯冲(C-俯冲)基础上，结合前人研究成果，从中国前陆盆地分布特征，认识中国前陆盆地特殊性，探讨上述问题，为评价中国前陆盆地含油气远景提供依据，供中国油气资源战略选区参考。

一、中国前陆盆地分布及勘探现状

(一)中国前陆盆地区域地理分布

从近二十多年来发表的文献统计，对中国前陆盆地的名称、个数和分布认识很不统一。早在 1994 年，罗志立等在论述 C-俯冲带对中国中西部造山形成作用时，提出与 C-俯冲有关的 8 个前陆盆地[1]，它们是：四川盆地西缘、鄂尔多斯盆地西缘、酒泉盆地南缘、柴达木盆地北缘、准噶尔盆地西缘、准噶尔盆地南缘、塔里木盆地北缘、塔里木盆地西南缘。2001 年，翟光明等提出中国西部有油气资源潜力的前陆盆地有 15 个，即：库车、塔西南、塔东南、准噶尔南缘中西段、博格达山前(乌鲁木齐以东)、喀什、博格达山南吐哈盆地北缘、柴北缘、祁连山前、柴西缘、鄂尔多斯西缘北段、鄂尔多斯西缘南段－龙门山前－大巴山前－楚雄盆地。

有一些学者认为在中国东部的大别山造山带南、北两侧存在两个中生代的前陆盆地，南侧称下扬子沿江前陆盆地(T_3h-J_2)[2]，北侧称合肥前陆盆地(J-K_1)[3]；也有少数学者把中国南方的南盘江和十万大山盆地称为前陆盆地[4]。据前述地学者发表文献对中国前陆盆地不完全的统计，中国前陆盆地共有 15 个(见图 1)。这些前陆盆地以大兴安岭－太行山－雪峰山重力梯度带为界(或以东经 110°东西两侧的岩石圈、软流圈结构差异，划分的中国东西两部)，中国前陆盆地在西部有 13 个，占 86％，且主要集中在六盘山－龙门山－横断山以西地区，占全中国前陆盆地 60％；东部只有 2 个。

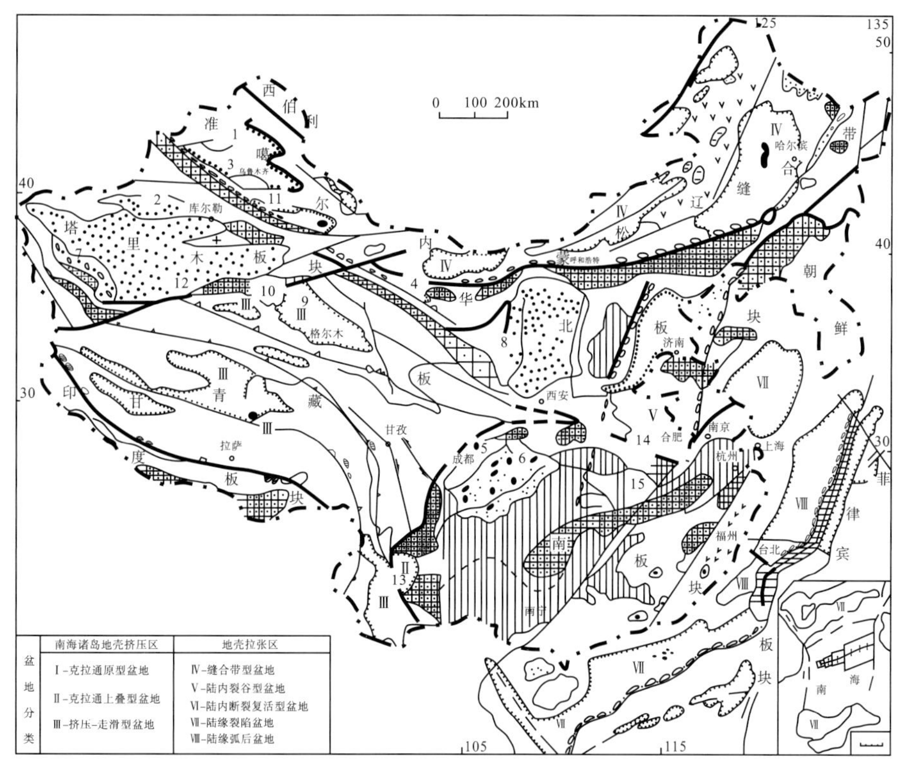

图 1　中国板块构造、盆地分类和前陆盆地分布图

1. 准西前陆盆地；2. 库车前陆盆地；3. 准南前陆盆地；4. 酒泉前陆盆地；5. 川西前陆盆地；6. 川东北前陆盆地；7. 塔西南前陆盆地；8. 鄂西前陆盆地；9. 柴北前陆盆地；10. 柴西前陆盆地；11. 吐哈前陆盆地；12. 塔东南前陆盆地；13. 楚雄前陆盆地；14. 合肥前陆盆地；15. 下扬子前陆盆地

(二)中国前陆盆地油气勘探现状

上述 15 个前陆盆地经过不同程度的勘探，取得了巨大的成果。有在 20 世纪 50 年代准西前陆盆地发现的克拉玛依大型油田；有 90 年代塔里木盆地北缘库车前陆盆地中发现的特大型克拉 2 号气田；有在川西前陆盆地的侏罗－白垩系红层中发现的浅层次生大气田，其中除塔东南、楚雄、下扬子和合肥等前陆盆地未获油气勘探突破，尚需进一步工作外，其余 8 个前陆盆地均获得有工业价值的油气层和油气田(见图 2)。如在鄂西前陆盆地发现 8 个中、小型油田；酒泉前陆盆地勘探逾半个世纪，发现几个第三纪次生油田，近年来又在酒西盆地窟窿山变质岩推覆体之下喜获白垩系大油田，这说明中国前陆盆地虽结构复杂、勘探难度大，但还是有很大的油气资源潜力，值得进一步的关注和研究。

二、中国前陆盆地形成的地质构造背景及动力学机制

(一)中国前陆盆地是中国大陆构造表现的一种特殊形式

在中国大陆中、新生代拼接过程或拼接完成后，地壳变动和岩石圈演化异常活跃，产生的一些独特地质现象，如西部青藏高原的隆升，东部第三纪裂谷剧烈沉降等。其中前陆盆地发育于造山带与陆相盆地之间，为一种重要的特殊地质构造现象，它的形成与陆内俯冲(C-俯冲)有关，又与陆内造山作用对应，三者生成关系非常密切。中国大陆拼接后并不稳定，大陆地壳不断受挤压缩短，因陆内俯冲和抬升形成许多正向的、雄伟的年青山脉(陆内造山)，也因陆内俯冲形成许多负向的深陷的前陆盆地(俯冲造盆)，故中国前陆盆地代表中国大陆构造表现的一种特殊构造形式。我们说它有特殊性是因为它在中国大陆构造样式中占有重要位置；在中国中、新生代陆相沉积盆地中，赋存丰富的油气资源，

可与东部裂谷盆地媲美；它表现的独特地质构造现象，在全球其他大陆板块构造中是少见的。

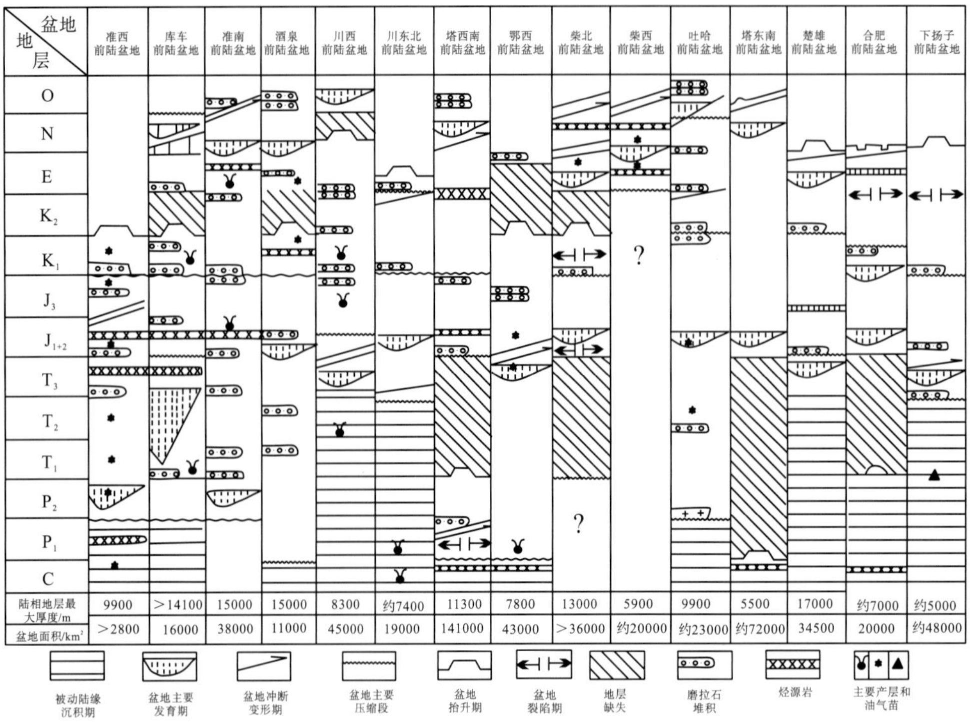

盆地 / 地层	准西前陆盆地	库车前陆盆地	准南前陆盆地	酒泉前陆盆地	川西前陆盆地	川东北前陆盆地	塔西南前陆盆地	鄂西前陆盆地	柴北前陆盆地	柴西前陆盆地	吐哈前陆盆地	塔东南前陆盆地	楚雄前陆盆地	合肥前陆盆地	下扬子前陆盆地
陆相地层最大厚度/m	9900	＞14100	15000	15000	8300	约7400	11300	7800	13000	5900	9900	5500	17000	约7000	约5000
盆地面积/km^2	＞2800	16000	38000	11000	45000	19000	141000	43000	＞36000	约20000	约23000	约72000	34500	20000	约48000

被动陆缘沉积期　盆地主要发育期　盆地冲断变形期　盆地主要压缩段　盆地抬升期　盆地裂陷期　地层缺失　磨拉石堆积　烃源岩　主要产层和油气苗

图 2　中国前陆盆地构造演化及油气显示

（二）对中国陆内俯冲形成前陆盆地名词的界定

近 10 年来国内学者发表的文章，对中国西部前陆盆地名词认识有分歧，莫衷一是[5]。本文所称的前陆盆地，从以下特征界定：①在时间上，多发生在中、新生代陆相盆地形成过程中，底部有不整合面和底砾岩与大陆边缘海相地层或下伏地层分界；②在空间上，位于克拉通或地块边缘和造山带之间的压性构造单元，有别于拗拉槽闭合形成的沉积盆地，如中国南方钦州海槽或南盘江海槽关闭形成的沉积盆地；③在构造关系上，因前隆不明显，与相邻的克拉通盆地无明显的分界线；④在地史演化上，受陆内脉式俯冲作用时强时弱的影响，陆内造山作用也表现为时强时弱，因而前陆盆地沉积特征有时有巨厚的陆相磨拉石沉积，表现为前陆盆地特征；有时表现为克拉通陆相盆地边缘细粒沉积，具湖－沼相沉积特征。这在川西前陆盆地和库车前陆盆地中、新生代表现最明显，故国内许多学者对它们划分出不同时期的前陆盆地。

（三）许多微陆块拼接构成的中国大陆构造，成为中国前陆盆地结构造复杂的重要因素

中国 $960\times10^4km^2$ 国土面积，现在看起来是完整的大陆，它位于亚洲大陆的东南部；但从地史演化上看，它是以塔里木、中朝和扬子三个古板块为核心，与 38 个微陆块拼合形成，它们均具有前寒武纪基底，任纪舜称为古中华陆块群[6]。这些小陆块少数从劳亚古陆或冈瓦纳古陆分离出来，如羌塘和拉萨陆块等。这些陆块规模均很小，即使最大的中朝板块，其面积也只有北美板块的 6%，中国最大的中朝、扬子和塔里木三个古板块面积总和也不过北美板块 13%。由此可见，中国古板块规模小，无法与世界其他大型板块比拟；因其规模小，在板块运动过程中，则稳定性差、活动性大，在古板块演化格局中发生多次分裂和拼接，在地史演化中表现为多旋回构造运动；因而在中国前陆盆地中，留下许多特殊的地质记录，如多期不整合、多套磨拉石堆集、无明显的前隆等，这对前陆盆地中油气的生成和聚集产生重要影响。

（四）中国陆内俯冲（C-俯冲）是前陆盆地－陆内造山带转换的内在原因

20世纪70年代造山带及其前缘深部发现低速高导层，是一个很大的贡献。由于这一发现，陆内俯冲作用才成为可能，盆－山转换机制才能形成。在岩石圈底部有软流圈，可产生层圈滑脱。青藏高原及其周缘山系（昆仑－阿尔金－祁连－龙门山－喜马拉雅山脉），普遍发育壳内高导层，深度在15～20km范围内，周缘山系在45～60km还发育另一高导层，形成双层高导层；上地幔低阻层顶面为120～180km。天山山系在地壳内发育有多个低速薄层，高导层分布与山系走向一致，上地幔低阻层顶面为160km左右。塔里木盆地岩石圈成楔状向天山下插，可深达160km[7]，即与此转换关系有关。此外，上地壳变质岩和沉积岩盖层中的非能干层（如千枚岩、页岩、石膏层等），也是地壳拆离滑脱的构造条件。

在上述动力学条件下，陆内俯冲发生时，就在盆－山之间发生能量流和物质流的转换和迁移，前陆盆地得以形成。如前陆盆地中地壳物质因俯冲、潜滑迁移到造山带腹部；而造山带因推覆、滑覆和蚀顶作用，物质流向前陆盆地聚集。故盆－山系统耦合关系主要表现为：

①造山带楔进作用（wedging）和盆地挠曲；②造山带的滑脱作用（detachment）或拆层作用（delamination）与盆地变形；③造山带的蚀顶作用（deroofing）和盆地充填。

（五）特提斯洋关闭和印度板块持续推挤，是中国西部前陆盆地形成的构造动力学背景

羌塘－昌都陆块于印支期与欧亚大陆碰撞，使金沙江洋关闭，它向北的远端效应可达准噶尔、塔里木和中朝与扬子板块，形成中国西部许多前陆盆地的雏形，如准噶尔盆地西缘、鄂尔多斯盆地西缘和四川盆地西缘、楚雄、合肥和下扬子等前陆盆地，在中国东部古西太平洋板块联合作用下基本定型。金沙江洋关闭后，拉萨地块从冈瓦纳大陆分裂出来，并继续北上，在其间形成班公－怒江－澜沧江东特提斯洋，发展到晚三叠世—早、中侏罗世开始萎缩、消亡，于早白垩世完全关闭，代表全球板块运动一次大的构造事件，结束中国西北地区许多J_{1+2}的断陷湖盆群，并诱使准噶尔盆地西缘的阿尔泰山、南缘的天山、塔里木盆地西缘的西昆仑山和东缘的阿尔金山，以及祁连山、秦岭和龙门山等山脉再次上升，使其前缘的前陆盆地继续发育。印度板块于中白垩世（100Ma）脱离冈瓦纳大陆向北漂移，于始新世（52Ma）与欧亚大陆碰撞，自52Ma碰撞以来缩短距离500～1000km，产生的南北向挤压、缩短作用，除使青藏高原隆升和地壳加厚外，所产生的强大远程效应使高原周边断裂俯冲、走滑、抬升；同时触发陆内俯冲，使西昆仑山、天山、阿尔金山、祁连山、龙门山于新第三纪不断抬升，分布前缘的前陆盆地剧烈沉降到发育完成。

据上所述，就可略知中国西部前陆盆地形成的地质构造背景异常复杂，也可回答为什么中国中、新生代前陆盆地主要分布在中国西部的原因。

三、国内外前陆盆地特征对比及定名

（一）中国前陆盆地特征

二十多年来，在深入研究川西前陆盆地和库车前陆盆地基础上，结合中国西部其他前陆盆地分析，中国前陆盆地存在以下主要特征：

（1）前陆盆地形成的区域构造背景。多发育在中国大陆拼接后的大陆内部，属中国大陆构造的一种特殊地质构造现象。

（2）前陆盆地规模。因中国大陆多为中、小陆块群拼接后，由陆内俯冲（C-俯冲）形成，故其前陆盆地规模小，一般为数千至数万平方千米。

(3)前陆盆地开始发育的时间。是以塔里木、华北、扬子三个古板块和准噶尔及柴达木两个块体，由广海沉积转为陆盆的时间计，多在晚古生代至三叠纪；晚、中、新生代为其发育期。

(4)无岩浆弧和蛇绿岩套。因为微陆块间的软碰撞和陆内俯冲作用，在前陆盆地的冲断带未见同造山期的岩浆弧，更未见到蛇绿岩套。

(5)前陆冲断带样式。多为前展式，冲断序列一般从造山带向前渊方向发展，时间从晚古生代断裂向中、新生代断裂发育。

(6)前渊和前陆斜坡。靠近前陆冲断带充填巨厚的中、新生代地层，向前陆斜坡减薄甚至尖灭，前渊狭窄。沉积体系配置，晚古生代至早中生代由稳定大陆边缘转为陆相盆地后，一般多为陆相沉积，由冲积扇砾岩—河流相砂岩—湖泊体系组成，纵向上频繁交替具旋回性，显示磨拉石堆积特征。

(7)前缘隆起(前隆)。因受克拉通盆地边缘基底断裂(如川西前陆盆地东缘的巴中—三台—龙泉山基底断裂)和古隆起(库车前陆盆地的塔北隆起)的控制，加之前陆盆地规模小，故中国前陆盆地前缘隆起不明显，认识有分歧。

(8)前陆盆地构造演化较为复杂，活动性大。发生多次冲断、不整合，地壳沉降为主，但有时抬升；以挤压为主，但有时发生拉张(见图 2)。这对油气成藏条件产生重大影响。

(二)国内外前陆盆地特征对比及命名的讨论

国外以 Dikinson 和 Bally 描述的前陆盆地为标志[8,9]，与国内前陆盆地对比，发现二者有相同之处，但有更多的不同。

(1)组成前陆盆地的基本结构有相似之处。国内外前陆盆地均发育在造山带和克拉通(或地块)之间的压性地壳中，也都有前陆冲断带、前渊和前隆等基本结构单元。

(2)在全球构造上具有不同的板块运动学背景。国外加拿大西部等前陆盆地，是因太平洋板块向美洲大陆 B-俯冲，在其弧后形成的 A-俯冲作用而产生的弧后前陆盆地。如中东扎格罗斯和印度恒河等周缘前陆盆地，是冈瓦纳大陆与欧亚大陆碰撞，因 A-俯冲而产生的周缘前陆盆地；因而它们是全球性板块俯冲或碰撞产生的，规模巨大、变形强烈，与蛇绿岩套伴生。中国前陆盆地，是中国大陆拼接过程或拼接后产生的，它们是中、小型陆块间“软碰撞”或“陆内俯冲”的产物，规模小，变形弱，缺少火山弧和蛇绿岩套。

(3)中国前陆盆地规模小，一般为数千至数万平方千米，个数少，分布单一，具区域性尺度。国外前陆盆地规模大，常宽数百千米，长约 1000～2000km，面积 $14\times10^4\sim50\times10^4\,km^2$，多呈长条状延伸，具全球性尺度。

(4)前陆盆地内前渊沉积体系配置存在较大差异。中国前陆盆地充填物，以中、新生代巨厚的陆相沉积体系为主，发育多套幕式构造活动控制的磨拉石组成的幕式沉积；而国外前陆盆地则以中、新生代海相地层为主。

(5)前陆盆地冲断带和前隆发育程度不同。中国西部前陆盆地冲断带规模小，宽度仅 20～60km，前隆不明显；国外前陆盆地冲断带宽度大，一般大于 100～200km，前隆发育清楚。

(6)前陆盆地内赋存烃源岩母质不同。中国前陆盆地烃源岩，多为前陆盆地期沉积的陆相湖沼地层，产气为主；国外前陆盆地烃源岩半数以上是发育在前陆盆地前的海相地层中，产油为主。

(7)不同的地球动力学背景和不同的名称。国外前陆盆地形成与全球性板块运动中的洋—陆俯冲或陆—陆碰撞形成的 A-俯冲有关。中国前陆盆地，是在大陆拼接过程或拼接后与 C-俯冲(陆内俯冲)有关。因而，中国前陆盆地不同于国外 Dickinson 和 Bally[8,9]所命名的弧后前陆盆地和周缘前陆盆地等名称。

上述国内外前陆盆地特征，可概括为表 1。

(三)中国前陆盆地定名的讨论

当前国内许多文章在中国所称的前陆盆地，若按 Dickinson 和 Bally 首先命名的周缘前陆盆地和弧后前陆盆地的定义均不恰当。如前所述，中国前陆盆地存在的 6 点特殊性，远大于与国外所称前陆盆地的共性。Bally 把弧后缩短过程(retroarcshortening process)称之为 A-俯冲(A-subduction)，以纪念瑞士地质学家 Ampferer。国内外许多学者均认为周缘前陆盆地和弧后前陆盆地与 A-俯冲伴生[8-10]，而 Bally 亦否认中国有 A-俯冲带存在，作者已有详细的评述[11]；甚至到了 1994 年 Bally 来中国 CNPC 石油物探局讲学时，也持同样的看法，认为“西太平洋的 B-俯冲带没有一个对应的 A-俯冲带”，“A-俯冲带类型不能应用于蒙古和中国”[12]。按原作者的权威性，合乎逻辑学的判断，中国既然没有 A-俯冲带，则中国也就没有他所定名的前陆盆地。因此，当前在中国广泛应用 Bally 和 Dickinson 所称的“A-俯冲”和“前陆盆地”术语是不恰当的；不仅有悖于原作者的定义和认识，而且与中国实际地质情况有差别，在命名上应该慎重考虑。作者等认为中国的前陆盆地，在基本结构上与国外前陆盆地有相似之处，而国内又习惯地使用了很久，不宜大变其名称；它又具中国地质特殊性，是与 C-俯冲(或陆内俯冲)配套，因而需另立名称，建议称“中国型前陆盆地(Chinese-foreland basin)”，可简称 C-型前陆盆地。这一名称仅限于前述的与克拉通或地块活动有关的中国前陆盆地，至于范围更小的焉耆等盆地，或古生代的前陆盆地等，须另作处理。这样的处理建议，有利于共识和建立“C-型前陆盆地”的成藏模式。

表 1　国内外前陆盆地特征对比简表

特征	周缘前陆盆地弧后前陆盆地	C-(中国)前陆盆地
命名者	Dickinson，Bally	罗志立，刘树根(建议采用名称者)
区域构造位置	巨型造山缝合带与大型克拉通之间	造山带与微陆块之间
盆地规模	规模大，(14～50)×10^4km^2	规模小，数千至数万平方千米
盆地的基本结构	均有前陆冲断带、前渊、前隆和前渊中堆集磨拉石（处于压性环境）中，但中国基本结构规模小，前隆不明显，缺少岩浆弧	
动力学背景	与全球的洋、陆俯冲或陆－陆碰撞形成的 A-俯冲有关	与局部性的 C-俯冲(或陆内俯冲)有关
沉积体系配置	以中、新生代海相地层为主，陆相磨拉石发育	以中、新生代巨厚的陆相和磨拉石沉积为主
前陆冲断带发育程度	冲断宽度大于 100～200km	冲断宽度仅为 20～60km
前陆盆地发育程度	较发育，在造山带前缘成群，成带分布	不发育，在造山带前一般仅一个前陆盆地
盆地沉降动力学机制	构造负载为主，次为沉积负载	沉积负载为主，次为构造负载，C-俯冲有重要作用
烃源岩和油气显示	前陆盆地海相烃源岩为主，产石油为主	前陆盆地陆相烃源岩为主，产天然气为主
板块发育阶段	消减(subduction)和碰撞(collision)阶段	陆内挤压(squeeze)阶段

四、中国前陆盆地含油气远景分析及研究中存在的问题

(一)中国前陆盆地成藏主要特点

1. *烃源岩发育以陆相有机质为主*

烃源岩层的类型、丰度、厚度、分布范围和成熟度等特征，是前陆盆地油气产能的关键因素；而烃源层类型与沉积相类型关系密切。国际前陆盆地的沉积相类型在前陆盆地形成前，多为被动陆缘环境下形成的海相页岩和碳酸盐岩，其中所夹的烃源岩厚度大、层系多；洋壳向大陆俯冲和大陆－大陆碰撞形成的弧后前陆盆地和周缘前陆盆地，虽有陆相地层形成，但浅海相页岩、碳酸盐岩和蒸发岩仍占较大的比重。这些烃源岩多为Ⅱ型海相有机质，总有机碳含量可达 3%～30%[13]；世界产油最多的扎格罗斯前陆盆地从寒武系到始新统均有海相烃源层分布，烃源层系最多可达 12 层。这就是国外前陆盆中国前陆盆地形成于大陆拼接之后，拼接前的稳定大陆边缘海相沉积，如天山、祁连山、西昆仑山和龙门山等小洋盆在古生代也有海相烃源岩，但因多旋回的造山运动和后期洋盆关闭的变质等作用，海相

烃源岩多受破坏，难能成为前陆盆地主要的烃源层。晚古生代到中、新生代形成中国前陆盆地，多为河、湖、沼泽相沉积，受陆内俯冲和造山带脉动的影响，活动性大，岩相变动频繁，只有较稳定期形成的湖相和沼泽含煤相为较好的烃源岩，以Ⅲ型陆相有机质为主；其中以上三叠统和中、下侏罗统煤系地层为主要烃源岩(见图 2)。加之深埋藏，有机质演化程度高，因而近 10 年来勘探的前陆盆地多以产气为主，如川西、库车、淮南等前陆盆地。这是与国外前陆盆地成藏条件最大的不同特征，在油气资源评估和勘探工作中应充分重视。

2. 前陆盆地结构的含油气，以冲断带形成的背斜

以圈闭类型为主的中国前陆盆地，虽在全球构造背景、盆地规模和前隆特征以及成因机制等方面，与国外前陆盆地不同，但在前陆盆地基本结构上是相似的，有冲断带、前渊、前陆斜坡、前缘隆起等 4 个构造单元；由于这些构造单元受力强度不同，与所在烃源岩聚集中心位置不同，因而形成油气藏圈闭也不相同，可用图 3 模式来表达。

(1)前陆冲断带形成的背斜油气藏。发现许多大油气田，也是许多前陆盆地首次发现油气田的构造带。中国许多大、中型油气田均位于冲断带形成的背斜或断背斜圈闭中，如独山子、克拉玛依、老君庙、冷湖、依奇克里克、克拉 2 号、马家滩、中坝、平落坝等油气田，它们有海陆两套多层烃源岩供给油气，油气资源丰富，形成多套砂、泥岩或碳酸盐岩成藏组合，储集层多；多期次构造活动形成较大的背斜圈闭；多套断裂系统发育，油气排运充分，充注效率高；盆地发育后期往往出现蒸发岩类作为很好的盖层，如库车、塔西南、酒泉等前陆盆地，这是形成大油气田必不可少的条件。库车前陆盆地中克拉 2 号气田，因有下第三系膏盐层做良好的盖层，得以形成巨型大气田；川西前陆盆地冲断带上的海棠铺构造，成油气条件虽好，但因断层发育又缺乏良好的盖层，油气苗遍地，油气藏受到破坏。

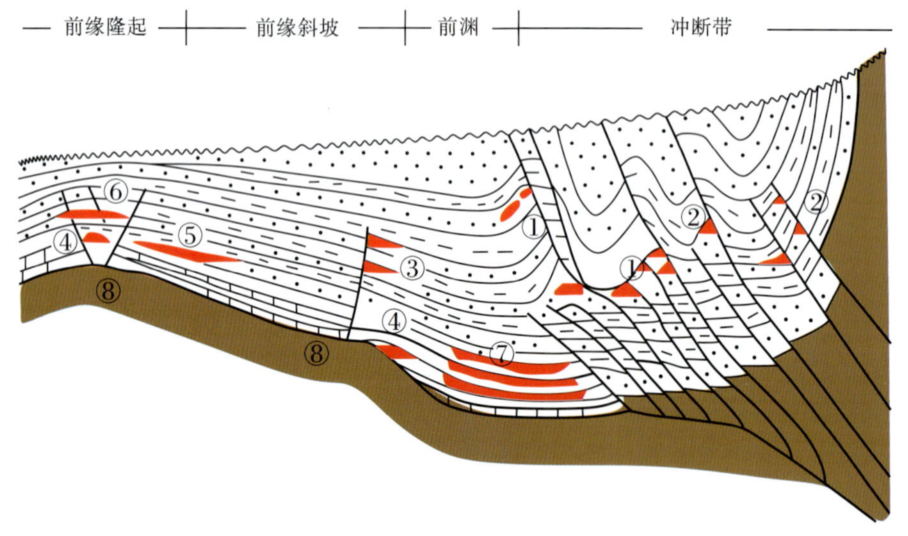

图 3 中国前陆盆地油气田圈闭分布模式图

①背斜圈闭油气藏；②背斜（断鼻）圈闭油气藏；③断层圈闭油气藏；④构造-岩性圈闭油气藏；⑤岩性尖灭油气藏；⑥张性断块、断背斜油气藏；⑦深盆气气藏；⑧地层不整合风化壳油气藏

(2)前渊带形成的断背斜和岩性油气藏。中国前陆盆地前渊带较窄，规模小。前渊带位于前陆盆地生气中心，油气田主要为地层圈闭和构造-岩性圈闭油气藏，在超高压条件下在浅层还会形成次生气藏，如川西前陆盆地中的老关庙气田、文兴场气田、孝泉气田，以及库车前陆盆地中拜城凹陷-秋立塔克背斜带的气田。在前渊带的深部还可能发育深盆气。

(3)前缘斜坡。为前陆盆地沉积向前隆超覆、尖灭带，如川西前陆盆地的梓潼坳陷-名山坳陷向川中隆起的过渡带形成的岩性油气藏，有梓坝场气田、文兴场气田、苏码头含气构造等。在塔西南前陆盆地与麦盖堤斜坡带有关的油气田。

(4)前缘隆起中国前陆盆地的前缘隆起不典型，有的发育在古隆起之上，如库车前陆盆地南缘隆起带，常见中、新生代地层不整合在老地层上，浅部发育正断层，深部为复杂的断裂体系，故发育断块和断背斜等油气田，如羊塔克、牙哈、英罗7等凝析气田。有的发育在基底断裂活动基础上，如川西前陆盆地的三台－龙泉山基底断裂上发育的断褶－背斜带，发育有八角场气田和龙泉山含气构造带。

3. 中国中、新生代构造运动与前陆盆地成藏期关系

中国西部自三叠纪以来发生了多次构造褶皱运动，形成许多重要的区域性不整合面。少数前陆盆地在侏罗、白垩纪还发生了裂陷作用，如中国西北的J_{1+2}和K。因构造运动的性质、强弱程度及特征，不仅随时而异，而且在地域上也有差异。它们对前陆盆地形成、改造、构造圈闭及油气藏的保存均有重要作用。

(1)印支晚期运动。主要是羌塘地块向北碰撞和古太平洋向西俯冲导致秦岭洋最终关闭。它使鄂西(指鄂尔多斯盆地西缘)、川西、楚雄、合肥、下扬子等前陆盆地形成并发生第一次冲断推覆作用，形成的侏罗系与三叠系不整合，其远程效应还可影响库车、塔西南和柴北等前陆盆地的初次变形。这在川西前陆盆地的北段特别清楚。主要油、气层位在晚三叠世的河流、沼泽相沉积中。

(2)燕山中期运动第1幕(J_2末)。中侏罗世末在东特提斯的拉萨地块北上，与羌塘地块对接，使班公－怒江洋关闭，代表冈瓦纳大陆与欧亚大陆碰撞，是全球板块运动中一次大的地质事件。其远程效应，在淮西、淮南、库车、塔西南、吐哈以及鄂西前陆盆地形成冲断推覆，并在J_3和J_{1+2}之间不整合，或可见K_1与J_{1-2}之间呈平行不整合。但在川西前陆盆地北段，可见J_2与J_1以下地层不整合，J_3厚层块状、莲花口砾岩与J_2(遂宁组)成假整合。这次运动对中国前陆盆地油气田形成有重要作用，准噶尔盆地西缘前陆盆地的克拉玛依特大型油田(T)及百口泉、乌尔禾等油田(C-J_2)的主要产层，均发生在燕山中期运动。其他淮南、吐北、柴北、鄂西的前陆盆地，J_{1+2}均为主要产层。

(3)燕山中期运动第2幕(J_3末)。在酒泉前陆盆地可见K_1与J_{1-2}角度不整合，在淮南、吐哈、库车、鄂西和下扬子等前陆盆地，可见递变型超覆不整合。上侏罗统在淮西前陆盆地的克拉玛依油田和淮南前陆盆地三台油田为产层。

(4)喜马拉雅晚期运动(K_2-E、N_2-N_1、Q-N_2)。因印度板块和欧亚板块强烈碰撞和持续向北推挤作用，加之陆内俯冲作用强烈，使东－西昆仑山、南－北天山、博格达山、南－北祁连山、龙门山等再度活动，不断上升，新生代前陆盆地急剧沉降，如塔西南、库车、淮南、酒泉和柴北等前陆盆地。N_2-Q同时发生冲断和背斜褶皱，在K-N地层中形成次生大气田和油田，如库车前陆盆地中的克拉2号气田和前隆中的牙哈等油田，其他如柴北冷湖油田(E-N)和吐哈台北油田(K-E)；在川西前陆盆地J-K红层中的次生气田，也形成于喜马拉雅期。喜马拉雅晚期运动，对中国西部前陆盆地急剧沉降、圈闭形成和油气运聚起了重大作用，因而许多学者提出中国西部前陆盆地“晚期成藏”的论点；而油气多来自下伏陆相地层烃源岩，通过断层和裂缝向上运移聚集的，也可称为“晚期次生成藏”。

(二)中国前陆盆地含油气远景分类

从盆山耦合系统对前陆盆地演化基本地质出发，注意陆相烃源层的多少和稳定大陆边缘海相烃源层保存条件，以及盆地变形的早晚和成藏组合等方面，并考虑盆地规模大小和勘探现状等综合因素，把中国15个前陆盆地含油气远景，分为有利、较有利和远景三类。

1. 有利前陆盆地

(1)淮西前陆盆地。处于准噶尔地块西缘和扎依尔山(或阿拉套山)之间，印支晚期和早燕山期形成的克－乌冲断带，在我国发现最早的推覆体下的克拉玛依特大型油田。除J_{1+2}为烃源层外，尚有C-P为良好的烃源层，虽已勘探40余年，还有很大潜力。

(2)库车前陆盆地。位于南天山造山带和塔里木克拉通之间，据推算油资源量4.29×10^8t，气资源量$2.36\times10^{12}m^3$，特大型的克拉2号气田即位于库车前陆盆地中。推测古生界海相烃源岩，可能是盆地

供气层系，应与充分重视。

(3)淮南前陆盆地。位于北天山造山带与准噶尔地块南缘之间，20 世纪 50 年代发现独山子油田、齐古油田 90 年代发现呼图壁气田；有利勘探面积 1.6×10^4 km²，有 P_2(芦卓沟组)、J_{1+2}、K_1 和 E(安集海河组)4 套烃源层。油资源量 10.17×10^8 t，气资源量 5671×10^8 m³。烃源层多，超高压，背斜圈闭多，若能找到良好盖层和适当圈闭，其前景不亚于库车前陆盆地，特别注意第三系次生气藏的勘探工作。

(4)酒泉前陆盆地。位于北祁连造山带与阿拉善地块之间，主要沉积在青西和石北凹陷，湖相沉积可达 3500m，J_3-K_1 烃源岩厚度为 500～1200m，冲断带下掩覆面积约 1000km²，推覆体下找油，潜力很大，为第三纪形成的冲断构造。近几年来在窟窿山变质岩推覆构造下的白垩系中发现大油田，表明勘探超过半个世纪老区，仍大有作为。

(5)川西前陆盆地。位于龙门山造山带与四川克拉通之间，形成于印支晚期，已发现九龙山、中坝、平落坝等大、中型气田；在成都前渊的 J-K 红层中，发现孝泉－新场、德阳、白马庙等 6 个远源次生气田(藏)、15 个含气构造，天然气地质储量近 1500×10^8 m³。盆地天然气资源量 1.56×10^{12} m³。在龙门山北段推覆体构造下还有震旦－寒武系枫胜场和古生界白鹿场两个大型潜伏背斜，具有形成大气田的条件。要注意研究马鞍塘组和小塘子组及其以下稳定大陆边缘的海相地层烃源岩，对本区成气条件的贡献。

(6)川东北前陆盆地。位于大巴山褶皱带与四川克拉通东北缘之间，形成于印支期。寒武系、二叠系为本区良好的烃源层，并有城口石溪河等地发现大面积的寒武系油苗，背斜构造发育，NW 向和 NE 向两组构造线叠加，裂缝发育，已在前缘构造发现一些上二叠统礁块气田和下三叠统鲕粒滩气田，是国内勘探中、古生界气田有利地区，也是四川盆地陆相地层中寻找次生气田有利地区。

2. 较有利前陆盆地

(1)塔西南前陆盆地。位于西昆仑造山带和塔里木克拉通西南缘之间，K_3-E 为海湾沉积，N 剧烈沉降，新第三纪西昆仑山向北推覆形成前陆盆地。推覆体由 4 排长 100～200km 二级构造带组成，卷入地层 P_t-N，据于田河地震资料，水平推覆距离大于 40km，烃源岩有Є-O、C-P_1、J_{1+2}、K_2-E，已发现柯克亚油田和色力布亚油气藏。探明原油储量 3777.4×10^4 t、天然气储量 417.9×10^8 m³；油资源量 20.14×10^8 t，气资源量 2.36×10^{12} m³。下第三系存在膏盐层作为良好的盖层，烃源层多，有大面积的麦盖提前陆斜坡带，具有良好的勘探前景。近年来在乌恰附近的阿克 1 井，在上第三系获高产气流，预测储量 100×10^8 m³，是本区 20 多年来最大的突破，据研究气源来自于下伏的石炭系，说明本区前景看好。但尚需寻找合适深度和有利的勘探井位，研究盆地走滑运动对盆地成藏的影响。

(2)鄂西前陆盆地。处于贺兰山－六盘山褶皱带与鄂尔多斯克拉通地块西缘之间，从西向东由西缘冲断带、天环坳陷(前渊)组成的前陆盆地，燕山中期形成的冲断带，烃源岩主要为 P_1(海陆交互相的山西组)和 T_3(延长组)，在中北段发现一些中、小型气田(P_1)，中、南段多为中、小型油田(J_1-J_2)，油资源量可达 2.72×10^8 t。

(3)柴北前陆盆地。位于南祁连山造山带与柴达木地块北缘之间。早中侏罗世断陷盆地，一般厚 600 多米，西部冷湖区厚度最大，1500～2000m 以上，侏罗纪末的燕山运动，形成冲断带。在冷科 1 井钻遇 1000m 的烃源岩，与储层和圈闭配置关系良好，分布面积超过 13600km²，下埋被动陆缘石炭系；有机碳平均为 2.25%，生油条件好，还可作为深部气源层。石油资源量 15.16×10^8 t，天然气资源量 9576m³，本区是继吐哈盆地出油后，值得重视的一个前陆盆地。

(4)柴西前陆盆地。位于阿尔金造山带与柴达木地块西侧之间，由于印度板块持续向北推挤，阿尔金断裂发生左行滑移，在柴达木盆地西部，第三纪形成拉分盆地。阿尔金山隆升，在其前缘的早第三纪，沉积最大厚度可达 4000 多米。烃源层主要为下干柴沟组($E_3{}^2$)，在茫崖凹陷东边钻的坪 1 井和茫 1 井，见大套暗色泥岩，生范向东扩大，油资源量 15×10^8 t，气资源量 6000×10^8 m³。

(5)吐哈前陆盆地。位于博格达山造山带与吐－哈地块北之间，侏罗纪末盆地从断陷转成为坳陷，喜马拉雅期强烈活动，形成博格达山前冲断带和火焰山推覆褶皱带，纵向上发育三套烃源岩系：C-P_1海陆交互相沉积，在艾参1井、玉东1井的石炭系碳酸盐岩生油指标良好，是盆地最下部潜在生油层；P_2-T湖相泥岩发育，生油条件较好；J_{1+2}煤系地层及湖相泥岩为盆地主力生烃岩系。吐哈盆地除在前缘台北凹陷发现许多侏罗系油田，在台南凹陷发现三叠系吐玉克油田外，在博格达山前冲断带南和台北缘二叠系和前侏罗系仍具有良好的前景，估算油资源量可达15.75×10^8t。

3. 有远景的前陆盆地

(1)塔东南前陆盆地。位于阿尔金造山带与塔里木克拉通东南缘之间，在阿尔金造山带西北缘形成东南坳陷(包括若羌和民丰两个凹陷)，面积7.23×10^4 km^2，残留有石炭系(厚200～600m)、侏罗系(2000～1000m)，新生界厚度巨大，若羌凹陷厚2500～3500m，民丰凹陷厚2000～5000m，新生代阿尔金造山带向西北坳陷逆掩，形成前陆盆地。勘探程度较低，对其含油性还不了解，但侏罗系是全区的烃源层，第三纪在阿尔金造山带南缘的柴西前陆盆地为良好的含油层系，故推测本区仍具有含油气远景，值得重视。

(2)楚雄前陆盆地。位于哀牢山造山带与扬子克拉通西南缘之间。楚雄盆地中、新生界厚度8～20km，连片分布，是中国南方(除四川、江汉盆地)面积最大、区域盖层发育最好的盆地。下古生界缺O-S，晚古生代因“峨眉地裂运动”，玄武岩喷发隆起，缺失T_{1+2}。晚三叠世早期(云南驿组、罗家大山组)再次下陷，在西缘成为近岸深水海相沉积，具有较好的生烃条件；到了晚三叠世晚期(干海资组、舍资组)转为河湖相含烃沉积(相当于川西前陆盆地T_3x中上部)，为本区的生烃层系，共发现34处油气苗，有C_1、D_2、T_3、J_{2+3} 4套烃源岩，其中上三叠统泥质岩和煤系地层为盆地主要烃源岩。印支晚期运动，昌都-思茅地块沿金沙江-哀牢山俯冲，使楚雄盆地西部推覆隆起，在其弧后形成J—E的楚雄前陆盆地，侏罗纪沉积厚度3000～4000m，喜马拉雅期又遭受义敦弧从北西方向推挤，形成锦屏山-小金河和菁河-程海等推覆构造，导致本区盖层与基底滑脱和不同方向干扰、扭动的复杂构造局面。近几年来以上三叠统为目的层钻探了几口深井，多因地下情况复杂失利；今后在选准有利地区查清地下构造情况下，有可能获得良好的效果。

(3)合肥前陆盆地。印支期后转为陆相前陆盆地，发育J-K_1红色磨拉石建造，在J_1中上部见碳质泥岩和煤线，K_1后褶皱隆升、剥蚀，成为残存的凹陷，K_2-E发育拉张断陷盆地，N-Q不整合于老地层上。据地震解释，推测存在C-P海相泥岩和煤层、J_1暗色泥岩和煤系以及J_{1-2}湖沼相泥岩三套烃源岩[14]。这是中国东部勘探程度较低的前陆盆地，尚需进一步工作。

(4)下扬子前陆盆地。主要分布在江南断裂以北、滁州断裂以南的沿江地带[15]，中三叠世转为陆相前陆盆地，沉积厚达1780m的黄马青群(T_3)和象山群(J_1)河湖相沉积夹煤线。J_2末的燕山褶皱运动强烈，盆地分解成许多小盆，其下伏的中-下古生界碳酸盐岩具产油潜力，但多因构造复杂、保存条件差，多次钻探失利。若地震技术过关，仍为有远景地区。

(二)中国前陆盆地研究中存在问题

由于中国大陆在中、新生代为小块体、软碰撞拼合，又处在古太平洋板块、印度板块和欧亚板块夹持下，地壳活动性大，形成的“中国型前陆盆地”异常复杂。经过近20年来的油气勘探和研究虽有很大的进展，但在认识上尚处于“入门”的自由王国阶段。下列一些问题，值得深入研讨。

(1)多相烃源岩研究，确定中国前陆盆地以及产油或产气为主的前景。国产油的大型前陆盆地，多以海相烃源岩为主，如扎格罗斯和西加拿大等前陆盆地。而中国西部前陆盆地烃源岩，目发现的均是陆相的湖相-沼泽相，以产气为主，虽在川西、塔西南有稳定大陆边缘海相烃源岩供气的迹象，但尚未发现可信的供油气的海相烃源岩。这一问题的查明，将会确定中国前陆盆地的油气远景是以产气为主或产油为主的大问题。

(2)研究前陆冲断带幕式活动与前渊沉积分段特征和油气充注的关系。目前国内研究前陆盆地内的层序地层学文章较多，但未结合陆内俯冲的幕式运动，对前陆冲断带幕式的影响，在沉积上产生的磨拉石碎屑楔等特征对应研究，更未注意到它的活动影响到前渊沉积的分段性和超压异常的分区性(如川西前陆盆地)，以及油气向圈闭的幕式充注等问题。因而今后尚需从全盆地的构造-沉积-油气充注的幕式活动，高层次地进行整体综合研究。

(3)研究前陆盆地的走滑作用与圈闭形成和油气聚集的关系。目前国内许多学者多注意研究前陆盆地的挤压作用，忽视了盆地形成过程中的走滑活动，现有一些文章认为塔西南前陆盆地、川西前陆盆地、柴西前陆盆地和塔东南等前陆盆地，均有走滑活动。燕山期至喜马拉雅期拉萨地块和印度板块的向北推挤、碰撞，对已形成中国大陆西北地区远程效应，均可沿着造山带边缘的古断裂发生走滑作用，在前陆盆地中形成压扭性背斜圈闭。如柴达木盆地喜马拉雅期雁行状背斜和川西前陆盆地燕山期的左行古隆起，对油气聚集均有控制作用，这是目前研究薄弱环节，今后应予加强。

(4)中国前陆盆地前渊迁移与冲断活动、烃源岩形成中心的关系。在库车、鄂尔多斯西缘和川西等前陆盆地，均可见前渊沉降中心，在地史演化中发生过迁移。这与造山带活动有关，也与沉积和沉降中心变化有关，从而发育不同时期的烃源岩聚集中心，因而影响含油气系统的配置。目前，这些问题研究不够，尚待进一步探索。

(5)中国前陆盆地成藏的复杂性，应有足够的认识。中国前陆盆地发现的油气田规模大小不一，有大型油田分布的准西前陆盆地，有特大型气田分布的库车前陆盆地，有大型浅层次生气田分布的川西前陆盆地，也有中、小型油气田分布的鄂西等前陆盆地。它们在成藏条件上，发现多套烃源岩(可能还有稳定大陆边缘海相烃源岩)、多期成烃、多期次成藏，有常压的也有异常高压的气田，有原生的也有远源次生的油气田。成藏条件和结构异常复杂，尚需宏观地、整体地、综合地进行深入研究，方可取得良好的效果，满足“西气东输”的战略需要。

参考文献

[1] 罗志立，刘树根．试论C-型俯冲带及对中国中西部造山带形成作用[A]//罗志立．龙门山造山带的崛起和四川盆地的形成与演化[M]．成都：成都科技大学出版社，1994：288-316.

[2]闫吉柱，俞凯，赵曙白，等．下扬子区中生代前陆盆地[J]．石油实验地质，1999，21(2)：95-99.

[3]周进高，赵宗举．合肥盆地构造演化及含油气性分析[J]．地质学报，1999，73(1)：15-24.

[4]周庆凡，曹守连．前陆盆地的石油地质特征及油气前景[J]．国外油气勘探，1996，8(5)：523-529.

[5]罗志立，刘树根．评述“前陆盆地”名词在中国中西部含油气盆地中的引用——反思中国石油构造学的发展[J]．地质论评，2002，48(4)：398-407.

[6]任纪舜，王作勋，陈炳蔚，等．从全球看中国大地构造——中国及邻区大地构造简要说明书[M]．北京：地质出版社，1999.

[7]赵俊猛，李植纯，马宗晋．天山分段性地球物理学分析[J]．地学前缘，2003，10(特刊)：125-131.

[8]Dickinson W R. Plate tectonics and sedimentation[A]//Tectonics and Sedimentation[M]. Tulsa：Spec. Publ. Soc. Econ. Plaeont. Miner，1974，22：1-27.

[9]Bally A W，Snelson S. Realm of subsidence[A]//Facts and Principles of World Petroleum Occurrence[M]. Men. Can. Soc. Petro. Geol.，1980，9-75.

[10]何登发．前陆盆地分析[M]．北京：石油工业出版社，1996.

[11]罗志立．试评A-俯冲带术语在中国大地构造学中的应用[J]．石油实验地质，1994，16(4)：317-324.

[12]Bally A W. 地震褶皱带及有关盆地[M]．北京：石油工业出版社，1994.

[13]Macqueen R W，Leckie D A. Foreland Basins and Fold Belts(AAPG论文集55)[M]．黄崇范，译．北京：石油工业出版社，1992.

[14]周进高，赵宗举，邓红婴．合肥盆地构造演化及含油气性分析[J]．地质学报，1997，73(1)：15-24.

[15]朱光，徐嘉炜．下扬子地区沿江前陆盆地形成的构造控制[J]．地质论评，1998，14(2)：120-129.

[本文原载于《成都理工大学学报(自然科学版)》，2008，35(4)：337－347]

Ⅲ-7 四川汶川大地震与C-型俯冲的关系和防震减灾的建议

罗志立 雍自权 刘树根 孙 玮 邓 宾 杨荣军 张全林 代寒松

(成都理工大学能源学院，成都 610059)

摘要：四川汶川大地震发生在龙门山冲断带，属构造地震。龙门山冲断带与川西前陆盆地是中国西部典型大陆构造，属C-型俯冲(陆内俯冲)模式。C-型俯冲不仅控制油气资源分布，还孕育着发震机制。作者从龙门山冲断带地史演化、变形特征、深部地球物理信息，建立起龙门山C-型俯冲构造运动模式。汶川大地震发震与此模式的地质构造背景关系密切，是现今发生的陆内俯冲引起的地震。当时可能发生了两次强烈地震，这才可能是北川县城遭到毁灭性破坏的原因。汶川大地震可能发生在上地壳底至中地壳深12～24km的高导层上，属中国陆内俯冲型地震，很可能是太平洋板块推挤中国大陆的远端效应触发作用所引起，与印度板块推挤作用关系不大。

关键词：汶川大地震；C-型俯冲(中国陆内俯冲)型地震；北川；龙门山

2008年5月12日，震中位于四川省汶川县映秀镇附近的8级大地震的发生，举世震惊。本文在我们二十多年研究龙门山造山带和前陆盆地构造地质成因的基础上，从汶川大地震表现的地震地质特征，对照多年倡导的C-型俯冲(陆内俯冲)的论点，考查其关联，供今后在中国中西部类似C-型俯冲构造带的防震减灾参考。因我们专业不同，隔行奢谈地震工作，不当之处，请指正。

一、龙门山C-型俯冲(陆内俯冲)的特征

(一)C-型俯冲(陆内俯冲)模式的提出

20世纪80年代初，国内兴起在推覆体构造找油气的热潮，作为中国第二次石油勘探新领域。许多石油工作者[1,2]把准噶尔盆地西缘的克－乌断裂带和四川盆地龙门山冲断带，与A. W. Bally在美国落基山厘定的A-型俯冲带对比[3]。笔者当时研究了国内外有关冲断带资料后，结合龙门山等野外考查，认为龙门山冲断带和新疆克－乌冲断带的地质特征不能与落基山冲断带对比，而是具有中国地质特色，因而命名为中国型(C-型)冲断带。1984年正式发表文章后[4]，并于同年在成都召开的喜马拉雅山国际讨论会宣读[5]，引起国内外学者不同反响[6,7]。经过“七五”国家重点科技攻关项目和国家自然科学基金资助项目对龙门山冲断带多学科综合研究，以及对中国西部天山造山带南、北缘等冲断带和前陆盆地研究，进一步验证C-型俯冲构造模式存在。它代表中国古板块构造活动终结，拼接成中国大陆并造山、成盆后，陆壳在一定条件下仍沿盆山耦合部位发生陆内俯冲，不同于A. W. Bally的A型俯冲(A-type subduction)，而具有中国地质特色，故称C-型俯冲(中国陆内俯冲Chinese-subduction)[7]，并总结出中国西部7个C-型俯冲和前陆盆地6点共同构造特征，也得到了同行的响应[6,7]，对今天我们认识龙门山构造地质有很大帮助。

(二)龙门山C-型俯冲带的地理位置

龙门山古称茶坪山，为大禹诞生地，为纪念大禹“凿龙门、铸九鼎治水患的伟大功绩，因而名为龙门山”。20世纪30年代，朱森、李春昱、叶连俊、黄汲清等调查龙门山地层、构造、矿产等，才赋予地质意义，后又称龙门山地槽、龙门山深断裂和龙门山造山带等名称。它是由三条主干断裂组成的

冲断带，具典型的陆内俯冲特征。它的广义范围东北起于陕西勉县，向西南经四川广元、江油、安县、都江堰市、邛崃、芦山，直达宝兴、泸定，全长约 560km，宽 30～50km，面积约 20000km^2，东以安县－都江堰－双石断裂与川西前陆盆地为界，西以茂县－汶川－陇东断裂与松潘－甘孜褶皱系相邻，其间的北川－映秀断裂又把龙门山中北段分为前山带和后山带。前山带以绵竹汉旺附近的“2 号”断层及都江堰市的三江口断层又把龙门山冲断带自北东向南西分为北、中、南三段。这次汶川大地震发生在中、北段的映秀－北川断裂带上，是本文讨论的重点。龙门山冲断带处于松潘－甘孜褶皱系和四川盆地边缘枢纽带上，地貌反差大，短距离内海拔高度陡降 3000 多米，为青藏高原部分东界(见图 1)。它处于中国布格重力异常中部陡降带，换算的莫霍面深度，在龙门山冲断带等深线密集，从都江堰的 41km 到理县的 48km 急剧下降[8]。它又处于中国境内大致沿东经 105°～107°地震密集分布的南北地震带上，也是新生代从汉中至都江堰的一条活动断裂，在中国主要活动断裂(带)简表上称“龙门山断裂”，为压扭性，水平活动速率为 4mm/a[9]。这些特殊的地理、地质、地球物理等特征，为我们分析龙门山 C-型俯冲带孕育大地震背景提供重要信息。

(三)龙门山 C-型俯冲带地史演化特征

从基底岩石年龄和台地相沉积盖层判断，龙门山 C-型俯冲带应属扬子古板块的西北边缘，它的演化可分以下几个阶段。

1. 稳定大陆边缘发展阶段(T_2末，即天井山组沉积末)

它在下震旦统盐井群(列古六组、开建桥组、苏雄组)火山岩基底上，沉积上震旦统的广海沉积。其后的古生界到中三叠统天井山组，均为大陆边缘海相的碳酸盐岩和砂、页岩沉积，厚度变化大，岩相复杂。如志留系在龙门山前山带为厚约 600 多米的砂页岩，但在后山带的北川－平武一带的茂县群，增厚至 6000 多米的变质千枚岩夹薄层石英岩和大理岩。又如泥盆系，一般厚几百米，但在江油、北川一带，为厚约 5000 多米石英岩和块状灰岩，形成崇山峻岭，如著名的唐王寨向斜。这些块状石灰岩和间夹的泥质岩类，就构成地壳变动期间的不稳定因素。

2. 盆山转换阶段(T_3^{1+2}末，即马鞍塘组沉积末)

晚三叠世的马鞍塘组(T_3m)为海湾沉积。它与西邻的松潘－甘孜边缘海相连，后受羌塘地块北东向推挤，松潘－甘孜洋盆褶皱成北西向的山脉，成为向四川盆地沉积物主要供给区。这时的龙门山区不仅结束海相沉积，而且褶皱成山，成为四川盆地沉积物源区，处于盆山转换阶段。转换带可能在汶川－茂县断裂，大规模的 SW-NE 向右旋走滑，使松潘－甘孜褶皱缩短成为北西向造山带。

3. 推覆构造形成阶段(T_3x 沉积末)

四川盆地转换为陆相盆地后，沉积了河、湖、沼泽相上三叠统须家河组，在龙门山区东缘川西前陆盆地沉积厚度超过 3km 。据其中 T_3x^4 等层所夹砾岩的砾石多来自于古生代地层[10]，表明盆缘剥蚀隆起。这易成为地貌隆坳反差大、前陆盆地沉积最厚处易发生陆内俯冲地方。须家河组沉积末，印支运动晚幕发生，表现在上三叠统须家河组与下侏罗统白田坝组之间的强烈不整合。四川盆地深部向松潘－甘孜地腹发生俯冲，龙门山区抬升褶断成北东向山脉(它与松潘－甘孜褶皱区构造线成北西向展布成直角对应，这是我们不同意龙门山冲断带由北西向东南推挤成山的根据之一)。因深层俯冲造成浅层仰冲，形成汶川－茂县和映秀－北川等推覆构造；在隆升地区的岩块重力失稳状态下，形成了都江堰－彭州等地的滑覆体，即常称的彭－灌飞来峰。

4. 持续陆内俯冲的隆升阶段(J_2末，即遂宁组沉积末)

四川盆地内沉积了千佛崖组(Jq)、沙溪庙组(J_2s)和遂宁组(J_2sn)的红色陆相碎屑岩沉积，其后发生燕山运动。在前山带的广元、江油等地发育巨厚砾岩层组成的城墙岩群(J_3)，为大型的山麓堆集；在龙门山冲断带后缘相邻的马尔康地区的西康群中(T_3)，侵入许多燕山期的二云母花岗岩，都可认为是扬子板块向松潘－甘孜褶皱带俯冲抬升的产物。

5. 逆冲与走滑作用交替发育阶段(K_2-E，即灌口群—芦山组沉积期)

许多学者依据川西前陆盆地充填和活动构造地貌标志，以及古地磁资料，认为龙门山C-型俯冲带中、新生代以来的构造活动方式不是以逆冲为主，而是以左行走滑运动方式为主。如Enkin、庄忠海对雅安第三系古地磁测定，自古近纪中晚期以来四川盆地逆时针旋转7°～10°，表明龙门山冲断带相对四川盆地间发生过大规模的左旋走滑运动。李勇等对川西前陆盆地中的楔状体和板状体，标定龙门山构造活动的期次和性质，表明中、新生代期间龙门山逆冲与走滑作用交替发育的特征[12]。这些认识对分析汶川大地震很有参考价值。

(四)龙门山区构造带的划分和特征

龙门山区自中、新生代以来，因C-型俯冲在地壳浅部变形造成许多推覆构造带及相关构造单元。根据构造变形的主要特征，本区可划分成以下5个构造单元(见图1)。

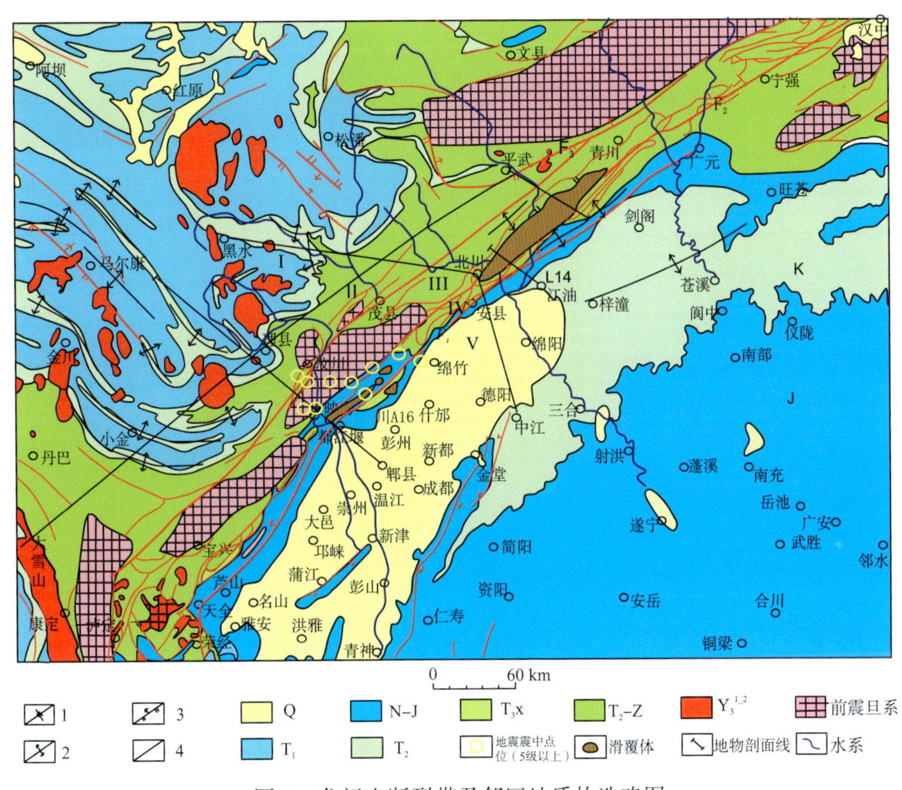

图1　龙门山断裂带及邻区地质构造略图

Ⅰ. 松潘—甘孜褶皱带；Ⅱ. 茂县—汶川—陇东韧性剪切带；Ⅲ. 龙门山逆冲推覆构造带；Ⅳ. 龙门山前缘拆离带；Ⅴ. 川西前陆盆地；F1. 安县—都江堰—双石断裂；F2. 北川—映秀—小关子断裂；F3. 茂县—汶川—陇东断裂；F4. 平武—青川断裂；1. 向斜；2. 背斜；3. 逆断层；4. 构造单元线

1. 松潘—甘孜褶皱带

位于龙门山冲断带西北侧，由晚三叠世复理石浅变质砂板岩组成，局部达到绿片岩相，有印支期和燕山期花岗岩侵入体。构造线方向为NW-SE，接近茂县—汶川—陇东断裂带则弯转成北东向，形成系列弧形构造。如1933年较场坝弧形构造，就发生过大地震。在本带东北部为平武—青川断裂及其推覆体，以前震旦系深变质绿片岩的碧口群为主体，上覆震旦系白云岩、茂县群千枚岩和危关群砂板岩等构成近东西向复式背斜。南缘平武—青川断裂东延可能达阳平关，具有推覆构造滑脱面特征，西部以虎牙—小坝南北向断裂切割。推覆体片理发育，产状南倾。推覆体来源，罗志立等认为因其震旦系盖层的岩性和化石与四川盆地一致，是兴凯地裂期从扬子古板块分裂的块体[13]；王二七等认为是印支期扬子和华北古板块会聚时，从秦岭造山带“蜂腰”处挤压逃逸出来的硬性块体[14]。

2. 茂县—汶川—陇东韧性剪切带

东以茂县—汶川—陇东断裂为界，东北延伸可达青川—勉县，是扬子古板块与特提斯构造域的松潘—甘孜褶皱系的分界线。它处于两大构造单元的转换位置的高应变带，在与平武—理县连线间形成韧性剪切带，变质作用强烈，岩石多为中压角闪岩相。茂县—汶川断裂走向 NE，倾向 NW，前震旦纪花岗岩与志留系和泥盆系接触，具韧性剪切断层特征，断裂带内的构造岩类型有变晶糜棱岩、粒化岩、碎裂岩等，应变矿物具绿片岩特征，形成的深度 10~15km，后期抬升，叠加脆性变形，断裂多次活动。汶川县和茂县即位于此断裂带上(见图 2)。

3. 龙门山逆冲推覆构造带

位于茂县—汶川—陇东断裂和北川—映秀—小关子断裂之间，常称后龙门山，又称中央推覆构造带。整体呈 NE 向展布，贯穿龙门山脉。北起阳平关，南至二郎山，全长约 500km，可分成北、中、南三段。北段主要由一套茂县群变质岩及少量震旦系、寒武系组成；中段以彭灌杂岩体为主，并有少量震旦系火山岩及黄水河群变质岩，形成独具特色的推覆体；南段以宝兴杂岩及震旦、志留、泥盆、二叠系组成。推覆构造带总的由褶皱基底、沉积盖层，及部分残留的太古—下元古界结晶基底组成，显示厚皮构造特征。映秀—北川断裂，前人常称中央断裂带，为推覆构造带的主滑脱面，倾向 NW，倾角 40°~70°。断裂带北段表现为以茂县群为主的冒地槽变质岩系与正常沉积岩的界线(见图 2)；中段在映秀为彭灌杂岩体与须家河组接触，断裂规模最大，推覆距离最远(见图 2)。南段断裂分为两支，一支经九龙至二郎山与茂县—汶川—陇东断裂汇合，另一支经宝兴往西消失于杂岩体南缘。断裂构造岩类有碎裂岩、钙质岩、糜棱岩等韧性变形特征，其中应变矿物为低绿片岩组合，代表形成深度在 5km 左右。总的显示是在持续推覆构造作用下的“韧—脆”性逆冲断裂带。汶川县映秀镇和北川县城均位于此断裂带上。据磷灰石裂变径迹研究，10Ma 以来，北川—映秀—小关子断裂东、西两侧构造单元隆升速率差异较大，达 40 倍之多[15](见表 1)。这充分说明本断裂不仅是青藏高原的东界，也是 10 Ma 以来一条上升最快的活断裂。故这次在映秀—北川断裂发生地震，并非偶然。

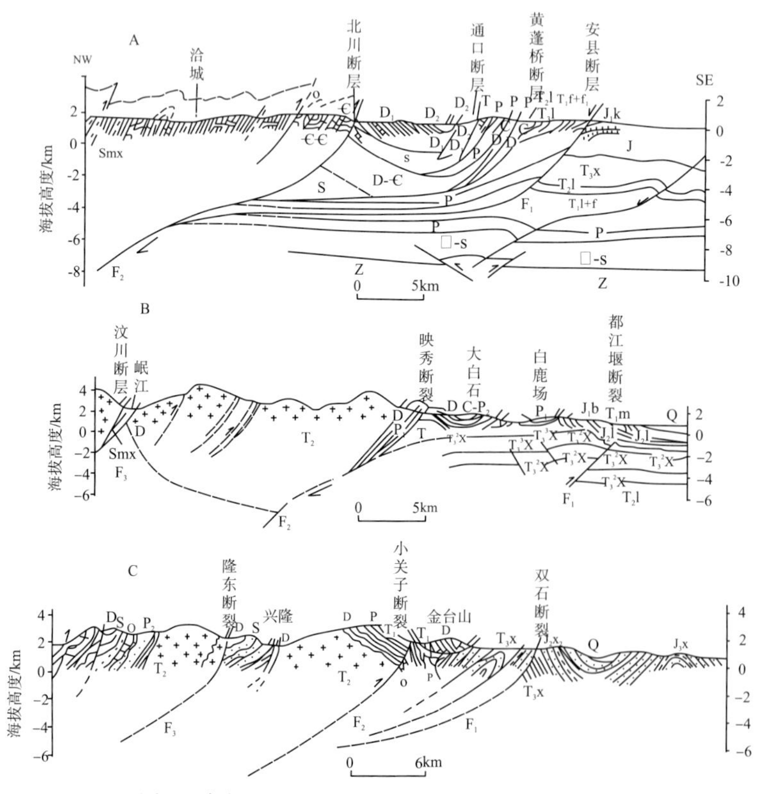

图 2 龙门山造山带北、中、南三段构造剖面图

A 剖面由川 S-6 地震线构成；B 剖面由 L14 地震地测线构成

4. 龙门山前缘滑脱拆离带

位于北川－映秀－小关子断裂和安县－都江堰－双石断裂之间，习称龙门山前山带。安县－都江堰－双石断裂为NE走向，向NW倾斜，主要发育于中生代地层中。在中段经过都江堰二王庙，在庙后可见须家河组逆冲在中侏罗统红层之上。构造岩带有挤压片理带、节理破碎带，宽度较小，为浅层次脆性断层变形特征。本段滑覆体非常发育(图2)，如北段有唐王寨飞来峰大型滑覆体，中段有著名的彭－灌飞来峰群，在南段芦山－宝兴一带发育金台山和中林飞来峰，形成多层叠置、层序倒置结构的滑覆体。本区滑覆体发育，系因邻区龙门山逆冲推覆构造带(Ⅲ区)不断推覆上隆，其上覆地层失稳，发生重力滑脱形成。故本区构造演变特征不完全是推覆构造，而是“推覆加滑覆”的叠加模式，成为国内冲断带最有特色的构造现象。由茂县－汶川－陇东断裂、北川－映秀－小关子断裂和安县－都江堰－双石断裂组成的龙门山冲断带，断层变形特征由西北向东南从韧性到韧脆性再到脆性变形，表明这三条断裂成“背驮式”发展，向前陆盆地以前展式推进。龙门山冲断带变形强烈，不亚于国内外一些造山带。如根据平衡剖面恢复法，龙门山冲断带缩短率在北段为41.48 %～39.2 %，南段为26.2 %。这些是龙门山冲断带构造演化的一大特色。

5. 川西前陆盆地

据航磁等地球物理资料的解释，在龙门山断裂以东和龙泉山－三台－巴中基底断裂以西地区为川西前陆盆地。它以中元古界的花岗质杂岩和褶皱为硬性基底，德阳有一大型磁力高显示其更为稳定，计算的基底面埋深7～11km 。古生代至早三叠世海相地层齐全，印支中幕后转为川西前陆盆地的前渊，须家河组沉积最厚可达3km；燕山期后东缘NE向的龙泉山背斜带和南段以熊坡背斜由东向西推挤，与龙门山冲断带前缘的邛崃等背斜带形成对冲的格局，第三系不发育，第四系沉积厚度50～350m，最厚处在彭州－郫县－温江－崇庆等地，造就水系发育、物产富饶的成都平原。

(五)龙门山C-型俯冲带深部地球物理特征

(1)爆炸地震资料反映本区地壳三层结构(图3)，上壳层速度4.6～6.1km/s，厚6～12km，一般由2层组成，反映的沉积盖层。中地壳速度为6.2～6.4km/s，厚6～12km，由1～2层组成，反映前震旦系结晶基底、岩浆杂岩和花岗质特征。其底部出现低速层，速度为5.9km/s，在茂县以西和三台以东均有分布，埋深18～25km 。下地壳层速度为6.6～7.14km/s，厚18～20km，一般为1～2层，是玄武质岩和壳幔过渡层的反映；过茂县－汶川断裂后，厚度变大。

(2)大地电磁测深剖面(见图3)反映穿过龙门山冲断带有较大的差异。上地壳内存在低阻层，厚1km，埋深0～3km，电阻率238～85Ω · m，反映盖层内塑性层或基底滑脱面。中地壳存在低阻层，层厚5～7km，埋深10～34km，电阻率6～50Ω · m 。上地幔低阻层，电阻率25～50Ω · m，相当于岩石圈底面的软流层，东部埋深100km，过龙门山冲断带后向下弯曲，加深140km。

表1　松潘－甘孜褶皱带、龙门山冲断带和川西前陆盆地10Ma以来隆升速率对比表

构造单元	样品所在地区	隆升幅度/m	隆升速率/(m/Ma)
松潘－甘孜褶皱带龙门山逆冲推覆构造带	理县上孟燕山期 花岗岩体映秀、宝兴等	>4000 >6000	>400 >600
龙门山全陆滑脱拆离带 川西前陆盆地西缘	都江堰彭州	353(35.9Ma以来) 253(35.5Ma以来)	9.80 6.62

(3)几点认识：①在爆炸地震资料上汶川、都江堰可见有切过地壳的大断裂，表明龙门山冲断带为超壳深断裂组成。②下地壳经过龙门山冲断带向西加厚，莫霍面也向西错断加深，软流圈也向西下弯加厚，可认为东部岩石圈结构在深部向西部潜滑、俯冲。③爆炸地震在中地壳底部出现的低速层，可与大地电磁测深上出现的低阻层对应，有的解释为壳内韧性剪切形成的糜棱岩带，可视为层间滑脱层。它也可作为松潘－甘孜褶皱区印支－燕山期花岗岩侵入体的物源层，更有可能是龙门山冲断带向西俯冲消减的滑脱层。它的埋深在爆炸地震资料上为18～25km，在大地电磁资料上为10～34km，据统计本区

80%震源深度均小于30km，故它可能是浅源地震深度的下限值。④在龙门山冲断带下出现的高阻异常块体，电阻率高达100000Ω·m。埋深十余千米至岩石圈底部，在理县至都江堰东西宽约100km，可与茂县-都江堰间航磁 ΔT 化极异常平面图上出现的局部高异常值(+100nT)相对应，有人称为幔块，可能由幔源的基性岩类上涌堆积形成。这个高阻异常体反映为高密度岩块的物理特征，它位于冲断带深层，会增加中、下地壳结构向西潜滑的势态，引起陆内俯冲。

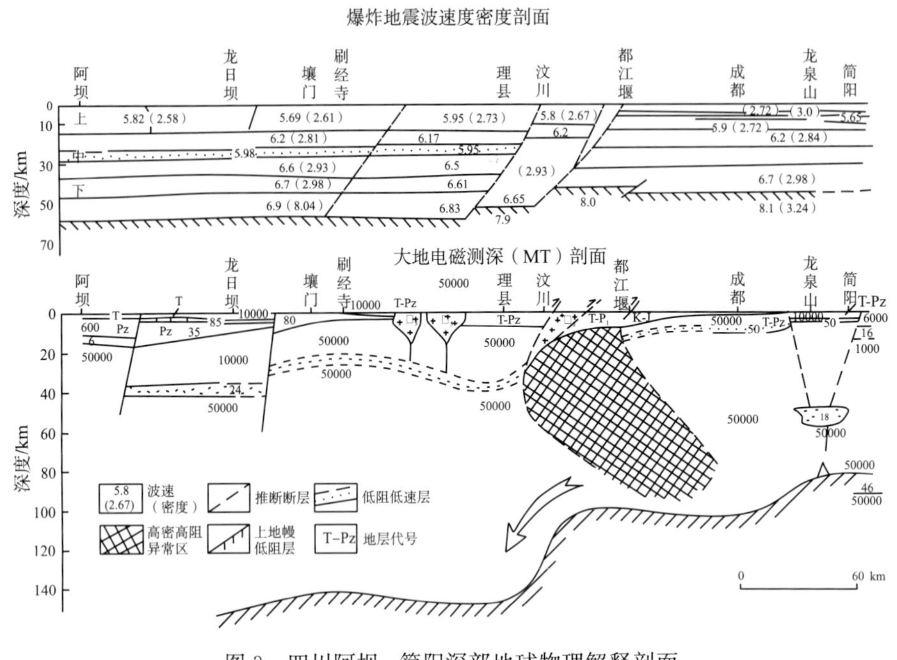

图3 四川阿坝-简阳深部地球物理解释剖面

(六)龙门山C-型俯冲模式的建立

综合前述龙门山冲断带形成的地史演化特征，龙门山冲断带三条主干断裂性质和由西向东“背驮式”发展的序次，显示出印支期以来龙门山冲断带由造山带向盆地仰冲的发育特征。但冲断带各种地球物理资料，又反映出川西前陆盆地深部的中、下地壳和软流圈，通过高导低速层向造山带地腹俯冲潜滑，抬高造山带形成推覆构造逆冲和滑覆构造。从地壳变形发展深部决定浅部和内因决定外形原则，我们提出龙门山C-型俯冲的运动学模式为“多阶段、多层次滑脱，深层俯冲控制浅层发展的陆内俯冲模式”。多阶段是指松潘-甘孜造山带和龙门山造山带不是一次完成，而是经过印支运动中期和晚期两次不同时期变形完成，这样就可解释松潘-甘孜造山区(NW向)和龙门山造山区(NE向)构造线直交的矛盾；而龙门山C-型俯冲带还经过燕山-喜马拉雅期多期次挤压、抬升方形成今日构造面貌。多层次滑脱是指从龙门山冲断带在地壳深部内存在高导、低速层和盖层内存在塑性层，成为C-型俯冲层滑动和累积错断必不可少的条件。深俯冲控制浅层发展，是指川西前陆盆地的上地幔和中、下地壳沿各种低速层向龙门山冲断带深部发生层圈滑移和俯冲挤压，迫使冲断带上盘(青藏高原东缘)不断抬升，使上地壳的浅层产生推覆和滑覆构造，向川西前陆盆地前展式发展。这个C-型俯冲(陆内俯冲)地质模式建立后，还通过物理模拟和数值模拟，进一步验证了陆内俯冲地质模式的可信度[16]。

二、汶川大地震的表征与龙门山C-型俯冲的关系

据史料考查，龙门山C-型俯冲带及其邻区，在距今2000余年前即有地震记载。在公元前26年(西汉成帝和平二月二十七日)在乐山发生过地震，当时“柏江山崩，捐江山崩，皆壅江水，江水逆流坏城，杀1万人”，这是中国最早的地震记录。这次汶川大地震，震度强，破坏大，受损面宽，影响范围

广，是新中国成立以来少有的，比1976年唐山地震大，超过今年来全球发生过的10次重大地震灾害。如此强烈地震每50～100年发生一次(V. S Geological Survey)。它是一个构造大地震，与我们多年研究的龙门山C-型俯冲带和川西前陆盆地构造关系十分密切。

(一)主震发生点和余震分布带与映秀－北川断裂带走向一致，多位于它的下盘

映秀－北川断裂又称中央断裂，走向北东55°，是一条很活跃超壳深断裂，是龙门山逆冲推覆构造带(见图1)的东缘，印支期－燕山期不断隆升，在其东缘发育许多滑覆体，如彭－灌飞来峰群等。在此构造背景下，汶川大地震发生是C-型俯冲后续抬高青藏高原的作用。余震带也呈北东约50°方向，与映秀－北川断裂走向一致，显然受后者的制约。

(二)汶川大地震的震源机制与中－新生代映秀－北川断裂运动方向基本一致

美国地质勘探局认为“汶川大地震是一个逆冲断层向东北方向运动”的结果。美国加州研究中心邓永刚教授认为“震源机制为向东的逆冲作用”。中国地质调查局认为龙门山中央断裂带是逆冲右旋、挤压型断裂地震。王二七认为晚三叠世时，龙门山后山形成了左旋的韧性剪切带(茂县－汶川－陇东韧性剪切带)，经历过大规模北东－南西向的左旋走滑运动，其东界为汶川－茂汶断裂[14]。以映秀－北川主干断裂为例，左旋走滑运动学特征可能延续到今天，如从余震发生的序次和分布上，多在映秀－北川断裂的下盘，表现出左旋走滑的特征，先发生在西南的映秀、北川，后向北东的平武、青川延伸，以至陕西的宁强等地，构成一条南西－北东向的余震分布带。这些事实表明汶川大地震发震机制与映秀－北川大断裂中、新生代以来的活动有一定的继承关系，显示出南压北扭左旋的断层地震特征。

(三)北川县城遭到汶川地震毁灭性破坏原因的探讨

北川县城经过汶川8级大地震后，损失巨大。远离映秀震中约200km的北川县地震烈度如此强烈，值得探讨。日本筑波大学Yuji Yagi研究员领导的研究小组发表的看法，值得重视，他认为“汶川大地震沿着断层线分两个不同阶段爆发，导致地震强度增大、时间延长，第一阶段沿龙门山断层线运动，造成23ft(约7m)宽的地壳断裂，约为时50s；随即沿该断裂线的另一个部分发生滑移，持续约60s。这意味着汶川大地震经历过两次强烈的地震。相比之下，日本神户大地震，只有20s，造成6000多人死亡，能量不足汶川地震的1/30”。上述看法启示我们，此次地震开始在映秀发生大震后，紧接着能量沿映秀－北川断裂的北东方向传播到北川，再次发生另一大地震，或称“响应地震”[18]，不过二个地震发生的时间很接近。这样推论，存在以下构造条件和历史地震的依据，如虎牙－北川－安县近南北向的活动断裂，在北川交叉截过映秀－北川中央断裂带(见图4)。据东南北向断裂在卫星影像上，也显示左旋错断了中央断裂和山前断裂[19]。北川处在两组断裂交截处，自然会旧震复发，再次发生地震。北川在1958年曾发生过6.2级地震，虎牙断裂在1976年曾发生过2次7.2级和1次6.7级地震[20](见图5)，故可能存在“旧震复发”。

(四)汶川大地震的震源深度与龙门山C-型俯冲的关系。

震源是产生地震的源头，是发震关键所在，因它深埋地腹，不易了解，只能根据波速和地表震中及其影响区的构造表征推测其埋深和运动性质，难度较大。但在中国冲断带和前陆盆地发育的构造区，可用C-型俯冲模式说明这类地震的特点。汶川大地震的震源深度，有的说只有约10km，也有的说30多千米。国内地震学家认为震源在15～20km处，属浅震范畴。据我们绘制的四川阿坝－简阳深部地球物理剖面(见图3)，震源深度若在12～24km处，那里为前震旦系结晶基底，属岩浆杂岩硬性岩层，其下为低速层。在这些岩浆杂岩体底部，长期积累的强大地应力，在某处达到岩石破裂点，岩浆杂岩体沿低速层向西俯冲滑移，就可能在都江堰以西的汶川发生地震。这就是在这种特定构造条件下，因

C-型俯冲(陆内俯冲)引起的汶川大地震，可视它为现今发生的陆内俯冲引起的地震。C-型俯冲必然导致盆山耦合关系变化，这与张培震认为四川盆地下降 60cm 对应，也与陈智解释这次地震“龙门山上升，四川盆地下降，运动方向和断层垂直”的运动学一致。

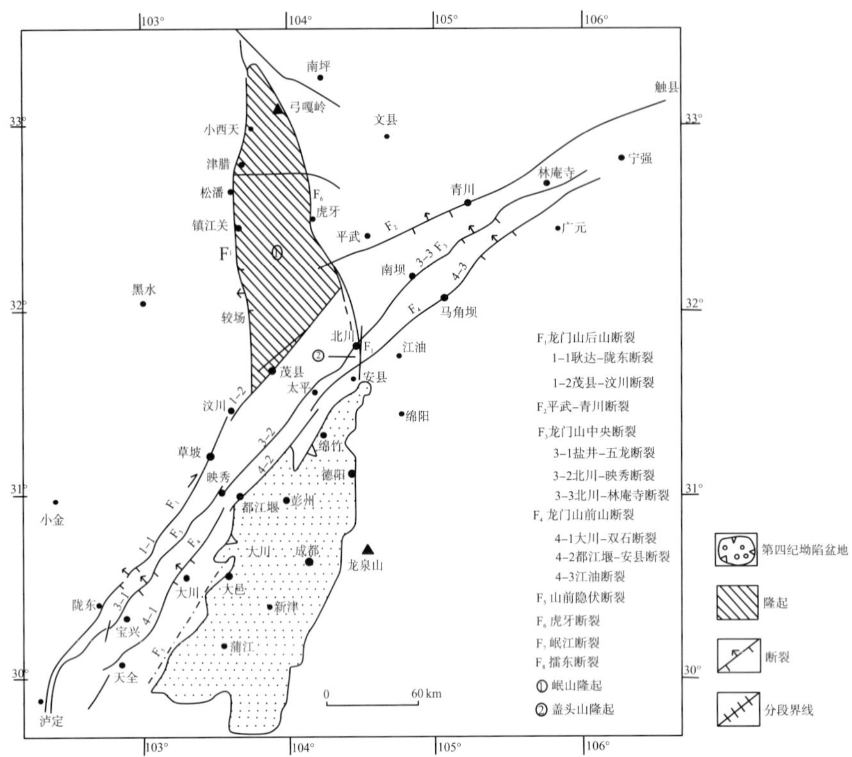

图 4　龙门山冲断带展布及近南北向断裂关系图(据文献[20])

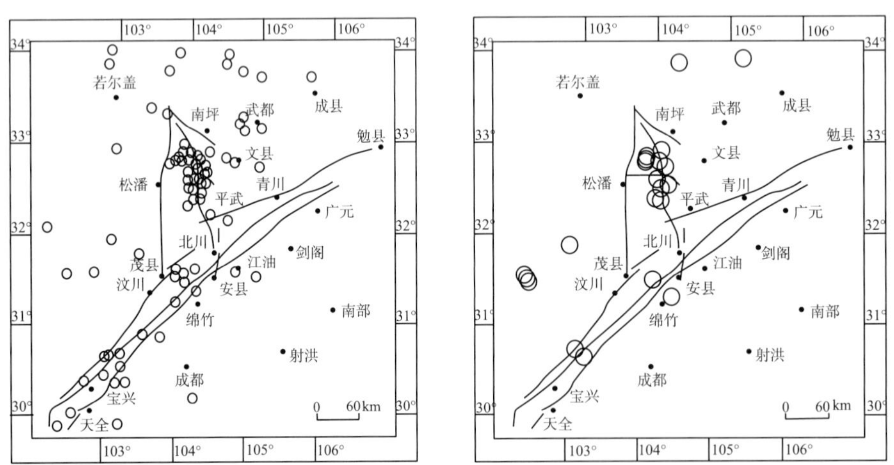

图 5　龙门山断裂带及邻区 M≥4 的地表分布图(据文献[20])

三、讨论和建议

(一)汶川大地震地球动力学来源于印度板块的问题

这次汶川大地震，国内外许多地学家多认为印度洋板块挤压欧亚板块，造成青藏高原隆升所引起。这种认识对中国青藏高原南部的喜马拉雅造山带和炉霍—康定及阿尔金山走滑构造带发生的地震有直接关系易被理解。但我们提出 C-型俯冲与前陆盆地间发生的地震，则是不完全受印度板块挤压而发生的地震，它是因为陆内俯冲诸因素集成而形成地震，印度板块或太平洋板块新生代的推挤作用，只起到触发作用。

(1)汶川大地震因C-型俯冲引起。前文已述及主震和余震多位于映秀—北川断裂的下盘。这次地震后位于映秀—北川断裂带的上盘前缘冲断带上升4m，断裂下盘及川西前陆盆地下降约2m(据黄圣睦称，用卫星成像技术获得)，而汶川地震震源机制解又多为逆冲。若这种事实存在，可推断映秀—北川断裂以下盘主动俯冲为主，导致龙门山逆冲推覆构造带以西青藏高原的东缘抬升。这还可从本区出现的正均衡异常值得到进一步证实(见图6)。该正重力异常值在负重力异常值背景上出现，长300km，宽130km，北东走向，高值恰位于汶川和理县一带。正均衡异常表明壳内存在高密度物质，质量过剩，该区地壳应该下沉；但据该区九顶山地形变形测量的资料，其不仅未下沉，还以0.3～0.4mm/a的速度持续上升。这表明本区地壳深部有一股由东向西推挤力的支撑作用，持续抬升映秀—北川断裂带以西的青藏高原上升。这次汶川大地震，就是因应力积累很强，出现一次爆发式的快速抬升。据上述这次汶川大地震是由下盘深部地壳发生陆内俯冲而形成，它可能与太平洋板块推挤中国大陆产生的远端效应触发而发生，但与印度板块的推挤作用却关系不大。

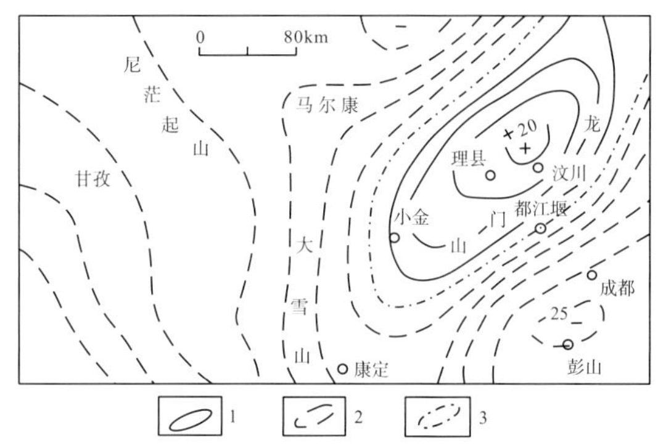

图6　龙门山区120km×120km平衡均衡异常图

1. 正等值线；2. 负等值线；3. 零等值线(异常以$10^{-4}m/s^2$为单位)

(2)天山造山带地震分布也受C-型俯冲(陆内俯冲)的控制。在天山造山带南、北缘均有冲断带和前陆盆地，因它们从塔里木盆地和准噶尔盆地深部岩石圈相对俯冲，从而在天山地区形成地震分布区(见图7)。它的地球动力学机制可能与印度板块俯冲的远端效应出触发有关。在中国大陆造山带与前陆盆地之间，因(C-型俯冲)陆内俯冲而发生地震，可能代表中国一种构造地震类型。它不同于青藏高原内部走滑形成的地震，华北基底拉张走滑形成的地震，也不同于陆陆碰撞的喜马拉雅山地震和板块边缘俯冲形成的台湾地震，可简称“中国大陆C-型俯冲”构造地震。

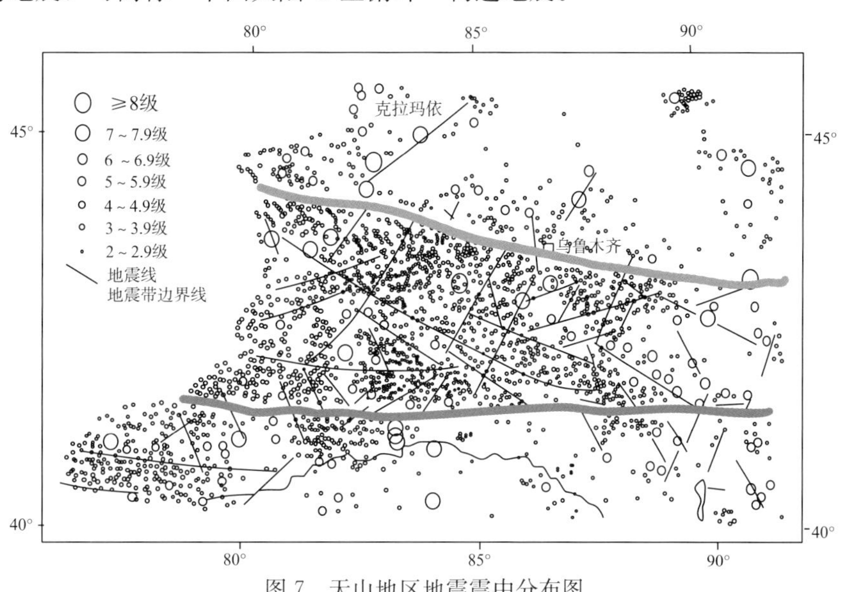

图7　天山地区地震震中分布图

(二)汶川大地震为什么对龙门山中北段自然环境破坏强烈和次生灾害严重

汶川大地震是新中国成立以来一次影响最大破坏最强烈的大地震，产生的次生灾害态势也非常严重。分析其原因，除震级大外，还有以下自然因素。

(1)龙门山冲断带出露地层多、岩类复杂，从古老的元古界火山岩杂岩体到中新生界的砂页岩均有出露。前山带出露块状碳酸盐岩、砂岩，夹泥质岩类，后山带多出露巨厚的千枚岩夹薄层灰岩(志留系茂县群)和砂板岩及浅变质岩类(西康群)，这些岩层因多次构造运动而变形强烈。

(2)它是一个构造俯冲断裂带。印支期以来，经过多次构造运动，岩层倾角大甚至直立、倒转，断层多延伸长，多次切割岩层，使该区岩层处于破裂失稳状态。

(3)龙门山冲断带处于地形陡降和水系切割带。映秀—北川断裂以东地形陡降，从海拔 3～4km，陡降至 1km 以下，发育的嘉陵江、涪江和岷江水系，从西北向东南横切北东向的龙门山冲断带，形成高山和深谷，经地震作用容易造成前山带硬岩层崩塌，后山带软硬相间的岩层顺层滑脱填埋水系，形成大量的堰塞湖。

(4)人工改造加重了本区山体的陡边坡失稳状态。本区许多公路建设和耕地开发多沿河流两岸分布，人为地加速了边坡失稳态势。

(三)初步结论和建议

(1)汶川地震可能是由于现今陆内俯冲(C-型俯冲)引起的大地震，它代表中国大陆构造地震的一种特殊类型。

(2)汶川地震的地球动力学因素，是龙门山冲断带地腹的上、中地壳因陆内俯冲长期积聚很强地应力，加之太平洋板块推挤的远端效应的诱因，触发而发生的大地震，与印度板块推挤关系不大。

(3)2008 年 5 月 12 日发生的汶川大地震可能不止一个主震，因而能量特强，震动时间长，导致龙门山北中段破坏强烈。

(4)为突破地震预报这个世界级难题，建议先从中国大陆的构造地震分类做起，广泛收集各种有关地震的信息资料，综合分析和集成，争取先做到中、长期预报，使人们对可能发生的地震保持高度警惕，做到有备防灾。

(5)今后大型企业的选址和灾区城镇重建，应尽量避开已知地震带上有活动断层切割的地方(如北川县城和绵竹县汉旺镇)；今后有计划地搬迁有潜在危险的城镇，并逐步减少该区人口的负载，以防悲剧的重演。

(6)中国是一个多块体拼接并患有“多动症”的大陆，也是一个大陆地震多发的国家。防震减灾的宣传、教育工作，不是一时之事，而是要世世代代进行下去。

2008 年 5 月 22 日是李承三教授诞辰 110 周年的日子。李承三教授是中国著名的大地构造学家、地理学家，对龙门山和四川盆地的构造与地貌研究作出过杰出的贡献。作为李承三教授的学生，谨以此文深表对老师的怀念。

本文编写过程中，得到徐旺教授和龙祥符教授的鼓励以及黄圣睦研究员的帮助，在此一并致谢。

参考文献

[1] 朱夏. 试论中国中新生代盆地构造和演化[M]. 北京：科学出版社，1983.

[2]李旭华. 新疆西准噶尔推覆构造初探[A]//中国北方板块构造论文集(第二集)[C]. 北京：地质出版社，1987，57-66.

[3]巴利 A W. 油气产状的地质动力背景[A]//全球大地构造与石油勘探[M]. 北京：石油化学工业出版社，1975，10-31.

[4]罗志立. 试论中国型(C-型)冲断带及其油气勘探问题[J]. 石油天然气地质，1984，5(4)：20-25.

[5]Luo Z L. On the mechanism on the Longmen Mountains thrust belt and its influence on the Qinghai-Xizang Plateau and accumulation hydrocarbon[A]//Geology of the Himalayas[M]. Beijing: Geological Publishing House, 1984, 141-150

[6]罗志立. 试评A-俯冲带术语在中国大地构造学中的应用[J]. 石油实验地质, 1994, 16(4): 317-323.

[7]罗志立, 刘树根, 雍自权, 等. 中国陆内俯冲(C-俯冲)的形成和发展[J]. 新疆石油地质, 2003, 24(1): 1-7.

[8]宋鸿彪, 刘树根. 龙门山中北段重磁场特征与深部构造的关系[J]. 成都地质学院学报, 1991, 18(1): 74-82.

[9]马丽芳, 乔秀夫, 闵隆瑞, 等. 中国地质图集[M]. 北京: 地质出版社, 2002.

[10]崔秉荃, 龙学明, 李元林. 川西坳陷的沉降与龙门山的崛起[J]. 成都地质学院学报, 1991, 18(1): 39-45.

[11]邓康龄. 龙门山构造印支期构造递进变形时序[J]. 石油与天然气地质, 2007, 28(4): 485-490.

[12]李勇, 周荣军, Densniore A L, 等. 青藏高原东缘龙门山晚新生代走滑-逆冲作用的地貌标志[J]. 第四纪地质, 2006, 26(1): 40-51.

[13]罗志立, 姚军辉, 孙玮, 等. 试解"中国地质百慕大"之谜[J]. 新疆石油地质, 2004, 27(1): 1-5.

[14]王二七, 孟庆任, 陈智, 等. 龙门山断裂印支期左旋走滑运动及其大地构造成因[J]. 地学前缘, 2001, 8(2): 375-384.

[15]刘树根, 罗志立, 戴苏兰. 龙门山冲断带隆升和川西前陆盆地沉降[J]. 地质学报, 1995, 69(3): 205-213.

[16]刘树根, 罗志立, 赵锡奎, 等. 龙门山造山带-川西前陆盆地系统形成的动力学模式及模拟研究[J]. 石油实验地质, 2003, 25(5): 432-438.

[17]刘树根. 龙门山冲断带与川西前陆盆地的形成演化[M]. 成都: 成都科技大学出版社, 1993.

[18]黄圣睦, 董瑞英. 中国强震活动图象与地震预报[M]. 成都: 成都地图出版社, 1997.

[19]张金熔, 丁伟明. 龙门山中北段遥感图象解释的新发现[A]//龙门山造山带的崛起和四川盆地的形成与演化[M]. 成都: 成都科技大学出版社, 1994.

[20]陈国光, 计凤桔, 周荣军, 等. 龙门山断裂带第四纪活动性分段的初步研究[J]. 地震地质, 2007, 29(3): 657-673.

第Ⅳ部分

其他文选

[本文原载于《地质评论》，1957，17(4)：417－422]

Ⅳ-1　四川盆地南部三叠系地层时代划分的意见

罗志立
（四川石油勘探局）

一、前言

四川盆地三叠系地层，曾经有不少地质学家研究过，对时代的划分及岩相的变化，发表了不少极有价值的文章。可是，对中下三叠统分界问题(即“铜街子”系应属下三叠世或中三叠世的问题)还有争论；而中上三叠统，统称为嘉陵江石灰岩，它们的彼此划分也无较确定的意见。这虽是一个地层问题，但却对目前四川盆地勘探三叠系的油气藏，带来许多的不方便。笔者去年在四川石油勘探局某队与万湘仁、樊荣等，研究川南嘉陵江灰岩岩相时，曾到川南许多地方对三叠系岩性进行野外观察(见图1)，并采岩样送四川石油勘探局中心实验室分析和鉴定，其中的石柱方斗山剖面、合川沥鼻峡剖面与南川大铺子剖面中的大古生物，曾经顾知微鉴定，少数为杨遵义鉴定。在这些资料基础上，笔者试对上述问题提出一些不成熟的意见，希望读者指正。同时感谢顾、杨两位先生在百忙之中代为鉴定化石，给本文提供了充足的根据。

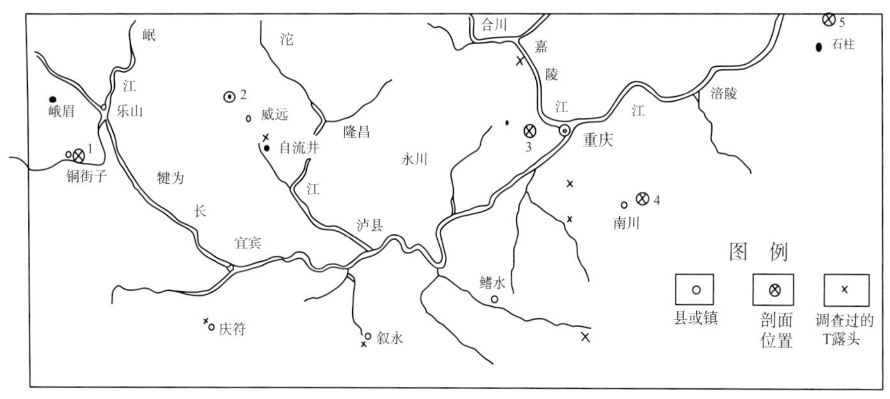

图1　四川盆地南部区域位置略图

二、川南三叠系的岩性与化石

三叠系的岩性和厚度，以川南广大地区的三叠系地层综合叙述；其中所含的化石，是以石柱方斗山、合川沥鼻峡与南川大铺子等地所探测的化石综述之。地层顺序是按本文新的分层叙述于下。

(一)下三叠统：由下向上可分四层叙述。

T_1^1：灰色含泥质灰岩为主，夹黄灰色砂质页岩及少数紫色页岩，即过去所称之玉龙山石灰岩，向东变为大冶灰岩之一部，向西至大渡河下游即不显著，厚105～125m。

T_1^2：紫色及暗紫色页岩为主，夹少数黄绿色页岩与薄层灰岩。向东渐变为大冶灰岩，向西砂岩增多，过去有人称为狭义的飞仙关层，并自本层以下获得许多属下三叠统的标准化石，厚270～533m。

T_3^1：灰岩为主，部分含有不同程度的泥质与白云质。浅灰至深灰色，中层夹薄层。显微粒至微粒结晶，局部含有海绿石和石英矿物，顶部常具假鲕状结构。本层向东至石柱县已为大冶灰岩相，向西至乐山铜街子与其上之 T_1^4，相当许德佑的“铜街子”系，过去顾知微亦曾于此地的二层中，获得许多属下三叠统的化石。本层含斧足类化石非常丰富，有时密集成层，极似介壳石灰岩，并含少数的腹足类及有孔虫类化石。经鉴定者有：*Volsella*? or Entolium? sp.，*Gervilleia*? sp.，*Eumorphotis* sp.，*Pleuronectities schmiederi*? Giebel，*Myophoria ovate* Goldfuss，*Mysidioptera* sp.，*Eumorphotis inaequicostata* Benecke，*Homomya* sp.；*Claraia* sp.(属下三叠统)，*Entolium discites* Schlotheim，厚度70～205m。

T_1^4：页岩夹泥灰岩与少数白云岩和假角砾岩。页岩蓝灰色为主，少数为紫色，含灰质与白云质。泥质灰岩与白云岩，浅灰色，薄层，含少数绿泥石和海绿石矿物。含较多的斧足类及少数海豆芽化石，在合川沥鼻峡剖面，并见有介形虫化石。经鉴定者有：*Gervilleia* sp.，*Eumorphotis kittli* Bittner(属下三叠统)，*Eumorphotis* aff. *Venetiana* Hauer(属下三叠统)，*E.* aff. *Kittli* Bittner，*Claraia* sp. aff. *C. aurita* Hauer，*Eumorphotis* sp. aff. *E. benecki* Bittner or *kittli* Bittner，*Eumorphotis* cf. *venetiana* Hauer，*E.* cf. *venecki* Bittner，*Unicardium* sp.，*Eumorphotis* sp. cf. *E. tenuistriata* Bittner，*Claraia* sp. cf. *C. decidens* Bittner，*Eumorphotis* sp.（相似下三叠统），*Myophoria ovate* Goldfuss，“*Beyrichia*” cf. *tingi* Patte(介形虫)。

(二)中三叠统：由下向上可分为三层，但在威远、叙永一带，厚度可能减薄，中间一层不显著。

T_2^1：灰至深灰色石灰岩，含泥质较重，并含少量的白云质。薄层为主，少数为中层及厚层，显微粒至微粒结构，含较丰富的原生黄铁矿晶粒，底部有时见绿泥石或海绿石矿物。层中常夹结晶较粗的条带状生物碎屑石灰岩，化石亦常含此灰岩中，以腹足类及斧足类化石为主，和少数有孔虫化石。经鉴定者有：*Myophoria* sp. cf. *M. laevigata* Ziethen or *M. cardissoides* Ziethen，*Entolium discites Schlotheim Ent.*? or *Pleuronectites*? sp.(中三叠纪下壳灰统)，*Pleuromya brevis* Assmann，*Nuculana*? sp.，*Myophoria laevigata* Alberti，*Pleuromya* cf. *fassaensis* Wissmann，*Myophoria ovata* Goldfuss(安尼西期)，*Myophoria* aff. *ovata* Goldfuss，*Entolium* aff. *licaviensis* Giebel 可能为早期中三叠世(安尼西期)，*Anoplophora* sp.，*Eumorphotis* sp.，*Pachycardia*? sp. *Pleurnectites laecigatus* Schlothein，*Onytoma* sp.，*Mysidioptera*? sp. cf. *M. Ornata* Saloman or *M. gremblichü* Bittner(中三叠纪下壳灰统或安尼西期)，*Schizodus* sp.，*Entolium liscaviensis* Giebel(中三叠纪安尼西期)，*Mysidioptera* cf. *kittli* Bittner，*Lima striata*，*Entolium* aff. *discites* Schlothein，*E.* cf. *subdemissus* Münster，*Mysidipotera oblonga* Bittner，*Lima*? sp.，厚度 201～284m。

T_2^2：白云岩与石灰岩的互层，含少数页岩和假角砾岩，在探井中则为白云质石灰岩夹硬石膏及白云岩。石灰岩与白云岩为浅灰色，中层，显微至微粒结晶；页岩为紫色或灰绿色，成分为灰质及白云质，少数呈碎块状。本层在威远、叙永一带可能不显著。层中一半含化石很少，仅零星见到个体甚小的斧足类与腹足类化石。经鉴定者有：*Pecten* sp. 可能为晚期中三叠纪(即拉丁尼克期)，*Entolium discites* Schlothein，*Myophorispsis nuculaeformis* Zenker(中三叠纪中壳灰统)，*Entolium* cf. *subdemissus* Münster，厚度 46～137m。

T_2^3：浅灰色至深灰色石灰岩，含有不同程度的泥质和白云质，中层夹薄层，方解石成显微粒至微粒结构，含较多的黄铁矿以及少量的石英。常夹条带状结晶较粗的生物碎屑状石灰岩，一般缝合线很多。本层含较多的斧足类与少量腹足类化石，多保存在生物碎屑状石灰岩中。上部常含有丰富的有孔虫与海百合茎化石，可作为野外对比分层的根据。所采斧足类化石，可能属中三叠纪晚期的产物：*Myophoria* cf. *ovata* Goldfuss，*Entolium* aff. *discites* Schlotheim，*Pecten Wiyuonensis*? Hsu.，*Lima*? sp.，*Heminajas*? cf. *H. Wöhrmanni* Bittner. 厚度 130～191m。

(三)上三叠系：申下向上可分 4 层叙述，但上部常被侵蚀。

T_3^1：黄灰色白云岩，含有不同程度的泥质与灰质，薄至厚层，显微粒至微粒结晶，手触之成粉沙状，风化后常显刀砍状。含丰富的有孔虫及斧足类化石，在南川大铺子附近采得下列斧足类化石：*Pleurophorus curionii* Hauer，*Mysidioptera* cf. fassanensis Saloman，厚度6～47m。

T_3^2：假角砾岩与灰质白云岩的互层，浅灰至深灰色，厚层至块状，一般层理均有变形，假角砾岩多分布在下部。在探井中则为硬石膏夹不纯的白云岩和石灰岩，而石膏多分布在本层的下部，层状不规则，有明显的揉搓构造。显然地面上的假角砾岩，乃由本层所含硬石膏，接近地面发生水化溶蚀重结晶等作用形成。本层底在自流井井下含岩盐，最厚可达16m。化石斧足类最多，少数为腹足类及有孔虫类，但一般不好保存，形态模糊，在南川大铺子附近，采得下列可能属上三叠纪喀尼克斯的化石：*Myophoria ovate* Goldfuss，*Pecten Weiyunnensis* Hsu. 与威远雷口坡系之f层白云岩相当，*Entolium discites* Schlothein，*Pleuromya*? sp. cf. *P. Prosogyra* Saloman，*Pecten* aff. *Weiyuanensis* Hsu.，厚度19～212m。

T_3^3：泥质含白云质石灰岩与灰质白云岩的互层，浅灰色至深灰色，显微粒至微粒结晶，厚层至块状，底部常有一层灰绿色页岩。本层顶部在隆昌探井中及重庆中梁山等地，被侵蚀。过去黄汲清等在威远和赵家骧等在重庆中梁山等地，于本层中获得上三叠系喀尼克期化石。去年笔者等又于本层获得属于上三叠纪喀尼克斯期的化石：*Lima* cf. *convexa* Hsu. *Myophoria*? sp.，*Eumorphotis subillyrica* Hsu.，*Entolium discites* Schlothein，*E.* aff. *subdemissus* Münster，*Eumorphotis* cf. *illyrica* Bittner，*Pecten* cf. *weiyuanensis* Hsu.，*Volsella* aff. *cristat* (Seebach)，*Anoplophora*? sp.，厚度5～67m。

T_3^4：一般以页岩为主，夹不纯的白云岩和石灰岩。但各地有变化，在威远叙永一带，可分成上、下二部，上部为浅灰色石灰岩，下部为黄绿色页岩夹浅灰色白云岩；在华蓥山一带，为黄灰色页岩夹浅灰色白云岩；在石柱方斗山，可分为三部，上部黄色页岩夹薄层灰岩，中部紫色泥岩夹灰绿色石英砂岩，下部灰绿色页岩，夹白云岩与灰岩。本层在乐山铜街子、隆昌探井中及重庆中梁山等地均不存在，可能被侵蚀，除威远与下侏罗统香溪统呈不整合接触外，余均为假整合接触。一般含有较丰富的斧足类及少量的海豆芽化石；少数地方偶见有腹足类及叶肢介化石。斧足类化石经鉴定多属上三叠系喀尼克斯期的产物：*Myophoria goldfussi* Ziethen，*M. inaequicostata* Klipstein，*Eumorphotis subillyrica* Hsu.，*Anoplophora lettica* Quenstedt 上三叠纪喀尼克斯期，*Pseudomonotis* sp.，*Myoconcha* cf. *beyrichii* Noetling，*Opis* (*protopis*) *joannae* Waager，*Placunopsis*? sp. cf. "*P.*" *rugosa* Sandharger or *P. plana* Giebel（可暂视为上三叠纪喀尼克斯期），*Eumorphotis* cf. *illyrica* Bittner，*Eum.* aff. *illyrica* Bittner，*Eum.* aff. *subillyrica* Hsu.，*Cassianella* sp. Nov.?，*Monotis*? sp.，*Pecten*? sp. cf. *P. tirolicus* Bittner，*Anoplophora* cf. *littica* Quenstedt，*Gervilleia* sp.。

三、对三叠系地层时代划分的意见

综上所述，知 T_1^1 和 T_1^2 属下三叠纪的浅海相沉积是无用争论的。而 T_1^3 和 T_1^4（即相当许氏的铜街子系）虽灰岩增多，但普遍具有假鲕状结构，T_1^4 中仍含有红色岩层，并在庆符—贾村溪及隆昌钻井中含有石英砂岩，从岩性上看仍属浅海相沉积；其中所含化石，过去顾知微在乐山铜街子即获得下三叠纪的化石群，现又在合川沥鼻峡、南川大铺子及石柱方斗山等广大地区，获得较多的下三叠纪化石；因此可以认为“铜街子”系仍以划归下三叠纪斯西克期为宜。它与 T_1^1 和 T_1^2，在川南可总称为飞仙关统。

中三叠系（$T_2^3-T_2^1$）以灰岩为主，其中常含不规则的生物碎屑状石灰岩，再结合上下层位的岩相和岩性看，可以认为它在川南为海侵环境下的沉积，不过局部地方略有进退。由其中所含的中三叠纪化石，T_2^1 可能属于安尼西期，T_2^2 和 T_2^3 可能属于拉丁尼克期。在过去中上三叠纪不能分开的情况下，统以“嘉陵江”灰岩称之是可以的，现在中上三叠纪既然可以分开，则嘉陵江灰岩的定义有修改的必要。笔者建议“嘉陵江”灰岩或嘉陵江统，应仅限用本文现分的中三叠纪。

上三叠纪的 $T_3{}^1$ 则全为白云岩，到了 $T_3{}^2$ 则有石膏和岩盐的沉积，$T_3{}^3$ 虽为白云岩与石灰岩，但到了 $T_3{}^4$ 则以页岩为主的沉积，且岩性多样化；整个上三叠系，由下至上形成一个显著的沉积分异规律。而古生物方面，不仅有属于上三叠纪喀尼克斯期的标准化石，并在形态和数量上发生很大的变化，如在中三叠系顶部很发育的海百合茎和有孔虫化石，到了上三叠纪渐渐减少或至绝迹，而中下三叠纪一贯发育的斧足类和腹足类化石，到了上三叠纪不仅个体变小且数量上也很稀少。这些事情均可说明当时海水渐趋碱化，生物繁殖不易，整个川南处在海退环境中，因而有标准的泻湖相沉积。故从化石岩性、岩相和地壳活动上看，均可与中三叠纪分开。既然如此，则川南的上三叠系有另名之必要。笔者意见不必另创新名，可沿用过去许德佑对川南威远上三叠系所命名之雷口坡统称之，不过其含意略有不同，它扩大了雷口坡统的下界至黄汲清在威远所分的 T_6，即本文所称之 $T_3{}^1$ 底；它在地层对比上，相当川东之远安统和川西北的天井山灰岩。

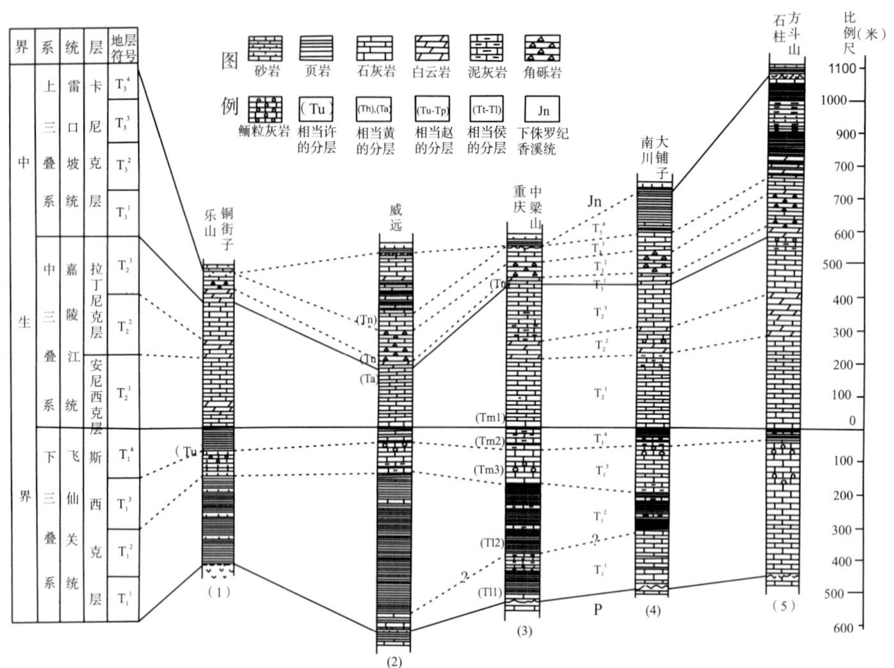

图 2　四川盆地南部三叠系地层柱状剖面对比略图

参考文献

[1] 许德佑. 中国南部三叠纪化石之新材料[J]. 地质评论，1938，3(2)：105-118.

[2]黄汲清，岳希新. 威远地质旅行说明书(抄写本)[M]. 1938.

[3]许德佑. 中国南部海相三叠纪之新研究[J]. 地质论评，1939，4(5)：295-314.

[4]侯德封，等. 石硅黔江及其邻区地质[J]. 地质丛刊，1944，(6).

[5]顾知微. 关于铜街子系[J]. 地质评论，1946，11(21)：75-84.

[6]赵家骧. 四川三叠纪地层[J]. 地质评论，1944，9(Z1)：35-40.

[本文原载于《石油勘探》，1958，(12)：7—8]

Ⅳ-2　川中油区下侏罗统的储油条件

罗志立　王宓君

(四川石油管理局成都试验研究所)

摘要：1958年，川中的蓬莱、南充、龙女寺三个构造喷油后，对其油源和储层性质引起一场大争论。本文在当时资料较少的情况下，认为“川中下侏罗统的油气为陆相生油”“下侏罗统的油产于其本身”；并推测“自流井统的大安寨与东岳庙组灰岩，为层理间隙与构造裂隙储集油气”“凉高山砂岩可能以粒间孔隙储油为主，黑色页岩的层理间隙与构造裂隙亦起相当的作用”。这些认识被其后大量钻探和研究资料所证实(后期补证)。

一、油源问题

从原油的物理性质来看，南充构造上的3号井与龙女寺构造上的2号井，凉高山砂岩层的原油相对密度分别为0.8566与0.8584，黏度(恩氏)为2.44与3.00；而川南黄瓜山构造上的黄10井与黄12井在Tc^1层中喷出原油，相对密度为0.8273与0.7953，黏度(恩氏)为1.55及1.23；又根据802队的四川盆地天然气组分分析结果，可看出三叠系以下地层含氮量很少(且稳定)，侏罗系的天然气含氮量显著增高，特别是重庆统中天然气含氮量最高。这两点事实，说明下侏罗统的油气与三叠系、二叠系的油气可能不属于同一来源。

这样的论断在川中地质条件上也是可能的。蓬基井已钻至中三叠统下部地层，在钻井过程中仅有气侵，未见显著含油显示，故它不会成为蓬莱镇下侏罗统丰富油藏的供给层位(自然我们也不否认川中其他地区三叠系有含油的可能)。若油从川南三叠系迁移而来，这又与黄10井和黄12井原油密度等资料相矛盾。加之川中构造平缓无剧烈的褶皱，要造成油气纵向大量迁移是较困难的。况且在三叠系Tc^3与下侏罗统间，油气要越过厚173m的Tc^4以上石膏与白云岩的夹层和厚856m香溪统的砂、页岩夹层，然后再聚集成丰富的油气藏，也是很困难的。即便有这个可能，但香溪统砂岩应是“近水楼台先得月”的层系，可惜在蓬基井以至整个盆地的香溪统，目前还未见到大量喷油的事实。自然，二叠系的油气要迁移至下侏罗统，似乎更加困难了。

既然如此，我们就不能不认为下侏罗统的油产于下侏罗统本身。这首先表现在大安寨灰岩与东岳庙灰岩的油气普遍含于灰岩的晶洞和裂缝中，这些孤立晶洞所含的油，显非次生作用所能迁移进去的；笔者等甚至在江油于本层泥岩所含的灰质结核中，见到核心中封闭有半胶体状沥青，这些事实可以作为本层生油的直接论据。大安寨与东岳庙灰岩中含有极为丰富的斧足类、腹足类及其蚀微古生物化石，并夹有厚度很大的黑色含沥青质页岩，这些都可说明有机质极为丰富，具有良好生油的物质基础；同时含有大量的黄铁矿晶粒与厚度很大的黑色页岩，可认为当时具有还原的生油有利环境。值得注意的是川中和川东自流井统沉积后，未发生过明显沉积间断，即进入湖河过渡相的凉高山砂岩层沉积，又继以迅速堆集的沙溪庙层的河相沉积，这对有机质的保存是有利的。因此可以认为大安寨与东岳庙灰岩可作为一个生油层系来看，但前者油源与保藏条件远较后者为佳。川中及部分川东的凉高山砂岩层亦为良好的生油层系。重庆统的下沙溪庙层与其顶相接的叶肢介页岩，亦具有生油的条件，不过没有前述三者重要。而大安寨灰岩与凉高山砂岩层中的油气亦可向上覆的沙溪庙层作少量的迁移，龙女寺浅4井原油相对密度为0.8119即可说明上述可能。这样的论证若成立，可认为川中下侏罗统油气为陆相生成。

二、油储性质

目前实际资料少，这还是一个争论的问题，仅就有限资料作些探讨。重庆统沙溪庙层中的砂岩以粒间孔隙储油为主，但在川中区有效孔隙度一般在10%以下，渗透率几乎均小于$1\times10^{-3}\mu m^2$，但其平均孔隙度有由蓬莱镇向华蓥山西麓变好的趋势。沙溪庙层的储油性质一般不好，主要因素为泥质含量大、灰质胶结，砂岩粒度小、分选及磨圆度均差等。但值得注意的是凉高山砂岩层系湖河过渡相沉积，上述因素影响油储性质的作用很小，可能形成良好的含油砂岩，如是川西北相当层位的厚坝含油砂岩，其油层物理性质是目前盆地同层中最好的砂岩。这固然是因接近盆地边缘，砂岩的储油性可能变好，但另一方面也可能是居于过渡相的原因。南充、龙女寺两构造于本层中喷油，可能因黑色页岩中夹有砂岩，故储油性能变好，再加上质密性脆的黑色页岩造成的裂缝所起作用的结果。是否如此，尚待今后的资料进一步证实。

大安寨与东岳庙灰岩，系质纯性硬的页状黑色页岩与薄层性脆的泥灰岩。当其受轻微的外力作用后，可使层理间隙与垂直裂缝发育而形成连通性良好的储油场所；在介壳灰岩的岩心缝穴中，发现过原油，故介壳灰岩在某种条件下，亦能储集石油。蓬1井的储油性质，可能属此。故大安寨与东岳庙灰岩不仅为生油岩系，在适当条件下，亦可为储油层。

川中地区在地面及地下均发现有断距不大的正断层、逆断层及构造节理，这不仅可为油气短距离纵向迁移的通路，若遮挡条件合适，也可为油气储集的空间，如龙女寺构造上的浅1井即在泥岩裂缝中发现了天然气。

三、油储的可能类型

目前来谈油储类型，似乎为时过早了一些，但预先的推测，对于勘探工作还是有所获益的。大安寨灰岩因其储油性质为层理间隙与构造裂缝，故应为构造油储类型；顶部、轴部和断层附近储油情况应较其他部位为优，若层理间隙与裂缝的连通性好，亦可为构造圈闭的层状油储类型，蓬莱镇构造可能属此类型。凉高山砂岩层应为构造圈闭的层状油储类型，南充及龙女寺两构造可能属此类型。沙溪庙层的岩性油储类型值得注意。如龙女寺的浅4井在向斜上出油，结合前述上沙溪庙层的砂岩向构造顶部尖灭的现象来看，岩性油储也是可能的。自然，整个沙溪庙层也可能因构造裂隙发育又有适当的遮挡条件，而形成不规则的构造油储类型。

四、川中油区的形成简史

从岩相和厚度上看，可认为下侏罗统自流井组沉积时，龙泉山及威远一带为隆起区，其西的成都平原似无好的生油条件；华蓥山以东不仅为好的生油环境，且处于沉降地带；川中亦为有利的生油环境，处在川东沉降与川西隆起的过渡带上；若大安寨及东岳庙灰岩层连通性很好的话，可认为当时川东、川中为油源供给区，主要是由东向西聚集的。到了重庆统沙溪庙层时，由岩性和厚度可推知油、气大规模横向迁移的趋势，仍是由东向西，可是上沙溪庙层沉积时，龙女寺与南充等局部构造继承着东西向的构造线发展，发生隆起(也许还要早些，目前缺乏资料，无法断定)，造成油捕。上重庆统遂宁页岩沉积时，区域构造活动不显著，但却成为遮挡油气的盖层；可是当蓬莱镇层沉积时，本区西部沉降，而东部则因华蓥山中段(渠县至合川)开始隆起，这样的回返运动，可使油、气运移方向反转过来而又向东作横向迁移，这就使华蓥山西麓已形成的构造处于油、气聚集的再次有利地位。白垩纪时，仍继承着这个趋势而发展，因本区东部及华蓥山中段已隆起为陆，这更形成川北、川西及川南的同层油、气向本区迁移的有利条件。故今日南充、龙女寺两构造喷油情况与蓬1井不同，可能因此之故。白垩纪末的燕山运动第三幕发生后，华蓥山与龙泉山均褶皱成山，而川中的平缓构造已于此时定型。因其受不同方向的多次构造运动，这可使自流井统的黑色页岩与灰岩的储油条件变好。

五、结语

(1)下侏罗统在川中地区普遍分布，根据岩性、岩相、大地构造及含油情况等方面来看，以遂宁至合川以东．渠县至南充以南，华蓥山以西地区属含油有利地带。它的基岩隆起，为“川中地台”上的次一级构造，四川的同志称之为龙女寺鼻状突起，其上的南充、龙女寺与附近的蓬莱镇构造均已喷油，且主要含油层的岩性又很稳定。从地史发展及构造作用力的条件来看，华蓥山西麓则为含油最有利地带。

(2)川中地区下侏罗统的主要含油层，为凉高山砂岩层与大安寨灰岩层，其次为下沙溪庙层的中上部，再其次则为沙溪庙层与东岳庙灰岩层。蓬莱镇以西自流井统与沙溪庙层的岩性

岩相已有所变化，其含油远景如何尚需进一步研究。对川南(长江以南)地区已有所研究，认为上侏罗统浅油层希望不大，但从川中喷油情况看来，川南自流井统的含油远景有重新考虑之必要。川东含油层系多已暴露于地表，但局部低背斜仍是有希望的。营山之北资料很少，推测自流井统的含油性欠佳，而沙溪庙层储油性可能变好，应值得注意。

(3)大安寨灰岩、东岳庙灰岩、下沙溪庙层及叶肢介页岩，均具有生油的有利条件。生油的有利地区首推川东、川中，次为川南。

(4)自流井统的大安寨与东岳庙灰岩层，推测为层理间隙与构造裂隙储集油气；沙溪庙层底部的凉高山砂岩可能以粒间孔隙储油为主，黑色页岩的层理间隙与构造裂隙亦起相当的作用。沙溪庙层仍以粒间孔隙储集油气，但若发现有工业价值的油气藏时，则必需注意寻找砂岩储油性能转好或构造裂隙发育的地带。

(5)目前川中的中深井(1200～1400m)以凉高山及大安寨灰岩层为主要钻探对象，这完全是正确的。不过在浅井(300～700m)钻探方面，则需考虑沙溪庙层含油性的特点——其中上部的油气主要由大安寨灰岩及凉高山砂岩层迁移而来，而其本身岩性变化大储油性质又欠佳，因此浅井的布置和安排，应考虑这个因素。

(6)目前已组织一个专题队来研究川中自流井统与下重庆统岩性岩相变化及分层对比等，以明确油储类型及含油性的规律，是完全必要的。不过还应增加力量，根据地面地质、地球物理与钻井资料，来研究下侏罗统构造的形成史，及东西向构造与华蓥山深大断裂的发展对油气藏形成的影响等。

[本文原载于《石油勘探与开发》，1978，(5)：15－28]

Ⅳ-3 国外天然气成因的研究及对四川勘探实践的意义

罗志立　赵幼航　曾志琼
（四川省石油管理局石油勘探开发研究院）

一、国外对天然气成因的认识

目前世界上找到的许多油气田，可认为是古代有机质经过漫长地史复杂演化到今天的归宿地，因此，追根溯源研究过去岩石中有机质是如何演化成今天油气田的，是一个复杂而困难的问题。由于油气工业的高速度发展，人们越来越认识到研究油气生成的重要性，正确判断生油层及其潜力可减少勘探工作中的盲目性，增加勘探成功的把握性。

国外目前对油气生成问题非常重视，由于现代分析技术的发展和大量勘探实践资料的积累，对这一问题的认识有很大的发展。1965年以来，西欧和苏、美的石油工作者，在有机成因说基础上，提出有机质受热后期成熟说(简称石油成熟学说)，成为得到广泛支持的理论，对勘探实践具有使用价值。石油和天然气的生成和演化，有如一对异性孪生兄妹的出生和成长过程，不能截然划分；有关天然气单独成因的研究，目前国外研究成果很少，我们只好从油气的共同成因中来分析、研究，突出天然气的成因问题，进行介绍。

根据毛主席事物的变化“内因是变化的根据”、“外因是变化的条件”以及“任何过程如果有多数矛盾存在的话，其中必定有一种是主要的”的教导，我们用内因和外因的辩证关系，分析、认识石油成熟说，研究石油在演化过程中是什么外因条件起着主导作用，因而生成石油和天然气的丰富程度不一致，这对寻找油气是有实际意义的问题。对一个沉积盆地来说，有无丰富有机质，是能否形成丰富油气资源的内在先决条件；而这些有机质是以腐泥质为主还是以腐殖质为主，又是后来形成以石油或以天然气为主的重要内在因素，也就是形成油气田的根据。盆地内丰富有机质聚积后，在漫长地史演化过程中，遭受物理因素(热力、压力)、化学因素(生物化学作用、催化作用)、时间因素、水动力等因素的影响，而形成明显的三个阶段(成岩、成熟、变质)，这就是油气生成的外在条件。在每个阶段的诸因素中，某种因素起着主要控制作用，因而生油生气多少不一致，这就是外因对内因变化的影响。可这样说，一个盆地内从有机质演化成油气藏，是严格地遵循自然辩证法则中内因和外因的相互关系进行的。

(一)有机质在演化的三个阶段中，均可生成天然气，但各阶段生成天然气的丰富程度不同

1. 热成熟说的意义及三阶段的划分

20世纪70年代以来，国外提出近代和古代沉积岩中有机质的性质和分子结构随着埋藏深度的增加而有规律的变化，并向稳定状态发展。有机质受热逐渐成熟而形成油气的理论，称为热成熟学说。这个学说由于采用近代分析技术，研究了世界上重要含油气盆地不同深度的有机质及其衍生物的变化关系，成为目前油气成因学说中压倒优势的主流派。

岩石中的有机质是极为复杂的高分子化合物的混合物。为了查明与油气的关系，通常对它的三个基本要素进行研究：即代表有机物总量的有机碳、用溶剂可抽出的沥青及烃类含量以及不溶的油母质

(干酪根)。地壳沉积岩中的有机质，来源于动、植物两大类，它们的基本物质是蛋白质、碳水化合物、类脂化合物。蛋白质是有机物沉积中氮的主要来源，是氨基酸的复杂聚合物，易分解散失，在岩石中不易保存；纤维素主要是碳水化合物，是细胞壁的基本成分，是天然气的原始来源；类脂化合物，包括蜡、脂肪、油质和色素，是石油的原始来源。这些物质的内在基础不同，就构成后来向油或向气演化的依据。

岩层中有机质从沉积到以后的地史演化过程中，遇到不同的物理、化学、时间和水动力等外界条件。据研究，物理条件中的温度因素，贯穿于有机质演化全过程，因此把油气演化过程划分出阶段，而每阶段有机质的分子结构发生有规律性的变化。据亨特研究，可划分出以下三个阶段[1]：

(1)成岩作用阶段。地下古温度在50℃内，深度约在1000m范围内①，煤系的变质作用属于泥炭－褐煤阶段，油母质为黄色。这些特点表明岩石内有机质尚处于未成熟阶段，生物化学作用中的细菌发酵起主要作用，生成气态的甲烷和C_2-C_3的液态烃，所产生的甲烷量甚大。如索柯洛夫和乌斯宾斯基估计[2]，每年从大陆上的土壤、沼泽、河流、湖泊(不包括海洋)产生甲烷为$5.2\times10^{11}m^3$，一万年内所生的甲烷比地球大气圈内所含甲烷多1.5倍。可惜所生甲烷大量散失到大气中去了，若有特殊储集空间，亦可形成特殊类型的气藏。如日本千叶、新潟等地的水溶性气藏，苏联斯塔夫罗波尔第三系和第四系中的气藏，我国长江三角洲砂层内的天然气，以及柴达木盆地第四系气藏，也可能属此类型。

(2)热成熟作用阶段。当生油层随着埋藏深度增加，温度相应增高，达50～160℃范围内，由于每增加10℃化学反应速度增加一倍，这时温度对有机质的演化处于主导控制地位。煤系变质作用处于气煤－贫煤阶段。本阶段早期仍有天然气生成，中晚期为大量生油阶段，可生成大量的C_4-C_{14}的汽油、煤油、轻瓦斯油和C_{15}-C_{40}的瓦斯油－润滑油。本阶段由于蒙脱石、高岭石等黏土矿物进一步脱水变成水云母矿物，又会增加油气的催化与运移作用。当温度大于200℃就没有C_{15}-C_{40}的烃类和可溶性的沥青了。这就是世界大油田99.8%的储量，其产油层最大深度多在1220～4270m范围内的原因；超过4270m深度，仅有0.2%的石油储量，其中主要为凝析油[3]。

(3)变质作用阶段。温度超过160～200℃，埋藏深度超过6000～7000m，煤系变质作用达到无烟煤阶段，复杂的碳氢化合物遭到破坏，只能产生甲烷和富碳残余物。据美国1967年最深井与油气显示的统计：井深5000m以下14口深井，有九口气井、三口凝析油气井、一口油井、一口凝析油井；井深6000m以下七口深井，只有一口油井，其余六口都是气井。当然，这些统计数据，只能说明深度增加温度增高，发现液态烃机会减少的一般情况。但由于地壳结构不同、沉积岩的时代不同、储层岩石性质不同，油气与深度的关系，还有特殊的变化。

上述三阶段的划分，与煤阶、深度和温度的关系，可以美国俄克拉荷马州阿拉达科盆地一口井的研究资料来概括(见图1)。

三个阶段中生成油气所占总量的百分数，可以克雷浦尔研究怀俄明州含磷层的结果表示于图2中。

2. 沉积盆地内有机质横向演化和油气的关系

有机质成熟度，不仅在纵向上有明显的演化阶段，横向上也同样受热力学支配而有明显的变化；研究最好的实例如西加拿大盆地[4]。他们根据岩石中干酪根的颜色、烃类组分，测定沉积岩中有机质的成熟度，用在勘探早期辨别生油和生气的母岩，预测油区和气区分布的范围，是用地球化学指导勘探较好的实例。

1)地质概况

西加拿大盆地西起落基山，东到加拿大陆棚，沉积岩西部最厚达6096m，向东减薄成楔形，在古生代碳酸盐沉积和中生代碎屑沉积间有明显的沉积间断。这个盆地为加拿大主要油气区，并有世界上最大的石油沥青矿。油气产自西部较深的中、古生代地层中，为地层因素控制的油气藏；油气分布的

① 各沉积盆地由平地温不同，深度也不同，1000m只代表一般情况.

特征与各区生油岩的成熟度和油母质的类型有密切关系，反映储集岩内烃类成熟演化的过程(见图 3、图 4)。

2)有机质的演化与油气田的平面分布

根据埃文斯和斯坦普林的模式，把西加拿大盆地的沉积横剖面划分为三个发展阶段：未成熟的生气阶段、成熟的生油阶段、变质的生气阶段(见图 5)。

同层的变质相与成熟相在平面上的分界线，称作变质的热线。在热线以东可找到油田，以西只能找到天然气。西加拿大古生界的热线，约与埋藏深、构造作用强烈的落基山脉平行。各目的层的热线在横向上随着深度增加向东偏移。如阿尔伯塔西部中上泥盆统(见图 6)，东北的天鹅丘礁为油田，中部的勒迪克礁为凝析油田，过了热线的西南部只有气田，天然气中 H_2S 含量也相应地增高。

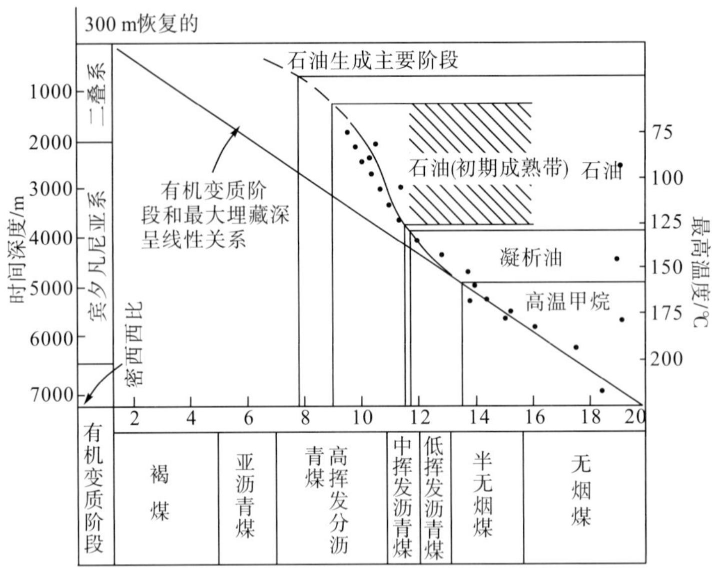

图 1　阿拉达科盆地壳鲁姆伯杰 5 号井有机质变质阶段和油气生成的深度关系图

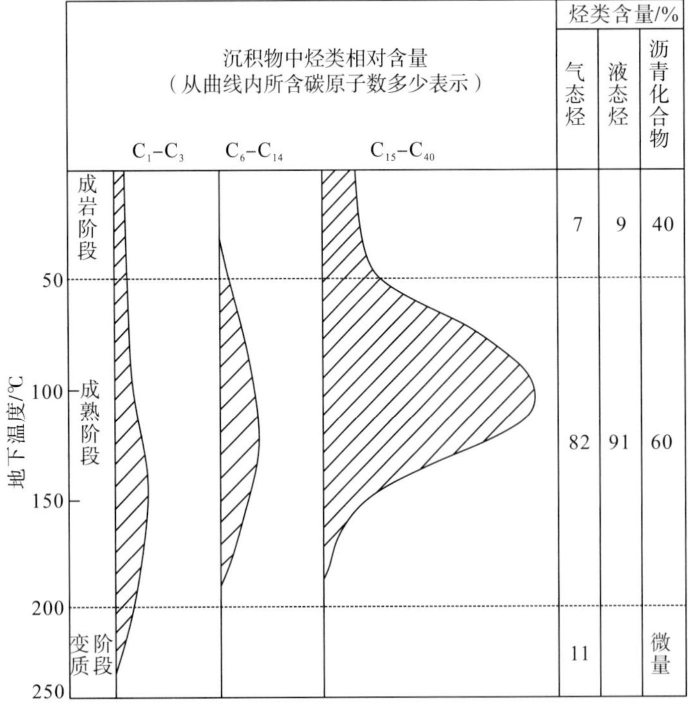

图 2　美国怀俄明州含磷层中，生物层烃类在三阶段中相对含量

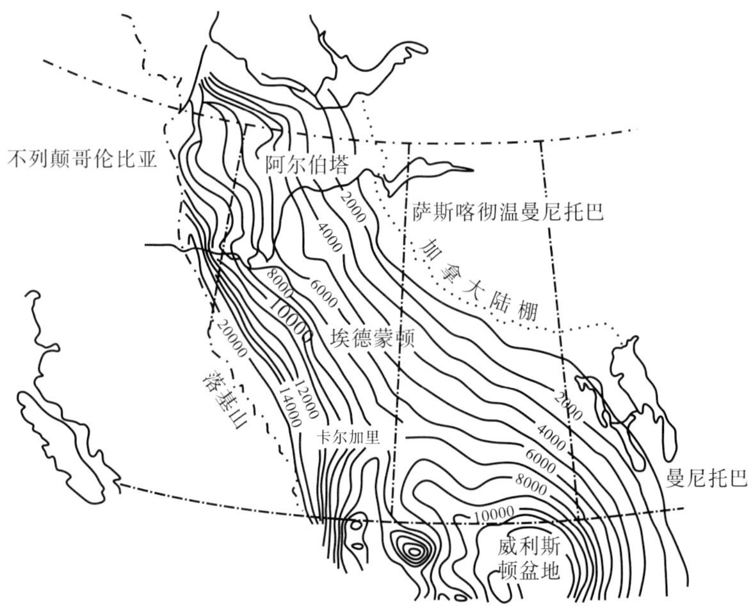

图 3 西加拿大沉积盆地形状图

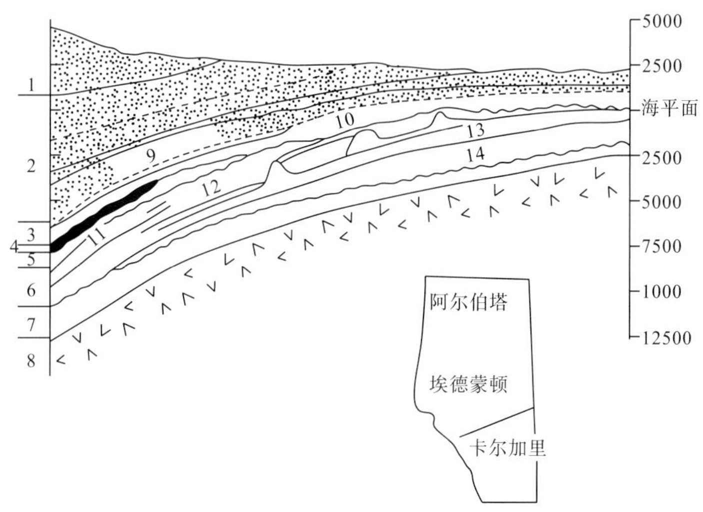

图 4 约与西加拿大盆地走向正交的阿尔伯塔平原的地质剖面图

1. 古新统；2. 上白垩统；3. 下白垩统；4. 侏罗系；5. 密西西比系；6. 泥盆系；7. 寒武系；8. 前寒武系；9. 科罗拉多系；10. 曼恩维组；11. 瓦巴组；12. 温特伯恩组；13. 比弗希尔湖组；14. 艾尔克点组

	气体	汽油	重质油	固态物
	C_1-C_4	C_5-C_7	C_{15}+	干酪根
未成熟的生油层	主要是 C_1	贫(多数组份缺失)	富(主要为非烃)	黄色
成熟生油岩	主要是 C_1-C_4	富(全部组份都有)	富(含烃类及 NSO 化合物)	黄色到褐色
易交质的生油层	主要是 C_1	贫	贫(主要为烃类)	黑色

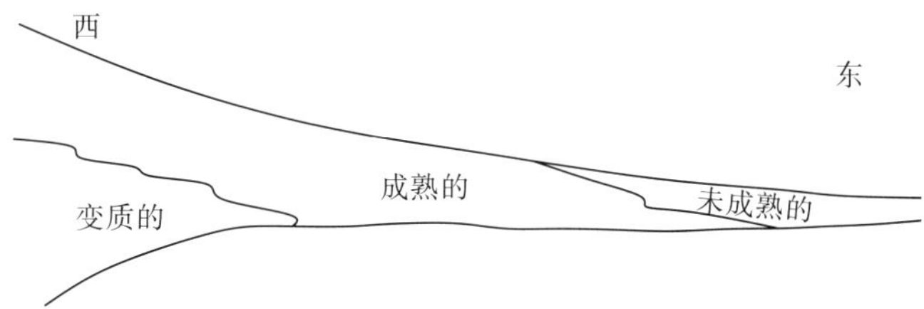

图 5 处于不同热变化(熟化)阶段的母岩中气态烃、液态烃和不溶有机质各组份变化表

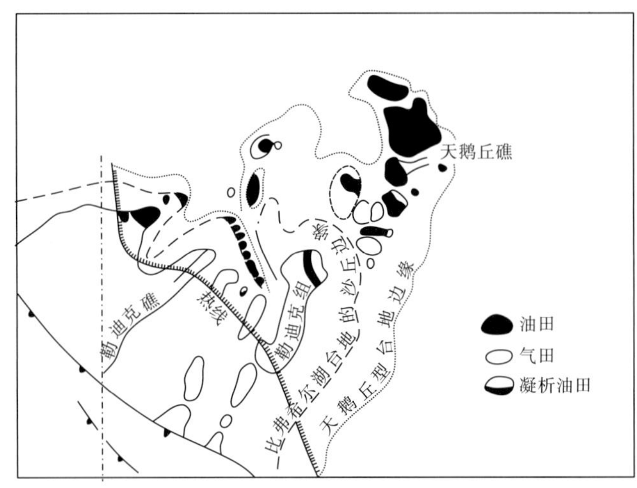

图 6　阿尔伯塔西部－中部上泥盆统天鹅丘组和莱杜克组的礁型油气田分布图

(二)煤系变质作用，可生成大量天然气，成为研究天然气成因和指导天然气勘探的一个重要课题

1. 世界煤田气储量的重要意义

20 世纪 70 年代以来，由于荷兰、北海和西西伯利亚特大气田的发现，国外许多研究人员对这些地区气田的地质条件进行分析，室内模拟试验，结合有机质在地史中演化的理论，提出煤系变质作用是天然气的一个重要来源。煤系变质作用所生成的天然气储量是惊人的，如有人估计苏联秋明北部、荷兰东部和北海南部三个地区煤系变质作用所生成的天然气为 17 万亿 m^3，占世界天然气总储量的五分之一以上[6]。

巴格瑞特金娃等人，对苏联煤层的天然气，估计为 800 万亿 m^3；若将不可开采的煤层和深度超过 1800m 的煤层能生成的天然气也计算在内，最低可达 1000 万亿 m^3，最高可达 4000～5000 万亿 m^3，但这些生成于岩石圈中的天然气，由于岩石的吸附、水中的溶解、向大气的散失不可能全部开采出来。瓦索耶维奇根据前高加索地区煤层聚集系数为 6%估计，苏联保存在气层内的天然气，最低有 60 万亿 m^3(以最低含量 1000 万亿 m^3 计算)，最高可达 240～300 万亿 m^3(以最高含量 4000～5000 万亿 m^3 估计)[6]。

据美国矿务局调查资料，平均每吨煤可采天然气 5.7m^3，美国在 914m 深度以上可采煤层(包括露天煤矿)，估计为 1.4 万亿 t，由于煤系变质作用可生天然气 8.5 万亿 m^3。再从美国煤层气和天然气资源的对比(表 1)，也可看出美国煤层气的重要性[8]。

美国煤层气和天然气资源对比表

项　目 ＼ 指　标	数　量	能量(10^{12}英制热量单位)
未开采的煤/t	1.4 万亿	36165000
天然气可采储量/m^3	7.53 万亿	252700
估计煤层天然气/m^3	8.78 万亿	305350

据以上事例说明煤层天然气，不管从世界已知储量所占的比例，或者从苏、美天然气远景储量的估计，都是十分惊人的，是各国 20 世纪 70 年代以来研究和勘探天然气的一个值得注意的新动向。

2. 对煤系变质作用的化学物理因素和地质条件的认识

(1)前面提到腐殖质生气为主，这是天然气形成的内在依据，从含腐殖质丰富的泥炭阶段演化到无烟煤阶段均可生成大量的天然气和少量的凝析油，这从室内试验和钻井取样分析以及煤田开采过程中大量天然气地喷出，均可得到证明。影响煤系变质作用的外因条件，主要由温度和时间因素来决定。可以说煤系变质作用是腐殖质在地史中的细菌、热力、时间等外界因素作用下，发生脱挥发作用，产生了天然气，而煤阶的炭化程度也随着向高级阶段发展。这可从蒂拉特苏所列的化学反应式来说明[9]。

$$\underset{\text{褐煤}}{C_{57}H_{56}O_{10}} \rightarrow \underset{\text{沥青煤}}{C_{54}H_{42}O_{10}} + CO_2 + \underset{\text{甲烷}}{2CH_4} + 3H_2O$$

煤系变质作用在每个煤阶中氢、氧元素的减少，碳元素的增加，天然气的释出，可以海姆斯的煤系图说明(见图7)。

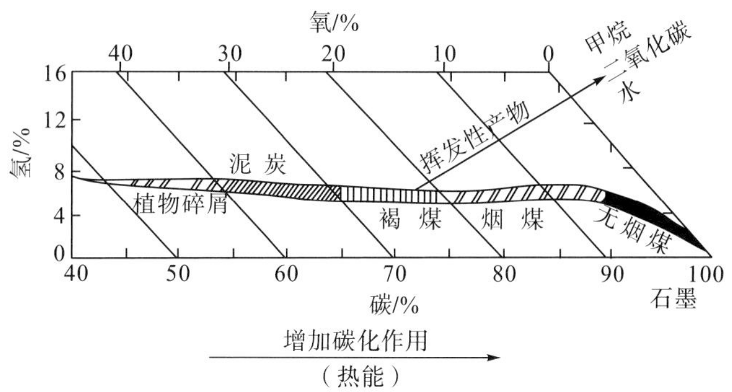

图7 煤化作用中挥发性产物的释出

(2)煤系变质作用过程中，究竟能生成多少天然气？据国外报道，在煤系变质系列中生成1t褐煤时，产生天然气68m³，生成1t肥煤时产生天然气230m³，生成1t瘦煤时可产生天然气330m³，达到无烟煤阶段时，天然气生成总体积超过40m³/t。为了证实上述计算，扎巴列夫从实验模拟进行研究，得出腐殖质煤在试验中，产生气态烃的体积和数量，随样品变质程度而增大。如由褐煤阶段的2%～3%可增到40%；在肥煤和焦煤阶段，1kg煤可增加2L的气态烃。其中可分出C_6的重烃，最大到35%。说明煤系变质作用，在一定地质条件下，不仅可形成气态烃，还可形成大量液态烃—凝析油和石油。

(3)煤系变质作用形成天然气藏的地质因素。煤系变质作用可生成大量的天然气是毫无疑问的，但能否形成供开采的天然气藏，还必须有一定的地质条件。如北海南部地区为世界大气区之一(见图8)，是20世纪60年代后期开始勘探的，70年代初期发展起来的大油气区。

在泥盆纪时为陆相红色碎屑沉积，下石炭纪时发生海侵，为浅海陆棚相碳酸盐沉积，随即发生海退；上石炭纪转为三角洲相沉积，发育煤系地层2440～3050m，为南部天然气的生气层。石炭纪末发生海西运动，下二叠纪的赤底统厚150～1000m，为物性良好的陆成砂岩，产层厚达200m，孔隙度12%～25%，渗透率80～1000mD。上二叠纪的蔡希斯坦统为厚达1370m的膏盐层，具良好盖层作用。随后又沉积了厚约2000m左右的三叠纪至白垩纪的沉积，为煤系变质作用生成天然气提供了条件。海西运动时形成北西-南东向的大地堑，为以后大气田形成提供了同生圈闭的条件。从上述地质条件可看出北海南部和荷兰大气田的形成不是偶然的，而是生、储、盖和圈闭等条件紧密组合的必然结果。在比利时、德国鲁尔、法国北部和英国的依斯利斯上石炭纪也有巨厚的煤层，但无上二叠纪良好膏盐层作盖层，故不能形成气藏，只能形成大煤矿[13]。

又如苏联西西伯利亚地区，为世界大含油气盆地之一，其中乌灵戈依特大气田居世界之冠(储量5万亿m³)。天然气主要集中于陆相的上白垩纪赛诺曼阶，可采储量44.58万亿m³。西西伯利亚地区是上石炭纪—下侏罗纪由地槽转化为地台的基底，中生代时，由于盆地整体下沉，东南西三面被山脉围绕，形成许多向北入海的河流，构成大范围复合的滨海三角洲沉积。下白垩纪晚期亚普尔和亚尔俾斯阶，为海陆交互相的含褐煤层系。到了上白垩纪早期的赛诺曼阶，为泥质碎屑岩与煤的交互层，所含砂岩物性良好，孔隙度19%～38%，渗透率1～3300mD。上白垩中晚期的土伦到达宁阶，为海相泥岩，厚400～850m，为良好的盖层。因此西西伯利亚大气区的形成，是与白垩纪煤系发育有良好的生气层，储层物性好，盖层厚，并具大面积(500～6400km²)，高幅度(100～250m)和继承性发展的构造等优越条件分不开的。

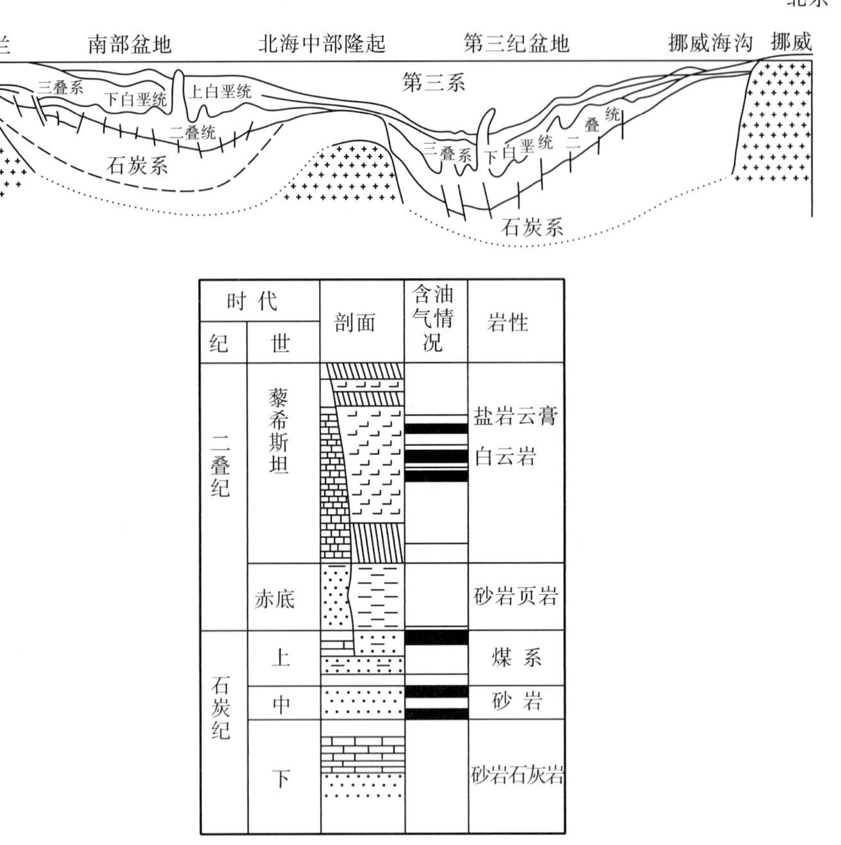

图 8　北海盆地横剖面—古生代柱状剖面图

二、几点想法

伟大领袖和导师毛主席教导我们："应当以中国的实际需要为基础，批判地吸收外国的文化"。我们本着"洋为中用"的方针，联系四川盆地油气勘探的实际，在油气勘探和室内分析化验方面，提出以下几点想法：

(一)编制四川盆地油气演化预测图，进一步估算远景储量，研究油气分布规律，为寻找大油田提供依据

四川盆地油气资源非常丰富，但究竟有多少比较可信的远景储量？四川目前以产气为主，找油方向何在？在什么地方和层位才能找到个像样的油田？这是当前实际勘探中大家关心的问题。油气演化预测图的编制，对回答上述问题可能有所帮助。

1. 油气演化预测图可比较准确地估算四川盆地含油气的远景储量。

对四川盆地远景储量过去曾进行过估计，天然气约 X 百亿 m^3。但限于当时的条件，是借用国外地台区单位体积内产油量折合为气量估算的，因此估计数据欠准，而且未考虑产油的可能性。目前我们钻了大批深井，如 X 基井打到基底，X 基井超过 7000m。这些深井为研究各层系有机物质的含量、变质程度，以及各地区的热力史，提供了宝贵的资料。因此，我们可根据热成熟的理论，使用自己的数据，比较准确地估算四川盆地的油气远景储量。

2. 油气演化预测图可推测盆地内油气分布的规律，为找油田提供依据。

目前我们也提出在四川盆地找油的某些地区和层位，但多依据感性的直观材料，如地面油苗多少，钻井中油气显示及有无构造条件等依据。尚未从各层系生油岩有机质的类型与数量，在盆地不同地区热力史条件下，有机质向油或气演化方向作理性的认识，更未考虑到七十年代以来提出的煤系变质作用可生成大量天然气的重要因素。因此我们确定四川盆地找油的方向，尚需依据更多的资料，从理性上提高认识。油气演化预测图的编制，可为我们今后在什么地方，什么层系，什么深度范围内寻找油田或气田提供更进一步的依据。

(二)川南二叠系天然气的成因，可能部分来自乐平煤系的变质作用，应加强研究，探索新的天然气资源

不可否认浅海相的二叠系含有大量生物，其有机质可生成大量的天然气；但也不可否认上二叠纪的乐平煤系在川南含有很厚的可供开采含高瓦斯的焦煤。从前述国外的实例来看，也可生成大量的天然气。故川南二叠系天然气的成因，很值得研究。从国外煤田气多为干气来看，可与川南二叠系的成分对比，如西西伯利亚赛诺曼层天然气含甲烷96%～99%，非可燃气体(CO_2和N_2)1%～2%；北海南部天然气含甲烷92%～94%，非可燃气体1.4%～2.4%；不含或少含硫化氢。川南二叠系甲烷含量一般在98%左右，重烃和硫化氢含量甚微，目前在川南XX口钻井中，尚未找到可信的含油显示。这些与川南三叠系的天然气性质有明显的差异，与西西伯利亚和北海南部地区煤层气颇为近似。再从前述煤系变质作用过程中，煤系变质作用中煤阶高生成天然气量多的规律来看，川南乐平组的煤阶大多数在贫煤焦煤甚至无烟煤阶段。其比川西北多为气煤和肥煤的煤阶变质程度高，因而有可能生成大量的天然气。这些宏观资料足以说明川南二叠系天然气有来自煤系变质作用的可能。

1965年四川石油会战期间，据我们对中梁山煤洞的调查资料，从茅口灰岩巷道中，七年内共产出天然气4700万m^3。乐平组煤层中含气和压力也是可观的，如1958年2月，在280m水平巷道中，乐平组底部10号煤层，发生瓦斯突出，喷气11.6万m^3，带煤600t，气浪穿过2580m长的坑道再冲出洞口，还可折断树干。

据四川煤田勘探公司的资料，在华蓥山背斜带、南桐区、永川－荣昌地区、宜宾－叙永－药连地区，上二叠纪和少数香溪群的煤田面积约7000km^2，在当地水平面下1500m的深度内，可采煤层约30亿吨，煤系变质阶段，绝大多数为无烟煤，少数为肥煤。

根据国外资料，对上述地区煤系变质阶段以保守的瘦煤阶段计算(生成1t瘦煤可产天然气30m^3)，上述四个地区300亿吨可采煤层，即可产天然气99000亿m^3。据瓦索耶维奇在高加索地区煤层聚集系数6%估计，至少有6000亿m^3天然气进入气层。也就是说每平方公里的可采煤层可生天然气8600万m^3进入地层。若以泸州地区15000km^2的面积计算，从乐平煤系和少数香溪群地层，共可生成天然气12900亿m^3。这个数量比二叠系、三叠系天然气的可采储量多若干倍。

乐平煤系变质作用生成的大量天然气，又将如何运移到阳新统和长兴灰岩中去？这是尚待深入研究的问题。但与北海南部地区气田进行地质条件对比，这个可能性是存在的，下二叠纪末的东吴运动，使阳新统遭到剥蚀，形成许多溶蚀空间，再接受滨海相的乐平煤系的沉积，乐平煤系既为生气层，又为阳新统的盖层，以后又经受短期的海浸，沉积了长兴灰岩，这样的生、储、盖组合，为以后煤系地层在高温高压变质作用下生成天然气初次运移提供了良好条件。至于乐平煤系生气可否向下面的阳新灰岩运移？据中梁山煤矿缝缝洞洞调查，1960年8月在紧接乐平煤组的茅口灰岩中，炸开1号溶洞，两小时后测得天然气产量63.6万m^3/d，到1965年6月累计产气1232万m^3，这说明乐平煤组生成的天然气可进入下伏的茅口灰岩。在国外也有类似的情况，如北海北部挪威的埃可费斯克油气田，储层为白垩纪的白垩层，生油层和盖层是上覆的古新世页岩，这个油气田被认为是在上覆压力影响下，油气向下运移形成的。

(三)从热成熟说理论，探讨四川盆地西部寻找油田的问题

在四川盆地何处找油？是个复杂而有实际意义的地质问题。过去有两种截然相反的认识，一种认

为四川盆地中，浅层勘探是气，再往深处打就可找到油；另一种根据石油热变质理论，认为川中东岳庙油层到川西北X基井油气比增加，以气为主，因此向深部钻井能否找到大油田值得怀疑。对这个问题，我们从热成熟说理论，联系华蓥山以西的地质情况，对具体情况作具体分析，探讨有关找油的问题。

1. 用石油演化理论推测川西北和川西七千米以上广大地区，尚处于热成熟阶段，是找油的有利地区

从国外资料，把石油成熟阶段的下限，定在古温度160℃～200℃，也就是说地下油藏在这个温度之下，受热裂解可转变成气藏。从关基井钻进过程中初测地温资料，在7150m深处为177℃，而关基井所在地表地层为白垩纪，保存完整，因此目前所测的177℃（地下温度尚未完全平衡），基本上可代表古温度，在此温度以上地层，烃类尚处于热成熟阶段，故有可能在川西和川西北广大地区，找到油田和凝析油田。在国外尼日尔三角洲，据地温研究认为三角洲中心的液态窗温度下限可达7000m，即是说在7000m还可找到油，这与我们有类似之处。

川中关基井在井深6011m测得温度为180.8℃，考虑到川中地层老，受热时间长，地表岩层剥蚀多，这个数字不能代表古地温。因此油气演化下限偏高，估计川中在二叠系以上还是有可能找到凝析油田或油田的。

油气演化的温度还可由于地层中有含盐层，使温度下降，而使演化深度下移。如苏联里海凹陷东部地区[15]，三叠纪的孔谷尔阶含很厚的盐层，由于盐层大量吸热，冷凝地层，温度下降，改变变质作用进程，因而在比克扎耳构造钻的超深井，在盐层下（井深5087～5192m）的黏土岩中有机质转化程度很低，煤阶未超过长焰煤和气煤阶段。因此在里海凹陷加尔夫－科斯特盐丘地区，在深4～7km层段，还发现了纯油藏和油气藏。这个事例对评价盆地西部地区三叠系以下找油远景开阔了眼界。

2. 从石油演化的观点，四川盆地古隆起的顶部是找油有利地区

石油演化的下限，在空间应呈一平面，但不一定与地层分界面吻合，与地温梯度和后期埋藏深度有密切关系，同一时代生油层在地温梯度高地区，成熟与变质分界面偏高。在后期古隆起顶部相对古隆起外围地区，成熟转化阶段偏低。对泸州古隆起顶部嘉二气藏轻质油的富集，过去认为与沉积后期古隆起的初期运移有关。近年来湖北石油地质大队根据煤阶、油气演化、正构烷烃、红外光谱等特征，从油气演化观点认为海相三叠系的油气已进入成熟中期，并接近晚期[16]。以此可以推论三叠系嘉二层在泸州古隆起顶部3000km^{2}范围内含轻质油，古隆起外围不含油产气为主，如此分布特点除与油气早期运移水动力因素有关外，也可能由于古隆起顶部缺失1000m以上地层，古地温比周围低，油气演化尚处于成熟中期阶段，因而保留轻质原油。这一推论从川南嘉陵江组天然气中碳同位素（$\delta^{13}C$）的分布图也可得到证实[18]；在泸州古隆起顶部阳高寺构造及德胜场向斜等构造上的$\delta^{13}C$含量小，但向外围增大，即是说顶部富含轻同位素$\delta^{12}C$，而向外围减小。$\delta^{12}C$在泸州古隆起平面上变化的趋势，与四川盆地各层系在纵向上由老到新富集$\delta^{12}C$，并从气态烃向液态烃分布的规律相一致。均说明有机质在地史中埋藏深的比埋藏浅的演化程度高。

又据贵阳地化所的研究[17]，认为威远震旦系气藏在侏罗系以前还属高成熟原油阶段，侏罗纪以后埋藏增加，超过6000m，古地温可达190～220℃，演化到甲烷最终阶段，形成今日的气藏。以此观点对比川西北天井山等地古隆起，加里东期即为隆起，印支期有的还继承发展，上覆地层很薄，故二、三叠系的煤阶低，属于气煤和肥煤阶段，油苗显示多，按油气演化模式，川西北古隆起上的震旦系还处于成熟阶段，地腹可能保存原油。至于埋藏浅的印支古隆起成熟度低，保存原油的条件更为有利。这从煤田变质资料可得到证实，如天井山顶部的五华洞煤田，栖霞底部煤系变质程度（气煤－长焰煤）比两翼上二叠系煤层变质程度低（焦煤）。再从干酪根热谱图的研究[19]，也可证明，如川西北在印支运动隆起最高的倒流河构造，须一段测得干酪根平均最大反射率为0.84％～0.86％（变质程度相当气肥煤阶段）；古隆起较高的中坝构造，须二段测得反射率为0.951％（相当于肥煤阶段）；处于古凹陷的川中八角场构造，香一段测得反射率为1.13％（相当焦煤阶段）。三个构造钻井中的油气显示也与其变质程度

相对应。上述判断和设想，经过进一步研究若能成立，在四川盆地许多古隆起上找油，将会打开一个局面。当前加强龙门山前缘古隆起上油气演化的研究，对寻找油田是具有现实意义的。

3. 从油母质成分不同而有生油气的差异考虑，在川西和川西北地区找油，海相三叠系(包括须家河组底部海相段)比陆相三叠系条件优越

目前国外研究认为，有的地层生油，有的地层生气，不仅与有机质埋藏后演化有关，而且与原始油母质的结构有关。富含脂肪键结构的油母质，氢组分含量一般大于7%，H/C比值高，O/C比值低，姥鲛烷与植烷的比值小，多为海成或陆成动物腐泥质组成，后期转化以生油为主，如美国路易斯安那州古生代油气田，中东等地的生油岩层，以及我国东部的大庆、华北油田。富含芳烃结构的油母质，氢组分含量低，小于6%，类似于煤的氢含量，姥鲛烷与植烷的比值大，多为陆成腐殖质，后期转化过程中，以生气为主，如加拿大阿尔伯达下白垩纪页岩和喀麦隆杜阿拉盆地上白垩纪页岩，以及美国路易斯安那州南佩坎湖油田和西三角洲油气区中第三纪，均为生气层。以这些实例对比川西北地区，从地质宏观上考察，海相三叠系中有孔虫、藻类、有壳类等海成动物化石甚为丰富，具备了生成大量类脂类石油的原始油母质；室内样品分析，可生油岩石的氢组分一般大于12%，H/C比高(如X井嘉五层4个碳酸盐岩平均比值为14)，姥鲛烷与植烷比值低(在中坝构造5口井嘉三到雷三层的原油或凝析油中测得1.19～1.50，平均1.32)[20]。而陆相为主的须家河组，以陆成有机质为主，氢组分一般小于8%，H/C比值低(XX井和安县3个岩样平均为10)，并略高于煤(川西7个煤样，H/C平均比值为7)，姥鲛烷与植烷比值高(从中坝构造4口井须二段测得2.0～3.5，平均3.04)。这些特征就形成川西北须家河组可供开采的煤系，并具备了构成大量天然气与轻质油的原始油母质条件，因此，从找大油田来说，我们认为川西北海相三叠系比陆相三叠系条件优越。

(四)生油层研究的重点及分析试验研究工作

1. 为了进一步预测四川盆地油气远景储量，查明油气分布规律，寻找大油田，应逐步地开展以下工作

(1)充分利用钻井温度资料，开展确定古温度的方法，研究盆地的地热史。

(2)充分利用深井地质资料，研究盆地内各层有机质的组成和结构，成岩时的系列变化规律，结合室内设备情况，选用下列方法研究油气演化指标。

①有机质的颜色，反射率，定碳比，有机差热，孢粉颜色鉴定。

②有机质的自由基浓度和用顺磁共振法研究温度值。

③有机质正构烷烃奇偶优势，干酪根热解色谱。

④有机质的紫外光谱、红外光谱、X射线衍射分析、岩石吸附烃等。

(3)结合盆地内各层系研究资料与油气显示，划分出油气纵横向演化阶段和地区。

2. 为了扩大三叠系的油气资源，进一步指出有利的生油层段和地区，可开展以下工作

(1)分别对须家河组(川中香溪群)和海相三叠系，采用下列方法，进一步确定生油岩系。

①对海相三叠系，根据实际情况，选用下列方法分析：

烃类含量法，正烷烃奇偶数比值法，氧化法，芳烃结构分布指数，沥青产状法、沥青化学法。

②对须家河组，采用泥质岩类常用生油分析方法。

(2)系统整理三叠系有机碳和组分分析等资料，结合岩相带的划分，指出有利地区。如陆相中的前三角洲相是陆相生油有利地区；海相中的盆地相为生油有利地区。苏联的俄罗斯地台的碳酸盐岩含油层中的有机碳含量，即从陆相滨湖相向深海相有规律的增加。

(3)综合古构造、油气演化指标，圈出三叠系生油有利层段中找油的有利地区。

3. 为了寻找二叠系和须家河组(香溪群)两套煤系地层中新的油气资源，可开展以下工作：

(1)对两套煤系地层的干酪根和芳烃结构指数进行研究，区别成油物质的来源。

(2)利用四川盆地煤田资料，研究煤系的变质作用，估算可能生成的天然气量，并研究与目前天然气区分布的关系。

参考文献

[1]Hunt J M. Distribution of carbon as hydrocarbons and asphaltic compounds in sedimentary rocks: geologic notes[J]. AAPG Bulletin, 1977, 61(1): 100-104.
[2]阿列克谢耶夫 Φ A. 根据同位素研究资料论地壳中油气生成的分带性[J]. 石油地质科技情报资料，1976，(2).
[3]石化部石油勘探开发规划研究院情报室. 国外石油参考[R]. 1977.
[4]贝利 N J L 等. 应用石油地球化学寻找石油——以西加拿大盆地为例[J]. 石油地质科技情报资料，1976，(2).
[5]燃化科技资料. 碳酸盐岩油气地质[R]. 1973.
[6]石化部科技情报所. 石油化工科技动态(石油)[R]. 1977.
[7]Modelevs M Sh 等. 煤系退化作用形成的天然气[J]. 四川石油地质综合研究大队情报室“国外油气地质情报”. 1974，(3).
[8]Deul M, Kimm A G. Coal beds: a source of natural gas[J]. Oil & Gas Journal, 1975, 73(35): 24.
[9]Kew P. Geological orings of natural gas[J]. Gas World, 1977, 182(4700).
[10]四川石油管理局地质大队. 湾岸第三纪沉积物中烃类的生成[M]. 1975.
[11]ГеоЛогия. Нефти и Газа[R]. 1974.
[12]石化部情报所. 中国石油代表团访问挪威报告[R]. 1976.
[13]Kew P. Geological orings of natural gas[J]. Gas World, 1977, 182(4700).
[14]燃化部情报所，苏联西西伯利亚含油气区概况[J]. 燃化科技资料，1974.
[15]索波列夫等. 里海凹陷东部古生界和中生界分散沥青的变质作用及其与含油气性的关系[J]. 石油地质科技情报，1976，(2).
[16] 湖北石油地质研究大队. 西南部分地区碳酸盐岩油气生成演化问题的探讨[R]. 1975.
[17]傅家谟，史继扬. 石油演化理论与实践[J]. 地球化学，1977，(2)：87-104.
[18]四川石油地质勘探开发研究院六室. 四川盆地烃类碳同位素组成特征及油气源探讨[R]. 1978.
[19]四川石油管理局地质勘探开发研究院六室. 四川盆地油气演化的初步探讨[R]. 1978.

[本文原载于《勘探家》，1997，2(4)：62－64]

Ⅳ-4　中国南方碳酸盐岩油气勘探远景分析

罗志立
(成都理工学院石油地质系，四川成都市 610041)

摘要：南方碳酸盐岩地层油气勘探工作，已历时数十年，对其勘探远景看法存在两种截然不同的认识：有的认为是能找到大油气田的“基地论”者，有的认为是能找到小油气田的“鸡肋论”者。作者归纳列举出它们立论石油地质学有利的依据6条，不利的依据5条，呈献于读者，以利于南方碳酸盐岩地层油气勘探的早日突破。

主题词：中国南方；油气勘探；远景评价

对我国南方广大的海相碳酸盐岩地层分布地区的石油勘探，我们一直寄予厚望。20世纪60年代初因其碳酸盐岩发育，曾希望能找到伊朗、伊拉克式的大油田；70年代初因滇、黔、桂地区大量生物礁块的发现，又曾希望能找到墨西哥湾“黄金港”式的礁块高产油田，这些期望均未实现。但对此仍持有两种观点：一种是认为本区是继中国东部和西部油区之后发展中国石油工业的后备基地，能找到大油气田的“基地论”者；另一种是认为中国南方碳酸盐岩地层已勘探和研究多年，未见成效，有如“鸡肋”，食之无肉，弃之可惜，只能找到小油气田的“鸡肋论”者。这两种不同的看法，均据有一定的地质依据。本文初步归纳其主要论点，呈献于读者，试图引起同仁的争鸣，判别本区碳酸盐岩地层的含油气远景，“基地”乎？或“鸡肋”乎？在共识的基础上，多谋良策，争取中国南方碳酸盐岩地层油气勘探的早日突破。

一、“基地论”者

(1)可供油气勘探的面积大。中国南方13省市(不包括四川)，拥有面积$210\times10^4km^2$，其中可供勘探未变质的海相碳酸盐岩地层约$100\times10^4km^2$，主要分布在滇、黔、桂等省及中、下扬子地区。

(2)沉积岩厚度大。从震旦系至中三叠统海相地层，发育十分完整，最大厚度8000～10000m。其中具有相似沉积环境的震旦系、石炭系、二叠系和中、下三叠统，在四川盆地为主要产气层。

(3)生油层的层位多、厚度大，并具有巨大的油气资源量。据多年研究，可作为生油层的泥质岩类，有震旦系、下寒武统、下奥陶统、志留系、中泥盆统，累计厚度350～760m；可作为生油层的碳酸盐岩类，四川盆地累计厚度有1900m，滇、黔、桂地区累计厚度1000～3000m，鄂、湘、赣地区1000～9000m，苏、浙、皖地区1300～3000m。据20个有利地区资源量评价统计，石油资源量约$(28\sim66)\times10^8t$，天然气资源量$2.84\times10^{12}m^3$。

(4)在地表和井下发现了大量的油气苗和沥青，从震旦系到中三叠统均有分布。已发现油气苗150多处、古油藏11个。有的地方还见到油流，如江苏句容、江西鸣山和贵州凯里虎庄。

(5)有多种地质作用形成的碳酸盐岩储集层，以及许多可供选择钻探的局部构造。有沉积作用形成的礁灰岩和鲕粒滩灰岩储集层，有成岩作用形成的白云岩化次生孔隙储集层，有沉积间断作用形成的溶蚀孔隙储集层，有构造作用形成的裂缝性储集层。本区的局部构造发育且规模甚大，如滇、黔、桂地区70多万平方公里内，在海相地层分布区，已发现背斜或背斜－断层复合构造就有611个，其中雅水构造圈闭面积可达$456km^2$。

(6)勘探程度低，大有选择余地。本区的油气探井，除少数深井外，绝大多数以浅井为主，约占

90%，主要集中在黔南、黔东南、南盘江、桂中、湘鄂西、当阳、沉湖一土地堂、句容、十万大山和楚雄等地。在中国南方如此巨大的范围($100\times10^4km^2$)内，要揭示深部的油气资源，目前的这种勘探程度是不够的，因而其勘探领域大有选择的余地。

二、"鸡肋论"者

(1)多期构造运动改造了原始油气藏。中三叠世后中国南方经历了强烈的印支、燕山和喜山运动以及伴随的岩浆活动。因东南沿海各省火山岩发育，影响甚至破坏了该区的古生代油气藏；在下扬子区断裂和推覆构造发育，不仅不利于该区油气藏的保存，而且造成上、下古生界构造不协调，增加了勘探的难度；滇、黔、桂及湘鄂西地区的抬升作用，使许多碳酸盐岩地层暴露于地面，造成油气的散失。因此，众多油气苗和古油藏的发现，只能表明其地史上的辉煌，不能说明今后的发展远景。

(2)区域构造运动的抬升作用，导致水文地质封闭条件的开启。在滇、黔、桂及鄂西地区，印支运动后不断抬升形成云贵高原，地面水沿断层和易溶蚀的碳酸盐岩地层，向下切割、渗滤，破坏了水文地质封闭条件，对油气保存十分不利。如滇、黔、桂地区，碳酸盐岩的露头面积占地表的64%～73%；贵州省有岩溶地下河1097条，岩溶泉18981个；在黔西南钻的兴参1井，于井深2292～2316m涌出$NaHCO_3$型淡水，日产$100m^3$；南盘江坳陷的扬1井在井深1545.6～1545.99m处还发现溶洞。

(3)缺少区域性盖层。四川盆地有中、下三叠统石灰岩中夹的多层石膏或盐岩层(白色被子)和侏罗一白垩系中夹有很厚的泥质岩类(红色被子)，作为良好的区域性盖层，构成了含气盆地的重要成藏条件。而中国南方其他地区，既无类似四川的大型盆地，又无"红""白"两套区域性盖层，缺乏形成大气田的区域盖层条件。

(4)有机质的演化达到过成熟阶段。四川盆地上二叠统R_o值一般高于1.35%，中扬子区的R_o值与四川相近，滇、黔、桂地区R_o值一般在2%以上，下扬子地区的古生界地层R_o值高于1.35%。本区除在局部见油苗的小区，有机质为成熟阶段外，如牛首山、麻阳、凯里、句容等地区，南方广大地区均达到过成熟阶段。因此，本区将以产气为主。

(5)"多期成烃、晚期成藏"规律的负面意义。这一规律性的认识，是近十年来对中国南方碳酸盐岩找油攻关的成果。本区多期成烃的有利条件自不待言，问题是晚期成藏后的保存条件如何？如在下扬子区的二叠、三叠系碳酸盐岩地层中生油岩的成熟期多在白垩纪到晚第三纪早期，那么只要有晚白垩纪前形成的圈闭，均有储油的可能。可惜的是本区在中生代晚期和新生代，既缺乏类似四川盆地红色区域性盖层，又多次遭受强烈的构造运动，必然导致圈闭的破坏和油气再分配；在有些地方造成油气的散失和形成次生小油气藏；但若无良好的盖层和遮挡，次生油气藏亦难以保存。有人试图用塔里木盆地天山南北前陆盆地中出现第三系次生油气藏来作为论证本区"晚期成藏"的有力依据；两地"晚期成藏"均有可能，但晚期的保存条件则不一样。此一地，彼一地也，不可同日而语。

总之，对该区的评价既应看到有利的方面，也应注意不利的方面，权衡轻重得失，采用辩证思维进行中肯地分析，方可在认识上、选区上和勘探方法上有所进步，才不致于盲目地投入，造成浪费。

参考文献

[1] 翟光明. 中国石油地质志(卷八，卷九、卷十、卷十一)[M]. 北京：石油工业出版社，1987.

[本文载于《复式油气田》，1997，(4)：1－6]

Ⅳ-5　再论“中国陆相生油二元论”

罗志立
（成都理工学院石油地质勘探系）

摘要：该文在回顾10年前提出中国陆相生油二元论的基础上，评价了国内无机成因的非烃气和烃气研究的进展，得出中国东部和西部盆地含油丰度的差异，系因盆地动力学构造背景开启程度不同，导致幔源烃供给程度和促使有机质转化作用不同所致，进一步验证了陆相生油二元论的论断。因而吁请重视无机生油论的研究工作，为繁荣中国陆相生油理论和开发无机成因油气藏而共同奋斗。

主题词：陆相生油；生油理论；有机成因；无机成因；天然气

一、历史回顾

20世纪70年代后期，在中国已形成了一套完整的陆相生油理论体系和相应的油气勘探工作方法，并为国内绝大多数石油地质工作者所接受。作者对比了中国10个产油盆地的地质特征后，发现中国东部的松辽等4个盆地和西部的鄂尔多斯等6个盆地(见表1)，虽均为陆相生油盆地，但东部4个地裂盆地仅占10个盆地总面积的33%，而地质储量和年产量却占全国的90%以上；西部6个盆地占10个盆地总面积的67%，但仅拥有全国地质储量和产量的10%；不仅如此，东部4个盆地烃源岩体积占其沉积岩总体积的5.5%；而西部6个盆地仅占3.3% 。上述数据均显示出东部盆地比西部盆地油气资源丰富。

表1　中国东部和西部陆相盆地含油性丰度对比表

地区	盆地	面积/（$\times10^4km^2$）	沉积岩体积/（$\times10^4km^2$）	烃源岩体积/（$\times10^4km^2$）
东部	松辽	25.1	65.2	3.2
	华北	31.3	83.5	5.2
	南襄	2	6	0.14
	江汉	7.9	15.8	0.87
	总计	66.3	170.5	9.41
西部	鄂尔多斯	32	57	3.3
	四川	23	65	1
	酒泉	2.9	8	0.3
	柴达木	12	60	2.1
	准噶尔	13	57	1.3
西部	塔里木	56	231	8
	总计	138.9	478	16

上述东、西部盆地含油丰度差异的事实，难用陆相有机生油论圆满解释，也难用“近海陆缘”和“纬度差异”等石油成因理论解释。因而作者于1987年和1991年发表了“中国陆相生油二元论”的观点[1,2]，认为上述东部4个盆地和西部6个盆地油气丰度的差异，与盆地结构差异有密切关系，即东部为张性地裂盆地，易造成地幔物质上逸的通道，因而有无机烃类参与的可能性；西部6个盆地为压性

盆地，则缺此条件，故油气丰度较差(见图 1)。在作者不否认陆相有机质生油论的前提下，提出因盆地动力学结构不同而有无机生油的参与作用，因而提出“中国陆相生油二元论”来解释上述东、西部盆地油气丰度差异的现象。并提出东部 4 个盆地存在无机生油论的 5 种作用，即：地幔脱气作用、热动力作用、火山喷发作用、加氢作用、深部构造作用。

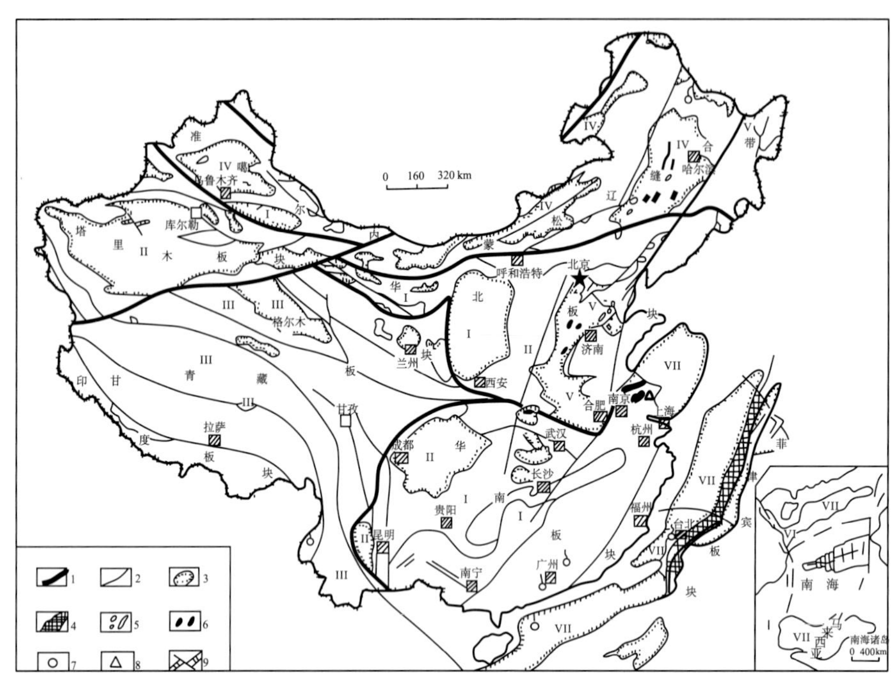

图 1　中国板块构造－盆地分类及无机成因气分布图

地壳挤压区：Ⅰ. 克拉通原型盆地；Ⅱ. 克拉通上叠型盆地；Ⅲ. 挤压－走滑型盆地；地壳拉张区：Ⅳ. 缝合带型盆地；Ⅴ. 陆内裂谷盆地；Ⅵ. 陆内断裂复古盆地；Ⅶ. 陆缘裂陷盆地；Ⅷ. 陆缘弧后盆地

1. 板块分界线；2. 大断裂；3. 现代盆地范围；4. 喜马拉雅期岛弧带；5. 油田；6. 二氧化碳气藏（田）；7. 二氧化碳气苗；8. 氧气苗；9. 二叠纪沥青脉

二、研究进展

自 1987 年作者发表“中国陆相生油二元论”后，已过去 10 年了。虽在中国西部投入大量的勘探工作，但仍未改变东部陆相盆地含油丰度高于西部的局面，而许多学者的研究工作，更进一步论证和发展了“中国陆相生油二元论”的观点，特别是在无机成因气方面取得了突破性的进展。表现在以下几方面。

（一）“充分的地球化学资料证实，中国东部存在无机成因气”[3]

从松辽盆地的五大连池、黄金塔，到下辽河拗陷的界 3 井和黄骅坳陷及济阳坳陷等油气井以及苏北盆地黄桥等地均发现有丰富的 CO_2 气藏(见图 1)。从 CO_2 同位素和伴生的氦 R/R_a 比值，均认为 CO_2 气来自于地幔。而这些产气地区不仅与第三纪和第四纪的玄武岩或火山岩伴生，而且从超基性岩的矿物包裹体中，获得了无机成因天然气的一些特征，也进一步证明来自于地幔。这些资料，证实了作者无机生油论地幔脱气作用在中国盆地存在的论断。值得注意的是，现已发现松辽盆地南部万金塔 CO_2 气田以无机成因 CO_2 为主，混有少量有机成因烃类气藏，随着井探增加，CO_2 含量增加，CH_4 含量减少。这种无机成因气和有机成因气的混生现象，既可在 CO_2 气藏存在，也可推论在正常的有机成因气藏或油藏中混有无机成因烃类，成为有机和无机成因烃类混生的油气藏，只不过目前尚无手段证实其存在而已，因而可说明中国陆相生油二元论的观点有其实用价值。

(二)中国东部无机成因烷烃气的发现具有重要意义

在松辽盆地北部徐家围子断陷中的芳深1井，渤海湾盆地黄骅拗陷的港151井，东海盆地的天1井，具有负碳同位素系列，认为它们来自地幔无机成因的烷烃气，可与东部含油气盆地中的有机成因气混生[4]。这一发现的重要性，不仅证实了中国陆相生油二元论的论断，也为中国今后寻找无机生油提供了可信的依据。

(三)用胜利油田对济阳坳陷非烃类气的深入研究，揭示了CO_2气藏特征及与深部构造的关系

胜利油区已发现6个CO_2气田，与这些气田伴生的有张性大断裂和新生代的碱性橄榄玄武岩(见图2)。“八五”期间对胜利油田地质和地球化学的深入研究，测得碱性系列火山岩包裹体中的CO_2同位素$\delta^{13}C$(−4.8‰～−5.5‰)与CO_2气藏中的气样$\delta^{13}C$甚为接近，揭示本区CO_2气来自于地幔；再据93个氦同位素和21 6个氩同位素研究，也进一步证明了CO_2气藏为无机的幔源成因。

用胜利油田对幔源CO_2气的成因作了大量工作，这提出了可贵的模式。据从黄骅拗陷至济阳坳陷的地震反射和折射深部勘探结果，不仅发现有壳断裂的存在. 而且在上述两个坳陷之下莫氏面隆起3～4km，并在相对应的中地壳16～21km和下地壳22～27km处出现低速体。这些低速体的存在，可能与幔源CO_2气体逸入有关，它们成为“幔源气的充气带或中转站”。因而认为在50～60km下的无机成因的幔源气上逸，是通过壳断裂进入中、下地壳低速体形成的“中转站”，伴随超基性岩体，再经过上地壳析离带进入惠民凹陷和黄骅拗陷的CO_2气田(见图2)。

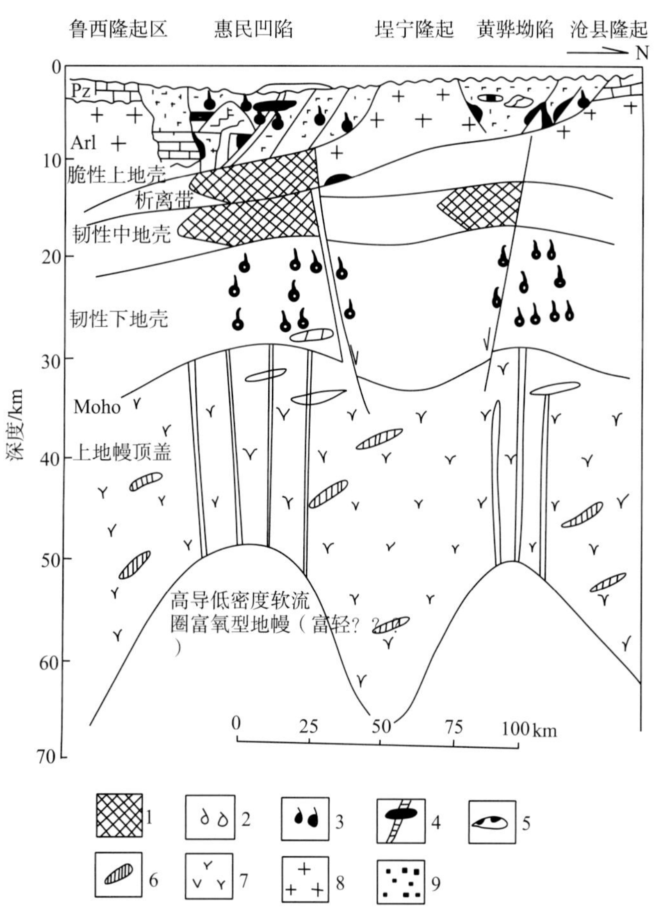

图2　渤海湾盆地惠民凹陷和黄骅凹陷幔源CO_2气田形成模式图

1. 低速体（可能为富含CO_2岩浆）；2. CO_2初始释放；3. CO_2二次释放运移；4. 火山通道及次火山岩；5. 喷溢相火山岩；6. 尖晶石二辉橄榄岩；7. 绿色辉石岩；8. 花岗片麻岩；9. 中、新生代沉积

（四）渤海湾盆地东带和西带含油丰度的差异性，可能与无机成因烷烃供应程度有关

渤海湾盆地可以沧县隆起分为东、西两带，东带伴以郯庐断裂为走向的下辽河、渤中、黄骅、济阳等坳陷；西带伴以太行山东断裂为走向的冀中、临清坳陷，它们均为渤海湾第三纪断陷盆地产油气。但从各产油凹陷中生油层发育程度、含油丰度、油田规模等方面比较，总的指标是东带比西带优越（见表2）。研究坳陷中代表无机成因的氦同位素值的变化，也发现东带的下辽河、黄骅、济阳拗陷的$^{3}He/^{4}He$平均值和R/R_a最大值，比西带的冀中和临清坳陷高1个数量级（见表3）。这种从有机生油论考虑渤海湾盆地东带比西带含油丰度高的现象，与从无机生油论幔源氦在天然气中的含量东带也比西带高的现象不谋而合的事实，除了说明东带大地构造背景开启度比西带大外，也可佐证中国陆相生油二元论无机成因的烷烃气的供给多少可能是东带含油丰度比西带高的原因。

表2　渤海湾盆地东带和西带含油丰度对比表[5,6]

大陆地区		西带					东带							
构造单元	凹陷及面积/km²	冀中（20600）				临清（5300）	下辽河（12400）			黄骅（12000）		济阳（31000）		
	凹陷	廊固	饶阳	霸县	东鹿	东濮	辽西	辽东	大民屯	岐口	南堡	东营	沾化	惠民
生油层基本情况	生油层段		沙河街组			沙河街组	东营组—沙四段			东营组—孔店组		东营组—孔店组		
	生油层厚度/m		1500			2500	2000			2400		2000～2500		
	总烃含量（10^{-6}）		37～4600			800	1870			1000～1600		400～800		
含油丰度/（10^4t/km²）		2	15.4	3.2	2.5	10.4	28.5	3.3	24.1	9.8	3.7	18.8	25	1.7
油田规模/个	特大、大型		1			2	4		1	1		2	2	
	中、小型	1		1	1			1			1			1

（五）晚古生代的峨眉地裂运动为无机成因烃源提供了条件

作者曾提出，晚古生代峨眉地裂运动，不仅出现在中国西南地区，也可能表现在新疆的塔里木盆地[2]，这次运动随着当时地壳的拉张背景和大量玄武岩喷发，可能有地幔无机成因烃的渗入。近几年来发现的两点事实值得重视。

(1)据塔里木盆地沥青脉中铅同位素分析，认为大量沥青来自于地幔。据张景廉的研究[4]，塔西南和塔中二叠系玄武岩分布面积超过10^5km²。在柯坪、塔北、塔中出现大量的沥青矿，总储量可达900×10^8t以上，据沥青矿中的铅同位素分析，铅元素不是来自于寒武—奥陶系，而是来自于地幔。因而认为塔里木盆地大量沥青脉是随着峨眉地裂运动玄武岩喷发，而由无机幔源烃沿着张性断裂上逸地壳形成。对这一发现和研究工作，虽有不同的认识，但其对无机生油的开拓性认识和塔里木盆地的勘探的重要性是不可忽视的。

(2)四川盆地西南峨眉山玄武岩中的沥青和周公1井玄武岩中喷出的工业性天然气流，其来源值得进一步研究。在峨眉山挖断山背斜两翼、乐山沙湾等地，在峨眉山玄武岩的中、下部杏仁状结构和交叉裂缝中均可见沥青脉充填，充填宽度约1～5cm，断续延伸长度可达1km，取样分析证实为烃源沥青，但未作铅同位素的来源分析。在其相邻的四川盆地西南地区，估算地腹玄武岩分布有2.5×10^4m³。

1993年，在雅安市周公山构造周公1井钻遇玄武岩上部，测试获日产$25\times10^4m^3$工业气流。气体成分虽以甲烷为主体，但其来源也未作CO_2同位素的深入研究。上述沥青和天然气，虽未取得无机成因的依据，但从大量玄武岩出现和形成的构造背景分析，与塔里木盆地晚古生代和渤海湾盆地东带新生代幔源气的成藏条件有相似之处，只不过前者发生的时代较早而已，故其成因，值得进一步探索。

表3　中国东、西部盆地天然气中氦同位素变化对比表[3]

分类	Ⅱ类(中国西部)	Ⅱ类(中国东部)	
		Ⅰ₂(西带)	Ⅰ₁(东带)
盆地	四川、鄂尔多斯、吐哈、准噶尔、塔里木、柴达木	冀中、临清	松辽、下辽河、黄骅、济阳
区内天然气$^3He/^4He$平均值(10^{-7})	0.04～5.36 / 0.521(150)	1.14～34.7 / 8.00(38)	1.02～72.1 / 20.8(218)
R/R_o最大值	0.38	2.48	5.15

* 表中分子为变化值，分母为平均值，括号中为样品数

(六)中国东、西部含油气盆地氦同位素特征的差异，进一步证实了作者前述盆地结构差异对陆相盆地含油丰度不同的论断

盆地中氦同位素分布特征，可从另一个角度反映无机成因气的分布状况，也可反映盆地形成的构造动力学背景。据孙明良等的研究[6]，中国陆相含油盆地天然气中氦的$^3He/^4He$分布，可分为三种类型(见表3)，从中可得出以下两点认识。

第一，中国大陆各主要含油气盆地天然气中氦同位素$^3He/^4He$平均值，和R/R_o最大值的变化，由中国东部的东带经西带向中国西部盆地有变小的趋势。对其变化趋势，戴金星等根据氦同位素的比值，认为中国东部盆地中的东带CO_2中氦的来源以幔源为主，壳源放射性中的氦次之，称为壳-幔混合二元型氦；西带中的氦以壳源放射型氦为主体，其中幔源型贡献仅为1%，属过渡的壳源型氦。中国西部盆地基本不含幔源型氦，而是地壳放射性一元型氦。若以氦同位素来源深度反映地壳开启度的大地构造背景考虑，则印证了作者10年前论述过的中国东、西部盆地结构动力学性质不同的论断，东部为拉张型地裂盆地，易造成幔源气上逸的条件；而西部压性盆地，则缺少此条件，故只有壳源型的放射型氦存在。上述氦同位素反映大地构造背景的规律，是否与塔里木盆地为压性盆地而又出现大量二叠纪幔源沥青的事实相矛盾呢？因塔里木盆地是二叠纪地裂运动产生的幔源沥青，可能与当今中、新生代盆地中CO_2中的氦同位素迁移无直接关系，故它的存在与中、新生代盆地结构发育不同的论断，不相矛盾。

第二，表3中值得注意的是氦同位素值，由东向西地区性的变化，与前述中国陆相盆地含油丰度东部强于西部、东部的东带又强于西带的变化趋势一致。这可解释为盆地中幔源烃因开启程度不同，而供给盆地程度不同，因而造成含油丰度在中国东、西部的差异。如若是，中国陆相生油二元论并非无稽之谈，而是值得进一步探索的科学课题。

三、结语

笔者提出“中国陆相生油二元论”已过去10年，10年来中国许多学者的研究工作和发现，不仅丰富了中国陆相有机物可以生油的论点，还发现有无机成因的氦和二氧化碳幔源气甚至烃源气的线索，这就为中国陆相生油二元论提供了依据，使这一论点从推论逐步走上验证完善的阶段。作者早已言过“中国陆相生油采用有机为主、深部无机来源为辅的二元成因论，并非科学概念上的调和，而是面对无机成因论者提供的不可忽视的事实，和中国陆相生油有机成因论者无法解释东部和西部盆地含油气丰

度不均的矛盾”，在当前有机论者一统天下的局面，也希望对无机论者留有活动的空间。我们可设想若能进一步证实塔里木盆地 900×10^8 t 以上的沥青来自于地幔，那么还有好多未变成沥青的原油埋藏于盆地何处？如若是，其勘探思路和方法将重新考虑。因而希望有机和无机生油论者，携手共进，为繁荣中国石油地质理论作出更大的贡献。

10 年来在分析和鉴别无机成因天然气地化方面取得了可喜的进步，在查明无机成因天然气的地质背景和预测有利地区方面也积累了许多经验，甚至在开发 CO_2 气藏方面也取得了可喜的成就。如胜利油区对非烃类气综合利用和创值方面，已达到较高的水平，其综合经济价值远胜过一般常规气田的效益。此外，CO_2 气藏在工业、农业、医药食品及公安消防等方面，也有广泛的使用和经济价值。在中国特定的构造地质条件下，还会发现更多的无机成因的非烃类气藏，甚至与无机烃类混合的大油气藏，这可能是今后研究和勘探的方向；但在此前提下，必须树立中国陆相生油二元论的思想，给无机生油论者应有的支持，使其有用武之地，为繁荣中国的经济作出应有的贡献。

致谢：本文在编写中曾得到胜利油田徐寿根高级工程师的指导和帮助，在此致以衷心的谢意。

参考文献

[1] 罗志立．中国陆相生油二元论——兼谈中国陆相石油论的发展[J]．中国石油物探信息，1987，5(1)：2．
[2]罗志立．地裂运动与中国油气分布[M]．北京：石油工业出版社，1991．
[3]戴金星．中国东部无机成因气厦其气藏形成条件[M]．北京：科学出版社，1981．
[4]张景廉．塔里木盆地志留纪砂岩固体沥青的形成机理[A]//北京油气成藏机理国际讨论会论文集[C]．北京：石油工业出版社，1996．
[5]胡思义．中国陆相石油地质理论基础[M]．北京：石油工业出版社，1991．
[6]翟光明．中国石油地质志(卷 3～卷 7)[M]．北京：石油工业出版社，1987．

[本文原载于《地质勘探》，2012，3(24)：9—12]

Ⅳ-6 四川盆地基准井勘探历程回顾及地质效果分析

罗志立[1] 孙 玮[1] 代寒松[2] 王睿婧[1]

(1. 成都理工大学；2. 中国石油勘探开发研究院西北分院)

摘要：20 世纪 50 年代在四川盆地实施的基准井钻探计划甚为成功，取得了 6 项显著成果：发现一个盐水温泉，发现中国第一个大气田，发现中国最古老的产气层，第一次取得盆地基底信息，发现并证实了四川盆地内的第一个大型古隆起(乐山—龙女寺古隆起)，成功钻成当时中国最深的一口井。其地质效果可以归纳为：①为 20 世纪 60 年代我国“开气找油”的石油“大会战”提供了战场选择的依据；②获得四川盆地内完整的地层剖面并在古生界发现 4 个产气层(二叠系、奥陶系、寒武系和震旦系)，为其后寻找大气田提供了方向；③获得的四川盆地基底资料，为中国基础地质科学研究提供了重要的依据。结论认为：一个盆地勘探之初，有计划地钻一些基准井并与地震剖面联系起来进行综合解释，是全面系统开展区域油气勘探的一套有效方法；20 世纪 50 年代在川中“地台”实施基准井计划，是四川盆地油气勘探战略转移的成功范例，为其后四川盆地近 60 年油气勘探开发事业的发展奠定了基础。

关键词：四川盆地；基准井；蓬基井；威基井；女基井；川中地台；油气勘探；地质效果

一、实施基准井勘探计划的由来

四川自西汉时期发现与利用天然气，至今已有 2000 多年的悠久历史[1]。据不完全统计，到 1949 年底该盆地内的古老气田已累计采气 $300\times10^8\,m^3$[2]。新中国成立后的 1949～1956 年，四川盆地的油气勘探工作主要集中在川西拗陷的海棠铺构造、厚坝构造和龙泉山构造(见图 1)，当时主要基于前山带找油气理论和明显的局部构造和众多的油气苗布井，先后钻井 7 口，未获工业性油气流。

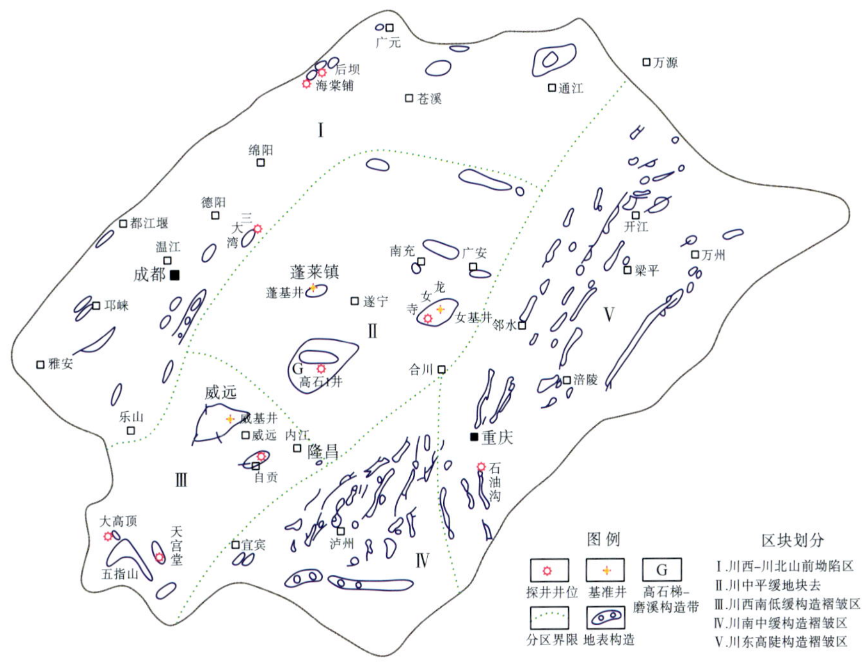

图 1 四川盆地基准井、探井分布图

1955年9月，原石油工业部康世恩部长率团赴原苏联考查。当时原苏联年产原油5600×10^4t，他们从乌拉尔的山前坳陷开始勘探，向西到俄罗斯地台边缘斜坡上发现第二巴库的杜依玛兹和罗马什金两个大型油田而获得成功，因而上地台找油成为其宝贵经验。当康世恩部长展开中国地质图向原苏联米尔钦科院士咨询时，后者指出："川中地台加上陕甘宁盆地30多万平方公里，这些地方是不是你们中国的？为什么不到那里去找油?"。原苏联的成功范例和院士的话语坚定了中国同行上川中找油的决心[3]，同时还学到了在勘探上采取区域大剖面和钻基准井的方法，利用多种手段进行全面系统的区域勘探。

在1956年1月的全国石油勘探会议上，康世恩部长指出："四川不应只研究山前盆地，应加强地台区，引进基准井了解剖面和含油气情况，应钻至基岩；从龙门山地槽区到地台区的剖面上，选几个构造打几口基准井，这是最重要的任务；蓬莱镇构造可以先开钻，先打一口看看；为了解二叠系、石炭系、泥盆系的情况，可考虑在威远构造上或其他埋藏较浅的构造上先打一口基准井"[4]。与会代表据此做出决议：在四川盆地蓬莱镇构造上定了蓬基井、在威远构造上定了威基井，这就是钻探两口基准井的由来；与此同时在川中"地台"上的南充构造、龙女寺构造和蓬莱镇构造上也安排了探井。此举对以后发现川中油田起到了重要作用，从此盆地油气勘探在地区上实现了战略转移、在勘探方法上向前迈进了一大步。

20世纪60年代，原石油工业部从罗马尼亚购买了两部7000m钻机，其中一部就投放在四川。为完成井位选择和地质设计的任务，当时在四川石油管理局地质研究所工作的笔者按原苏联的技术规范要求，编写出《川中龙女寺构造基准井设计(地质部分)》。该设计把井位选在龙女寺构造，不仅因为它是"川中地块"上面积最大的局部构造，而且其出露地层也相对较老(中侏罗统沙溪庙组)，在区域构造位置上是四川盆地"明三块"中最易钻达基底的地区。设计的钻井目的：取得川中地区下三叠统至震旦系完整地层剖面，查明二叠系至震旦系含油气情况，为勘探川中地区古生界油气指出方向。

二、三口基准井的钻探历程

(一)蓬基井

该井位于四川盆地川中蓬莱镇构造，1956年3月9日开钻，1958年1月18日钻至香溪群(上三叠统须家河组)出水大停钻，井深3201.16m，日产水数百立方米，持续数年，从1959年投产至2009年12月该井共采盐水768×10^4m^3，同时该井累计产天然气也达1.7×10^8m^3。用该井生产的盐水温泉开辟的"中国死海"景区，现已成为四川省遂宁市大英县政府旅游景点，成为了结合现代水上运动、休闲、度假、保健等要素的水文化旅游度假胜地。

(二)威基井

1956年5月部署威基井，钻探目的："为取得四川盆地古生界及元古界含油气资料及基底起伏情况，从而对四川盆地含油气远景进行评估，指出勘探方向"。该井位于威远构造顶部威1井附近的曹家坝高点，1958年钻至中寒武统洪椿坪组(井深2438.6m)，因钻机超负荷运转而停钻。

1964年5月再次上钻加深威基井，只不过是为了完成设计任务，但在此过程中也发生了一段插曲：即1963年冬，原石油工业部在大庆召开全国石油勘探会议，"要求全国各局代表团回去后，按两论起家的思想，比照大庆油田提出1~2个有重大发现地区(意即要找大油气田)"。笔者等为此撰写了《在四川盆地寻找油气田有重大发现地区的建议》的报告，提出威远构造、川西地区和川东梁平地区为取得重大发现的3个有利地区，其中特别是威远构造从有利、不利条件进行分析，其成藏条件利大于弊，因而把威远构造选为可能有重大发现地区之一，并建议对该构造加强勘探。

1964年10月威基井钻至2859.39m发生井漏，在井深2852.7～2859.39m震旦系顶部漏失钻井液44m^3。现场测试获日产气$14.46\times10^4m^3$、日产水373.3m^3，从而揭开了发现威远大气田的序幕。威远气田后经大量钻探证实，其天然气地质储量为$400\times10^8m^3$，不仅是当时国内发现的第一个大气田，而且也是中国拥有最古老产层(震旦系)的气田，对四川盆地天然气储量和产量上台阶均具有重要意义。由此也进一步证明了威远构造是有重大发现地区的论断。

(三)女基井

1971年8月10日开钻女基井，钻至上三叠统香溪群香四段和香二段砂岩发现气层，有气侵和井喷显示。其后钻至下二叠统(4401.5～4408.2m)发现孔隙度较好的砂糖状白云岩。1974年1月中途测试，日产气$4.68\times10^4m^3$。1976年在井深5974m进入基岩层，完成钻井深为6011m；后在奥陶系和寒武系见气显示；在震旦系灯影组灯四段(井深5206.0～5248.0m)试气，日产天然气$1.85\times10^4m^3$。当时它是中国第一口深井，并新发现二叠系、奥陶系、寒武系和震旦系等4个产气层，为研究川中地区深部含油气条件提供了重要资料。女基井完钻后，国务院授予承钻的7001钻井队为“勇攀高峰钻井队”，原石油工业部为了庆贺钻井成功，1976年还在四川遂宁召开了共计6000人参加的庆功大会。

三、基准井钻探的地质效果

(一)蓬基井

该井虽未钻探成功，但发现在香溪群大量产水，累计产水量达数百万立方米，这在川中地区低孔隙度、低渗透率储层中，可以说是一个奇迹。及时研究和不断追踪蓬基井高产水量的地质规律，有助于寻找香溪群高孔渗储层，有利于推进现今川中地区香溪群大气田的勘探开发。

蓬基井所产大量盐水被用作温泉景点用水，取得较大的社会经济效益，落实了“有油要油，没油要气；没有油气也要水”的地质资源观，充分利用地下资源为社会服务，一样可以获得社会、经济效益。这对“石油人”的勘探工作有很大的启发作用。

(二)威基井

(1)发现四川盆地威远地区缺失泥盆系和石炭系，为以后证实乐山－龙女寺古隆起提供了依据。

(2)发现上元古界震旦系灯影组为溶蚀性孔洞性储层，它是中国最老的产气层，其与灯影组沉积末期的桐湾运动隆升侵蚀有关，成为以后区域上油气勘探追踪的目的层。

(3)1964年威基井产气后，为原石油工业部1965年贯彻中央提出的“开气找油”大会战提供了战场选择。先后钻井数十口，获天然气地质储量$400\times10^8m^3$，成为当时国内最大的气田。其后又区域展开，在盆地边缘的川北广元－旺苍到陕西宁强地区以及鄂西渝东地区钻探7口震旦系井，除在田坝构造下寒武统见到极少量油流外(捞获30L)，其余井全部落空。

(4)20世纪70年代后又在四川盆地内部的乐山－龙女寺古隆起下斜坡及近盆地边缘的坳陷带钻探的大窝顶(窝深1井)、天宫堂(宫深1井)、盘龙场(盘1井)、自流井(自深1井)、老龙坝(老龙1井)和周公山(周公1井)等构造均见水；同期在乐山－龙女寺构造顶部及上斜坡资阳地区的钻探也未发现有工业性天然气储量。近来在高石梯－磨溪构造带中[5]所钻的探井获高产气流，显示出自威基井1964年出气后，经过长期的研究和勘探，四川盆地震旦系尚有很大的天然气勘探潜力。

(三)女基井

(1)由于井位选择和设计施工恰当，该井顺利完钻，取得四川盆地从侏罗系至盆地基岩的完整地层剖面，并发现二叠系、奥陶系、寒武系和震旦系 4 个产气层，为勘探四川盆地古生界和上元古界气层提供了依据。

(2)证实乐山－龙女寺古隆起向川中地区延伸，为在古隆起找气提供了方向。“远在 1947 英伊石油公司总地质师 M. W. Strong 在其《四川石油地质报告》中就指出，在乌拉尔时代，那里好像有一个横贯盆地的隆起，可见二叠纪海相沉积在雅安、峨眉、大渡河上覆在奥陶纪地层之上”[6]，只是他的论述当时并未引起人们的注意。1964 年威基井钻探揭示：二叠系与志留系接触，缺失泥盆－石炭系。1965 年原四川石油局地调处作威远至仁寿地震剖面解释时发现威远构造在向西抬升的古侵蚀斜坡上，并绘出威远地区古地质图。1970～1972 年西南地质综合大队利用地震和钻井资料编写出《川西南地区加里东古隆起小结》，认为古隆起顶部在芦山、夹江、乐山、井研等地，剥蚀了志留－奥陶纪地层，向北东方向延伸，存在雅安、乐山、龙女寺等 3 高点，面积为 $6\times10^4\,km^2$，并将其命名为乐山－龙女寺古隆起[7]。1976 年完钻的女基井进一步证实了该古隆起的存在，为川中地区下古生界找气开辟了广阔的领域。

(3)获得了四川盆地基底岩层的年龄和性质资料，为中国大地构造演化研究提供了重要的依据。女基井虽于 1976 年完钻，也钻至基底岩石，但未取样作基底岩石年龄和性质的研究。后来，笔者与成都理工大学刘树根教授等在承担国家“六五”攻关课题期间，在原四川石油管理局川西南矿区和川中矿区的支持下，终于获取了女基井和威 28 井基岩的年龄资料及其所代表的地质信息，被认为是“从老鼠口中夺回可贵的地质资料”。女基井从井深 5963～6010m 共选取 7 个岩屑样品进行分析，薄片鉴定为流纹英安岩，稀土元素分析结果表明其代表岛弧区的火山岩，可与川西南区地面出露的苏雄组对应，测得 Rb-Sr 全岩等时年龄为距今 701.50Ma。威 28 井从井深 3640～3730m 共选取 7 个岩样分析，定名为花岗岩或花岗闪长岩，属造山带和岛弧区的火山岩，Rb-Sr 法全岩等时年龄为距今 740.99Ma，属澄江期的产物[8]。女基井和威 28 井这两口井的基岩资料虽已公布 30 多年，但目前尚无新发现的资料来补充和完善。过去有些地学研究者从大地构造的角度，称川中地区为“川中地块”，还有的研究扬子准地台的演化，又把川中地区称为“川中古陆核”[9]，但作者依据女基井和威 28 井的同位素年龄分析的结果——其距今只有 701.5～740.99Ma，认为川中地区应为新元古代南沱组的产物，而非太古代古陆核的产物。再从基底岩石产生的构造背景分析，二者均为岛弧区的火山岩，结合四川盆地航磁资料和盆地周边出露岩石学资料，笔者解释川中地区为“古弧核”，并认为扬子古板块基底为“两弧夹一盆”的构造格局[6]，“古弧核”的观点也得到朱夏先生临终前报告的认同[8]。

(4)龙女寺基准井在工程上克服了许多技术难题，因此才夺得全国第一口超深井钻井成功的纪录，同时也为国内钻超深井积累了经验、培养了人才。

四、结束语

1956 年起在四川盆地实施的基准井勘探计划，取得了很大的成效。蓬基井发现一个盐水温泉，造福社会，有利于人民健康。威基井发现国内第一个大气田和最古老的灯影组产气层，后者成为四川盆地区域性产气层，现正成为四川盆地天然气储量增长的有利层位。女基井取得四川盆地从侏罗系至震旦系和基岩的完整地质剖面，并在古生界发现 4 个产气层，为以后远景勘探提供了重要线索；证实乐山－龙女寺古隆起向川中地区延伸，为其后寻找大气田提供了方向[9,10]；获得的盆地基岩信息为研究中国大地构造提供了宝贵的资料。

抚今思昔，教益良多，一个盆地开始勘探阶段，有计划地钻一些基准井并与地震剖面联系进行综合解释，是一种全面系统区域勘探的有效方法，20 世纪 50 年代四川盆地上川中地台实施基准井勘探方案，应是一个很好的范例。

成文中，得到了同行王宓君、冉隆辉的鼓励和支持并提出许多宝贵意见，在此致谢！

参考文献

[1] 四川油气田发展简史编写组. 四川油气田发展简史[M]. 成都：四川科学技术出版社，2008.

[2]焦力人. 当代中国的石油工业[M]. 北京：中国社会科学院出版社，1988.

[3]《康世恩传》编写组. 康世恩传[M]. 北京：当代中国出版社，1998.

[4]四川石油管理局地质勘探开发研究院志编纂委员会. 四川石油管理局地质勘探开发研究院志[M]. 成都：四川人民出版社，1995.

[5]罗志立，刘树根. 中国塔里木、鄂尔多斯、四川克拉通盆地下古生界成藏条件对比分析[A]//罗志立. 中国板块构造和含油气盆地分析[M]. 北京：石油工业出版社，2005，359-546.

[6]罗志立. 川中是个古陆核吗[J]. 成都地质学院学报，1986，13(3)：65-73.

[7]乔秀夫. 华南晚前寒武纪古板块构造[A]//黄汲清，李春昱. 中国及其邻区大地构造论文集[C]. 北京：地质出版社，1981.

[8]朱夏. 活动论构造历史观[J]. 石油实验地质，1991，13(3)：201-209.

[9]洪海涛，谢继容，吴国平，等. 四川盆地震旦系天然气勘探分析[J]. 天然气工业，2011，31(11)：37-41.

[10]蒋小光，张光荣，钟子川，等. 四川盆地下古生界有利勘探区带的地震预测技术[J]. 天然气工业，2011，31(11)：42-46.

[本文原载于《新疆石油地质》，2013，34(5)：504－514]

Ⅳ-7　四川盆地工业性油气层的发现、成藏特征及远景

罗志立[1]　韩建辉[1]　罗　超[1]　罗启后[2]　韩克猷[2]

(1. 成都理工大学能源学院，成都 610059；2. 中国石油西南油气田分公司，成都 610051)

摘要：四川盆地进行正规油气勘探工作已半个多世纪，为一个勘探成熟或高成熟的盆地，从震旦系至侏罗系红层共发现 8 个工业性气层和 1 个油层，人称“满盆气、半盆油”，成为中国含油气盆地中独具特色的盆地。这些油气产层的发现和勘探经验值得回顾和总结，成藏特征和远景值得探索和展望，藉以增强继续发现更多油气资源的信心。在多年从事研究和勘探四川盆地油气田的经历中，查阅大量有关资料，分析各工业性油气层成藏的主要特征和现状，总的认为四川盆地油气远景还有较大的潜力，勘探工作也还大有可为，并提出几点结论和建议，供同仁指正和决策者参考。

关键词：四川盆地；工业性油气层；成藏特征；储量分布；远景预测

从 1953 年开展正规勘探至今，四川盆地油气勘探已有 60 年的历史。在震旦系至侏罗系中，共发现 8 个工业性气层和一个油层(见图 1)。到 2009 年底探明天然气储量 16 497.52×10^8 m^3，石油储量 8118.36×10^4 t，人称“满盆气、半盆油”，成为中国含油气盆地中独有的特点。勘探实践证明，在一定条件下气田越找越大，勘探新领域不断发现，四川盆地勘探 50 年后，仍发现川东北礁滩相大气区，现又在川中寒武系、震旦系有重大发现。从中国克拉通盆地特点来看，四川盆地古生界下部前景广阔。只要调整勘探思路，加强对盆地结构、重要储集层层系岩相古地理精细研究，抓住以岩相为主、古今构造为辅等成藏条件控制因素的探索，提高适于四川盆地复杂地质条件的勘探技术，仍有可能发现更多的油气资源。

一、工业性油气层的发现及影响

(一)1835～1949 年川南地区嘉陵江组气藏的发现

四川盆地是世界上最早用人工钻井和利用天然气的地方。远在汉晋时期(公元前 206 年至公元 220 年)，四川先人就在临邛(今邛崃)一带发现天然气，用以煮盐，至 1860 年川南富顺地区浅层天然气已被开采利用。1835 年在自贡构造钻成世界第一口深井(1 001.42m)，其中的桑(兴)海井，日产气 2×10^4 m^3；1840 年磨子井，井深大于 1200 m，钻穿嘉陵江灰岩产层，井喷发生大火，称“火井王”，估计日产气 20×10^4 m^3。1840 年后，自流井天然气日产量已超过 100×10^4 m^3，从该自流井构造发现的嘉二段(T_1j_2)以上产层，1850～1950 年共计产气 300×10^8 m^3。

在自流井构造上发现三叠系嘉陵江组产层，为民国政府勘探隆昌和石油沟构造钻探产气层提供了依据。1936 年民国政府成立四川油矿勘探处。1937 年川南巴县石油沟构造钻巴 1 井，井深 1402.2m，在嘉陵江组发现天然气流；1943 年在隆昌圣灯山构造钻的隆 2 井嘉陵江组也发现了天然气流[1](见图 2)。

(二)1957 年中二叠统灰岩气藏的发现

1949～1956 年，基于山前带找油的理论，盆地的油气勘探工作，主要集中在川西山前坳陷海棠铺构造和龙泉山背斜带，效果不好。与此同时，在已知的隆昌和石油沟构造继续开展天然气勘探；1957

年四川石油勘探局，在隆昌圣灯山构造加深钻探二叠系，在隆 10 井发现中二叠统灰岩产气层[2]。川南嘉陵江组和中二叠统气藏的发现，对其后川东南裂缝性气藏勘探和开发有重大影响。1958～1961 年四川石油局先后在邓井关、纳溪、阳高寺、龙洞坪、长园坝、打鼓场和卧龙河等地共发现 12 个三叠系气田，并在纳溪、阳高寺、沙坪坝和自流井 4 个构造获得二叠系气田。在川南以阳高寺构造为中心，形成一个泸州古隆起的大面积的含气区。奠定了四川盆地成为天然气工业开发基地的局面，为 20 世纪 60 年代川南“开气找油”会战提供了“战场”。

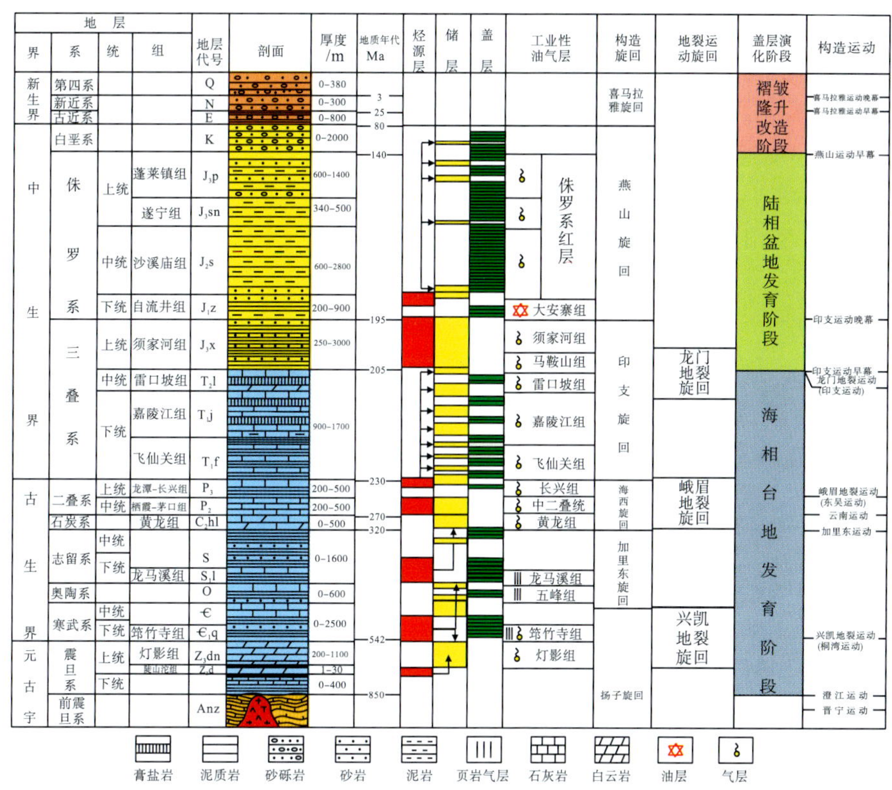

图 1　四川盆地沉积地层、主要生储盖组合、构造演化和工业性油气层分别

(三)1958 年川中下侏罗统凉高山、大安寨油藏的发现

1953～1956 年，由于川西前山带钻探的失利，石油部经考察，接受了苏联专家上地台找油的经验，于 1956 年在川中“地块”的南充构造、龙女寺构造和蓬莱镇构造安排了 3 口深探井，目的层是深部的三叠系。3 口井于 1958 年在下侏罗统相继喷油，发现了川中、大安寨(凉高山)油层。石油部于 1958 年 1 月至 1959 年 3 月组织川中夺油大会战，因忽视裂缝性储集层的特点，在 11 个构造，打井 72 口，探井成功率低，未获可采储量，川中会战失败。

1960 年，四川石油局选择隆盛、桂花、大石及充西 4 个地区组织重点解剖，在取全取准资料的基础上，证实大安寨油层为受岩相控制的裂缝性油藏。1962～1964 年，开辟吉祥试验区，进行钻井工艺试验，取得开采大安寨油层的经验。经过上述区域勘探会战、重点解剖和开采试验，查明大安寨(凉高山)油层为面积大(约 $3000km^2$)、产量低、油层物性差的裂缝性油藏。至 1988 年累计采油 44.6×10^4t，采气 $5269\times10^8m^3$，是四川盆地当时的唯一产油层[3]。

(四)1964 年威远基准井震旦系气藏的发现及其后“开气找油”会战

1956 年 5 月部署的威基井，到 1958 年钻至中寒武统(井深 2438.6m)，因钻机超负荷运转而停钻。1964 年再次加深钻探威基井，钻至 2859.39m 震旦系顶部井漏，现场测试获日产气 $14.46\times10^4m^3$，日产水 273.3m³，从而发现威远大气田[4]。

20 世纪 60 年代，因国际形势和加强三线建设的需要，1965 年石油部又在四川组织“开气找油”大会战，提出三个“大上找油气”的方针，即“大上泸州古隆起、大上华蓥西、大上厚坝”“一切为了 70 亿，一切为了大油田”。威远震旦系气藏的发现和川东南二叠系、三叠系气藏的成果，为勘探川东南地区天然气提供了有利目的层。1965～1966 年新发现气田 10 个，新增储量 $486.62\times10^8\,m^3$，为以后四川盆地天然气工业的发展奠定了基础。

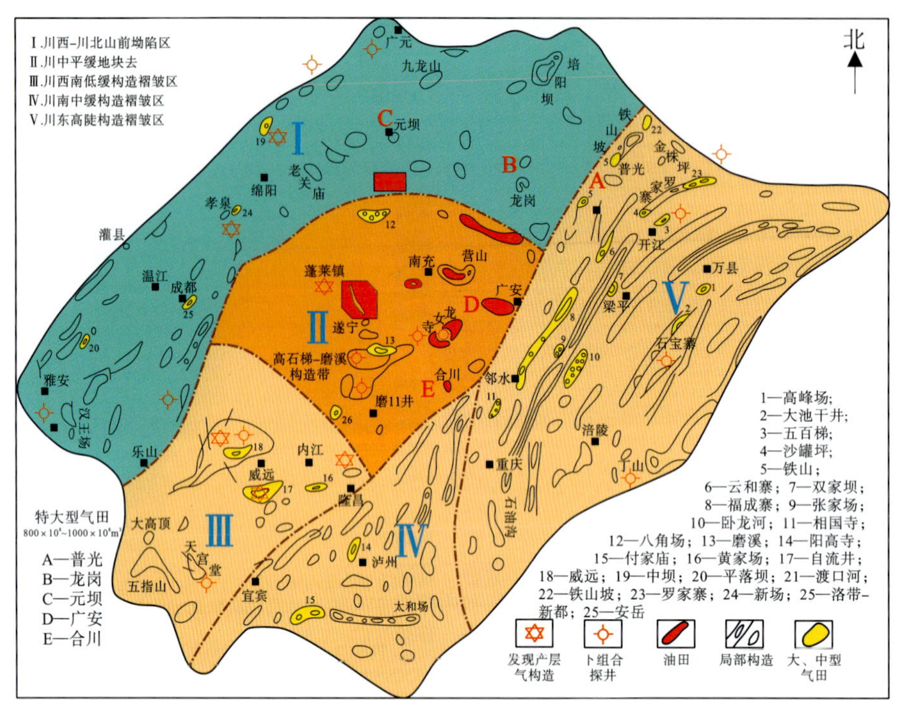

图 2 四川盆地油气田分布（据四川石油局资料补充）

（五）1971～1973 年中坝构造雷口坡组和须家河组工业气层的发现

1955 年四川石油地调处发现川西地区中坝－彰明重力高，1966 年地质矿产部物探大队发现江油中坝潜伏构造，在此基础上，1971 年钻探的川 19 井，钻至三叠系雷口坡组 4 段和 1 段发生强烈井喷，分别试气 $25.8\times10^4\,m^3$ 和 $2.45\times10^4\,m^3$。1973 年四川石油局接手中坝构造勘探后，在中 4 井须家河组第 2 段获气 $69.69\times10^4\,m^3$。3 层共探明天然气储量 $186.3\times10^8\,m^3$，成为川西坳陷勘探 20 多年来发现的第 1 个中型气田[3]，把川西的区域勘探向前推进了一大步。1973 年又发现广元河湾场气田，接着又发现大兴西、拓坝场、汉王场、老关庙、文兴场和九龙山等含气构造，形成川西三叠系须家河组含气区。

（六）1977 年相国寺构造上黄龙组工业气层的发现

川东地区相国寺构造的相 8 井设计的钻探目的层为中二叠统产气层，但在钻探加深过程中，在中二叠统之下出现 17.5m 的白云岩，有气显示。在同一构造钻探的相 18 井，于 1977 年 10 月完钻，证实有白云岩 12.5m，射孔试气，获天然气 $59.9\times10^4\,m^3$。后经化石鉴定该白云岩层属于石炭系黄龙组[3]。其实，早在 20 世纪 50 年代在华蓥山开展地面调查时和 1965 年在川东蒲包山构造上钻的蒲 1 井，就已见到疑似石炭系的白云岩，但未引起重视。相 8 井石炭系气藏的发现开拓了川东天然气勘探的新局面，成为四川盆地首次发现的裂缝－孔隙性气藏。川东石炭系分布面积约 $3\times10^4\,km^2$，1978～1983 年在 30 个构造上钻井 161 口，获 11 个气藏，探明可采储量 $500\times108\,m^3$，约占川东区总储量的 54%，至 2000 年累计探明石炭系整装气田 25 个，探明储量 $2606\times10^8\,m^3$。从而在根本上改变了四川盆地“有气无油”

的历史。

(七)1983年石宝寨构造宝1井上二叠统生物礁块气藏的发现

1976年在四川盆地东缘湖北建南构造，已在上二叠统长兴组发现生物礁块气藏，但未引起人们的注意。笔者于1979～1981年根据创建的峨眉地裂运动观点，首次提出在四川盆地的万县－达县一带寻找上二叠统生物礁块的意见[5]。1982～1984年，陈季高、强子同等在川东地面发现许多生物礁块。1983年11月四川石油局在川东石宝寨构造上钻的宝1井，在长兴组发现生物礁块，酸化后日产气$37.2\times10^4m^3$，在四川盆地发现了第1个生物礁块气藏。从此“开拓了川东寻找生物礁块气藏的新局面，是四川盆地碳酸盐岩二叠系气藏地质勘探的重大事件”[3]，也为以后普光和元坝礁滩相大气田以及川东北拗拉槽大气区的发现起到指引作用[6]。

(八)1984～1989年孝泉构造侏罗系红层工业性气藏的发现[7]

早在1977年钻探川西大兴构造深层时，就在侏罗系红层中发现浅层天然气，但未引起重视。直到1984年6月，地矿部新星石油公司在孝泉构造川孝104井钻探深层的须家河气藏时，才于浅层侏罗系遂宁组红色地层中首次发现工业性气流。1989年又在相邻的新场构造钻探的川孝129井，在侏罗系沙溪庙组发生井喷，日产气$5.68\times10^4m^3$、日产凝析油0.85 t，其后探明地质储量$462.12\times10^8m^3$，为川西较大的气田。1988年在平落坝构造的平落1井，在沙溪庙组又获工业性气流。直到1995年，在白马庙构造钻的马1井，发现上侏罗统蓬莱镇组大储量气藏，探明地质储量$268.72\times10^8m^3$后，对川西坳陷浅层红色气藏的勘探进入一个新时期[7]。20世纪90年代以来，在川西坳陷浅层中(500～1500m)共发现蓬莱镇组、遂宁组和沙溪庙组3个红色产气层。其后又在苏码头、三皇庙、盐井沟、观音寺和洛带等构造有所突破，预计川西坳陷浅层天然气的探明储量，将超过$1000\times10^8m^3$[8]。

(九)1989年川东下三叠统飞仙关组产气层的发现

“1956～1957年罗志立、万湘仁等研究四川盆地三叠系时指出：“川东北达县附近飞仙关组飞一段及飞三段可能成为储集层，应引起注意”[9]。1963年钻探川南巴县石油沟构造的巴3井在飞仙关组一段，获气$4.436\times10^4m^3$，1970年在川东雷音铺构造的川18井在飞仙关组三段获气$1.52\times10^4m^3$，1981年又在福成寨构造的16井飞仙关组中获气$57.5\times10^4m^3$。这些产气井多在储集层变化大、分布不均鲕粒滩上，形不成区域性气层。20世纪80年代，川东飞仙关组仅作为重点钻探石炭系过程中的兼探层系。到1989年在铁山构造钻的铁5井，发现飞三段为块状孔隙性白云岩，产气$34.64\times10^4m^3$。到1990年探明铁山构造天然气储量$110\times10^8m^3$。1995年又在川东北渡口河构造的渡1井发现厚层鲕状白云岩，获天然气储量$359\times10^8m^3$，这才引起高度重视，成为四川盆地继石炭系后天然气增储上产的又一重要领域。其后又发现铁山坡、罗家寨等高产型气田，在川东北形成飞仙关组鲕粒滩白云岩区域性产层。飞仙关组鲕粒滩孔隙性白云岩在拗拉槽边缘叠置在下伏的长兴组礁块灰岩之上，形成厚逾100m孔隙性储集层，构成大型气田，普光特大型气田就是实例[6]。

二、工业性油气层成藏特征和展望

(一)各工业性油气层储量分布及特点

据2002年结束的一轮油气资源评价报告，四川盆地石油总资源量为4.26×10^8t，剩余地质资源量为3.57×10^8t，天然气总地质资源量为$5.35\times10^{12}m^3$，剩余地质资源量为$3.79\times10^{12}m^3$。到2009年底，四川盆地天然气探明储量$16497.52\times10^8m^3$，其中须家河组(T_3x)以上碎屑岩层位占29%，海相碳酸盐岩层位占71%，表明四川盆地油气资源探明储量低，剩余资源量丰富，虽已经勘探60年，但还有很大的潜力(见表1)。

表1　四川盆地各层系天然气探明储量(截至2009年底)

地层	工业性产层	发现年代/年	总储量/$\times10^8m^3$	所占百分比/%
侏罗系	J_3p	1995	949.37	5.91
	J_3sn	1984	269.34	
	J_2s	1989	719.00	4.42
	J_1q	1988	11.71	
	J_1z	1958	49.00	0.29
三叠系	T_3x	1973	3013.2	18.26
	T_2l-T_3m	1971～1972	437	2.65
	T_1j	1840	1169	7.09
	T_1f	1963	6251.79	37.89
二叠系	P_3ch	1983		
	P_2m	1957	795	4.82
	P_2q	1957	16	0.09
石炭系	C_2hl	1977	2408	14.59
奥陶系	O		0.5	0.003
震旦系	Z_2	1964	408.61	
总量			16597.52	100

(1)四川盆地中无生油条件的红层(J_2q-J_3p)获得的天然气储量所占总储量百分比超过10%，这是中国其他含油气盆地少见的，表明盆地构造的活动性和广阔的勘探潜力。

(2)须家河组煤系地层(T_3x)所占总储量的百分比为18.26%，加上近几年发现的广安、合川气田，其储量可能超过盆地总储量20%。

(3)飞仙关组和长兴组二层储量占盆地总储量37.89%，是盆地内各工业性产气层中最富集的层位，这与峨眉地裂运动形成的拗拉槽构造格架有关[6]。

(4)中石炭统黄龙组(C_2hl)储量占盆地总储量近15%，是盆地内最早发现的构造一岩性气藏。

(5)震旦系灯影组(Z_2dy)储量占盆地总储量2.47%，是盆地内下组合(震旦系—志留系)中发现较早的工业性产气层，也是国内最老的产气层。

(二)已发现的工业性油气层的主要成藏特征和展望

1. 震旦系灯影组(Z_2dy)

1964年发现威远中型气田后，时隔40多年又在川中的高石梯构造发现大气田，令人鼓舞。震旦系经过桐湾运动Ⅰ幕和Ⅱ幕，在灯影组顶部和灯二段顶部形成溶蚀孔洞型储集层，在全盆地都有分布，灯影组之下的陡山沱组和其上的下寒武统作为烃源岩，在许多地区均有发育。在灯影组上部的钻井和露头多有碳化沥青的显示。盆地北缘米仓山古隆起为灯影组古油藏，统计沥青含量折算原始储量可达2.06×10^{10}t。乐山一龙女寺古隆起也为震旦系古油藏，据沥青含量统计，由隆起高部位向凹陷区递减，如顶部女基井沥青含量高达8.12%，向南翼的自深1井为1.13%，凹陷区的窝深1井为0.41%，显示灯影组油藏移聚状态。有的油藏还经过破坏，在川西北的矿山梁构造的火石垭地区，可见众多的沥青质砾石沉积在下寒武统长江沟组中。这些资料显示灯影组为一区域性油层，后裂解为气层。

据笔者等承担中石油"九五"重点攻关项目研究[10]，对四川盆地古生界下部(包括震旦系)有利区块的评价，评出 7 个有利含气区块(见图 3)，其中名列第 1 的区块是高石梯－磨溪构造带。近年来在高石梯构造的震旦系和磨溪构造的寒武系龙王庙组均获得大气田。川东古生界下部为第Ⅳ区块，生、储、圈闭条件均很好，有较好的远景，但上、下构造不吻合和钻探深度很大，是其突破的难题。川西大兴背斜带第Ⅴ区块，其地腹为与兴凯地裂运动有关的堑、垒构造，有望获得构造－岩性气藏。值得注意的是，米仓山－大巴山前缘带第Ⅵ区块，远景较大，从震旦纪到志留纪，均处于扬子古板块北缘的稳定大陆边缘，成藏条件好；从川西北的田坝、矿山梁构造寒武纪出现的大量油苗和沥青脉，向东至米仓山古隆起有震旦系古油藏，更向东至城口－万源下寒武统大量油苗分布，形成沿上扬子古板块北缘一条东西向的古含油带，再从镇巴－城口－神农地区都有古构造存在[10]，具备形成大油气田条件。但需要突破大巴山推覆构造的掩盖和钻遇寒武系和海相三叠系石膏层的难关。

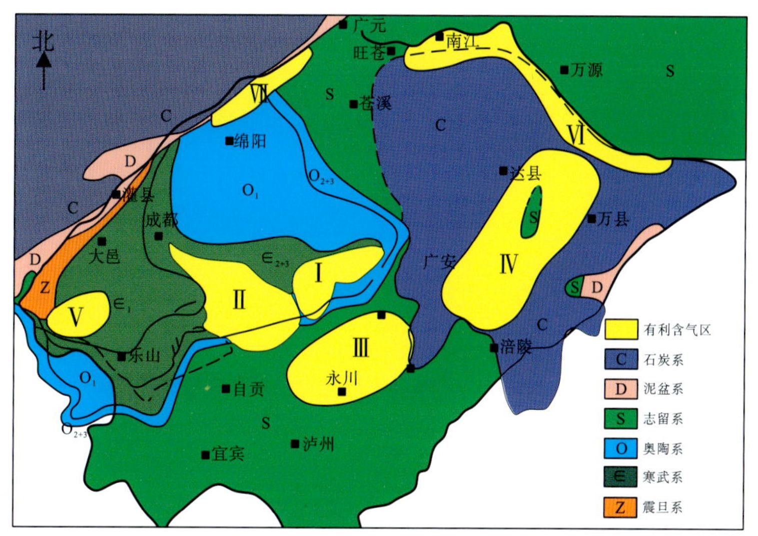

图 3　四川盆地下古生界有利区块评价

有利含油气区块：Ⅰ. 高石梯－磨溪构造带（Z)；Ⅱ. 乐至－大足－资中岩溶斜坡带（Z)；Ⅲ. 川中－川南过渡带（Z-O)；Ⅳ. 川东下古生界；Ⅴ. 川西大兴背斜带；Ⅵ. 米仓山－大巴山前缘带（Z-Є)；Ⅶ. 龙门山推覆构造带（Z-O)

2. *石炭系黄龙组*(C_2hl)

(1)川东黄龙组产气层属于潮坪－潟湖沉积。川东石炭系黄龙组产气层，是晚石炭世早期从下扬子区海盆由东向西侵入中上扬子区形成的川鄂海湾，属于潮坪－潟湖相沉积体系。岩石类型为粒屑白云岩、角砾白云岩等，厚度一般为 50m，假整合于志留系之上和梁山组之下，因缺失晚石炭世晚期的马平组，粒屑白云岩经过淡水溶滤，形成孔隙较好的孔渗性储集层。烃源岩为下伏的志留系，在开江古隆起中心，生烃强度为 $100\times10^8m^3/km^2$，在万县以东和重庆以南也有较好的生烃中心，生烃强度为 $150\times10^8\sim175\times10^8m^3/km^2$。因而在川东黄龙组储集层地区就形成良好的生储组合。

(2)川北地区黄龙组有望发现新产气区。据 2005 年王兰生等对石炭系天然气资源量的评价，总资源量为 $7953.4\times10^8m^3$，目前在川东探明储量为 $2575.3\times10^8m^3$，探明率为 32.38%，仅占总资源量的 1/3。另据文献[11]对黄龙组沉积体系的研究，认为川东黄龙组发育存在云阳东南部和达县西北部 2 个通道，并形成重庆－万州与达县东南部 2 个潮坪沉积体系。达县西北部这个通道若存在，可据此向大巴山前沿的川北地区追踪黄龙组的存在和分布，从而发现新的产气区。

(3)古隆起演化对黄龙组成藏的影响。石炭纪末的云南运动，在开江－梁平一带发育北东向古隆起，石炭系局部被剥蚀；中二叠世末的东吴运动，该古隆起转为东西向，核部剥蚀到栖霞组。在中三叠世末的印支运动早幕，开江古隆起转为北北东向，形成的石炭系古构造闭合度达 450m，面积 $2812km^2$，为巨大的古油藏，在古隆起顶部残余有机碳含量高达0.45%，估算古油藏储量为140.13×10^8t，侏罗纪末的燕山运动，使开江古隆起解体形成许多高陡构造和潜伏断块，成为构造-岩性气藏。

3. 中二叠统阳新灰岩(P_2m+P_2q)

1)阳新灰岩勘探特征

中二叠统由茅口组(P_2m_{1-4})和栖霞组(P_2q_{1-2})组成，总厚300～500m，为浅海碳酸盐台地相沉积，由生物粒屑块状灰岩组成，全川分布稳定，钻达茅口组有1556口井(截至2001年)，但钻穿该层仅920口井，许多地区均有气显示，主要气田发育在川南和川西南地区，以泸州古隆起为中心，为裂缝-古岩溶孔洞复合储集层。钻入纳溪、宋家场等10余个局部构造，均发生放空、井漏、井喷等显示，甚至在向斜中的云锦1井、况场1井、得胜2井钻井放空，并获工业性气流。其中自2井，自1964年4月18日钻达井深2260.55m的栖霞组，放空4.45m随即井喷，到2005年底连续生产45年，累计产气53.10×10^8m^3，被中石油总公司授予“功勋气井”称号。

阳新灰岩分布稳定，钻井显示普遍。在川东地区的大池干井、雷音铺、卧龙河等构造，发现5个裂缝性气藏。在川西老关庙构造的关基井，井深7156.62～7159.50m，放空2.88m，发现茅口组白云岩化的晶间孔隙，获天然气4.88×10^4m^3，成为四川盆地钻探最深的阳新灰岩气藏。在川西大兴场构造的大深1井，茅口组获日产气10.51×10^4m^3，汉王场构造的汉1井和汉6井均发育有厚78m细-中粒砂糖状白云岩储集层；周公山构造的周公1井，茅口组产水144m^3/d。在川北九龙山构造的龙4井获工业性气流，河湾场构造的河3井产气35.43×10^4m^3/d。

2)另一种孔隙储集类型及其控制因素

1976年在川中钻的龙女寺构造女基井，在4330m中二叠统砂糖状白云岩化储集层中获气4.68×10^4m^3，成为值得注意的另一种孔隙性储集层。其后钻的女深1井和女深5井也见类似白云岩化储集层，孔隙度1.13%～5.29%，平均2.75%，呈凸镜状分布，储集层中还见溶洞、缝，有马牙状白云岩、萤石和天青石热液矿物，视为构造热液白云岩储集层。近年来在川中的广安构造钻的广参2井获工业性气流，见到类似的白云岩储集层，地震剖面上可见因直达基底的正断层呈下凹地震反射特征；又据氧、锶同位素、包裹体均一温度和盐度资料，表明热液白云石化的成因系晚二叠世—晚三叠世峨眉地裂运动期间，大量张性走滑活动为深部热液流体上涌提供通道和其下层镁离子的进入提供源头，形成构造热液白云岩[12]。中二叠统类似的热液白云岩储集层，还见于川西从广元至峨眉的地面露头和钻井中，呈片状断续分布[2]，因而这类孔隙性储集层应引起充分重视。另在广安构造的广参2井茅口组获气0.32×10^4m^3/d，龙女寺构造的女深5井产气0.15×10^4m^3/d，涞滩场构造的涞1井产气1×10^4m^3/d。

3)与峨眉地裂运动形成的构造背景有关

阳新灰岩无论缝洞储集层或构造热液白云岩化储集层，均与峨眉地裂运动形成的构造背景有关。阳新灰岩沉积末期，峨眉地幔柱在西南地区的米易-盐边-大理为柱顶发生上隆，产生的差异剥蚀，使阳新灰岩在内地层剥蚀到栖霞组，残留厚度仅100m[13]。川南泸州古隆起在中二叠世末即有雏形，中部剥蚀到茅口组3段(P_2m_3)，为岩溶高地；西部保留茅口组4段(P_2m_4)，为岩溶陡坡，气井显示好；东北部仍保留茅口组4段(P_2m_4)，为岩溶缓坡。其差异剥蚀的区域构造格局，显示地腹可能有“地幔枝”的作用。根据图4可推测因“地幔枝”的上顶活动，在中二叠统阳新灰岩产生许多正断层，因而造成川南二叠系地下构造与地面构造常不吻合，断层多，且多为潜伏逆掩断层(后期构造)。有正断层存在加上东吴运动期的剥蚀、溶蚀淋滤作用，缝洞发育，再加上燕山运动-喜马拉雅构造运动叠加改造，在高点、长轴断裂、扭曲受力较多部位，形成“裂缝系统”气藏，钻井中自然发生大量的放空、井漏、井喷等工程现象，无论背斜和向斜均可产气。峨眉地幔柱的影响，远达川中和川西，在中二叠统中形成正断层可能为女基井、广深2井构造热液白云岩化储集层提供热力作用和物质条件。

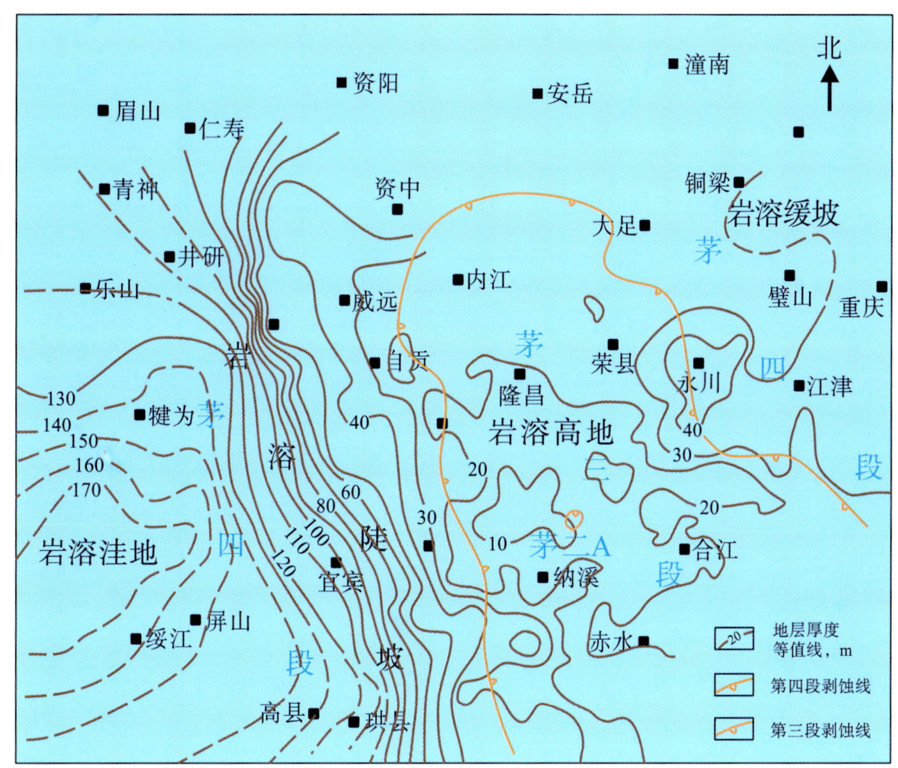

图 4　四川盆地南部阳新统（P_2m）剥蚀面及地层厚度

4. 长兴组—飞仙关组(P_3ch-T_1f)

2009 年底在长兴组－飞仙关组探明天然气储量超过四川盆地各层系总储量的 1/3(见表 1)，主要是在川东北的广旺－开江－梁平坳拉槽边缘，发现普光、龙岗、元坝等大气田。其中在川东北发育的飞仙关组鲕粒滩白云岩化孔隙性储集层有重要作用，如 1995 年后发现的渡口河、铁山坡、罗家寨和金珠坪等鲕粒滩气藏，至 2005 年共计探明地质储量 1 543.45×10^8m^3。若在坳拉槽边缘与长兴组生物礁滩块叠置，形成厚达 200 多米的礁滩复合型储集层，就可形成特大型气藏，普光和元坝大气田就是实例。近年来在广旺－开江－梁平坳拉槽之东，又证实鄂西坳拉槽存在，在其西又发现绵竹－蓬溪－武胜坳拉槽、在中上扬子西北缘形成的坳拉槽群[14]。若进一步加强研究和勘探工作，其潜力巨大，还会发现更多的天然气资源。

广旺－开江－梁平坳拉槽，是在川北绵延 600km、面积近 1×10^4km^2，富集礁滩气藏的环形槽，目前沿该槽边缘已发现 8 个长兴组礁和 13 个飞仙关组鲕粒滩气藏，所获储量近 1×$10^{12}m^3$。今后继续加强地球物理和精细地质研究工作，采用立体的勘探思路，预期还会有更多的发现。推测在江油二郎庙和广元下寺之间地腹，可能存在礁滩复合体，值得注意。

5. 嘉陵江组(T_1j)

这是四川盆地发现和开发最早的下三叠统气藏。为局限海台地—蒸发潮坪环境沉积，沉积特点为台地浅滩化至局限化再生咸化过程，最终形成的厚层石膏和岩盐层($T_1j_5^2$-$T_1j_4^2$)，厚 9～257m，为四川盆地良好的区域性盖层。储集类型为粒间孔、晶间孔等的低孔低渗的粒屑白云岩储集层，孔隙度一般小于 2%，渗透率一般小于 0.001mD。气源来自下伏的上二叠统煤系和志留系的泥质烃源岩。气藏主要分布在以泸州古隆起为中心的川南地区和川西南地区。到 2008 年底川南地区共发现 75 个气藏，地质储量为 461.2×10^8m^3；其次分布在川东的卧龙河等 9 个构造上，获地质储量 378.2×10^8m^3。在川中的磨溪－龙女寺构造带的嘉陵江组上部(T_1j_{4-5})也有很好显示，共获地质储量 365.6×10^8m^3。圈闭类型为构造－岩性圈闭，川南勘探程度较高，川中地区仍有潜力，可作为兼探层系。

6. 中三叠统雷口坡组和上三叠统马鞍塘组

1）雷口坡组(T_2l)特征

印支运动早幕在川东南形成泸州－开江古隆起，泸州古隆起核部剥蚀至T_1j_3，其东部坳陷沉积巴东组碎屑岩相，其西部坳陷沉积雷口坡组白云岩相。雷口坡组主要分布在川中、川北和川西，厚600～900m，分雷一段—雷五段。主要储集层在雷三段(T_2l_3)，为中孔、中低渗储集层。如中坝构造，储集层孔隙度0.08%～11.95%，平均2.12%，渗透率平均为1.67mD，以生物碎屑滩粗结构类型，储集层性能最好。龙深1井(井深5 982m)还在T_2l_4发现钙质海绵礁储集层。川中地区储集层以白云岩为主，T_2l_1-T_2l_4均发育，厚30～460m，在营山、蓬莱等构造均有分布。在川北的龙岗地区T_2l_4油气显示普遍，顶部T_2l_4-T_2l_3为古岩溶性储集层，在T_2l_1、T_2l_2为滩相储集层；在龙岗的22井试气$15.22\times10^4m^3/d$，系白云岩风化壳产气。

川西的龙深1井、中46井、青林1井和川中的磨16井、女深2井和涞1井等，在T_2l_4-T_2l_5段中发现萤石、天青石和马鞍状白云石热液矿物组合，可能存在热液白云岩化有关的优质储集层，值得关注。

2）马鞍塘组(T_3m)特征

在江油石元乡马鞍塘车站命名，时代属晚三叠世卡尼期，为灰色页岩夹石英砂岩、生物碎屑灰岩及介壳灰岩，厚约329m。下段为鲕状灰岩，厚30～60m，上段有海绵生物点礁，厚2～76m，在川西的龙深1井厚249.1m。马鞍塘组主要分布在龙门山前缘的中、北段，在南段的峨眉、荥经等地含砾石超覆在雷口坡组不同层位上，属于海陆过渡的海湾相沉积，向东可延至金堂，据地震资料解释有可疑生物礁体显示，向西可与松潘－甘孜边缘海的侏倭组－杂谷脑组对比。

总之，雷口坡组(T_2l)和马鞍塘组(T_3m)油气显示较普遍。1972年在川西发现T_2l_3中坝气田，探明储量$86.3\times10^8m^3$，属于油型裂解气，还有凝析油。在川中的磨溪气田的浅滩颗粒白云岩T_2l_1储集层，探明储量$349.47\times10^8m^3$。在川北的龙岗构造的龙20井，T_2l_4试气$1.25\times10^4m^3/d$，龙22井的T_2l_4风化壳岩溶白云岩试气$15.22\times10^4m^3/d$；元坝构造的12井，在T_2l_4有5层见到气显示。在川东的卧龙河构造，夹于膏盐层中的白云岩和石灰岩储集层产气，探明储量$86.3\times10^8m^3$。另在川西的川科1井马鞍塘组的泥晶灰岩和砂屑灰岩产气，测试获气$8.6\times10^4m^3/d$。

7. 上三叠统须家河组(T_3x)

(1)探明储量位居第二。须家河组在四川盆地探明储量居第二，占总储量的18.26%。自1973年在中坝构造中4井发现须四段工业性气藏后，川西坳陷成为主要勘探地区，相继发现新场、大邑须家河组等气田。储集层一般埋深大于3 000m，T_3x_2和T_3x_4为主要含气层段，储集层为三角洲相砂岩。为低孔、低渗透裂缝性储集层，发育在三角洲前缘砂体中，储集层物性较好。烃源岩为马鞍塘组须一段、须三段和须五段。须三段为湖相沉积，厚125～700m，平均有机碳1.77%，镜质体反射率为1.7%～2%，甚至大于2%，生气量巨大，为$9.915\ 95\times10^{12}m^3$。须五段为川西主要烃源岩，厚350m，平均有机碳含量2.35%，最大16.33%，镜质体反射率为1.02%～1.68%，累计生气量为$8.824\times10^{12}m^3$[15]。

(2)大中型气田均发育在燕山运动期大型古隆起带及斜坡区。截至2011年底，川西探明储量超过$1000\times10^8m^3$有新场大气田，超过$500\times10^8m^3$的有洛带－新都大型气田，超过$100\times10^8m^3$的有中坝、平落坝、邛西等中型气田；并发现了大邑、丰谷、玉泉、鸭子河、中江、文星、剑阁、莲花山等一批含气构造，探明天然气储量$3000\times10^8m^3$，年产量逾$30\times10^8m^3$。这些大、中型气田均发育在燕山运动期大型古隆起带及其斜坡区，晚三叠世后期局部构造形成的复合圈闭类型[16]。

(3)勘探和钻采工艺促进了大气田的发现。随着勘探技术的进步，地质认识程度提高，钻采工艺水平的提高，发现了一批大型气田，至2010年底，在川中地区发现了安岳、广安、合川等须家河组气田，含气面积在200～1058km²，总含气面积2035km²。须二、须四、须六段主产层累计探明地质储量$4823\times10^8m^3$、控制储量$1000\times10^8m^3$、预测储量$1300\times10^8m^3$。另在川北地区的龙岗、元坝、九龙山等构造天然气也有重大的发现。但对可形成工业性气流的须家河组须一、须三、须五段关注不够[17]，它们夹有 20～50m 砂体，具有形成工业性规模气藏的条件，如在遂 9 井的须三段获气 $40\times10^4m^3/d$ 和磨溪气田的磨 119 井在须五段试井获气 $30\times10^4m^3/d$ 高产气流，在西充构造的西充 1 井须一段试气达 $1\times10^4m^3/d$ 气流。并在须三和须五段泥页岩中有机碳含量为 2%～3%，最高可达 20%，处于成熟和过成熟阶段，取样做 X 射线研究，脆性碎屑颗粒含量较普遍，又有形成页岩气的条件。兼之各段有利含气面积可达 5000～11000km^2 和天然气地质资源总量可达 $28300\times10^8m^3$(包括全盆地)，故从四川盆地总体来看，须家河组无论从分布范围、沉积厚度、勘探层组、已获的工业储量和潜在资源量和页岩气勘探条件，都具有优良的前景，值得进一步研究和开发。

8. 下侏罗统自流井组(J_1z)产油层

川中自流井组为浅湖－深湖淡水湖泊相沉积，黑色页岩为生油层，大安寨介壳灰岩和凉高山砂岩为储集层，系受介壳滩体与构造变异带叠加因素控制的裂缝性油藏。滩体形状不规则、大小不一，属非均质的裂缝性贫矿，但贫中有富，在贫集区仍可获得高产油井，如 1959 年钻的蓬 40 井喷油，就发现桂花油田，40 多年的开采长盛不衰。已在川中找到桂花等 5 个油田，探明石油储量 8118×10^4t。自流井组在川中含油面积大，约有 16500km^2，近年来又在营山－公山庙构造以北的仪陇龙岗构造和苍溪元坝构造、九龙山构造的自流井组钻到高产油流，其范围可能扩大到 28500km^2。韩克猷用生烃量法，计算该区的石油资源量 39.1×10^8t、天然气资源量为 $6470\times10^8km^3$，故还有较大的勘探前景。另外，近年来国内许多石油学者提出在自流井组所夹的厚 20～60m 半深湖－深湖相页岩中，勘探页岩油的观点，也值得重视。实际上早在 1958 年“川中石油会战”中，就已发现页岩裂缝产油的事实。川中自流井组因其埋藏浅、面积大、川中地块稳定，页岩油成油条件好，其勘探远景和有利条件，可能不亚于四川盆地南部的古生界下部页岩气。

9. 侏罗纪红层(重庆组、沙溪庙组、遂宁组、蓬莱镇组)产气层

川西侏罗系产气层平均埋深 1000～3500m，以蓬莱镇组、沙溪庙组和遂宁组为主力气藏，储量占川西坳陷探明总储量的 60%，占年产量 80%。岩性属于旱氧化环境的河湖相沉积，由红色－杂色砂、泥岩组成，属于次生气藏。侏罗系天然气碳同位素特征与须家河组天然气基本一致。气源主要来自下伏的须三段—须五段，通过断层和生烃增压模式形成的纵张缝垂向运移而来，最大距离可达 2000m，属于远源成藏。从侏罗系至须家河组普遍超高压，由浅到深岩层平均压力系数为 1.2%～2.4%，最高可达 2.6%，为气源向上运移提供条件。砂岩储集层孔隙度一般小于 8%，渗透率随深度增加而减小，在 4000m 以下，小于 0.08mD，较好的储集层多为河道砂岩，以蓬莱镇组相对良好。如以合兴场气田蓬二段气藏为例，孔隙度平均值 9.64%，渗透率平均值 1.2324mD。大、中型气田多发育于燕山运动期大型古隆起带及其斜坡区，聚集类型以今构造叠合在古隆起及斜坡背景上的复合圈闭为主。

侏罗系红色地层产天然气，不仅限于川西坳陷，在川南和川北的坳陷钻井红层中均有发现。甚至早在 1957 年，地矿部第二普查石油大队在川中龙女寺构造倾没端钻的龙 4 井和广安构造的广安 2 井，在沙溪庙红层中首次获得油流，比 1958 年川中喷油的女 2 井、蓬基井、3 井喷油提前 1 年。因此，四川盆地红层侏罗系次生油气藏分布范围较广，还因钻井浅、分布面积广，展示四川盆地浅层气的勘探有广阔前景。

三、寒武系—志留系为具有潜力的产气层

(一)钻井油、气显示及特点

四川盆地及其周边下组合(包括震旦系)勘探油气历时 40 多年，以震旦系为目的层的钻井 40 多口(威远构造除外)。具以下特点：①钻井过程中，仅在太和场(S)、河湾场(O)、东山(O)、龙女寺(Є)、

磨溪(O+€)、安平店(€)、高石梯(€)、威远(€)等构造的下组合气显示较好，可称含气显示构造外，其余均不构成区域性工业性产气层(见表2)。②从钻探构造分布地区看，盆地边缘钻的井，除天井山背斜有油花显示，其余均不成功；川南和川东钻的井，多因地下构造复杂失利，只有川中构造显示较好。③从储集层显示频度看，显示较好的为白云岩，其次为灰岩和砂岩，宝塔组生物灰岩和龙王庙组白云岩显示较好，为有工业性产气潜能的储集层。④近年来在磨溪构造上钻的4口井，在龙王庙组均获大气。

表2　四川盆地下组合钻井油、气显示

层位	油、气显示
志留系	①太和场、太3井韩家店组，试气 $19\times10^4m^3/d$ ②丁山、丁1井，石牛栏组气测异常
奥陶系	①河湾场，宝塔组，获气 $1.88\times10^4m^3/d$ ②安平店，南津关组，试气 $420m^3/d$ ③龙女寺，女基井，南津关组，试气 $3.6\times104m^3/d$ ④磨溪，磨深1井，南津关组+洗象池组，试气 $4220m^3/d$ ⑤东台，东深1井，宝塔组，产气 $21\times10^4m^3/d$ ⑥合川，合12井，宝塔组气涌 ⑦威远，威97井，宝塔组产气 $2.04\times10^4m^3/d$
寒武系	①天井山，钻入$€_1$，见少量油花 ②天星桥，天1井，3090m完钻无显示 ③天宫堂，宫1井，洗象池组产水 $210m^3$ ④高石梯，高科1井，龙王庙组，气侵 ⑤龙女寺，女深5井，洗象池组，试气720m3/d ⑥五百梯，五科1井，三游洞组产水 $36.8m^3/d$，$CaCl_2$型 ⑦自流井，自深1井，娄山关组，钻在翼部，无显示 ⑧威远构造，洗象池组为气藏 ⑨磨溪构造，龙王庙组，4口井获大气

注：本表依据中国南方下组合油气勘探研讨会汇编资料(2005)补充。

(二)烃源岩及储集层条件

寒武系筇竹寺组、奥陶系的五峰组和志留系龙马溪组为优质烃源岩，也是良好的页岩气，已为人共识[18]。通过天然气组分分析、天然气同位素研究，以暗色碳酸盐岩和暗色泥岩，有机质为腐泥型等条件计算，下组合包括震旦系总计天然气生成量为 $2585\times10^{12}m^3$。取排烃系数0.0019计算，其天然气资源量为 $4.911\times10^{12}m^3$ 左右[19,20]。烃源岩的有机质为腐泥型的Ⅰ型干酪根，生烃潜量为37.18%～89.5%，有机碳含量高，1006个泥质岩样品平均有机碳1.14%，346个碳酸盐岩样品平均有机碳含量0.24%。热演化程度高，整体已进入干气阶段，沥青或干酪根反射率超过2%。威基井震旦系沥青镜质体反射率为4.64%，自深1井震旦系干酪根镜质体反射率为4.15%，女基井下奥陶统镜质体反射率为3.65%。寒武系—志留系处于四川盆地深部，埋深一般大于3500m，多次构造运动叠加改造，原生孔隙多被改造，成为低孔渗储集层。从钻井显示和物性分析，有的层段为较有潜力储集层，如宝塔组生物灰岩、龙王庙组白云岩。川中磨溪构造龙王庙组白云岩以及川东的韩家店组砂岩显示较好，有构成区域性优质的工业性产层的条件，对其控制因素和区域分布尚需进一步探索。

四、结论与建议

(一)四川盆地尚处于壮年期，仍有较大潜力

四川盆地面积 $23\times10^4km^2$，可供油气勘探面积 $18\times10^4km^2$，沉积岩厚6000～12000m，其中海相沉积4000～6000m。到1987年，共发现地面和潜伏构造429个，已钻172个，还有257个未钻探[2]。从

先人在川南富顺地区采气煮盐算起，至今二百五十多年，若从1949年油气勘探算起至今60多年，已发现工业性产气层8个和产油层1个，产气层位从震旦系至侏罗系；形成“满盆气、半盆油”的格局，这在中国其他含油气盆地是少见的，虽是一个勘探成熟或高成熟的盆地，但尚处于“壮年期”，还有较大的潜力。

(二)深层、海相及岩性气藏等还大有作为

在2000年后随着石油地质规律认识的深入和勘探新技术的发展，仍可发现普光和元坝长兴组至飞仙关组海相深层大气田和广安、合川须家河组陆相大气田，3层获得储量占全盆地总量的56%(见表1)。近期又发现高石梯-磨溪构造的灯影组—龙王庙组大气田，这进一步说明四川盆地天然气勘探工作，今后应向岩性气藏发展、向深层进军，向海相地层要气，这些领域内还大有作为。

(三)气层的发现与圈闭和储集层密切相关

从石油地质学成藏条件分析，四川盆地工业性产气层的初期发现，与烃源层的指引作用关系不大，而与圈闭和储集层关系密切。中国陆相含油气盆地，用烃源层品质指导勘探，效果显著；而四川盆地8个工业性产气层的发现，从开始就未用烃源层指导而发现产气层，仅在发现产气层后作区域评价或选区、选带起到一定作用，这可能是中国海相地层与陆相地层早期勘探工作的不同之处。但四川盆地发现的工业性产层中，圈闭和储集层起到很重要作用，区域探井首先选择的是地面有构造圈闭或地下有潜伏高点布井，钻井过程中若遇地下有良好区域性的孔、洞、缝储集层，即可发现一个工业性产气层，从而发现大批气田；若未发现良好的储集层只能认为是有远景地层和找到一些含气构造，如志留系、奥陶系，但其中的五峰组(O_3w)—龙马溪组(S_1l)、以及筇竹寺组($Є_1q$)的页岩气，被国内许多专家评价为远景较大，也值得关注。

(四)储集层、古隆起和圈闭是3个重要和必要条件

从四川盆地工业性产油气层发现过程和成藏条件分析，其主控因素有两种类型：一种是构造圈闭型。首先要有岩相控制的良好的储集层才能形成区域性产层，为构成一批气田、甚至大气田的主要条件。其次要有大型的古隆起，作为天然气区域富集的重要条件。再次要有褶皱适中、保存条件良好的局部今构造或潜伏构造圈闭，作为天然气田富集的必要条件。当然，其他的生油、聚集等条件也有一定的作用，但与上述主要、重要和必要3个条件比较起来处于从属地位。另一种类型为裂谷型，即与峨眉地裂运动形成拗拉槽有关的普光、元坝、龙岗等礁滩相构造-岩性大气田[6]。另外在新元古代至奥陶纪发育的兴凯地裂运动[21]，有可能在川西南和川中下组合找到裂谷型气田，也值得被关注。研究中国克拉通盆地深层海相碳酸盐岩发育的裂谷控制油气作用是一个新课题，期待同行探索。

(五)阳新灰岩和须家河组砂岩仍具潜力

中二叠系阳新灰岩仍具有继续寻找大气田的条件。阳新灰岩为浅海碳酸盐台地相沉积，上覆煤系可以反向供烃，下伏的志留系烃源岩又可正向供烃，具上、下生烃，中间储集的生储匹配良好条件。总厚300～500m，在全盆地分布稳定。中二叠世末的东吴运动，在川东南形成溶蚀孔、洞层，加上后期褶皱作用，形成大量的孔、洞、裂缝系统储集层。峨眉地裂运动在川中和川西形成的热液白云岩化储集层，又为寻找构造-岩性气藏提供了新的方向。在川中女基井、女深1井、广参2井已发现热液白云岩工业性气藏。在川东南钻探中除发现许多缝洞性气藏外，也出现过特殊产气井，不仅背斜产气，云锦等向斜也获工业性气流。被授予“功勋气井”的自2井，到2005年底已连续生产45年，累计产气$53.10\times10^8m^3$，至今仍在产气。川西关基井井深大于7000m，放空2.88m，仍钻获天然气$4.88\times10^4m^3$，为深层找气提高了信心。论其成藏条件应比三叠系嘉陵江组好，但到2009年底探明的总储量

反而比嘉陵江组少(见表1)，说明对其地质研究和勘探工作还认识不够。另据文献[22]用储集层地震预测手段，在川北阆中南部地区，发现茅口组“礁滩相溶蚀孔洞型”储集层，呈北西－北东向带状分布，其位置可与上覆的广旺－开江－梁平拗拉槽对应。这一预测若被证实，可在元坝滩相大气田之下再找阳新统大气田。建议今后在勘探思路上，必须从战略上研究阳新灰岩全盆地的成藏条件，在储集层控制因素方面，重视峨眉地裂运动对阳新灰岩成藏条件的影响，争取发现新的大气田。

对比四川盆地各工业性产气层，从产气层分布、成藏特征、油气显示等条件来看，须家河组还有较大的勘探潜力。须家河组厚度巨大，可达800～3000m，湖沼相烃源岩与河流相砂岩储集层交替伴生，形成良好的生储组合，虽为低孔、低渗储集层但含气面积大，甚至在烃源层中的须一、须三、须五段也获高产气流，可认为须家河组是一个整体天然气储集体。近年来，除川北地区的龙岗、元坝等构造的天然气有重大发现外，还应对川西长约200km的龙泉山构造带进一步研究和重新认识，可能还会有新的发现。

(六)雷口坡组(T_2l)和马鞍塘组(T_3m)可能成为四川盆地工业性产层的“新星”

雷口坡组和马鞍塘组处于中国南方海相和陆相地层过渡层系，又处于四川克拉通盆地和川西前陆盆地转换期的构造格局，在岩相和岩性上发生复杂的变化，具有多元的丰富的成藏条件。有海湾相海相烃源岩(T_3m)，也有深湖相陆相烃源岩(T_3x_1)，处于其间的雷口坡组白云岩(T_2l_1、T_2l_3、T_2l_5)遭受侵蚀和白云岩化作用，形成孔隙性储集层，马鞍塘组(T_3m)又发育礁滩相储集层，可形成多种成因目的层。兼之厚度较大(雷口坡组厚600～900m，马鞍塘组厚329m)，又在川西北、川中发现多个气田，甚至川东的卧龙河构造和川北的龙岗等构造，以及川西的川科1井深层均获得工业性气流。产层具有区域性，有可能成为四川盆地工业性产气层的“新星”。龙门山中南段前缘地区可能是T_3l_3、T_3l_4和T_3m天然气勘探新的有利地区，应予重视。

(七)页岩气的勘探具较好的经济效益

川中北地区的自流井组(J_1z)和须家河组(T_3x)的地质条件、开发条件比川东南下组合的五峰组—龙马溪组和筇竹寺组优越(表3)。在川中可以对中生代的自流井组和须家河组的纵向相连的整体含油气系统进行勘探，既可钻探二层系中已知的J_1z_4-J_1z_5介壳灰岩和砂岩含油目的层和T_3x_2、T_3x_4、T_3x_6砂岩含气目的层，也可以从优选择钻探自流井组中的页岩油和须家河组中的页岩气，大有选择余地，其经济效益可能会超越川东南地区下组合的页岩气。

表3　四川盆地J_1z-T_3x与$Є_1$、O_3-S_1页岩气条件对比(据文献[18－20]编制)

地区	层位	沉积类型	有机碳含量	热演化程度	含气量	构造活动性	埋深	地表条件	油气管网
四川中北	J_1z、T_3x	湖相－深湖相页岩	J_1z，0.3%～3%，T_3x_{3-5}，2%～3%，最高20%	J_1z，1.29%～1.66%，T_3x，1%～1.7%低	J_1z在1958年已发现页岩油，元坝气田大安寨组有5口井钻获页岩气。遂9井在T_{3x3}和磨溪119井在T_{3x5}已获高产气流	构造平缓、断层少、地震频度少	以800～3000m为主	丘陵、水源较方便	总体较好
四川东南	$Є_1$、O_3-S_1	深海相页岩	2.1%～2.31%，偏低	2%～7%高，过成熟，生干气	0.13%～6.5m^3/t，含量低	构造褶皱性强、断层多、地震频度高	一般大于3500m	多高山，水源不便	不发达

(八)许多产气层是偶然发现的

四川盆地已发现的9个工业性产油气层，除下三叠统嘉陵江组产气层由远古先人采气发现外，其余 8 个均是 1949 年后钻井发现的。发现过程中有偶然性和预见性。如 1958 年川中下侏罗统凉高山、大安寨产油层的发现，是 1956 年在上地台的声浪中，在川中南充、龙女寺和蓬莱镇 3 个构造钻三叠系目的层过程中提前发现的。川东石炭系工业性产层是在相国寺构造的相 8 井，钻完阳新灰岩目的层后显示不好，钻井加深发现的。川西北三叠系雷口坡组和须家河组产气层，是在 20 世纪 50 年代钻探海棠铺构造失利之后，70 年代在其南侧发现中坝潜伏构造，钻探发现的。阳新灰岩产气层是在隆昌圣灯山构造加深钻探二叠系发现的。川西侏罗系陆相红色产气层，过去研究和勘探中均认为不可能成为产气的层位，直到 20 世纪 80 年代川西孝泉构造侏罗系地层产大气后，才发现“过路财神”般的工业性产气层，其偶然性超出人们的意料。

此外，威远震旦系产气层、川东北上二叠统生物礁产气层和飞仙关产气层的发现，在当时野外调查和地质科研工作中也提出过有利构造或良好储集层的判断，给钻探工作提供了预示，带有一定的预见性[3－6]。从偶然性和预见性结果两相比较，表明地质学家的理论认识常落后于钻探实践，值得我们进一步思考。

本文在研究和编写过程中，得到中国石化牟书令前副总裁和徐旺、冉隆辉高级工程师的鼓励和支持，并提出许多宝贵意见，在此一并致谢!

参考文献

[1] 陈国达，陈述彭，李希圣. 中国地学大事典[M]. 济南：山东科学出版社，1992.
[2]翟光明. 中国石油地质志(卷十)——四川油气区[M]. 北京：石油工业出版社，1987.
[3]四川省地方志编纂委员会. 四川志——天然气工业志[M]. 成都：四川人民出版社，1997.
[4]罗志立，孙玮，代寒松，等. 四川盆地基准井勘探历程回顾及效果分析[J]. 天然气工业，2012，32(4)：9-12.
[5]罗志立. 中国西南地区晚古生代以来地裂运动对石油等矿产形成的影响[J]. 四川地质学报，1981，2(1)：20-39.
[6]罗志立. 峨眉地裂运动对川东北大气区发现的指引作用[J]. 新疆石油地质，2012，33(4)：401-407.
[7]赵贤正，李景明. 中国天然气勘探快速发展的十年[M]. 北京：石油工业出版社，2002.
[8]黄君权，罗志立. 加强四川盆地浅层天然气勘探是解决四川能源短缺的重要策略[J]. 天然气工业，1995，15(1)：3-5.
[9]李茂钧，冉隆辉. 地质勘探开发研究院院志[M]. 成都：四川人民出版社，1995.
[10]罗志立，刘树根. 中国塔里木、鄂尔多斯、四川克拉通盆地下古生界成藏条件对比分析[M]. 北京：石油工业出版社，2005.
[11]李伟，张志杰，党录瑞. 四川盆地东部上石炭统黄龙组沉积体系及其演化[J]. 石油勘探与开发，2011，38(4)：400-408.
[12]陈轩，赵文智，张利萍，等. 川中地区中二叠统构造热液白云岩的发现及其勘探意义[J]. 石油学报，2012，33(4)：562-569.
[13]何斌，徐义刚，王雅玫，等. 用沉积记录来估计峨眉山玄武岩喷发前的地壳抬升幅度[J]. 大地构造与成矿学，2005，29(3)：310-320.
[14]罗志立，孙玮，韩建辉，等. 峨眉地幔柱对中上扬子区二叠系成藏条件影响的探讨[J]. 地学前缘，2012，19(6)：144-154.
[15]李小荣，张娣，朱丽霞. 四川盆地川西坳陷须家河组砂岩致密化研究[J]. 石油实验地质，2011，33(3)：274-281.
[16]王鹏，李瑞，刘叶. 川西坳陷陆相天然气勘探新思考[J]. 石油实验地质，2012，34(4)：406-411.
[17]赵文智，卞从胜，徐春春，等. 四川盆地须家河组须一、三和五段天然气源内成藏潜力与有利区评价[J]. 石油勘探与开发，2011，38(4)：385-393.
[18]董大忠，邹才能，杨桦，等. 中国页岩气勘探开发进展与发展前景[J]. 石油学报，2012，33(z1)：107-114.
[19]黄金亮，邹才能，李建忠，等. 川南下寒武统筇竹寺组页岩气形成条件及资源潜力[J]. 石油勘探与开发，2012，39(1)：69-75.
[20]胡杨，王兴志，曾德铭，等，四川盆地北部雷坡组四段储集层研究[J]. 新疆石油地质，2012，33(5)：547-549.
[21]孙玮，罗志立，刘树根，等. 华南古板块兴凯地裂运动特征及对油气影响[J]. 西南石油大学学报(自然科学版)，2011，33(5)：1-8.
[22]陈汉军，吴亚军. 川北阆中一南部地区茅口组礁、滩相储层预测[J]. 天然气工业，2008，28(11)：22-25.

Ⅳ-8　略论中国大陆构造演化与大中华民族精神发展的相关性

——纪念成都理工大学成立六十周年

罗志立于三亚，2016年春

这个命题看似是悖论(板块构造学与社会科学风马牛不相及)，但从“地人合一”而论，或从逻辑学因果关系上也有潜在关联。

一、中国大陆形成的构造格局

1. 中国大陆处于欧亚板块东部(见图1)

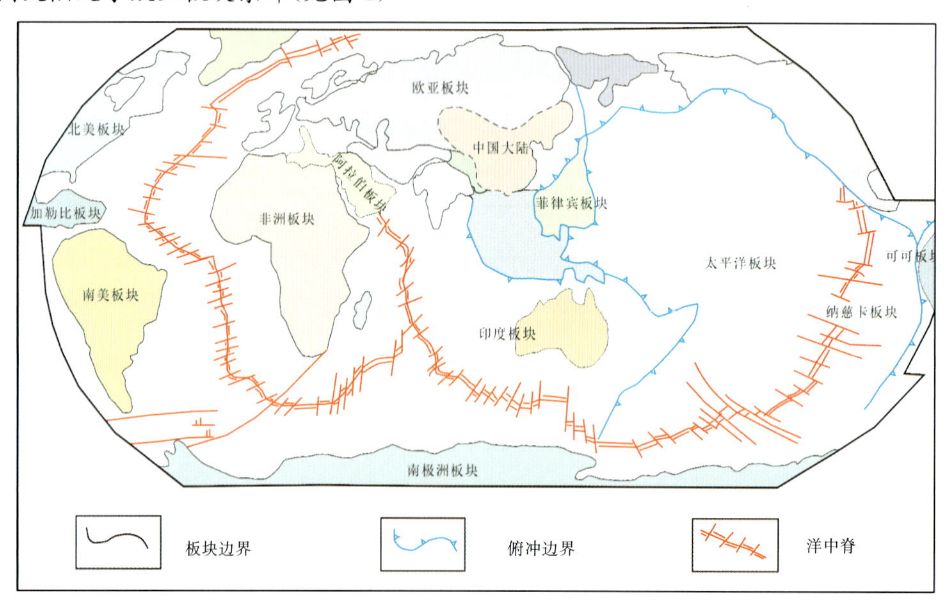

图1　全球12个主要板块的分布简图[1]

2. 中国大陆演变过程

(1)古生代受西伯利亚板块挤压，形成塔里木、华北板块组成的中国大陆中轴。

(2)中生代受古太平洋板块的俯冲和推挤，形成中国东部沟-弧-盆体系和大陆边缘火山岩系。

(3)新生代受印度板块的俯冲和碰撞，形成青藏高原。

二、中国大陆形成过程表现的特殊性(见图2)

1. 中国大陆形成过程中的受压性、生长性和复杂性

中国大陆外围板块在不同时期以不同的构造运动形式向中国大陆俯冲、挤压、碰撞；而大陆自元古代以来就有塔里木、华北、扬子三个古板块(陆核)挺立，不仅抗住了外围板块的挤压，而且接纳了20多个小块体和推挤产生的造山带物质。这种推挤和加积、再推挤和再加积的过程，构成了中国大陆发展的地史，构成全球构造中最具复杂性的国土。

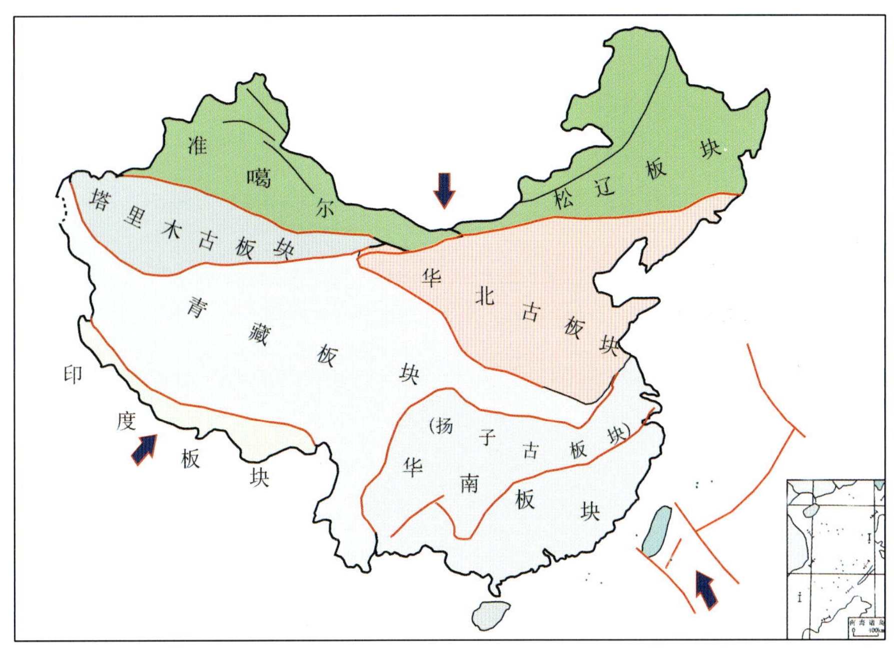

图 2　中国板块构造示意图[1]

2. 中国大陆“北方”形成的抗衡性

西伯利亚大板块从“北方”向中国大陆推挤，塔里木－华北两个古板块联手与其抗衡外，并接纳了准噶尔－松辽盆地的加积地区，给中国大陆送来了两个大型的含油气盆地。

3. 中国大陆形成的“太极性”(以柔克刚)

古太平洋板块在中生代“从东到西”气势汹汹地向中国大陆推挤，大陆以沟－弧－盆的构造形式，化解了它的冲击力，不仅扩大了大陆“东部”地域，而且送来了“南方”多金属的矿源。

4. 中国大陆“西南部”形成的包容性

印度板块新生代从“西南向东北”强力俯冲、挤压中国大陆，那时大陆平面上无地可容，只有腾出立体空间，让其向上发展形成青藏高原。

5. 中国大陆的“众亲性”

从中国大陆构造发展史看，有三个大兄长(塔里木、华北、扬子三个古板块)带着前震旦纪 20 多个小兄弟(地块)，加积造山带成一个大家族。

三、大中华形成的某些重要民族性格

(1)自秦汉大一统建成中国后，就受周边外族的骚扰和侵略，中国在不断反侵略过程中，逐步形成大中华。

(2)大中华有 5000 多年历史，虽经历代外族的侵扰，但历史并未断代(如元清二代仍称中国)，具强大的抗压性，在世界文明古国中独一无二。

(3)大中华 3000 多年来，虽国力强盛，但从未主动侵略邻国、掠夺疆土。甚至明朝虽有强大的海军，沿海上丝绸之路巡视，也从未占领别国一寸土地，显示大中华民族的陆邻性。

(4)大中华文化的包容性。元、清二代外族统治中国共数百年，但被中国文化同化。佛教、伊斯兰教和基督教传入中国后，未占统治地位，并与儒、道、释教和平共处，在中国历史上从未发生过大的教派冲突。

(5)大中华民族的壮大发展，是以汉族老大哥为首带领 55 个“小兄弟”生活至今。在历史上也从未发生过大的种族冲突和国土分裂，显示大中华民族大团结合作共荣的精神。

四、中国大陆构造和大中华民族的特性潜在相关性对照表及四点讨论：

1. 特性对照(见表 1)

表 1　中国大陆构造和大中华民族的特征潜在相关性对照表

特征项目	中国大陆构造	大中华民族
受压性扩大性	处于周边三大板块挤压中形成，受压后大陆不断增生	秦汉后多受外族不断侵略，在反侵略过程中不断扩大国土面积
复杂性	处于三边受压形成中国大陆，地史演化、构造格局异常复杂	处于周边外族多次入侵中发展，国土分合无定，兴衰交替频繁
和平性	中国大陆发展过程中，从未挤压过邻区块体	大中华在陆上从未主动侵略过别国领土，在海上郑和七次下西洋也是如此
“太极性”	以沟、弧、盆模式，化解太平洋板块强烈的俯冲挤压	以儒家中庸之道，化解许多国事和家事间矛盾
包容性	让出空间，容纳印度板块的俯冲和挤压，化解成世界屋脊	政治上同化蒙、清外族的统治，宗教上儒、道、释等教和平共处
从亲性	以塔里木、华北、扬子三大古板块和 20 多个小地块，组成中国大陆	以汉族为首带领 56 个小兄弟民族，和平共处

2. 四点讨论

(1)中国大陆构造演化与大中华某些民族特性存在的关系，从“地人合一论”比“天人合一论”有一定的客观依据；从逻辑思维分析，也存有一定的潜在因果关系。

(2)从中国历史演化与发展看，大中华优秀坚强的民族性格的铸成，可能与“地人合一宇宙观”有关，故屹立于世 5000 年而不倒。因而，我们除要有习主席提出的在建设社会主义中的三个自信(理论、道路、制度)外，而且还应有对中国悠久历史上的自信。

(3)中国大陆的形成和演化，历经六亿多年(震旦纪以后)，十分复杂。并为我们地学者留下丰富多彩的地质纪录，远超于当今世界各国。我们团队 30 多年来创建的“中国地裂运动”和“C-型俯冲”论点，虽得到同行的关注和院士专家的好评，但只不过是在认识地质长河中拾遗补缺而已，有待于后继者去发掘和创新。

(4)作者用“地人合一论”，把 6 亿多年来中国大陆形成的特性，与大中华 5000 多年来形成的某些民族特性进行相关分析，可能是谬论！但从哲理上的“因果律”和“存在决定意识论”上看也有一定的依据，相对 2000 多年前庄子提出的“天人合一论”添加了一些客观事物的依据，或许可以此丰富“天人合一宇宙观”。是否如此？谨请读者批评指正！

参考文献

[1]罗志立，童崇光．板块构造与中国含油气盆地[M]．武汉：中国地质大学出版社，1989.

[2]车自成，刘良，罗金海．中国及其邻区区域大地构造学(面向 21 世纪课程教材)[M]．北京：科学出版社，2002.

[3]谢志强．中华上下五千年[M]．北京：燕山出版社，2009.

附录

罗志立主要论著目录

编号	时间/年	题目	发表刊物出版单位	备注
1	1953	我们怎样在西北进行石油勘探工作	《科学大众》，第 6 期	
2	1957	四川盆地南部三叠纪地层划分意见	《地质论评》，第 17 卷	在北京中国地质学会代表会上宣读
3	1958	关于嘉陵江灰岩裂缝问题的探讨	石油部勘探开发研究院《石油勘探》，第 1 期	
4	1958	川中油区上保罗系的储油条件	石油部勘探开发研究院《石油勘探》，第 12 期	预测川中大安寨为裂缝性储层，后被证实，但招来不测风云
5	1974	南美北部陆棚和大陆斜坡的地质地物和地貌的初步研究(译)	《第八届世界石油会议论文》，石油工业出版社	
6	1974	褶皱中的中和面和它在褶皱中的意义(译)	四川石油局研究院《国际油气地质情报》	
7	1975	裂缝性储集层(译)	《地层圈闭油气田勘探方法》中的 1 章，石化出版社	
8	1975	试从板块构造探讨四川盆地新的油气资源	石油部勘探开发研究院《石油勘探》，第 6 期	国内首篇用板块构造理论探讨油气的文章。当时提出的古隆起、须家河三角洲和侏罗一白垩系浅层找气等论点，以后均得到证实
9	1978	国外天然气成因研究及对四川勘探的实际意义	石油部研究院《石油勘探与开发》，第 5 期	首次提出重视中国煤成气的前景，获四川石油管理局成果三等奖
10	1978	大陆边缘与油气勘探的板块构造学(译)	中科院《国外地质》，第 2 期	
11	1978	从国外大油气田的动向展望四川盆地寻找大油气田的远景	四川石油局研究院《国外天然气开发与动态》，第 1 期	
12	1978	天然气的地质成因	四川石油局研究院《国外天然气开发与动态》，第 1 期	
13	1979	扬子古板块的形成及对中国南方地壳发展的影响	《地质科学》，第 2 期	首次提出扬子古板块的概念及地壳发展模式。
14	1979	板块构造与碳酸盐岩中的沉积旋回(译)	《天然气勘探与开发》，第 5 期	
15	1979	地温梯度、热流和油气的可采储量(译)	《天然气勘探与开发》，第 5 期	
16	1979	沉积盆地与板块构造演变(校译)	《天然气勘探与开发》，第 3 期	
17	1980	中国含油气盆地划分和远景(罗志立执笔)	《中国石油学报》，第 4 期	参加成都中国石油学会成立大会论文，是用板块构造理论，对中国含油气盆地分类最早的文章
18	1980	试从扬子地台的演化论地槽如何向地台转化的问题	《地质论评》，第 26 卷 6 期	首次提出扬子地台基底为二弧夹一盆的模式
19	1980	从大陆卫星照片上观察到的板块构造和油气田分布(合译)	《石油勘探开发译丛》，第 5 期	
20	1980	离散型大陆边缘的构造和地层(译)	《石油勘探与开发译丛》，第 3 期	

续表

编号	时间/年	题目	发表刊物出版单位	备注
21	1981	中国大陆板块演化与含油气盆地特点的探讨(合编)	《石油勘探与开发》，第1期	
22	1981	对我国及四川盆地油气发展的估计	《天然气工业》，第1期	
23	1981	中国西南地区晚古生代以来地裂运动对石油等矿产形成的影响	《四川地质学报》，第1期	首次提出中国有三期地裂运动论点，参加北京中国中新生代构造会议论文并获地矿部四等奖
24	1981	中国含油气盆地特点及战略性勘探程序问题(合编)	《古潜山》，第3期	
25	1989	《板块构造与中国含油气盆地》	中国地质大学出版社	高等学校教材
26	1982	一颗明朗的星——评《漂移的大陆》	《地理知识》，第5期	
27	1982	试谈开发我省能源的方针问题	《四川地质学报》，第3卷1期	在1986年四川省五届四次政协会议上宣读
28	1982	《中国板块构造运动及其对油气的控制》(合编)	科学出版社	第二届全国构造会议论文集
29	1983	试从地裂运动探讨四川盆地天然气勘探的新领域	《成都地院学报》，第2期	
30	1983	《构造地质学》(合编)	石油工业出版社	石油部技术干部培训教材
31	1983	试论中国含油气盆地形成和分类	朱夏院士主编的《中新生代含油气盆地形成和演化》专著中一章，科学出版社	是国内较早把中国大陆分成5大板块和最早含油气盆地分类的文章
32	1984	试论龙门山冲断带的成因机制及对藏高原的形成和油气聚集的影响	参加成都喜马拉雅地质科学国际地质讨论会，已用英文出版	首次提出C一型俯冲带概念，并获省地质学会二等优秀论文奖
33	1984	略论地裂运动与中国油气分布	《地球学报》，第3期	在中国划分出三个地裂期，获四川省科协优秀论文奖
34	1984	试论中国型(C-型)冲断带及油气勘探问题	《石油与天然气地质》，第4期	在中国第一次提出陆内俯冲的观点
35	1985	中国西南地区晚古生代以来的裂陷运动	《构造地质论丛》	
36	1986	川中是一个古陆核?	《成都地质学院学报》，第3期	参加怀柔国际大陆岩石圈讨论会论文
37	1987	中国陆相生油二元论——兼论中国陆相生油论发展	《石油物探信息》，1987年5月1日	提出中国陆相生油二元论
38	1987	川中内江—合川一带地震反射异常的发现及勘探意义	《成都地质学院学报》，第14卷12期	后被证实，发现弥沱场含气构造
39	1988	试论上扬子地台峨眉地裂运动	《地质论评》，第34卷1期	①地台内的古断裂；②古太平洋板块的影响；③古特提斯洋打开对地台西缘影响；④收入1990年美国SCI科学文献检索中
40	1989	《板块构造与中国含油气盆地》高等学校教材(第1作者)	中国地质大学出版社	①将峨眉地裂运动旋回编入四川盆地地壳运动简表中；②中国东部大陆裂谷盆地，属华北地裂运动；③作为大学教材，成都理工大学使用至今
41	1989	峨眉地裂运动的厘定及意义	《四川地质学报》，第9卷1期	有四川地矿局骆耀南总工应用情况的证明
42	1989	中国寻找大气田的前景及方向	《石油学报》，第10卷3期	①中国大陆和海域，具有形成大气田的条件；②要从5方面寻找大气田；③1990年苏联科学院把该文登在《文摘杂志》上

续表

编号	时间/年	题目	发表刊物出版单位	备注
43	1990	The Emei tapharogenesis of upper Yangtze platform in South China	英国剑桥大学 *Geological Magazine*，第127卷5期	①系统论述峨眉地裂运动的概念形成和演化；②扬子地台发展过程中，峨眉地裂运动是一个重要事件；③与晚古生代古特提斯打开有关；④英国格拉斯哥大学教授来函联系交流；⑤收入1990年美国SCI科学文献索引中
44	1990	川北晚二叠世大隆期岩相分异的古拉张背景	《四川地质学报》，第10卷2期	①视为广旺地区的长兴组灰岩相和大隆组硅质岩相为同时异相；②受峨眉地裂运动台块－台槽构造格局控制；③九龙山南侧永宁铺一代有礁异常带；④为2005年后建议中石化钻探元坝构造，发现生物礁滩相大气田提供了依据
45	1990	Formation and development of the Sichuan Basin(第3作者)	*The Sedimentary Basins of the World*，Chaper 13，荷兰Elsevier出版	由许靖华主编的国际沉积盆地丛书中的中国部分
46	1990	四川龙门山冲断带(中北段)岩石圈的层圈性和多级滑脱推覆(第3作者)	《四川地质学报》，第10卷3期	
47	1990	《世界大气田概论》	石油工业出版社	参与编写
48	1990	内蒙古自治区海拉尔构造特征及发展史研究报告(大庆外协课题)	存成都地院石油系资料室	
49	1991	四川盆地西部的峨眉地裂运动及找气新领域	《成都地质学院学报》，第18卷1期	
50	1991	四川龙门山地区的峨眉地裂运动	《四川地质学报》，第3期	
51	1991	黔中早二叠世晚期织金拉张盆地原型分析	《石油与天然气地质》，第12卷3期	
52	1992	试论松辽盆地新的成因模式及其地质构造和油气勘探意义	《天然气地球科学》，第3卷1期	
53	1992	《地裂运动与中国油气分布》	石油工业出版社	第一部用地裂运动观点总结中国油气资源的专著，得到郭令智院士、王鸿祯院士的好评
54	1992	龙门山造山带的崛起和川西前陆盆地沉降	《四川地质学报》，第12卷1期	参加北京纪念中国地质学会成立70周年论文
55	1994	Structural observation from the Wenchuan-Mawen metamorphic Belt，Longman Mountain，China	《成都理工学院学报》，第22卷1期	中澳合作课题
56	1994	试评A-俯冲带术语在中国大地构造学中应用	《石油实验地质》，第16卷4期	认为A-俯冲术语引用到中国不恰当
57	1994	《龙门山造山带的崛起和四川盆地形成与演化》	成都科技大学出版社	①1995年科技司专家评审，认为：理论联系实际促进生产发展，揭示中国大陆构造特色做出应有贡献；②郭令智院士认为本书“对中国造山带和含油气盆地有精辟论述，可视为研究中国大陆构造和油气勘探方面的一份重要著作”；③王鸿祯院士认为本书"是一本具有丰富的学术思想和创新内容的学术著作"
58	1995	C-型俯冲带及对中国中西部造山带形成的作用	《石油勘探与开发》，第2期	提出中国西部抬升造山的新模式
59	1995	The characteristics of C-subduction and themodel of the intracontinental orogenic belts in the western central China	会议论文集，泰国孔敬大学等编辑出版	
60	1996	试论龙门山冲断带大陆科学钻探选址问题	《中国大陆科学钻探先行研究》，冶金工业出版社	许志琴主编
61	1997	Differential exhumation in response to episodic thrusting along the eastern margin of the Tibet Plateau	*Tectonophysics*	与澳大利亚墨尔本大学合作科研共同发表的论文
62	1997	试论中国大陆经向和纬向石油富集“黄金带”特征	《石油学报》，第18卷1期	总结出中国石油资源赋存于三个裂谷盆地带，收录于美国化学家协会的 *Chemical abstract* 中

续表

编号	时间/年	题目	发表刊物出版单位	备注
63	1997	中国南方碳酸盐岩泊气勘探远景分析	《勘探家》，第2卷6期	提出勘探远景为“基地论”和“鸡肋论”的争论，引起很大反响
64	1997	再论“中国陆相生油二元论”	《复式油气田》，第4期	
65	1997	C-型俯冲特征及中国西部陆内造山模式讨论	《西北油气勘探》，第9卷4期	提出中国陆内抬升造山的新模式
66	1997	中国大陆纬向石油富集带地质特征	《新疆石油地质》，第18卷1期	荣获《新疆石油地质》1997年优秀论文一等奖
67	1998	四川盆地基底结构的新认识	《成都理工学院学报》，第25卷2期	西缘碧口等块体是兴凯期分裂出去的；基底由三层结构组成；中晚元古代上扬子期的两弧夹一盆构造格局
68	1998	四川盆地震旦系含气层中有利勘探区块的选择	《石油学报》，第19卷4期	
69	1998	中国含油气盆地分布规律及油气勘探展望	《新疆石油地质》，第19卷6期	中国石油主要富集在三个中新生代裂谷盆地中，天然气主要富集在三个克拉通盆地中；鄂尔多斯和四川盆地以产气为主，今后在海相地层中，还有可能发现大气田；中石化出版社和中外产业科技杂志社，选入《跨世纪的中国石油天然气产业》一书中；《新疆石油地质》编后语认为是一篇大体系级文章，会引起读者的反响
70	1999	中国石油天然气形成的地质构造背景	参与编写《中国油气勘探》第1卷第1章，石油工业出版社	总结出中国存在4性基本地质条件及其对油气成藏及勘探的影响。中国油气资源“非得天独厚而是先天不足”
71	1999	塔里木阿瓦提前陆盆地构造特征及油气远景	《新疆石油地质》，第20卷3期	阿瓦提前陆盆地在震旦系到奥陶系为拉张槽，在石碳系到早二叠统为张性裂谷
72	1999	试论中国油气地质条件的特殊性	《勘探家》，第4卷2期	首次提出中国区域构造为多块体拼合，活动性大；对油气资源影响大，不是得天独厚而是先天不足
73	1999	四川盆地油气勘探前景及发展对策	《石油与天然气地质》，第20卷3期	提出四川“进油出气”的对策
74	1999	对“准噶尔盆地和松辽盆地油气地质条件异同”一文的商讨	《新疆石油地质》，第20卷5期	
75	2000	从华南板块构造演化探讨中国南方碳酸盐岩含油气远景	《海相油气地质》，第5卷3—4期	回答“基地论”和“鸡肋论”的争论问题
76	2000	四川盆地油气勘探过程中“三次大争论”的反思	《新疆石油地质》，第21卷5期	批判了川中石油会战及应总结的经验教训
77	2000	四川盆地勘探天然气有利地区和新领域探讨(上)	《天然气工业》，第20卷4期	
78	2000	四川盆地勘探天然气有利地区和新领域探讨(下)	《天然气工业》，第20卷5期	
79	2001	中国地裂运动的创建和发展	《石油实验地质》，第32卷2期	20年地裂运动论点得到国内许多专家的肯定，对大地构造学发展有促进作用；证实了川东存在生物礁块气藏，指引了发现开江-梁平海槽；华北地裂运动解释中国东部4个和西部6个成油盆地丰度的差异；峨眉地裂运动对西南金属矿的控制作用；得出三点重要启示和展望
80	2001	从华南板块构造演化探讨中国南方油气分布的规律	《石油学报》，第22卷4期	华南板块在盆地形成、断裂发育时代、空间变形展布上有序性；(成盆、成烃条件由西向东有序发展；改造、破坏的地壳运动由东向西推进；控制油气藏从东向西分布的规律性

续表

编号	时间/年	题目	发表刊物出版单位	备注
81	2001	中国地质构造背景的特殊性对油气勘探产生的影响	《中国石油勘探》，第6卷1期	
82	2001	塔里木盆地古生界油气勘探新思路	《新疆石油地质》，第22卷5期	塔里木盆地存在兴凯和峨眉地裂运动，库满坳陷和阿瓦提凹陷为裂陷槽，为下古生界两个生烃中心；二期地裂运动对油气再分配、储层改善有重要作用；建议塔里木盆地在研究思路、钻探部署、构造选择上要注意拉张运动；有望在塔里木盆地下古生界再次找到大油田；获新疆石油地质优秀论文二等奖；中科院技术情报学会评选为《新时期全国优秀成果文献》文章
83	2001	中国板块构造演化与含油气盆地形成和评价	中石油“九五”重点项目，总课题负责人翟光明	参与编写部分专题报告中，对四川盆地下古生界有利区块评价，评出7块。高石梯—磨溪构造带为第一有利区块带，该构造带已获4000多亿方天然气资源
84	2002	评述“前陆盆地”名词在中国中西部含油气盆地中的引用	《地质论评》，第48卷4期	提出“中国陆内俯冲”和“陆内俯冲前陆盆地”的创新观点
85	2002	《青藏高原石油地质》述评	《天然气工业》，第22卷2期	
86	2002	中国含油气盆地分布规律及油气勘探展望	李德生院士主编的《中国含油气盆地构造学》，石油工业出版社	
87	2003	中国陆内俯冲（C-俯冲）观的形成和发展	《新疆石油地质》，第24卷1期	荣获《新疆石油地质》，优秀论文一等奖
88	2004	峨眉地裂运动对扬子古板块和塔里木古板块的离散作用及其地学意义	《新疆石油地质》，第25卷1期	峨眉地裂运动导致扬子古板块向东漂移1900km；西伯利亚、塔里木、扬子和印度二叠系玄武岩喷发值得深入研究；对PBT生物大绝灭的灾变学，在阿尔金区找铁矿，川东北生物礁块气藏，川黔的沥青—自然铜矿化现象的研究；中科院文献情报中心选入《中国科技发展论坛—产业科技卷》中
89	2004	峨眉地幔柱对扬子古板块和塔里木古板块的离散作用及其找矿意义	《地球学报》，第25卷5期	从古生物学、沉积相、古气候、岩石、同位素年代、古构造等学科，认为阿尔金和龙门山构造带，在早古生代和晚古生代相聚，二叠纪时因峨眉地幔柱分离、漂移到东部位置，二者相聚1900km；若古板块构造运动模式成立，则对找金属矿、石油有启迪意义，对松潘—甘孜三角地区、金沙江缝合带、秦岭洋盆结构要重新认识，对PBT生物灭绝研究有重要意义
90	2004	中国前陆盆地分布特征及含油气远景分析	《中国石油勘探》，第9卷2期	
91	2005	《中国板块构造和含油气盆地分析》	石油工业出版社	徐旺专家评述本书“理论联系实际，对中国含油气盆地做了求实的分析”；任纪舜院士序言为“罗志立先生勤于耕耘、著作等身，该书是对中国石油地质和板块构造研究的结晶”；李德生院士评述本书“是我国石油地质界和大地构造学一本好书”
92	2005	中国塔里木、鄂尔多斯、四川克拉通盆地下古生界成藏条件对比分析	《中国板块构造和含油气盆地分析》，石油工业出版社	四川盆地存在兴凯和峨眉地裂运动，评出下古生界有6个有利区块；评出第Ⅰ区块的高石梯—磨溪构造带，已在下寒武统和震旦系中获得4000亿方大气田
93	2006	试解“中国地质百慕大”之谜	《新疆石油地质》，第27卷1期	从峨眉地幔柱和峨眉地裂运动观点，认为松潘—甘孜三角形地区褶皱区基底，是P_2-T_1新生洋壳基底；若观点成立，则金沙江缝合带、古生代秦岭为有限洋盆成大洋；阿尔金构造带找金属矿要重新认识

续表

编号	时间/年	题目	发表刊物出版单位	备注
94	2006	试论塔里木—扬子古大陆的再造	《地学前缘》，第13卷6期	据多学科资料认为从Pt-P塔里木和扬子板块接近，命名为塔里木—扬子古大陆；后经峨眉地幔柱的作用和地裂运动的拉张，二板块分离，向东漂移；若模式成立，则一些基础地质科学要重新认识
95	2007	塔里木—扬子古大陆的重建对油气勘探的意义	《石油学报》，第28卷5期	
96	2008	塔里木—扬子古大陆的重建对无机成因油气的作用	《岩性油气藏》，第20卷1期	据黑水—北碚和奔子栏—唐克地震勘探剖面，在甘孜—理塘断裂和邓柯—乡城断裂与中地壳低速层相通，据地壳低速—高导层是油气发生气观点，松潘—甘孜区可选作靶区
97	2008	华南古板块地裂运动与海相油气田前景	中石化前瞻性项目中期报告	2010年在北京，中石化组织专家中期评估，认为项目取得4项阶段性成果：即，①存在坳拉槽群，②峨眉地裂运动对礁滩展布的控制作用，③发现马鞍塘组和雷口坡组勘探有利地区，④古隆起是古油藏的控制因素，并具有四中心耦合成藏特征；2013年发现绵阳—长宁下寒武系拉张槽，进一步证实兴凯地裂运动存在及对磨溪—高石梯大气田成藏的影响
98	2008	四川盆地白云岩成因的研究现状及存在问题	《岩性油气藏》，第20卷2期	
99	2009	四川盆地海相碳酸盐岩储集层与构造活动关系	《新疆石油地质》，第30卷4期	
100	2009	峨眉地裂运动和四川盆地天然气勘探实践	《新疆石油地质》，第30卷4期	对发现开江—梁平海槽起到指引作用；提供发现普光大气田的依据；为二叠系到三叠系储层白云岩化形成提供条件；获《新疆石油地质》2007～2011年优秀论文一等奖
101	2011	华南古板块兴凯地裂运动特征及对油气的影响	《西南石油大学学报(自然科学版)》，第33卷5期	
102	2011	峨眉地幔柱与广旺—开江—梁平坳拉槽形成关系	《新疆石油地质》，第32卷1期	
103	2012	峨眉地裂运动对川东北大气区发现的指引作用	《新疆石油地质》，第33卷4期	先后发表的科技文献，笔者1981年预测四川盆地生物礁块气藏后，经过“六五”到“九五”四次重点科技攻关项目，将找礁块气田作为研究勘探的重点，其后的普光、龙岗礁块大气田的发现，特别是笔者积极建议大上元坝大气田见到实效等，均受峨眉地裂运动的指引作用
104	2012	峨眉地幔柱对中上扬子区二叠系成藏条件影响的探讨	《地学前缘》，第19卷6期	
105	2012	四川盆地基准井勘探历程回顾及地质效果分析	《天然气工业》，第32卷4期	
106	2013	四川盆地工业性油气层的发现、成藏特征及远景	《新疆石油地质》，第34卷5期	总结半个世纪以来四川盆地发现8个工业性产气层和1个油层，各成藏特征及远景展望
107	2013	兴凯地裂运动与四川盆地下组合油气勘探	《成都理工大学学报(自然科学版)》，第40卷5期	在四川盆地西中部发现早寒武世的绵阳—长宁拉张槽；拉张槽与兴凯地裂运动有关，拉张过程有5个阶段；筇竹寺期优质烃源岩发育，可供拉张槽两侧Z-P_2储层供气；拉张槽东缘生储条件好，可形成大气田
108	2013	四川盆地下组合张性构造特征	《成都理工大学学报(自然科学版)》，第40卷5期	以四川盆地钻井和地震资料为基础，揭示下寒武统存在绵阳—长宁拉张槽